21世纪物理规划教材

基础课系列

U0194341

广义相对论导论

Introduction
to General
Relativity

陈 斌 编著

北京大学出版社

PEKING UNIVERSITY PRESS

图书在版编目 (CIP) 数据

广义相对论导论 / 陈斌编著 . — 北京：北京大学出版社， 2022.4
ISBN 978-7-301-32841-5

Ⅰ.①广… Ⅱ.①陈… Ⅲ.①广义相对论 Ⅳ.① O412.1

中国版本图书馆 CIP 数据核字 (2022) 第 011555 号

书 名	广义相对论导论	
	GUANGYI XIANGDUILUN DAOLUN	
著作责任者	陈 斌 编著	
责 任 编 辑	刘 啸	
标 准 书 号	ISBN 978-7-301-32841-5	
出 版 发 行	北京大学出版社	
地 址	北京市海淀区成府路 205 号 100871	
网 址	http://www.pup.cn	
电 子 信 箱	zpup@pup.cn	
新 浪 微 博	@ 北京大学出版社	
电 话	邮购部 010-62752015 发行部 010-62750672 编辑部 010-62754271	
印 刷 者	北京市科星印刷有限责任公司	
经 销 者	新华书店	
	787 毫米 ×960 毫米 16 开本 27.25 印张 581 千字	
	2022 年 4 月第 1 版 2024 年 3 月第 2 次印刷	
定 价	79.00 元	

前　　言

　　相对论和量子物理是现代物理学的两大基石. 爱因斯坦在 1905 年提出的狭义相对论已经成为现代物理学的基础, 而他在 1915 年底提出的关于引力的相对论性理论——广义相对论, 则被认为是经典物理中最漂亮的理论. 广义相对论的建立是爱因斯坦深邃的物理洞察力和高超的数学技巧的完美结合. 在很长一段时间里, 广义相对论对于很多物理学家来说都仿佛是高不可攀的理论, 与他们身边现实世界的物理有着遥远的距离. 经过一百多年的发展, 特别是近几十年来在宇宙学和天体物理观测上的重大发现, 广义相对论越来越受到人们的重视, 其影响除了引力物理外, 还遍及宇宙学、天体物理、高能物理等诸多领域.

　　广义相对论可以简单地用几句话来概括. 首先, 广义相对论是爱因斯坦关于空间、时间和引力的理论. 其次, 在广义相对论中, 引力并不单独存在, 它与时空融为一体, 简单地说,

$$引力 = 时空弯曲.$$

广义相对论中, 时空是弯曲的, 而时空的弯曲程度, 即曲率刻画了引力的大小. 最后, 与其他理论的建立来源于实验不同, 广义相对论是靠纯粹思维和物理直觉建立起来的, 这为研究基础物理提供了新的方法论.

　　作为引力的相对论性理论, 广义相对论在相对论性效应明显的场合尤为重要. 相对论性效应在狭义相对论中由粒子运动速度与光速之比 v/c 来表征, 当粒子运动速度接近光速时, 相对论性效应会很明显. 考虑一个质量为 M, 半径为 R 的球体, 球面上物体的逃逸速度为 $\sqrt{2GM/R}$. 如果该速度与光速相当, 则相对论性效应将很明显. 因此在引力系统中我们不妨以 $GM/(Rc^2)$ 作为相对论性因子. 当 $GM/(Rc^2) = O(1)$ 时, 牛顿引力不再适用, 我们必须利用广义相对论来讨论问题. 另一方面, 当相对论性因子 $GM/(Rc^2) \ll 1$ 时, 广义相对论应该近似为牛顿引力, 它对牛顿引力的修正将非常小. 对地球而言, $GM/(Rc^2) \sim 10^{-9}$. 尽管这是一个非常小的量, 但在精度要求很高的全球定位系统 (GPS) 中, 这个相对论性效应必须考虑. 对太阳而言, $GM/(Rc^2) \sim 10^{-6}$, 然而这个量造成的物理效应在实验上是可观测的. 历史上对广义相对论的三个重要实验检验——水星近日点进动、光线偏折和时间延迟, 都是在太阳系中完成的.

　　广义相对论在相对论性天体物理研究中发挥着核心作用. 在对黑洞、脉冲星、类星体以及恒星演化的研究中, 广义相对论都是不可或缺的工具. 具有一个太阳质量的

中子星, 其半径仅有 10 km, $GM/(Rc^2) \sim 0.1$. 因此, 与中子星有关的系统, 如双星系统是相对论性天体力学的重要研究对象. 而对黑洞系统, $GM/(Rc^2) \sim 0.5$, 相对论性效应将非常明显. 理论上, 恒星塌缩可以形成黑洞在 20 世纪 60 年代就成为人们的共识. 而在观测上, 人们经过艰苦的努力, 得到了星系中心存在超大质量黑洞的证据[①]. 近年来, 随着引力波探测和黑洞成像的成功实现[②], 人们得以检验强相对论性区域下的引力理论和极端条件下的天体物理, 引力研究进入了新时代. 可以预期, 在未来几十年中, 相对论性天体的研究将是物理学和天文学最活跃的领域.

广义相对论也是研究现代宇宙学的基础. 对于宇宙而言, 如果其中存在某种物质, 由于质量与半径的立方成正比, 随着尺度的增大, 相对论性因子将越来越大, 所以广义相对论是研究宇宙的演化发展、大尺度结构形成等问题的基本理论框架. 过去三十年, 宇宙学观测取得了一系列革命性的成果, 包括宇宙微波背景辐射谱的精确测量、宇宙现阶段加速膨胀的发现等[③]. 这些观测上的进步和发展使宇宙学的研究进入了精确宇宙学阶段. 特别地, 宇宙学中的暗能量和暗物质问题成为当今物理学面对的重大挑战.

关于广义相对论已经有很多非常好的中英文专著, 但对于初学者来说直接学习英文著作有些困难, 而中文著作方面, 缺乏一本难度适中, 学习完以后能够很快进入研究前沿的著作. 鉴于引力研究方面的科研论文大量使用微分几何的语言, 有必要让读者尽快掌握这套技术和语言. 因此, 在过去十几年北京大学针对研究生和本科生的 "广义相对论" 课程中, 我尝试在一个学期中用微分几何的语言介绍广义相对论的基础内容. 实践证明这是可行的, 尽管由于课时的限制 (64 课时), 在课程中我们不得不牺牲了一部分数学的严谨性. 本书基本包括了这个课程的内容, 包括狭义相对论的几何描述、广义相对论的数学基础、爱因斯坦方程的建立、球对称时空、广义相对论的经典实验检验、黑洞物理和引力波等.

本书的具体安排如下. 第一部分有两章, 介绍狭义相对论的主要内容. 为了帮助读者尽快熟悉几何语言, 在第一章中我们利用闵氏时空来讲解狭义相对论的基本内容, 包括其基本假定、物理效应、狭义相对论中的运动学和动力学, 并介绍了如何建立观

[①] 2020 年诺贝尔物理学奖授予彭罗斯 (Penrose)、根策尔 (Genzel) 和盖兹 (Ghez), 分别表彰他们在黑洞形成理论和黑洞观测方面的贡献.

[②] 2017 年诺贝尔物理学奖授予韦斯 (Weiss)、巴里什 (Barish) 和索恩 (Thorne), 以表彰他们为激光干涉引力波天文台 (Laser Interferometer Gravitational-Wave Observatory, LIGO) 项目和发现引力波所做的决定性贡献. 2020 年, 事件视界望远镜 (Event Horizon Telescope, EHT) 团队因为首次成功为黑洞成像而获得了基础物理突破奖.

[③] 2006 年诺贝尔物理学奖授予马瑟 (Mather) 和斯穆特 (Smoot), 以表彰他们领导的宇宙背景探测卫星 (Cosmic Background Explorer, COBE) 团队发现了宇宙微波背景辐射的黑体形式和各向异性. 2011 年诺贝尔物理学奖授予珀马特 (Perlmutter)、施密特 (Schmidt) 和里斯 (Riess), 以表彰他们通过观测遥远超新星发现宇宙的加速膨胀. 2019 年诺贝尔物理学奖的一半授予皮布尔斯 (Peebles), 以表彰他在物理宇宙学上的理论发现.

测者的参考系以及测量的含义. 在第二章中我们初步介绍了坐标无关的矢量、对偶矢量和一般张量的定义, 张量运算的基本技术, 能动张量的定义, 并利用几何语言回顾了电动力学的协变形式.

本书的第二部分介绍广义相对论的数学基础. 首先在第三章中, 我们简单回顾牛顿引力并讨论它与相对论原理的不相容性. 之后, 我们介绍等效原理, 包括弱等效原理和爱因斯坦等效原理. 进一步地, 我们讨论引力红移、GPS 系统, 以及引力红移如何暗示我们的时空几何并非平直的. 在第四、五、六章中我们系统介绍广义相对论的数学基础, 包括流形、张量场、联络、平行移动、测地线和曲率张量等. 在第四章中我们介绍流形的基本概念, 以及流形上的张量场和张量分析. 在第五章中我们介绍联络、协变导数、平行移动的概念, 并进一步介绍测地线及其物理意义. 此外, 我们还会介绍李导数、费米–沃克尔移动以及观测者参考系的建立. 在第六章中, 我们引进各种曲率张量、挠率张量, 并介绍基灵矢量及其物理意义.

本书的第三部分介绍爱因斯坦方程和球对称解. 我们在第七章中介绍爱因斯坦方程、弱场近似、作用量原理和修改引力理论等, 并简单介绍与爱因斯坦方程相关的一些内容, 如能量条件和因果性等. 在第八章中我们讨论爱因斯坦方程的球对称解 —— 史瓦西时空, 并在其中讨论广义相对论的实验检验, 包括三大经典实验: 引力红移、水星近日点进动和光线偏折. 我们也介绍其他实验: 引力时钟实验和测地进动实验. 此外, 我们还会介绍相对论性天体物理中的一些内容.

本书的第四部分集中讨论黑洞的物理. 在第九章中我们介绍史瓦西黑洞中的物理, 包括不同观测者的观测效应、时空的最大延拓和黑洞的形成等. 此外, 我们也讨论另外两种球对称时空: 星体内部的球对称几何和带电球对称黑洞. 在第十章中我们首先在弱场近似下讨论转动对时空的影响, 并讨论引磁场的物理效应. 我们进一步介绍旋转克尔黑洞, 仔细讨论它独特的一些基本物理现象, 包括彭罗斯过程等, 并简要讨论黑洞的热力学和黑洞的霍金辐射.

在本书的最后一章中我们介绍引力波. 我们较系统地在线性化引力的框架下讨论引力波, 包括真空中的引力波及其观测效应、引力波的产生, 以及引力辐射的能量损耗等. 我们也简要介绍引力波的探测.

本书是拙著《广义相对论》(北京大学出版社, 2018) 的缩减版, 便于初学者学习. 此外, 本书修订了《广义相对论》中的一些疏漏, 对某些讨论进行了改进. 本书的内容仅涵盖了课程中相关的内容, 对于其他的一些重要的专题, 包括初值问题、3+1 分解和哈密顿形式、时空的大尺度结构、黑洞的一般性讨论、黑洞力学、黑洞的微扰等, 只好忍痛割爱了. 我们也没有介绍引力的半经典物理, 其中包括弯曲时空的量子场论、欧氏化引力和黑洞热力学等. 篇幅所限, 我们对宇宙学的介绍是比较简单的, 仅在第五章中有一些初步的介绍. 这些高级的内容, 包括一些前沿的内容, 将放到另外一本书中进行讨论. 这些内容读者在学习完本书以后可以根据研究兴趣进行进一步的学习. 很多前沿的研究内容可以在下面的网站上找到: http://www.springer.com/gp/livingreviews/relativity/lrr-articles.

尽管广义相对论是一门相对独立的课程, 学习它也需要对经典物理有足够的了解. 由于篇幅所限, 我们不能把所有的基础知识都包含在这本书里. 在学习本书之前, 读者最好有狭义相对论的基础知识, 学习过电动力学以及分析力学. 其中对电磁场的了解需要比较深入, 熟悉拉氏量、欧拉–拉格朗日方程和作用量原理. 在数学方面, 本书要求读者对高等数学中多变量微积分、线性代数和微分方程有比较好的了解. 这门课原来的授课对象是研究生, 因此会用到一些量子场论、群论的基础知识, 但这些都不是必需的. 多年的教学表明, 高年级本科生学习这门课程没有任何问题. 本书中有的章节初学者较难接受, 我们以 * 在章节前标明, 请读者量力而行.

广义相对论是一门技术性很强的课程. 为了更好地掌握其中的技术细节, 有必要做大量的练习, 在本书的每一章后都有习题供读者学习时使用.

本书的完成得到了很多朋友和同学的帮助, 在此一并表示感谢. 首先, 我要感谢过去十几年中选修 "广义相对论" 课程的各位同学. 他们对课程的参与是我完成此书最大的动力. 其次我要感谢我的研究合作者, 他们激励我更深入地思考与引力相关的各种问题. 此外, 我向各位前辈学习到了关于广义相对论的各方面知识, 特别是吴可老师、黄超光老师和已故的郭汉英老师、闫沐霖老师、张元仲老师. 尤为重要的是, 在 "暗能量及其基本理论" 高级研讨班中, 我从各位与会者, 特别是蔡荣根、高怡泓、李淼、卢建新、吕宏、王斌、赵柳、荆继良、余洪伟、龚云贵、郭宗宽、黄庆国、朴云松、刘玉孝、李明哲、吴普训、曹利明、张鑫、宋伟等人的报告和讨论中受益匪浅. 本书的完成得到了国家自然科学基金的资助, 基金号为 11735001.

由于作者水平有限, 书中错误肯定不少, 敬请专家、读者指正. 我的电子信箱是 bchen01@pku.edu.cn, 发现错误请与我联系.

陈斌
2022 年 2 月于燕东园

目　　录

第一章 狭义相对论

在本章中, 我们将用几何语言重新对狭义相对论进行回顾和讨论. 我们首先对狭义相对论中的时空观进行分析, 引进洛伦兹-菲茨杰拉德 (Lorentz-FitzGerald) 变换, 讨论光锥, 有质量粒子、无质量粒子的运动以及一些相关的物理效应, 包括尺缩效应、时间延长效应、爱因斯坦 (Einstein) 质能关系、多普勒 (Doppler) 效应、光行差效应等. 此外, 我们将系统讨论狭义相对论中的运动学和动力学, 并定义观测者和观测.

1.1 狭义相对论的几何诠释

狭义相对论有不少与我们的直觉相抵触的地方, 如果我们简单地利用日常生活中的经验, 将很难理解狭义相对论中的物理效应, 如尺缩效应、时间延长效应等, 并由此产生各种各样的佯谬. 这种直觉实际上根植于我们对时间和空间的感觉. 我们很容易接受空间具有三个维度, 也较容易接受伽利略 (Galileo) 所提出的相对性原理, 即对不同的惯性系而言运动是相对的. 在这个直觉背后, 很重要的一条假定是: 时间是绝对的, 即时间具有绝对性的意义, 它的流逝对于所有惯性系都是一样的. 利用不同的时间我们可以对时空切片, 如图 1.1 所示. 这个时间与空间的不平等性贯穿于狭义相对论之前的牛顿 (Newton) 力学体系中.

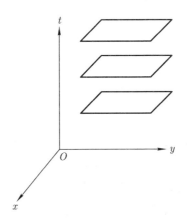

图 1.1 在牛顿力学中, 时间具有绝对的意义, 利用不同的时间可以把时空切片.

牛顿力学体系中的伽利略相对性原理, 在物理上意味着运动规律与惯性参考系的选择无关. 所谓惯性参考系, 或者惯性系, 指的是一个特别的参考系, 一个不受任何外力的物体在其中将做匀速直线运动, 即满足牛顿力学第一定律. 在牛顿力学和狭义相对论中, 总假设有惯性系存在. 严格地说, 由于引力无处不在, 惯性系是不存在的. 然而, 在很多情况下, 可以不严格地在操作意义上认定惯性系存在, 比如地球惯性系. 如果存在一个基本惯性系, 相对于此惯性系做匀速直线运动的另一参考系也是一个惯性系. 伽利略相对性原理可以如下表述.

伽利略相对性原理　所有的运动规律在不同的惯性系中具有相同的形式.

如果一个观测者相对于基本惯性系做匀速直线运动, 则这个观测者就定义了另一个惯性系, 这个观测者称为惯性观测者. 如果这个观测者的运动比较复杂, 运动速度相对于基础惯性系并非简单的一个常数, 则我们无法定义观测者的整体惯性参考系, 但仍然可以定义瞬时惯性参考系, 这是因为在每一个瞬间, 观测者的速度相对于基础惯性系仍然是一个常数.

在伽利略–牛顿力学体系中, 时间具有绝对的意义, 因此从几何上看, 不同的惯性系间通过伽利略变换相联系:

$$\begin{pmatrix} x \\ y \\ z \end{pmatrix} = H \begin{pmatrix} x' \\ y' \\ z' \end{pmatrix} + \begin{pmatrix} a + ut \\ b + vt \\ c + wt \end{pmatrix}, \tag{1.1}$$

其中, H 是个常值 SO(3) 矩阵, 代表坐标系空间方向选择的任意性, (a, b, c) 也是常数, 代表坐标原点的选择, 而常数 (u, v, w) 代表速度的不同分量, 表明不同的坐标系间可以差一个常速度. 从这个变换中可以很容易看出, 在不同坐标系中空间间隔和时间间隔

$$\Delta r = \sqrt{\Delta x^2 + \Delta y^2 + \Delta z^2},$$
$$\Delta t \tag{1.2}$$

分别是不变的. 由于时间的绝对性, 时间间隔的不变性是显而易见的. 对于空间间隔而言, 原点的平移不会改变间隔, 而三维空间转动本身也不会改变间隔, 如图 1.2 所示.

伽利略相对性原理告诉我们, 如果不同观测者之间只相差一个常速度, 他们得到的物理规律应该具有相同的形式. 实际上, 在伽利略–牛顿理论中, 同一客体的运动状态, 比如速度, 对于不同的观测者是不同的. 重要的是物理规律对于不同的观测者是相同的, 也就是说, 物理规律在伽利略变换下应该是不变的. 牛顿的三大力学定律在伽利略变换下不变, 因此在所有的惯性系中都具有相同的形式. 例如牛顿力学第二定律 $\boldsymbol{F} = m\boldsymbol{a}$ 对所有的观测者都是一样的, 尽管粒子的运动速度对不同的观测者而言有所

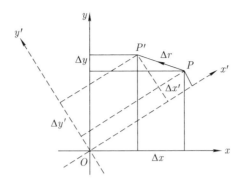

图 1.2　两个参考系 (坐标系) 差一个转动并不会改变空间中两点的距离 (空间间隔). 图中表示的是一个二维转动.

不同, 加速度却是一样的. 更一般地, 伽利略相对性原理认为不止是牛顿的力学规律对不同的惯性系不变, 其他物理规律也应该如此.

19 世纪末, 随着麦克斯韦 (Maxwell) 电磁理论的建立, 人们很快认识到麦克斯韦方程组在伽利略变换下并非不变. 也就是说, 伽利略相对性原理与麦克斯韦理论无法相容. 人们提出各种办法来解决这个问题, 其中包括历史上曾经受到大家重视的以太假定等. 1905 年, 年轻的爱因斯坦提出了狭义相对论, 漂亮地解决了这个问题. 爱因斯坦的解决方案中, 除了相对性原理以外, 还提出了所谓的光速不变原理.

光速不变原理　光在真空中的速度在不同惯性系中保持不变.

光速不变原理通过迈克耳孙–莫雷 (Michelson-Morley) 实验得到了验证. 换句话说, 如果我们坚持认为麦克斯韦方程组在不同惯性系下都取相同的形式, 因此光的传播速度是不变的, 这样我们可以很自然地发现洛伦兹变换 (Lorentz transformation), 从而建立狭义相对论.

简而言之, 爱因斯坦的狭义相对论中仍然坚持相对性原理, 即要求物理规律在不同的惯性系之间应该取相同的形式, 但是时间的超然地位和绝对意义都失去了. 在一个惯性系中两个事件的同时性在另一个惯性系中丢失了. 在狭义相对论中, 时空观发生了革命性的变化, 牛顿力学中的时空观被颠覆, 时间和空间是平等的.

1908 年, 闵可夫斯基 (Minkowski) 指出, 可以利用几何语言很方便地讨论狭义相对论. 在这个框架中, 很容易建立时间与空间的平等地位, 狭义相对论中的时空观得以优美地呈现. 更重要的是, 几何语言在广义相对论的建立中得到进一步发展并发挥了根本性的作用. 下面我们通过几何语言重新梳理爱因斯坦的狭义相对论. 对于狭义相对论的深入介绍, 可参见文献 [3, 7, 25].

1.1.1 洛伦兹变换

在狭义相对论中时间和空间是平等的, 需要一个统一的描述. 在这个描述中, 我们把时间和空间统称为时空. 在一个时空中我们需要定义一些新的概念, 譬如事件 (event) 和世界线 (worldline). 所谓事件, 指的是时空中的一个点, 在某坐标系下用 (t, x, y, z) 来刻画. 所有事件的集合构成了我们的时空. 世界线指的是一个点粒子在时空中的轨迹. 然而, 需要强调的是事件本身与坐标系选择无关, 在不同坐标系下事件的坐标是不同的, 而两个事件间隔有赖于时空的几何以及这两个事件是如何通过曲线相连的, 与坐标系的选择无关.

描述几何的基础是通过微分和积分运算来定义两点间的距离. 对于相隔无穷小的两个点, 可以认为它们是直线相连, 定义线元

$$\mathrm{d}s^2 = \sum_{i,j} g_{ij}\mathrm{d}x^i \mathrm{d}x^j, \tag{1.3}$$

其中 i, j 取决于时空的维度, g_{ij} 称为度规, 其具体形式依赖于坐标的选择. 度规相当于我们取定了测量用的尺子和时钟, 用来测量两点的长度和时间间隔.

例 1.1 二维欧几里得空间 (Euclidean space, 简称欧氏空间) R^2.

(1) 在笛卡儿坐标系 (Cartesian coordinate) 中, $\mathrm{d}s^2 = \mathrm{d}x^2 + \mathrm{d}y^2$.

(2) 在极坐标系中, 令 $x = r\cos\phi, y = r\sin\phi$, 则 $\mathrm{d}s^2 = \mathrm{d}r^2 + r^2\mathrm{d}\phi^2$.

无论用何种坐标系, 线元 $\mathrm{d}s^2$ 是不变的.

在狭义相对论中, 时空是平直的, 称为闵可夫斯基时空, 简称闵氏时空. 如果选取直角坐标 (也称为惯性坐标)

$$x^0 = ct, \ x^1 = x, \ x^2 = y, \ x^3 = z, \tag{1.4}$$

则闵氏时空的线元为

$$\mathrm{d}s^2 = \sum_{\mu,\nu} \eta_{\mu\nu}\mathrm{d}x^\mu \mathrm{d}x^\nu, \quad \mu, \nu = 0, 1, 2, 3, \tag{1.5}$$

其中的度规 $\eta_{\mu\nu}$ 取如下对角的形式[①]:

$$\eta_{\mu\nu} = \begin{pmatrix} -1 & 0 & 0 & 0 \\ 0 & 1 & 0 & 0 \\ 0 & 0 & 1 & 0 \\ 0 & 0 & 0 & 1 \end{pmatrix}. \tag{1.6}$$

[①]在本书中我们对于度规号差的约定是在引力研究中最常用的, 也称为东海岸约定, 即 $(-+++)$. 而在高能物理领域中, 经常使用的度规号差是 $(+---)$, 也称为西海岸约定.

在本书后面的很多讨论中, 我们不加声明地取所谓的自然单位制, 令 $c = 1$. 必要时, 我们通过量纲分析可以把光速放回物理量中.

在本书中, 我们使用爱因斯坦求和规则: 当同一个指标出现在关系式或者方程的同一侧两次时, 默认对这个指标求和. 更准确地说, 求和的这两个指标应该是一个上指标、一个下指标, 但对于平直欧氏空间指标求和时, 在直角坐标系中人们也允许两个指标都在上或下. 由此规则, (1.5) 式的线元可简写为

$$ds^2 = \eta_{\mu\nu}dx^\mu dx^\nu. \tag{1.7}$$

此外我们约定: 使用希腊字母标记指标时, 指标的取值包括时间方向, 如 $\mu = 0, 1, 2, 3$, 其中 $\mu = 0$ 代表时间方向; 而使用拉丁字母标记指标时, 指标取值只包含空间方向, 如 $i = 1, 2, 3$.

在狭义相对论中, 两个惯性系是通过洛伦兹变换而非伽利略变换相联系. 如前所述, 两个相邻事件点如果以直线相连, 则它们的时空间隔为

$$\Delta s^2 = -\Delta t^2 + \Delta x^2 + \Delta y^2 + \Delta z^2, \tag{1.8}$$

与惯性系的选择无关, 因此在洛伦兹变换下不变. 用几何语言, 选择惯性系就是选择直角坐标系, 不同的惯性系之间的变换相当于不同直角坐标系间的变换. 由于时空间隔与坐标系选择无关, 我们来看看什么样的坐标变换是允许的. 利用上面的平直度规, 时空间隔可以写作

$$\Delta s^2 = \eta_{\mu\nu}(\Delta x^\mu)(\Delta x^\nu). \tag{1.9}$$

如果写成矩阵乘法, 时空间隔应该为

$$\Delta s^2 = (\Delta x)^{\mathrm{T}} \cdot \eta \cdot \Delta x, \tag{1.10}$$

即 Δx 是一个列矢量, η 是一个 4×4 矩阵, 而 $(\Delta x)^{\mathrm{T}}$ 是一个行矢量, 上指标 T 代表矩阵的转置. 首先, 这个间隔在时空平移 $x^\mu \to x^{\mu'} = x^\mu + a^\mu$ (其中 a^μ 是常数) 下不变, 该变换相当于时空原点的选择不同. 其次, 考虑在一个转动下

$$x^{\mu'} = \Lambda^{\mu'}{}_\nu x^\nu, \tag{1.11}$$

无穷小位移矢量变换为 $\Delta x^{\mu'} = \Lambda^{\mu'}{}_\nu \Delta x^\nu$. 注意这里的转动矩阵是常数矩阵. 为了使时空间隔不变, 必须要求

$$\eta_{\rho\sigma} = \Lambda^{\mu'}{}_\rho \Lambda^{\nu'}{}_\sigma \eta_{\mu'\nu'}. \tag{1.12}$$

用矩阵语言, 上式可紧凑地记为

$$\Lambda^{\mathrm{T}} \eta \Lambda = \eta. \tag{1.13}$$

这非常类似于在三维欧氏空间 R^3 中的正交群 O(3) 满足的关系式

$$I = R^{\mathrm{T}} I R, \tag{1.14}$$

其中 I 是一个单位矩阵.

简单地说, 一个群是包含单位元的某些元素的集合, 这些元素在乘积运算下封闭且每一个元素都有逆. 保持时空间隔不变的转动 (1.12) 称为洛伦兹转动或者齐次洛伦兹变换, 它们的集合构成一个群, 记作 O(1,3). 从 (1.12) 式中可以发现, 转动矩阵的行列式可以是 ±1.

除了上面的平移和洛伦兹转动以外, 时空间隔在时间反演 $t \to -t$ 或者空间反射 $x^i \to -x^i$ 下也是不变的. 利用这个任意性, 我们只考虑所谓的 "固有洛伦兹变换" (proper Lorentz transformation)

$$\Lambda^0{}_0 \geqslant 1, \quad \mathrm{Det}(\Lambda) = 1. \tag{1.15}$$

可以证明这些变换的集合构成一个群, 记作 SO(1,3), 称作固有洛伦兹群, 常简称为洛伦兹群. 实际上, 从前面对洛伦兹转动的定义可知,

$$(\Lambda^0{}_0)^2 = 1 + \sum_i (\Lambda^i{}_0)^2, \tag{1.16}$$

因此, $|\Lambda^0{}_0| \geqslant 1$, 即 $\Lambda^0{}_0 \geqslant 1$ 或者 $\Lambda^0{}_0 \leqslant -1$. 由于 $\Lambda^0{}_0 = 1$ 代表恒等变换, 连续性要求 $\Lambda^0{}_0 \geqslant 1$. 而另一支 $\Lambda^0{}_0 \leqslant -1$ 对应着与时间反演相关的变换. 同样, $\mathrm{Det}(\Lambda) = 1$ 说明与恒等变换相连, 由连续性自然地要求 $\mathrm{Det}(\Lambda) = 1$. 物理上, 上面的第一个条件意味着不做时间反演, 而第二个条件可以保持光锥条件.

固有洛伦兹群中包含以下元素. 首先, 它包含着通常意义上的洛伦兹变换, 即所谓的洛伦兹 boost. 这种变换牵涉到时间与空间的转动, 对应着不同惯性系间的变换. 比如, 我们考虑 t 方向与 x 方向间的变换, 则转动矩阵为

$$\Lambda = \begin{pmatrix} \cosh\phi & -\sinh\phi & 0 & 0 \\ -\sinh\phi & \cosh\phi & 0 & 0 \\ 0 & 0 & 1 & 0 \\ 0 & 0 & 0 & 1 \end{pmatrix}. \tag{1.17}$$

由此得

$$t' = t\cosh\phi - x\sinh\phi,$$
$$x' = -t\sinh\phi + x\cosh\phi,$$
$$y' = y,$$
$$z' = z.$$

用大家更熟悉的语言, 这个变换实际上就是通常的洛伦兹变换

$$t' = \gamma(t - vx),$$
$$x' = \gamma(x - vt),$$
$$y' = y,$$
$$z' = z,$$

其中

$$v = \tanh\phi, \quad \gamma = \frac{1}{\sqrt{1-v^2}}. \tag{1.18}$$

ϕ 称为快度(rapidity) 参数, γ 称为洛伦兹因子. 如果令 $\phi \to -\phi$, 则我们得到了上述洛伦兹变换的逆变换, 也就是说让速度反向. 如图 1.3 所示, 对于参考系 S 中的观测者而言, 另一个参考系 S' 以速度 v 沿 x 轴正向运动, 则上面的关系告诉我们坐标是如何

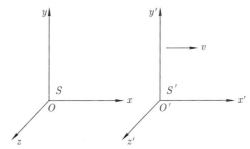

图 1.3 两个参考系 S 和 S' 间差一个沿 x 方向的匀速直线运动.

联系的. 反过来, 对于参考系 S' 中的观测者, 参考系 S 以速度 v 沿 x 轴负向运动, 则坐标间的关系仍然由洛伦兹变换给出, 只不过速度的符号相反, 即

$$t = \gamma(t' + vx'),$$
$$x = \gamma(x' + vt'),$$
$$y = y',$$
$$z = z',$$

这时的洛伦兹变换矩阵记作 $\Lambda_\mu{}^\nu{}'$, 是原来的洛伦兹变换的逆:

$$\Lambda^{\mu'}{}_\nu \Lambda_\mu{}^\sigma{}' = \delta^\sigma_\nu, \tag{1.19}$$

δ^σ_ν 是克罗内克 (Kronecker) δ 函数, 定义为

$$\delta^\sigma_\nu = \begin{cases} 1, & \text{如果 } \sigma = \nu, \\ 0, & \text{如果 } \sigma \neq \nu. \end{cases}$$

此外, 固有洛伦兹群中还包含只有空间转动的子群 SO(3), 来自不同空间方向间的变换. 因此, 固有洛伦兹群共有 6 个生成元, 即三个洛伦兹变换, 来自 $(t,x),(t,y),(t,z)$ 间的变换, 以及三个空间转动, 来自 $(x,y),(x,z),(y,z)$ 间的变换, 与三个欧拉 (Euler) 角一一对应[②]. 实际上, 如果忽略时间方向的特殊性, SO(1,3) 群与 SO(4) 群的生成元数目相同. 一般而言, 对于一个 SO(n) 群, 其生成元的数目为 $n(n-1)/2$.

洛伦兹变换间一般是不可对易的. 换句话说, 两个洛伦兹变换的作用顺序不同, 效果也不同. 这与三维欧氏空间中的转动类似. 用数学的语言, 这意味着洛伦兹群是非阿贝尔的 (non-Abelian). 此外, 洛伦兹群加上时空平移构成一个新的群, 称为庞加莱 (Poincaré) 群. 对洛伦兹群的更多讨论参见本章末的附录.

对于一个沿空间任意方向运动导致的洛伦兹变换, 变换矩阵为

$$\begin{aligned} \Lambda^{0'}{}_0 &= \gamma, \\ \Lambda^{0'}{}_i &= \Lambda^{i'}{}_0 = -\gamma v^i, \\ \Lambda^{i'}{}_j &= \Lambda^{j'}{}_i = (\gamma - 1)\frac{v^i v^j}{|\boldsymbol{v}|^2} + \delta^{ij}, \end{aligned} \tag{1.20}$$

其中的洛伦兹因子 $\gamma = 1/\sqrt{1 - |\boldsymbol{v}|^2}$. 这个变换的逆矩阵可以通过使 $\boldsymbol{v} \to -\boldsymbol{v}$ 来得到.

1.1.2 光锥与因果性

利用几何语言可以很容易理解狭义相对论中的各种物理效应. 首先我们来看狭义相对论中同时性的丢失. 在图 1.4 中, 两个事件 A 和 B 在参考系 (t,x) 中是同时的, 由一条垂直于 t 轴的直线相连, 但在参考系 (t',x') 中这两个事件不再是同时的. 为简单起见, 我们只画出了 (t,x) 两个方向, 并假设洛伦兹变换正好在这两个方向上, 即由 $(t,x) \to (t',x')$. 此外, 我们也可以从图 1.4 中看到, 在不同的惯性系中, 距离和时间间隔是不同的. 仔细的讨论将发现存在时间延长效应和尺缩效应. 然而, 在两个惯性系中, 光速总是一样的:

$$x = \pm t \to x' = \pm t'. \tag{1.21}$$

[②]在本书中, 我们通常称与时间方向相关的转动变换为洛伦兹变换, 即对应于洛伦兹 boost, 而空间方向的转动变换为空间转动.

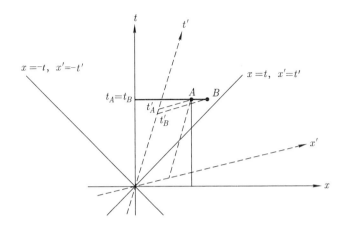

图 1.4 两个参考系 (t, x) 和 (t', x') 间差一个洛伦兹变换. 从图中可以清楚地看出事件点 A 和 B 在 (t, x) 中同时, 但在 (t', x') 中不再同时. 从图中也可以看出对应光子的世界线 $x = \pm t$ 和 $x' = \pm t'$ 重合, 这说明光速在两个参考系中不变.

由于类光曲线在不同惯性系中都是一样的, 我们可以利用它们来定义光锥. 简单地说, 在某一事件点处的光锥是由所有的穿过该事件点的光线形成的曲面. 利用对称性选择球坐标, 我们只须考虑 (t, r) 两个方向. 假定两个事件点间直线传递信号, 即 $\Delta r = v \Delta t$, 其中 v 是传播速度. 由线元 $\Delta s^2 = -\Delta t^2 + \Delta r^2$ 可知, 这两个事件是:

(1) 类空相连的, 如果 $\Delta s^2 > 0$. 这意味着 $v > 1$, 即信息传播速度需要超过光速, 这是不可能的, 所以这两个事件间没有因果关联.

(2) 类时相连的, 如果 $\Delta s^2 < 0$. 这意味着 $v < 1$.

(3) 类光相连的, 或者称为间隔是零的 (null), 如果 $\Delta s^2 = 0$. 这意味着 $v = 1$, 即为光速.

因此, 光锥定义了事件间的因果关系. 如果两个时空点是类空相连的, 那么互相之间没有因果关系. 而如果两个时空点是类时相连的, 则存在因果关联. 如图 1.5 所示, 对于观测者而言, 有未来光锥和过去光锥, 在其中的事件点都和他有因果关联, 而在光锥以外的事件点和他没有因果关联.

一般来说, 简单比较两个事件的先后是没有意义的. 如果两个事件通过类空曲线相联系, 则在不同惯性系中这两个事件的先后会有差别. 这与同时性的丢失是同样的道理. 但如果这两个事件是通过类时曲线相连, 则事件的先后, 即因果性是确定的, 并不会随着惯性系的改变而改变. 这是因为光锥的内外是时空几何的性质, 与惯性系选择无关. 在光锥内部, 我们可以比较时间上的先后, 而在光锥外面则不行.

一个粒子在时空中的运动轨迹称为世界线, 在世界线上每一点的切矢量代表着该

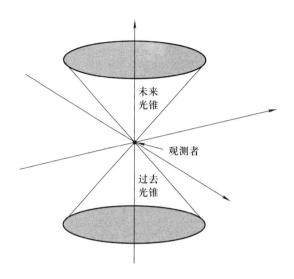

图 1.5   光锥定义了因果关系.

时刻粒子运动的速度. 对于一个有质量粒子而言, 为了保持因果性, 其世界线必须时刻在其光锥中. 换句话说, 其世界线上每点的切矢量都在该点的光锥中. 这样的曲线是类时曲线. 类时曲线定义为曲线上任一点的切矢量都是类时矢量. 如果我们用 $x^\mu(\lambda)$ 来刻画曲线, 其在某点 λ_0 的切矢量为

$$V^\mu(\lambda = \lambda_0) = \left.\frac{\mathrm{d}x^\mu}{\mathrm{d}\lambda}\right|_{\lambda=\lambda_0}, \tag{1.22}$$

则类时曲线意味着在曲线的任一点上都有

$$\eta_{\mu\nu}V^\mu V^\nu < 0. \tag{1.23}$$

而对于无质量粒子, 其世界线上的任意两个事件的时空间隔都是零, 即它总是以光速运动. 这样的世界线称为零曲线或者类光曲线, 在其上的切矢量满足

$$\eta_{\mu\nu}V^\mu V^\nu = 0. \tag{1.24}$$

此外, 在时空中还存在着类空曲线, 它定义为切矢量总是类空矢量的曲线, 即

$$\eta_{\mu\nu}V^\mu V^\nu > 0. \tag{1.25}$$

如图 1.6 所示, 曲线 1 代表有质量粒子的世界线, 而曲线 2 是无质量粒子的世界线.

上面对因果性的讨论看起来是基于两个事件点通过直线相连, 然而这只是为了讨论方便起见, 实际上在闵氏时空中如果两个事件是有因果性的, 则无论用何种连续曲

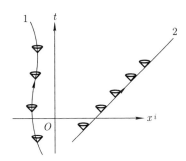

图 1.6 有质量粒子的世界线要求其上每点的切矢量都在该点的光锥内部, 如曲线 1 所示. 而无质量粒子世界线的切矢量包含在该点的光锥面上, 如曲线 2 所示.

线把它们连接起来, 由连续性要求这条曲线一定是类时的. 尽管这条曲线的长度与直线不同, 但在闵氏度规下一定是负的. 同样的道理, 两个没有因果关系的事件只能通过类空曲线相联系.

1.1.3 固有时

在学习狭义相对论中的运动学之前, 我们先回顾一下通常矢量的定义. 在三维欧氏空间中的一个矢量 a 定义为从起点到终点的线段, 具有长度和方向. 同样在闵氏时空 $R^{1,3}$ 中的一个 4-矢量 $\hat{a}$ 也是从一个事件点到另一个事件点. 显然, 无论是矢量还是 4-矢量, 它们都与坐标的选择无关. 但通常为了描述方便, 我们可以选定一个坐标系, 定义沿不同坐标轴的基矢

$$\hat{e}_t, \quad \hat{e}_x, \quad \hat{e}_y, \quad \hat{e}_z. \tag{1.26}$$

在此坐标系中, 4-矢量 $\hat{a}$ 可以通过其在不同坐标轴上的投影来刻画, 即 $\hat{a} = a^\mu \hat{e}_\mu, \mu = 0, 1, 2, 3$, 其中 a^μ 称为 4-矢量的分量. 再次强调: 基矢 $\hat{e}_\mu$ 依赖于坐标系 (惯性系), 而 $\hat{a}$ 不依赖.

通常三维矢量的运算, 除了叉乘以外, 都可以在 4-矢量上定义. 我们常用的标量积满足

(1) $\hat{a} \cdot \hat{b} = \hat{b} \cdot \hat{a}$,

(2) $\hat{a} \cdot (\hat{b} + \hat{c}) = \hat{a} \cdot \hat{b} + \hat{a} \cdot \hat{c}$,

(3) $(c\hat{a}) \cdot \hat{b} = c(\hat{a} \cdot \hat{b})$, 这里 c 是一个常数.

在某坐标系下写成分量的形式, 有

$$\hat{a} \cdot \hat{b} = (a^\mu \hat{e}_\mu) \cdot (b^\nu \hat{e}_\nu) = a^\mu b^\nu (\hat{e}_\mu \cdot \hat{e}_\nu). \tag{1.27}$$

定义在此坐标系下的度规为

$$\eta_{\mu\nu} \equiv \hat{e}_\mu \cdot \hat{e}_\nu, \tag{1.28}$$

则

$$\hat{a} \cdot \hat{b} = \eta_{\mu\nu} a^\mu b^\nu. \tag{1.29}$$

由此可见, 两个矢量的标量积需要通过度规张量来定义. 正如我们所熟知的, 三维中两个矢量的标量积只依赖于矢量的大小和方向, 与坐标系的选择无关. 有时候, 我们也用记号 $<\hat{a}, \hat{b}>$ 来表示矢量 $\hat{a}$ 和 $\hat{b}$ 的标量积.

例如, 对于前面定义的时空间隔, 我们可以把它看作两个无穷小位移 4-矢量 $\Delta\hat{x}$ 的标量积: $(\Delta s)^2 = \Delta\hat{x} \cdot \Delta\hat{x}$, 即 $ds^2 = \eta_{\mu\nu} dx^\mu dx^\nu$.

与三维情形类似, 一旦定义了 4-矢量的标量积, 我们就可以讨论与矢量相关的一些概念:

(1) 矢量的大小. 这由矢量的 "模长" 平方确定, $||\hat{a}||^2 \equiv \hat{a} \cdot \hat{a}$.

(2) 在四维闵氏时空中, 矢量的大小还可以刻画 4-矢量的本性: 模长平方如果为正, 4-矢量是类空的; 模长平方如果为负, 4-矢量是类时的; 模长平方如果为零, 4-矢量是类光的, 或称为零的 (null).

(3) 两个矢量 $\hat{a}, \hat{b}$ 称为正交的, 如果 $\hat{a} \cdot \hat{b} = 0$. 因此, 零矢量与其自身正交.

在测量中, 尺子是测量类空距离的工具, 而时钟是测量类时 "距离" 的工具. 一个观测者携带时钟沿着世界线运动, 时钟测得的 "距离" 就是观测者的固有时 (proper time). 通常在讨论有质量粒子的运动时, 假想有一个时钟伴随着粒子, 从而可以测到这个粒子的固有时. 假定两个事件间通过某类时世界线相连, 两个事件点间的固有时就是一个观测者沿着世界线从一个事件点出发到达另一个事件点所花的时间.

为了更好地理解固有时, 我们需要引进瞬时静止参考系 (instantaneous rest frame, 简记为 IRF) 的概念. 对于粒子而言, 它的运动不见得一定是匀速直线运动, 而可以是时空中任意一条类时曲线. 通常由于粒子的速度随时变化, 我们无法对这个粒子定义一个整体的静止参考系. 然而对于粒子而言, 在某一个时刻或者瞬间, 它的速度可以看作常数, 因此可以定义一个瞬时静止参考系, 也称为共动参考系 (comoving frame). 瞬时静止参考系中粒子总是静止的, 时间的流逝就由固有时来给出.

考虑时空中的一条曲线, 这条曲线由一个参数 λ 来刻画. 在坐标系 $\{x^\mu\}$ 中, 这条曲线或者路径由函数 $x^\mu(\lambda)$ 来描述. 对无穷小位矢而言,

$$dx^\mu = \frac{dx^\mu}{d\lambda} d\lambda. \tag{1.30}$$

因此, 由一条类空曲线连接的两点 A 和 B 的距离为

$$\Delta s = \int_{\lambda_A}^{\lambda_B} \sqrt{\eta_{\mu\nu} \frac{\mathrm{d}x^\mu}{\mathrm{d}\lambda} \frac{\mathrm{d}x^\nu}{\mathrm{d}\lambda}} \mathrm{d}\lambda, \tag{1.31}$$

而由类时曲线连接的两点间的固有时为

$$\Delta \tau = \int_{\lambda_A}^{\lambda_B} \sqrt{-\eta_{\mu\nu} \frac{\mathrm{d}x^\mu}{\mathrm{d}\lambda} \frac{\mathrm{d}x^\nu}{\mathrm{d}\lambda}} \mathrm{d}\lambda. \tag{1.32}$$

这里 λ_A, λ_B 分别是事件点 A, B 在世界线上对应的参数. 显然, 通过世界线相连的两个事件点的时空间隔无论类空还是类时都与坐标系的选择无关, 也与刻画世界线的参数 λ 的选择无关. 也就是说在变换 $\lambda \to f(\lambda)$ 下 (其中 $f(\lambda)$ 是 λ 的任意函数), 时空间隔是不变的. 这个不变性称为世界线的重参数化不变性 (reparametrization invariance). 它来自无论是事件点, 还是世界线, 都独立于坐标系而存在.

我们可以一般性地讨论时间延长效应和尺缩效应. 这里我们讨论时间延长效应. 这要求我们比较固有时和坐标时的关系. 不管取什么坐标系, 总有

$$\begin{aligned} \tau_{AB} = \int_A^B \mathrm{d}\tau &= \int_A^B [\mathrm{d}t^2 - \mathrm{d}r^2/c^2]^{1/2} \\ &= \int_{t_A}^{t_B} \mathrm{d}t'[1 - v^2(t')/c^2]^{1/2}, \end{aligned} \tag{1.33}$$

其中 v 是坐标系 (t, r) 中粒子的速度 (这里为直观, 明显写出了光速 c), 显然,

$$\tau_{AB} < t_B - t_A. \tag{1.34}$$

因此, 除非在与粒子共动的参考系中, 我们发现坐标时总是大于固有时. 这在粒子物理实验中有广泛的应用. 也就是说, 在实验室中看到的粒子寿命总比它的固有寿命要长. 这个事实每天都在宇宙线和加速器实验中通过测量高速不稳定粒子的寿命得到验证.

对于某种不稳定粒子, 其固有寿命 τ_p 是其内禀 (intrinsic) 性质, 可以通过正确的理论计算得到. 考虑大量此种粒子的集合, 经过时间 t 以后, 其中一部分衰变掉了, 衰变的粒子数占总粒子数的比例是 $1 - \exp(-t/\tau_\mathrm{p})$. 如果这种粒子相对于实验室惯性系以速度 v 运动, 则实验室中测得的寿命为

$$\tau_\mathrm{p}(\gamma) = \gamma\tau_\mathrm{p}, \tag{1.35}$$

其中 $\gamma = (1 - v^2/c^2)^{-1/2}$ 是洛伦兹因子. 下面我们以 μ 子 (muon) 为例来说明这个现象.

例 1.2 μ 子寿命实验.

μ 子的主要衰变道是衰变到电子和中微子:

$$\mu^- \to \nu_\mu + e^- + \bar{\nu}_e, \tag{1.36}$$

其固有寿命为 $\tau_\mu = 2.2$ μs. 20 世纪 70 年代末, 在欧洲核子研究中心 (CERN) 的对撞机上产生了大量的高速 μ 子, 其速度接近光速, $v/c \approx 0.9994$, 相应的洛伦兹因子为 $\gamma \approx 29.3$. 探测器中测得的 μ 子寿命为

$$\tau_\mu^+ = (64.419 \pm 0.058)\mu s, \qquad \tau_\mu^- = (64.368 \pm 0.029)\mu s. \tag{1.37}$$

对于反 μ 子 (μ^+),

$$[\tau_\mu^+(1) - \tau_\mu^+(\gamma)/\gamma]/\tau_\mu^+(1) = (2 \pm 9) \times 10^{-4}. \tag{1.38}$$

这与狭义相对论的预言高度一致.

在结束本节之前, 我们讨论一下所谓的 "双生子佯谬". 这个佯谬的简单表述如下: 有一对孪生子 A 和 B. 假设 A 一直待在家里不动, 而 B 乘坐飞船出外旅行, 如图 1.7 所示. 假定他们的饮食、日常生活都完全一样, 只须考虑他们度过的日子. 他们在离开时对好表, 经过若干年后他们重逢, 谁更年轻? 实际上这只需要比较他们相逢时, 各自的表走了多少时间即可, 也就是说比较他们各自的固有时. 由于这时我们考虑的是类时曲线, 两个事件点间曲线比直线的 "长度" 更短. 这是因为我们考虑的是时间, 而非空间距离, 所以与通常欧氏空间中 "两点之间直线最短" 相反, 这里是 "两点之间直线时间间隔最长". 待在家里不动的 A, 其世界线是一条沿时间轴的直线, 因此相逢时他度过的岁月更多. 简而言之, "运动使人年轻".

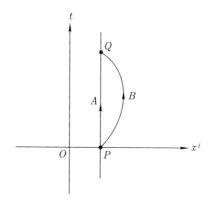

图 1.7 孪生子 A 和 B 在事件点 P 分手, 在事件点 Q 重逢.

1.2　狭义相对论中的运动学

在本节中我们讨论狭义相对论中有质量粒子和无质量粒子的运动学, 以及相关的物理效应. 有质量粒子的运动不必是匀速直线运动, 其世界线只要是类时曲线即可. 我们要讨论的是平直时空中粒子的各种运动.

1.2.1　有质量粒子

对于有质量粒子, 其世界线 (轨道) 可以通过一个单参数函数 $x^\mu(\lambda)$ 来描述. 这里我们已经选定一个坐标系 (惯性系) $\{x^\mu\}$, 而 λ 是一个刻画粒子运动的参数, 其选择有任意性. 对有质量粒子而言, 参数的一个自然选择是粒子的固有时 $\lambda = \tau$. 换句话说, 我们总可以利用描述粒子运动的重参数化不变性, 选择粒子的固有时作为参数, 这为我们研究粒子的运动提供了方便. 在此选择下, 粒子的 4-速度为

$$u^\mu \equiv \frac{\mathrm{d}x^\mu}{\mathrm{d}\tau}, \tag{1.39}$$

它满足归一化条件

$$\hat{u} \cdot \hat{u} = -1, \tag{1.40}$$

即 4-速度是一个模长平方为 -1 的类时矢量. 在粒子的共动参考系中, 粒子总是静止的, 4-速度的取值为

$$u^\mu = (1, 0, 0, 0), \tag{1.41}$$

而在另一个参考系看来, 粒子的运动速度是 $\boldsymbol{v}$, 其 4-速度的取值为

$$u^\mu = \gamma_v(1, \boldsymbol{v}), \tag{1.42}$$

其中 γ_v 是与 $\boldsymbol{v}$ 相关的洛伦兹因子, $\gamma_v = 1/\sqrt{1 - \boldsymbol{v}^2}$.

一个质量为 m 的粒子, 其 4-动量定义为

$$\hat{p} \equiv m\hat{u}, \tag{1.43}$$

其分量为

$$p^\mu = mu^\mu = (E, \boldsymbol{P}), \tag{1.44}$$

其中

$$E = m\gamma = m + \frac{1}{2}mv^2 + \cdots, \tag{1.45}$$

$$\boldsymbol{P} = m\gamma\boldsymbol{v} = m\boldsymbol{v} + \cdots, \tag{1.46}$$

v 是粒子速度. 由 (1.40) 式, 上面的分量满足 (下面两式中明显写出了光速 c)

$$E^2 - \boldsymbol{P}^2 c^2 = m^2 c^4. \tag{1.47}$$

在相对于粒子静止的参考系, 即所谓的共动参考系中,

$$E = mc^2. \tag{1.48}$$

这就是著名的爱因斯坦质能关系. 实际上, 质能关系来自有质量粒子的 4-速度归一化关系. 进一步地, 我们可以定义粒子的 4-加速度

$$a^\mu \equiv \frac{\mathrm{d}u^\mu}{\mathrm{d}\tau} = \frac{\mathrm{d}^2 x^\mu}{\mathrm{d}\tau^2}. \tag{1.49}$$

在狭义相对论中速度的叠加与牛顿力学中不同. 如果粒子的世界线在某参考系 S 中用 $x^i(t), i = 1, 2, 3$ 来描述, 则其在 S 中的坐标速度为

$$u^i = \frac{\mathrm{d}x^i}{\mathrm{d}t}. \tag{1.50}$$

如果参考系 S' 相对于 S 沿 x 方向以速度 v 运动, 如图 1.3 所示, 则在 S' 中, 粒子的速度应该由 $\mathrm{d}x'^i/\mathrm{d}t'$ 来给出. 由

$$\mathrm{d}t' = \gamma(\mathrm{d}t - v\mathrm{d}x), \quad \mathrm{d}x' = \gamma(\mathrm{d}x - v\mathrm{d}t), \quad \mathrm{d}y' = \mathrm{d}y, \quad \mathrm{d}z' = \mathrm{d}z, \tag{1.51}$$

可知

$$\begin{aligned}
u'_x &= \frac{\mathrm{d}x'}{\mathrm{d}t'} = \frac{u_x - v}{1 - u_x v}, \\
u'_y &= \frac{\mathrm{d}y'}{\mathrm{d}t'} = \frac{u_y}{\gamma(1 - u_x v)}, \\
u'_z &= \frac{\mathrm{d}z'}{\mathrm{d}t'} = \frac{u_z}{\gamma(1 - u_x v)}.
\end{aligned} \tag{1.52}$$

显然, 这与牛顿力学中的速度叠加方式不同. 当然, 在速度较小, $v \ll 1$ 时, 上面的速度叠加关系就回到了牛顿力学的情形.

如果我们有三个参考系, 其中 S' 相对于 S 以速度 v 沿 x 轴正向运动, 而 S'' 相对于 S' 以速度 v' 沿 x' 轴正向运动, 则利用洛伦兹变换有

$$\begin{aligned}
t'' &= t\cosh(\phi_v + \phi_{v'}) - x\sinh(\phi_v + \phi_{v'}), \\
x'' &= -t\sinh(\phi_v + \phi_{v'}) + x\cosh(\phi_v + \phi_{v'}), \\
y'' &= y, \\
z'' &= z,
\end{aligned} \tag{1.53}$$

其中 $\phi_v, \phi_{v'}$ 分别是对应着速度 v, v' 的快度参数, $\tanh\phi_v = v$, $\tanh\phi_{v'} = v'$. 上面的变换关系说明参考系 S'' 相对于 S 以速度 $u = \tanh(\phi_v + \phi_{v'})$ 沿 x 轴正向运动. 也就是说, 利用快度参数我们简单地叠加即可: $\phi_u = \phi_v + \phi_{v'}$. 因此

$$u = \tanh(\phi_v + \phi_{v'}) = \frac{\tanh\phi_v + \tanh\phi_{v'}}{1 + \tanh\phi_v \tanh\phi_{v'}} = \frac{v' + v}{1 + v'v}. \tag{1.54}$$

这就是沿同一方向的两个速度的相对论叠加公式.

有一种误解, 好像在狭义相对论中只能讨论匀速运动而不知如何讨论加速运动, 因为加速运动时惯性系仿佛随时都是变化的. 实际上, 我们可以在狭义相对论中自如地讨论平直时空中的各种粒子运动问题. 下面我们先讨论一个最简单的情形: 匀加速直线运动. 在上面的讨论中我们有惯性系 S 和 S', 互相通过洛伦兹变换相联系. 如果一个粒子在 S 中运动, 其坐标速度为 u^i, 则其坐标加速度为

$$a^i = \frac{\mathrm{d}u^i}{\mathrm{d}t}. \tag{1.55}$$

而对于坐标系 S' 的观测者, 它看到的粒子运动速度是 u'^i, 加速度为

$$a'^i = \frac{\mathrm{d}u'^i}{\mathrm{d}t'}. \tag{1.56}$$

由

$$\mathrm{d}t' = \gamma(1 - u_x v)\mathrm{d}t, \tag{1.57}$$

我们就可以得到

$$\begin{aligned}
a'_x &= \frac{1}{\gamma^3(1 - u_x v)^3}a_x, \\
a'_y &= \frac{1}{\gamma^2(1 - u_x v)^2}a_y + \frac{u_y v}{\gamma^3(1 - u_x v)^3}a_x, \\
a'_z &= \frac{1}{\gamma^2(1 - u_x v)^2}a_z + \frac{u_z v}{\gamma^3(1 - u_x v)^3}a_x.
\end{aligned} \tag{1.58}$$

由此可见, 与牛顿力学中伽利略变换下加速度不变不同, 狭义相对论中的加速度不再是不变的. 然而, 加速度仍然有绝对的意义, 因为如果粒子相对于一个观测者没有加速度, 则对另一个观测者也没有加速度, 尽管不同观测者看到的加速度不同.

对于一个沿某条世界线运动的有质量粒子, 在其世界线的任何一个事件点我们都可以定义一个瞬时的惯性系, 这个惯性系相对于原来的坐标系 S 具有的速度正好是粒子在该点的速度 $v = u$. 这样我们就有了一个瞬时静止参考系 (IRF) S', 在其中粒子

看起来是静止的, $u' = 0$. 其次, 由上面对固有时的讨论, 我们知道固有时间隔与 S' 中的坐标时间隔一样, $\Delta\tau = \Delta t'$. 我们考虑一个沿 x 方向的一维运动, 此时有

$$a = (1 - u^2)^{3/2} a', \tag{1.59}$$

其中 a' 是在 IRF 中粒子的静止加速度, 也就是相对于固有时的加速度. 如果我们令 $a' = a_0$ 是一个常数, 就有

$$\frac{\mathrm{d}u}{\mathrm{d}t} = (1 - u^2)^{3/2} a_0. \tag{1.60}$$

如果取初始时刻的速度 $u(t = 0) = 0$, 我们可以对方程 (1.60) 积分, 得到

$$\left(x - x_0 + \frac{1}{a_0} \right)^2 - t^2 = \frac{1}{a_0^2}. \tag{1.61}$$

这是一条双曲线, 也就是说一个做匀加速运动的粒子的轨迹是一条双曲线. 注意, 这里匀加速是相对于固有时而言, 即加速度 4-矢量是常数. 我们可以取粒子的运动原点为 $x_0 = 1/a_0$ (见图 1.8), 则上面的方程可以进一步简化. 为简单起见, 我们讨论 $1 + 1$ 维中这个粒子的世界线

$$t(\sigma) = a_0^{-1} \sinh\sigma, \qquad x(\sigma) = a_0^{-1} \cosh\sigma, \quad -\infty < \sigma < \infty,$$

σ 是描述世界线的参数. 由于这是一条类时曲线, 其上的度规是 $\mathrm{d}\tau^2 = \mathrm{d}t^2 - \mathrm{d}x^2 = (a_0^{-1}\mathrm{d}\sigma)^2$. 由于 τ 与粒子的固有时相关, 通过选定 $\sigma = 0$ 时 $\tau = 0$, 有

$$\tau = a_0^{-1}\sigma. \tag{1.62}$$

利用固有时作为参数, 描述世界线的坐标函数变为

$$t(\tau) = a_0^{-1} \sinh(a_0\tau), \qquad x(\tau) = a_0^{-1} \cosh(a_0\tau). \tag{1.63}$$

粒子的 4-速度 $u^\mu = \dfrac{\mathrm{d}x^\mu}{\mathrm{d}\tau}$ 总与世界线相切,

$$u^t = \cosh(a_0\tau), \qquad u^x = \sinh(a_0\tau), \tag{1.64}$$

满足 $\hat{u} \cdot \hat{u} = -1$. 而在原来的静止坐标系中, 粒子的坐标速度为

$$v^x = \frac{\mathrm{d}x}{\mathrm{d}t} = \tanh(a_0\tau), \tag{1.65}$$

其在 $\tau = \pm\infty$ 时趋于光速. 粒子的 4-加速度为

$$a^t = a_0 \sinh(a_0\tau), \qquad a^x = a_0 \cosh(a_0\tau), \tag{1.66}$$

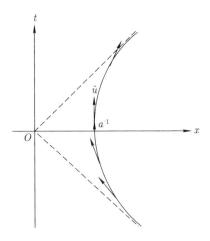

图 1.8 一个沿 x 方向做匀加速运动的粒子的世界线.

其大小

$$a_0 = (\widehat{a} \cdot \widehat{a})^{\frac{1}{2}}. \tag{1.67}$$

因此, 这个粒子的运动确实是一个匀加速运动 (相对于粒子本身的瞬时静止参考系而言).

1.2.2 无质量粒子

由于质量为零, 无质量粒子以光速运动, 其固有时总为零, 因此无法以固有时作为参数来刻画粒子的世界线. 这时, 由于并不存在一个优先的选择, 参数的选择有较大的任意性. 比如, 对于一个沿 x 方向以光速运动的粒子, 其世界线满足

$$x = t, \tag{1.68}$$

一个参数选择是

$$x^\mu = b^\mu \lambda, \qquad b^\mu = (1, 1, 0, 0), \tag{1.69}$$

其中 λ 是实数. 当然还有其他很多参数化方式, 只要满足 $x = t$ 即可, 譬如

$$x^\mu = b^\mu \lambda^3. \tag{1.70}$$

无论何种参数化方式, 粒子的 4-速度总满足 $\widehat{u} \cdot \widehat{u} = 0$, 其中 $u^\mu = \dfrac{\mathrm{d}x^\mu}{\mathrm{d}\lambda}$. 实际上, 即使有很大的自由度, 我们也希望参数化尽量方便使用. 如果参数 λ 满足 $\dfrac{\mathrm{d}\widehat{u}}{\mathrm{d}\lambda} = 0$, 则称其为

仿射参数. 仿射参数化是一种方便的参数化方式. 上面两种参数化方式中, 第一种是仿射参数化, 而第二种不是.

对无质量粒子, 如光子, 其能量与波的频率成正比,

$$E = \hbar\omega, \tag{1.71}$$

而粒子的动量 4-矢量为

$$p^\mu = (E, \boldsymbol{P}) = (\hbar\omega, \hbar\boldsymbol{k}) = \hbar k^\mu, \tag{1.72}$$

其中 k^μ 称为波 4-矢量. 显然

$$\widehat{p} \cdot \widehat{p} = \widehat{k} \cdot \widehat{k} = 0. \tag{1.73}$$

动量 4-矢量和波 4-矢量都与光子的世界线相切:

$$\widehat{p}, \widehat{k} \propto \widehat{u}. \tag{1.74}$$

在仿射参数化中, $\dfrac{\mathrm{d}\widehat{p}}{\mathrm{d}\lambda} = 0$.

下面我们讨论几个与光有关的相对论效应, 更多的关于相对论光学的介绍将在下一节中给出.

例 1.3　流体对光的拖曳效应 (drag effect).

在狭义相对论建立之前, 基于以太的理论在讨论流体中光的传播问题时碰到了很大的麻烦. 考虑一个在长的直管里流动的透明液体, 光在其中的传播受到了拖曳. 1851 年, 菲佐 (Fizeau) 的实验确认了这一事实. 然而, 按照以太理论, 光的传播媒介是以太, 就像声波的传播媒介是空气一样, 因此如果光被流体拖曳那就意味着以太被流体拖曳. 实验表明, 如果存在以太被拖曳的效应, 那只是部分地被拖曳. 如果光在静止液体中的传播速度是 u_0, 液体相对于管道或者实验室的运动速度是 v, 则光相对于实验室的运动速度是

$$u = u_0 + (1 - 1/n^2)v, \tag{1.75}$$

其中 $n = c/u_0$ 是液体的折射系数 (本例中明显写出了光速 c). 这个事实很容易通过狭义相对论中的速度叠加原理得到解释: 光相对于液体的速度是 u_0, 而液体相对于实验室参考系的速度是 v, 则光相对于实验室参考系的速度为

$$u = \frac{u_0 + v}{1 + u_0 v/c^2} \approx (u_0 + v)\left(1 - \frac{u_0 v}{c^2}\right) \approx u_0 + v\left(1 - \frac{u_0^2}{c^2}\right) = u_0 + (1 - 1/n^2)v, \tag{1.76}$$

其中我们忽略了 v^2/c^2 的项. 爱因斯坦在 1905 年给出了狭义相对论中的速度叠加公式, 两年后劳厄 (Laue) 利用这个公式漂亮地解释了光在流体中的拖曳效应.

例 1.4 多普勒频移.

下面我们讨论多普勒频移. 如图 1.9 所示, 考虑一个光源, 在光源所在的参考系, 假定光子沿所有的方向以频率 ω 发射. 假设接收器相对于光源在 x 方向以速度 v 运动. $v > 0$ 代表源和接收器相向运动, 而 $v < 0$ 代表背向运动. 如果光子发射时是沿着与 x 轴成 α 角的方向, 则接收器接收到的光子与 x' 轴成 α' 角. 假定在观测者静止的参考系 S' 中, 观测者观测到的光子具有波 4-矢量

$$k'^{\mu} = \frac{2\pi}{\lambda'}(1, \cos\alpha', \sin\alpha', 0). \tag{1.77}$$

光子在闵氏时空中是以直线运动的, 其 4-动量 $\widehat{k}$ 是一个常矢量, 沿着其世界线保持不变. 换句话说, $\widehat{k}$ 在观测者接收到光子的事件点和在光源发射光子的事件点是一样的. 对光源所在的坐标系而言, 发射的光子具有 4-动量 $k^{\mu} = \widehat{k} \cdot \widehat{e}^{\mu}$, 其中 $\widehat{e}^{\mu}$ 是光源的局域实验室. 因此

$$k^{\mu} = \frac{2\pi}{\lambda}(1, \cos\alpha, \sin\alpha, 0) = \Lambda^{\mu}{}_{\nu} k'^{\nu}, \tag{1.78}$$

其中 λ 是光子的固有波长, 而 λ' 是观测到的波长, 而

$$\Lambda^{\mu}{}_{\nu} = \begin{pmatrix} \gamma & -v\gamma & 0 & 0 \\ -v\gamma & \gamma & 0 & 0 \\ 0 & 0 & 1 & 0 \\ 0 & 0 & 0 & 1 \end{pmatrix}. \tag{1.79}$$

由此我们得到

$$\frac{\lambda'}{\lambda} = \gamma(1 - v\cos\alpha'), \tag{1.80}$$

$$\tan\alpha = \frac{\tan\alpha'}{\gamma(1 - v\sec\alpha')}. \tag{1.81}$$

(1.80) 式实际上就是多普勒效应的公式, 换作频率会更加清楚:

$$\nu' = \frac{\nu}{\gamma(1 - v\cos\alpha')}. \tag{1.82}$$

图 1.9 多普勒效应示意图.

我们先来看接收到的光子频率:

$$\nu' = \nu \frac{\sqrt{1-v^2}}{1-v\cos\alpha'}. \tag{1.83}$$

如果 $v \ll 1$, 则有

$$\nu' \approx \nu(1 + v\cos\alpha'). \tag{1.84}$$

由于 $|\alpha'| \leqslant \pi/2$, 因此

(1) 如果 $v > 0$, 相向运动时接收器接收到的光线频率变高, 即发生蓝移, $\Delta\nu = v\nu\cos\alpha'$,

(2) 如果 $v < 0$, 背向运动时接收到的光线频率变低, 即发生红移, $\Delta\nu = -|v|\nu\cos\alpha'$,

(3) 如果 $\alpha' = \dfrac{\pi}{2}$, 接收到的光线频率变低, 仍是红移, $\Delta\nu \propto v^2$, 此时, 它是横向多普勒频移, 完全由时间延长效应导致.

可见, 光的多普勒频移与声波的多普勒频移类似: 当光与接收器互相接近时, 接收到的光子频率变高, 而互相远离时, 接收到的光子频率变低. 但与声波的多普勒效应不同的是, 由于时间延长效应, 即使是横向移动, 仍然会导致频率改变. 不难发现, 多普勒频移的效应是一阶相对论性效应, 正比于 v, 而时间延长效应是二阶相对论性效应, 正比于 v^2.

特别地, 当 $\alpha' = 0$ 时, 有

$$\nu' = D\nu, \tag{1.85}$$

其中 D 是所谓的多普勒因子,

$$D = \left(\frac{1+v}{1-v}\right)^{1/2}. \tag{1.86}$$

对于一般的情形, 有

$$\nu' = \frac{\nu}{1+z}, \tag{1.87}$$

其中 z 是红移因子, 定义为

$$z = \frac{\lambda_r - \lambda_e}{\lambda_e}, \tag{1.88}$$

λ_r 和 λ_e 分别是接收时和发射时的光子波长.

对于横向多普勒效应, $\alpha' = \pi/2$, 频率的变化为 $\nu' = \nu/\gamma$. 注意在观测者的参考系中光子的运动方向与观测者的速度垂直, 如果用发射器参考系中的角度, 则上面的公式变为

$$\nu' = \nu \frac{1 + v\cos\alpha}{\sqrt{1 - v^2}}. \tag{1.89}$$

在静止参考系中考虑以角速度 ω 转动的圆盘, 光源在中心, 而观测者在圆盘的边缘. 此时, 在静止参考系中看来, 观测者的速度总是与径向方向垂直, 或者说是与光子的运动方向垂直, $\alpha = \pi/2$. 比如说, 假设观测者运动到 $x = 0$ 时, 其运动方向刚好是沿 x 轴, 此时光子的运动是沿 y 轴的. 观测者测量到的光子频率为

$$\nu = \nu_0 \gamma, \tag{1.90}$$

其中 ν_0 是光子的固有频率, 而 γ 中的速度是在圆盘边缘处的线速度 $v = \omega r_0$. 也就是说光子的频率变大了, 光子被蓝移了. 这个效应完全来自时间延长效应. 1960 年, 海伊 (Hay) 等人利用穆斯堡尔 (Mössbauer) 共振测量了这个效应, 理论与实验的偏离只有百分之几.

更一般地, 我们可以假定在圆盘上光源 P_0 所在的位置是半径为 r_0 的地方, 探测器 P_1 在 r_1 的位置, 且它们的连线是在径向方向. 由于在圆盘上光子的运动是直线, 因此每一个从 P_0 到 P_1 的信号都经过相同的时间, 也就是说在实验室参考系中, 在发射器和接收器上的两个连续信号有相同的时间间隔 Δt. 由于光子的运动严格沿着径向方向, 与发射器和探测器的线速度方向垂直, 我们只需要考虑时间延长效应, 因此, 在 P_0 上看到的时间间隔为 $\Delta t \gamma_0$, 在 P_1 上看到的时间间隔为 $\Delta t \gamma_1$, 其中

$$\gamma_i = \frac{1}{\sqrt{1 - (\omega r_i)^2}}, \qquad i = 0, 1. \tag{1.91}$$

所以, 我们发现发射器和接收器观测到的光子频率之比为

$$\frac{\nu_0}{\nu_1} = \frac{\gamma_0}{\gamma_1}. \tag{1.92}$$

利用光源和观测者间的相对运动可以检验时间延长效应. 然而在其中, 由于普通多普勒效应是一级效应, 经常掩盖了时间延长效应, 因此, 我们需要想办法去除多普勒效应的影响. 1938 年, 伊维斯 (Ives) 和斯提瓦尔 (Stilwell) 利用来回运动的离子, 抵消了多普勒效应的影响, 对时间延长效应进行了实验检验. 1985 年, 凯沃洛 (Kaivolo) 等人[③]利用同样的思想, 通过运动的镍原子束以及激光等技术, 检验了时间延长效应, 理

[③]Kaivolo M, et al. Phys. Rev. Lett., 1985, 54: 255.

论和实验的偏差是 4×10^{-5}. 进一步地, 1994 年, 格里泽 (Grieser) 等人[④]把精度提高到 7×10^{-7}.

例 1.5 相对论视差和聚光 (beaming) 效应.

下面我们考虑一下由于相对论效应导致的聚光现象. 依然利用前面的图 1.9, 假定光子发射时与 x 轴成 α 角, 因此

$$\cos \alpha = k^x/\omega, \tag{1.93}$$

其中 k^x 是波矢的 x 分量. 而对观测者而言, 有

$$\cos \alpha' = k'^x/\omega'. \tag{1.94}$$

由 (ω, k^x) 与 (ω', k'^x) 间的洛伦兹变换可以导出 (1.81) 式. 它说明观测到的光子方向与发射时的方向是有差异的, 这称为相对论视差公式. 它实际上可以写作

$$\cos \alpha' = \frac{\cos \alpha + v}{1 + v \cos \alpha}, \tag{1.95}$$

或者

$$\tan \frac{\alpha'}{2} = \left(\frac{1-v}{1+v}\right)^{1/2} \tan \frac{\alpha}{2}. \tag{1.96}$$

如果源与观测者相对运动, 而且光源有一定的大小分布, 比如说一颗恒星, 其不同部位发射的光子都有可能被我们观测到. 如果 $v > 0$, 则 $\alpha' < \alpha$, 而如果 $v < 0$, 则 $\alpha' > \alpha$. 假定光源相对于观测者是迎面而来的, 在其边缘处发射的光子是向前光子 ($|\alpha| < \pi/2$), 这些光子被观测者看到时与 x 轴的夹角变小了, 而整个光源相对于观测者所张的角也变小了, $|\alpha'| < \arccos v$. 当相对运动速度接近光速时 $v \approx 1$, 这个张角将非常小. 因此, 不同方向传播的光子都被源与观测者间的相对运动调在一个方向上了. 这就是所谓的头灯效应 (headlight effect): 一个在其共动参考系中各向同性发射光子的源在高速运动时其所有的辐射看起来就像在一个很窄的锥中. 即使发射并非各向同性的, 这个效应也存在. 这个效应在高加速度带电粒子形成的同步辐射 (synchrotron radiation) 中表现得非常明显.

经验告诉我们, 运动的车辆和人感觉到与地面垂直下落的雨和雪是迎面而来. 上面的 (1.96) 式告诉我们: 两个运动速度不同的观测者看到光, 会出现视差. 这就是光行差效应. 历史上, 布拉得雷 (Bradley) 早在 1728 年就发现了星光的视差: 对不同速度的观测者, 他们看到的光线夹角是不同的. 这验证了哥白尼 (Copernicus) 的论断: 地球是绕太阳运动的, 地球上的人相对于恒星有相对运动, 造成了光行差.

④Grieser R, et al. Appl. Phys. B, 1994, 59: 127.

另一方面, 由多普勒频移, 相对运动的光子频率被蓝移, 而相背运动的光子频率被红移, 因此, 相对运动时辐射的强度更加集中在运动方向上. 一个均匀辐射的物体, 当它相对你运动时, 看起来要亮一些, 而相背你运动时, 看起来要暗一些. 这就是相对论聚光效应. 更准确地, 从上面的讨论中知道, 如果考虑源的静止系中一个无穷小角度, 在实验室观测时会发现该角度变为

$$\delta\alpha \approx D\delta\alpha'. \tag{1.97}$$

由于实验室中的向前光子的角度变小, 而光子数不变, 因此光子的密度增加一个 D^2 因子. 此外, 考虑到多普勒运动造成的光子能量提高至 D 倍, 而单位时间到达的光子数增加至 D 倍, 最终我们发现源的亮度 (由能量流给出) 增加至 D^4 倍:

$$\mathcal{E} = \left(\frac{1+v}{1-v}\right)^2 \mathcal{E}_0. \tag{1.98}$$

因此当光源与我们相向运动时, 观测到的光显得特别刺眼. 更一般地, 如果考虑观测者的运动 (如地球的转动), 则亮度的变化是

$$\mathcal{E} = \left(\frac{1}{1+z}\right)^4 \mathcal{E}_0, \tag{1.99}$$

其中 z 是单色光的红移因子.

例 1.6 康普顿 (Compton) 散射.

最后我们讨论一下光子与电子的康普顿散射, 它在量子力学的发展中有着重要的意义. 考虑光子与电子的散射过程. 我们在电子的共动参考系 S 中讨论问题. 不妨假定光子沿 x^1 方向入射, 它与电子的 4-动量分别为 (本例中明显写出了光速 c)

$$\begin{aligned} p^\mu|_S &= (h\nu/c, h\nu/c, 0, 0), \\ q^\mu|_S &= (m_{\mathrm{e}}c, 0, 0, 0). \end{aligned} \tag{1.100}$$

由于轴对称性, 我们可以假设散射发生在 x^1-x^2 平面中. 散射发生以后, 光子和电子的 4-动量为

$$\begin{aligned} \overline{p}^\mu|_S &= (h\overline{\nu}/c, (h\overline{\nu}/c)\cos\theta, (h\overline{\nu}/c)\sin\theta, 0), \\ \overline{q}^\mu|_S &= (\gamma_u m_{\mathrm{e}}c, \gamma_u m_{\mathrm{e}}u\cos\phi, -\gamma_u m_{\mathrm{e}}\sin\phi, 0), \end{aligned} \tag{1.101}$$

其中 u 是散射后电子获得的速度, 而 θ 和 ϕ 分别是散射后光子和电子的世界线与 x^1 轴的夹角. 由 4-动量守恒

$$p^\mu + q^\mu = \overline{p}^\mu + \overline{q}^\mu, \tag{1.102}$$

我们得到

$$
\begin{aligned}
h\nu/c + m_{\mathrm{e}}c &= h\overline{\nu}/c + \gamma_u m_{\mathrm{e}}c, \\
h\nu/c &= (h\overline{\nu}/c)\cos\theta + \gamma_u m_{\mathrm{e}}u\cos\phi, \\
0 &= (h\overline{\nu}/c)\sin\theta - \gamma_u m_{\mathrm{e}}u\sin\phi.
\end{aligned} \tag{1.103}
$$

从上面的三个方程中去掉 u 和 ϕ, 我们发现

$$
\overline{\nu} = \nu\left(1 + \frac{h\nu}{m_{\mathrm{e}}c^2}(1 - \cos\theta)\right)^{-1}. \tag{1.104}
$$

这给出了入射光子与出射光子频率随出射角的变化关系. 通过在不同角度观测光子, 可以很好地验证上面的关系.

1.2.3 狭义相对论中的动力学

在本节的最后, 我们讨论一下狭义相对论中的动力学. 牛顿第一定律告诉我们, 在没有外力的情况下, 物体将保持静止或者匀速直线运动状态. 这个定律的相对论推广很简单, 即在没有外力时, 4-速度不随时间变化,

$$
\frac{\mathrm{d}\widehat{u}}{\mathrm{d}\tau} = 0. \tag{1.105}
$$

牛顿第二定律说, 物体的运动加速度与外力成正比,

$$
\boldsymbol{F} = m\boldsymbol{a}. \tag{1.106}
$$

这个定律没有第一原理的推导, 必须当作先验公式予以接受. 其可能的相对论性推广是什么呢? 有几点基本要求:

(1) 必须满足相对性原理, 换句话说, 其在不同参考系下应有相同的形式;

(2) 当外力为零时, 必须回到第一定律, 即 (1.105) 式;

(3) 当速度远小于光速时, 应能回到牛顿第二定律.

由此, 我们可以猜测其可能的形式为

$$
\widehat{f} = m\frac{\mathrm{d}\widehat{u}}{\mathrm{d}\tau} = m\widehat{a}, \tag{1.107}
$$

其中 m 是静止质量, $\widehat{f}$ 称为 4-力矢量. 注意, 由于 4-加速度与 4-速度正交, 我们总有 $\widehat{f}\cdot\widehat{u} = 0$.

尽管牛顿第二定律是没有推导的, 第一定律却可以从作用量原理来很好地理解. 考虑一个自由粒子, 其世界线使两个类时相隔的点 A 和 B 间固有时取极值 (实际上

是最大值). 从 A 到 B 的任意类时曲线的固有时为

$$\tau_{AB} = \int_A^B d\tau, \tag{1.108}$$

其中的线积分是沿着某类时曲线 $x^\mu(\lambda)$, 由 $A = x^\mu(\lambda = 0)$ 积到 $B = x^\mu(\lambda = 1)$. 因此

$$\tau_{AB} = \int_0^1 d\lambda \left(\left(\frac{dt}{d\lambda} \right)^2 - \left(\frac{dx}{d\lambda} \right)^2 - \cdots \right)^{1/2}. \tag{1.109}$$

考虑端点 A 和 B 固定时所有可能的曲线, 找出其中固有时取极值的. 这相当于上面的积分对 $\delta x^\mu(\lambda)$ 做变分. 问题类似于分析力学中的作用量原理. 此时的作用量是一个一阶积分 $I = \int d\lambda L$. 如我们所知, 对此作用量的变分将得到欧拉–拉格朗日 (Euler-Lagrange) 方程

$$-\frac{d}{d\lambda} \left(\frac{\partial L}{\partial (dx^\mu/d\lambda)} \right) + \frac{\partial L}{\partial x^\mu} = 0. \tag{1.110}$$

对于我们面对的情况, 这个方程给出

$$\frac{d^2 x^\mu}{d\tau^2} = 0, \tag{1.111}$$

这正好是粒子做匀速直线运动满足的方程. 简而言之, 粒子的作用量原理要求粒子做匀速直线运动, 即符合牛顿第一定律. 后面我们将看到如何把这个图像推广到弯曲时空中粒子的运动.

1.3　观测者和观测

在相对论中, 我们需要很好地定义观测者及其观测. 同一物理现象, 不同的观测者可以有不同的观测结果, 这就是相对论的实质. 首先, 我们先定义观测的具体操作. 一个观测是基于观测者所在实验室. 实验室就是观测者的共动参考系. 换句话说, 由于观测者在时空中有自己的世界线, 我们需要通过其世界线来确定其实验室.

(1) 在实验室中, 观测者携带的钟定义了时间方向:

$$\widehat{e}_0 = \widehat{u}_{\text{obs}} = 观测者 (有质量粒子) 的 4\text{-速度}.$$

(2) 其他空间方向要求与时间方向正交, 并且互相正交归一:

$$\widehat{e}_i \cdot \widehat{e}_0 = 0, \qquad \widehat{e}_i \cdot \widehat{e}_j = \delta_{ij}. \tag{1.112}$$

通常, $\widehat{e}_a$ 称为标架 (tetrad) 矢量. 注意, 这里的下指标并不代表分量, 而是指不同的标架 4-矢量.

例 1.7 前面讨论的沿 x 方向匀加速运动的飞船上, 可以建立如下实验室:

$$(\widehat{e}_0(\tau))^\mu = (\cosh(a\tau), \sinh(a\tau), 0, 0),$$
$$(\widehat{e}_1(\tau))^\mu = (\sinh(a\tau), \cosh(a\tau), 0, 0),$$
$$(\widehat{e}_2(\tau))^\mu = (0, 0, 1, 0),$$
$$(\widehat{e}_3(\tau))^\mu = (0, 0, 0, 1).$$

可以看到飞船的时间和第一空间方向是随固有时变化的.

当需要测量的粒子的世界线正好与观测者的世界线在某事件点 P 相交时, 我们在 P 处可以对粒子的性质进行观测, 如图 1.10 所示. 所谓的观测是指相对于观测者的实验室 (共动参考系) 中的钟和空间轴而言. 在事件 P 处观测者所做的任何测量结果由物理量 (矢量和张量) 在标架矢量上的投影给出. 也就是说, 这些物理量与标架矢量的标量积给出观测结果. 如果粒子的 4-动量为 $\widehat{p}$, 观测者观测到的粒子的能量和动量分别为

$$E_{\mathrm{obs}} = -\widehat{p} \cdot \widehat{e}_0, \qquad \boldsymbol{P}_{\mathrm{obs}}^i = \widehat{p} \cdot \widehat{e}_i, \tag{1.113}$$

即粒子 4-动量沿标架 4-矢量 $\{\widehat{e}_a\}$ 的投影, 或者说与标架 4-矢量的标量积. 不难看出, 这里的定义并不要求观测者做匀速运动, 因此可以有广泛的应用. 实际上, 它只依赖于观测者的共动参考系的定义. 我们将看到这个定义可以应用到弯曲时空中的测量. 其次, 注意到上面的观测量最终都是由标量积所定义, 因此最终对能量和动量分量的测量结果与坐标系的选择无关. 请思考, 对其他的张量又如何呢?

图 1.10 观测是相对于观测者的共动参考系而言.

在上面的讨论中, 很容易发现对类空基矢的选择并不唯一, 有相当大的自由度, 只需要与类时矢量正交. 实际上, 我们可以对三个类空基矢进行任意旋转, 所以有 SO(3) 旋转自由度. 当然, 不同的选择并没有绝对的意义. 然而, 重点是一旦选定基矢, 我们不希望在下一个时刻有更多的选择性存在. 也就是说, 我们希望在上一时刻选定了基矢, 下一时刻的基矢与它有自然的过渡, 这个过渡仅由观测者的运动确定. 在这样一个 "非转动" 标架上, 基矢的变化由类时矢量 $\hat{u}$ 的变化率确定, 而没有额外转动的影响. 换句话说, 我们允许由 4-速度 $\hat{u}$ 和 4-加速度 $\hat{a}$ 定义的平面上无法避免的转动, 但排除通常三维空间矢量上的转动. 因此, 我们要求标架基矢的变化满足下面两个要求:

(1) 如果 $\hat{e}_a$ 在 $\hat{u}$ 和 $\hat{a}$ 定义的平面上, 基矢的变化是某种线性变换;

(2) 如果 $\hat{e}_a$ 在其他平面, 特别是任何类空平面上, 基矢不会有任何转动.

满足这两个要求的唯一可能性是

$$\frac{\mathrm{d}\hat{e}_a}{\mathrm{d}\tau} = -(\hat{u}\cdot\hat{e}_a)\hat{a} + (\hat{a}\cdot\hat{e}_a)\hat{u}. \tag{1.114}$$

实际上, 上面的标架基矢可以换成任何其他矢量. 任何矢量如果沿粒子的世界线依照上面的关系变换, 则称其为沿着世界线做费米–沃克尔 (Fermi-Walker) 移动[⑤]. 这个关系告诉我们一旦在某事件点选定了一组标架基矢, 这组标架基矢在随后的时间中随着观测者的运动是如何变化的. 如果某标架基矢 $\hat{e}_a$ 同时与 $\hat{u}$ 和 $\hat{a}$ 正交, 则其变化率为零, 即保持不变. 而对于类时基矢, 其随世界线的变化为 $\frac{\mathrm{d}\hat{e}_0}{\mathrm{d}\tau} = \hat{a}$, 即由 4-加速度确定, 这与 4-加速度的定义相洽.

上面的讨论实际上依赖共动参考系的建立以及共动参考系中的理想钟. 如果观测者加速过快就有可能带来麻烦. 比如测量一个完整的光波时, 所需要的时间是 $\Delta t \propto 1/\nu$, 而观测者在此期间位置的变化为 $\frac{1}{2}a(\Delta t)^2 \approx \frac{1}{2}a\frac{1}{\nu^2}$, 其中 a 是观测者的加速度. 这个变化与光子的波长相比必须可以忽略, 这就要求 (明显写出光速 c)

$$a \ll 2c\nu. \tag{1.115}$$

同样, 对做加速运动的源也有类似的限制.

下面我们利用上面定义的观测来讨论一些物理过程, 从而显示这种定义给我们带来的方便.

例 1.8 运动粒子的能量.

考虑一个稳态粒子, 而观测者相对它以速度 v 运动, 观测者测得粒子的能量可以通过洛伦兹变换来得到. 这里我们选定相对粒子不动的坐标系, 因此粒子的 4-动量为

[⑤]关于如何沿世界线上移动矢量从而定义合法的导数运算等问题将在后面的章节中系统地讨论.

$p^\mu = (m, 0, 0, 0)$. 而观测者实验室的时间方向是 $e_0^\mu = u_{\text{obs}}^\mu = (\gamma, v\gamma, 0, 0)$. 由上面的讨论, 观测到的能量是

$$E = -\widehat{p} \cdot \widehat{e}_0 = m\gamma, \tag{1.116}$$

这与我们通常假定观测者静止的参考系来做观测得到的结果一致. 注意 4-动量和基矢间的标量积是一个标量, 不随参考系的选择而变化. 显然, 我们可以选定观测者保持静止的参考系, 而考虑粒子做匀速运动, 最终得到的结果是一样的.

例 1.9 匀加速观测者看到的光子频率.

考虑一颗位于参考系原点的稳定恒星发出光, 而观测者在一个以匀加速 a_0 前进的飞船中. 如果 $\omega_\star$ 是恒星参考系中光子的频率, 而光子的运动是沿着正 x 轴, 其 4-动量为

$$p^\mu = (\hbar\omega_\star, \hbar\omega_\star, 0, 0). \tag{1.117}$$

观测者的世界线在前面已讨论过, 为 $(t, x, y, z) = (a_0^{-1}\sinh(a_0\tau), a_0^{-1}\cosh(a_0\tau), 0, 0)$. 由 $E = -\widehat{p} \cdot \widehat{u}$, 且 $E = \hbar\omega$, 我们知道测得的光子频率为

$$\omega(\tau) = \hbar^{-1}(p^t u^t - p^x u^x) = \omega_\star(\cosh(a_0\tau) - \sinh(a_0\tau)) = \omega_\star \mathrm{e}^{-a_0\tau}. \tag{1.118}$$

如果飞船有初速度沿着负 x 轴方向飞, 但加速度是沿着正 x 轴方向, 则在转向前, 飞船是向着恒星飞, 观测到的光子频率蓝移, 因为 $\tau < 0$. 而在晚期转向以后, 飞船离恒星越来越远, 观测到的光子频率红移. 注意, 与前面讨论多普勒频移时不同, 由于观测者在做匀加速运动, 蓝移和红移因子都是指数的形式. 观测者转向以后, 他看到的恒星发出的光变红, 加速度越大, 变红得越快. 这里的一个典型时间尺度是 $\Delta\tau \approx 1/a_0$.

实际上, 对于匀加速观测者来说, 存在视界 (horizon), 观测者无法看到视界之后的时空. 我们通过图 1.11 来说明. 假定光源 (恒星) A 在原点处保持不动, 但稳定地发光, 其世界线在恒星的静止惯性系中就是沿着 $x = 0$ 的时间轴. 而观测者 B 在飞船的舰桥上, 飞船在 $x = 1/a_0$ 处转向, 以匀加速沿着正 x 轴远离恒星. 注意在飞船转向时观测者看到的光实际上是恒星在 $t_0 = -1/a_0$ 时刻发出的, 经过时间 $\Delta t = 1/a_0$ 后, 观测者再也看不到恒星的星光, 因为在 $t = 0$ 时发出的光线是双曲线的渐近线, 无法与观测者的世界线相交, 也就是说 $t = 0$ 之后恒星发出的光再也到达不了飞船. 因此, $x = t$ 相对于观测者来说是一个视界, 意味着在这个面左边发生的一切事件都不可能被观测者 B 看到. 这个视界称为加速视界, 它是个零曲面, 其法矢量是一个零矢量. 更一般地, 对任意一个做匀加速运动的观测者而言, 都存在一个视界.

这个视界的存在有着重要的物理意义. 经典上看, 观测者对于时空的某一部分无法做观测, 这完全来自观测者自己的运动状态. 这说明, 不同的观测者对时空的感观是

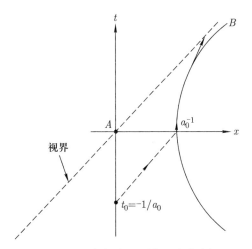

图 1.11 对于匀加速观测者而言存在视界.

不一样的. 如果考虑量子力学效应, 这个匀加速运动的观测者将感觉到自己处于一个温度与加速度成正比的热库中. 这种量子现象称为盎鲁 (Unruh) 效应.

例 1.10 爱因斯坦圆盘.

如图 1.12 所示, 考虑光子的接收器和发射器都在一个半径为 r 的圆盘边界上, 这个圆盘以常角速度 ω 转动. 如果发射器发射光子被接收器收到, 可能的红移因子是多少? 如何依赖于 ω, r?

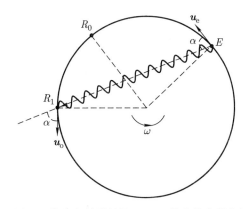

图 1.12 爱因斯坦圆盘. 图中 E 代表发射器的位置, R_0 代表接收器的初始位置, 而 R_1 代表接收到光子时接收器的位置. 从 E 到 R_1 是光子的 4-动量方向. α 是发射器的 3-速度和光子运动方向的夹角, 也是接收器 3-速度和光子运动方向的夹角.

解 令 $\hat{u}_{\mathrm{e}}$ 是发射的 4-速度, $\hat{u}_{\mathrm{o}}$ 为观测者 (接收器) 的 4-速度, 而 $\hat{p}$ 为光子的

4-动量. 我们知道发射光子的能量为

$$E_{\mathrm{e}} = -\widehat{p} \cdot \widehat{u}_{\mathrm{e}}, \tag{1.119}$$

而观测到的光子能量为

$$E_{\mathrm{o}} = -\widehat{p} \cdot \widehat{u}_{\mathrm{o}}, \tag{1.120}$$

则

$$\frac{\lambda_{\mathrm{o}}}{\lambda_{\mathrm{e}}} = \frac{E_{\mathrm{e}}}{E_{\mathrm{o}}} = \frac{-\widehat{p} \cdot \widehat{u}_{\mathrm{e}}}{-\widehat{p} \cdot \widehat{u}_{\mathrm{o}}} = \frac{p^0 u_{\mathrm{e}}^0 - \boldsymbol{p} \cdot \boldsymbol{u}_{\mathrm{e}}}{p^0 u_{\mathrm{o}}^0 - \boldsymbol{p} \cdot \boldsymbol{u}_{\mathrm{o}}}. \tag{1.121}$$

由于圆盘做匀角速度转动, 发射器和接收器的速度大小为 $|v| = \omega r$, 是一个常数. 因此, 4-速度的空间分量的大小为 $|\boldsymbol{u}_{\mathrm{e}}| = |\boldsymbol{u}_{\mathrm{o}}| = v\gamma$. 由 4-速度的归一化条件, 我们知道 $u_{\mathrm{e}}^0 = u_{\mathrm{o}}^0 = \gamma$. 此外, 利用圆上切线与圆上弦的夹角等于它们所夹弧的弧度的一半, 我们发现 $\boldsymbol{u}_{\mathrm{e}}$ 与 $\boldsymbol{p}$ 的夹角等于 $\boldsymbol{u}_{\mathrm{o}}$ 与 $\boldsymbol{p}$ 的夹角, 这样

$$\boldsymbol{p} \cdot \boldsymbol{u}_{\mathrm{e}} = \boldsymbol{p} \cdot \boldsymbol{u}_{\mathrm{o}}. \tag{1.122}$$

因此, 我们最终发现

$$\frac{\lambda_{\mathrm{e}}}{\lambda_{\mathrm{o}}} = 1, \tag{1.123}$$

也就是说此时没有红移, 即接收到的光子频率和发射的光子频率相同.

* 附录 1.1   洛伦兹群的进一步介绍

前面的讨论中, 我们已经定义了一般意义上的洛伦兹群是一个保持闵氏时空线元不变的群, 即

$$\Lambda^{\mathrm{T}} \eta \Lambda = \eta, \tag{1.124}$$

其中 η 是对角矩阵 $\mathrm{diag}(-1, 1, 1, 1)$, 而 Λ 是一个矩阵. 如果进一步要求

$$\Lambda^0{}_0 \geqslant 1, \quad \det(\Lambda) = 1, \tag{1.125}$$

满足上面关系的矩阵构成 $\mathrm{SO}(1, 3)$ 群, 称为固有洛伦兹群, 或者简称为洛伦兹群. 洛伦兹群的生成元有 6 个, 其中 3 个与纯粹三维空间转动群的生成元对应, 而另外 3 个与

在不同方向上的洛伦兹变换有关. 它们满足的李代数对易关系如下:

$$[J_x, J_y] = \mathrm{i}J_z \quad \text{(及其轮换)},$$
$$[K_x, K_y] = -\mathrm{i}J_z \quad \text{(及其轮换)},$$
$$[J_x, K_y] = \mathrm{i}K_z \quad \text{(及其轮换)},$$
$$[J_x, K_x] = 0 \quad \text{(等等)},$$

或者, 更简洁地,

$$[J_i, J_k] = \mathrm{i}\varepsilon_{ikm}J_m, \quad [J_i, K_k] = \mathrm{i}\varepsilon_{ikm}K_m, \quad [K_i, K_k] = -\mathrm{i}\varepsilon_{ikm}J_m, \quad (1.126)$$

其中 K_i 是洛伦兹变换的生成元, 而 J_i 是通常三维转动的生成元, ε_{ikm} 是三维平直空间中的列维–齐维塔 (Levi-Civita) 符号.

实际上, 洛伦兹群与 $\mathrm{SL}(2, C)$ 群是同态的. 对于四维闵氏时空中的一个矢量 $x^\mu = (t, x, y, z)$, 我们可以构造一个 2×2 自伴 (厄米) 矩阵

$$X = \begin{pmatrix} t + z & x - \mathrm{i}y \\ x + \mathrm{i}y & t - z \end{pmatrix}, \tag{1.127}$$

易见 $X^\dagger = X$, 且

$$\det X = t^2 - x^2 - y^2 - z^2. \tag{1.128}$$

这个矩阵也可以利用单位矩阵和泡利 (Pauli) 矩阵来展开:

$$X = te + x\sigma_1 + y\sigma_2 + z\sigma_3, \tag{1.129}$$

其中

$$e = \begin{pmatrix} 1 & 0 \\ 0 & 1 \end{pmatrix}, \quad \sigma_1 = \begin{pmatrix} 0 & 1 \\ 1 & 0 \end{pmatrix}, \quad \sigma_2 = \begin{pmatrix} 0 & -\mathrm{i} \\ \mathrm{i} & 0 \end{pmatrix}, \quad \sigma_3 = \begin{pmatrix} 1 & 0 \\ 0 & -1 \end{pmatrix}. \tag{1.130}$$

令 L 是一个 2×2 复矩阵, 它对 X 的作用是

$$X \to LXL^\dagger. \tag{1.131}$$

它诱导了一个对矢量 x^μ 的变换 $x^\mu \to \varphi(L)x^\mu$. 由于

$$\det(LXL^\dagger) = |\det(L)|^2 \det X, \tag{1.132}$$

如果 L 是一个行列式为 1 的矩阵, 即 $L \in \mathrm{SL}(2, C)$, 则它保持矢量 x^μ 的长度不变, 所以, 变换 $\varphi(L)$ 是一个洛伦兹变换.

从洛伦兹群的定义可见, 矩阵 Λ 的行列式可以是 $+1$ 或者 -1. 如果是 -1, 这些群元在群流形上无法通过连续曲线与单位元相连. 对于类时矢量, 洛伦兹群的元素总是保持其大小不变. 类时矢量中的零 (时间) 分量可正可负, 而一般洛伦兹群的元素可以使其变号而不破坏矢量的大小. 然而这个元素如果可与单位元相连, 则不会改变类时矢量零分量的符号. 这些元素构成了固有洛伦兹群, 它们的行列式取 $+1$, 而且保持类时矢量的向前光锥, 也就是说要求

$$\Lambda_0^0 \geqslant 1, \quad \det(\Lambda) = 1. \tag{1.133}$$

在此条件下, 类时矢量经过洛伦兹变换其零分量的符号不会发生变化, 如果变换前指向未来, 则变换后还是指向未来.

空间反射 (或称宇称变换) 在四维中可以由如下矩阵表示:

$$I_{\mathrm{s}} = \begin{pmatrix} 1 & 0 & 0 & 0 \\ 0 & -1 & 0 & 0 \\ 0 & 0 & -1 & 0 \\ 0 & 0 & 0 & -1 \end{pmatrix}, \tag{1.134}$$

它与时间反演、固有洛伦兹群元以及它们之间的乘积一起可以构成一个群, 称为完全洛伦兹群 (complete Lorentz group). 显然, 空间反射与固有洛伦兹群的一个元素相乘, 其行列式为 -1. 易见, 空间反射与所有的空间转动生成元对易, 而当它作用在洛伦兹变换生成元时,

$$I_{\mathrm{s}} K_i I_{\mathrm{s}}^{-1} = -K_i. \tag{1.135}$$

这很容易理解, 空间反射使 K_i 中与空间相关的部分反号.

固有洛伦兹群加上 4 个方向的平移构成了固有庞加莱群. 庞加莱群的生成元包括 6 个转动生成元和 4 个平移生成元, 共 10 个生成元. 而前面介绍的伽利略变换包括三维转动、速度平移和 4 个方向的平移, 也有 10 个生成元. 可以证明所有的伽利略变换也构成一个群, 称为伽利略群. 在非相对论极限下, 庞加莱群可以约化为伽利略群.

<h1 align="center">习　　题</h1>

1. 证明洛伦兹变换是仅有的保持线元不变的非奇异坐标变换.
2. $\mathrm{SO}(n, m)$ 群的生成元的个数是多少?

3. 证明在非相对论极限下庞加莱群可以约化为伽利略群.

4. 证明一个类时矢量和一个零矢量不可能是正交的.

5. 证明 $\dfrac{\mathrm{d}^3 p}{E}$ 和 $\int \mathrm{d}^3 x \mathrm{d}^3 p$ 是洛伦兹不变的.

6. 考虑一个假想的粒子, 其运动速度超过光速, 这种粒子称为快子.

   (1) 考虑快子的世界线, 其切矢量为 $u^\mu = \mathrm{d}x^\mu/\mathrm{d}s$, 其中 $\mathrm{d}s$ 是沿世界线的类空间隔. 证明 $u^\mu u_\mu = 1$, 并利用 3-速度 $\boldsymbol{v}$ 来表达 u^μ.

   (2) 证明如果快子在一个参考系中运动得比光速快, 则它在任何由洛伦兹变换相联系的惯性系中也超光速.

   (3) 定义 $p^\mu = mu^\mu$, 给出能量与 3-动量间的关系.

   (4) 证明在某惯性系中, 快子的能量是负的.

   (5) 考虑过程 $a \to a + t$, 其中 a 是普通粒子, t 是快子, 证明此过程与能量、动量守恒不矛盾. 这表明一个有快子的世界是不稳定的.

7. 在欧洲核子研究中心 LEP 粒子加速器中, 电子和正电子沿相反方向绕半径为 10 km 的圆环分别以 100 GeV 能量运动.

   (1) 这些粒子的运动速度与光速的比值是多少?

   (2) 电子和正电子可以在环中待 2 h, 它们可以绕环运动多少圈?

8. 仔细推导多普勒效应和相对论聚光效应里的公式.

9. 利用观测者和观测的定义, 证明圆盘边缘观测者接收到的原点处发出的光子频率被蓝移了.

10. 如果有两个观测者, 他们在某事件处相遇时分别具有 4-速度 $\hat{u}_1$ 和 $\hat{u}_2$, 此时他们互相看对方都具有一个 3-速度, 大小为 v, 请证明

$$v^2 = \frac{(\hat{u}_1 \cdot \hat{u}_2)^2 - 1}{(\hat{u}_1 \cdot \hat{u}_2)^2}. \tag{1.136}$$

11. 考虑一个粒子的 4-动量为 $\hat{p}$, 而观测者的 4-速度为 $\hat{u}$. 证明如果粒子经过观测者的实验室, 测得的 3-动量的大小是

$$|\boldsymbol{p}| = [(\hat{p} \cdot \hat{u})^2 + (\hat{p} \cdot \hat{p})]^{1/2}.$$

12. 证明一个电子和一个正电子湮灭时, 放出不止一个光子.

13. 当一个光子与一个运动速度接近光速的粒子发生散射时, 逆康普顿散射将会发生. 假设粒子的静止质量为 m_0, 具有总能量 E, 它与一个能量为 E_γ 的光子碰撞.

    (1) 证明散射光子的能量为

$$E \left(1 + \frac{m_0^2 c^4}{4 E E_\gamma} \right)^{-1}. \tag{1.137}$$

(2) 极高能宇宙线的能量可以达到 10^{20} eV, 那么一个具有如此高能量的质子宇宙
线将传递给微波背景辐射中的光子多少能量?

14. 证明当一个光子被一个沿与其镜面平行方向运动的镜子反射时, 入射角等于反射
角.

15. 一个平面镜沿着与镜面垂直的方向以常速度 v 运动. 一束频率为 ν_i 的光以入射角
ϕ_i 与镜面发生碰撞, 反射角为 ϕ_o, 反射光子的频率为 ν_o. 证明

$$\frac{\tan \frac{1}{2} \phi_i}{\tan \frac{1}{2} \phi_o} = \frac{c+v}{c-v}, \qquad \frac{\nu_o}{\nu_i} = \frac{\sin \phi_i}{\sin \phi_o}. \tag{1.138}$$

16. 火箭通过喷射燃料来获得加速度. 假设在火箭的共动参考系中燃料的喷射速度是
一个常数 u, 火箭从静止加速到速度 V. 利用能量和动量守恒求出火箭达到速度 V
时的静止质量与最初的静止质量之比. (燃料应计入静止质量中)

17. 一艘飞船在某参考系 S 中以变速 $u(t)$ 运动. 一个在飞船中的观测者测量飞船的固
有加速度是 $f(\tau)$, 其中 τ 是固有时. 假设在 $\tau = 0$ 时飞船在 S 中的速度是 u_0.

(1) 证明

$$\frac{u(\tau) - u_0}{1 - u(\tau) u_0 / c^2} = c \tanh \psi(\tau), \tag{1.139}$$

其中 $c\psi(\tau) = \displaystyle\int_0^\tau f(\tau') \mathrm{d}\tau'.$

(2) 证明飞船的速度不可能超过光速.

18. 接上题, 假设飞船的固有加速度是常数 f, 而飞船在 $t = \tau = 0$ 时离开基地, 并沿直
线前进.

(1) 证明在 $t = c/f$ 以后基地的信号再也无法到达飞船.

(2) 证明基地发出的光信号到达飞船时越来越被红移.

(3) 如果这个固有加速度是地球引力加速度 $g = 9.8$ m/s^2, 而飞船要到达离基地
10 ly 的一颗恒星, 那么用飞船上的钟测量需要花多长时间?

(4) 在上一问中如果飞船飞到一半时以相反的加速度减速到达恒星, 然后以相同的
方式返回基地, 则飞船上的观测者测到的时间是多少? 基地上的时钟又已经过
了多少年?

19. 假定一个静止质量为 m_0 的粒子受到 4-力 $\hat{f}$ 的作用, 证明相应的 3-力 $\boldsymbol{f}$ 满足

$$\boldsymbol{f} = \gamma_u m_0 \boldsymbol{a} + \frac{\boldsymbol{f} \cdot \boldsymbol{u}}{c^2} \boldsymbol{u}, \qquad (1.140)$$

其中 $\boldsymbol{u}$ 是粒子的运动速度, 而 γ_u 是相应的洛伦兹因子. 由此证明, 当 $\boldsymbol{f}$ 要么平行, 要么垂直于 $\boldsymbol{u}$ 时, $\boldsymbol{a}$ 与 $\boldsymbol{f}$ 平行. 进一步证明在这两种情形, 我们分别有 $\boldsymbol{f} = \gamma_u^3 m_0 \boldsymbol{a}$ 和 $\boldsymbol{f} = \gamma_u m_0 \boldsymbol{a}$.

第二章　狭义相对论中的张量运算

张量分析是学习广义相对论的基本工具. 在本章中我们在狭义相对论中引进张量分析, 介绍矢量、张量的概念及其基本运算. 最后, 作为张量分析的一个具体的应用, 我们将讨论能动张量的定义.

2.1　矢　　量

在平直时空中, 矢量可以定义为从一个端点到一个终点的有向线段. 这样的定义在更一般的场合并不适用. 比如我们在讨论粒子运动时, 粒子的运动轨迹, 即世界线通常都不是一条直线, 在某点处粒子的速度并非在世界线上的矢量, 而是如我们所知是在此点世界线的切矢量方向上. 为了更一般地描述矢量, 我们需要引进新的概念. 我们将看到切矢量与方向导数可以一一对应, 从而通过方向导数可以一般性地讨论矢量. 这种做法不止在平直时空中适用, 也可以用于弯曲时空中矢量场的讨论.

考虑一条世界线 $P(\lambda)$, 在其上某点 $\lambda = \lambda_0$ 处的切矢量为

$$\widehat{t} = \frac{\mathrm{d}P(\lambda)}{\mathrm{d}\lambda}\bigg|_{\lambda=\lambda_0}. \tag{2.1}$$

如果我们取定一个坐标系, 其原点在 O 处, 则世界线上的点可以如下描述:

$$P(\lambda) - O = x^{\mu}(\lambda)\widehat{e}_{\mu}, \tag{2.2}$$

其中 x^{μ} 是坐标函数, 而 $\widehat{e}_{\mu}$ 是坐标基矢. 切矢量为

$$\widehat{t} = \frac{\mathrm{d}P(\lambda)}{\mathrm{d}\lambda}\bigg|_{\lambda=\lambda_0} = \left(\frac{\mathrm{d}x^{\mu}}{\mathrm{d}\lambda}\right)_{\lambda=\lambda_0}\widehat{e}_{\mu}. \tag{2.3}$$

下面我们考虑一个沿世界线 $x^{\mu}(\lambda)$ 的任意函数 $f(x^{\mu}(\lambda))$, 它随世界线的变化为

$$\frac{\mathrm{d}f}{\mathrm{d}\lambda} = \lim_{\epsilon \to 0}\frac{f(x^{\mu}(\epsilon+\lambda)) - f(x^{\mu}(\lambda))}{\epsilon} = \frac{\mathrm{d}x^{\mu}}{\mathrm{d}\lambda}\frac{\partial f}{\partial x^{\mu}}. \tag{2.4}$$

令 $\widehat{t}$ 是世界线的切矢量, 在坐标 $\{x^{\mu}\}$ 中, 相对于坐标基矢, 切矢量的分量为

$$t^{\mu} = \frac{\mathrm{d}x^{\mu}}{\mathrm{d}\lambda}, \tag{2.5}$$

因此

$$\frac{\mathrm{d}f}{\mathrm{d}\lambda} = t^{\mu}\frac{\partial}{\partial x^{\mu}}f. \tag{2.6}$$

由于 f 是一个任意函数, 在世界线上某一点 $\lambda = \lambda_0$ 的方向导数就由 $\hat{t}$ 给出, 即

$$\partial_{\hat{t}}\,|_{\lambda_0} = \frac{\mathrm{d}}{\mathrm{d}\lambda}\bigg|_{\lambda_0} = t^{\mu}\frac{\partial}{\partial x^{\mu}}\bigg|_{\lambda_0}. \tag{2.7}$$

方向导数是一个算子, 作用在任意函数上, 告诉我们函数如何沿世界线变化.

上面的讨论告诉我们, 对每一个方向导数, 都有一个切矢量与之对应. 反之亦然, 对每一个切矢量 $\hat{t}$, 都有一个沿曲线的方向导数, 此时的曲线 $x^{\mu}(\lambda) = x^{\mu}(\lambda_0) + t^{\mu}(\lambda - \lambda_0)$, 也就是说可以近似为一条直线来讨论. 所以, 切矢量和方向导数是一一对应的.

简而言之, 我们可以用一个等价的观点来描述矢量: 一个矢量可以看作一个算子

$$\hat{a} = \partial_{\hat{a}}, \tag{2.8}$$

在某坐标系下, 这个矢量可以写成分量的形式

$$\hat{a} = a^{\mu}\frac{\partial}{\partial x^{\mu}}. \tag{2.9}$$

显然, 这样定义的矢量满足矢量代数的所有关系. 这样描述矢量带来一些好处, 如更加严格、简化了一些概念 (如矢量场的对易子)、有利于计算等.

如前所述, 矢量是不依赖于坐标系的选取的. 在讨论具体问题时, 为了方便, 我们取定一组坐标系 $\{x^{\mu}\}$, 相应地, 就有了一组坐标基矢

$$\hat{e}_{\mu} = \frac{\partial}{\partial x^{\mu}}. \tag{2.10}$$

每一个坐标基矢只不过是沿着相应坐标轴的方向导数. 当我们换一组坐标时, 矢量是不变的, 但相应的坐标基矢变化了, 而矢量的分量也随之变化. 假定新的坐标系为 $\{x^{\nu'}\}$, 则有

$$\hat{a} \equiv a^{\mu}\frac{\partial}{\partial x^{\mu}} = a^{\mu}\frac{\partial x^{\nu'}}{\partial x^{\mu}} \cdot \frac{\partial}{\partial x^{\nu'}}$$

$$\equiv a^{\nu'}\frac{\partial}{\partial x^{\nu'}},$$

所以矢量分量的变化为

$$a^{\nu'} = \frac{\partial x^{\nu'}}{\partial x^{\mu}}a^{\mu}, \tag{2.11}$$

而坐标基矢的变化为

$$\widehat{e}_{\nu'} = \frac{\partial x^\mu}{\partial x^{\nu'}} \widehat{e}_\mu. \tag{2.12}$$

在不少文献中, 常把 a^μ 称为逆变矢量 (contra-variant vector), 其在坐标变换下的行为如上. 我们再次强调, 矢量是与坐标变换无关的, 只有其分量才会在不同的坐标系中有不同的值.

狭义相对论中的洛伦兹变换不过是一种坐标变换. 这个坐标变换对应于观测者的变化, 只不过此时观测者间的变换是要求保持线元不变的非奇异坐标变换

$$x^\mu \to x^{\mu'} = \Lambda^{\mu'}{}_\nu x^\nu, \tag{2.13}$$

因此

$$a^\mu \to a^{\mu'} = \Lambda^{\mu'}{}_\nu a^\nu. \tag{2.14}$$

而

$$\widehat{e}_\mu = \Lambda^{\nu'}{}_\mu \widehat{e}_{\nu'}, \qquad \widehat{e}_{\nu'} = \Lambda^\mu{}_{\nu'} \widehat{e}_\mu, \tag{2.15}$$

其中 $\Lambda^\mu{}_{\nu'}$ 是 $\Lambda^{\nu'}{}_\mu$ 的逆,

$$\Lambda^{\nu'}{}_\mu \Lambda^\mu{}_{\sigma'} = \delta^{\nu'}_{\sigma'}, \qquad \Lambda^\mu{}_{\nu'} \Lambda^{\nu'}{}_\rho = \delta^\mu_\rho. \tag{2.16}$$

2.2 对偶矢量

对偶矢量也称为余矢量 (co-vector)、协变矢量 (covariant vector), 或者简单地称为 1 形式 (1-form). 一个对偶矢量 $\widehat{\omega}$ 是一个线性映射, 把矢量映射到实数域上, 即

$$\widehat{\omega}: \widehat{a} \to \widehat{\omega}(\widehat{a}) \in R. \tag{2.17}$$

后面我们将看到, 在一点 p 的切矢量形成线性空间, 即切空间 T_p, 而对偶矢量形成余切空间 T_p^*:

$$\{\widehat{\omega} \in T_p^* | \widehat{\omega}(T_p) = R\}. \tag{2.18}$$

实际上, 从映射的角度, 我们可以认为切空间和余切空间互为对偶:

$$T_p \leftrightarrow T_p^*. \tag{2.19}$$

由上面的定义可以得到以下关于对偶矢量的性质:

$$\widehat{\omega}(a\widehat{v} + b\widehat{w}) = a\widehat{\omega}(\widehat{v}) + b\widehat{\omega}(\widehat{w}),$$

$$(a\widehat{\omega} + b\widehat{\eta})(\widehat{v}) = a\widehat{\omega}(\widehat{v}) + b\widehat{\eta}(\widehat{v}),$$

(2.20)

其中 $\widehat{\omega}, \widehat{\eta} \in T_p^*, \widehat{v}, \widehat{w} \in T_p, a, b \in R$. 易见, 对偶矢量确实形成矢量空间. 然而, 对偶矢量并非一个矢量, 因为如果它是矢量, 我们需要额外的结构 —— 度规来定义标量积从而得到一个实数. 实际上, 对偶矢量与矢量的泛函关系并不需要度规来给出.

对偶矢量或者 1 形式有清楚的几何图像. 几何上局部地看, 1 形式包含一系列曲面, 它的大小反比于曲面间的间隔. 而 $\widehat{\omega}(\widehat{v})$ 由矢量穿过的曲面数确定, 如图 2.1 所示①. 最简单的例子是曲面族 $x = n$, 两个曲面相隔为 1, 这给出了基矢 dx. 如果曲面间隔变宽为 $x = 2n$, 则对应的 1 形式为 $\frac{1}{2}dx$. 在四维中, 1 形式是三维曲面, 在 n 维中, 1 形式是 $n - 1$ 维曲面. 因此, 1 形式定义了一种分割空间的方式. 注意, 这里用平面来分割空间是一种特殊的情形, 一般而言只是局域成立的. 换句话说, 如果考虑一个点附近的 1 形式场和矢量场间的作用, 这个图像是成立的. 对于一般的标量函数也是如此, 其梯度相当于 1 形式场. 一个直观的图像是等高线, 它对空间进行了切割, 当相邻等高线比较近时, 代表着梯度较大, 也就是该处 1 形式的值较大. 值得提醒大家的是, 等

(a) 比较小的 1 形式   (b) 比较大的 1 形式

图 2.1 1 形式的几何图像. 它可以局部地看作一系列曲面, 曲面的疏密与 1 形式的大小有关. 而 1 形式与矢量间的作用由矢量穿过曲面的多少给出.

①我们这里为了给出直观的几何图像牺牲了数学的严谨性. 一方面, 我们利用差分来代替微分, 从而使曲面族容易理解; 另一方面, 矢量与曲面相交得到实数, 而不一定是整数.

高线的存在不依赖于坐标系的选择, 因此 1 形式场本身是与坐标系的选择无关的, 而矢量穿过等高线的多少给出了矢量与 1 形式间的值.

考虑在点 P_0 的矢量, 其终点在 P. 对于由函数 $f = $ 常数给出的 1 形式, 矢量穿过曲面的次数由

$$\langle \mathrm{d}f, P - P_0 \rangle = f(P) - f(P_0) \tag{2.21}$$

给出, 其中 $\mathrm{d}f$ 代表 1 形式. 而矢量 $P - P_0 = \lambda \widehat{V}$ 对应着方向导数

$$\partial_{\widehat{V}} = \frac{\mathrm{d}}{\mathrm{d}\lambda}, \tag{2.22}$$

所以

$$\partial_{\widehat{V}} f(P) = \left\langle \mathrm{d}f, \frac{\mathrm{d}P}{\mathrm{d}\lambda} \right\rangle = \langle \mathrm{d}f, \widehat{V} \rangle, \tag{2.23}$$

即函数沿着 $\widehat{V}$ 的方向导数给出了 1 形式 $\mathrm{d}f$ 与矢量 $\widehat{V}$ 间的泛函关系. 这个讨论与坐标系的选择无关.

对于对偶矢量来说, 在某坐标系下其基矢 $\widehat{\theta}^\nu$ 可以定义为

$$\widehat{\theta}^\nu(\widehat{e}_\mu) = \delta^\nu_\mu. \tag{2.24}$$

对于一个对偶矢量 (1 形式), 我们有

$$\widehat{\omega} = \omega_\mu \widehat{\theta}^\mu, \tag{2.25}$$

因此

$$\widehat{\omega}(\widehat{v}) = \omega_\mu \widehat{\theta}^\mu(v^\nu \widehat{e}_\nu) = \omega_\mu v^\nu \widehat{\theta}^\mu(\widehat{e}_\nu) = \omega_\mu v^\nu \delta^\mu_\nu = \omega_\mu v^\mu. \tag{2.26}$$

与矢量一样, 对偶矢量与坐标系的选择无关, 由此我们可以知道在洛伦兹变换下 1 形式的分量以及基矢的变换性质为

$$\omega_{\mu'} = \Lambda^\nu_{\ \mu'} \omega_\nu, \qquad \widehat{\theta}^{\rho'} = \Lambda^{\rho'}_{\ \sigma} \widehat{\theta}^\sigma. \tag{2.27}$$

上面的讨论好像很抽象, 下面我们看一个具体的例子.

例 2.1 标量函数的梯度.

如前所述, 标量函数的梯度给出了对偶矢量的几何描述. 我们通过某个坐标系来讨论. 考虑一个标量函数 $f(x^\mu)$ 的梯度. f 沿着一个矢量 $\widehat{t}$ 的变化是我们已经讨论过

的方向导数 $t^\mu \dfrac{\partial f}{\partial x^\mu}$, 它给出了 1 形式与矢量间的泛函关系. 我们可以把它重新写作

$$\mathrm{d}f(\widehat{t}) \equiv t^\mu \frac{\partial f}{\partial x^\mu}. \tag{2.28}$$

由此可见, $\mathrm{d}f$ 定义了矢量到实数的映射, 因此它是一个对偶矢量[2]. 更清楚地, 我们知道标量函数的梯度在一个坐标系下可以写作

$$\mathrm{d}f = \frac{\partial f}{\partial x^\mu}\mathrm{d}x^\mu, \tag{2.29}$$

这表明了函数沿 x^μ 方向的变化. 显然, 我们有

$$\widehat{\theta}^\mu = \mathrm{d}x^\mu. \tag{2.30}$$

它满足对偶基矢的性质, 因为 $\mathrm{d}x^\mu \left(\dfrac{\partial}{\partial x^\nu} \right) = \delta^\mu_\nu$. 换言之, 如果我们选择的标量函数恰好是 $x^\mu = $ 常数, 则这个标量函数的梯度定义了对偶基矢, 它只沿着 x^μ 坐标轴定义的方向导数有变化.

更一般地, 对于标量函数 $g(x) = -t^2 + x^2 + y^2 + z^2$, 其梯度有分量

$$\frac{\partial g}{\partial x^\mu} = (-2t, 2x, 2y, 2z), \tag{2.31}$$

可以写作

$$\mathrm{d}g = -2t\mathrm{d}t + 2x\mathrm{d}x + 2y\mathrm{d}y + 2z\mathrm{d}z. \tag{2.32}$$

如前所述, "标量函数 = 常数" 定义了一个曲面, 其梯度是一个 1 形式场. 这个 1 形式场实际上就是通常曲面的 (余) 法矢量. 更准确地说, 这个 1 形式场与曲面上所有切矢量的作用都是零: 如果 $\widehat{t}$ 是曲面上的任意切矢量, 而 $\mathrm{d}f$ 是曲面 $f = $ 常数定义的 1 形式, 则我们总有

$$\langle \widehat{t}, \mathrm{d}f \rangle = \widehat{t}(\mathrm{d}f) = 0, \tag{2.33}$$

因为函数沿着曲面是不变的, 沿着切向方向的变化为零. 这实际上可以清楚地看出 1 形式场与通常的法矢量的差别. 通常, 我们定义法矢量是正交于切矢量的, 然而这种正交性的定义来自法矢量和切矢量间的内积, 这需要通过引进度规场来定义. 而 1 形式场与切矢量间的作用实际上是不需要度规场的. 因此, 一个更自然的图像是 1 形式场与曲面正交, 或者说梯度定义了一个法向 1 形式. 如果曲面是封闭的, 把空间分成了内外, 此时若一个 1 形式与指向外的矢量的作用是正的, 则称这个法向 1 形式是向外的, 否则为向内的.

---

[2]有时候, 标量函数的梯度记作 ∇f. 在本书中, 我们两种记号都会使用, 希望不会引起混淆.

2.3 张 量

一个 (k,l) 型张量定义了一个映射, 作用在 k 个余切空间和 l 个切空间的张量积上:

$$\widehat{T} : T_p^* \otimes \cdots \otimes T_p^* \otimes T_p \otimes \cdots \otimes T_p \to R. \tag{2.34}$$

例 2.2 常见张量.

(1) 标量: $(0,0)$ 型张量.

(2) 矢量: $(1,0)$ 型张量.

(3) 对偶矢量: $(0,1)$ 型张量.

(4) $(1,1)$ 型张量:

$$\widehat{T}(a\widehat{\omega} + b\widehat{\eta}, c\widehat{v} + d\widehat{w}) = ac\widehat{T}(\widehat{\omega},\widehat{v}) + ad\widehat{T}(\widehat{\omega},\widehat{w}) + bc\widehat{T}(\widehat{\eta},\widehat{v}) + bd\widehat{T}(\widehat{\eta},\widehat{w}), \tag{2.35}$$

其中 $\widehat{T}(\widehat{\omega},\widehat{v}) \in R, \widehat{\omega} \in T_p^*, \widehat{v} \in T_p$, 而 a,b,c,d 都是实数[③].

(5) 对其他类型的张量有类似的结果.

利用张量积, 我们可以从低阶的张量定义更高阶的张量. 给定一个 (k,l) 型张量 $\widehat{T}$ 和一个 (m,n) 型张量 $\widehat{S}$, 它们的张量积是一个 $(k+m, l+n)$ 型张量 $T \otimes S$:

$$\widehat{T} \otimes \widehat{S}(\widehat{\omega}^{(1)}, \cdots, \widehat{\omega}^{(k)}, \cdots, \widehat{\omega}^{(k+m)}, \widehat{v}^{(1)}, \cdots, \widehat{v}^{(l)}, \cdots, \widehat{v}^{(l+n)})$$
$$\equiv \widehat{T}(\widehat{\omega}^{(1)}, \cdots, \widehat{\omega}^{(k)}, \widehat{v}^{(1)}, \cdots, \widehat{v}^{(l)}) \widehat{S}(\omega^{(k+1)}, \cdots, \widehat{\omega}^{(k+m)}, \widehat{v}^{(l+1)}, \cdots, \widehat{v}^{(l+n)}). \tag{2.36}$$

注意, 一般而言, 两个张量的张量积不能随便交换顺序, 即 $\widehat{T} \otimes \widehat{S} \neq \widehat{S} \otimes \widehat{T}$, 这是因为它们作用的矢量空间是不同的.

与矢量和对偶矢量一样, 张量是独立于坐标系而存在的. 对于一个 (k,l) 型张量来说, 其基矢为

$$\widehat{e}_{\mu_1} \otimes \cdots \otimes \widehat{e}_{\mu_k} \otimes \widehat{\theta}^{\nu_1} \otimes \cdots \otimes \widehat{\theta}^{\nu_l}, \tag{2.37}$$

由此

$$\widehat{T} = T^{\mu_1\cdots\mu_k}{}_{\nu_1\cdots\nu_l} \widehat{e}_{\mu_1} \otimes \cdots \otimes \widehat{e}_{\mu_k} \otimes \widehat{\theta}^{\nu_1} \otimes \cdots \otimes \widehat{\theta}^{\nu_l}, \tag{2.38}$$

[③]在本书中我们讨论实流形, 因此在定义泛函时我们只要求映射到实数域上. 这个条件当然可以放松.

而

$$\widehat{T}(\widehat{\omega}^{(1)},\cdots,\widehat{\omega}^{(k)},\widehat{v}^{(1)},\cdots,\widehat{v}^{(l)})=T^{\mu_1\cdots\mu_k}{}_{\nu_1\cdots\nu_l}\omega_{\mu_1}\cdots\omega_{\mu_k}v^{\nu_1}\cdots v^{\nu_l}.$$

在洛伦兹变换下, 张量分量的变换规律为

$$T^{\mu_1'\cdots\mu_k'}{}_{\nu_1'\cdots\nu_l'}=\Lambda^{\mu_1'}{}_{\mu_1}\cdots\Lambda^{\mu_k'}{}_{\mu_k}\Lambda^{\nu_1}{}_{\nu_1'}\cdots\Lambda^{\nu_l}{}_{\nu_l'}T^{\mu_1\cdots\mu_k}{}_{\nu_1\cdots\nu_l}. \tag{2.39}$$

下面我们来讨论各种类型的张量. 首先是 $(0,2)$ 型的度规张量, 在闵氏时空中为

$$\widehat{\eta}=\eta_{\mu\nu}\mathrm{d}x^{\mu}\otimes\mathrm{d}x^{\nu}. \tag{2.40}$$

由上面的定义知它自然地给出了两个矢量的标量积, 或称内积:

$$\widehat{\eta}(\widehat{v},\widehat{w})=\eta_{\mu\nu}v^{\mu}w^{\nu}=\widehat{v}\cdot\widehat{w}. \tag{2.41}$$

如果 $\widehat{v}\cdot\widehat{w}=0$, 则称 $\widehat{v}$ 与 $\widehat{w}$ 正交. 这个正交性与坐标系 (惯性系) 的选择无关, 因为内积是一个标量. 另一方面, 考虑矢量与自身的内积可以定义矢量的模长平方 $\widehat{\eta}(\widehat{v},\widehat{v})$. 由模长平方的正负可以对矢量进行分类,

$$\widehat{\eta}(\widehat{v},\widehat{v})\begin{cases} <0, & \text{类时矢量,} \\ =0, & \text{类光 (零) 矢量,} \\ >0, & \text{类空矢量.} \end{cases} \tag{2.42}$$

如果一条曲线的切矢量总是类时的, 则称这条曲线为类时曲线. 对于一个有质量粒子, 其世界线总是类时的. 也就是说, 类时曲线的切矢量总是在光锥内.

下面是其他一些常见张量的例子.

(1) 克罗内克 δ 函数 δ^{μ}_{ν}. 它是一个 $(1,1)$ 型张量, 给出了从矢量到矢量的恒等映射.

(2) 度规张量的逆给出了一个 $(2,0)$ 型张量 $\eta^{\mu\nu}$, 满足

$$\eta^{\mu\nu}\eta_{\nu\rho}=\delta^{\mu}_{\rho}, \qquad \eta_{\rho\nu}\eta^{\nu\mu}=\delta^{\mu}_{\rho}. \tag{2.43}$$

(3) 列维–齐维塔 "张量" (符号). 它是 $(0,4)$ 张量:

$$\varepsilon_{\mu\nu\rho\sigma}=\begin{cases} 1, & \text{指标是 } (0,1,2,3) \text{ 的偶置换,} \\ -1, & \text{指标是 } (0,1,2,3) \text{ 的奇置换,} \\ 0, & \text{其他情形,} \end{cases} \tag{2.44}$$

比如

$$\varepsilon_{1032} = 1, \quad \varepsilon_{3120} = -1.$$

张量 $\eta_{\mu\nu}, \eta^{\mu\nu}, \varepsilon_{\mu\nu\rho\sigma}$ 与时空结构有关, 在弯曲时空中都有相应的推广.

(4) 电磁场强张量.

电磁场强张量可以通过电磁规范势给出:

$$F_{\mu\nu} = \partial_\mu A_\nu - \partial_\nu A_\mu, \tag{2.45}$$

其中 A_μ 是一个 U(1) 规范势, 它的规范变换为

$$A_\mu \to A_\mu - \partial_\mu \psi, \tag{2.46}$$

ψ 是任意标量函数. 易见在此规范变换下电磁场强张量是不变的, 其分量为

$$F_{\mu\nu} = \begin{pmatrix} 0 & -E_1 & -E_2 & -E_3 \\ E_1 & 0 & B_3 & -B_2 \\ E_2 & -B_3 & 0 & B_1 \\ E_3 & B_2 & -B_1 & 0 \end{pmatrix}. \tag{2.47}$$

显然, 它是一个 $(0,2)$ 型张量, 对下指标是反对称的: $F_{\mu\nu} = -F_{\nu\mu}$.

2.4 张 量 运 算

利用张量作用在别的张量上可以定义各种各样的张量运算. 为了简单起见, 我们利用张量的分量形式进行讨论, 尽管这些讨论可以利用更加形式化的定义.

首先, 在张量上我们可以定义指标的缩并运算, 即一个上指标和一个下指标间可以求和缩并:

$$S^{\mu\rho}{}_\sigma = T^{\mu\rho}{}_{\sigma\nu}, \tag{2.48}$$

这样的运算可以通过克罗内克 δ 函数来诱导. 需要注意的是由于指标代表矢量空间, 其顺序非常重要, 有必要保持指标的相对顺序. 一般而言,

$$T^{\mu\nu\rho}{}_{\sigma\nu} \neq T^{\mu\rho\nu}{}_{\sigma\nu}. \tag{2.49}$$

其次, 我们可以利用度规张量 $\eta_{\mu\nu}$ 及其逆 $\eta^{\mu\nu}$ 来提升或者下降指标:

$$T^{\alpha\beta\mu}{}_\delta = \eta^{\mu\gamma} T^{\alpha\beta}{}_{\gamma\delta}, \qquad T_\mu{}^\beta{}_{\gamma\delta} = \eta_{\mu\alpha} T^{\alpha\beta}{}_{\gamma\delta}. \tag{2.50}$$

在升降指标和缩并时, 需要注意以下几点:

(1) 不要改变指标的顺序;

(2) 不求和的指标保持顺序;

(3) 求和指标必须在方程的同一侧;

(4) 简单地, 我们可以把一个矢量变成一个对偶矢量, 反之亦然:

$$v_\mu = \eta_{\mu\nu} v^\nu, \qquad \omega^\mu = \eta^{\mu\nu} \omega_\nu. \tag{2.51}$$

(5) 在欧氏空间中, 我们不必区分 v_μ 和 v^μ, 但在闵氏时空中, 二者间会有差别:

$$\omega_\mu = (\omega_0, \omega_1, \omega_2, \omega_3) \rightarrow \omega^\mu = (-\omega_0, \omega_1, \omega_2, \omega_3). \tag{2.52}$$

在弯曲时空中, 二者的差别将更加明显.

利用度规场, 我们可以把一个 1 形式场变成一个矢量场, 从而把矢量间的标量积转化为 1 形式与矢量间的运算. 而利用度规场的逆我们可以定义 1 形式场间的标量积. 两个 1 形式场间的标量积可以定义为

$$\widehat{\omega} \cdot \widehat{\eta} = g^{\mu\nu} \omega_\mu \eta_\nu. \tag{2.53}$$

由此我们可以计算

$$||\widehat{\omega}||^2 \equiv \widehat{\omega} \cdot \widehat{\omega}. \tag{2.54}$$

如果这个值是正的, 则称该 1 形式为类空的; 如果是负的, 则称是类时的; 如果是零, 则称该 1 形式为类光的或者零的. 一个利用函数 $f =$ 常数定义的曲面, 如果其法向 1 形式是类空的, 则称这个曲面是类时的; 如果其法向 1 形式是类时的, 则称这个曲面是类空的; 如果其法向 1 形式是类光的, 则称这个曲面是类光的. 通常如果曲面并非类光的, 我们可以对法向 1 形式归一化, 定义

$$\widehat{n} = \frac{\mathrm{d}f}{||\mathrm{d}f||}. \tag{2.55}$$

相应地, 我们可以定义一个法矢量, 其分量为

$$n^\mu = \eta^{\mu\nu} n_\nu. \tag{2.56}$$

值得注意的是, 在闵氏时空中如果曲面是类空的, 法矢量与法向 1 形式间方向相反. 比如说, 对于 $t =$ 常数定义的曲面, 法向 1 形式为

$$n_\mu = (1, 0, 0, 0), \tag{2.57}$$

而法矢量为

$$n^\mu = (-1, 0, 0, 0).\tag{2.58}$$

这意味着原来向外的法向 1 形式变成了向内的法向矢量. 由此可见, 法向 1 形式更具有内禀的意义.

实际上, 我们可以对张量在指标交换下的性质做进一步研究. 我们可以只比较两个指标, 如果在这两个指标交换下张量值不变, 我们就说这个张量对这两个指标对称. 譬如, 如果 $S_{\mu\nu\rho} = S_{\nu\mu\rho}$, 则称张量对前两个指标对称. 如果更一般地, 无论如何交换指标, 张量的值不变,

$$S_{\mu\nu\rho} = S_{\nu\mu\rho} = S_{\rho\mu\nu} = \cdots,\tag{2.59}$$

则称这个张量为全对称张量. 而如果张量在某两个指标交换时反号, 譬如前两个指标,

$$A_{\mu\nu\rho} = -A_{\nu\mu\rho},\tag{2.60}$$

则称张量对前两个指标反对称. 如果张量在任意指标对交换时都反号, 则称张量为全反对称张量, 或者斜对称 (skew-symmetric) 张量. 显然, 对于全反对称张量, 如果交换指标的次数为偶数次, 张量值不变, 为奇数次, 张量值反号.

例 2.3 度规张量是全对称张量, 而列维–齐维塔张量和电磁场强张量是全反对称张量.

张量运算中可以把任一张量通过对称化或反对称化变成全对称张量或全反对称张量. 对称化可以如下定义:

$$T_{(\mu_1\cdots\mu_n)\rho}{}^\sigma = \frac{1}{n!}(T_{\mu_1\cdots\mu_n\rho}{}^\sigma + \text{对所有的关于 } \mu_1, \cdots, \mu_n \text{ 的置换求和}).\tag{2.61}$$

这里我们实际上定义的是关于 $\mu_1, \cdots, \mu_n$ 的对称化. 类似地, 我们可以定义反对称化:

$$T_{[\mu_1\cdots\mu_n]\rho}{}^\sigma = \frac{1}{n!}(T_{\mu_1\cdots\mu_n\rho}{}^\sigma + \text{对所有 } \mu_1, \cdots, \mu_n \text{ 的置换交错求和}).$$

这里 "交错求和" 的含义是偶数次对换取原来的值, 奇数次对换取原来值的相反数. 同样上面的定义是对 $\mu_1, \cdots, \mu_n$ 求反对称化. 通常对称化用圆括号表示, 而反对称化用方括号表示. 而诸如 $T_{(\mu|\nu|\rho)}$ 表示对指标 μ, ρ 全对称化, 而指标 ν 不参与其中, 但其顺序必须得到保持.

下面是与张量运算有关的几个特殊性质:

(1) $X^{(\mu\nu)}Y_{\mu\nu} = X^{(\mu\nu)}Y_{(\mu\nu)}$, 无论 Y 是否对称. 这是显而易见的, 二阶张量 Y 总可分解成对称部分和反对称部分, 反对称部分与对称张量 X 的求和为零, 只剩下对称部分. 这个性质不能简单地推广到高阶张量.

(2) $T_{\mu\nu\rho\sigma} = T_{(\mu\nu)\rho\sigma} + T_{[\mu\nu]\rho\sigma}$,但一般没有 $T_{\mu\nu\rho\sigma} = T_{(\mu\nu\rho)\sigma} + T_{[\mu\nu\rho]\sigma}$. 也就是说,只有两个指标时,可以简单地拆分,多个指标时不再成立.

(3) 求迹. 对一个 $(1,1)$ 型张量 X^{μ}_{ν},其迹是一个标量,定义为 $X = X^{\mu}_{\mu}$. 此时,可以把这个张量写成矩阵的形式,而求迹与矩阵求迹一样.

(4) 对一个 $(2,0)$ 型或者 $(0,2)$ 型张量,迹不再是其对角项的求和. 实际上我们应该首先把张量变成 $(1,1)$ 型,然后再求迹:

$$Y = Y^{\mu}_{\mu} = \eta^{\mu\nu} Y_{\nu\mu}. \tag{2.62}$$

注意

$$\eta^{\nu\mu} \eta_{\mu\nu} = \delta^{\mu}_{\mu} = 4, \tag{2.63}$$

而非 $-1 + 1 + 1 + 1 = 2$.

2.5 狭义相对论中的理想流体

作为张量分析的一个具体应用,我们在本节中讨论一下狭义相对论中的理想流体. 在天体物理和宇宙学中,产生引力场的源可以非常好地用理想流体来近似,因此理想流体在研究宇宙的演化、恒星的塌缩等问题中都至关重要.

流体是一种特殊类型的连续介质. 与通常的单粒子或多粒子质点力学不同,连续介质包含大量的粒子,它们的运动可能非常复杂. 尽管我们没有能力追踪每一个粒子的运动,但可以采用取 "平均" 的办法来讨论系统的运动,包括单位体积内的粒子数、能量密度、动量、压强和温度等. 这里 "平均" 的含义是我们首先要确定一个单元,这个单元中包含足够多的粒子,但粒子数目又不能太大,否则平均就没有意义了. 此外这个单元需要足够局域,从而我们仍然可以讨论局域的压强和温度 $p(x), T(x)$ 等. 对取 "平均" 具体细致的讨论参见文献 [26].

流体是一种会流动的连续介质. 如果粒子间的空间间隔和粒子间碰撞的平均时间都小于我们感兴趣的长度和尺度,就可以看作流体. 不严格地说,气体也可以归类为流体. 考虑两个相邻的单元 A 和 B,由于存在着相互作用和热运动,它们之间有压强存在. 如果介质是刚性的,两个单元之间没有滑动. 而如果单元间滑性很大,则为流体. 一个理想流体指的是所有的黏滞力都为零. 也就是说,流体的层之间可以任意滑动,没有任何刚性存在.

2.5.1 粒子数–通量 4-矢量

我们先考虑一个最简单的系统,这个系统由一些粒子集合而成,而粒子间的相互作用可以忽略, 从而在某参考系中系统中所有的粒子都保持静止. 这样的粒子称为尘埃 (dust), 它们足够重, 因此每一个粒子都可以看作独立的, 它们之间的相互作用可忽略. 假定每一个粒子的静止质量为 m, 则在这些粒子的静止参考系中, 每个单元的粒子数密度是

$$n = N/V = N/(\Delta x \Delta y \Delta z). \tag{2.64}$$

单元中粒子数是一个不随参考系变化的量, 但体积元不是. 如果我们不是在静止参考系中, 由于洛伦兹尺缩效应, 单元的体积变为 $\Delta x \Delta y \Delta z \sqrt{1-v^2}$. 因此, 在一个所有粒子的运动速度都为 v 的参考系中, 粒子数密度是 $n/\sqrt{1-v^2}$. 另一方面, 如果粒子有速度, 则会产生通量 (flux). 穿过一个曲面的通量是单位时间穿过单位面积曲面的粒子数. 如图 2.2 所示, 在静止参考系中, 所有粒子不动, 通量为零, 而在一个运动参考系中, 比如说沿着 x 轴运动, 单位面积是

$$\Delta A = \Delta y \Delta z, \tag{2.65}$$

单位时间穿过这个面积的粒子数为

$$\frac{n}{\sqrt{1-v^2}} v \Delta t \Delta A, \tag{2.66}$$

因此, 沿 x 轴的通量为

$$(\text{通量})^x = \frac{nv}{\sqrt{1-v^2}}. \tag{2.67}$$

(a) 尘埃的静止参考系 (b) 相对尘埃运动的参考系

图 2.2 不同惯性系中看到的尘埃的状态不同.

即使粒子并非严格地沿 x 轴运动, 我们也有

$$(\text{通量})^x = \frac{nv^x}{\sqrt{1-v^2}}. \tag{2.68}$$

进一步地, 我们可以定义一个粒子数–通量 4-矢量

$$\widehat{N} \equiv n\widehat{u}, \tag{2.69}$$

其中 $\widehat{u}$ 是粒子的 4-速度. 在一个速度为 $\boldsymbol{v}$ 的参考系中, 4-速度的分量为

$$u^{\mu} = (\gamma, \gamma v^x, \gamma v^y, \gamma v^z), \tag{2.70}$$

所以

$$N^{\mu} = (n\gamma, n\gamma v^x, n\gamma v^y, n\gamma v^z). \tag{2.71}$$

第一项正好是粒子数密度, 而后面三项分别是沿不同坐标轴方向的通量. 注意 $\widehat{N}$ 是一个与参考系无关的 4-矢量, 其模长平方为

$$\widehat{N} \cdot \widehat{N} = -n^2. \tag{2.72}$$

如果单元足够小, $\widehat{N}$ 可以看作一个局域的场 $\widehat{N}(x)$, 与所处的位置相关. 这个局域的 4-矢量场满足粒子数的守恒律

$$\frac{\partial N}{\partial t} + \nabla \cdot \boldsymbol{N} = 0, \tag{2.73}$$

即

$$\frac{\partial N^{\mu}}{\partial x^{\mu}} = \partial_{\mu} N^{\mu} = 0. \tag{2.74}$$

也就是说, 在某个局域中粒子数随时间的变化等于这个局域中粒子通量的变化.

考虑多个粒子的运动. 这些粒子可以不是尘埃, 它们的运动并不要求是整齐划一的. 这样我们可以得到

$$N^{\mu} = \sum_a \int \mathrm{d}\tau_a \frac{\mathrm{d}x_a^{\mu}}{\mathrm{d}\tau_a} \delta^4(x^{\lambda} - x_a^{\lambda}(\tau_a)), \tag{2.75}$$

其中 a 代表不同的粒子, 其世界线由 x_a^{λ} 来表示. 在单个粒子的共动参考系中, $N^{\mu} = (N^0, \boldsymbol{0})$, 而 $N^0 = \delta^3(\boldsymbol{x})$ 说明粒子在共动参考系原点. 由于

$$\delta^3(\boldsymbol{x}) = \int \mathrm{d}x^0 \delta(x^0 - x^0(\tau)) \delta^3(\boldsymbol{x})$$

$$= \int \mathrm{d}\tau \frac{\mathrm{d}x^0}{\mathrm{d}\tau} \delta^4(x^{\lambda} - x^{\lambda}(\tau)), \tag{2.76}$$

我们可以把它推广为矢量, 得到

$$N^{\mu} = \int \mathrm{d}\tau \frac{\mathrm{d}x^{\mu}(\tau)}{\mathrm{d}\tau} \delta^4(x^{\lambda} - x^{\lambda}(\tau)). \tag{2.77}$$

对多粒子的推广就顺理成章了. 易证 $\partial_{\mu} N^{\mu} = 0$.

2.5.2 能动张量

前面我们介绍了 1 形式可以看作分割空间的一系列曲面. 利用 1 形式可以读出矢量和张量的不同分量. 此时, 矢量与 1 形式间的作用等价于矢量穿过定义 1 形式的曲面面元的多少. 比如说对于 $\mathrm{d}x^\mu$, 有

$$\langle \mathrm{d}x^\mu, \widehat{V} \rangle = V^\mu. \tag{2.78}$$

在三维中, 曲面面元等于单位法矢量乘以面积元. 类似地, 四维时空中 3-空间的体积元为 $\widehat{n}\Delta x^\alpha \Delta x^\beta \Delta x^\gamma$. 穿过由标量函数 $\phi = $ 常数定义的曲面的通量为 $\langle \widehat{n}, \widehat{N} \rangle$, 其中 $\widehat{n}$ 是曲面的归一化余法矢量. 这里的记号应该理解为 $\widehat{n}(\widehat{N})$, 因为 $\widehat{n}$ 是一个 1 形式, 而 $\widehat{N}$ 是一个矢量, 所以它们之间不是矢量的标量积, 而是由泛函关系定义的. 实际上, 这里的作用正是我们前面提到的 1 形式的几何意义, 它与矢量的作用是由矢量穿过曲面的多少决定的. 通过合适的归一化, $\widehat{n}(\widehat{N})$ 给出的确实是穿过曲面的通量. 比如, 如果我们取 ϕ 为 $\{x = $ 常数$\}$, 则 $n_\mu = (0, 1, 0, 0)$, $\langle \mathrm{d}x, \widehat{N} \rangle = N^x$ 给出穿过 $\{x = $ 常数$\}$ 曲面的通量. 而如果我们取 $\phi = t = $ 常数, 则 $n_\mu = (1, 0, 0, 0)$, 所以 $\langle \mathrm{d}t, \widehat{N} \rangle = N^0$ 给出粒子数密度 $N^0 = N$. 也就是说, 粒子数密度可以理解为一个类时通量.

类似地, 我们可以理解粒子的能量和动量为 $\langle \widehat{n}, \widehat{p} \rangle$. 比如说, 能量为 $E = \langle \mathrm{d}t, \widehat{p} \rangle = p^0$. 换句话说, 这里得到的能动量与曲面的选择有关. 我们的讨论已经取定了坐标系, 由此选定了各种曲面, 这就是上面得到的能动量看起来与坐标系选择有关的原因.

下面我们重新考虑一下前面的尘埃系统. 我们在静止参考系中考虑单位体积内的能量, 即能量密度. 在这个参考系中, 粒子都是静止的, 因此我们只有能量密度

$$\rho = nm. \tag{2.79}$$

如果在一个运动惯性系 S 中, 由洛伦兹变换 $n \to n\gamma, m \to m\gamma$, 有

$$\rho|_S = \gamma^2 \rho. \tag{2.80}$$

由此可见, 能量密度并非一个标量或者矢量, 它在洛伦兹变换下的行为告诉我们, 它是某个 (2,0) 型张量的 (0,0) 分量. 这个 (2,0) 型张量就是能量动量张量[④] (energy-momentum tensor), 简称能动张量, 它作用在两个 1 形式基矢的张量积上得到其不同分量:

$$\widehat{T}(\mathrm{d}x^\alpha, \mathrm{d}x^\beta) = T^{\alpha\beta} = \{4\text{-动量的 } \alpha \text{ 分量穿过曲面 } x^\beta = \text{常数的通量}\}. \tag{2.81}$$

[④]也称为应力能量张量 (stress energy tensor) 或应力张量 (stress tensor).

换句话说, $\mathrm{d}x^\alpha$ 挑出 4-动量, 而 $\mathrm{d}x^\beta$ 挑出通量. 在某参考系中粒子的能量需要通过一个 1 形式 $\mathrm{d}t$ 读出 4-动量的 0 分量, 而粒子的数密度也需要一个 1 形式 $\mathrm{d}t$ 读出通量 4-矢量的 0 分量, 合起来我们就得到了能量密度. 类似地, 我们可以得到能动张量 $T^{\alpha\beta}$ 各个分量的物理意义:

(1) $T^{00} = \widehat{T}(\mathrm{d}t, \mathrm{d}t)$ 是能量密度.

(2) T^{0i} 是穿过 x^i 面的能量通量. 它来自热传导, 即能量密度乘以它的流速. 又因为 $m\boldsymbol{v} = \boldsymbol{p}$, 所以

$$T^{i0} = T^{0i}. \tag{2.82}$$

(3) T^{i0} 是穿过 $t = $ 常数面的第 i 个动量的通量, 即第 i 个动量密度.

(4) T^{ij} 是穿过 x^j 面的第 i 个动量的通量. 它代表相邻流体单元间的力, 称为应力 (stress). 一般地, 可以证明

$$T^{ij} = T^{ji}. \tag{2.83}$$

具体证明参见文献 [3].

(5) 如果只存在垂直于相交面的力, 则

$$T^{ij} = 0, \qquad \text{当 } i \neq j. \tag{2.84}$$

(6) 如果 $T^{ij} \neq 0$ $(i \neq j)$, 则存在黏滞性 (viscosity).

对于尘埃而言, 如果取静止参考系, 我们只有 $T^{00} = mn$, 能动张量的其他分量都为零. 我们可以用脱离参考系的语言给出尘埃的能动张量:

$$\widehat{T} = \widehat{p} \otimes \widehat{N} = mn\widehat{u} \otimes \widehat{u}, \tag{2.85}$$

其分量为

$$T^{\alpha\beta} = \widehat{T}(\mathrm{d}x^\alpha, \mathrm{d}x^\beta) = \rho\widehat{u}(\mathrm{d}x^\alpha)\widehat{u}(\mathrm{d}x^\beta) = \rho u^\alpha u^\beta. \tag{2.86}$$

在一个运动参考系中, 4-速度的具体形式易得, 从而我们可以写下能动张量的具体形式. 它明显是对称的,

$$T^{\alpha\beta} = T^{\beta\alpha}. \tag{2.87}$$

能动张量的对称性不止对尘埃是正确的, 一般的流体也有此性质.

对一个观测者而言, 可以建立自己的实验室, 即共动参考系, 基矢为 $\{\widehat{e}_a\}$. 观测者测到的流体的能量密度为

$$T_{\mu\nu} u^\mu_{\mathrm{obs}} u^\nu_{\mathrm{obs}}, \tag{2.88}$$

而测得动量密度的第 i 分量为 $-T_{\mu\nu}u^\mu(\widehat{e}_i)^\nu$, 三维应力张量的 (ij) 分量为 $T_{\mu\nu}(\widehat{e}_i)^\mu(\widehat{e}_j)^\nu$. 观测到的 4-动量密度为 $W^\mu \equiv -T^\mu_{\ \nu}u^\nu$.

对于非尘埃的多粒子体系, 有

$$
\begin{aligned}
T^{\mu\nu}(x) &= \sum_a \int \mathrm{d}\tau_a \frac{\mathrm{d}x_a^\mu}{\mathrm{d}\tau_a} p_a^\nu(\tau_a)\delta^4(x^\lambda - x_a^\lambda(\tau_a)) \\
&= \sum_a \int \mathrm{d}\tau_a \left(m_a \frac{\mathrm{d}x_a^\mu}{\mathrm{d}\tau_a} \frac{\mathrm{d}x_a^\nu}{\mathrm{d}\tau_a} \right) \delta^4(x^\lambda - x_a^\lambda(\tau_a)).
\end{aligned} \tag{2.89}
$$

它实际上就是把所有粒子的能动张量求和而得. 显然, 它满足 $\partial_\mu T^{\mu\nu} = 0$. 考虑某个体积元, 有

$$
\int_V \mathrm{d}^3 x T^{0\nu}(x) = \sum_{a\in V} \int \mathrm{d}\tau_a \frac{\mathrm{d}x_a^0}{\mathrm{d}\tau_a} p_a^\nu(\tau_a)\delta(x^0 - x_a^0(\tau_a)) = \sum_{a\in V} p_a^\nu = p_V^\nu(t), \tag{2.90}
$$

即 t 时刻在体积 V 中的总动量. 因此 T^{00} 是能量密度, 而 T^{0i} 是动量密度. 一般而言, 由于粒子间存在相互作用, 能量密度中不仅有粒子静止质量的贡献, 也会包含相互作用势能. 如果考虑上面的总动量相对于时间的变化

$$
\frac{\mathrm{d}p_V^\nu(t)}{\mathrm{d}t} = \int_V \mathrm{d}^3 x \frac{\mathrm{d}}{\mathrm{d}t} T^{0\nu}(x) = -\int_V \mathrm{d}^3 x \frac{\partial T^{i\nu}}{\partial x^i} = -\int_{\partial V} \mathrm{d}S_i T^{i\nu}, \tag{2.91}
$$

令 $\nu = j$, 则有

$$
\frac{\mathrm{d}p_V^j(t)}{\mathrm{d}t} = -\int_{\partial V} \mathrm{d}S_i T^{ij}, \tag{2.92}
$$

即 3-动量 p^j 的时间变化率, 也就是 3-力, 与 T^{ij} 对面元 $\mathrm{d}S_i$ 的作用有关. 可以认为 T^{ij} 是每单位面积上的力, 因此它表现为一个沿第 j 个方向作用在面元上的压强. T^{ij} 有两个指标, 一个表示力的方向, 另一个表示作用曲面的方向. 易见 $T^{ij} = T^{ji}$.

利用积分等式

$$
\int \mathrm{d}\tau_a \delta(t - x_a^0(\tau_a)) f(\tau_a) = \left. \left(f(\tau_a) \left| \frac{\mathrm{d}x_a^0}{\mathrm{d}\tau_a} \right|^{-1} \right) \right|_{x_a^0(\tau_a)=t}, \tag{2.93}
$$

并考虑到世界线总是指向未来, 有

$$
\frac{\mathrm{d}x_a^\mu}{\mathrm{d}\tau_a} \bigg/ \frac{\mathrm{d}x_a^0}{\mathrm{d}\tau_a} = (1, v_a^i), \tag{2.94}
$$

所以

$$
\begin{aligned}
N^0 &= \sum_a \delta^3(\boldsymbol{x} - \boldsymbol{x}_a(\tau_a)), \\
N^i &= \sum_a v_a^i \delta^3(\boldsymbol{x} - \boldsymbol{x}_a(\tau_a)),
\end{aligned} \tag{2.95}
$$

而能动张量为

$$T^{\mu\nu}(x) = \sum_a \frac{p_a^\mu(\tau_a)p_a^\nu(\tau_a)}{E_a}\delta^3(\boldsymbol{x} - \boldsymbol{x}_a(\tau_a)). \tag{2.96}$$

2.5.3 理想流体

前面介绍的尘埃是一种非常特殊的流体, 我们忽略了粒子间的相互作用和随机热运动. 对于实际的流体而言, 除了流体单元的整体运动外, 每个粒子都有随机热运动, 有自己的速度. 此外, 粒子之间也存在着相互作用, 贡献势能. 这些效应如何在能动张量中体现呢? 我们需要在没有整体运动的静止参考系中考虑问题. 注意这里的静止参考系是相对于流体单元而言, 要求其中的总空间动量为零. 它是流体单元的共动参考系. 两个不同的流体单元可能有相互运动, 因此这个参考系只是对单独的流体单元定义的. 所有与一个流体单元相关的量, 如数密度、能量密度、温度等, 都定义为它们在流体单元静止参考系中的值. 如果我们只考虑包含一种成分 (或者说一种粒子) 的流体, 而不考虑有互相渗透的多分量流体, 则该流体的能动张量中:

(1) T^{00} 是总能量密度, 包含势能和动能;

(2) T^{0i} 是热传导传播的能量, 所以基本上是一个热传导项;

(3) T^{i0}, 如果存在热传导, 能量也会包含动量的贡献;

(4) T^{ij}, 粒子的随机热运动给出动量流, 所以 T^{ii} 是沿第 i 个方向的各向同性压强, 而 T^{ij} $(i \neq j)$ 是流体的剪切黏滞.

理想流体是一种在静止参考系中没有黏滞性和热传导的流体, 可以看作理想气体的流体推广. 由于没有热传导, 所以 $T^{0i} = T^{i0} = 0$. 没有黏滞性意味着 $T^{ij} = 0$, 除非 $i = j$. 因此理想流体只有对角项, 这在所有的参考系中都必须如此, 因此

$$T^{ij} = p\delta^{ij}. \tag{2.97}$$

当然, 这个条件可以很容易地理解为没有热传导和黏滞性时, 流体在各个空间方向应该是各向同性的, 也就是说如果流体在静止参考系看来是各向同性的, 则它就是理想流体. 所以, 在静止参考系中理想流体能动张量的分量为

$$T^{\alpha\beta} = \begin{pmatrix} \rho & 0 & 0 & 0 \\ 0 & p & 0 & 0 \\ 0 & 0 & p & 0 \\ 0 & 0 & 0 & p \end{pmatrix}$$

$$= (\rho + p)u^\alpha u^\beta + p\eta^{\alpha\beta}. \tag{2.98}$$

利用张量的语言, 能动张量可以写作

$$\widehat{T} = (\rho + p)\widehat{u} \otimes \widehat{u} + p\widehat{g}. \tag{2.99}$$

在最后一项中, 我们已经引入了一般的度规张量. 在闵氏时空中, $\widehat{g} = \widehat{\eta}$. 显然, $\widehat{T}$ 是一个 $(2,0)$ 型张量. 注意, 在一个运动参考系看来,

$$T^{00} = (\rho + p)(u^0)^2 - p = \frac{\rho + \boldsymbol{v}^2 p}{1 - \boldsymbol{v}^2}, \tag{2.100}$$

即压强也出现在能量密度中.

如果 $p = 0$, 则理想流体是无压强的, 这正对应着尘埃. 理想流体没有压强, 说明其中的粒子没有随机运动, 如果粒子有随机速度, 将会导致压强的产生. 在牛顿引力中,

$$\nabla^2 \Phi = 4\pi G\rho, \tag{2.101}$$

其中 ρ 是质量密度. 由狭义相对论, ρ 应该替换成各种形式的能量. 由上面对能动张量的讨论, ρ 只是能动张量中的一个分量, $\rho \to T^{00}$. 这暗示着在引力的相对论性理论中, $\rho \to \widehat{T}$. 我们在爱因斯坦的广义相对论中将看到确实如此. 这同时也说明压强在广义相对论中可能有很重要的用途.

在理想流体的能动张量中, 有两个看似独立的量 —— 能量密度和压强. 实际上这两个量并非独立. 对于不同的理想流体, 它们之间有不同的联系. 通常, 我们可以引入所谓的物态方程

$$p = p(\rho) \tag{2.102}$$

来刻画流体的性质. 下面是一些在宇宙学中经常碰到的理想流体:

(1) 尘埃, $p = 0$.

(2) 辐射, $p = \frac{1}{3}\rho$. 无质量的电磁辐射在宇宙学中有着重要的物理意义, 由于压强非零, 辐射主导的阶段宇宙演化有其特点.

(3) 真空能, 也就是常说的宇宙学常数,

$$p = -\rho. \tag{2.103}$$

因此, 也常称它具有负压强. 其能动张量为

$$T^{\mu\nu} = -\rho_{\text{vac}}\eta^{\mu\nu}. \tag{2.104}$$

这种特别的理想流体在宇宙演化的晚期发挥着支配性的作用.

我们可以从前面对多粒子系统取平均来讨论两种特别的理想流体. 由于理想流体在其静止参考系中没有特定的方向, 因此粒子的 3-动量可以指向所有可能的方向, 而它们在流体单元的和为零. 我们对所有的方向取平均, 可得

$$< p_a^0 p_a^i >_{方向} = 0, \tag{2.105}$$

所以有 $T^{0i} = 0$. 而由

$$\frac{1}{4\pi} \int d\theta d\varphi \sin\theta p^i p^j = \frac{1}{3} \boldsymbol{p}^2 \delta^{ij}, \tag{2.106}$$

得到

$$< p_a^i p_a^j >_{方向} = \frac{1}{3} \boldsymbol{p}_a^2(\tau_a) \delta^{ij}. \tag{2.107}$$

由此我们得到流体单元中的能量密度和压强:

$$\begin{aligned}
\rho &= \left\langle \sum_a E_a(\tau_a) \delta^3(\boldsymbol{x} - \boldsymbol{x}_a(\tau_a)) \right\rangle_{粒子平均}, \\
p &= \left\langle \sum_a \frac{\boldsymbol{p}_a^2(\tau_a)}{3E_a(\tau_a)} \delta^3(\boldsymbol{x} - \boldsymbol{x}_a(\tau_a)) \right\rangle_{粒子平均}.
\end{aligned} \tag{2.108}$$

因为对于每个粒子而言 $E_a^2 = m^2 + \boldsymbol{p}_a^2 \geqslant \boldsymbol{p}_a^2$, 所以总有

$$\rho \geqslant 3p \geqslant 0. \tag{2.109}$$

对于非相对论性的粒子, $E = m + \frac{\boldsymbol{p}^2}{2m} + \cdots$, 我们发现

$$\rho = n\left(m + \frac{3}{2}k_{\mathrm{B}}T\right), \tag{2.110}$$

这里 k_{B} 是玻尔兹曼 (Boltzmann) 常数, T 是流体的温度. 由于

$$\left\langle \frac{\boldsymbol{p}_a^2(\tau_a)}{3E_a(\tau_a)} \right\rangle \approx \frac{\boldsymbol{p}^2}{3m} = k_{\mathrm{B}}T, \tag{2.111}$$

我们得到了理想气体的状态方程 $p = nk_{\mathrm{B}}T$ 或者 $pV = Nk_{\mathrm{B}}T$, 也就是说理想流体可以看作理想气体的一种推广. 如果我们忽略粒子间的相互作用而只考虑粒子的随机运动, 就得到了理想气体的状态方程.

对于极端相对论性的气体, $E = |\boldsymbol{p}| + \cdots$, 所以 $\rho \approx 3p$. 特别地, 对于光子气体, 有

$$p = \frac{1}{3}\rho, \tag{2.112}$$

这正是辐射满足的状态方程. 此时, 能动张量的迹 $\eta_{\mu\nu}T^{\mu\nu} = 0$, 这与 4 维中电磁场能动张量无迹一致.

2.5.4 能动量守恒

在狭义相对论中, 能动量守恒方程为

$$\partial_\mu T^{\mu\nu} = 0. \tag{2.113}$$

这个方程对一个指标求和, 剩下的一个指标表明这个方程实际上包含四个方程. 对于 $\nu = 0$, 这个方程给出能量守恒. 而对于 $\nu = k \neq 0$, 这个方程给出

$$\partial_\mu T^{\mu k} = 0. \tag{2.114}$$

为了简化讨论, 我们只考虑理想流体的情形. 此时

$$\begin{aligned}
\partial_\mu T^{\mu\nu} &= \partial_\mu[(\rho + p)u^\mu u^\nu + p\eta^{\mu\nu}] \\
&= \partial_\mu(\rho + p)u^\mu u^\nu + (\rho + p)\partial_\mu(u^\mu u^\nu) + \partial_\mu p\eta^{\mu\nu}.
\end{aligned} \tag{2.115}$$

对这个矢量方程, 我们可以先考虑其与 4-速度平行的部分:

$$u_\nu \partial_\mu T^{\mu\nu} = -\partial_\mu(\rho u^\mu) - p\partial_\mu u^\mu. \tag{2.116}$$

这里我们用到了

$$\begin{aligned}
&-\partial_\mu(\rho + p)u^\mu - (\rho + p)\partial_\mu u^\mu + \partial_\mu p u^\mu \\
&= -\partial_\mu \rho u^\mu - \rho \partial_\mu u^\mu - p\partial_\mu u^\mu,
\end{aligned}$$

以及 $u_\nu \partial_\mu u^\nu = \frac{1}{2}\partial_\mu(u_\nu u^\nu) = 0$. (2.116) 式实际上是能量守恒律的相对论性推广:

$$\partial_\mu(\rho u^\mu) + p\partial_\mu u^\mu = 0. \tag{2.117}$$

在非相对论极限下,

$$u^\mu = (1, v^i), \quad v^i \ll 1, p \ll \rho,$$

其中关系 $p \ll \rho$ 是因为压强来自随机运动, 由于 $v^i \ll 1$, p 非常小. 在此极限下, 方程 (2.117) 变为

$$\partial_t \rho + \nabla \cdot (\rho \boldsymbol{v}) = 0, \tag{2.118}$$

这正是能量密度的连续性方程, 即能量守恒律.

接下来我们考虑能动量守恒方程在垂直于 4-速度方向上的投影. 为此, 定义一个投影算子

$$P_\nu^\sigma = \delta_\nu^\sigma + u^\sigma u_\nu, \tag{2.119}$$

它作用在平行于 4-速度方向的矢量上为零, 而作用在垂直于 4-速度方向的矢量上则保持这个矢量, 即

$$P_\nu^\sigma V_\parallel^\nu = V_\parallel^\sigma + u^\sigma u_\nu V_\parallel^\nu = 0, \quad P_\nu^\sigma W_\perp^\nu = W_\perp^\sigma. \tag{2.120}$$

因此, 这个投影算子作用到能动量守恒方程时给出

$$P_\nu^\sigma \partial_\mu T^{\mu\nu} = (\rho + p)u^\mu \partial_\mu u^\sigma + \partial^\sigma p + u^\sigma u^\mu \partial_\mu p. \tag{2.121}$$

在静止坐标系中, $\sigma = 0$ 时方程是自动满足的, 只有 $\sigma = i$ 时是非平凡的. 由于 $u^i = 0$, 有

$$0 = (\rho + p)u^\mu \partial_\mu u_i + \partial_i p = (\rho + p)a_i + \partial_i p, \tag{2.122}$$

其中用到了

$$a_\sigma = \frac{\mathrm{d}}{\mathrm{d}\tau} u_\sigma = \frac{\mathrm{d}x^\mu}{\mathrm{d}\tau} \frac{\partial}{\partial x^\mu} u_\sigma = u^\mu \partial_\mu u_\sigma. \tag{2.123}$$

方程 (2.122) 的物理意义并不容易看清楚. 为了了解其物理意义, 我们可以把它与其非相对论极限下的方程比较. 在取非相对论极限时, 我们只保留一阶项. $\sigma = 0$ 的部分是平庸的, 而 $\sigma \neq 0$ 的部分给出

$$\rho[\partial_t \boldsymbol{v} + (\boldsymbol{v} \cdot \nabla)\boldsymbol{v}] = -\nabla p. \tag{2.124}$$

这正是流体力学中的欧拉方程. 它可以写成另一种形式

$$\rho \boldsymbol{a} + \nabla p = 0. \tag{2.125}$$

相对论性的方程只不过是把 ρ 换成 $\rho + p$. 也就是说, 在相对论情形, 压强可能有重要的应用. 实际上, 在相对论中 $\rho + p$ 的作用类似于惯性质量密度, 因为方程 (2.122) 基本上就是 $\boldsymbol{F} = m\boldsymbol{a}$.

在结束本节之前, 我们简单介绍一下能动张量在广义相对论中的重要性. 在牛顿引力中, 只有 $\rho \sim m$ 出现在泊松 (Poisson) 方程中. 而相对论性地, 静止质量和能量是可换的. 因此, 所有能量 T^{00} 都应该成为引力场的源. 为了建立一个好的理论, 能动张量的所有分量都应该出现在理论中. 爱因斯坦猜测引力的源就是能动张量 $\hat{T}$.

我们强调一下压强 p 在广义相对论中的重要意义. 首先, 它是引力场的源; 其次, 考虑一个致密恒星, 如中子星, 强引力场要求恒星内部存在一个大的压强梯度来平衡引力以保持恒星的稳定性; 再次, 方程 (2.122) 告诉我们, 与牛顿引力相比, 在相对论中需要更大的压强梯度来保持稳定性; 最后, 在后面的讨论中我们将看到, 压强在宇宙学中有着重要的作用.

2.6 电动力学的协变形式

麦克斯韦理论统一描述了电和磁现象, 也激发了爱因斯坦的灵感, 使他发展出狭义相对论. 而狭义相对论的建立又促使人们重新理解电磁现象. 利用四维张量能够以协变的方式重新表述麦克斯韦方程组, 这是很有启发性的, 方便我们讨论各种电动力学中的问题. 限于篇幅, 我们在此仅做简单的讨论. 相关的系统分析参见文献 [27].

2.6.1 麦克斯韦方程

在 19 世纪中叶, 麦克斯韦发现电磁现象可以统一地利用一组方程来描述. 如果忽略介质的极化和磁化, 这组方程的形式为

$$
\begin{aligned}
\nabla \times \boldsymbol{B} - \partial_t \boldsymbol{E} &= 4\pi \boldsymbol{J}, \\
\nabla \cdot \boldsymbol{E} &= 4\pi \rho, \\
\nabla \times \boldsymbol{E} + \partial_t \boldsymbol{B} &= \boldsymbol{0}, \\
\nabla \cdot \boldsymbol{B} &= 0.
\end{aligned}
\tag{2.126}
$$

麦克斯韦理论实际上是爱因斯坦提出狭义相对论的源泉. 在真空中这组方程变为[5]

$$
\begin{aligned}
\nabla \cdot \boldsymbol{E} &= 0, \\
\nabla \cdot \boldsymbol{B} &= 0, \\
\nabla \times \boldsymbol{E} &= -\partial_t \boldsymbol{B}, \\
\nabla \times \boldsymbol{B} &= \mu_0 \epsilon_0 \partial_t \boldsymbol{E}.
\end{aligned}
\tag{2.127}
$$

由此可得电磁波动方程

$$
\begin{aligned}
\nabla^2 \boldsymbol{E} &= \mu_0 \epsilon_0 \frac{\partial^2 \boldsymbol{E}}{\partial t^2}, \\
\nabla^2 \boldsymbol{B} &= \mu_0 \epsilon_0 \frac{\partial^2 \boldsymbol{B}}{\partial t^2}.
\end{aligned}
\tag{2.128}
$$

也就是说电场和磁场都是以光速 $c^2 = 1/(\mu_0 \epsilon_0)$ 传播. 麦克斯韦理论的一个惊人结论是可见光本身就是一种电磁波, 光速由电磁理论中两个常数 μ_0, ϵ_0 确定. 麦克斯韦理论

---

[5]在本章的讨论中, 为了更清楚地认识相对论性效应, 我们在公式中尽量保留物理常数.

不仅统一了电和磁, 也统一了光学与电磁学. 然而, 如果麦克斯韦理论是正确的, 它与伽利略变换是不相容的. 在伽利略变换下,

$$\boldsymbol{x}' = \boldsymbol{x} - \boldsymbol{v}t, \quad t' = t, \tag{2.129}$$

如果一个场 Ψ 在参考系 $(t', \boldsymbol{x}')$ 中满足波动方程

$$\left(\sum_i \frac{\partial^2}{\partial x_i'^2} - \frac{1}{c^2} \frac{\partial^2}{\partial t'^2} \right) \Psi = 0, \tag{2.130}$$

则在参考系 $(t, \boldsymbol{x})$ 中, 其运动方程为

$$\left(\nabla^2 - \frac{1}{c^2} \frac{\partial^2}{\partial t^2} - \frac{2}{c^2} \boldsymbol{v} \cdot \nabla \frac{\partial}{\partial t} - \frac{1}{c^2} \boldsymbol{v} \cdot \nabla \boldsymbol{v} \cdot \nabla \right) \Psi = 0, \tag{2.131}$$

所以波动方程的形式在伽利略变换下并非不变的, 而且也不存在 Ψ 的运动学重定义让方程变成标准的波动方程形式. 这与非相对论的薛定谔 (Schrödinger) 方程不同, 在薛定谔方程中可以通过重新定义波函数使方程在伽利略变换下不变, 而且波函数的重新定义只是多了一个相位.

一个明显的问题是电磁波在不同的参考系下是否都以相同的速度传播. 如果不是, 那么两个常数如何变化? 真空的意义是什么? 爱因斯坦认为光的传播在所有的参考系中都应该是一样的, 这是狭义相对论的重要假定之一. 也就是说麦克斯韦方程组应该在洛伦兹变换下保持不变, 电磁波的传播方程也应该保持不变. 为看清楚这一点, 我们利用分量的形式, 把上面的方程变成

$$\begin{aligned} \varepsilon^{ijk} \partial_j B_k - \partial_0 E^i &= 4\pi J^i, \\ \partial_i E^i &= 4\pi J^0, \\ \varepsilon^{ijk} \partial_j E_k + \partial_0 B^i &= 0, \\ \partial_i B^i &= 0. \end{aligned} \tag{2.132}$$

我们可以把 $J^0 = \rho$ 和 J^i 合写成流 4-矢量 J^μ. 把电磁场用电磁场强来表示, $F^{0i} = E^i$, $F^{ij} = \varepsilon^{ijk} B_k$, 前两个方程就可写作

$$\begin{aligned} \partial_j F^{ij} - \partial_0 F^{0i} &= 4\pi J^i, \\ \partial_i F^{0i} &= 4\pi J^0. \end{aligned} \tag{2.133}$$

更紧凑地, 利用 4-矢量和张量把这两个方程写成

$$\partial_\mu F^{\nu\mu} = 4\pi J^\nu. \tag{2.134}$$

而后两个方程可写作

$$\partial_{[\mu} F_{\nu\lambda]} = 0. \tag{2.135}$$

显然, 方程 (2.134) 和 (2.135) 都取协变的形式, 在所有的惯性系中都相同.

实际上, 我们可以引进电磁规范势来简化上面的讨论. 电磁规范势 $\widehat{A}$ 是一个 1 形式场,

$$\widehat{A} = A_\mu \mathrm{d}x^\mu, \tag{2.136}$$

而 (2.135) 式意味着电磁场强张量可以表达为

$$F_{\mu\nu} = \partial_\mu A_\nu - \partial_\nu A_\mu. \tag{2.137}$$

也就是说, 电磁场强可以通过电磁规范势来定义. 用场论的观点, $\widehat{A}$ 是一个阿贝尔 U(1) 规范势, 存在规范对称性. 易见, 如果我们做规范变换

$$A_\mu \rightarrow A_\mu + \partial_\mu \psi, \tag{2.138}$$

场强张量是不变的. 也就是说, 存在规范选择的自由度, 我们可以通过选择 ψ 取不同的规范. 比如说, 我们可以取 $A_0 = 0$, 即所谓的静态规范. 一个经常使用的规范是所谓的洛伦茨 (Lorenz) 规范[⑥]

$$\partial^\mu A_\mu = 0. \tag{2.139}$$

值得注意的是, 尽管规范势在选择上有任意性, 它却是比电磁场强更基本的物理量, 在量子力学和量子场论中有更基本的作用. 这一点已经通过阿哈罗诺夫–玻姆 (Aharonov-Bohm) 效应 (简称 AB 效应) 得到了实验验证.

上面出现的流密度 4-矢量类似于讨论能动张量时尘埃的数密度 4-矢量. 我们现在关心的是电荷密度而不是粒子数密度, 因此这个流密度 4-矢量可以写作

$$\widehat{J} = \rho_0(x)\widehat{u}, \tag{2.140}$$

其中 $\rho_0(x)$ 是流体的固有电荷密度, 满足 $\widehat{J} \cdot \widehat{J} = -\rho_0^2$. 如在参考系 S 中看来, 带电粒子以速度 v 运动, 则流密度 4-矢量的分量为

$$J^\mu = \rho_0 \gamma_v (1, v^i). \tag{2.141}$$

[⑥]洛伦兹 (Lorentz, 1853—1928) 是近代卓越的理论物理学家、数学家, 荷兰人, 1902 年获得诺贝尔物理学奖. 他的主要贡献包括: 提出了洛伦兹力的公式、发现了洛伦兹变换、创立经典电子论、与同胞塞曼 (Zeeman) 一起发现并验证了塞曼效应等. 而洛伦茨 (Lorenz, 1829—1891) 是丹麦物理学家. 1867 年, 他首次提出了洛伦茨规范和推迟势的概念. 对规范变换的明晰表述来自洛伦茨的名著《电子论》.

由于电磁场强张量是反对称的, 有

$$\partial_\nu \partial_\mu F^{\nu\mu} = 0,\qquad(2.142)$$

从而得到

$$\partial_\nu J^\nu = 0.\qquad(2.143)$$

这正是关于源的连续性方程, 即局部地看电荷的变化与电流密切相关, 也就是说电荷是守恒的. 方程 (2.143) 即电荷守恒方程, 其分量形式为

$$\frac{\partial \rho}{\partial t} + \nabla \cdot \boldsymbol{J}^i = 0.\qquad(2.144)$$

电荷守恒可以认为是粒子数守恒的一个结果. 这里的流 4-矢量中, 电荷密度

$$\rho(x) = qn(x),\qquad(2.145)$$

其中 q 是粒子电荷, $n(x)$ 是粒子数密度, 而电流密度定义为

$$\boldsymbol{J}(x) = qn(x)\boldsymbol{v}(x),\qquad(2.146)$$

其中 $\boldsymbol{v}(x)$ 是粒子的速度. 在能动张量的讨论中我们定义了粒子数 4-矢量 $\widehat{N}$, 电荷流 4-矢量其实就是 $\widehat{J} = q\widehat{N}$, 因此电荷守恒就是粒子数守恒.

麦克斯韦理论在不同的参考系下都取相同的形式. 方程 (2.134) 和 (2.135) 都是张量形式, 所以在洛伦兹变换下是协变的, 方程的形式不变. 此外, 我们知道 $F^{\mu\nu}$ 是一个二阶反对称张量, 而电场和磁场只是其分量. 在洛伦兹变换下电场和磁场都不是简单地按照矢量来变换, 而应该利用 $F^{\mu\nu}$ 来得到它们的变换规律. 也就是说, 我们需要从变换关系

$$F^{\mu'\nu'} = \Lambda^{\mu'}_{\ \mu}\Lambda^{\nu'}_{\ \nu}F^{\mu\nu}\qquad(2.147)$$

中得到电场、磁场的变换关系. 而且从这些变换中可以看到, 电和磁并非独立的, 它们可以互相转换, 在一个参考系中的电现象, 在另一个参考系中可能变成磁现象. 这一点在爱因斯坦建立狭义相对论之前并没有一个透彻的理解.

我们先考虑一个匀速运动带电粒子的电磁场. 假设在参考系 S 中带电粒子沿 x 方向以速度 v 运动. 在这个粒子的共动参考系 S' 中, 只有静电场存在, 即

$$\boldsymbol{E}' = \frac{q}{4\pi\epsilon_0 r'^3}\boldsymbol{r}',\quad \boldsymbol{B}' = \boldsymbol{0}.\qquad(2.148)$$

静电场是完全沿径向、各向同性分布的. 而在参考系 S 中, 通过洛伦兹变换, 我们知道

$$
\boldsymbol{B} = \frac{1}{c}\boldsymbol{v} \times \boldsymbol{E},
$$

$$
\boldsymbol{E} = \frac{q\boldsymbol{r}}{4\pi\epsilon_0 \gamma^2 r^3 \left(1 - \left(\dfrac{v}{c}\right)^2 \sin^2\theta\right)^{3/2}},
\tag{2.149}
$$

其中 $\boldsymbol{v} = (v, 0, 0)$, γ 是相应的洛伦兹因子, 而 θ 是与 x 轴的夹角. 在参考系 S 中, 不仅存在磁场, 电场也不再是均匀各向同性的. 当 $\theta = \pi/2$ 时, 电场最强, $E_{\max} = \gamma q/(4\pi\epsilon_0 r^2)$, 而当 $\theta = 0$ 时, 电场最弱, $E_{\min} = q/(4\pi\epsilon_0 \gamma^2 r^2)$. 我们可以画出电场线的图, 如图 2.3 所示. 由于场强正比于单位面积上的场线数目, 而高斯 (Gauss) 定理告诉我们电场线与粒子的运动无关, 运动将导致场线的分布发生变化. 从图 2.3 中可以看到, 由于洛伦兹尺缩效应, 在 x 方向上发生了压缩.

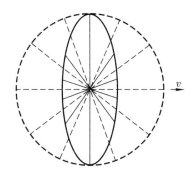

图 2.3 在不同参考系中电场线的分布. 虚线代表 S' 中球对称的电场线, 而实线显示的是参考系 S 中的电场线.

2.6.2 电磁辐射

最后, 我们简单讨论一下电磁辐射, 它与我们后面将要学习的引力辐射有很多相似之处. 从麦克斯韦方程 (2.134), 我们得到

$$
\partial_\mu(\partial^\nu A^\mu - \partial^\mu A^\nu) = 4\pi J^\nu.
\tag{2.150}
$$

对于 U(1) 规范场, 存在规范变换 $A^\mu \to A^\mu + \partial^\mu \psi$. 在此规范变换下, 电磁场强张量保持不变, 也就是说规范势的选择有自由度, 为方便讨论问题可以取不同的规范. 在讨论电磁辐射时, 一个方便的规范选择是所谓的协变规范, 也即洛伦茨规范, 即要求

$$
\partial_\mu A^\mu = 0.
\tag{2.151}
$$

在此规范下, 规范势满足的方程为

$$\Box A^\mu = -4\pi J^\mu. \tag{2.152}$$

这里的 "□" 是平直时空中的达朗贝尔 (d'Alembert) 算子, $\Box = \partial_\mu \partial^\mu$. 在真空中, 规范势满足的方程与电、磁场满足的方程 (2.128) 一样.

首先, 我们来看看真空中的电磁波. 此时, 上面的方程无源, 它的解为

$$A^\mu = C^\mu \mathrm{e}^{\mathrm{i}\widehat{k}\cdot\widehat{x}} = C^\mu \mathrm{e}^{\mathrm{i}k_\nu x^\nu}, \tag{2.153}$$

其中 C^μ 是分量为常数的振幅矢量, 而波 4-矢量 $\widehat{k}$ 是一个零矢量, $\widehat{k}\cdot\widehat{k}=0$, 这意味着电磁波以光速传播. 由洛伦兹规范条件知

$$\widehat{C}\cdot\widehat{k}=0, \tag{2.154}$$

也就是说振幅矢量与波矢正交, 因此振幅矢量的独立分量是 3 个. 如果我们假定电磁波沿 x^3 方向传播,

$$k^\mu = (k, 0, 0, k), \tag{2.155}$$

则振幅矢量可以是 $C^\mu = (C^0, C^1, C^2, C^0)$, 其中 C^1, C^2 任意. 此外, 我们选择洛伦兹规范时并没有完全固定规范. 在规范变换中 $A_\mu \to A_\mu + \partial\lambda$, 所有满足 $\Box\lambda = 0$ 的规范参数 λ 都保持洛伦兹规范, 因此我们在保持洛伦兹规范的前提下可以选择满足 $\Box\lambda = 0$ 的 λ 让规范势变化. 这样的规范参数可以是

$$\lambda = \varepsilon \mathrm{e}^{\mathrm{i}\widehat{k}\cdot\widehat{x}}, \tag{2.156}$$

它导致的规范势的变化是让振幅矢量变化

$$C^\mu \to C'^\mu = C^\mu + \mathrm{i}\varepsilon k^\mu. \tag{2.157}$$

如果波矢取以上沿 x^3 方向传播的形式, 则

$$C'^0 = C^0 + \mathrm{i}\varepsilon k, \quad C'^1 = C^1, \quad C'^2 = C^2. \tag{2.158}$$

通过取 $\varepsilon = \mathrm{i}C^0/k$, 我们得到 $C'^0 = 0$. 也就是说, 我们总可以通过选择规范参数使振幅矢量与波的传播方向垂直, 即为横波. 最终我们得到的振幅矢量只有两个独立的分量. 我们可以选择如下线性极化 (偏振) 矢量

$$\widehat{e}_1 = (0, 1, 0, 0),$$

$$\widehat{e}_2 = (0, 0, 1, 0),$$

而振幅矢量的一般形式为

$$C^\mu = c_1 e_1^\mu + c_2 e_2^\mu, \tag{2.159}$$

其中 c_1, c_2 是复常数.

我们可以考虑电磁波的物理效应. 如果在真空中有一个带正电荷的试探粒子, 它与电磁波的相互作用是 (协变形式的) 洛伦兹力. 电磁波经过试探粒子时, 粒子将由于相互作用而产生运动. 当 c_2 为零时, 粒子的运动是沿 x^1 方向振荡, 而当 c_1 为零时, 粒子的运动是沿 x^2 方向振荡. 如果 $c_2 = \pm \mathrm{i} c_1$, 我们可以得到圆偏振波, 而试探粒子在此波的影响下将做圆周运动.

那么什么样的源可以产生电磁辐射呢? 对于有源的电磁波方程, 我们可以利用格林 (Green) 函数方法并利用多极矩展开来讨论. 具体的方法在后面讨论引力辐射时将有所涉及. 这里我们列出几个重要的结论:

(1) 由于电荷守恒, 因此单极矩不会产生电磁辐射;

(2) 领头阶的电磁辐射来自电偶极矩;

(3) 次领头阶的电磁辐射来自磁偶极矩, 但由于磁场可以看作相对论性效应, 因此它相比于电偶极矩有一个相对论性的 v/c 的压低.

附录 2.1　狭义相对论简史

狭义相对论在 1905 年由爱因斯坦提出, 如今已经成为现代物理学的基石. 狭义相对论来源于 19 世纪对电磁学的研究. 可以说麦克斯韦理论对电学、磁学和光学的统一导致了狭义相对论的诞生. 洛伦兹自 1890 年开始对电动力学的研究为狭义相对论奠定了基础, 而庞加莱等人也做出了重要的贡献, 但最终是爱因斯坦成功地建立了狭义相对论.

爱因斯坦在 1905 年发表的论文题目是 "论运动物体的电动力学". 当爱因斯坦思考麦克斯韦方程组并非相对论性不变时, 实际上面临几个选择:

(1) 麦克斯韦理论是不正确的, 因为它并非伽利略相对性不变, 而正确电磁理论应该在伽利略变换下保持形式不变. 如果取这种观点, 伽利略变换有无上的地位.

(2) 伽利略相对性原理只适用于经典力学, 而麦克斯韦理论有一个特殊的参考系, 在其中以太是静止的.

(3) 存在一个对经典力学和电磁理论都适用的相对性原理, 但显然不是伽利略相对性原理. 如果是这样, 在新的相对性理论中, 不同的参考系中麦克斯韦理论保持形式不变. 当然, 这意味着原有力学体系需要适当的修改.

第一个可能性很难被人接受, 因为麦克斯韦理论取得了空前的成功. 随着电磁波的广泛应用, 很难想象麦克斯韦理论是错误的. 因此第二个观点在 19 世纪末和 20 世纪初是流行的观点, 大家普遍接受以太的存在. 然而迈克耳孙–莫雷实验证实了光的传播速度是不变的, 这对以太理论提出了挑战. 菲茨杰拉德和洛伦兹提出了一个猜测: 在以太中运动的物体在运动方向上会收缩, 即

$$L(v) = L_0 \left(1 - \frac{v^2}{2c^2}\right), \tag{2.160}$$

这样就可以解释迈克耳孙–莫雷实验[⑦]. 这个猜测看起来不在麦克斯韦理论中. 然而, 洛伦兹和庞加莱证明, 麦克斯韦理论在洛伦兹变换[⑧] 下不变, 而上面的尺度收缩对于运动电荷密度成立. 因此洛伦兹认为尺度收缩实际上扎根于电动力学中. 随着电子的发现, 洛伦兹认为由于所有物质本质上都是电磁的, 所以即使是对宏观物体, 这一收缩也成立, 这似乎成功地挽救了以太理论. 然而, 其他的一些实验继续困扰着以太理论. 其中一个是著名的菲佐实验 (1851, 1853), 即测量在运动流体中的光速. 迈克耳孙和莫雷在 1886 年也做了类似的实验. 实验结果表明, 如果以太理论是对的, 则以太必须部分地被流体拖曳, 而且拖曳的效果与流体的折射率有关, 净光速为

$$c' = \frac{c}{n} + v \left(1 - \frac{1}{n^2}\right), \tag{2.161}$$

其中 n 是液体折射率 (假设液体无色散), v 是流体的速度. 这个公式最早被菲涅耳 (Fresnel) 预言, $1 - 1/n^2$ 因子称为菲涅耳曳引因子. 菲涅耳假定了光经过以太激起弹性振动, 因此被以太部分地拖住了. 而另一个著名的实验是光行差效应, 这在前面已经讨论过了. 为了解释这个效应, 菲涅耳在 1818 年引进了绝对静止以太的概念. 可以说, 在爱因斯坦提出狭义相对论之前, 在以太理论框架下解释这些实验看起来都不令人满意.

爱因斯坦在提出狭义相对论的过程中, 主要受到光行差效应, 特别是菲佐实验的影响[⑨]. 他认为上面的第三种可能性才是解决问题的根本. 他坚信麦克斯韦理论是正确的, 由此发展了狭义相对论. 他提出的狭义相对论简洁漂亮地解决了上面的问题. 从现有的文献看, 他对迈克耳孙–莫雷实验有一定的了解, 但这不是他提出狭义相对论的主要驱动力. 他对洛伦兹 1895 年前的工作比较熟悉, 并深受洛伦兹 1895 年工作的影响, 但并不了解洛伦兹变换. 实际上, 他在狭义相对论的发展中发明了洛伦兹变换.

1921 年, 狭义相对论还没有被广泛接受, 当爱因斯坦在普林斯顿访问时, 传闻有人发现了以太的非零漂移. 爱因斯坦评论说: "上帝是微妙的, 但不怀恶意."

[⑦]这个关系是狭义相对论中尺缩效应的一级展开.
[⑧]实际上, 洛伦兹变换最早是 1887 年由佛赫特 (Voigt) 提出的.
[⑨]关于爱因斯坦研究狭义相对论的历史脉络, 参见文献 [28].

习　题

1. 在 4 维中计算

$$\varepsilon_{\alpha\beta\gamma\delta}\eta^{\alpha\mu}\eta^{\beta\nu}\eta^{\gamma\rho}\eta^{\delta\lambda}\varepsilon_{\mu\nu\rho\lambda}. \tag{2.162}$$

2. 假定在闵氏时空中一个二阶张量 $X^{\mu\nu}$ 和一个一阶矢量 V^{μ} 的分量分别为

$$X^{\mu\nu} = \begin{pmatrix} 1 & -1 & 0 & 0 \\ -1 & 0 & 5 & 3 \\ -2 & 1 & 0 & 0 \\ 0 & 1 & 0 & 2 \end{pmatrix}, \quad V^{\mu} = (0, 3, 1, -2),$$

求以下张量的分量:

(1) $X^{\mu}{}_{\nu}$;

(2) $X_{\mu}{}^{\nu}$;

(3) $X^{(\mu\nu)}$;

(4) $X_{[\mu\nu]}$;

(5) $X^{\lambda}{}_{\lambda}$;

(6) $V^{\mu}V_{\mu}$;

(7) $V_{\mu}X^{\mu\nu}$.

3. 证明任何二阶张量总可以写成其对称化部分和反对称化部分的和, 即 $A_{\mu\nu} = A_{(\mu\nu)} + A_{[\mu\nu]}$. 如果 $B^{\mu\nu} = B^{\nu\mu}$ 而 $C^{\mu\nu} = -C^{\nu\mu}$, 证明 $A_{\mu\nu}B^{\mu\nu} = A_{(\mu\nu)}B^{\mu\nu}$ 和 $A_{\mu\nu}C^{\mu\nu} = A_{[\mu\nu]}C^{\mu\nu}$.

4. 如果 $t_{\mu\nu}$ 是对称张量的分量, 而 v_{μ} 是一个矢量的分量, 证明如果

$$v_{\mu}t_{\nu\rho} + v_{\rho}t_{\mu\nu} + v_{\nu}t_{\rho\mu} = 0, \tag{2.163}$$

则要么 $t_{\mu\nu} = 0$, 要么 $v_{\mu} = 0$.

5. 在天文观测中, 一个天体的亮度由在地球上观测者看到的辐射通量 T^{0i} 确定. 这里我们计算一下这个通量如何依赖于天体和地球的相对运动.

   (1) 在有固定亮度 L (每秒辐射的总能量) 的恒星的静止惯性系 S 中, 假定恒星在原点, 证明在事件点 $(t, x, 0, 0)$ 处恒星辐射的能动张量具有分量 $T^{00} = T^{0x} = T^{x0} = T^{xx} = L/(4\pi x^2)$.

   (2) 令 $\hat{X}$ 是把辐射的发射和接收分开的零矢量. 证明对于在事件点 $(x, x, 0, 0)$ 观测到的辐射而言, $\hat{X} = (x, x, 0, 0)|_S$. 证明 (1) 中的能动张量具有与参考系无关

的形式

$$\widehat{T} = \frac{L}{4\pi} \frac{\widehat{X} \otimes \widehat{X}}{(\widehat{U}_{\mathrm{s}} \cdot \widehat{X})^4}, \tag{2.164}$$

其中 $\widehat{U}_{\mathrm{s}}$ 是恒星的 4-速度.

(3) 令地球上的观测者 O 沿 x 方向以速度 v 远离恒星运动, 测量相同的辐射. 令 $\widehat{X} = (R, R, 0, 0)$, 找出 R 对 x 的函数依赖式, 求出这个观测者观测到的能量通量.

6. 利用能动量守恒方程证明对于有限大小的系统 (即能动张量只在空间有限区域中非零):

(1) 在某惯性系下, $\partial_t \int T^{0\nu} \mathrm{d}^3 x = 0$. 这表明能量和动量守恒.

(2) $\partial_t^2 \int T^{00} x^i x^j \mathrm{d}^3 x = 2 \int T^{ij} \mathrm{d}^3 x$.

7. 假定两个参考系 S 和 S' 相差一个沿 x 方向的常速度, 利用洛伦兹变换给出两个参考系中电磁场间的关系.

8. 如果我们并不假定两个参考系 S 和 S' 是通过沿 x 方向的常速度相联系, 而是认为 S' 与 S 差一个常速度 $\boldsymbol{v}$ 但方向任意, 证明在两个参考系中的电磁场关系为

$$\begin{aligned} \boldsymbol{E}' &= \gamma(\boldsymbol{E} + \boldsymbol{v} \times \boldsymbol{B}) + \frac{1 - \gamma}{v^2}(\boldsymbol{v} \cdot \boldsymbol{E})\boldsymbol{v}, \\ \boldsymbol{B}' &= \gamma\left(\boldsymbol{B} - \frac{1}{c^2}\boldsymbol{v} \times \boldsymbol{E}\right) + \frac{1 - \gamma}{v^2}(\boldsymbol{v} \cdot \boldsymbol{B})\boldsymbol{v}. \end{aligned} \tag{2.165}$$

9. 证明 $c^2\boldsymbol{B}^2 - \boldsymbol{E}^2$ 和 $\boldsymbol{E} \cdot \boldsymbol{B}$ 是洛伦兹不变的.

10. 在某参考系中, 证明在电磁场中一个带电粒子的 3-加速度是

$$\boldsymbol{a} = \frac{\mathrm{d}\boldsymbol{u}}{\mathrm{d}t} = \frac{q}{\gamma m_0}\left(\boldsymbol{E} + \boldsymbol{u} \times \boldsymbol{B} - \frac{1}{c^2}(\boldsymbol{u} \cdot \boldsymbol{E})\boldsymbol{u}\right). \tag{2.166}$$

11. 考虑真空中电磁场的麦克斯韦理论和标量场理论, 它们的能动张量分别为

$$T^{\mu\nu}_{\mathrm{EM}} = F^{\mu\lambda}F^{\nu}{}_{\lambda} - \frac{1}{4}\eta^{\mu\nu}F^{\lambda\sigma}F_{\lambda\sigma},$$

$$T^{\mu\nu}_{\mathrm{scalar}} = \eta^{\mu\lambda}\eta^{\nu\sigma}\partial_\lambda\phi\partial_\sigma\phi - \eta^{\mu\nu}\left(\frac{1}{2}\eta^{\lambda\sigma}\partial_\lambda\phi\partial_\sigma\phi + V(\phi)\right).$$

(1) 利用三维矢量分析中的散度、梯度、旋度以及电场和磁场, 把每个理论中的能动张量的分量重新表达.

(2) 利用运动方程, 证明能动张量守恒.

(3) 证明 (四维) 电磁场的能动张量无迹.

第三章   引力与几何

迄今为止, 人类在自然界中已经发现了四种基本相互作用: 电磁、强、弱相互作用和引力相互作用. 引力看起来最简单, 但却是最神秘的. 让我们先回顾一下已知的关于引力的基础知识. 首先, 引力是普适的, 它在任何形式的能量之间发生相互作用, 因此也常被称为万有引力. 其次, 引力是不受屏蔽的, 总是吸引的. 换句话说, 不存在负引力荷的物体, 因为能量总是正的. 再次, 引力是一种长程力, 它与电磁力类似, 是一种与距离平方成反比的力. 物体携带的电荷可正可负, 同种电荷间电磁力是排斥的, 异种电荷间电磁力是吸引的, 而物体的引力荷 (能量或者质量) 总是正的, 因此引力总是吸引的. 从现代量子场论的观点看, 传播引力的粒子是一个无质量的自旋为 2 的粒子, 即引力子. 然而, 与其他三种相互作用可以通过量子规范场论来统一描述不同, 引力无法通过量子规范场论来描述, 引力的量子化仍然是一个困扰着物理学家的超级难题[1]. 最后, 与自然界的其他三种相互作用力比, 引力是最弱的. 比如说, 考虑质子–质子系统, 引力与电磁力相比小了 36 个数量级:

$$\frac{F_{\mathrm{g}}}{F_{\mathrm{e}}} = \frac{Gm_{\mathrm{p}}^2/r^2}{e^2/(4\pi\epsilon_0 r^2)} \sim 10^{-36}.$$

引力尽管最微弱, 但也许是宇宙中最重要的力: 它支配着宇宙的演化、大尺度结构的形成、恒星的演化、行星的形成及其运动, 等等.

在物理学的研究中, 引力是最早被人们关注的相互作用. 早在 16 世纪, 意大利科学家伽利略就推翻了之前的错误观念, 指出在地球引力作用下物体的运动状态与其质量无关. 用现代的语言, 就是说引力质量与惯性质量相等. 另一方面, 第谷经过长期天文观测积累了大量关于太阳系中星体运动的数据, 而开普勒从这些数据中分析总结出行星运动的三大定律. 但是人们并不清楚这些运动规律背后的物理. 17 世纪, 伟大的英国物理学家牛顿提出了万有引力, 指出主宰行星运动的相互作用与地球的引力实际上是同一种力, 都来自质量之间的相互吸引. 牛顿引力成功地对太阳系中行星的运动进行了物理解释, 也对地月运动中的各种物理现象, 如引潮力 (tidal force) 给出了令人满意的解释. 牛顿的万有引力很好地嵌入他的力学体系中. 经过拉普拉斯 (Laplace)、泊松和哈密顿 (Hamilton) 等人的发展, 这个力学体系严谨成熟了. 特别是随着摄动理论的深入发展, 在 19 世纪, 牛顿引力对太阳系中行星运动的描述和预言都非常精确,

---

[1]量子引力的最有力的候选者是超弦理论. 尽管超弦理论取得了很多重要的成就, 但还有不少深刻的问题没有得到解决.

以至人们很难想象它可能还需要发展. 直到 20 世纪初, 随着爱因斯坦狭义相对论的提出, 牛顿引力才面临了严峻的挑战.

在牛顿引力中, 我们可以通过泊松方程来给出一个物质分布导致的引力势:

$$\nabla^2 \Phi = 4\pi G \rho,$$

其中 Φ 是引力势, G 是牛顿引力常数, 而 ρ 是质量密度分布. 由此可见, 一旦给定了系统的物质分布, 这个系统的引力势就确定了. 如果有一个质量为 m 的物体通过万有引力与这个系统发生相互作用, 由牛顿第二定律可知相互作用为 $\boldsymbol{F} = m\boldsymbol{g}$, 其中 $\boldsymbol{g}$ 由引力势的梯度确定:

$$\boldsymbol{g} = -\nabla \Phi,$$

也就是说, 引力加速度完全由原来系统的引力势确定, 与物体本身的质量无关.

在牛顿引力中, 引力来自物体的质量, 看起来与几何没有任何关系. 然而, 相对论原理与牛顿引力是不相容的, 这种不相容性的一个具体体现就是引力的红移效应. 也就是说, 光子在一个引力势中必须克服势能的影响, 从而其波长会发生变化. 引力红移的一个直接后果是时空几何不可能是平直的. 因此, 在相对论性引力中, 弯曲时空是无法避免的. 在本章中, 我们首先回顾一下牛顿引力的基本要点, 以及在牛顿引力中惯性质量等于引力质量这个重要的事实. 我们将仔细讨论与等效原理相关的物理实验. 然后, 我们将通过理想实验讨论引力的红移效应, 以及它在全球定位系统 (GPS) 中的应用. 最后, 利用引力红移, 我们将看到时空几何必须是弯曲的.

3.1　牛顿引力与相对论原理的不相容性

牛顿引力经过两百年的发展, 在 19 世纪后半叶已经发展得非常成熟. 利用摄动理论, 太阳系中行星们的运动都可以被很好地描述. 特别是有人利用牛顿引力理论预言了海王星的存在, 使人们相信牛顿引力理论是一个终极理论, 足以描述我们的宇宙. 因此, 尽管人们经过上百年的观测, 发现水星近日点的进动与理论预言有微小的偏差[②], 但仍然认为这个偏差也许来自未被发现的小行星或者其他天体的影响, 而并没有觉得有必要对牛顿引力进行修正. 确实, 这个偏差只有大约 10^{-7}, 是如此微小, 很难引起人们的注意.

1687 年, 牛顿在《自然哲学的数学原理》中提出了万有引力定律. 简而言之, 这个定律可以表述为: 一切物体之间都具有一种吸引力, 这种力正比于物体的质量, 反比于

[②]对水星近日点进动的理论计算, 最早是勒威耶 (Le Verrier) 在 1845 年完成的, 1882 年纽康 (Newcomb) 重新进行了计算.

物体间距离的平方. 如果把两个物体近似看作质点, 分别具有质量 M 和 m, 则它们之间的引力为

$$\boldsymbol{F} = -\frac{GMm}{r^2}\boldsymbol{e}_r, \tag{3.1}$$

其中 G 是牛顿引力常数, 而 $\boldsymbol{e}_r$ 表示连接这两个质点的单位矢量. 利用牛顿力学第二定律 $\boldsymbol{F} = m\boldsymbol{g}$, 我们可以引进一个引力势

$$\Phi = -\frac{GM}{r}. \tag{3.2}$$

它是物体 M 的引力势, 其梯度给出引力加速度

$$\boldsymbol{g} = -\nabla\Phi = -\frac{GM}{r^2}\boldsymbol{e}_r. \tag{3.3}$$

实际上, 上面给出的 $\boldsymbol{F}, \Phi$ 的形式只有当物质分布是球对称时才是正确的. 前面的讨论假定物体为质点, 更一般地, 我们可以考虑 N 个点粒子的引力势, 它是单个点粒子引力势的线性叠加:

$$\Phi(\boldsymbol{x}) = -G\sum_{i=1}^{N}\frac{m_i}{|\boldsymbol{x} - \boldsymbol{x}_i|}. \tag{3.4}$$

如果是连续发布, 我们可以把求和变成积分, 从而得到

$$\Phi(\boldsymbol{x}) = -G\int\frac{\rho(\boldsymbol{x}')}{|\boldsymbol{x} - \boldsymbol{x}'|}\mathrm{d}^3x'. \tag{3.5}$$

由此可得引力势满足的泊松方程

$$\nabla^2\Phi(\boldsymbol{x}) = 4\pi G\rho(\boldsymbol{x}). \tag{3.6}$$

这个方程可以当作牛顿引力理论的核心, 其中 Φ 是引力势, G 是牛顿引力常数, 而 ρ 是刻画物质分布的质量密度. (3.6) 式说明, 一旦知道了物质的分布, 这些物质造成的引力势就被确定了. 简单地说, ρ 是形成引力势的源. 如果考虑一个质量为 m 的粒子在引力势中, 则这个粒子所受的力为

$$\boldsymbol{f} = m\boldsymbol{g}, \tag{3.7}$$

其中的引力加速度完全由引力势的梯度确定:

$$\boldsymbol{g} = -\nabla\Phi. \tag{3.8}$$

实际上, 这里的讨论用到了惯性质量等于引力质量的 (弱) 等效原理, 因此所有在某个引力势中的物体, 无论其材质或者质量如何, 都有相同的引力加速度.

泊松方程是二阶线性微分方程, 可以利用线性叠加原理来求解. 它可以和麦克斯韦方程组中的静电势方程比较, 唯一的不同是质量密度总是正的, 而电荷密度可正可负. 为了求解此方程, 需要额外地加上对引力势的边界条件, 通常我们要求引力势在无穷远处为零. 由高斯定理,

$$\int_S \boldsymbol{g} \cdot \mathrm{d}\boldsymbol{S} = -\int_V \nabla \cdot (\nabla \Phi) = -\int_V 4\pi G\rho = -4\pi GM. \tag{3.9}$$

对一个球对称分布的质量,

$$\boldsymbol{g} = -\frac{GM}{r^2}\boldsymbol{e}_r. \tag{3.10}$$

如果物质分布并非球对称的, 在距离较远时我们可以通过多极展开来处理. 假定源所处的位置用 $\boldsymbol{x}'$ 来表示, 在 (3.5) 式中我们可以做展开

$$\frac{1}{|\boldsymbol{x} - \boldsymbol{x}'|} = \frac{1}{r} + \sum_i \frac{x^i x'^i}{r^3} + \frac{1}{2}\sum_{i,j}(3x'^i x'^j - r'^2\delta^{ij})\frac{x^i x^j}{r^5} + \cdots \tag{3.11}$$

而逐阶得到牛顿引力势

$$\Phi(\boldsymbol{x}) = -\frac{GM}{r} - \frac{G}{r^3}\sum_i x^i D^i - \frac{G}{2r^5}\sum_{i,j} x^i x^j Q^{ij} + \cdots, \tag{3.12}$$

其中

$$M = \int \rho(\boldsymbol{x}')\mathrm{d}^3 x',$$

$$D^i = \int x'^i \rho(\boldsymbol{x}')\mathrm{d}^3 x',$$

$$Q^{ij} = \int (3x'^i x'^j - r'^2\delta^{ij})\rho(\boldsymbol{x}')\mathrm{d}^3 x'$$

分别是质量分布源的总质量 (质量单极矩)、质量偶极矩和质量四极矩. 如果我们选择坐标原点为质心, 则质量偶极矩为零. 所以, 对平方反比律的一阶修正来自质量四极矩, 这是一个 $1/r^4$ 的修正. 质量四极矩会导致通常的闭合椭圆轨道不封闭, 从而出现进动. 比如说地球的两极半径比赤道半径小千分之三, 由此产生的四极矩会使卫星轨道产生进动. 实际上, 利用卫星轨道的进动可以探测地球的质量分布. 太阳近乎是一个理想球体, 两极半径与赤道半径只差十万分之几, 四极矩非常小, 但也对水星的轨道产生了影响. 准确地说, 在牛顿引力中除了太阳本身的质量四极矩以外, 对水星轨道影响

更大的是其他行星的扰动. 这些扰动导致水星近日点每百年进动约 500″, 而太阳四极矩的影响是每百年几个弧秒. 考虑了这两个效应以后, 观测到的水星近日点进动仍然残余有每百年约 43″ 无法解释, 这个微小的偏差最终成为对广义相对论的重要检验.

由于泊松方程是线性方程, 所以在牛顿引力中引力势可以线性叠加. 另一方面, 从现代的观点看, 引力是通过引力子来传播的, 而引力场本身携带能量, 利用相对论质能关系 $E = mc^2$, 质量与能量是不可分的, 所以引力场也有 "质量", 将产生下一级的引力场. 由此可见, 引力场本身并不能简单地用线性方程来描述, 而必须用非线性方程来描述, 泊松方程显然不符合此要求.

牛顿引力与狭义相对论的不相容性有多方面的反映. 首先, 在牛顿引力中, 引力的传播是瞬时的. 譬如, 太阳的质量发生变化, 由此产生的引力场变化地球瞬间就可以感觉到, 这与相对论中信息的传播不能超过光速相矛盾. 相应地, 这也破坏了因果性. 其次, 牛顿引力方程不是相对论协变的. 前述的泊松方程的左边只包含空间导数, 与时间无关, 而泊松方程的右边只有能量密度 ρ, 它并不是一个张量, 只是能动张量的一个分量, 所以泊松方程本身不是相对论协变的. 对泊松方程的一个简单的推广并不能使引力场方程相对论化.

对很多人来说, 牛顿引力与狭义相对论的不相容性也许并不是一个问题. 特别对于牛顿引力, 它已经经过了大量观测实验的检验, 没有很强的实验迹象要求我们对它进行修改. 但对爱因斯坦来说, 这是一个巨大的危机, 因为他相信我们的世界应该是简单、优美、和谐统一的. 正是这种对美和简洁性的追求驱使爱因斯坦寻找与相对论相容的引力理论. 1907 年, 爱因斯坦着手为《放射学和电子学年鉴》撰写一篇介绍狭义相对论的综述文章. 在写作过程中, 他意识到牛顿引力与狭义相对论的不相容性. 在随后的八年时光中, 爱因斯坦经过艰苦曲折的努力, 终于在 1915 年底建立了引力的相对论性理论 —— 广义相对论. 爱因斯坦不仅建立了广义相对论, 也在方法论上发展了物理学研究的新思路. 在现代理论物理研究中, 要求一个理论体系具有自洽性成为了研究中的一条基本原则.

3.2 弱等效原理 (WEP)

在牛顿引力中, 弱等效原理起着重要的作用. 弱等效原理 (weak equivalence principle, 简记为 WEP) 可以表述如下.

弱等效原理 惯性质量和引力质量相等, 即 $m_i = m_g$.

惯性质量指的是牛顿第二定律

$$\boldsymbol{f} = m_i \boldsymbol{a} \tag{3.13}$$

中的质量 m_i, 它刻画了在任何外力下物体表现出的惯性, 质量越大, 惯性越大. 而引力质量特指在引力相互作用中, 两个物体互相吸引时的质量. 前面我们导出的引力加速度只与引力势的梯度有关, 实际上用到了弱等效原理, 因为

$$m_i \ddot{\boldsymbol{r}} = -m_g \nabla \Phi, \tag{3.14}$$

方程的左边是牛顿第二定律, 右边是引力, 只有当惯性质量等于引力质量时, 才有

$$\boldsymbol{g} = -\nabla \Phi. \tag{3.15}$$

(3.15) 式有着重要的物理意义, 它告诉我们所有物质对引力的反应都是一样的: 它们在某一引力场中都以相同的加速度下落. 比如说在地球的引力场中, 无论物体是何材质, 只要初始条件一样, 则它们下落的运动状态就是一样的.

实验上, 对弱等效原理的检验有很长的历史, 也达到了非常高的精度. 传说中伽利略的比萨斜塔实验中用到了两个质量不同的铁球, 证明了它们的运动状态相同, 推翻了亚里士多德 (Aristotle) 关于 "越重物体下落越快" 的论断③. 类似的实验可以选用不同材质的物体, 屏蔽掉空气阻力的影响, 也能得到相同的结论. 当然, 这类实验的精度较低. 伽利略提出的精度更高的实验是利用单摆, 通过选择不同物体作为摆锤, 分析单摆的运动周期, 从而可以较精确地检验弱等效原理, 精度可以达到约 10^{-3}. 在伽利略之后, 牛顿、贝塞尔 (Bessel)、波特 (Potter) 等人都利用单摆做过实验, 进一步提高了精度.

19 世纪末, 厄缶 (Eötvös) 天才地提出利用扭秤平衡来精巧地检验弱等效原理的方法, 大大提高了实验精度, 达到 10^{-9}. 这种想法在 20 世纪 60 年代以后被进一步地发展. 迪克 (Dick) 领导的实验组, 以及布拉金斯基 (Braginsky) 等领导的小组先后对弱等效原理做了更精细的检验, 精度达到了 10^{-11}. 2017 年底, MICROSCOPE 卫星实验把精度提高到 10^{-14}. 而基于卫星试验的 STEP (Satellite Test of Equivalence Principle) 计划将精度提高到 10^{-17}. 图 3.1 给出了截至 21 世纪初对弱等效原理的实验检验.

可以说, 弱等效原理通过了有史以来物理学中最精确的实验检验, 甚至超过了电弱标准模型的实验检验精度. 因此, 弱等效原理的准确性被广为接受. 下面我们简单介绍两个这方面的实验.

(1) 地月激光测距.

如今, 弱等效原理可以利用地球和月亮在太阳系中的运动来检验. 此时, 太阳的引力势是确定的, 我们通过确定地月之间的精确位置就可以很好地检验弱等效原理, 精

---

③历史上, 伽利略并未在比萨斜塔上做实验. 实际上, 伽利略思考了一个理想实验: 如果亚里士多德是对的, 那么如果我们考虑两个质量不等的铁球通过铁链相连, 它们的下落是更快呢, 还是介于两者之间?

图 3.1　对弱等效原理的实验检验.

度可以达到 10^{-13}. 而且, 对于地球和月亮而言, 它们都可能有较大的自引力能, 从而对惯性质量和引力质量的等价性提出挑战. 问题的关键是测定地月间的相对精确位置. 为此, 我们需要所谓的地月激光测距 (lunar laser ranging, 简记为 LLP) 技术, 它可以精确地测量地月间的距离, 精度达到 10^{-10}. 这个实验的想法很简单: 我们通过飞船在月球上放置大量的立体角面镜 (corner-cube), 这些角面镜可以作为反射器, 打到镜面上的光线将被反射回来. 从 1969 年开始, 先后有得克萨斯洛克山上的研究小组和法国的一个研究小组利用角面镜测定地月距离, 方法是从地面向月球发射激光脉冲. 比如说脉冲的周期为 200 ps, 每一次有 10^{18} 个光子, 每一秒发射 10 组脉冲, 由于空气的衍射和折射, 这些光子到达月球上时形成了半径为 7 km 的圆盘, 光子中只有十亿分之一可以打到角面镜上并被反射回地球. 反射回地球的光子会分散到半径为 20 km 的区域中, 因此一个口径为 1 m 的望远镜只能捕捉到十亿分之一的反射光子. 这使得望远镜每几秒钟才能收集到一个反射光子.

(2) 厄缶的扭秤平衡实验.

检验弱等效原理最有名的实验是厄缶在 1890 年设计的扭秤平衡实验. 这个实验是如此的精巧, 使厄缶获得了哥廷根大学原准备给予理论竞赛的奖金. 我们简要介绍一下这个实验的主要思想. 考虑地球上有个扭秤, 扭秤的两端有质量可以不同的球, 达到平衡. 在地球上, 除了引力以外, 还存在着由于地球转动导致的离心力. 离心力的一

部分可以分解到与引力相反的方向上, 另一部分分解到水平方向上:

$$\boldsymbol{a} = \boldsymbol{a}_z + \boldsymbol{a}_x. \tag{3.16}$$

两个秤砣质量可以不一样, 但处于平衡位置, 这就要求在不同方向上的扭矩达到平衡. 如图 3.2 所示, 在绕 z 轴的方向上, 可能的转动为

$$\tau = m_{A,\mathrm{i}} a_x l - m_{B,\mathrm{i}} a_x l', \tag{3.17}$$

而在绕 x 轴的方向上, 平衡条件要求

$$(m_{A,\mathrm{g}} g - m_{A,\mathrm{i}} a_z) l = (m_{B,\mathrm{g}} g - m_{B,\mathrm{i}} a_z) l'. \tag{3.18}$$

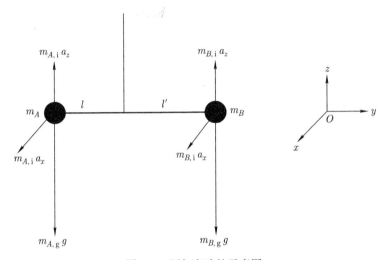

图 3.2 厄缶实验的示意图.

关系 (3.18) 导致

$$l' = \frac{m_{A,\mathrm{g}} g - m_{A,\mathrm{i}} a_z}{m_{B,\mathrm{g}} g - m_{B,\mathrm{i}} a_z} l. \tag{3.19}$$

因此, 可能的转动可以表达为

$$\tau = m_{A,\mathrm{i}} g l \left(\frac{\dfrac{m_{B,\mathrm{g}}}{m_{B,\mathrm{i}}} - \dfrac{m_{A,\mathrm{g}}}{m_{A,\mathrm{i}}}}{\dfrac{m_{B,\mathrm{g}}}{m_{B,\mathrm{i}}} g - a_z} \right). \tag{3.20}$$

所以, 不存在额外转动的充要条件是

$$\frac{m_{B,\mathrm{g}}}{m_{B,\mathrm{i}}} = \frac{m_{A,\mathrm{g}}}{m_{A,\mathrm{i}}}. \tag{3.21}$$

也就是说, 只有当弱等效原理对两个秤砣都成立时, 我们才观测不到扭转.

从上面的介绍中可以看到, 厄缶实验的设计很简单, 但想法却很出色, 以当时的实验条件就可以把检验的精度提高到 10^{-9}. 基于这种想法的现代实验可以更加精细, 主要的改进有: 把两个秤砣换成四个质量块、尽量避免地球引力势梯度的影响、屏蔽掉磁和热效应的影响、按周期转动吊臂等. 实验的精度从而可以达到 10^{-12}.

3.3   爱因斯坦等效原理 (EEP)

狭义相对论中假定了惯性系总是存在的. 严格地说, 这是不准确的. 在我们的宇宙中, 引力无处不在, 影响着粒子的运动, 因此并没有完全自由的粒子和惯性参考系. 当然, 在很多情形, 可以有近似的惯性系存在. 在引力场中如何定义惯性系是爱因斯坦思考的与引力相关的第一个相对论问题. 由弱等效原理 $m_\mathrm{i} = m_\mathrm{g}$, 所以 $\boldsymbol{a} = -\nabla \Phi$, 因此在引力场中自由下落粒子的行为是普适的, 与这些粒子的质量无关. 爱因斯坦的第一个突破性的想法是: "如果一个人自由下落, 他将感觉不到自己的重量." 也就是说, 自由下落的轨道给出了惯性系. 这里爱因斯坦所指的自由下落状态是一种理想状态, 这个人在下落时, 忽略掉空气的摩擦力, 也闭上眼睛不观看周围的景物. 由此, 这个人世界线上的每一个事件处都可以定义局域的惯性系.

另一方面, 由弱等效原理我们知道

$$\boldsymbol{a} = \boldsymbol{g}. \tag{3.22}$$

这个关系告诉我们, 引力的效应和加速度的效应在观测上是无法区分的, 换句话说, 没有办法把引力场的效应与匀加速参考系中的效应区分出来. 为了说明这一点, 我们同样需要设计一个理想化的情景. 考虑一个在密闭箱子中的观测者, 假设箱子和观测者都足够小, 即使有引力作用, 引力势的梯度变化对箱子而言也是察觉不出来的. 那么考虑下面两种情况:

(1) 箱子在地球表面静止;

(2) 箱子在无引力的空间中以一个地球重力加速度加速.

箱子里的观测者无论做何种实验都没有办法区分开这两种情况. 在引力场中自由下落的粒子的运动与在足够小区域内匀加速参考系中的粒子的运动是无法区分的. 那么, 引力在哪儿呢?

在广义相对论中, 不可能得到狭义相对论中的整体惯性系, 然而我们总可以定义一个局部惯性系 (local inertial frame, 简记为 LIF), 在其中引力为零. 这些局部惯性系就是自由下落物体的参考系. 另一方面, 由于引力导致的加速不能够可靠地定义, 因此用处不大. 实际上, 在足够小的区域中, 引力无法表现为一种力, 只有当区域足够大时, 通过观察与相邻局部惯性系之间的相对加速度, 才能够判断是否有引力存在. 也就是说, 引力实际上是引潮力. 考虑两个相邻的局部参考系, 如果在下落过程中两个参考系间发现有相对加速运动, 则说明存在引力, 在广义相对论中说明时空是弯曲的. 因此, 简而言之,

$$引力 = 时空弯曲.$$

事实上, 爱因斯坦提出, 不仅无法通过自由下落实验区分引力和匀加速运动, 即使考虑其他的相互作用, 也无法区分两者. 这就是所谓的爱因斯坦等效原理 (Einstein's equivalence principle, 简记为 EEP).

爱因斯坦等效原理　在足够小的区域内, 物理学的定律应该与狭义相对论中的一致, 不可能通过任何局域实验来探测出引力场的存在.

这个原理告诉我们, 不管做什么实验, 都无法区分 a 和 g.

很难想象一个理论遵从弱等效原理而破坏爱因斯坦等效原理. 考虑一个氢原子, 它由一个质子和一个电子构成. 由于束缚能 $E_b < 0$, 氢原子质量小于质子质量和电子质量之和, 即 $m_H < m_p + m_e$. 然而, 由于引力也与束缚能耦合, 所以最终对氢原子而言, 仍然有正确的引力质量 m_g. 从这个例子可以看出, 引力与任何形式的能量和动量耦合, 不只是静止质量.

3.4　引力红移

在牛顿引力理论中, 只要物体有质量, 它都将受到引力场的影响. 无质量的物体似乎不会受到引力的影响. 然而, 狭义相对论中的质能关系告诉我们, 质量和能量是一体的两面, 即使对于没有静止质量的光子, $E = \hbar\omega$, 它也具有某种 "质量". 一个有趣的问题是光子如何受到引力的影响. 在狭义相对论中, 光子总是以直线前进, 而引力会改变粒子的运动轨迹, 这意味着光子在引力场中将会发生偏折. 光线偏转将是广义相对论中的重要课题. 这里, 我们不考虑光线的偏折, 而讨论一个更加简单的情形. 我们将显示光子在引力势中将发生红移或者蓝移. 我们需要的知识只是爱因斯坦等效原理或者能量守恒.

(1) 能量守恒与引力红移.

下面我们通过理想实验, 利用能量守恒来讨论引力红移. 考虑一个理想情形, 如图 3.3 所示, 在地球的引力场中有垂直位置 A 和 B, A 高 B 低, 高度差为 h. 如果 h 不是很大, 则我们可以忽略 A 和 B 处的引力加速度之差, 认为 g 是一个常数. 在 B 处的

引力势比 A 处低. 考虑一个粒子从 A 处静止释放, 运动至 B 处, 如果粒子的静止质量为 m, 则在 A 处和 B 处其能量为

$$E_A = m, \qquad E_B = m + mgh. \tag{3.23}$$

假定在 B 处粒子完全湮灭成光子, 发射回 A 处. 光子的初始能量为

$$\hbar\omega = E_B. \tag{3.24}$$

图 3.3　引力红移理想实验.

如果光子在引力场中的传播不受引力的影响, 则在 A 处假定该光子转换为粒子, 其能量应为静止质量 m 加上能量 mgh. 然而这样的后果是粒子获得了额外的能量, 也就是说, 能量不守恒了. 为了保证能量守恒, 光子在引力场中传播时频率必须发生改变. 由于

$$E_A = m = \hbar\omega_A, \tag{3.25}$$

$$E_B = m + mgh = \hbar\omega_B, \tag{3.26}$$

我们不期待普朗克 (Planck) 常数会在引力场中发生变化, 所以必须有 $\omega_B > \omega_A$. 我们可以定义红移因子

$$z \equiv \frac{\Delta\lambda}{\lambda_{\mathrm{i}}} = \frac{\lambda_{\mathrm{f}} - \lambda_{\mathrm{i}}}{\lambda_{\mathrm{i}}}, \tag{3.27}$$

其中 λ_{i} 是初始发射时的光子波长, λ_{f} 是最终接收时的光子波长, $\Delta\lambda$ 是光子波长的变化. 在我们讨论的情形,

$$1 + z = \frac{\lambda_{\mathrm{i}} + \Delta\lambda}{\lambda_{\mathrm{i}}} = \frac{\lambda_A}{\lambda_B} = \frac{\omega_B}{\omega_A} = 1 + gh, \tag{3.28}$$

即 $z = gh$. 严格地说, 引力加速度并非一个常数, $\boldsymbol{g} = -\nabla\varPhi$, 但是我们可以分段讨论, 而每一小段上引力加速度可以看作常数, 由此我们的红移因子是各段的叠加:

$$z = \frac{\Delta\lambda}{\lambda} = \frac{1}{c}\int \nabla\varPhi \mathrm{d}z = \Delta\varPhi. \tag{3.29}$$

简单地说, 红移因子等于引力势的变化.

(2) 爱因斯坦等效原理与引力红移.

上面的讨论可以换一个角度, 从爱因斯坦等效原理出发来进行讨论. 如图 3.4 所示, 考虑一个匀加速运动的电梯, 匀加速度 $\boldsymbol{a} = -\boldsymbol{g}$, 而电梯高度是 h. 假定电梯运动的速度 $v \ll c$, 所以狭义相对论的效应可忽略. 假设 h 也较小, 这样广义相对论的其他效应也可忽略. 在这两个假设下二阶小量如 $(v/c)^2, (gh/c^2)^2$ 可忽略, 而一阶量 $(v/c), (gh/c^2)$ 是重要的, 需要保留. 电梯底部记为 B, 顶部记为 A, 它们在垂直位置的高度分别为

$$z_B(t) = \frac{1}{2}gt^2, \quad z_A(t) = h + \frac{1}{2}gt^2. \tag{3.30}$$

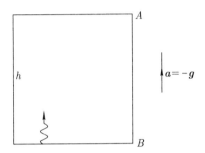

图 3.4 利用爱因斯坦等效原理研究引力红移.

考虑从底部 B 连续发射两个脉冲,

$$t = 0 \to t_1, \quad \text{第一个脉冲收到}, \tag{3.31}$$

$$t = \Delta\tau_B \to t_1 + \Delta\tau_A, \quad \text{第二个脉冲收到}. \tag{3.32}$$

对第一个脉冲而言, 它经过的距离为

$$z_A(t_1) - z_B(0) = ct_1. \tag{3.33}$$

而对第二个脉冲, 由于电梯在加速, 它到达 A 时经过的距离要长一些,

$$z_A(t_1 + \Delta\tau_A) - z_B(\Delta\tau_B) = c(t_1 + \Delta\tau_A - \Delta\tau_B). \tag{3.34}$$

假定发射时两个脉冲间的间隔 $\Delta\tau_B$ 较小, 我们对上面的量展开, 只保持 $\Delta\tau_A$ 和 $\Delta\tau_B$ 的线性项,

$$h + \frac{1}{2}gt_1^2 = ct_1,$$

$$h + \frac{1}{2}g((t_1 + \Delta\tau_A)^2 - (\Delta\tau_B)^2) = c(t_1 + \Delta\tau_A - \Delta\tau_B),$$

由此可得

$$gt_1 \Delta\tau_A = c(\Delta\tau_A - \Delta\tau_B).\tag{3.35}$$

因为 $t_1 \approx h/c$, 所以

$$\Delta\tau_A = \frac{\Delta\tau_B}{1 - gh/c^2}.\tag{3.36}$$

光子的频率 $\omega \propto \dfrac{1}{\Delta\tau}$, 这样就有

$$\omega_A = \left(1 - \frac{gh}{c^2}\right)\omega_B, \qquad \lambda_A = \left(1 + \frac{gh}{c^2}\right)\lambda_B.\tag{3.37}$$

这正是前面通过能量守恒推导出的关系式. 上面的讨论只在弱引力极限下成立, 此时牛顿引力势并不大. 对于强引力场的情形, 我们必须在广义相对论的框架下讨论. 我们将在第八章讨论此问题.

引力的红移效应可以理解为光子为了克服引力势损失了能量. 如果反过来, 光子从引力势高的地方到引力势低的地方, 它将获得能量, 这样就会产生引力蓝移效应. 通常我们说引力红移, 实际上指的是光子克服引力势的过程. 这个效应已经被实验所证实. 第一个这方面的实验是 1960 年庞德 (Pound) 和瑞布卡 (Rebka) 完成的, 1964 年进一步被庞德和斯奈德 (Snider) 改进. 实验是在美国哈佛大学的杰斐逊实验室完成. 对于一个高为 22.5 m 的塔, 其塔底和塔顶的引力势差为 $gh/c^2 \sim 10^{-15}$. 这个差别是如此之小, 必须借助非常精密的方法来测定. 该方法利用了穆斯堡尔效应. 实验结果表明, 引力红移效应确实存在, 理论与实验的偏差只有约 1%.

3.5　全球定位系统 (GPS) 中的相对论修正

在现在常用的全球定位系统中, 总共有 24 颗卫星, 每一颗绕地球的周期为 12 h. 24 颗卫星在 6 个轨道面上, 也就是说, 每一个轨道面上有 4 颗卫星. 卫星上携带有非常准确的原子钟, 这些钟即使经过数周其误差也仅有 10^{-13} s. 在地球的近似惯性系中, 每一颗卫星周期性地发射关于空间和时间的信息. 我们知道, 从三颗卫星发射的信号可以把空间位置限制在三个球面的交叉点上, 而四颗卫星就可以完全确定时间和空间的信息. 这可以在二维的情形比较清楚地看到. 在二维中, 只需要两颗卫星:

$$ct_{\mathrm{p}} = \frac{1}{2}(c(t_A + t_B) + (x_B - x_A)),$$
$$x_{\mathrm{p}} = \frac{1}{2}(c(t_A - t_B) + (x_B + x_A)).$$

可见, 知道了两颗卫星的时间和空间信息, 接收者的时间和空间信息也就确定了. 这就是全球定位系统的基本工作原理.

在全球定位系统的工作中, 有各种因素需要考虑. 这里我们只介绍两个相对论性的效应. 第一个相对论性效应是狭义相对论中的时间延长效应, 这来自卫星的运动. 由牛顿引力, 我们知道

$$\frac{v_{\mathrm{s}}^2}{R_{\mathrm{s}}} = \frac{GM_{\oplus}}{R_{\mathrm{s}}^2}. \tag{3.38}$$

卫星所处的轨道半径为

$$R_{\mathrm{s}} \approx 2.7 \times 10^4 \text{ km} \approx 4.2 R_{\oplus}, \quad R_{\oplus} \approx 6.4 \times 10^3 \text{ km}, \tag{3.39}$$

因此其运动速度为 $v_{\mathrm{s}} \approx 3.9 \text{ km/s}$, 而 $v_{\mathrm{s}}/c \approx 1.3 \times 10^{-5}$. 狭义相对论效应为

$$\frac{1}{2}\left(\frac{v_{\mathrm{s}}}{c}\right)^2 \approx 0.84 \times 10^{-10}. \tag{3.40}$$

另一个相对论性效应是光子的引力红移效应. 这个效应的影响为

$$\frac{GM_{\oplus}}{R_{\mathrm{s}}c^2} \approx 1.6 \times 10^{-10}. \tag{3.41}$$

这两种效应的影响看起来都非常小, 量级约在 10^{-10}. 然而, 全球定位系统是非常精密的系统, 如果有 10^{-10} s 的误差, 由于光速传播, 其在位置上的偏差是 30 cm. 如果要求全球定位系统的精度达到 2 m, 在时间上的偏差不能超过 6 ns. 因此, 时间延长和引力红移效应在全球定位系统的运转中都必须认真地对待. 如果不考虑这两个效应, 整个系统将在几十分钟后崩溃. 由此可见, 全球定位系统是狭义相对论和广义相对论在日常生活中应用的范例.

3.6   引力与几何

上面讨论的引力红移效应实际上意味着时空必须是弯曲的. 斯其德 (Schild) 在 1960 年指出, 如果有引力红移, 时空不可能是平直的闵氏时空. 如图 3.5 所示, 假设在地球表面上高度为 z_1 的地方有一个观测者, 而在高度为 $z_2 = z_1 + h$ 的地方有另一个观测者. 它们互相之间保持静止, 也相对于地球的惯性系静止. 时空图中光线必须走 45° 的线, 在 z_1 处的光子脉冲间隔 Δt_1 肯定与在 z_2 处的光子脉冲间隔 Δt_2 一样, 而这与引力红移矛盾. 上面的讨论中不必要求光线走直线, 只要是类光曲线即可. 如果两个脉冲的类光曲线平行, 那么不可能有引力红移发生. 这意味着引力红移无法与欧氏几何中的平行公设同时成立. 换句话说, 引力红移的存在要求时空不能是平直的, 必须是弯曲的.

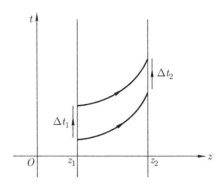

图 3.5 考虑光子在引力场中的运动显示时空不可能是平直的.

习 题

1. 证明一个均匀的球壳内部的引力势是一个常数.
2. 证明一个球对称分布的物体没有质量四极矩.
3. 假如一个行星密度均匀, 形状如旋转椭球, 两极半径 r_p 小于赤道半径 r_e, 试计算该行星的质量四极矩.

第四章　弯曲时空基础 —— 流形

我们通过对引力红移的讨论看到, 在引力场中描述光子运动的时空不可能是闵氏时空, 也就是说, 引力的相对论性理论应该在弯曲时空中建立. 在这一章中我们将学习关于弯曲时空的基础知识. 我们首先从弯曲时空的内禀描述开始. 我们的讨论将不追求数学上的严格性, 对数学严格性要求高的读者可参阅文献 [30, 31, 32, 33, 34].

4.1　流　　形

欧几里得几何是公理化体系的典范. 通过假定五条公设, 欧氏几何的其他定理都可以导出. 在欧几里得发表《几何原本》之后的两千多年中, 人们试图精简欧几里得的体系, 探索是否能够删减或者修改其中的某条公设, 但仍然能够保持理论体系的自洽性和完备性. 特别地, 欧几里得的第五公设假定: 如果一条直线与两条平行线中的一条相交, 则必然与另一条相交①. 这个公设看起来并不是完全自然的. 早在 1824 年, "数学王子" 高斯在与友人的通信中就提到修改此公设的可能性. 1832 年, 匈牙利数学家鲍耶 (Bolyai) 公开提出了对此公设的修改. 而俄国数学家罗巴切夫斯基 (Lobachevski) 独立地在 1826 年发现了罗巴切夫斯基平面, 这是一个有负常数曲率 (curvature) 的二维空间, 而且不能简单地嵌入三维欧氏空间中. 从此之后, 弯曲空间逐渐被人们所接受, 特别是黎曼 (Riemann) 对弯曲空间的研究做出了卓越的贡献. 在爱因斯坦提出广义相对论之前 50 年, 数学家们对弯曲空间的研究已经很成熟了, 为爱因斯坦发展广义相对论准备好了数学工具. 然而, 对爱因斯坦同时代的其他物理学家而言, 黎曼几何仍然只是数学家们的玩具, 看起来不会有什么物理意义.

通常, 人们把描述弯曲空间的几何称为黎曼几何, 而把描述弯曲时空的几何称为赝黎曼几何. 我们先不区分时间和空间, 而只是一般性地讨论弯曲空间, 特别是行为较好的弯曲空间. 我们将讨论的弯曲空间是所谓的光滑流形. 简单地说, 光滑流形具有下面两条性质:

(1) 流形的每一点局部看起来都是一个相同维数的平直欧氏空间, 如果这个空间是 n 维的, 则流形也是 n 维;

(2) 流形上相邻的局部区域可以光滑地缝起来.

①这并非欧几里得原始的表述, 而是一个等价的表述. 另一个等价的表述是 "三角形的内角和是 180°", 来自法国数学家勒让德 (Legendre).

性质 (1) 实际上是说流形是局域平直的, 而且流形的维数不会发生改变. 性质 (2) 说明流形是光滑的. 我们先举几个流形和非流形的例子, 然后再对以上两个性质做更准确的数学定义.

例 4.1 平直欧氏空间 R^n, 包括 1 维直线、2 维平面等.

例 4.2 n 维球面 S^n. 地球表面近似为一个二维球面. 球面构成了光滑流形的非平凡的例子.

例 4.3 n 维环面 T^n. 它可以通过把 n 维欧氏空间的每一个方向周期性紧化来得到:

$$x^i \sim x^i + a^i, \quad i = 1, \cdots, n. \tag{4.1}$$

从构造上可以看出, n 维环面与 n 维平直空间没有什么差别, 都应该是平直的, 但拓扑上二者完全不同.

例 4.4 亏格为 g 的二维黎曼面, 如图 4.1 所示. 黎曼面可以有代数的定义, 也可以有几何的定义, 我们在此仅给出几个明显的例子:

(1) $g = 0$: 二维球面 S^2;

(2) $g = 1$: 二维环面 T^2, 几何上看有一个手柄;

(3) $g > 1$: 有 g 个手柄.

二维黎曼面富含优美的数学, 与数学中复分析、代数几何、指标定理、模空间等相关, 在物理中也有多方面重要的应用, 如在弦理论、超对称杨–米尔斯 (Yang-Mills) 理论等中的应用.

(a) 亏格为 0 的球面   (b) 亏格为 1 的环面   (c) 亏格为 2 的双环面

图 4.1   各种亏格的黎曼面.

例 4.5 更抽象的例子: 某种连续变换的集合可以定义李群, 如转动群以及前面讨论的洛伦兹群.

流形可以通过嵌入的方式来进行研究. 在多变量微积分中, 我们描述曲线和曲面的办法是通过高维空间中的函数. 对于一维的曲线而言, 它只有一个自由度, 可以通过一个变量 λ 来刻画. 如果把这个曲线嵌入某个平直时空中, 它是通过坐标集 $x^\mu = x^\mu(\lambda)$

来描述的, 不同的 λ 给出了这条曲线在空间的位置. 而对于在 N 维平直空间中的 M 维曲面而言, 它有 M 个自由度, 可以由坐标集

$$x^\mu = x^\mu(u^1, \cdots, u^M), \qquad \mu = 1, \cdots, N \tag{4.2}$$

来描述.

嵌入的另一种描述方式是通过定义函数集合来实现的. 在 N 维的平直空间中可以利用函数定义一个低一维的超曲面 (hypersurface)

$$f(x^1, \cdots, x^N) = 0, \tag{4.3}$$

即令这个超曲面满足某个方程. 此时函数是定义在坐标函数 $\{x^\mu\}$ 上面的. 这个方程约束了一个自由度, 符合超曲面有 $N-1$ 个自由度的要求. 类似地, 我们可以对 M 维曲面用同样的方式来描述:

$$\begin{cases} f_1(x^1, \cdots, x^N) = 0, \\ \qquad \cdots\cdots \\ f_{N-M}(x^1, \cdots, x^N) = 0, \end{cases} \tag{4.4}$$

它需要满足 $N-M$ 个约束方程. 注意, 通过方程组来定义曲面具有局限性: 方程组可能无解, 或者存在奇点.

惠特尼 (Whitney) 嵌入定理告诉我们, 任意 N 维流形总可以嵌入 $2N$ 维欧氏空间中. 尽管如此, 流形本身是独立存在的, 并不需要引进嵌入来描述它. 下面我们介绍描述流形的内禀方式, 它并不依赖于流形是否嵌入高维的平直空间中.

对于一个 N 维流形上的点, 我们需要 N 个独立的实坐标 $(x^1, \cdots, x^N)$ 来完全确定它[②]. 然而坐标的选择有任意性, 而且即使流形本身是平庸的, 坐标的选择有时候也让其中的某些点看起来是奇异的. 比如说, 用极坐标 (r, φ) 来描述二维欧氏空间,

$$x = r\cos\varphi, \qquad y = r\sin\varphi, \tag{4.5}$$

在原点 $r = 0$ 处存在退化, 因为 φ 此时是不确定的. 而用笛卡儿坐标则不存在此问题. 这当然不是说笛卡儿坐标比极坐标好, 在有的情况下, 用极坐标会带来不少便利. 一般而言, 只用一个非退化的坐标系是不可能覆盖整个时空的.

例 4.6 二维球面 S^2.

我们可以利用球坐标 (θ, ϕ) 来描述这个球面, 其中 $\theta \in [0, \pi], \phi \in [0, 2\pi)$. 然而在南极和北极, 坐标 ϕ 却不能确定, 或者说是退化的. 事实上, 对于二维球面而言, 不存在

[②]在本书中, 我们只讨论实流形.

整体定义的非退化坐标系来覆盖整个球面, 这与二维欧氏空间是完全不同的. 这是由于二维球面与二维欧氏空间在拓扑上是不同的. 对于二维球面, 我们至少需要两个坐标片互相重叠来覆盖其上的所有点.

如我们所见, 即使对于平直的空间, 也可以任意对坐标进行选择. 局部地, 流形可以同胚为 R^n, 所以在流形上点 p 的邻域我们可以选择一个坐标, 或者一个到 R^n 的映射 $\phi(p)$. 对于一个相邻的点 q, 我们可以类似地选择一个坐标 $\psi(q)$. 这两个坐标系并非严格地定义在点上, 而是在它们的邻域, 因此这两个区域有重叠. 在重叠区域, 看起来我们有两组不同的坐标系来描述它. 显然, 这两种描述应该是相容的. 我们可以考虑从一个坐标系到另一个坐标系的变换 $x^\mu \to x'^\mu = x'^\mu(x^1, \cdots, x^N)$. 由坐标变换我们可以定义雅可比行列式 (Jacobian) $J = \left| \dfrac{\partial x'^\mu}{\partial x^\nu} \right|$. 如果 $J \neq 0$, 则坐标变换存在逆变换. 我们稍后讨论两个坐标系相容的含义. 在此之前, 我们先介绍映射的基本知识.

给定两个集合 A 和 B, 一个映射 $\varphi : A \to B$ 是指定某种关系使 A 中的每一个元素与 B 中的一个元素相联系. 也就是说, 存在着 A 中多个元素映射到 B 中一个元素的可能, 也有可能 B 中的元素并没有 A 中的元素与之对应. 给定两个映射 $\varphi : A \to B$ 和 $\psi : B \to C$, 我们可以通过运算 $(\psi \circ \varphi)(a) = \psi(\varphi(a))$ 定义复合映射 $\psi \circ \varphi : A \to C$, 其中 $a \in A$, $\varphi(a) \in B$, 所以 $(\psi \circ \varphi)(a) \in C$, 如图 4.2 所示.

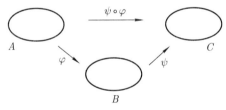

图 4.2　复合映射.

例 4.7　假定我们有映射 $f : R^m \to R^n$ 和 $g : R^n \to R^l$, 则我们有复合映射 $(g \circ f) : R^m \to R^l$.

欧氏空间之间的映射和复合映射是很有用的, 它可以让我们使用多变量微积分的知识, 其中之一就是链式法则. 这个法则把复合映射的偏导数与单独映射的偏导数联系起来:

$$\frac{\partial}{\partial x^a}(g \circ f)^c = \sum_b \frac{\partial f^b}{\partial x^a}\frac{\partial g^c}{\partial y^b}, \tag{4.6}$$

通常可以简记为

$$\frac{\partial}{\partial x^a} = \sum_b \frac{\partial y^b}{\partial x^a}\frac{\partial}{\partial y^b}. \tag{4.7}$$

由于流形局部可以看作平直欧氏空间, 我们可以利用映射和复合映射对流形进行研究. 首先, 我们对流形的局部与欧氏空间同胚这一事实进行准确的描述. 为此, 我们需要引进坐标系或者坐标卡的概念. 一个坐标卡包括 n 维流形 M 的一个开集 U 以及一个 1-1 映射 $\varphi : U \to R^n$, 使 $\varphi(U)$ 在 R^n 中也为开集, 如图 4.3 所示.

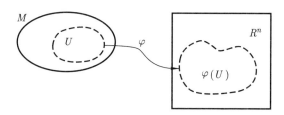

图 4.3　利用坐标卡描述流形. 流形局部与一个欧氏空间的开集存在 1-1 映射.

光滑流形的定义　M 是一个 N 维光滑 (C^∞ 可微) 流形, 如果

(1) M 是一个拓扑流形,

(2) M 上有一族坐标卡 $\{(U_i, \varphi_i)\}$, 其中 $\cup_i U_i = M$ 且每一个 U_i 是开集, φ_i 是 U_i 到 R^n 中开集 U_i' 的同胚映射,

(3) 如果 $U_i \cap U_j \neq \phi$, 则从欧氏空间的开集 U_j' 到 U_i' 的映射 $\psi_{ij} = \varphi_i \cdot \varphi_j^{-1}$ 及其逆是光滑的 (无穷可微).

上面的定义如图 4.4 所示. 这里为避免引入过多概念, 牺牲了一些严格性. 简单评述一下这个定义. 条件 (1) 意味着流形 M 具有某种拓扑, 而非过于松散的集合. 条件 (2) 实际上是说流形的每一个局部都可以看作欧氏空间. 条件 (3) 意味着如果某个区域可以由不同的坐标卡描述, 这些坐标卡间应该是相容的, 也就是说邻域间可以光滑地粘接起来得到整个流形. 局部地, $M \sim R^n$, 但整体一般却不能做到. 比如说二维球面与二维欧氏空间是不同的: $S^2 \nsim R^2$.

上面的定义中, $\{(U_i, \varphi_i)\}$ 也称为图册③ (Atlas), U_i 称为坐标邻域, φ_i 称为坐标函数. 转换函数 ψ_{ij} 可以是 k 次可微的, 这样定义的流形称为 C^k 流形. 上面的定义中我们要求映射和转换函数都是实的, 如果它们定义在复数域上, 即可以定义复流形. 在本书中, 我们只讨论光滑的实流形.

例 4.8　S^1 的坐标卡.

显然我们可以通过坐标 $\theta \in [0, 2\pi)$ 来描述 S^1, 但是这个集合并非开的, 因此, 我们需要至少两个坐标卡, 如图 4.5 所示.

例 4.9　S^2 的坐标卡.

---

③这个术语来自航海图. 很早人们就知道要覆盖整个地球表面, 需要不止一张地图来精确地把握航线.

图 4.4   光滑流形通过开覆盖集合以及开覆盖之间的光滑映射来定义.

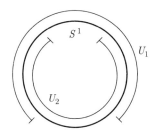

图 4.5   对一个单位圆, 我们需要至少两个开集 U_1 和 U_2 来覆盖它.

二维单位球面可以在三维欧氏空间中定义为

$$(x^1)^2 + (x^2)^2 + (x^3)^2 = 1. \tag{4.8}$$

第一个坐标卡 (U_1, φ_1) 可以定义为 U_1 覆盖除去北极点以外的球面, 而 φ_1 为球极投影 (stereographic projection), 如图 4.6 所示: 从北极做投影, 把球面上的点投影到 $x^3 = -1$ 的二维平面上,

$$\varphi_1(x^1, x^2, x^3) \equiv (y^1, y^2) = \left(\frac{2x^1}{1 - x^3}, \frac{2x^2}{1 - x^3} \right). \tag{4.9}$$

易见, 在此投影映射下北极点被映射到无穷远, 其值无法定义, 也就是说北极点必须被排除在上面的映射之外.

另一个坐标卡 (U_2, φ_2) 定义为 U_2 覆盖除去南极点以外的球面, 而 φ_2 为从南极点到 $x^3 = 1$ 平面的球极投影

$$\varphi_2(x^1, x^2, x^3) \equiv (z^1, z^2) = \left(\frac{2x^1}{1 + x^3}, \frac{2x^2}{1 + x^3} \right). \tag{4.10}$$

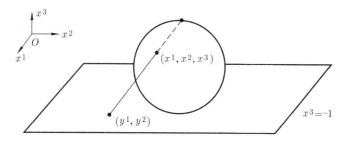

图 4.6　从北极点的球极投影给出了球面到平面的映射, 但北极点的投影是无法定义的.

在重叠区域, 转换函数 $\varphi_2 \circ \varphi_1^{-1}$ 为

$$z^i = \frac{4y^i}{[(y^1)^2 + (y^2)^2]},\tag{4.11}$$

是光滑函数.

　　流形之间可以定义映射. 考虑两个流形 M 和 N, 分别具有维数 m 和 n, 以及坐标卡 φ 和 ψ. 假设我们有一个函数 $f: M \to N$, 则坐标卡允许我们构造映射 $(\psi \circ f \circ \varphi^{-1})$, 如图 4.7 所示. 这是一个在两个欧氏空间之间的映射: $R^m \to R^n$, 因此函数 f 相对于 R^m 中的坐标 x^μ 是可微的,

$$\frac{\partial f}{\partial x^\mu} \equiv \frac{\partial}{\partial x^\mu}(\psi \circ f \circ \varphi^{-1})(x^\mu).\tag{4.12}$$

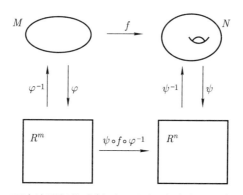

图 4.7　两个流形间的映射可以通过坐标卡间的映射来定义.

　　上面的讨论显示了可以通过坐标卡来定义两个流形间的映射. 最终问题转化成两个欧氏空间之间的映射. 如果一个映射及其逆都是光滑的, 则两个流形称为微分同胚的 (diffeomorphic). 特别地, 一个流形上可以有无穷多种图册, 我们可以考虑具有不同图册的同一个流形间的映射, 从而讨论两个图册的相容性. 如果两个图册是相容的, 则它们的并集也是一个图册. 这样, 我们可以定义一个等价关系, 相容的图册可以归结为

一个等价类, 而不相容的图册属于不同的等价类. 这个等价关系定义了流形的微分结构, 一个等价类对应于一个微分结构. 如果一个空间可以连续形变为另一个空间, 则这两个空间同胚. 同一个流形当然与其自身同胚, 但并不一定微分同胚, 因为流形可以有不同的微分结构.

例 4.10　*流形的微分结构*.

(1) S^7 具有 28 个微分结构④.

(2) S^n 在 $n < 7$ 时只有一个微分结构, $n > 7$ 以后微分结构数增长得很快.

(3) R^4 有无穷多个微分结构⑤.

4.2　切空间和余切空间

我们将用内禀的方法来讨论流形的切空间 (tangent space). 考虑穿过流形上某点 p 的所有参数化曲线的集合. 流形上的曲线可以通过非退化映射 $\gamma : R \to M$ 来定义. 如果 p 点在 γ 的像中, 则这些映射构成了穿过 p 点的曲线的集合. 前面我们已经介绍过曲线的切矢可以用方向导数来定义, 因此, 在 p 点的切空间 T_p 可以由通过 p 点的所有曲线的方向导数构成, 其线性无关的切矢量数目即是切空间的维数, 也就是流形的维数, 如图 4.8 所示.

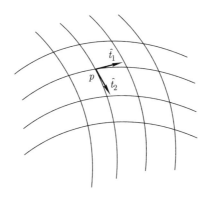

图 4.8　在 p 点的切空间由通过 p 点的所有曲线的方向导数构成.

考虑一个 n 维流形 M, 其上一条曲线由映射 $\gamma : R \to M$ 来定义, λ 是曲线 γ 的参数. 我们进一步考虑流形上的一个函数 $f \in \mathcal{F}(M)$ 沿曲线的变化, 也就是说考虑函数沿曲线的方向导数. 在曲线上的一个点 p 附近, 我们有坐标卡 (U, φ), 因此我们可以利

---

④美国数学家米尔纳 (Milnor) 发现 S^7 具有 28 个微分结构. 他在 1964 年获得菲尔兹奖.

⑤通过研究四维流形上杨–米尔斯理论的模空间, 唐纳森 (Donaldson) 和弗里德曼 (Freedman) 发现平直四维空间实际上有无穷多个微分结构. 他们在 1984 年获得菲尔兹奖.

用坐标卡来讨论沿曲线的方向导数. 首先函数本身定义了映射 $f : M \to R$. 而由图 4.9 可见, 复合映射 $f \circ \gamma : R \to R$ 定义了依赖于仿射参数的函数 $f(\lambda)$. 但另一方面, 我们可以利用 p 点处的坐标卡把这个映射明显地表示出来: $(f \circ \varphi^{-1}) \circ (\varphi \circ \gamma)$, 即 $f(x^\mu(\lambda))$. 因此, 函数沿曲线的方向导数为

$$
\begin{aligned}
\frac{\mathrm{d}}{\mathrm{d}\lambda}(f \circ \gamma) &= \frac{\mathrm{d}}{\mathrm{d}\lambda}[(f \circ \varphi^{-1}) \circ (\varphi \circ \gamma)] \\
&= \frac{\mathrm{d}(\varphi \circ \gamma)^\mu}{\mathrm{d}\lambda} \frac{\partial(f \circ \varphi^{-1})}{\partial x^\mu} \\
&= \frac{\mathrm{d}x^\mu}{\mathrm{d}\lambda} \partial_\mu f.
\end{aligned}
\tag{4.13}
$$

由于函数 f 是任意的, 所以方向导数算子 $\dfrac{\mathrm{d}}{\mathrm{d}\lambda}$ 可以用基矢 ∂_μ 展开:

$$
\frac{\mathrm{d}}{\mathrm{d}\lambda} = \frac{\mathrm{d}x^\mu}{\mathrm{d}\lambda} \partial_\mu.
\tag{4.14}
$$

在此坐标卡中, 矢量的基底是

$$
\widehat{e}_\mu = \partial_\mu, \quad \mu = 1, \cdots, n.
\tag{4.15}
$$

通常称它为 T_p 的坐标基. 显然, 切空间的维数和流形的维数一样.

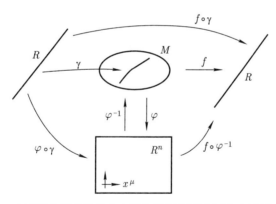

图 4.9 在流形上沿曲线的方向导数可以利用坐标卡来局域地定义.

由于描述 p 点邻域的坐标卡不唯一, 我们可以在另一组坐标基下描述方向导数, 也就是说, 在坐标变换 $x^\mu \to x^{\mu'}$ 下, 基矢的变换为

$$
\partial_{\mu'} = \frac{\partial x^\mu}{\partial x^{\mu'}} \partial_\mu.
\tag{4.16}
$$

而矢量本身是不变的,

$$
\begin{aligned}
V^\mu \partial_\mu &= V^{\mu'} \partial_{\mu'} \\
&= V^{\mu'} \frac{\partial x^\mu}{\partial x^{\mu'}} \partial_\mu,
\end{aligned}
\tag{4.17}
$$

所以, 矢量分量的变换为

$$V^{\mu'} = \frac{\partial x^{\mu'}}{\partial x^\mu} V^\mu. \tag{4.18}$$

从这些讨论可见, 这里的坐标变换是闵氏空间中洛伦兹变换的推广, 因此在广义相对论中把坐标卡间的变换称为 "广义坐标变换" 或者 "微分同胚变换". 注意闵氏空间中洛伦兹变换是常数变换, 这是由于闵氏空间可以通过一个坐标卡来覆盖, 因此不同坐标卡间的变换可以是常数变换. 但并不是所有的变换都如此, 比如笛卡儿坐标与极坐标间的变换就不是常数变换. 对于一般的流形而言, 即使坐标卡都取笛卡儿坐标, 坐标变换仍无法做到是常数变换.

流形上一点 p 的余切空间 (cotangent space) T_p^* 与前面介绍的余矢量 (1 形式) 类似, 可以定义为切空间 T_p 上所有线性映射的集合, 即 $T_p^* = \{$线性映射 $\omega : T_p \to R\}$. 1 形式的典型例子是函数 f 的梯度, 记为 $\mathrm{d}f$. 它与矢量的作用正是函数的方向导数:

$$\mathrm{d}f\left(\frac{\mathrm{d}}{\mathrm{d}\lambda}\right) = \frac{\mathrm{d}f}{\mathrm{d}\lambda}. \tag{4.19}$$

因此, 在某坐标卡中坐标函数 x^μ 的梯度提供了余切空间的自然基底:

$$\widehat{\theta}^\mu = \mathrm{d}x^\mu, \quad \mu = 1, \cdots, n, \tag{4.20}$$

满足

$$\widehat{\theta}^\mu(\widehat{e}_\nu) = \mathrm{d}x^\mu(\partial_\nu) = \frac{\partial x^\mu}{\partial x^\nu} = \delta^\mu_\nu. \tag{4.21}$$

一个任意的 1 形式可以通过这个基底展开: $\widehat{\omega} = \omega_\mu \mathrm{d}x^\mu$. 在坐标变换下, 基底和 1 形式分量的变换律为

$$\mathrm{d}x^{\mu'} = \frac{\partial x^{\mu'}}{\partial x^\mu} \mathrm{d}x^\mu, \quad \omega_{\mu'} = \frac{\partial x^\mu}{\partial x^{\mu'}} \omega_\mu. \tag{4.22}$$

上面介绍的是在流形某点处的切空间和余切空间. 流形上在不同的点有不同的切空间, 而流形上一个矢量场 $\widehat{V}(x)$ 在流形的每一点 p 都指定一个矢量, 在该点的切空间中. 矢量场定义了一个映射

$$\widehat{V} : f \to \widehat{V}(f) \in C^\infty(M), \quad f \in \mathcal{F}(M), \tag{4.23}$$

其中 $\mathcal{F}(M)$ 是流形上的函数集合. 如果 $\widehat{V}(f)$ 对于所有的 f 都是光滑的, 则称该矢量场为光滑的. 局域地, 矢量场可以利用基矢展开为

$$\widehat{V}(x) = V^\mu(x)\widehat{e}_\mu = V^\mu(x)\partial_\mu. \tag{4.24}$$

同理, 也有对偶矢量场, 或者说余矢量场、1 形式场, 局域地有

$$\widehat{\omega}(x) = \omega_\mu(x)\widehat{\theta}^\mu = \omega_\mu(x)\mathrm{d}x^\mu. \tag{4.25}$$

我们可以把矢量场看作流形上矢量的集合, 或者说是 "箭头" (矢量) 形成的场. 对于光滑的矢量场, 我们可以把 "箭头" 串起来, 得到覆盖整个流形的曲线族. 实际上, 对于一个光滑矢量场 $\widehat{V}(x)$, 我们可以定义它的积分曲线: 这条曲线在某点的切矢量正好给出矢量场在该点处的矢量. 不妨把这条曲线用 $x^\mu(\lambda)$ 来刻画, 则有

$$\begin{aligned} \frac{\mathrm{d}x^\mu(\lambda)}{\mathrm{d}\lambda} &= V^\mu(x(\lambda)), \\ x^\mu(\lambda = 0) &= x_0^\mu. \end{aligned} \tag{4.26}$$

由常微分方程解的存在性和唯一性定理可知, 给定初值条件后, 上面的方程至少局域地有唯一的解. 实际上, 我们可以把解延拓到相邻的坐标片, 从而把积分曲线延展下去. 可以证明, 对于紧致流形, 积分曲线对所有的 $\lambda \in R$ 都是存在的.

例 4.11 二维平面 R^2 上的矢量场.

(1) 转动矢量场

$$\widehat{V} = -x^2 \frac{\partial}{\partial x^1} + x^1 \frac{\partial}{\partial x^2}. \tag{4.27}$$

考虑经过点 $p = (x_0^1, x_0^2)$ 的积分曲线, 可得

$$x^\mu(\lambda) = (x_0^1 \cos\lambda - x_0^2 \sin\lambda, \, x_0^1 \sin\lambda + x_0^2 \cos\lambda). \tag{4.28}$$

它是一条圆心位于原点且经过点 p 的圆.

(2) 径向扩张矢量场

$$\widehat{V} = x^1 \frac{\partial}{\partial x^1} + x^2 \frac{\partial}{\partial x^2}. \tag{4.29}$$

经过点 $p = (x_0^1, x_0^2)$ 的积分曲线为

$$x^\mu(\lambda) = (x_0^1 \mathrm{e}^\lambda, \, x_0^2 \mathrm{e}^\lambda). \tag{4.30}$$

如果点 p 不是原点, 则积分曲线是从原点出发 (但不包括原点) 且穿过 p 的射线.

在上面两种情形, 如果点 p 就是原点, 则积分曲线就是原点.

对两个矢量场 $\widehat{X}, \widehat{Y}$, 它们的对易子仍是一个矢量场:

$$[\widehat{X}, \widehat{Y}](f) \equiv \widehat{X}(\widehat{Y}(f)) - \widehat{Y}(\widehat{X}(f)). \tag{4.31}$$

此时 $[\widehat{X}, \widehat{Y}]$ 称为李括号 (Lie bracket), 是后面要介绍的李导数的一个特例. 在某坐标系下,

$$[\widehat{X}, \widehat{Y}] = [\widehat{X}, \widehat{Y}]^\alpha \partial_\alpha = (X^\beta \partial_\beta Y^\alpha - Y^\beta \partial_\beta X^\alpha)\partial_\alpha. \tag{4.32}$$

矢量场的对易子有清楚的几何意义, 如图 4.10 所示. 一般而言, 两个矢量场在局域的积分曲线并不能形成封闭的四边形. 为了简单起见, 我们考虑这些矢量场在一个平面上, 在点 t 和 r 间的矢量为

$$
\begin{aligned}
\vec{rt} &= (\widehat{U}(p) + \widehat{V}(s)) - (\widehat{V}(p) + \widehat{U}(q)) \\
&= (\widehat{V}(s) - \widehat{V}(p)) - (\widehat{U}(q) - \widehat{U}(p)) \\
&= (\partial_\alpha V^\beta U^\alpha \widehat{e}_\beta)(p) - (\partial_\alpha U^\beta V^\alpha \widehat{e}_\beta)(p) + \text{高阶项} \\
&= [\widehat{U}, \widehat{V}](p) + \text{高阶项},
\end{aligned}
\tag{4.33}
$$

可能的高阶项如 $\partial_{\mu\nu} V^\beta U^\mu U^\nu \widehat{e}_\beta$. 如果我们使矢量 $\widehat{U}, \widehat{V}$ 减半, 则对易子减为 $1/4$, 而高阶修正项至少减为 $1/8$. 因此, 取 $\widehat{U}, \widehat{V}$ 趋于零的极限, 则高阶项可忽略, 这样我们就得到了五边形图像.

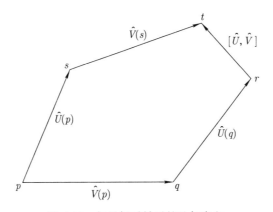

图 4.10 矢量场对易子的几何意义.

4.3 张　　量

流形上的张量与闵氏时空中的张量定义类似, 这里不再赘述. 在点 p 处一个 (k, l) 型张量 $\widehat{T}$ 可以展开为

$$\widehat{T} = T^{\mu_1 \cdots \mu_k}{}_{\nu_1 \cdots \nu_l} \partial_{\mu_1} \otimes \cdots \otimes \partial_{\mu_k} \otimes \mathrm{d}x^{\nu_1} \otimes \cdots \otimes \mathrm{d}x^{\nu_l}, \tag{4.34}$$

此时, 张量分量的变换规律是

$$T^{\mu'_1\cdots\mu'_k}{}_{\nu'_1\cdots\nu'_l} = \frac{\partial x^{\mu'_1}}{\partial x^{\mu_1}} \cdots \frac{\partial x^{\mu'_k}}{\partial x^{\mu_k}} \frac{\partial x^{\nu_1}}{\partial x^{\nu'_1}} \cdots \frac{\partial x^{\nu_l}}{\partial x^{\nu'_l}} T^{\mu_1\cdots\mu_k}{}_{\nu_1\cdots\nu_l}. \tag{4.35}$$

实际上这个变换规律很容易记住: 只要注意上下标的匹配即可. 对于上标, 变换一定是 $\frac{\partial x^{\mu'_1}}{\partial x^{\mu_1}}$, 而对于下标, 变换正好相反. 与矢量、对偶矢量一样, 在流形上可以一般性地定义张量场.

在平直时空中定义的张量运算大部分都适用于流形上的张量场, 比如指标的缩并、对称化和反对称化、指标的升降、求迹等. 但在流形上的张量有三个重要的例外:

(1) 导数运算;

(2) 度规场;

(3) 列维–齐维塔张量.

首先我们来看导数运算. 在闵氏时空中如果我们采用直角坐标系, 很容易看出一个张量的导数运算可以定义一个新的张量, 而在弯曲空间中却并非如此. 对于标量函数而言, 其梯度是一个合法的 $(0,1)$ 张量. 然而一般而言, 一个张量的偏导数不再是张量. 譬如说, 一个 1 形式的偏导数不再是张量了. 这一点很容易从分量的坐标变换中看出:

$$\begin{aligned}
\frac{\partial}{\partial x^{\mu'}} W_{\nu'} &= \frac{\partial x^{\mu}}{\partial x^{\mu'}} \frac{\partial}{\partial x^{\mu}} \left(\frac{\partial x^{\nu}}{\partial x^{\nu'}} W_{\nu} \right) \\
&= \frac{\partial x^{\mu}}{\partial x^{\mu'}} \frac{\partial x^{\nu}}{\partial x^{\nu'}} \left(\frac{\partial}{\partial x^{\mu}} W_{\nu} \right) + W_{\nu} \frac{\partial x^{\mu}}{\partial x^{\mu'}} \frac{\partial}{\partial x^{\mu}} \frac{\partial x^{\nu}}{\partial x^{\nu'}}.
\end{aligned}$$

右边第一项符合一个张量的变换规律, 而多出来的第二项破坏了在坐标变换下的协变性. 如何对偏导数进行修改以得到一个在坐标变换下协变的导数是一个有趣的问题. 我们将在下一章中学习如何自洽地定义导数.

4.4 度规张量场

度规张量是一个对称 $(0,2)$ 张量, 记为 $\hat{g}$ 或者分量形式 $g_{\mu\nu}$. 由于流形的维数是不变的, 度规张量场应是非退化的: $g = \det(g_{\mu\nu}) \neq 0$. $g_{\mu\nu}$ 的逆也是对称的, 是一个 $(2,0)$ 张量的分量, 满足

$$g^{\mu\nu} g_{\nu\sigma} = \delta^{\mu}_{\sigma}. \tag{4.36}$$

与平直空间中的度规一样, 我们可以利用度规场 $g_{\mu\nu}$ 和 $g^{\mu\nu}$ 来升降弯曲空间中张量的指标, 也可以用来定义矢量间或者 1 形式间的内积. 由于 $g_{\mu\nu}$ 是对称的, 它在 n 维空

间中有 $\frac{n(n+1)}{2}$ 个独立分量.

度规张量场在广义相对论中具有特别重要的物理意义. 首先, 由于它定义了局部的几何, 可以用它来计算一些几何量, 如类空曲线的长度和类时曲线的固有时等. 进一步地, 它可以帮助我们确定两点之间的 "最短距离". 物理上, 它将确定试探粒子在弯曲时空中的运动. 此外, 它可以定义两个矢量间的标量积, 从而确定矢量是类时、类空或者零矢量, 这样也就确定了曲线在时空流形中的属性, 并由此定义因果性, 告诉我们什么是 "过去" 和 "未来". 爱因斯坦的等效原理要求时空流形局部必须是平直的, 因此度规张量场应该局部地取闵氏度规的形式, 也就是说度规张量场提供了一个局部惯性系的意义. 在后面的学习中我们还将看到, 在牛顿近似下, 度规场与闵氏度规的偏离给出通常的牛顿引力势. 在此情形下, 度规张量场具有非常明确的物理意义.

我们首先来看它如何帮助我们了解局部几何. 考虑两个间隔为无穷小的点 P 和 Q. 它们可以在同一坐标卡中描述,

$$P : x^\mu, \qquad Q : x^\mu + \mathrm{d}x^\mu. \tag{4.37}$$

它们间的 "距离" 或 "间隔" 线元为某函数

$$\mathrm{d}s^2 = f(x^a, \mathrm{d}x^a). \tag{4.38}$$

这个函数确定了局部几何. 比如说, 考虑 2 维芬斯勒 (Finsler) 几何,

$$\mathrm{d}s^2 = (\mathrm{d}\xi^4 + \mathrm{d}\zeta^4)^{1/2}. \tag{4.39}$$

而在 (赝) 黎曼几何中, 函数 f 由度规场给出,

$$\mathrm{d}s^2 = g_{\mu\nu}\mathrm{d}x^\mu\mathrm{d}x^\nu. \tag{4.40}$$

从 P 到 Q, 近似地我们有一个无穷小矢量 $\mathrm{d}\widehat{s}$:

$$\mathrm{d}\widehat{s} = \mathrm{d}x^\mu\widehat{e}_\mu. \tag{4.41}$$

注意这里的 $\mathrm{d}x^\mu$ 代表着无穷小矢量的分量, 而非 1 形式, 则

$$\mathrm{d}s^2 = \mathrm{d}\widehat{s} \cdot \mathrm{d}\widehat{s} = (\widehat{e}_\mu \cdot \widehat{e}_\nu)\mathrm{d}x^\mu\mathrm{d}x^\nu = g_{\mu\nu}\mathrm{d}x^\mu\mathrm{d}x^\nu. \tag{4.42}$$

这里我们已经用到了两个基矢的内积由度规场来定义:

$$\widehat{e}_\mu \cdot \widehat{e}_\nu = \widehat{g}(\widehat{e}_\mu, \widehat{e}_\nu) = g_{\sigma\rho}\widehat{\theta}^\sigma(\widehat{e}_\mu)\widehat{\theta}^\rho(\widehat{e}_\nu)$$
$$= g_{\sigma\rho}\delta_\mu^\sigma\delta_\nu^\rho = g_{\mu\nu}. \tag{4.43}$$

度规张量场可以通过坐标变换局部地写成正则的对角形式:

$$g_{\mu\nu} = \text{diag}(-1, -1, \cdots, -1, +1, +1, \cdots, +1, 0, 0, \cdots, 0),$$

此处我们没有要求度规是非退化的. 如果加上非退化条件, 对角矩阵中的 0 元素都不存在. 此时, 我们把上面对角矩阵中 "+1" 的数目记作 s, "-1" 的数目记作 t, 那么 $s-t$ 是一个拓扑不变量, 称为号差 (signature). 另一方面, $s+t$ 当然是时空的维数, 也是一个拓扑不变量. 如果 $t=0$, 则度规称为欧氏的 (整体平直时) 或者黎曼的. 如果 $t=1$, 它称为洛伦兹的或者赝黎曼的. 如果一个度规场是连续的, 它的阶和号差在每一点都是相同的.

4.4.1 黎曼法坐标

如果我们认为引力的相对论性理论应该通过弯曲时空来描述, 那么首先需要验证爱因斯坦关于局部惯性系的结论, 即在时空中每一点的邻域应该有局部惯性系 (LIF). 在这个惯性系中, 度规应该取闵氏时空的度规, 或者说取前述的正则形式. 这对度规场提出了要求. 这样的正则形式总是存在的吗? 我们将证明, 通过选取合适的坐标系, 在某点 $p \in M$ 这总是可行的. 实际上, 我们可以做得更好, 可以使度规场的一阶导数在此点为零, 但不能做到让所有的二阶导数为零.

命题 在流形某点 p 的邻域, 总存在坐标系, 使度规及其导数满足

$$g_{\mu\nu}|_p = \eta_{\mu\nu},$$
$$\partial_\sigma g_{\mu\nu}|_p = 0, \tag{4.44}$$

$$\partial_\sigma \partial_\rho g_{\mu\nu}|_p \text{ 不一定全为 0.}$$

证明 在坐标变换下, 度规场变换如

$$g_{\mu'\nu'} = \frac{\partial x^\mu}{\partial x^{\mu'}} \frac{\partial x^\nu}{\partial x^{\nu'}} g_{\mu\nu}. \tag{4.45}$$

不失一般性, 我们把 p 点在两个坐标系中都取作原点, 即 $x^\mu(p), x^{\mu'}(p) = 0$, 则在 p 点附近的坐标可以有泰勒 (Taylor) 展开

$$x^\mu = \left(\frac{\partial x^\mu}{\partial x^{\mu'}}\right)_p x^{\mu'} + \frac{1}{2}\left(\frac{\partial^2 x^\mu}{\partial x^{\mu'_1} \partial x^{\mu'_2}}\right)_p x^{\mu'_1} x^{\mu'_2} + \frac{1}{6}\left(\frac{\partial^3 x^\mu}{\partial x^{\mu'_1} \partial x^{\mu'_2} \partial x^{\mu'_3}}\right)_p x^{\mu'_1} x^{\mu'_2} x^{\mu'_3} + \cdots, \tag{4.46}$$

而度规场也可以展开为

$$g_{\mu\nu} = (g_{\mu\nu})_p + (\partial g)_p \left(\frac{\partial x}{\partial x'}\right)_p x' + (\partial g)_p \left(\frac{\partial^2 x}{\partial x' \partial x'}\right)_p x' x' + (\partial^2 g)_p \left(\frac{\partial x}{\partial x'} \frac{\partial x}{\partial x'}\right)_p x' x' + \cdots, \tag{4.47}$$

这里我们忽略了可能的指标结构和数值因子. 假定原坐标是 x^μ, 而要寻找的坐标是 $x^{\mu'}$. 将变换式 (4.45) 的两端都展开到 x' 的二阶, 有

$$
\begin{aligned}
(g')_p &+ (\partial' g')_p\, x' + (\partial' \partial' g')_p\, x' x' \\
&\approx \left(\frac{\partial x}{\partial x'} \frac{\partial x}{\partial x'} g \right)_p + \left(\frac{\partial x}{\partial x'} \frac{\partial^2 x}{\partial x' \partial x'} g + \frac{\partial x}{\partial x'} \frac{\partial x}{\partial x'} \partial' g \right)_p x' \\
&\quad + \left(\frac{\partial x}{\partial x'} \frac{\partial^3 x}{\partial x' \partial x' \partial x'} g + \frac{\partial^2 x}{\partial x' \partial x'} \frac{\partial^2 x}{\partial x' \partial x'} g + \frac{\partial x}{\partial x'} \frac{\partial^2 x}{\partial x' \partial x'} \partial' g \right. \\
&\quad \left. + \frac{\partial x}{\partial x'} \frac{\partial x}{\partial x'} \partial' \partial' g \right)_p x' x'.
\end{aligned} \tag{4.48}
$$

这里为表达简洁, 我们略去了所有的指标, 这些指标很容易就可以恢复上去. 让我们仔细研究一下上式的左右两边. 具体地, 我们讨论 n 维流形的情形.

(1) 0 阶: (4.48) 式左边的 g' 有 $\dfrac{n(n+1)}{2}$ 个自由度, 右边由矩阵 $(\partial x^\mu / \partial x^{\mu'})_p$ 确定, 这个矩阵有 $n \times n = n^2$ 个自由度, 因此有足够的自由度来使 $g_{\mu'\nu'}(p)$ 取正则的形式, 额外多出的 $\dfrac{n(n-1)}{2}$ 个自由度正好是在局部惯性系中洛伦兹群生成元的个数.

(2) 1 阶: (4.48) 式左边 $\partial'_\sigma g'_{\mu\nu}$ 有 $n \times \dfrac{n(n+1)}{2} = \dfrac{n^2(n+1)}{2}$ 个自由度, 而右边额外的自由度由 $(\partial^2 x^\mu / \partial x^{\mu'_1} \partial x^{\mu'_2})_p$ 确定, 它有 $n \times \dfrac{n(n+1)}{2}$ 个 (因为 μ'_1, μ'_2 对称) 自由度, 因此刚好有足够的自由度使 $\partial'_\sigma g'_{\mu\nu} = 0$.

(3) 2 阶: (4.48) 式左边 $\partial'_\rho \partial'_\sigma g'_{\mu\nu}$ 有 $\dfrac{n(n+1)}{2} \times \dfrac{n(n+1)}{2} = \left(\dfrac{n(n+1)}{2} \right)^2$ 个自由度, 右边 $(\partial^3 x^\mu / \partial x^{\mu'_1} \partial x^{\mu'_2} \partial x^{\mu'_3})_p$ 有 $n \times \dfrac{n(n+1)(n+2)}{3 \times 2 \times 1} = \dfrac{n^2(n+1)(n+2)}{6}$ 个 (由于 μ'_1, μ'_2, μ'_3 全对称, 所以有 $\dfrac{(n+2) \times (n+1) \times n}{3 \times 2 \times 1}$ 个) 自由度, 因此没有足够多的自由度使 $\partial' \partial' g' = 0$. 实际上, 所缺乏的 $\dfrac{n^2(n^2-1)}{12}$ 个自由度正好是 n 维流形中独立的黎曼张量 (曲率张量) 的个数. 一般而言, 黎曼张量通常是非零的, 流形非平直.

实现条件 (4.44) 的这种坐标称为黎曼法坐标 (Riemann normal coordinates, 简记为 RNC), 而相应的基矢构成了局部洛伦兹惯性系. 在黎曼法坐标中, 在 p 处的度规在一阶看起来像平直空间的度规.

度规场的引入可以帮助我们研究流形的局部几何, 而不需依赖嵌入. 局部几何是流形的内禀性质. 考虑一张平直的纸, 在直角坐标下其度规为 $\mathrm{d}s^2 = \mathrm{d}x^2 + \mathrm{d}y^2$, 有一只虫子在纸上. 如果这张纸被卷成圆筒, 虫子无法探测出曲面的几何性质的不同, 如图

4.11 所示⑥. 这个曲面可以很容易地打开恢复原状, 而不会留下任何褶皱、撕裂或者形变. 更准确地说, 圆柱面的度规是

$$ds^2 = dz^2 + a^2d\phi^2. \tag{4.49}$$

令 $x = z, y = a\phi$, 度规变成平面的度规. 因此, 圆柱面并非自身是内禀弯曲的, 它看起来是弯曲的来自其在高维空间的嵌入, 这个曲率是外部的 (extrinsic). 显然, 如果我们可以找到整体定义的坐标变换使某个流形的度规都变成欧氏空间的形式, 则这个流形一定是内禀平直的.

图 4.11　在一张平直的纸上, 小虫从 A 走直线爬到 B. 把纸卷成圆筒后小虫的轨迹看起来是走一条曲线.

4.4.2　球面上的几何

　　下面我们看一个非平凡的例子: 二维球面 S^2. 它不可能通过一张平直的纸不经过撕裂或者变形来得到, 其内禀几何是不同的. 它的度规是

$$ds^2 = a^2(d\theta^2 + \sin^2\theta d\phi^2), \tag{4.50}$$

这个度规不能通过任何坐标变换把整个曲面变成平直空间的度规形式 $ds^2 = dx^2 + dy^2$. 实际上, 后面我们将看到它具有非零曲率, 反比于球面半径的平方, 而且在此球面上三角形的内角和大于 π.

　　我们可以利用在三维欧氏空间 R^3 中嵌入来描述这个球面. 利用直角坐标, 三维欧氏空间 R^3 的度规是我们熟知的

$$ds^2 = dx^2 + dy^2 + dz^2. \tag{4.51}$$

---

⑥当然, 我们假定虫子没有三维的立体感觉.

而在球坐标中,

$$
\begin{aligned}
x &= r\sin\theta\cos\phi,\\
y &= r\sin\theta\sin\phi,\\
z &= r\cos\theta,
\end{aligned}
\tag{4.52}
$$

所以度规变为

$$
\mathrm{d}s^2 = \mathrm{d}r^2 + r^2\mathrm{d}\theta^2 + r^2\sin^2\theta\mathrm{d}\phi^2.
\tag{4.53}
$$

尽管空间是相同的, 但不同的坐标系给出不同的度规. 此外, 在球坐标中的度规在 $r=0$ 处似乎有奇异性, 但是我们知道 $r=0$ 与别的点没有什么不同, 这个奇异性来自坐标的选择.

在三维欧氏空间中, 二维球面由如下方程定义:

$$
x^2 + y^2 + z^2 = a^2,
\tag{4.54}
$$

由此我们有

$$
\mathrm{d}z = -\frac{x\mathrm{d}x + y\mathrm{d}y}{z},
\tag{4.55}
$$

所以球面上的诱导度规为 (即通过欧氏空间中的度规来诱导)

$$
\mathrm{d}s^2 = \mathrm{d}x^2 + \mathrm{d}y^2 + \frac{(x\mathrm{d}x + y\mathrm{d}y)^2}{a^2 - x^2 - y^2}.
\tag{4.56}
$$

考虑北极点 A: $x=y=0$. 在此点附近度规为 $\mathrm{d}s^2 = \mathrm{d}x^2 + \mathrm{d}y^2$, 即此点附近的几何可以近似为二维欧氏平面. 由于球面对称性, 此结论对任意点都适用. 利用极坐标 $x=\rho\cos\phi, y=\rho\sin\phi$, 度规可写作

$$
\mathrm{d}s^2 = \frac{a^2\mathrm{d}\rho^2}{a^2 - \rho^2} + \rho^2\mathrm{d}\phi^2.
\tag{4.57}
$$

在此坐标系中, 坐标 ρ 的几何意义是球面上的点到穿过南北极的中心轴的距离, 取值从 0 到 a, 而角坐标 ϕ 是垂直于中心轴的面与球面的相交圆的角坐标, 取值从 0 到 2π. 上面的度规看起来有奇异性, 在 $\rho=a$ 或者 $\sqrt{x^2+y^2}=a$, 即球面赤道处, 度规是奇异的. 然而, 我们知道球面上各点应该没有差别, 也就是说赤道上的点与其他地方没有什么不同. 因此, 这个奇异性应该来自坐标选择, 即为坐标奇异性. 坐标奇异性是无害的, 可以通过选择合适的坐标来避免.

在弯曲空间中, 两点间的距离是

$$L_{AB} = \int_A^B \mathrm{d}s = \int_A^B \sqrt{g_{\mu\nu}\mathrm{d}x^\mu \mathrm{d}x^\nu}. \tag{4.58}$$

显然, 距离取决于连接 A 和 B 点间的路径. 如果这条路径由 $x^\mu(\lambda)$ 来参数化, 则距离为

$$L_{AB} = \int_{\lambda_A}^{\lambda_B} \sqrt{g_{\mu\nu} \frac{\mathrm{d}x^\mu}{\mathrm{d}\lambda} \frac{\mathrm{d}x^\nu}{\mathrm{d}\lambda}} \mathrm{d}\lambda. \tag{4.59}$$

而在弯曲空间中曲面的面积元可以如下确定. 为简单计, 假定度规取对角的形式, 即 $g_{\mu\nu}(x) = 0$, 当 $\mu \neq \nu$. 度规为 $\mathrm{d}s^2 = g_{11}(\mathrm{d}x^1)^2 + \cdots + g_{NN}(\mathrm{d}x^N)^2$. 对这样的度规, 我们可以对每个坐标重新标度, 从而使度规变成正则形式. 换句话说, 我们可以对每个坐标方向定义固有长度 $\sqrt{g_{11}}\mathrm{d}x^1, \sqrt{g_{22}}\mathrm{d}x^2, \cdots$. 利用固有长度, 在 $x^3, \cdots, x^N$ 坐标上取固定值所定义曲面的面积元为

$$\mathrm{d}A = \sqrt{|g_{11}g_{22}|}\mathrm{d}x^1 \mathrm{d}x^2. \tag{4.60}$$

也就是说, 对平直空间, 面积元是两个垂直方向的无穷小位移的乘积. 对于其他高维曲面, 其固有体积元可以类似地定义.

我们以前面介绍的二维球面为例来说明长度和面积的计算. 取度规 (4.57), 即 $g_{\rho\rho} = \dfrac{a^2}{a^2 - \rho^2}, g_{\phi\phi} = \rho^2$. 考虑球面上的一个圆, 如图 4.12 所示,

$$\rho = R. \tag{4.61}$$

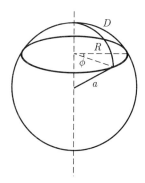

图 4.12 在二维球面上从北极点开始半径为 D 的圆. 球面半径为 a.

如同平面上的圆定义为距某点距离相等的曲线, 球面上的圆可以类似定义. 我们以北极点为圆心, 距离北极点距离相同的线实际上就是纬线, 但是此时的圆半径是圆沿经线到北极的距离.

(1) 从北极到圆所在位置是利用一条经线, 即 $\phi = $ 常数, 在球面上的距离

$$D = \int_0^R \frac{a}{\sqrt{a^2 - \rho^2}} \mathrm{d}\rho = a\sin^{-1}(R/a). \tag{4.62}$$

这实际上给出了球面上圆的半径.

(2) 圆的周长 $C = \int_0^{2\pi} R\mathrm{d}\phi = 2\pi R.$

(3) 由圆到极点形成的帽子的面积

$$A = \int_0^{2\pi} \int_0^R \frac{a}{\sqrt{a^2 - \rho^2}} \rho\mathrm{d}\rho\mathrm{d}\phi = 2\pi a^2 \left(1 - \left(1 - \frac{R^2}{a^2} \right)^{1/2} \right). \tag{4.63}$$

我们应该利用球面上的圆半径 D 来表达球面上圆的周长和面积, 由此得到

$$C = 2\pi a \sin(D/a), \qquad A = 2\pi a^2 (1 - \cos(D/a)). \tag{4.64}$$

当 D 增加时, C 和 A 也同时增加, 直到当 $D = \dfrac{\pi a}{2}$ 时, 即赤道处. 球面上圆的周长与半径之比为

$$\frac{C}{D} = 2\pi \frac{\sin(D/a)}{D/a} < 2\pi, \tag{4.65}$$

只有当 $D \ll a$ 时, 才等于 2π. 注意, 由于这组坐标在赤道处奇异, 我们无法越过赤道, 而球面的总面积应该是

$$A_{\mathrm{tot}} = 2A(R = a) = 4\pi a^2. \tag{4.66}$$

与平面上的圆弧类似, 我们可以考虑相对于一个很小的张角 ϕ 的圆弧, 其长度等于半径乘以角度, 即

$$\eta = R\phi = a\sin(D/a)\phi. \tag{4.67}$$

当球面上半径 D 很小时, 我们可以展开得到

$$\eta \approx \phi \left(D - \frac{1}{6} K D^3 + \cdots \right), \tag{4.68}$$

其中引进了一个常数

$$K = \frac{1}{a^2}. \tag{4.69}$$

进一步地, 我们可以分析一下弧长如何相对于半径变化, 得到

$$\frac{\mathrm{d}^2\eta}{\mathrm{d}D^2} = -K\eta. \tag{4.70}$$

这个重要的关系式告诉我们从一个点出去的相邻测地线是如何分开的, 它们的相对变化率与曲率相关, 如图 4.13 所示. 这里的 K 称为高斯曲率. 对于球面而言, 高斯曲率总是一个常数, 这是因为二维球面是最大对称空间. 对于一般的二维流形, 高斯曲率并非常数. 实际上, 上面的展开式 (4.68) 对于任意的曲面都成立, 只需要经过曲面上一点的两条 "直线" (测地线) 足够近.

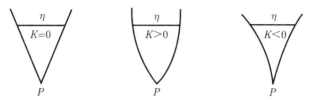

图 4.13 不同的高斯曲率下, 相邻测地线的相对变化.

我们可以局域地通过圆的周长和面积来定义高斯曲率. 从上面的讨论可以看到, 当在某点邻域的圆足够小时, 我们有展开式

$$C = 2\pi\left(D - \frac{1}{6}KD^3 + \cdots\right), \quad A = \pi\left(D^2 - \frac{1}{12}KD^4 + \cdots\right). \tag{4.71}$$

高斯曲率可以利用曲面上绕某个点半径非常小的圆来得到:

$$K = \frac{3}{\pi}\lim_{D\to 0}\frac{2\pi D - C}{D^3}$$
$$= \frac{12}{\pi}\lim_{D\to 0}\frac{\pi D^2 - A}{D^4}.$$

在一个局部的凸区域, C, A 都小于平直时空的值, 因此 $K > 0$, 而在一个凹区域, C, A 都大于平直时空的值, 所以 $K < 0$. 对于高斯曲率, 更一般地我们有高斯–博内特 (Gauss-Bonnet) 定理: 在一个二维紧致无边界的流形 Σ 上,

$$\int_\Sigma K\mathrm{d}S = 2\pi\chi(\Sigma), \tag{4.72}$$

其中 $\chi(\Sigma)$ 是二维流形的欧拉示性数, 是一个拓扑不变量[⑦],

$$\chi(\Sigma) = 2 - 2g, \tag{4.73}$$

g 是曲面的亏格. 因此, 对于球面, $\int_{S^2} K\mathrm{d}S = 4\pi$, 对于亏格为 1 的环面, $\int_{T^2} K\mathrm{d}S = 0$, 而对于更一般的亏格为 n 的黎曼面, $\int_{RS} K\mathrm{d}S = -(n-1)4\pi$.

---

⑦这里的高斯–博内特定理是相对于无边界的二维流形而言, 如果存在边界, 则必须考虑边界的贡献.

在欧氏几何中, 圆的周长与半径之比等于 2π, 且三角形的内角和等于 π. 而在球面上, 三角形的内角和为 $\pi + \dfrac{A}{a^2}$, 其中 A 是三角形的面积. 这里, 球面上的三角形由三个点构成, 其中每两个点间由测地线 (短程线) 来给出. 测地线是直线在弯曲空间的推广. 而三角形的夹角由交点处两条测地线的切矢量夹角给出. 如图 4.14 所示的球面三角形由差 90° 的两条经线和赤道围成, 在每个交点处考虑切空间以及两条相交线的切矢量, 这些切矢量两两正交, 因此这个球面三角形的内角和是 $\dfrac{3\pi}{2}$. 可以验证这个三角形的面积是整个球面的 1/8.

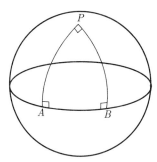

图 4.14 球面上由两条差 90° 的经线和赤道围成的三角形.

4.4.3 体积元

前面对曲面面积的讨论可以很容易推广到其他的高维流形中. 如果 $g_{\mu\nu} = \mathrm{diag}(g_{11}, \cdots, g_{nn})$, 此时的体积元为

$$\mathrm{d}^n V = \sqrt{|g_{11}g_{22}\cdots g_{nn}|}\,\mathrm{d}x^1\cdots\mathrm{d}x^n. \tag{4.74}$$

而我们知道实际上 $|g| = |g_{11}g_{22}\cdots g_{nn}| = |\det(g_{\mu\nu})|$. 这可以推广到更一般的情形, 即使 $g_{\mu\nu}$ 并非对角时, 我们也有体积元

$$\mathrm{d}^n V = |\det(g_{\mu\nu})|\mathrm{d}x^1\cdots\mathrm{d}x^n. \tag{4.75}$$

在坐标变换下, 我们知道

$$\begin{aligned}
\mathrm{d}^n V &= \sqrt{|g'|}\,\mathrm{d}x'^1\cdots\mathrm{d}x'^n \\
&= \sqrt{|g'|}\,J\,\mathrm{d}x^1\cdots\mathrm{d}x^n,
\end{aligned}$$

其中 J 是坐标变换的雅可比行列式,

$$J = \left|\frac{\partial x'^a}{\partial x^b}\right|. \tag{4.76}$$

另一方面, 度规张量在 p 点附近的坐标变换下变换为

$$g'_{\mu\nu} = \left(\frac{\partial x^\sigma}{\partial x'^\mu}\right)_p \left(\frac{\partial x^\rho}{\partial x'^\nu}\right)_p g_{\sigma\rho}(p), \tag{4.77}$$

所以 $|g'| = \frac{1}{J^2}|g|$. 因此, 体积元

$$\mathrm{d}^n V = \sqrt{|g'|}\mathrm{d}x'^1 \cdots \mathrm{d}x'^n = \sqrt{|g|}\mathrm{d}x^1 \cdots \mathrm{d}x^n \tag{4.78}$$

在坐标变换下不变. 后面我们将看到它如何与列维–齐维塔张量相联系.

对于通过嵌入来定义的子流形, 其体积元的确定需要通过诱导度规来实现. 一个由嵌入 $x^a = x^a(u^1, \cdots, u^m)$ 定义的 m 维子流形, 由于 $\mathrm{d}x^a = \frac{\partial x^a}{\partial u^i}\mathrm{d}u^i$, 我们可以得到度规

$$\begin{aligned}\mathrm{d}s^2 = g_{ab}\mathrm{d}x^a\mathrm{d}x^b &= g_{ab}\frac{\partial x^a}{\partial u^i}\frac{\partial x^b}{\partial u^j}\mathrm{d}u^i\mathrm{d}u^j \\ &= h_{ij}\mathrm{d}u^i\mathrm{d}u^j,\end{aligned} \tag{4.79}$$

其中第一行里的 g_{ab} 是嵌入空间的度规, 而 h_{ij} 称为诱导度规,

$$h_{ij} = g_{ab}\frac{\partial x^a}{\partial u^i}\frac{\partial x^b}{\partial u^j}. \tag{4.80}$$

对这个子流形, 其体积元为

$$\mathrm{d}^m V = \sqrt{|h|}\mathrm{d}u^1 \cdots \mathrm{d}u^m. \tag{4.81}$$

显然, 它依赖于嵌入的方式. 上面的讨论即使在所嵌入的流形弯曲的时候也同样成立.

一个简单的例子是考虑流形上一条曲线的长度. 在某坐标片中, 曲线由嵌入 $x^a(\lambda)$ 给出, 如我们之前的讨论, 曲线的线元由

$$\mathrm{d}s^2 = g_{ab}\mathrm{d}x^a\mathrm{d}x^b \tag{4.82}$$

给出. 因此, 如果我们考虑曲线从 A 到 B 的距离, 有

$$\Delta s = \int_{\lambda_A}^{\lambda_B} \mathrm{d}s = \int_{\lambda_A}^{\lambda_B} \sqrt{g_{ab}\frac{\partial x^a}{\partial \lambda}\frac{\partial x^b}{\partial \lambda}}\mathrm{d}\lambda. \tag{4.83}$$

另一方面, 对于曲线而言, 其上的诱导度规为

$$h_{11} = g_{ab}\frac{\partial x^a}{\partial \lambda}\frac{\partial x^b}{\partial \lambda}, \tag{4.84}$$

其 "体积元" 为

$$\mathrm{d}s = \sqrt{h_{11}}\mathrm{d}\lambda, \tag{4.85}$$

与前面的讨论一致.

4.5 非 坐 标 基

在前面对切空间的讨论中, 我们相对于坐标卡 $\{x^\mu\}$ 来定义切空间的基矢 $\left\{\widehat{e}_\mu = \dfrac{\partial}{\partial x^\mu}\right\}$, 而相应的余切空间的基矢为 $\{\widehat{\theta}^\mu = \mathrm{d}x^\mu\}$. 这两组基矢称为坐标基底. 在此坐标基底下, 度规张量场可以写作

$$\widehat{g} = g_{\mu\nu}\theta^\mu \otimes \theta^\nu. \tag{4.86}$$

然而, 我们可以考虑对以上坐标基做一个线性组合

$$\widehat{e}_m = e_m{}^\mu \widehat{e}_\mu, \tag{4.87}$$

其中 $e_m{}^\mu$ 是一个非退化 $n \times n$ 矩阵, 满足 $\det(e_m{}^\mu) > 0$, 其中的分量是坐标的函数. 这样得到的新基底可以保证流形的定向. 我们可以进一步要求这个新基底是正交归一的,

$$\widehat{g}(\widehat{e}_m, \widehat{e}_n) = \eta_{mn}. \tag{4.88}$$

由 (4.88) 式的关系, 有

$$g_{\mu\nu} = e^m{}_\mu e^n{}_\nu \eta_{mn}, \tag{4.89}$$

其中 $e^m{}_\mu$ 是 $e_m{}^\mu$ 的逆,

$$e^m{}_\mu e_n{}^\mu = \delta^m_n, \qquad e^m{}_\mu e_m{}^\nu = \delta^\nu_\mu. \tag{4.90}$$

而对偶的基矢也是原来 1 形式的组合,

$$\widehat{\theta}^m = e^m{}_\mu \widehat{\theta}^\mu, \tag{4.91}$$

仍然满足

$$\widehat{\theta}^m(\widehat{e}_n) = \delta^m_n. \tag{4.92}$$

新的基底 $\{\widehat{e}_m, \widehat{\theta}^m\}$ 称为非坐标基底, 或者正交洛伦兹标架基. 在新的基底下, 度规张量场的分量取正则的形式

$$\widehat{g} = \eta_{mn}\widehat{\theta}^m \otimes \widehat{\theta}^n. \tag{4.93}$$

由黎曼法坐标, 我们知道通过坐标变换, 度规总可以取成正则形式. 也就是说, 局部惯性系的存在与非坐标基一致. 与坐标基不同, 非坐标基间一般是非对易的,

$$[\widehat{e}_m, \widehat{e}_n] = C^p{}_{mn}\widehat{e}_p, \tag{4.94}$$

其中 $C^p{}_{mn}$ 称为结构参数.

例 4.12 三维平直空间.

在三维平直欧氏空间中, 我们可以选择球坐标系 (r, θ, ϕ), 在其中度规可以写作

$$\mathrm{d}s^2 = \mathrm{d}r^2 + r^2 \mathrm{d}\theta^2 + r^2 \sin^2 \theta \mathrm{d}\phi^2, \tag{4.95}$$

坐标基底为

$$\widehat{e}_r = \frac{\partial}{\partial r}, \quad \widehat{e}_\theta = \frac{\partial}{\partial \theta}, \quad \widehat{e}_\phi = \frac{\partial}{\partial \phi}, \tag{4.96}$$

$$\widehat{\theta}^r = \mathrm{d}r, \quad \widehat{\theta}^\theta = \mathrm{d}\theta, \quad \widehat{\theta}^\phi = \mathrm{d}\phi, \tag{4.97}$$

而度规系数取对角形式 $g_{ij} = \mathrm{diag}(1, r^2, r^2 \sin^2 \theta)$. 正交归一的非坐标基为

$$\widehat{e}_1 = \frac{\partial}{\partial r}, \quad \widehat{e}_2 = \frac{1}{r} \frac{\partial}{\partial \theta}, \quad \widehat{e}_3 = \frac{1}{r \sin \theta} \frac{\partial}{\partial \phi}, \tag{4.98}$$

$$\widehat{\theta}^1 = \mathrm{d}r, \quad \widehat{\theta}^2 = r \mathrm{d}\theta, \quad \widehat{\theta}^3 = r \sin \theta \mathrm{d}\phi, \tag{4.99}$$

而此时的度规系数为 $g_{ij} = \delta_{ij}$. 易见

$$[\widehat{e}_1, \widehat{e}_2] = -\frac{1}{r} \widehat{e}_2. \tag{4.100}$$

注意对于非坐标基, 其选择有一定的自由度. 类似于黎曼法坐标的选择, 我们局部地可以有一个洛伦兹变换群把不同的选择联系在一起. 此外, 对于某一个特别的观测者, 我们总可以选定与他相伴的正交标架场来定义一个局部参考系. 这在讨论相对于这个观测者的实验室参考系时将带来方便. 此外, 非坐标基在讨论各种数学和物理问题时都有重要的意义: 我们可以利用非坐标基来讨论弯曲时空中的联络、曲率等数学问题; 在讨论弯曲时空中费米场的物理时, 我们也需要引进具有洛伦兹对称结构的非坐标基.

4.6 时 间 定 向

我们知道, 二维曲面可以是可定向的 (orientable), 也可以是不可定向的. 例如, 默比乌斯 (Möbius) 带就是不可定向的. 对于黎曼流形, 我们有类似的问题. 我们称一个流形是可定向的, 如果任意两个重叠坐标片间坐标变换的雅可比行列式总为正. 在上面对非坐标基的讨论中, 我们要求 $\det(e_m{}^\mu) > 0$ 就是为了保持定向. 对于赝黎曼流形, 由于存在时间方向, 我们需要定义时间定向 (temporal orientation).

首先, 在流形某点的切空间 $T_p(M)$ 中: 一个矢量 $\widehat{u}$ 称为类时的, 如果 $\widehat{g}(\widehat{u}, \widehat{u}) < 0$; 称为零的或者类光的, 如果 $\widehat{g}(\widehat{u}, \widehat{u}) = 0$; 称为类空的, 如果 $\widehat{g}(\widehat{u}, \widehat{u}) > 0$. 矢量 $\widehat{u}$ 称为因果的 (causal), 如果 $\widehat{g}(\widehat{u}, \widehat{u}) \leqslant 0$.

命题 令 $\widehat{u}, \widehat{v} \in T_p(M)$,

(1) 如果 $\widehat{u}$ 是类时的, 而 $\widehat{v}$ 与它正交, 则要么 $\widehat{v} = 0$, 要么 $\widehat{v}$ 为类空矢量;

(2) 如果 $\widehat{u}, \widehat{v}$ 都是零矢量, 则二者正交当且仅当它们互相成比例.

我们称两个类时矢量 $\widehat{u}, \widehat{v}$ 是共向的 (co-oriented) 的, 如果 $\widehat{u} \cdot \widehat{v} < 0$. 可以证明, 共向是一个等价关系: 如果 $\widehat{u}, \widehat{v}$ 共向, $\widehat{v}, \widehat{w}$ 共向, 则 $\widehat{u}, \widehat{w}$ 必然共向. 利用这个等价关系我们可以在流形上定义时间定向. 显然, $\widehat{u}$ 和 $-\widehat{u}$ 并非共向的, 实际上它们属于不同的等价类.

首先, 在流形上某事件 p 处, 我们有切空间 $T_p(M)$. 利用非坐标基, 局部地我们有正交洛伦兹标架, 由此可以定义因果锥 (causal cone)

$$\mathcal{C} = \{\widehat{g}(\widehat{u}, \widehat{u}) \leqslant 0, \forall \widehat{u} \in T_p(M)\}, \tag{4.101}$$

其边界给出光锥: $\widehat{g}(\widehat{u}, \widehat{u}) = 0$. 因果锥由两部分构成:

$$\mathcal{C} = \mathcal{C}_+ \cup \mathcal{C}_-, \tag{4.102}$$

其中

$$\mathcal{C}_+ : \widehat{\theta}^0(\widehat{u}) = u^0 > 0, \quad \mathcal{C}_- : u^0 < 0. \tag{4.103}$$

这相当于在局部平直时空中定义了光锥和因果结构, 而 $\widehat{u}$ 和 $-\widehat{u}$ 分别属于 $\mathcal{C}_+$ 或者 $\mathcal{C}_-$. 由上面的命题可知其他类时矢量要么与 $\widehat{u}$ 共向, 要么与 $-\widehat{u}$ 共向.

其次, 一个具有度规场的流形 $(M, \widehat{g})$ 称为时间可定向的, 如果其上存在一个连续类时矢量场 $\widehat{\tau}$. 而在时间可定向流形上, 两个类时矢量场 $\widehat{\tau}$ 和 $\widehat{\tau}'$ 是共向的, 如果它们在流形上每点都共向. 利用共向定义的两个等价类在时间可定向流形上可以整体地定义, 其中一个等价类定义为 "未来". 在上面的局域闵氏时空中, $\mathcal{C}_+$ 定义了未来的因果锥. 简而言之, 时间可定向流形意味着局域时间定向可以连续地扩展到整个流形上. 在广义相对论中, 我们只讨论时间可定向流形, 这种流形才能称为时空.

物理上, 在观测者自己的共动参考系中其 4-速度 $\widehat{u}_0$ 给出了未来的指向, 穿过这个参考系的非零因果矢量 $\widehat{\xi}$ 称为未来指向的 (future-directed) 或者过去指向的 (past-directed), 依赖于 $\widehat{u}_0 \cdot \widehat{\xi} < 0$ 还是 $\widehat{u}_0 \cdot \widehat{\xi} > 0$. $\widehat{\xi}$ 对应的光滑因果曲线也称为未来指向的或者过去指向的.

给定一个时空流形 M 中的两点 p 和 q, 我们记 $p \ll q$ (或 $p < q$), 如果存在一条光滑未来指向的类时 (或因果) 曲线 $\gamma : [a, b] \to M$, 其中 $\gamma(a) = p, \gamma(b) = q$. 注意对时

空流形上的所有点 p, 有 $p < p$, 但一般没有 $p \ll p$. 后者的成立当且仅当存在穿过 p 点的光滑闭合类时曲线, 这意味着因果性的破坏.

4.7 张 量 密 度

下面我们来看列维–齐维塔张量在弯曲空间中的定义. 表面上, 我们仍然能够如四维闵氏时空中那样定义

$$\widetilde{\varepsilon}_{\mu_1\mu_2\cdots\mu_n} = \begin{cases} +1, & \text{如果 } (\mu_1\mu_2\cdots\mu_n) \text{ 是 } (01\cdots(n-1)) \text{ 的偶置换,} \\ -1, & \text{如果 } (\mu_1\mu_2\cdots\mu_n) \text{ 是 } (01\cdots(n-1)) \text{ 的奇置换,} \\ 0, & \text{其他情况.} \end{cases} \tag{4.104}$$

然而, 我们将很快看到它并非一个张量, 我们将称之为列维–齐维塔符号. 从定义上看, 它在坐标变换下是不变的, 如果它是张量, 将无法保持这一点. 首先, 注意到对一个 $n \times n$ 矩阵 M, 其行列式 $|M|$ 满足

$$\widetilde{\varepsilon}_{\mu_1'\mu_2'\cdots\mu_n'}|M| = \widetilde{\varepsilon}_{\mu_1\mu_2\cdots\mu_n} M^{\mu_1}{}_{\mu_1'} M^{\mu_2}{}_{\mu_2'} \cdots M^{\mu_n}{}_{\mu_n'}. \tag{4.105}$$

令 $M^\mu{}_{\mu'} = \partial x^\mu/\partial x^{\mu'}$, 我们看到

$$\widetilde{\varepsilon}_{\mu_1'\mu_2'\cdots\mu_n'} = \left|\frac{\partial x^{\mu'}}{\partial x^\mu}\right| \widetilde{\varepsilon}_{\mu_1\mu_2\cdots\mu_n} \frac{\partial x^{\mu_1}}{\partial x^{\mu_1'}} \frac{\partial x^{\mu_2}}{\partial x^{\mu_2'}} \cdots \frac{\partial x^{\mu_n}}{\partial x^{\mu_n'}}. \tag{4.106}$$

这非常接近于一个张量变换, 除了前面与坐标变换相关的雅可比行列式因子.

我们称在坐标变换下与张量变换相差一个雅可比行列式因子的量为张量密度. 雅可比行列式的幂次称为张量密度的权 (weight). 所以, 列维–齐维塔符号是一个权为 1 的张量密度. 另一个有名的张量密度是度规场的行列式 $g = |g_{\mu\nu}|$, 其变换如

$$g(x^{\mu'}) = \left|\frac{\partial x^{\mu'}}{\partial x^\mu}\right|^{-2} g(x^\mu). \tag{4.107}$$

因此, g 是权为 –2 的 (标量) 密度.

由于不同权重的张量密度的存在, 我们可以构造真正的张量. 对一个权为 w 的张量密度, 我们可以在其上乘以 $|g|^{w/2}$ 从而得到一个好的张量. 对列维–齐维塔符号而言, 我们可以定义列维–齐维塔张量

$$\varepsilon_{\mu_1\mu_2\cdots\mu_n} = \sqrt{|g|}\,\widetilde{\varepsilon}_{\mu_1\mu_2\cdots\mu_n}. \tag{4.108}$$

有时, 我们需要上指标的列维–齐维塔张量, 它可以通过指标的提升来得到:

$$\varepsilon^{\mu_1\mu_2\cdots\mu_n} = \operatorname{sgn}(g)\frac{1}{\sqrt{|g|}}\,\widetilde{\varepsilon}^{\mu_1\mu_2\cdots\mu_n}, \tag{4.109}$$

其中 $\mathrm{sgn}(g)$ 是度规行列式的符号, 对于黎曼流形是正的, 而对于赝黎曼流形是负的. 显然, 这两个张量都是全反对称张量. 此外, 值得注意的是, 列维–齐维塔张量并非对所有的流形都可以整体定义, 它只能定义在可定向流形上[⑧]. 我们讨论的所有流形都是可定向的, 有良好定义的列维–齐维塔张量.

如前所述, 列维–齐维塔张量在平直时空中的定义如列维–齐维塔符号. 我们可以从局部正交洛伦兹标架出发来定义一般的列维–齐维塔张量. 我们有

$$
\begin{aligned}
\widehat{\varepsilon} &= \widetilde{\varepsilon}_{mnpq} \widehat{\theta}^m \otimes \widehat{\theta}^n \otimes \widehat{\theta}^p \otimes \widehat{\theta}^q \\
&= \widetilde{\varepsilon}_{mnpq} e^m_\mu e^n_\nu e^p_\sigma e^q_\rho \widehat{\theta}^\mu \otimes \widehat{\theta}^\nu \otimes \widehat{\theta}^\sigma \otimes \widehat{\theta}^\rho \\
&= \widetilde{\varepsilon}_{\mu\nu\sigma\rho} |e| \widehat{\theta}^\mu \otimes \widehat{\theta}^\nu \otimes \widehat{\theta}^\sigma \otimes \widehat{\theta}^\rho \\
&= \varepsilon_{\mu\nu\sigma\rho} \widehat{\theta}^\mu \otimes \widehat{\theta}^\nu \otimes \widehat{\theta}^\sigma \otimes \widehat{\theta}^\rho.
\end{aligned}
\tag{4.110}
$$

实际上, 列维–齐维塔张量与流形的体积元相关. 在讨论这个关系之前, 我们先介绍一点外微分和微分形式的知识.

4.8 微 分 形 式

一个微分 p 形式是一个全反对称 $(0, p)$ 型张量. 比如说, 标量是一个 0 形式, 对偶 (余) 矢量是一个 1 形式, 电磁场强张量是一个 2 形式, 列维–齐维塔张量是一个 4 形式. 所有 p 形式构成的空间记为 Λ^p, 而在流形 M 上所有 p 形式场构成的空间记作 $\Lambda^p(M)$. 在一个 n 维矢量空间中线性独立的 p 形式的数目为 $n!/(p!(n-p)!)$, 这也给出了 $\Lambda^p(M)$ 的维数. 由反对称性, n 维流形中没有 $p > n$ 的微分形式. 利用微分形式语言的好处在于, 我们无需其他几何结构, 如联络的帮助, 就可以定义微分和积分了.

给定一个 p 形式 A 和一个 q 形式 B, 我们可以通过外积 (wedge product) 构造一个 $p+q$ 形式 $A \wedge B$. 具体定义如下:

$$
(A \wedge B)_{\mu_1 \cdots \mu_{p+q}} = \frac{(p+q)!}{p!\, q!} A_{[\mu_1 \cdots \mu_p} B_{\mu_{p+1} \cdots \mu_{p+q}]}.
\tag{4.111}
$$

譬如, 对于两个 1 形式的外积, 有

$$
(A \wedge B)_{\mu\nu} = 2 A_{[\mu} B_{\nu]} = A_\mu B_\nu - A_\nu B_\mu.
\tag{4.112}
$$

注意, 两个形式的外积并不能简单地交换次序, 而是有

$$
A \wedge B = (-1)^{pq} B \wedge A.
\tag{4.113}
$$

[⑧]拓扑上, 这要求流形的第二惠特尼类为零.

利用坐标基底, 一个 p 形式可以写作

$$A_p = \frac{1}{p!} A_{\mu_1 \mu_2 \cdots \mu_p} \mathrm{d}x^{\mu_1} \wedge \mathrm{d}x^{\mu_2} \wedge \cdots \wedge \mathrm{d}x^{\mu_p}. \tag{4.114}$$

在形式场上的一个重要运算是所谓的外微分, 或者外导数 (exterior derivative), 记作 "d". 它把一个 p 形式场映射到一个 $p+1$ 形式场:

$$\mathrm{d} : \Lambda^p \to \Lambda^{p+1}. \tag{4.115}$$

其具体定义为

$$(\mathrm{d}A)_{\mu_1 \cdots \mu_{p+1}} \equiv (p+1) \partial_{[\mu_1} A_{\mu_2 \cdots \mu_{p+1}]}. \tag{4.116}$$

对一个标量场, $(\mathrm{d}\phi)_\mu = \partial_\mu \phi$. 对一个 1 形式 (如规范势)$A = A_\mu \mathrm{d}x^\mu$,

$$(\mathrm{d}A)_{\mu\nu} = \partial_\mu A_\nu - \partial_\nu A_\mu. \tag{4.117}$$

注意, 通过外导数得到的新张量是良好定义的, 即使在弯曲空间也如此, 这与偏导数不同. 实际上, 由于导数运算后必须反对称化, 出现在坐标变换后偏导数中多余的项都相消了, 剩下的项符合张量变换的要求.

由定义, 对任何形式 A, 两次外微分作用后一定为零,

$$\mathrm{d}(\mathrm{d}A) = 0, \tag{4.118}$$

即外微分满足幂零性 (nilpotent), $\mathrm{d}^2 = 0$. 此外, 对于一个 p 形式 A 和一个 q 形式 B 的外积, 外微分作用为

$$\mathrm{d}(A \wedge B) = \mathrm{d}A \wedge B + (-)^p A \wedge \mathrm{d}B. \tag{4.119}$$

微分形式上的另一个重要运算是霍奇 (Hodge) 对偶. 在一个 n 维流形上的霍奇星算子 (star operator) 定义为一个映射 $* : \Lambda^p \to \Lambda^{n-p}$,

$$(*A)_{\mu_1 \cdots \mu_{n-p}} = \frac{1}{p!} \varepsilon^{\nu_1 \cdots \nu_p}{}_{\mu_1 \cdots \mu_{n-p}} A_{\nu_1 \cdots \nu_p}. \tag{4.120}$$

它把一个 p 形式变成一个 $n-p$ 形式. 对任意 p 形式 A 做两次霍奇星运算, 得

$$* * A = (-1)^{s+p(n-p)} A, \tag{4.121}$$

这里 s 是度规场正则形式中 "–1" 的个数.

霍奇对偶与通常矢量与余矢量间的对偶不同, 尽管 p 形式场空间 Λ^p 的维数与 $n-p$ 形式场空间 Λ^{n-p} 的维数相同, 而且

$$*(A^{(n-p)} \wedge B^{(p)}) \in R. \tag{4.122}$$

在三维欧氏空间中, 两个 1 形式外积的霍奇对偶仍是一个 1 形式:

$$*(U \wedge V)_i = \varepsilon_i{}^{jk} U_j V_k. \tag{4.123}$$

它实际上正是三维矢量空间中两个矢量的叉乘 (cross product) 运算. 类似的运算在高维显然不存在.

例 4.13 电磁场与 U(1) 规范场.

如前所述, 描述电磁理论更好的语言是利用阿贝尔规范场. 首先, 我们有 1 形式的规范势 $\widehat{A} = A_\mu dx^\mu$, 而电磁场强是 2 形式, $\widehat{F} = d\widehat{A}$, 它在规范变换 $\widehat{A} \to \widehat{A} + d\xi$ 下由于 $d^2 = 0$ 而保持不变. 利用形式场, 可以很简洁地写下麦克斯韦方程. 一组方程是平庸的,

$$d\widehat{F} = 0, \tag{4.124}$$

这来自外微分算子的幂零性 $d^2 = 0$. 换句话说, 无源的两个方程说明电磁场强可以由规范场来表达, 具有规范不变性. 而对于与流有关的两个方程, 我们可以通过把流写成 1 形式, 从而得到

$$d(*\widehat{F}) = 4\pi(*\widehat{J}). \tag{4.125}$$

在真空中, 由于不存在流, 上述两个方程具有以下霍奇对偶不变性:

$$\begin{aligned} \widehat{F} &\to *\widehat{F}, \\ *\widehat{F} &\to -\widehat{F}. \end{aligned} \tag{4.126}$$

如果写作分量的形式, 我们将看到这个霍奇对偶实际上是交换了电场和磁场, 因此也常被称为电磁对偶. 如果有源存在, 看起来我们可以引进一个 "磁" 流 $\widehat{J}_M$, 然后加上 $\widehat{J} \leftrightarrow \widehat{J}_M$, 似乎对偶仍然成立. 然而如果存在磁源, 则意味着规范场无法整体定义, 我们必须引进具有奇异性的磁单极子. 磁单极子的概念最早是由狄拉克 (Dirac) 提出的. 如果存在磁单极子, 考虑其中带电粒子的波函数, 则量子力学给出荷的量子化条件

$$eg = 2\pi n, \tag{4.127}$$

其中 e 是带电粒子的电荷, g 是磁荷. 狄拉克的量子化条件可以很自然地解释为何自然界中的基本粒子电荷都是电子电荷的整数倍. 进一步地, 该条件说明了电磁对偶是强弱对偶, e 小则 g 大, 反之亦然, 因此电磁对偶也常称为 S 对偶. 然而, 在电磁理论中方程 $\mathrm{d}\widehat{F} = \widehat{J}_M$ 是无法找到整体定义的非奇异规范势的, 需要引进狄拉克弦来消除奇异性. 但磁单极子在量子场论中得到了自然的实现. 特别地, 在超对称量子场论和超弦理论中, 电磁对偶有着重要的物理意义. 此外, 近年来人们发现 S 对偶与数学中的朗兰兹 (Langlands) 纲领密切相关.

最后, 我们重新审视一下流形上的积分. 在 n 维流形 M 上, 积分元可以看作一个 n 形式:

$$\Sigma \in M, \qquad \int_{\Sigma} : \widehat{\omega} \to R, \tag{4.128}$$

其中 Σ 是积分域. 比如说, 对于 1 维线积分, $\widehat{\omega} = \omega(x)\mathrm{d}x$, 所以有 $\int \omega(x)\mathrm{d}x$. 对于高维积分, 以三维为例. 考虑一个基本单元, 由三个无穷小矢量 $\boldsymbol{U}, \boldsymbol{V}, \boldsymbol{W}$ 张成, 即这个基本单元是一个平行长方体⑨. 而在其上的积分元为

$$\mathrm{d}\widehat{\mu}(\boldsymbol{U}, \boldsymbol{V}, \boldsymbol{W}) \in R. \tag{4.129}$$

也就是说, 这里的积分元是三个矢量张量积的泛函, 它满足多线性 $\mathrm{d}\widehat{\mu}(a\boldsymbol{U}, b\boldsymbol{V}, c\boldsymbol{W}) = abcd\widehat{\mu}(\boldsymbol{U}, \boldsymbol{V}, \boldsymbol{W})$. 所以 $\mathrm{d}\widehat{\mu}$ 是一个 $(0,3)$ 型张量, 而且由于三个矢量间交换顺序会导致不同, 或者说, 三个矢量定义的基本体积元是定向的, $\mathrm{d}\widehat{\mu}$ 也是反对称化的, 即它是一个 3 形式. 对于更一般的流形, $\mathrm{d}\widehat{\mu}$ 是一个 n 形式.

如前所述, 形如 $\mathrm{d}^n x = \mathrm{d}x^0 \cdots \mathrm{d}x^{n-1}$ 的积分元并非张量, 而是一个张量密度,

$$
\begin{aligned}
\mathrm{d}x^0 \cdots \mathrm{d}x^{n-1} &= \frac{1}{n!} \widetilde{\varepsilon}_{\mu_1 \cdots \mu_n} \mathrm{d}x^{\mu_1} \wedge \cdots \wedge \mathrm{d}x^{\mu_n} \\
&\to \frac{1}{n!} \widetilde{\varepsilon}_{\mu_1 \cdots \mu_n} \frac{\partial x^{\mu_1}}{\partial x^{\mu'_1}} \cdots \frac{\partial x^{\mu_n}}{\partial x^{\mu'_n}} \mathrm{d}x^{\mu'_1} \wedge \cdots \wedge \mathrm{d}x^{\mu'_n} \\
&= \left| \frac{\partial x^{\mu}}{\partial x'^{\mu}} \right| \widetilde{\varepsilon}_{\mu'_1 \cdots \mu'_n} \mathrm{d}x^{\mu'_1} \wedge \cdots \wedge \mathrm{d}x^{\mu'_n}.
\end{aligned} \tag{4.130}
$$

我们可以插入一个因子 $\sqrt{|g|}$ 来得到一个张量:

$$\sqrt{|g|}\mathrm{d}^n x = \sqrt{|g|}\mathrm{d}x^0 \cdots \mathrm{d}x^{n-1}. \tag{4.131}$$

---

⑨更准确地说, 这三个无穷小矢量的外积定义了基本单元, 称为 3 矢量. 而 p 形式中的某基底 $\mathrm{d}x^{\mu}$ 只有作用在矢量上后才转换为积分元中出现的 $\mathrm{d}x^{\mu}$. 关于 p 形式及其积分的意义, 参见文献 [5].

这实际上正是列维–齐维塔张量

$$
\begin{aligned}
\widehat{\varepsilon} &= \varepsilon_{\mu_1\cdots\mu_n}\mathrm{d}x^{\mu_1}\otimes\cdots\otimes\mathrm{d}x^{\mu_n}\\
&= \frac{\sqrt{|g|}}{n!}\widetilde{\varepsilon}_{\mu_1,\cdots\mu_n}\mathrm{d}x^{\mu_1}\wedge\cdots\wedge\mathrm{d}x^{\mu_n} = \sqrt{|g|}\mathrm{d}^n x.
\end{aligned} \tag{4.132}
$$

简而言之, 列维–齐维塔张量就是体积元.

在流形上的积分为

$$
I = \int\phi(x)\sqrt{|g|}\mathrm{d}^n x, \tag{4.133}
$$

其中, $\phi(x)$ 是被积函数. 假设我们有一个 n 维流形 M, 其边界为 ∂M, 并且在 M 上有一个 $n-1$ 形式场 $\widehat{\omega}$, 则 $\mathrm{d}\widehat{\omega}$ 是一个 n 形式场, 可以在流形上积分, 而 $\widehat{\omega}$ 本身可以在 ∂M 上积分, 这样我们有斯托克斯 (Stokes) 定理

$$
\int_M\mathrm{d}\widehat{\omega} = \int_{\partial M}\widehat{\omega}. \tag{4.134}
$$

这一定理的特例包括我们熟知的定积分中的牛顿–莱布尼茨 (Leibniz) 公式, 以及三维矢量运算中的格林定理、高斯定理和斯托克斯定理.

习　题

1. 证明两个矢量场的对易子仍然是一个矢量场.
2. 地球表面可以看作半径为 a 的二维球面. 利用标准的球坐标 (θ,ϕ), 格林尼治处取为 $\phi=0$, 其向东取为 ϕ 的正方向. 地球上一个点的经度就是简单的 ϕ, 而纬度是 $\lambda=\pi/2-\theta$. 证明利用经度和纬度, 球面的度规可以写作

$$
\mathrm{d}s^2 = a^2(\mathrm{d}\lambda^2 + \cos^2\lambda\mathrm{d}\phi^2). \tag{4.135}
$$

进一步地, 我们可以引进函数 $x=x(\lambda,\phi), y=y(\lambda,\phi)$ 作为笛卡儿坐标来绘制地图. 墨卡托 (Mercator) 投影[①]是一种常用的绘制地图方式, 它定义为

$$
x = \frac{W\phi}{2\pi}, \qquad y = \frac{H}{2\pi}\ln\left(\tan\left(\frac{\pi}{4}+\frac{\lambda}{2}\right)\right), \tag{4.136}
$$

其中 W 和 H 分别是地图的宽和长. 请给出这个投影的线元.

①墨卡托投影是一种 "等角正切圆柱投影", 由荷兰地图学家墨卡托在 1569 年拟定. 假设地球被围在一中空的圆柱里, 地球的赤道与圆柱相切, 而地球转动轴与圆柱平行. 从地球中心把球面上的图形投影到圆柱体上, 再把圆柱体展开, 这就是 "墨卡托投影" 绘制出的地图. 墨卡托投影没有角度变形, 由每一点向各方向的长度比相等, 它的经纬线都是平行直线, 且相交成直角, 经线间隔相等, 纬线间隔从基准纬线处向两极逐渐增大. 墨卡托投影的地图上长度和面积变形明显, 但保持了方向和角度的正确.

3. 在上题的绘制地图选择中, 证明如果函数 x 和 y 的选择满足

$$\Omega(x,y)(\mathrm{d}x^2 + \mathrm{d}y^2) = a^2(\mathrm{d}\lambda^2 + \cos^2\lambda\mathrm{d}\phi^2), \tag{4.137}$$

其中 $\Omega(x,y)$ 是某函数, 则球面上某点处两个方向的夹角在绘制的地图中保持不变. 证明墨卡托投影绘制的地图满足这个关系.

4. 在前面的练习中, 如果我们要求绘制的地图是保持面积不变的, 则对 x 和 y 的要求是什么? 是否存在同时保持角度和面积不变的地图?

5. 在四维时空中, 为了讨论问题方便, 我们经常把度规分量分成三组: g_{00}, g_{0i}, g_{ij}, 其中 0 坐标代表时间方向. 这种所谓的 $1+3$ 分解可以有两种方式. 第一种方式是把度规写作

$$\mathrm{d}s^2 = -M^2(\mathrm{d}t - M_i\mathrm{d}x^i)^2 + \gamma_{ij}\mathrm{d}x^i\mathrm{d}x^j, \tag{4.138}$$

其中 M, M_i, γ_{ij} 都是实函数. 第二种方式是把度规写作

$$\mathrm{d}s^2 = -N^2\mathrm{d}t^2 + g_{ij}(\mathrm{d}x^i + N^i\mathrm{d}t)(\mathrm{d}x^j + N^j\mathrm{d}t), \tag{4.139}$$

其中 N, N^i, g_{ij} 分别是实函数. 请分别求出这两种度规的分量以及度规逆的分量.

6. 一个二维流形的度规可以写作

$$\mathrm{d}s^2 = \mathrm{d}r^2 + f^2(r)\mathrm{d}\theta^2, \tag{4.140}$$

证明它的高斯曲率是 $K = -\dfrac{f''}{f}$.

7. 半径为 a 的三维球面的度规可以写作

$$\mathrm{d}s^2 = a^2(\mathrm{d}\xi^2 + \sin^2\xi(\mathrm{d}\theta^2 + \sin^2\theta\mathrm{d}\phi^2)). \tag{4.141}$$

(1) 计算 $\xi = \xi_0$ 定义的二维球的面积;

(2) 计算这个三维球的总体积.

8. 如果一个三维空间的线元为

$$\mathrm{d}s^2 = \frac{\mathrm{d}r^2}{1 - 2GM/r} + r^2(\mathrm{d}\theta^2 + \sin^2\theta\mathrm{d}\phi^2), \tag{4.142}$$

计算下面各个量:

(1) 坐标半径 $r = R$ 时的球面面积;

(2) 坐标半径 $r = R$ 时的球体体积;

(3) 从半径为 $r = 2GM$ 的球面到 $r = 3GM$ 的球面的径向距离;

(4) 上一问中两个球面间的体积.

9. 证明在 n 维时空中, 我们总可以找到黎曼法坐标使

$$g_{\mu\nu}|_P = \eta_{\mu\nu}, \quad \partial_\sigma g_{\mu\nu}|_P = 0, \tag{4.143}$$

但无法令 $\partial_\sigma \partial_\rho g_{\mu\nu}|_P$ 都为 0. 而且我们总能够保证存在局部惯性系的洛伦兹对称性, 而 $\partial_\sigma \partial_\rho g_{\mu\nu}|_P \neq 0$ 的数目是 $\frac{1}{12} n^2(n^2 - 1)$.

10. 证明 4.6 节中的命题.

11. 对一个 p 形式 $\widehat{\omega}$ 和一个 q 形式 $\widehat{\eta}$, 证明

(1) 它们的外积满足 $\widehat{\omega} \wedge \widehat{\eta} = (-1)^{pq} \widehat{\eta} \wedge \widehat{\omega}$;

(2) 它们外积的外导数满足

$$\mathrm{d}(\widehat{\omega} \wedge \widehat{\eta}) = (\mathrm{d}\widehat{\omega}) \wedge \widehat{\eta} + (-1)^p \widehat{\omega} \wedge (\mathrm{d}\widehat{\eta}). \tag{4.144}$$

12. 对一个 p 形式 $\widehat{A}$, 证明

$$** (\widehat{A}) = (-1)^{s + p(n-p)} \widehat{A}, \tag{4.145}$$

其中 $*$ 是霍奇星算子, s 是度规本征值中负本征值的个数, n 是流形的维数.

第五章　联络与测地线

我们已经看到对于一般的张量场, 偏导数作用以后得到的并非是一个新的张量. 我们需要慎重地考虑在弯曲空间中如何比较张量场, 如何定义合适的导数运算. 在本章中, 我们将引进仿射联络 (affine connection) 的概念, 定义协变导数, 讨论如何通过平行移动来比较不同点间的矢量和张量. 我们将证明黎曼几何的基本定理, 描述自由点粒子在弯曲时空中的运动, 即测地运动. 在本章的最后, 我们将介绍另外两种有用的导数运算.

5.1　协变导数和仿射联络

在平直空间中, 矢量总是在空间内, 有起点也有终点. 此时比较两个矢量只需把它们的起点拉到一起就可以了. 而在弯曲空间中, 矢量是局域的, 如何比较两个点间的矢量场是一个很微妙的问题. 我们需要想办法把两点间的矢量场放到一个点上来比较. 一种办法是通过某条路径连接两点, 然后通过平行移动矢量来实现这一点. 这样的话, 矢量场间的比较还依赖于连接两点的路径选择.

我们先来看一个大家熟知的例子. 在二维平面上运动的粒子, 其速度场切于粒子的运动轨迹: $\boldsymbol{v} = v^r \boldsymbol{e}_r + v^\phi \boldsymbol{e}_\phi$, 其中 $\boldsymbol{e}_r, \boldsymbol{e}_\phi$ 分别是沿径向和角向的单位矢量. 如果我们关心粒子的加速度, 需要知道速度场如何变化. 加速度矢量为

$$\boldsymbol{a} = \frac{\mathrm{d}\boldsymbol{v}}{\mathrm{d}t} = \frac{\mathrm{d}v^r}{\mathrm{d}t}\boldsymbol{e}_r + \frac{\mathrm{d}v^\phi}{\mathrm{d}t}\boldsymbol{e}_\phi + v^r \frac{\mathrm{d}\boldsymbol{e}_r}{\mathrm{d}t} + v^\phi \frac{\mathrm{d}\boldsymbol{e}_\phi}{\mathrm{d}t}. \tag{5.1}$$

由于 $\mathrm{d}\boldsymbol{e}_r/\mathrm{d}t = \omega\boldsymbol{e}_\phi = (\mathrm{d}\phi/\mathrm{d}t)\boldsymbol{e}_\phi$ 以及 $\mathrm{d}\boldsymbol{e}_\phi/\mathrm{d}t = -\omega\boldsymbol{e}_r = -(\mathrm{d}\phi/\mathrm{d}t)\boldsymbol{e}_r$, 加速度矢量有分量

$$a^r = \frac{\mathrm{d}v^r}{\mathrm{d}t} - v^\phi \frac{\mathrm{d}\phi}{\mathrm{d}t} = \frac{\mathrm{d}^2 r}{\mathrm{d}t^2} - r\left(\frac{\mathrm{d}\phi}{\mathrm{d}t}\right)^2,$$

$$a^\phi = \frac{\mathrm{d}v^\phi}{\mathrm{d}t} + v^r \frac{\mathrm{d}\phi}{\mathrm{d}t} = \frac{\mathrm{d}}{\mathrm{d}t}\left(r\frac{\mathrm{d}\phi}{\mathrm{d}t}\right).$$

从以上的分析可以看到, 矢量的变化依赖于路径. 更重要的是, 基矢沿着曲线也是变化的, 如图 5.1 所示.

指定一条路径, 它局部地可以通过其切矢量 $\hat{t}$ 来刻画. 也就是说, 在很小的局域, 曲线可以通过直线来近似, 而直线是由切矢量给出的. 相对于这条路径, 矢量场的变化

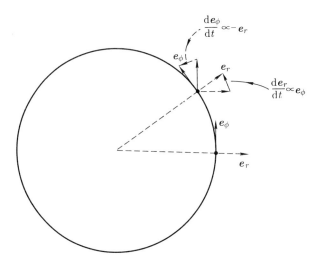

图 5.1　在圆上径向基矢和角向基矢沿着圆的变化.

是

$$\nabla_{\widehat{t}}\widehat{V}(x^{\mu}) = \lim_{\epsilon \to 0} \frac{[\widehat{V}(x^{\mu} + t^{\mu}\epsilon)]_{\text{平移至 } x^{\mu}} - \widehat{V}(x^{\mu})}{\epsilon}. \tag{5.2}$$

这里的关键点是我们必须在同一点比较矢量才有意义. 我们把在点 $x^{\mu} + t^{\mu}\epsilon$ 的矢量移动到点 x^{μ} 是通过平行移动来实现的. 局部地看, 平行移动的含义就是字面上的意思: 沿着切矢, 把矢量从一点平行移动到另一点. 在局部直角坐标系中, $(\nabla_{\widehat{t}}\widehat{V})^{\alpha} = t^{\beta}\dfrac{\partial V^{\alpha}}{\partial x^{\beta}}$, 即 $\nabla_{\beta}V^{\alpha} = \dfrac{\partial V^{\alpha}}{\partial x^{\beta}}$. 然而, 即使在平直空间中, 如果我们用极坐标, 这个定义式也需要小心地处理, 因为基矢有可能发生变化. 我们在上面的例子中已经看到了这一点. 上面关于协变导数的定义是没有问题的, 但是要得到正确的协变导数, 我们需要考虑基矢的变化. 也就是说, 矢量和张量的协变导数, 不只与矢量和张量本身有关, 也与刻画路径的切矢量有关.

5.1.1　仿射联络

我们先从矢量的协变微分开始. 我们可以形式地定义仿射联络: 一个仿射联络是一个映射

$$\nabla : \chi(M) \otimes \chi(M) \to \chi(M), \tag{5.3}$$

其中 $\chi(M)$ 是流形 M 上任意一个矢量场, 也就是说由两个矢量场映射到一个矢量场,

$$(\widehat{X}, \widehat{Y}) \to \nabla_{\widehat{X}}\widehat{Y}, \qquad \widehat{X}, \widehat{Y} \in \chi(M). \tag{5.4}$$

这个映射应该满足如下条件:

(1) $\nabla_{\widehat{X}}(\widehat{Y} + \widehat{Z}) = \nabla_{\widehat{X}}\widehat{Y} + \nabla_{\widehat{X}}\widehat{Z}$,

(2) $\nabla_{(\widehat{X}+\widehat{Y})}\widehat{Z} = \nabla_{\widehat{X}}\widehat{Z} + \nabla_{\widehat{Y}}\widehat{Z}$,

(3) $\nabla_{f\widehat{X}}\widehat{Y} = f\nabla_{\widehat{X}}\widehat{Y}$,

(4) $\nabla_{\widehat{X}}(f\widehat{Y}) = \widehat{X}[f]\widehat{Y} + f\nabla_{\widehat{X}}\widehat{Y}$,

其中 $f \in \mathcal{F}(M)$ 是 M 上的任意函数, 而 $\widehat{X}, \widehat{Y}, \widehat{Z} \in \chi(M)$.

我们可以把 $\nabla_{\widehat{X}}\widehat{Y}$ 理解为矢量 $\widehat{Y}$ 沿着切矢量 $\widehat{X}$ 的变化, 它给出一个新的矢量. 上面的条件中头两条很容易理解, 来自矢量的叠加原理, 第三个条件说明切矢量的方向是关键, 而非其大小, 最后一个条件说明我们必须考虑函数 f 的方向导数. 注意 $\widehat{X}[f] = X^\mu \partial_\mu f$, 即切矢量场 $\widehat{X}$ 对函数 f 的作用是函数 f 沿着矢量 $\widehat{X}$ 的方向导数.

给定了一个联络 ∇ 的光滑流形 (M, ∇) 称为一个仿射联络空间, 其中可以定义协变导数. $\nabla_{\widehat{X}}\widehat{Y}$ 称为矢量场 $\widehat{Y}$ 沿着切矢量 $\widehat{X}$ 的协变导数 (或协变微商).

从上面的定义可见, 仿射联络中最重要的部分来自一个基矢如何沿着不同方向变化. 取定流形上的一个坐标卡 (U, φ), 有坐标 $x = \varphi(p)$, 则定义

$$\nabla_\mu \widehat{e}_\nu \equiv \nabla_{\widehat{e}_\mu} \widehat{e}_\nu = \widehat{e}_\lambda \Gamma^\lambda_{\mu\nu}, \tag{5.5}$$

其中 $\Gamma^\lambda_{\mu\nu}$ 称为联络系数[①], 它告诉我们基矢从一点到另一点是如何变化的, 包含着基矢沿不同方向扭曲、偏转、扩大和缩小的信息. 显然, 联络系数与坐标选择有关, 即与基矢的选择有关. 我们很快将看到它并非一个张量.

例 5.1 二维平面在极坐标下的联络系数.

考虑一个二维平直空间, 其在极坐标下的度规为

$$ds^2 = d\rho^2 + \rho^2 d\phi^2. \tag{5.6}$$

在极坐标下的基矢为

$$\widehat{e}_\rho = \cos\phi\,\widehat{e}_x + \sin\phi\,\widehat{e}_y, \quad \widehat{e}_\phi = -\rho\sin\phi\,\widehat{e}_x + \rho\cos\phi\,\widehat{e}_y, \tag{5.7}$$

则基矢的变化为

$$\frac{\partial \widehat{e}_\rho}{\partial \rho} = 0, \quad \frac{\partial \widehat{e}_\rho}{\partial \phi} = -\sin\phi\,\widehat{e}_x + \cos\phi\,\widehat{e}_y = \frac{1}{\rho}\widehat{e}_\phi. \tag{5.8}$$

同样我们有

$$\frac{\partial \widehat{e}_\phi}{\partial \rho} = \frac{1}{\rho}\widehat{e}_\phi, \quad \frac{\partial \widehat{e}_\phi}{\partial \phi} = -\rho\widehat{e}_\rho. \tag{5.9}$$

[①]在有的数学文献中, $\nabla_{\widehat{e}_\mu}\widehat{e}_\nu = \widehat{e}_\lambda\Gamma^\lambda_{\nu\mu}$. 我们后面考虑的是无挠联络, 有 $\Gamma^\lambda_{\mu\nu} = \Gamma^\lambda_{\nu\mu}$, 因此两种定义没有差别.

因此, 联络系数为

$$\Gamma^\rho_{\rho\rho} = \Gamma^\phi_{\rho\rho} = \Gamma^\rho_{\rho\phi} = \Gamma^\rho_{\phi\rho} = \Gamma^\phi_{\phi\phi} = 0, \tag{5.10}$$

$$\Gamma^\phi_{\rho\phi} = \Gamma^\phi_{\phi\rho} = \frac{1}{\rho}, \qquad \Gamma^\rho_{\phi\phi} = -\rho. \tag{5.11}$$

在这个简单的例子中, 我们可以很容易地确定基矢及其变化, 但对于一般的弯曲空间, 这样的计算并不容易实现.

5.1.2 矢量的协变导数

利用联络系数, 我们可以讨论一般的矢量如何沿不同方向变化:

$$\begin{aligned}
\nabla_{\widehat{V}}\widehat{W} &= V^\mu \nabla_{\widehat{e}_\mu}(W^\nu \widehat{e}_\nu) \\
&= V^\mu(\widehat{e}_\mu[W^\nu]\widehat{e}_\nu + W^\nu \nabla_{\widehat{e}_\mu}(\widehat{e}_\nu)) \\
&= V^\mu\left(\frac{\partial W^\lambda}{\partial x^\mu} + W^\nu \Gamma^\lambda_{\mu\nu}\right)\widehat{e}_\lambda \\
&= V^\mu \nabla_\mu W^\lambda \widehat{e}_\lambda,
\end{aligned} \tag{5.12}$$

其中

$$\nabla_\mu W^\lambda = (\nabla_\mu \widehat{W})^\lambda = \frac{\partial W^\lambda}{\partial x^\mu} + W^\nu \Gamma^\lambda_{\mu\nu} \tag{5.13}$$

是矢量 $\nabla_\mu \widehat{W}$ 的第 λ 分量. 通常称 $\nabla_\mu W^\lambda$ 为矢量的协变导数. 前面我们已经看到 $\partial_\mu W^\lambda$ 并非张量, 而现在定义的 $\nabla_\mu W^\lambda$ 确定是一个张量[2].

我们回到前面通过平行移动对协变导数的定义, 如图 5.2 所示, 取定坐标后, 我们在 x^ν 和 $x^\nu + \Delta x^\nu$ 处分别有矢量 $V^\mu(x)$ 和 $V^\mu(x + \Delta x)$. 为了比较两者, 我们需要给出一条路径把矢量移到同一点. 如果这两点足够近, 局部平直, 这两点间的直线即给出了切矢. 比如说, 我们把 $V^\mu(x)$ 移到 $x^\nu + \Delta x^\nu$, 记为 $\widetilde{V}(x + \Delta x)$. 这样的移动要保证:

(1) $\widetilde{V}^\mu(x + \Delta x) - V^\mu(x) \propto \Delta x$, 即变化很小;

(2) $(\widetilde{V}^\mu + \widetilde{W}^\mu)(x + \Delta x) = \widetilde{V}^\mu(x + \Delta x) + \widetilde{W}^\mu(x + \Delta x)$.

考虑到在不同点基矢的变化, 我们取

$$\widetilde{V}^\mu(x + \Delta x) = V^\mu(x) - V^\lambda(x)\Gamma^\mu_{\nu\lambda}(x)\Delta x^\nu. \tag{5.14}$$

---

[2] 严格地说, $\nabla_\mu W^\lambda$ 只是一个 $(1,1)$ 型张量的分量, 以下的讨论中我们不再仔细区分张量和它的分量, 而约定俗成地也把张量的分量称为张量.

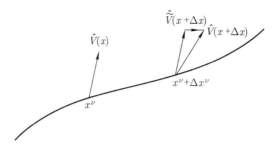

图 5.2 利用平行移动定义协变导数.

显然, 第二项来自基矢的变化. 这个取法与前面定义的仿射联络是一致的, 与 Δx^ν 成正比来自仿射联络的性质. 因此, 协变导数为

$$\frac{\mathrm{D}\widehat{V}}{\mathrm{d}x^\nu} = \lim_{\Delta x^\nu \to 0} \frac{V^\mu(x + \Delta x) - \widetilde{V}^\mu(x + \Delta x)}{\Delta x^\nu} \frac{\partial}{\partial x^\mu}$$
$$= \left(\frac{\partial V^\mu}{\partial x^\nu} + V^\lambda \Gamma^\mu_{\nu\lambda} \right) \frac{\partial}{\partial x^\mu},$$

即 $\nabla_\nu V^\mu = \dfrac{\partial V^\mu}{\partial x^\nu} + \Gamma^\mu_{\nu\lambda} V^\lambda$, 与前面的讨论一致.

联络系数依赖坐标的选择, 可以证明它并非张量. 考虑两个有重叠的坐标卡: 坐标为 $(x^\mu, \widehat{e}_\mu)$ 的 (U, φ), 以及坐标为 $(y^\alpha, \widehat{f}_\alpha)$ 的 (V, ψ). 在 y 坐标中, 联络系数 $\widetilde{\Gamma}^\gamma_{\alpha\beta}$ 由 $\nabla_{\widehat{f}_\alpha} \widehat{f}_\beta = \widetilde{\Gamma}^\gamma_{\alpha\beta} \widehat{f}_\gamma$ 给出. 因为 $\widehat{f}_\alpha = \left(\dfrac{\partial x^\mu}{\partial y^\alpha} \right) \widehat{e}_\mu$, 有

$$\nabla_{\left(\frac{\partial x^\mu}{\partial y^\alpha} \widehat{e}_\mu \right)} \left(\frac{\partial x^\nu}{\partial y^\beta} \widehat{e}_\nu \right) = \frac{\partial x^\mu}{\partial y^\alpha} \left(\widehat{e}_\mu \left[\frac{\partial x^\nu}{\partial y^\beta} \right] \widehat{e}_\nu + \frac{\partial x^\nu}{\partial y^\beta} \nabla_{\widehat{e}_\mu} \widehat{e}_\nu \right)$$
$$= \frac{\partial x^\mu}{\partial y^\alpha} \left(\frac{\partial^2 x^\nu}{\partial x^\mu \partial y^\beta} \widehat{e}_\nu + \frac{\partial x^\nu}{\partial y^\beta} \Gamma^\lambda_{\mu\nu} \widehat{e}_\lambda \right)$$
$$= \left(\frac{\partial^2 x^\lambda}{\partial y^\alpha \partial y^\beta} + \frac{\partial x^\mu}{\partial y^\alpha} \frac{\partial x^\nu}{\partial y^\beta} \Gamma^\lambda_{\mu\nu} \right) \widehat{e}_\lambda,$$

所以联络系数的变换为

$$\widetilde{\Gamma}^\gamma_{\alpha\beta} = \frac{\partial^2 x^\nu}{\partial y^\alpha \partial y^\beta} \frac{\partial y^\gamma}{\partial x^\nu} + \frac{\partial x^\lambda}{\partial y^\alpha} \frac{\partial x^\mu}{\partial y^\beta} \frac{\partial y^\gamma}{\partial x^\nu} \Gamma^\nu_{\lambda\mu}. \tag{5.15}$$

由于第一项的存在, 联络系数的变换并非张量变换.

5.1.3 张量的协变导数

前面对仿射联络的定义和讨论可以推广到一般的张量上. 此时我们有映射 ∇ : $\chi(M) \otimes (k,l)$ 张量 $\rightarrow (k,l)$ 张量, 满足

(1) 线性: $\nabla_{\widehat{X}}(\widehat{T} + \widehat{S}) = \nabla_{\widehat{X}}\widehat{T} + \nabla_{\widehat{X}}\widehat{S}$;

(2) 莱布尼茨法则: $\nabla_{\widehat{X}}(\widehat{T} \otimes \widehat{S}) = \nabla_{\widehat{X}}\widehat{T} \otimes \widehat{S} + \widehat{T} \otimes \nabla_{\widehat{X}}\widehat{S}$.

对于标量函数, $\nabla_\mu f = \partial_\mu f$. 此外, 我们还要求协变导数的运算与张量收缩可以对易: $\nabla_\mu \delta^\alpha_\beta = 0$. 由此我们可以推导出 1 形式上的协变导数. 考虑一个标量函数 $\langle \widehat{\omega}, \widehat{Y} \rangle$ 上的协变导数

$$\widehat{X}[\langle \widehat{\omega}, \widehat{Y} \rangle] = \nabla_{\widehat{X}}\langle \widehat{\omega}, \widehat{Y} \rangle$$
$$= \langle \nabla_{\widehat{X}}\widehat{\omega}, \widehat{Y} \rangle + \langle \widehat{\omega}, \nabla_{\widehat{X}}\widehat{Y} \rangle.$$

为简单计, 我们取 $\widehat{X} = \widehat{e}_\mu, \widehat{Y} = \widehat{e}_\nu$, 则有

$$\partial_\mu \omega_\nu = \langle \nabla_\mu \widehat{\omega}, \widehat{e}_\nu \rangle + \langle \widehat{\omega}, \Gamma^\sigma_{\mu\nu} \widehat{e}_\sigma \rangle$$
$$= (\nabla_\mu \widehat{\omega})_\nu + \omega_\sigma \Gamma^\sigma_{\mu\nu}, \tag{5.16}$$

所以

$$(\nabla_\mu \widehat{\omega})_\nu = \partial_\mu \omega_\nu - \omega_\sigma \Gamma^\sigma_{\mu\nu}. \tag{5.17}$$

如果 $\widehat{\omega} = \mathrm{d}x^\nu$, 则我们可以定义 $\nabla_\mu \mathrm{d}x^\nu = \widetilde{\Gamma}^\nu_{\mu\lambda} \mathrm{d}x^\lambda$, 这里 $\widetilde{\Gamma}^\nu_{\mu\lambda}$ 给出了 1 形式上的联络系数, 即告诉我们 1 形式基底是如何沿着不同方向变化的. 考虑关系式

$$\nabla_\mu(\langle \mathrm{d}x^\nu, \widehat{e}_\sigma \rangle) = \nabla_\mu \delta^\nu_\sigma = 0. \tag{5.18}$$

关系式左边的张量可以分别做协变导数, 得到

$$0 = \langle \nabla_\mu \mathrm{d}x^\nu, \widehat{e}_\sigma \rangle + \langle \mathrm{d}x^\nu, \nabla_\mu \widehat{e}_\sigma \rangle$$
$$= \widetilde{\Gamma}^\nu_{\mu\lambda} \delta^\lambda_\sigma + \Gamma^\lambda_{\mu\sigma} \delta^\nu_\lambda$$
$$= \widetilde{\Gamma}^\nu_{\mu\sigma} + \Gamma^\nu_{\mu\sigma}.$$

因此, 我们有 $\widetilde{\Gamma}^\nu_{\mu\sigma} = -\Gamma^\nu_{\mu\sigma}$, 所以, $\nabla_\mu \mathrm{d}x^\nu = -\Gamma^\nu_{\mu\lambda} \mathrm{d}x^\lambda$.

对于一般的张量, 由仿射联络的定义和联络系数, 我们可以很容易得到其上的协变导数. 对一个 (k, l) 张量, $\widehat{T} = T^{\mu_1 \cdots \mu_k}{}_{\nu_1 \cdots \nu_l} \widehat{e}_{\mu_1} \otimes \cdots \otimes \widehat{e}_{\mu_k} \otimes \widehat{\theta}^{\nu_1} \otimes \cdots \otimes \widehat{\theta}^{\nu_l}$. 当协变导数作用在其上时, 首先作用在分量函数上, 然后分别一一作用在基矢上. 对每一个矢量基矢 $\widehat{e}$, 得到一个正 Γ, 而对每一个 1 形式基底 $\widehat{\theta}$, 得到一个负 Γ. 把所有的贡献都考虑, 最终我们得到

$$\nabla_\sigma T^{\mu_1 \mu_2 \cdots \mu_k}{}_{\nu_1 \nu_2 \cdots \nu_l} = \partial_\sigma T^{\mu_1 \mu_2 \cdots \mu_k}{}_{\nu_1 \nu_2 \cdots \nu_l}$$

$$+\Gamma^{\mu_1}_{\sigma\lambda}T^{\lambda\mu_2\cdots\mu_k}{}_{\nu_1\nu_2\cdots\nu_l}+\Gamma^{\mu_2}_{\sigma\lambda}T^{\mu_1\lambda\cdots\mu_k}{}_{\nu_1\nu_2\cdots\nu_l}+\cdots$$
$$-\Gamma^{\lambda}_{\sigma\nu_1}T^{\mu_1\mu_2\cdots\mu_k}{}_{\lambda\nu_2\cdots\nu_l}-\Gamma^{\lambda}_{\sigma\nu_2}T^{\mu_1\mu_2\cdots\mu_k}{}_{\nu_1\lambda\cdots\nu_l}-\cdots. \tag{5.19}$$

有时候在文献中也会见到另一套约定: 逗号代表偏导数, 而分号代表协变导数:

$$\nabla_\sigma T^{\mu_1\mu_2\cdots\mu_k}{}_{\nu_1\nu_2\cdots\nu_l}\equiv T^{\mu_1\mu_2\cdots\mu_k}{}_{\nu_1\nu_2\cdots\nu_l;\sigma}. \tag{5.20}$$

在四维中, 联络系数 $\Gamma^\lambda_{\mu\nu}$ 似乎有 $4^3=64$ 个独立分量. 而且, 这个联络系数并不唯一, 可以有很多选择, 这里我们不做进一步的讨论. 然而在广义相对论中, 我们将证明每一个度规都定义唯一一个联络. 首先, 我们注意到, 如果有两种联络, 则它们的联络系数之差是一个 $(1,2)$ 型张量. 也就是说, 如果我们有两组联络系数 $\Gamma^\lambda_{\mu\nu}$ 和 $\widehat{\Gamma}^\lambda_{\mu\nu}$, 则它们之差 $T^\lambda_{\mu\nu}=\Gamma^\lambda_{\mu\nu}-\widehat{\Gamma}^\lambda_{\mu\nu}$ 在坐标变换下的变换为

$$\begin{aligned}
T^{\lambda'}_{\mu'\nu'}&=\Gamma^{\lambda'}_{\mu'\nu'}-\widehat{\Gamma}^{\lambda'}_{\mu'\nu'}\\
&=\frac{\partial x^\mu}{\partial x^{\mu'}}\frac{\partial x^\nu}{\partial x^{\nu'}}\frac{\partial x^{\lambda'}}{\partial x^\lambda}\Gamma^\lambda_{\mu\nu}-\frac{\partial x^\mu}{\partial x^{\mu'}}\frac{\partial x^\nu}{\partial x^{\nu'}}\frac{\partial^2 x^{\lambda'}}{\partial x^\mu\partial x^\nu}\\
&\quad-\frac{\partial x^\mu}{\partial x^{\mu'}}\frac{\partial x^\nu}{\partial x^{\nu'}}\frac{\partial x^{\lambda'}}{\partial x^\lambda}\widehat{\Gamma}^\lambda_{\mu\nu}+\frac{\partial x^\mu}{\partial x^{\mu'}}\frac{\partial x^\nu}{\partial x^{\nu'}}\frac{\partial^2 x^{\lambda'}}{\partial x^\mu\partial x^\nu}\\
&=\frac{\partial x^\mu}{\partial x^{\mu'}}\frac{\partial x^\nu}{\partial x^{\nu'}}\frac{\partial x^{\lambda'}}{\partial x^\lambda}(\Gamma^\lambda_{\mu\nu}-\widehat{\Gamma}^\lambda_{\mu\nu})\\
&=\frac{\partial x^\mu}{\partial x^{\mu'}}\frac{\partial x^\nu}{\partial x^{\nu'}}\frac{\partial x^{\lambda'}}{\partial x^\lambda}T^\lambda_{\mu\nu},
\end{aligned} \tag{5.21}$$

因此 $T^\lambda_{\mu\nu}$ 是一个 $(1,2)$ 型张量. 实际上, 任何联络都可以写作某个联络再加上一个张量修正项. 另一方面, 如果 $\Gamma^\lambda_{\mu\nu}$ 是一个联络系数, $\Gamma^\lambda_{\nu\mu}$ 也是一个联络系数. 由此, 我们可以得到一个所谓的挠率张量

$$T^\lambda_{\mu\nu}=\Gamma^\lambda_{\mu\nu}-\Gamma^\lambda_{\nu\mu}=2\Gamma^\lambda_{[\mu\nu]}. \tag{5.22}$$

准确地说, 上面的表达式只在取坐标基时才成立. 挠率张量的形式定义将在后面给出.

5.1.4 黎曼几何基本定理

给定一个度规, 我们可以定义一个唯一的联络. 我们需要加上两个条件:

(1) 无挠 (torsion free) 条件: $T^\lambda_{\mu\nu}=0$ 或者 $\Gamma^\lambda_{\mu\nu}=\Gamma^\lambda_{\nu\mu}$;

(2) 度规相容条件:

$$\nabla_\rho g_{\mu\nu}=0. \tag{5.23}$$

在局部惯性系 (LIF) 中, 度规相容条件即 $\partial_\rho g_{\mu\nu}=0$, 这正是定义黎曼法坐标的条件. 换句话说, 这个条件是黎曼法坐标条件的协变化: $\partial\to\nabla$. 显然, 由度规相容条件有

(1) $\nabla_\rho g^{\mu\nu} = 0$;

(2) $g_{\mu\lambda}\nabla_\rho V^\lambda = \nabla_\rho(g_{\mu\lambda}V^\lambda) = \nabla_\rho V_\mu$.

度规相容条件的一个来源是: 两个矢量场 $\widehat{X}, \widehat{Y}$ 定义在某条参数化曲线上, 它们的内积沿着曲线的变化如果满足

$$\frac{\mathrm{d}}{\mathrm{d}t}<\widehat{X},\widehat{Y}>=<\nabla_{\partial/\partial t}\widehat{X},\widehat{Y}> + <\widehat{X},\nabla_{\partial/\partial t}\widehat{Y}>, \qquad (5.24)$$

则联络满足度规相容条件. 进一步地, 如果我们有矢量场 $\widehat{X}, \widehat{Y}$ 和矢量 $\widehat{T}$, 则函数 $<\widehat{X},\widehat{Y}>$ 沿着 $\widehat{T}$ 的方向导数为

$$\widehat{T}<\widehat{X},\widehat{Y}>=<\nabla_{\widehat{T}}\widehat{X},\widehat{Y}> + <\widehat{X},\nabla_{\widehat{T}}\widehat{Y}> . \qquad (5.25)$$

黎曼几何基本定理   在一个给定的黎曼流形上, 与流形上某给定度规相容的无挠联络只有一个.

证明   我们通过明显地构造出满足上面两个条件的联络系数, 证明其存在性和唯一性. 首先我们展开度规相容条件并轮换其指标:

$$\begin{aligned}
\nabla_\rho g_{\mu\nu} &= \partial_\rho g_{\mu\nu} - \Gamma^\lambda_{\rho\mu}g_{\lambda\nu} - \Gamma^\lambda_{\rho\nu}g_{\mu\lambda} = 0, \\
\nabla_\mu g_{\nu\rho} &= \partial_\mu g_{\nu\rho} - \Gamma^\lambda_{\mu\nu}g_{\lambda\rho} - \Gamma^\lambda_{\mu\rho}g_{\nu\lambda} = 0, \\
\nabla_\nu g_{\rho\mu} &= \partial_\nu g_{\rho\mu} - \Gamma^\lambda_{\nu\rho}g_{\lambda\mu} - \Gamma^\lambda_{\nu\mu}g_{\rho\lambda} = 0.
\end{aligned} \qquad (5.26)$$

(5.26) 式的第一式减去第二和第三式之和, 得到

$$\partial_\rho g_{\mu\nu} - \partial_\mu g_{\nu\rho} - \partial_\nu g_{\rho\mu} + 2\Gamma^\lambda_{\mu\nu}g_{\lambda\rho} = 0, \qquad (5.27)$$

其中我们用到了无挠条件及度规的对称性. 通过 (5.27) 式可以很容易解出联络系数: 只需要乘以 $g^{\sigma\rho}$, 得到

$$\Gamma^\sigma_{\mu\nu} = \frac{1}{2}g^{\sigma\rho}(\partial_\mu g_{\nu\rho} + \partial_\nu g_{\rho\mu} - \partial_\rho g_{\mu\nu}). \qquad (5.28)$$

由于度规是非简并的, 所以联络系数被唯一地确定下来. 这个联络系数的表达式也许是广义相对论中最重要的关系.

与此联络系数相关的联络称为克里斯托弗 (Christoffel) 联络, 有时也称为列维-齐维塔联络或者黎曼联络. 而联络系数本身被称为克里斯托弗符号, 有时也记作 $\{^\sigma_{\mu\nu}\}$.

联络本身并不需要一定由度规来构成, 如自旋联络 (spin connection) 可以通过标架场来得到. 而非零的联络系数并不代表时空是弯曲的, 即使在平直时空中, 我们也可以得到非零联络系数. 比如, 如果我们在二维欧氏空间中取极坐标, 则联络系数非零.

另一方面, 在弯曲空间中通过取定黎曼法坐标, 我们总可以使联络系数在某点处为零, 但无法做到在局部区域中恒为零.

在黎曼法坐标下, 在某事件点 P, 有

$$g'_{\mu\nu}|_P = \eta_{\mu\nu}, \tag{5.29}$$

$$\partial_\sigma g'_{\mu\nu}|_P = 0. \tag{5.30}$$

显然, 如果 (5.30) 式成立, 则联络系数 $\Gamma'^\mu_{\nu\sigma}|_P = 0$. 反过来, 如果联络系数为零, 则由度规相容条件知 (5.30) 式成立. 通常称使 (5.30) 式成立的坐标为测地坐标, 尽管它与测地线没有什么联系. 假如在某坐标 $\{x^\mu\}$ 下, P 点的度规并不取满足 (5.29), (5.30) 式的形式, 而 P 点的坐标为 x^μ_P, 则我们可以定义一个新的坐标系

$$x'^\mu = x^\mu - x^\mu_P + \frac{1}{2}\Gamma^\mu_{\nu\sigma}|_P(x^\nu - x^\nu_P)(x^\sigma - x^\sigma_P), \tag{5.31}$$

其一阶和二阶导数分别为

$$\frac{\partial x'^\mu}{\partial x^\nu} = \delta^\mu_\nu + \Gamma^\mu_{\nu\sigma}|_P(x^\sigma - x^\sigma_P),$$
$$\frac{\partial^2 x'^\mu}{\partial x^\nu \partial x^\sigma} = \Gamma^\mu_{\nu\sigma}|_P. \tag{5.32}$$

由联络系数在坐标变换下的行为可发现

$$\Gamma'^\mu_{\nu\sigma}|_P = 0, \tag{5.33}$$

也就是说, 在新的坐标系下, 度规场为常数. 在 P 点的这个坐标系就是一个测地坐标. 进一步地, 我们可以利用坐标变换

$$X'^\mu = T^\mu_\nu x'^\nu \tag{5.34}$$

把度规场对角化并使对角元变成 ± 1, 其中的变换矩阵 T^μ_ν 是一个常数矩阵, 不会破坏前面对导数的讨论. 最终我们得到的坐标 $\{X'\}$ 就是黎曼法坐标.

例 5.2 极坐标下的平面

$$ds^2 = dr^2 + r^2 d\theta^2. \tag{5.35}$$

度规逆的非零分量只有 $g^{rr} = 1$ 和 $g^{\theta\theta} = r^{-2}$, 而联络系数中

$$
\begin{aligned}
\Gamma^r_{rr} &= \frac{1}{2} g^{r\rho}(\partial_r g_{r\rho} + \partial_r g_{\rho r} - \partial_\rho g_{rr}) \\
&= \frac{1}{2} g^{rr}(\partial_r g_{rr} + \partial_r g_{rr} - \partial_r g_{rr}) \\
&\quad + \frac{1}{2} g^{r\theta}(\partial_r g_{r\theta} + \partial_r g_{\theta r} - \partial_\theta g_{rr}) \\
&= \frac{1}{2}(1)(0 + 0 - 0) + \frac{1}{2}(0)(0 + 0 - 0) \\
&= 0,
\end{aligned} \tag{5.36}
$$

而

$$
\begin{aligned}
\Gamma^r_{\theta\theta} &= \frac{1}{2} g^{r\rho}(\partial_\theta g_{\theta\rho} + \partial_\theta g_{\rho\theta} - \partial_\rho g_{\theta\theta}) \\
&= \frac{1}{2} g^{rr}(\partial_\theta g_{\theta r} + \partial_\theta g_{r\theta} - \partial_r g_{\theta\theta}) \\
&= \frac{1}{2}(1)(0 + 0 - 2r) \\
&= -r.
\end{aligned} \tag{5.37}
$$

最终我们发现

$$
\begin{aligned}
&\Gamma^r_{\theta r} = \Gamma^r_{r\theta} = 0, \\
&\Gamma^\theta_{rr} = 0, \\
&\Gamma^\theta_{r\theta} = \Gamma^\theta_{\theta r} = \frac{1}{r}, \\
&\Gamma^\theta_{\theta\theta} = 0.
\end{aligned} \tag{5.38}
$$

例 5.3 弯曲时空中的散度

$$
\nabla_\mu V^\mu = \frac{1}{\sqrt{|g|}} \partial_\mu(\sqrt{|g|} V^\mu). \tag{5.39}
$$

证明 (5.39) 式左边有

$$
\nabla_\mu V^\mu = \partial_\mu V^\mu + \Gamma^\mu_{\mu\lambda} V^\lambda. \tag{5.40}
$$

我们需要一个关键的式子

$$
\Gamma^\mu_{\mu\lambda} = \frac{1}{\sqrt{|g|}} \partial_\lambda \sqrt{|g|}. \tag{5.41}
$$

我们先证明 (5.41) 式. 由克里斯托弗符号的定义, 我们知道

$$\Gamma^{\mu}_{\mu\lambda} = \frac{1}{2}g^{\mu\rho}(\partial_{\mu}g_{\rho\lambda} + \partial_{\lambda}g_{\mu\rho} - \partial_{\rho}g_{\mu\lambda}) = \frac{1}{2}g^{\mu\rho}\partial_{\lambda}g_{\mu\rho}. \tag{5.42}$$

(5.42) 式第一个等号右边括号中第一和第三项是关于 (μ,ρ) 反对称的, 而括号外度规的逆对 (μ,ρ) 是全对称的, 因此求和后为零.

引理   对于一个一般的矩阵 $M(x)$, 有

$$\mathrm{Tr}(M^{-1}\partial_{\lambda}M) = \partial_{\lambda}\ln(\mathrm{Det}M). \tag{5.43}$$

引理的证明   考虑一个一般的变分

$$\begin{aligned}
\delta\ln\mathrm{Det}M &= \ln\mathrm{Det}(M+\delta M) - \ln\mathrm{Det}M \\
&= \ln\mathrm{Det}M^{-1}(M+\delta M) \\
&= \ln\mathrm{Det}(1 + M^{-1}\delta M) \\
&\sim \ln(1 + \mathrm{Tr}(M^{-1}\delta M)) \qquad (\text{保留领头阶}) \\
&\sim \mathrm{Tr}(M^{-1}\delta M).
\end{aligned} \tag{5.44}$$

如果这样的变分是相对于 x^{λ}, 则在 (5.44) 式两边对 x^{λ} 取导数, 即 $\delta \to \dfrac{\delta}{\delta x^{\lambda}}$, 我们得到关于矩阵的等式. 引理得证.

在 (5.43) 式中令 $M = g_{\mu\nu}$, 则有

$$g^{\mu\rho}\frac{\partial g_{\mu\rho}}{\partial x^{\lambda}} = \frac{\partial}{\partial x^{\lambda}}\ln g = \frac{2}{\sqrt{|g|}}\partial_{\lambda}\sqrt{|g|}. \tag{5.45}$$

这证明了关键关系 (5.41), 从而证明了关于散度的等式 (5.39).

由 (5.39) 式, 很容易得到标量函数的拉普拉斯算子作用

$$\begin{aligned}
\nabla^2\Phi &= \nabla^{\mu}\nabla_{\mu}\Phi \\
&= \frac{1}{\sqrt{|g|}}\partial_{\mu}(\sqrt{|g|}\partial^{\mu}\Phi).
\end{aligned} \tag{5.46}$$

这里的讨论适用于任何维度以及具有任何号差的度规, 只需要把上面的 $|g|$ 理解为度规场行列式的绝对值即可. 实际上, 该关系式在多变量微积分的矢量分析中已经开始使用. 例如考虑三维欧氏空间中球坐标下的拉普拉斯算子. 球坐标下的度规为

$$\mathrm{d}s^2 = \mathrm{d}r^2 + r^2(\mathrm{d}\theta^2 + \sin^2\theta\mathrm{d}\phi^2), \tag{5.47}$$

则拉普拉斯算子对标量函数的作用为

$$\begin{aligned}
\nabla^2\Phi &= \nabla^i\nabla_i\Phi \\
&= \frac{1}{r^2}\partial_r(r^2\partial_r\Phi) + \frac{1}{r^2\sin\theta}\partial_{\theta}(\sin\theta\partial_{\theta}\Phi) + \frac{1}{r^2\sin^2\theta}\partial_{\phi}^2\Phi.
\end{aligned} \tag{5.48}$$

利用散度的定义, 我们可以直接把高斯定理推广到弯曲时空. 不妨假定我们在一个 4 维时空中, 其固有体积元为 $\sqrt{|g|}\mathrm{d}^4 x$. 考虑一个时空区域 Σ, 它具有边界 $\partial\Sigma$, 则有

$$\int_\Sigma \sqrt{|g|}\mathrm{d}^4 x (\nabla_\mu J^\mu) = \int_{\partial\Sigma} |\gamma|^{1/2}\mathrm{d}^3 y (n_\mu J^\mu), \tag{5.49}$$

其中 γ 是在边界面 $\partial\Sigma$ 上的诱导度规, y^i 是边界面上的坐标, 而 n_μ 是垂直于边界面的外向、归一化法余矢量分量. 注意在上面的积分中, 并不要求 J^μ 是一个 4-矢量的分量, 只要是一组四个函数即可. 如果流形是无边界的, 则上面的积分为零.

而对于通常矢量分析中的旋度计算,

$$\begin{aligned}(\operatorname{curl}\widehat{V})_{\mu\nu} &= \nabla_\mu V_\nu - \nabla_\nu V_\mu \\ &= \partial_\mu V_\nu - \partial_\nu V_\mu,\end{aligned} \tag{5.50}$$

可见与联络系数相关的项都消失了, 因此看起来与度规没有关系. 实际上, (5.50) 式最后一行正好是矢量的外微分 2 形式 $\mathrm{d}\widehat{V}$ 的分量, 即

$$(\mathrm{d}\widehat{V})_{\mu\nu} = \partial_\mu V_\nu - \partial_\nu V_\mu = \nabla_\mu V_\nu - \nabla_\nu V_\mu. \tag{5.51}$$

外导数是与联络选择无关的运算, 即使不存在任何联络, 也可以由外导数运算定义好的张量.

5.2 平 行 移 动

我们先来讨论一个矢量沿着曲线的内禀导数(intrinsic derivative). 实际上, 有的矢量只与粒子有关, 并非在整个流形上定义, 而只是沿着粒子的世界线来定义, 如陀螺仪 (gyroscope) 的自旋 4-矢量. 我们不能简单地利用流形上的协变导数来讨论这些矢量沿世界线的变化. 假设沿曲线 $\mathcal{C}$, 我们有矢量场 $\widehat{V}(\lambda)$. 在局部坐标系下, 这个矢量可以写作 $\widehat{V}(\lambda) = V^\mu \hat{e}_\mu(\lambda)$, 其中的 $\hat{e}_\mu(\lambda)$ 是随曲线变化的坐标基矢. 这个矢量场沿曲线的变化为

$$\begin{aligned}\frac{\mathrm{D}\widehat{V}}{\mathrm{d}\lambda} &= \frac{\mathrm{d}V^\mu}{\mathrm{d}\lambda}\hat{e}_\mu + V^\mu \frac{\mathrm{D}\hat{e}_\mu}{\mathrm{d}\lambda} = \frac{\mathrm{d}V^\mu}{\mathrm{d}\lambda}\hat{e}_\mu + V^\mu \frac{\mathrm{d}x^\nu}{\mathrm{d}\lambda}\nabla_\nu \hat{e}_\mu \\ &= \frac{\mathrm{d}V^\mu}{\mathrm{d}\lambda}\hat{e}_\mu + \Gamma^\sigma_{\nu\mu}V^\mu \hat{e}_\sigma \frac{\mathrm{d}x^\nu}{\mathrm{d}\lambda} \\ &= \left(\frac{\mathrm{d}V^\mu}{\mathrm{d}\lambda} + \Gamma^\mu_{\nu\sigma}V^\sigma \frac{\mathrm{d}x^\nu}{\mathrm{d}\lambda}\right)\hat{e}_\mu \\ &= \frac{\mathrm{D}V^\mu}{\mathrm{d}\lambda}\hat{e}_\mu,\end{aligned} \tag{5.52}$$

其中

$$\frac{\mathrm{D}V^\mu}{\mathrm{d}\lambda} = \frac{\mathrm{d}V^\mu}{\mathrm{d}\lambda} + \Gamma^\mu_{\nu\sigma} V^\sigma \frac{\mathrm{d}x^\nu}{\mathrm{d}\lambda}$$
$$= \frac{\mathrm{d}x^\nu}{\mathrm{d}\lambda}(\nabla_\nu V^\mu), \tag{5.53}$$

最后一式中用到了 $\frac{\mathrm{d}V^\mu}{\mathrm{d}\lambda} = \frac{\partial V^\mu}{\partial x^\nu}\frac{\mathrm{d}x^\nu}{\mathrm{d}\lambda}$. 注意, 如果矢量场 $\widehat{V}$ 只在曲线 $\mathcal{C}$ 上定义, (5.53) 式最后一式中出现的协变导数是没有意义的, 我们必须利用前面的定义. 同理, 我们也可以得到 1 形式沿曲线的内禀导数

$$\frac{\mathrm{D}V_\mu}{\mathrm{d}\lambda} = \frac{\mathrm{d}V_\mu}{\mathrm{d}\lambda} - \Gamma^\sigma_{\nu\mu} V_\sigma \frac{\mathrm{d}x^\nu}{\mathrm{d}\lambda}. \tag{5.54}$$

对于一般的张量场, 我们可以有类似的定义. 比如说, 对于一个 $(2,0)$ 型的张量场

$$\widehat{T}(\lambda) = T^{\mu\nu}(\lambda)\widehat{e}_\mu(\lambda) \otimes \widehat{e}_\nu(\lambda), \tag{5.55}$$

它沿着曲线的变化为

$$\begin{aligned}
\frac{\mathrm{D}\widehat{T}}{\mathrm{d}\lambda} &= \frac{\mathrm{d}T^{\mu\nu}}{\mathrm{d}\lambda}\hat{e}_\mu \otimes \hat{e}_\nu + T^{\mu\nu}\frac{\mathrm{D}\hat{e}_\mu}{\mathrm{d}\lambda} \otimes \hat{e}_\nu + T^{\mu\nu}\hat{e}_\mu \otimes \frac{\mathrm{D}\hat{e}_\nu}{\mathrm{d}\lambda} \\
&= \frac{\mathrm{d}T^{\mu\nu}}{\mathrm{d}\lambda}\hat{e}_\mu \otimes \hat{e}_\nu + T^{\mu\nu}\Gamma^\sigma_{\mu\rho}\hat{e}_\sigma \frac{\mathrm{d}x^\rho}{\mathrm{d}\lambda} \otimes \hat{e}_\nu + T^{\mu\nu}\Gamma^\sigma_{\nu\rho}\hat{e}_\mu \otimes \hat{e}_\sigma \frac{\mathrm{d}x^\rho}{\mathrm{d}\lambda} \\
&= \left(\frac{\mathrm{d}T^{\mu\nu}}{\mathrm{d}\lambda} + \Gamma^\mu_{\sigma\rho}T^{\sigma\nu}\frac{\mathrm{d}x^\rho}{\mathrm{d}\lambda} + \Gamma^\nu_{\sigma\rho}T^{\mu\sigma}\frac{\mathrm{d}x^\rho}{\mathrm{d}\lambda}\right)\hat{e}_\mu \otimes \hat{e}_\nu.
\end{aligned} \tag{5.56}$$

写成分量的形式, 我们就得到了二阶张量分量沿曲线的内禀导数

$$\frac{\mathrm{D}T^{\mu\nu}}{\mathrm{d}\lambda} = \frac{\mathrm{d}T^{\mu\nu}}{\mathrm{d}\lambda} + \Gamma^\mu_{\sigma\rho}T^{\sigma\nu}\frac{\mathrm{d}x^\rho}{\mathrm{d}\lambda} + \Gamma^\nu_{\sigma\rho}T^{\mu\sigma}\frac{\mathrm{d}x^\rho}{\mathrm{d}\lambda}. \tag{5.57}$$

一旦我们有了联络, 就可以定义平行移动. 在平直空间中的平行移动不明显地应用了克里斯托弗联络. 可以发现对于一条平直时空中闭合的曲线, 沿着它平行移动一个矢量回到起始位置将不会改变这个矢量, 即在曲线不同点上的矢量一直是互相平行的, 如图 5.3(a) 所示. 而在弯曲空间中, 把矢量从一点平行移动到另一点将依赖于连接这两点的路径. 也就是说, 没有一个自然的方式把矢量从一个切空间移动到另一个切空间, 必须指定一条路径. 如图 5.3(b) 所示, 在一个球面上移动矢量. 我们可以先把 A 点的矢量 $\widehat{V}_A$ 沿着曲线 AB 平行移动到 B 点, 然后沿着 BP 移动到 P 点得到矢量 $\widehat{V}_{BP}$. 另一方面, 我们也可以沿着曲线 AP 把矢量直接移动到 P 点得到矢量 $\widehat{V}_{AP}$. 易见沿不同的路径, 最后得到的矢量是不同的.

实际上, 在球面上移动矢量需要很好地定义. 我们的讨论基于平行移动的概念. 平行移动是 "保持矢量是一个常数" 这一想法在弯曲空间中的推广. 在曲线的某点给定一

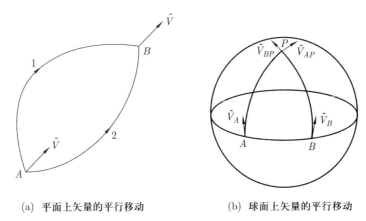

(a) 平面上矢量的平行移动　　　　(b) 球面上矢量的平行移动

图 5.3　平面上矢量沿不同路径做平行移动得到同样的矢量, 而球面上沿不同的路径移动矢量, 最终得到的结果是不同的.

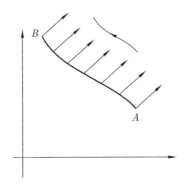

图 5.4　沿曲线平行移动矢量.

个矢量, 沿着这条曲线移动这个矢量, 保持其不变, 这样的移动称为平行移动 (parallel transport, 简记为 PT). 如图 5.4 所示.

　　由内禀导数的定义可知, 矢量是平行移动的意味着矢量沿曲线的内禀导数为零, 也就是说要求这个矢量沿曲线切矢量的协变导数为零, 即

$$\frac{\mathrm{D}\widehat{V}}{\mathrm{d}\lambda} = 0 \quad \Rightarrow \quad t^{\mu}\nabla_{\mu}V^{\nu} = 0, \tag{5.58}$$

或者简单地记为 $\nabla_{\widehat{t}}\widehat{V} = 0$, 其中 $\widehat{t}$ 是切矢量. 类似地, 我们可以定义任意张量的平行移动. 给定一条曲线 $x^{\mu}(\lambda)$, 要求张量沿这条曲线保持不变, 简单地看就是要求 $\frac{\mathrm{D}\widehat{T}}{\mathrm{d}\lambda} = \frac{\mathrm{d}x^{\mu}}{\mathrm{d}\lambda}\frac{\partial\widehat{T}}{\partial x^{\mu}} = 0$. 然而这不是一个张量方程. 一个明显的推广是把偏导数换成协变导数,

$\partial_\mu \to \nabla_\mu$, 由此定义沿曲线的协变导数

$$\frac{\mathrm{D}}{\mathrm{d}\lambda} = \frac{\mathrm{d}x^\mu}{\mathrm{d}\lambda} \nabla_\mu. \tag{5.59}$$

因此, 张量沿曲线的平行移动必须满足平行移动方程

$$\left(\frac{\mathrm{D}}{\mathrm{d}\lambda}T\right)^{\mu_1\mu_2\cdots\mu_k}{}_{\nu_1\nu_2\cdots\nu_l} \equiv \frac{\mathrm{d}x^\sigma}{\mathrm{d}\lambda} \nabla_\sigma T^{\mu_1\mu_2\cdots\mu_k}{}_{\nu_1\nu_2\cdots\nu_l} = 0, \tag{5.60}$$

或者简记为 $\nabla_{\hat{t}} T = 0$, 其中 $\hat{t} = \mathrm{d}/\mathrm{d}\lambda$ 是曲线的切矢量.

对于一个矢量 V^μ, 其平行移动方程为

$$\frac{\mathrm{d}}{\mathrm{d}\lambda}V^\mu + \Gamma^\mu_{\sigma\rho}\frac{\mathrm{d}x^\sigma}{\mathrm{d}\lambda}V^\rho = 0. \tag{5.61}$$

这是一个一阶线性微分方程, 有良好定义的初值问题: 给定一条由 $x^\mu(\lambda)$ 刻画的曲线, 并给定在某点处的初始矢量 $\hat{V}_0$, 则由上面的方程可以确定沿曲线 $\mathcal{C}$ 上的唯一矢量场 $\hat{V}(\lambda)$. 这由微分方程解的唯一性和存在性来保证. 显然, 平行移动是依赖于联络的.

如果联络是度规相容的, 则度规场沿任意曲线总是平行移动的. 这是由于

$$\frac{\mathrm{D}}{\mathrm{d}\lambda}g_{\mu\nu} = \frac{\mathrm{d}x^\sigma}{\mathrm{d}\lambda}\nabla_\sigma g_{\mu\nu} = 0. \tag{5.62}$$

而两个被平行移动的矢量, 它们的内积是不变的:

$$\frac{\mathrm{D}}{\mathrm{d}\lambda}(\hat{V}\cdot\hat{W}) = \left(\frac{\mathrm{D}}{\mathrm{d}\lambda}g_{\mu\nu}\right)V^\mu W^\nu + g_{\mu\nu}\frac{\mathrm{D}}{\mathrm{d}\lambda}V^\mu W^\nu + g_{\mu\nu}V^\mu\frac{\mathrm{D}}{\mathrm{d}\lambda}W^\nu = 0.$$

因此, 相对于度规相容联络的平行移动保持矢量的大小以及矢量间的正交性.

5.3 测　地　线

测地线是欧氏空间中 "直线" 概念在弯曲空间中的推广. 首先, 在欧氏空间中, 两点之间线段距离最短, 按照此定义, 弯曲空间中两点之间距离 "最短" 的路径即测地线. 这是测地线的第一种定义. 因此, 测地线也称作 "短程线". 而且所谓的 "最短" 路径是指黎曼空间中的两点, 或者赝黎曼流形上利用类空曲线相连的两点距离. 对于赝黎曼流形中由类时曲线相连的两点, 其时空距离即 "固有时" 实际上是最大的. 而对于类光曲线, 时空间距总为零, 最长或最短是没有意义的.

另一方面, 在欧氏空间中直线也可以定义为其切矢量与运动方向总是一致的. 此定义在弯曲空间的推广为: 测地线的切矢量沿着该曲线总是平行移动的. 一条由 $x^\mu(\lambda)$ 刻画的曲线, 其切矢量的分量为 $t^\mu = \mathrm{d}x^\mu/\mathrm{d}\lambda$. 平行移动的定义要求

$$\frac{\mathrm{D}}{\mathrm{d}\lambda}\hat{t} = 0, \tag{5.63}$$

或者说

$$\nabla_{\widehat{t}}\widehat{t} = 0. \tag{5.64}$$

利用坐标系 $\{x^\mu\}$, 我们要求测地线满足如下测地线方程.

测地线方程

$$\frac{\mathrm{d}^2 x^\mu}{\mathrm{d}\lambda^2} + \Gamma^\mu_{\rho\sigma}\frac{\mathrm{d}x^\rho}{\mathrm{d}\lambda}\frac{\mathrm{d}x^\sigma}{\mathrm{d}\lambda} = 0. \tag{5.65}$$

测地线方程告诉我们自由粒子是如何在弯曲时空中运动的. 在平直时空中, 如我们取直角坐标系, 测地线方程正是 $\mathrm{d}^2 x^\mu/\mathrm{d}\lambda^2 = 0$, 它描述的是一条直线. 局部地, 我们总有 $\Gamma^\mu_{\sigma\rho} = 0$, 所以有 $\mathrm{d}^2 x^\mu/\mathrm{d}\lambda^2 = 0$. 换句话说, 测地线局部地看是一条直线. 从测地线方程可见, 它不仅对类时、类空曲线适用, 也对类光曲线适用.

上面两种定义只有在我们取克里斯托弗联络时才是等价的. 下面我们证明这一点. 为简单计, 我们考虑类时曲线. 两点间的固有时定义为 $\tau = \int_{P_1}^{P_2}\mathcal{L}\mathrm{d}\lambda$, 其中

$$\mathcal{L} = \sqrt{-g_{\mu\nu}\frac{\mathrm{d}x^\mu}{\mathrm{d}\lambda}\frac{\mathrm{d}x^\nu}{\mathrm{d}\lambda}}. \tag{5.66}$$

"最短" 或 "最长" 意味着我们固定两个端点, 考虑所有可能的路径使 τ 取极值, 即 $\delta\tau = 0$. 这将导致欧拉–拉格朗日方程 (如果我们不加特别的边界条件)

$$\frac{\partial\mathcal{L}}{\partial x^\mu} - \frac{\mathrm{d}}{\mathrm{d}\lambda}\left(\frac{\partial\mathcal{L}}{\partial\dot{x}^\mu}\right) = 0. \tag{5.67}$$

方程 (5.67) 等价于

$$\frac{\mathrm{d}}{\mathrm{d}\lambda}\left(\frac{\partial\mathcal{L}^2}{\partial\dot{x}^\mu}\right) - \frac{\partial\mathcal{L}^2}{\partial x^\mu} = 2\frac{\partial\mathcal{L}}{\partial\dot{x}^\mu}\frac{\partial\mathcal{L}}{\partial\lambda}. \tag{5.68}$$

方程 (5.68) 的左边为

$$\frac{\mathrm{d}}{\mathrm{d}\lambda}\left(\frac{\partial}{\partial\dot{x}^\mu}(-g_{\sigma\rho}\dot{x}^\sigma\dot{x}^\rho)\right) - \frac{\partial}{\partial x^\mu}(-g_{\sigma\rho}\dot{x}^\sigma\dot{x}^\rho)$$

$$= -\frac{\mathrm{d}}{\mathrm{d}\lambda}(2g_{\sigma\mu}\dot{x}^\sigma) + (\partial_\mu g_{\sigma\rho})\dot{x}^\sigma\dot{x}^\rho$$

$$= (\partial_\mu g_{\sigma\rho})\dot{x}^\sigma\dot{x}^\rho - 2g_{\sigma\mu}\ddot{x}^\sigma - 2\partial_\rho g_{\sigma\mu}\dot{x}^\sigma\dot{x}^\rho$$

$$= -2g_{\sigma\mu}\ddot{x}^\sigma - 2\dot{x}^\sigma\dot{x}^\rho\Gamma_{\mu\sigma\rho} \quad (\Gamma_{\mu\sigma\rho} = g_{\mu\nu}\Gamma^\nu_{\sigma\rho}), \tag{5.69}$$

其中已经用到了克里斯托弗符号的定义. 而方程 (5.68) 的右边为

$$2\frac{\partial\mathcal{L}}{\partial\dot{x}^\mu}\frac{\partial\mathcal{L}}{\partial\lambda} = 2\frac{\partial}{\partial\dot{x}^\mu}(-g_{\sigma\rho}\dot{x}^\sigma\dot{x}^\rho)^{1/2}\frac{\mathrm{d}}{\mathrm{d}\lambda}\left(\frac{\mathrm{d}\tau}{\mathrm{d}\lambda}\right)$$

$$= -2(-g_{\sigma\rho}\dot{x}^\sigma\dot{x}^\rho)^{-1/2}g_{\mu\nu}\dot{x}^\nu\frac{\mathrm{d}^2\tau}{\mathrm{d}\lambda^2}$$

$$= -2\left(\frac{\mathrm{d}^2\tau}{\mathrm{d}\lambda^2}\bigg/\frac{\mathrm{d}\tau}{\mathrm{d}\lambda}\right)g_{\mu\nu}\dot{x}^\nu.$$

最终, 我们得到

$$\ddot{x}^\mu + \Gamma^\mu_{\sigma\rho}\dot{x}^\sigma\dot{x}^\rho = \frac{\ddot{\tau}}{\dot{\tau}}\dot{x}^\mu. \tag{5.70}$$

如果我们取 $\lambda = \tau$, 则 $\ddot{\tau} = 0$, 我们得到了测地线方程

$$\ddot{x}^\mu + \Gamma^\mu_{\sigma\rho}\dot{x}^\sigma\dot{x}^\rho = 0. \tag{5.71}$$

更一般地, 我们可以取 $\lambda = \alpha\tau + \beta$, 也会得到同一个测地线方程. 这种类型的参数化称为仿射参数化, λ 称为仿射参数. 如果取其他的参数化方式, 而曲线仍然满足 (5.70) 式, 则它仍然是一条测地线: 我们可以通过选择参数 λ 把它变成标准的测地线方程.

对于零 (null) 测地线, 其上任意两点间的间隔都为零, 即 $\mathcal{L} \equiv 0$. 此时固有时的概念没有意义, τ 不再是一个合适的仿射参数. 但我们仍然可以做变分得到

$$\ddot{x}^\mu + \Gamma^\mu_{\sigma\rho}\dot{x}^\sigma\dot{x}^\rho = f(\lambda)\dot{x}^\mu, \tag{5.72}$$

这里 $g_{\mu\nu}\dot{x}^\mu\dot{x}^\nu = 0$. 如果 $f(\lambda) = 0$, λ 被称作仿射参数, 而 $\bar{\lambda} = \alpha\lambda + \beta$ 也可以作为仿射参数. 值得注意的是, 在这个双参数族的仿射参数中, 没有哪一个看起来比别的更好.

上面的讨论也可以利用点粒子的作用量进行. 对一个质量为 m 的在类时曲线上运动的粒子, 其作用量可以取作

$$I = -m\int_A^B \mathrm{d}\tau = -m\int_A^B \sqrt{-g_{\mu\nu}\frac{\mathrm{d}x^\mu}{\mathrm{d}\lambda}\frac{\mathrm{d}x^\nu}{\mathrm{d}\lambda}}\mathrm{d}\lambda. \tag{5.73}$$

这个作用量使用起来并不方便, 我们可以利用曲线上的标架场引进一个新的作用量

$$I = \frac{1}{2}\int_{\lambda_A}^{\lambda_B}\mathrm{d}\lambda\left(e^{-1}(\lambda)g_{\mu\nu}\frac{\mathrm{d}x^\mu}{\mathrm{d}\lambda}\frac{\mathrm{d}x^\nu}{\mathrm{d}\lambda} - m^2 e(\lambda)\right), \tag{5.74}$$

其中 $e(\lambda)$ 是一个新的独立函数, 并没有动力学. 通过积掉这个函数, 我们可以重新得到原来的作用量. 在描述曲线时我们有重参数化的自由度, 该自由度等价于对函数 $e(\lambda)$ 的选择. 实际上, 对作用量 (5.74) 变分可得

$$\frac{\delta I}{\delta e} = 0 \Rightarrow e = \frac{1}{m}\frac{\mathrm{d}\tau}{\mathrm{d}\lambda}, \tag{5.75}$$

$$\frac{\delta I}{\delta x^\mu} = 0 \Rightarrow \frac{\mathrm{D}^2 x^\mu}{\mathrm{d}\lambda^2} = \left(e^{-1}\frac{\mathrm{d}e}{\mathrm{d}\lambda}\right)\frac{\mathrm{d}x^\mu}{\mathrm{d}\lambda}. \tag{5.76}$$

把 (5.75) 式代入 (5.76) 式, 我们将得到前面通过对固有时直接变分得到的方程. 因此, 如果我们认为测地线是使作用量取极值的曲线, 则一般地有

$$\frac{\mathrm{D}t^{\mu}}{\mathrm{d}\lambda} = f(\lambda)t^{\mu}, \tag{5.77}$$

其中 t^{μ} 是测地线的切矢量分量, $f(\lambda) = e^{-1}\frac{\mathrm{d}e}{\mathrm{d}\lambda} = \frac{\mathrm{d}^2\tau}{\mathrm{d}\lambda^2}\Big/\frac{\mathrm{d}\tau}{\mathrm{d}\lambda}$ 是任意函数. $f(\lambda)$ 的任意性来自对函数 $e(\lambda)$ 的选择任意性. 参数化中最自然的选择是使

$$\frac{\mathrm{D}t^{\mu}}{\mathrm{d}\lambda} = 0, \tag{5.78}$$

这种参数化称为仿射参数化. 对于一条类时曲线, 它对应于 $e(\lambda) =$ 常数, 或者

$$\lambda \propto \tau + 常数. \tag{5.79}$$

利用粒子作用量标架形式的一个好处是可以对 (5.74) 式取 $m \to 0$ 的无质量极限.

因此, 如果我们考虑仿射参数化, 取定 $e(\lambda) =$ 常数, 则作用量 (5.74) 可以进一步简化. 我们可以定义

$$2K = g_{\mu\nu}\dot{x}^{\mu}\dot{x}^{\nu} \tag{5.80}$$

来得到一个新的作用量

$$I_K = \int_{\lambda_A}^{\lambda_B} K. \tag{5.81}$$

如果 λ 取为仿射参数, 则测地线方程为

$$\frac{\partial K}{\partial x^{\mu}} - \frac{\mathrm{d}}{\mathrm{d}\lambda}\left(\frac{\partial K}{\partial \dot{x}^{\mu}}\right) = 0, \tag{5.82}$$

其中

$$2K = \begin{cases} 0, & 类光曲线, \\ 1, & 类空曲线, \\ -1, & 类时曲线. \end{cases} \tag{5.83}$$

在后两种情形, 我们取 λ 为距离参数 s 和固有时 τ.

例 5.4 二维平面.

如果我们取笛卡儿坐标, 则度规为对角形式, 所有的克里斯托弗符号都为零, 因此测地线方程为

$$\frac{\mathrm{d}^2 x}{\mathrm{d}s^2} = 0, \quad \frac{\mathrm{d}^2 y}{\mathrm{d}s^2} = 0. \tag{5.84}$$

其解为

$$x = a_1 s + b_1,$$
$$y = a_2 s + b_2. \tag{5.85}$$

消去 s 以后, 我们得到 $y = ax + b$, 即一条直线. 另一方面, 我们也可以用极坐标来讨论此问题. 由前面计算而得的联络系数, 我们有测地线方程

$$\frac{\mathrm{d}^2 r}{\mathrm{d}s^2} - r\left(\frac{\mathrm{d}\theta}{\mathrm{d}s}\right)^2 = 0, \tag{5.86}$$

$$\frac{\mathrm{d}^2\theta}{\mathrm{d}s^2} + \frac{2}{r}\frac{\mathrm{d}r}{\mathrm{d}s}\frac{\mathrm{d}\theta}{\mathrm{d}s} = 0. \tag{5.87}$$

如果 $\dfrac{\mathrm{d}\theta}{\mathrm{d}s} = 0$, 则 $\theta = $ 常数, 而 $r = as + b$ 给出一条穿过原点的直线. 如果 $\dfrac{\mathrm{d}\theta}{\mathrm{d}s} \neq 0$, 则 (5.87) 式可以变成

$$\frac{\theta''}{\theta'} + \frac{2}{r}r' = 0, \tag{5.88}$$

其中撇号代表对 s 求导. 对 (5.88) 式积分可得

$$\ln|\theta'| + \ln r^2 = 常数 \quad \Rightarrow \quad r^2\theta' = h = 常数. \tag{5.89}$$

由类空曲线 $2K = 1$, 我们得

$$r' = \pm\frac{1}{r}\sqrt{r^2 - h^2}, \tag{5.90}$$

并进一步得到

$$\frac{\mathrm{d}\theta}{\mathrm{d}r} = \pm\frac{h}{r\sqrt{r^2 - h^2}}. \tag{5.91}$$

因此, 我们最终得到了

$$r = \frac{h}{\cos(\theta - \theta_0)}, \tag{5.92}$$

这正是极坐标下不经过原点的直线.

如果时空是静止的, 即存在坐标使 $g_{0i} = 0$ 且所有的度规分量与 $x^0 = t$ 无关, 我们可以引进另一种变分原理. 这个变分原理可以看作费马 (Fermat) 原理在弯曲时空中的推广. 考虑在时空中连接两个事件点 P 和 Q 的所有零曲线, 这些曲线满足

$$0 = \mathrm{d}t^2 + \left(\frac{g_{ij}}{g_{00}}\right)\mathrm{d}x^i\mathrm{d}x^j. \tag{5.93}$$

因此, 每一条零曲线都是由三个函数 $x^i(t)$ 来描述, 而从 P 到 Q 需要坐标时 Δt. 我们将证明零测地线是使坐标时取极值的曲线. 利用 (5.93) 式, 我们可以把测地线方程变为

$$g_{ik}\frac{\mathrm{d}^2 x^k}{\mathrm{d}t^2} \mid \Gamma_{\imath j k}\frac{\mathrm{d}x^j}{\mathrm{d}t}\frac{\mathrm{d}x^k}{\mathrm{d}t} - \Gamma_{i00}\frac{g_{jk}}{g_{00}}\frac{\mathrm{d}x^j}{\mathrm{d}t}\frac{\mathrm{d}x^k}{\mathrm{d}t} + \frac{\mathrm{d}^2 t/\mathrm{d}\lambda^2}{(\mathrm{d}t/\mathrm{d}\lambda)^2}g_{ik}\frac{\mathrm{d}x^k}{\mathrm{d}t} = 0. \tag{5.94}$$

而测地线的零分量给出

$$\frac{\mathrm{d}^2 t/\mathrm{d}\lambda^2}{(\mathrm{d}t/\mathrm{d}\lambda)^2} = -2\Gamma_{0k0}\frac{\mathrm{d}x^k/\mathrm{d}t}{g_{00}}. \tag{5.95}$$

将 (5.95) 式代入 (5.94) 式, 并利用克里斯托弗符号的具体表达式, 可得

$$h_{ik}\frac{\mathrm{d}^2 x^k}{\mathrm{d}t^2} + \frac{1}{2}(\partial_j h_{ik} + \partial_k h_{ji} - \partial_i h_{jk})\frac{\mathrm{d}x^j}{\mathrm{d}t}\frac{\mathrm{d}x^k}{\mathrm{d}t} = 0, \tag{5.96}$$

其中

$$h_{ij} = -\frac{g_{ij}}{g_{00}}. \tag{5.97}$$

这正是一个以 h_{ij} 为度规的三维空间中, 以 t 作为仿射参数的测地线方程. 因此, 在一个静态时空中的零测地线可以通过以坐标时作为作用量来变分得到,

$$\delta \int \mathrm{d}t = 0, \tag{5.98}$$

这正是光学中的费马原理. 这个结果表明, 在三维空间中光的传播并非沿长度最短的路径, 而是沿坐标时最小的路径. 这是因为引力场的作用类似于提供了一种介质, 这个介质的折射系数随空间变化, 在其中等效的光速并非是真空中的光速. 比如说, 对于球对称的时空 $g_{ij} = f^2(x^i)\delta_{ij}$, 即共形平直的空间, 有

$$\mathrm{d}t = \frac{f}{\sqrt{|g_{00}|}}\mathrm{d}l, \tag{5.99}$$

其中

$$\mathrm{d}l^2 = \delta_{ij}\mathrm{d}x^i\mathrm{d}x^j \tag{5.100}$$

是通常的直角坐标线元. 此时, 费马原理告诉我们引力场提供的介质具有折射系数

$$n(\boldsymbol{x}) = \frac{f(\boldsymbol{x})}{\sqrt{g_{00}(\boldsymbol{x})}}. \tag{5.101}$$

折射系数的存在意味着光线会发生偏转. 除此以外, 它也会导致光传播中的时间延迟.

测地线的物理意义是它告诉我们自由粒子如何在弯曲时空中运动. 测地线的特性 (类时、类光或类空) 是不会改变的, 因为平行移动保持矢量的内积. 测地线是不受外力的非加速粒子的路径, 也就是说粒子走测地线时, 其固有加速度为零. 这其实就是测地线的定义:

$$\widehat{a} = \frac{\mathrm{D}}{\mathrm{d}\tau}\widehat{u} = 0. \tag{5.102}$$

如果粒子还受到其他相互作用力, 我们由相对论动力学 $\widehat{a} = \frac{\widehat{f}}{m}$, 可以期待方程 (5.102) 的右边需要引进与 4-力相关的项, 其具体形式可以通过对粒子作用量变分得到. 比如对于受外加电磁力的粒子, 其运动方程为

$$\ddot{x}^\mu + \Gamma^\mu_{\sigma\rho}\dot{x}^\sigma\dot{x}^\rho = \frac{q}{m}F^\mu_{\ \nu}\dot{x}^\nu, \tag{5.103}$$

这时方程的右边是洛伦兹力.

类时测地线具有最大的固有时. 这是因为给定一条类时曲线 (无论是否是测地线), 我们总可以用一个零曲线来对它进行任意精度的近似. 由于零曲线的固有时为零, 类时曲线可以无穷接近于零固有时, 所以类时测地线的固有时无法是一个极小, 而只能是一个极大. 在双生子佯谬中, 待在家里的人沿一条测地线运动, 因此其固有时更大. 这与平直时空中的结论一样.

测地线的极值是一个局部的概念, 取决于初始条件. 比如, 在二维球面上的两点, 连接它们的测地线 (短程线) 可以有两根, 一根沿短弧, 一个沿长弧, 只有比较相同方向的路径才是有意义的.

测地线方程是一个二阶微分方程, 给定初值, 可以局部地确定测地线. 我们有如下定理.

定理 *在某点 p 附近的测地线 $\gamma(t)$ 由其在 p 点附近的行为确定, 这些行为包括*

(1) $\gamma(0) = p$,

(2) 在 p 点 $\gamma(t)$ 的切矢量 $v^\mu(p)$.

也就是说, 给定初始位置 $x^\mu|_p$ 以及初始切矢量 $\left.\dfrac{\mathrm{d}x^\mu}{\mathrm{d}\lambda}\right|_p$ 后, 测地线在该坐标卡中就被确定了. 给定 $\dfrac{\mathrm{d}x^\mu}{\mathrm{d}\lambda}(\lambda = 0) = v^\mu$, 当 $\lambda = 1$ 时, 在流形 M 上有唯一的一个点与出发点通过测地线相连. 实际上, 我们可以局域地在 p 点定义一个从切空间到 p 点邻域的指数映射 $\exp_p : T_p \to M$, 其具体实现为

$$\exp_p(v^\mu) = x^\mu(\lambda = 1), \tag{5.104}$$

其中 $x^\mu(\lambda)$ 由满足初始条件的测地线方程确定. 直观上看, 在 p 点处我们可以取黎曼法坐标使克里斯托弗符号为零, 因此测地线是由切矢量确定的一条直线. 如图 5.5 所示.

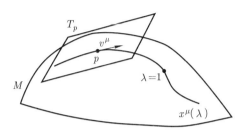

图 5.5　测地线局域就是一条直线, 它由初始位置和初始切矢量确定.

在某点 p 附近, 穿过点 p 的任何测地线由切矢量决定, $x^\mu(\lambda) = \lambda v^\mu$. 取决于不同的几何, 从同一点沿不同方向出发的测地线最终可能相交. 比如, 二维球面上从北极出发的短程线最终会在南极相交. 因此, 指数映射 $\exp_p : T_p \to M$ 并非 1-1 映射. 此外, 指数映射的值域也不必是整个流形, 因为流形上可能有两个点无法通过测地线相连, 比如在反德西特 (anti-de Sitter, 简记为 AdS) 时空中. 而另一方面函数域也可能不是所有的切空间, 因为测地线延伸可能碰到奇点. 在奇点处, 无法定义指数映射. 如果一个时空流形上所有的测地线都可以任意延伸下去, 则流形称为测地完备的 (geodesically complete), 而如果某些测地线延伸碰到奇点, 则流形是测地不完备的. 实际上, 如果发现某些测地线无法延伸下去了, 可以认为时空中存在奇点. 这是奇点存在的一种判据.

20 世纪 60 年代末, 彭罗斯和霍金 (Hawking) 证明了对某些合理的物质组分 (不含负能量), 广义相对论中的时空几乎必然是测地不完备的. 这个所谓的奇点定理的证明依赖于微分几何的整体分析. 测地不完备的时空流形包括通常的黑洞时空以及描述我们宇宙的弗里德曼–罗伯特森–沃克尔 (Friedman-Robertson-Walker, 简记为 FRW) 时空. 由于奇点的不可避免性, 彭罗斯提出了所谓的宇宙监督法则 (cosmic censorship): 黑洞的奇点是看不到的, 一定有视界将它保护从而使视界外的观测者无法探知奇点的存在.

利用指数映射, 可以帮助我们建立局域的黎曼法坐标. 在流形上一点 p_0 处, 我们有一组正交基矢 $\hat{e}_\mu(p_0)$. 考虑从 p_0 处辐射出去的测地线, 每一条测地线都由该点处的切矢量确定. 在 p_0 附近一点 p, 它可以表示成

$$p = \mathcal{G}(\lambda; \hat{V}), \tag{5.105}$$

其中 λ 是仿射参数, 而 $\hat{V}$ 是切矢量. 我们总可以变化 $\hat{V}$ 来固定 $\lambda = 1$, 而考虑所有可

能的 $\widehat{V}$ 则覆盖了 p_0 的邻域中所有的点. 因此, 在 p_0 附近的一个点 p 可以表示成

$$p = \mathcal{G}(1; x^\mu \widehat{e}_\mu), \tag{5.106}$$

其中 $\{x^\mu\}$ 构成了黎曼法坐标, p_0 是坐标原点. 由构造, 我们知道

$$\widehat{e}_\mu = \left. \frac{\partial}{\partial x^\mu} \right|_{p_0}, \tag{5.107}$$

而曲线 $x^\mu = V^\mu \lambda$ (V^μ 是常数) 是测地线, 代入测地线方程可知 $\Gamma^\mu_{\sigma\rho}|_{p_0} = 0$. 进一步地, 如果考虑测地偏离方程, 我们可以得到联络系数 $\Gamma^\mu_{\sigma\rho}$ 的一阶导数与黎曼张量有关.

5.3.1 FRW 宇宙中的测地线

下面我们以平直 FRW 时空为例讨论其中的测地线. 平直 FRW 宇宙描述了一个符合宇宙学原理的均匀各向同性膨胀宇宙, 其度规为

$$ds^2 = -dt^2 + a^2(t)(dx^2 + dy^2 + dz^2). \tag{5.108}$$

这并非最一般的 FRW 宇宙, 为讨论简单计, 我们已经假定其空间几何是平直的[3]. 度规中的 $a(t)$ 是一个标度因子, 标志着宇宙的大小. 对于不同的物质组分, 标度因子或者说宇宙的演化是不同的:

$$a(t) = t^q, \ 0 < q < 1, \quad \begin{cases} q = \dfrac{2}{3}, & \text{物质主导}, \\[2mm] q = \dfrac{1}{2}, & \text{辐射主导}, \end{cases} \tag{5.109}$$

可见宇宙总是膨胀的. 当我们考虑宇宙早期, 即当 $t \to 0$, $a(t) \to 0$ 时, 就回到了宇宙大爆炸 (Big Bang) 奇点. 因此我们要求 $0 < t < \infty$.

我们来考虑上述时空的光锥结构. 光锥可以简单地通过 $ds^2 = 0$ 来确定. 不失一般性, 我们固定 y 和 z 从而得到

$$0 = -dt^2 + t^{2q}dx^2$$
$$\Rightarrow \frac{dx}{dt} = \pm t^{-q}. \tag{5.110}$$

这是正确的结果, 但我们需要更让人信服的推导. 令 $\widehat{V} = \left(\dfrac{dx^\mu}{d\lambda} \right) \partial_\mu$ 是曲线 $x^\mu(\lambda)$ 的切矢量. 要得到一条类光路径, 我们必须要求 $\widehat{g}(\widehat{V}, \widehat{V}) = 0$. 由 1 形式与矢量间的相互

---

[3]FRW 宇宙指的是弗里德曼、罗伯特森和沃克尔基于宇宙学原理提出的时空度规. 限于篇幅, 本书没有对 FRW 宇宙仔细讨论, 有兴趣的读者可以参考拙著《广义相对论》(北京大学出版社, 2018) 的最后一章.

作用,

$$\mathrm{d}t(\widehat{V}) = \mathrm{d}t\left(\frac{\mathrm{d}x^\mu}{\mathrm{d}\lambda}\partial_\mu\right) = \frac{\mathrm{d}x^\mu}{\mathrm{d}\lambda}\mathrm{d}t(\partial_\mu) = \frac{\mathrm{d}x^\mu}{\mathrm{d}\lambda}\frac{\partial t}{\partial x^\mu} = \frac{\mathrm{d}t}{\mathrm{d}\lambda}, \tag{5.111}$$

则有

$$\mathrm{d}t^2(\widehat{V},\widehat{V}) = (\mathrm{d}t\otimes\mathrm{d}t)(\widehat{V},\widehat{V}) = \mathrm{d}t(\widehat{V})\mathrm{d}t(\widehat{V}) = \left(\frac{\mathrm{d}t}{\mathrm{d}\lambda}\right)^2. \tag{5.112}$$

同理,

$$\mathrm{d}x^2(\widehat{V},\widehat{V}) = \left(\frac{\mathrm{d}x}{\mathrm{d}t}\right)^2. \tag{5.113}$$

所以, 要求切矢量为类光矢量意味着

$$\widehat{g}(\widehat{V},\widehat{V}) = 0 \Rightarrow \ 0 = -\left(\frac{\mathrm{d}t}{\mathrm{d}\lambda}\right)^2 + t^{2q}\left(\frac{\mathrm{d}x}{\mathrm{d}\lambda}\right)^2 \Rightarrow \frac{\mathrm{d}x}{\mathrm{d}t} = \pm t^{-q}, \tag{5.114}$$

积分以后得到

$$t = (1-q)^{\frac{1}{1-q}}(\pm x - x_0)^{\frac{1}{1-q}}. \tag{5.115}$$

这就是零曲线满足的方程. 由于 $0 < q < 1$, 这条曲线在 $t = 0$ 处有奇点, 而且光锥在 $t = 0$ 处与 x 轴平行. 因此两个事件点的光锥在过去不必相交. 这与平直闵氏时空是不同的.

在前面对测地线的讨论中我们看到, 通过对作用量的变分可以得到测地线方程. 这实际上提供了一个计算联络系数的有效方法. 以上面的 FRW 度规为例,

$$\mathrm{d}s^2 = -\mathrm{d}t^2 + a^2(t)\delta_{ij}\mathrm{d}x^i\mathrm{d}x^j, \tag{5.116}$$

其作用量为

$$I = \frac{1}{2}\int\left[-\left(\frac{\mathrm{d}t}{\mathrm{d}\tau}\right)^2 + a^2(t)\delta_{ij}\frac{\mathrm{d}x^i}{\mathrm{d}\tau}\frac{\mathrm{d}x^j}{\mathrm{d}\tau}\right]\mathrm{d}\tau. \tag{5.117}$$

对作用量进行变分, 由在 $x^\mu \to x^\mu + \delta x^\mu$ 下 $\delta I = 0$, 可得测地线方程

$$\ddot{x}^\mu + \Gamma^\mu_{\sigma\rho}\dot{x}^\sigma\dot{x}^\rho = 0. \tag{5.118}$$

我们先考虑 $t \to t + \delta t$. 由于 $a(t + \delta t) = a(t) + (a')\delta t$, 其中 $a' = \dfrac{\mathrm{d}a}{\mathrm{d}t}$, 有

$$\delta I = \frac{1}{2} \int \left[-2 \frac{\mathrm{d}t}{\mathrm{d}\tau} \frac{\mathrm{d}\delta t}{\mathrm{d}\tau} + 2aa' \delta_{ij} \frac{\mathrm{d}x^i}{\mathrm{d}\tau} \frac{\mathrm{d}x^j}{\mathrm{d}\tau} \delta t \right] \mathrm{d}\tau$$

$$= \int \left[\frac{\mathrm{d}^2 t}{\mathrm{d}\tau^2} + aa' \delta_{ij} \frac{\mathrm{d}x^i}{\mathrm{d}\tau} \frac{\mathrm{d}x^j}{\mathrm{d}\tau} \right] \delta t \mathrm{d}\tau. \tag{5.119}$$

为了使对任意的 δt 都有 $\delta I = 0$, 积分下方括号中的项必须为零. 与测地线方程比较, 取 $x^\mu = t$, 我们可以读出非零的联络系数

$$\Gamma^0_{00} = \Gamma^0_{i0} = 0, \quad \Gamma^0_{ij} = aa' \delta_{ij}. \tag{5.120}$$

接下来我们考虑 $x^i \to x^i + \delta x^i$. 这导致

$$\delta I = \frac{1}{2} \int \left(2a^2 \delta_{ij} \frac{\mathrm{d}x^i}{\mathrm{d}\tau} \frac{\mathrm{d}(\delta x^j)}{\mathrm{d}\tau} \right) \mathrm{d}\tau$$

$$= - \int \left(a^2 \frac{\mathrm{d}^2 x^i}{\mathrm{d}\tau^2} + 2a \frac{\mathrm{d}a}{\mathrm{d}\tau} \frac{\mathrm{d}x^i}{\mathrm{d}\tau} \right) \delta_{ij} \delta x^j \mathrm{d}\tau. \tag{5.121}$$

由 $\frac{\mathrm{d}a}{\mathrm{d}\tau} = (a') \frac{\mathrm{d}t}{\mathrm{d}\tau}$, 我们需要

$$\frac{\mathrm{d}^2 x^i}{\mathrm{d}\tau^2} + 2 \frac{a'}{a} \frac{\mathrm{d}t}{\mathrm{d}\tau} \frac{\mathrm{d}x^i}{\mathrm{d}\tau} = 0. \tag{5.122}$$

与测地线方程比较, 得到

$$\Gamma^i_{00} = 0, \quad \Gamma^i_{j0} = \Gamma^i_{0j} = \frac{a'}{a} \delta^i_j, \quad \Gamma^i_{jk} = 0. \tag{5.123}$$

这样我们就得到了平直 FRW 时空的联络系数. 利用作用量变分的方法, 在时空有较好对称性时可以较方便地得到联络系数.

对于 FRW 时空中的测地线, 我们特别关注零测地线. 我们可以从前面的讨论中很容易得到零路径应该满足的方程

$$0 = - \left(\frac{\mathrm{d}t}{\mathrm{d}\lambda} \right)^2 + a^2(t) \delta_{ij} \frac{\mathrm{d}x^i}{\mathrm{d}\lambda} \frac{\mathrm{d}x^j}{\mathrm{d}\lambda}. \tag{5.124}$$

这并非测地线, 而是任意一个零路径需要满足的方程. 而由测地线方程知

$$\frac{\mathrm{d}^2 x^0}{\mathrm{d}\lambda^2} + \Gamma^0_{\rho\delta} \frac{\mathrm{d}x^\rho}{\mathrm{d}\lambda} \frac{\mathrm{d}x^\delta}{\mathrm{d}\lambda} = 0$$

$$\Rightarrow \frac{\mathrm{d}^2 t}{\mathrm{d}\lambda^2} + \frac{a'}{a} \left(\frac{\mathrm{d}t}{\mathrm{d}\lambda} \right)^2 = 0$$

$$\Rightarrow \frac{\mathrm{d}t}{\mathrm{d}\lambda} = \frac{\omega_0}{a}, \tag{5.125}$$

其中 ω_0 是一个常数. 给定了标度因子 $a(t)$, 我们可以求出 $t(\lambda)$. 对于以幂次膨胀的两个膨胀阶段, $a(t) = t^q$,

$$\frac{t^{q+1} - t_0^{q+1}}{q+1} = \omega_0(\lambda - \lambda_0). \tag{5.126}$$

初始位置在 λ_0, t_0, 经过有限的仿射参数 $\Delta\lambda = \lambda - \lambda_0$ 到达奇点 $t = 0$. 换句话说, 取有限的仿射参数我们就到达了大爆炸奇点, 而没有办法把测地线继续延伸下去, 即零测地线并非完备的. 所以, $t = 0$ 是一个真正的奇点.

5.3.2　FRW 时空中的能动量守恒

在平直时空中, 能动量守恒意味着 $\partial_\mu T^{\mu\nu} = 0$. 而在弯曲时空, 此条件的一个自然推广为 $\partial_\mu \to \nabla_\mu$, 所以有

$$\nabla_\mu T^{\mu\nu} = 0. \tag{5.127}$$

对理想流体而言, $T^{\mu\nu} = (\rho + p)u^\mu u^\nu + pg^{\mu\nu}$. 在流体的共动坐标系中, $u^\mu = (1, 0, 0, 0)$, 所以 $T^{\mu\nu} = \mathrm{diag}(\rho, a^{-2}p, a^{-2}p, a^{-2}p)$. 能动量守恒方程意味着

$$\nabla_\mu T^{\mu\nu} = \partial_\mu T^{\mu\nu} + \Gamma^\mu_{\mu\lambda} T^{\lambda\nu} + \Gamma^\nu_{\mu\lambda} T^{\mu\lambda} = 0. \tag{5.128}$$

先考虑 $\nu = 0$ 的情形. 由于

$$\begin{aligned}
\partial_\mu T^{\mu 0} &= \partial_0 T^{00} = \dot{\rho}, \\
\Gamma^\mu_{\mu\lambda} T^{\lambda 0} &= \Gamma^\mu_{\mu 0} T^{00} = 3\frac{a'}{a}\rho, \\
\Gamma^0_{\mu\lambda} T^{\mu\lambda} &= \Gamma^0_{00} T^{00} + \Gamma^0_{11} T^{11} + \Gamma^0_{22} T^{22} + \Gamma^0_{33} T^{33} \\
&= 3aa'(a^{-2}p) = 3\frac{a'}{a}p,
\end{aligned} \tag{5.129}$$

我们得到

$$\dot{\rho} = -3\frac{a'}{a}(\rho + p). \tag{5.130}$$

而 $\nu = 1$ 时 ($\nu = 2$, 3 类似),

$$\begin{aligned}
\partial_\mu T^{\mu 1} &= \partial_1 T^{11} = a^{-2}\partial_x p, \\
\Gamma^\mu_{\mu\lambda} T^{\lambda 1} &= \Gamma^\mu_{\mu 1} T^{11} = 0, \\
\Gamma^1_{\mu\lambda} T^{\mu\lambda} &= \Gamma^1_{00} T^{00} + \Gamma^1_{11} T^{11} + \Gamma^1_{22} T^{22} + \Gamma^1_{33} T^{33} = 0,
\end{aligned} \tag{5.131}$$

有

$$\partial_1 p = 0. \tag{5.132}$$

因此, 能动量守恒要求 $\partial_i p = 0, i = 1, 2, 3.$ 在闵氏时空中, $a = 1$, $a' = 0$, 能量密度和压强都守恒. 而在 FRW 宇宙中, 压强不随空间的曲率变化. 对于一个随着流体一起运动的观测者, 流体是不动的, 压强在固定时刻所有空间位置保持不变.

然而, 在 FRW 时空中, 能量不再守恒, $\dot{\rho} = -3\dfrac{a'}{a}(\rho + p).$ 由物态方程 $p = \omega\rho$, ω 是一个常数,

$$\begin{aligned} &\frac{\dot{\rho}}{\rho} = -3(1 + \omega)\frac{a'}{a} \\ \Rightarrow\ & \rho = a^{-3(1+\omega)} \end{aligned} \tag{5.133}$$

$$\Rightarrow \begin{cases} \text{物质主导}: & p = 0, \quad \rho = a^{-3}; \\ \text{辐射主导}: & p = \dfrac{\rho}{3}, \quad \rho = a^{-4}; \\ \text{真空能}: & p = -\rho, \quad \rho = \text{常数}. \end{cases} \tag{5.134}$$

因此, 能量密度随着标度因子而变化. 在物质主导阶段, 由于尘埃 $\rho = nm$, $n \approx a^{-3}$, 所以能量密度随尺度因子的变化规律为 $\rho = a^{-3}$. 对于辐射主导阶段, 除了体积膨胀导致的体积变化以外还存在引力红移效应, $E \sim a^{-1}$, 所以 $\rho = a^{-4}$. 而真空能的能量密度是恒定的. 从这里我们可以一窥宇宙物质组分的演化历史: 物质和尘埃在早期宇宙中的组分可以很大, 随着宇宙膨胀它们的组分比例相对变小, 而真空能即使在宇宙早期非常小, 但由于它保持不变, 在宇宙演化后期也会越来越重要.

我们可以估算一下物质组分对应的能量. 在 FRW 时空中, 能量可以定义为 $E = \int \rho a^3 \mathrm{d}^3 x.$ 我们选择的坐标中边界由 $a(t)$ 确定, 因此 $a^3 \mathrm{d}^3 x$ 是固有体积元. 对于物质, 能量是不变的, 这是因为物质由尘埃粒子构成, 能量是它们静止质量之和. 而对于辐射, 能量减小, 这来自引力的红移效应. 而对于真空能, 能量是越来越多的, 这是由于宇宙的膨胀. 这里需要注意的是, 在弯曲时空中能量并非守恒的. 能量守恒与时间平移不变性密切相关, 这要求背景时空具有很好的对称性. 另一方面, 在广义相对论中, 能量的定义是很微妙的, 一个整体定义的能量要求时空存在一个类时的基灵 (Killing) 矢量, 而在 FRW 时空中, 没有类时基灵矢量存在.

然而, 我们仍然把 $\nabla_\mu T^{\mu\nu} = 0$ 称为能动量守恒方程. 它的意义是什么? 首先, 这个方程是一个局域的方程, 对物质的能动张量而言, 它是一个确定的定律, 即使能量无法守恒. 其次, 在此方程中克里斯托弗符号的存在意味着在物质场和引力场之间存在能量的交换, 因此, 能动量守恒方程实际上包含物质与引力能量交换的信息. 需要注意

的是, 要定义引力场的局部能量密度是一个广义相对论中很困难、迄今还没有解决的问题. 此外, 后面我们将看到, 能动量守恒方程是时空微分同胚不变性的一个结果. 简而言之, 在平直时空和弯曲时空间存在重大的差别, 我们在平直时空中熟悉的概念在广义相对论中需要慎重地考虑.

*5.4   李   导   数

在协变导数的定义中, 关键之处在于利用平行移动把不同点上的切矢量移到一个点上从而可以比较它们的差异. 这个操作依赖于两点间的路径. 实际上, 我们也可以利用其他方式把不同点上的矢量或者张量移动到一起, 比较它们的差异从而定义导数. 这里我们先介绍李 (Lie) 导数.

5.4.1   拉回和推前

为了定义李导数, 我们需要引入拉回 (pullback) 和推前 (pushforward) 的概念. 考虑两个流形 M 和 N, 可以有不同的维数, 分别具有坐标卡 x^μ 和 y^α. 假如我们有一个从 M 到 N 的映射 $\phi : M \to N$ 以及一个 N 上的函数 $f : N \to R$, 显然我们可以通过复合映射 $f \circ \phi : M \to R$ 构造一个 M 上的函数. 定义 ϕ 对函数 f 的拉回

$$\phi_* f = f \circ \phi. \tag{5.135}$$

也就是说, ϕ_* 把函数 f 从 N 拉回到 M 上, 如图 5.6 所示.

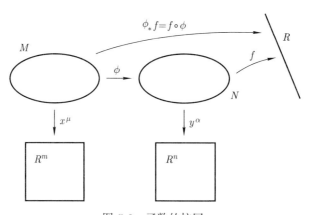

图 5.6   函数的拉回.

注意我们可以定义函数的拉回, 但无法定义函数的推前: 如果我们有一个 M 上的函数 $g : M \to R$, 我们没有办法把 g 与 ϕ 复合在一起构成 N 上的函数. 但是对于一个

矢量而言, 存在其推前. 一个矢量可以看作方向导数算子, 把光滑函数映射到实数上. 如果 $\widehat{V}(p)$ 是 M 上 p 点处的一个矢量, 我们可以在 N 上 $\phi(p)$ 点定义推前矢量 $\phi^*\widehat{V}$:

$$(\phi^*\widehat{V})(f) = \widehat{V}(\phi_* f), \tag{5.136}$$

其中 f 是 N 上的函数. 我们可以通过把函数 f 拉回到 M 上来定义推前矢量, 即 $\phi^*\widehat{V}$ 对 N 上的函数的作用由 $\widehat{V}$ 作用在该函数在 M 上的拉回得到. 更具体地, 我们利用坐标卡写出分量形式 $\widehat{V} = V^\mu \partial_\mu, \phi^*\widehat{V} = (\phi^*\widehat{V})^\alpha \partial_\alpha$. 对任意一个 N 上的试探函数 $f \in \mathcal{F}(\mathcal{N})$, 利用链式法则, 有

$$(\phi^*\widehat{V})^\alpha \partial_\alpha f = V^\mu \partial_\mu (\phi_* f) = V^\mu \partial_\mu (f \circ \phi)$$

$$= V^\mu \frac{\partial y^\alpha}{\partial x^\mu} \partial_\alpha f. \tag{5.137}$$

因此,

$$(\phi^*\widehat{V})^\alpha = (\phi^*)^\alpha{}_\mu V^\mu, \tag{5.138}$$

其中 $(\phi^*)^\alpha{}_\mu = \dfrac{\partial y^\alpha}{\partial x^\mu}$. 这可以看作在坐标变换下矢量的变换规律的推广, 但是要注意此时的坐标卡可以有不同的维数. 如果我们考虑 M 和 N 是同一个流形的特别情形, 前面的构造也适用. 一般而言, 矩阵 $\partial y^\alpha / \partial x^\mu$ 并非方阵, 因此不可逆. 注意, 矢量只有推前, 没有拉回.

对于 1 形式而言, 可以定义拉回. 1 形式是从矢量到实数的线性映射. 一个在 N 上的 1 形式 $\widehat{\omega}$ 的拉回定义在 M 上的矢量 $\widehat{V}$ 上, 其值等于 $\widehat{\omega}$ 作用在 $\widehat{V}$ 的推前上:

$$(\phi_*\widehat{\omega})(\widehat{V}) = \widehat{\omega}(\phi^*\widehat{V}). \tag{5.139}$$

对于形式的拉回算子, 有一个简单的矩阵表示: $(\phi_*\widehat{\omega})_\mu = (\phi_*)_\mu{}^\alpha \omega_\alpha$, 其中

$$(\phi_*)_\mu{}^\alpha = \frac{\partial y^\alpha}{\partial x^\mu}. \tag{5.140}$$

这与前面的推前矩阵相同, 只不过指标的收缩是不一样的.

我们可以用图很清楚地表示推前和拉回. 把 M 上函数集记为 $\mathcal{F}(M)$, N 上的记为 $\mathcal{F}(N)$. M 上 p 点处的矢量 $\widehat{V}(p)$ 是从 $\mathcal{F}(M)$ 到 R 的一个算子, 而拉回定义了 $\mathcal{F}(N)$ 到 $\mathcal{F}(M)$ 的映射, 因此我们可以通过复合映射定义推前 ϕ^*, 如图 5.7(a) 所示. 同样, 如果 $T_q N$ 是 N 上 q 点的切空间, 则一个在 q 点的 1 形式 $\widehat{\omega}$ 可以看作从 $T_q N$ 到 R 的算子, 即余切空间 $T_q^* N$ 的一个元素. 由于推前 ϕ^* 把 $T_p M$ 映射到 $T_{\phi(p)} N$, 一个 1 形式的拉回可以当作如图 5.7(b) 所示的复合映射.

图 5.7 推前和拉回.

上面的讨论可以推广到其他张量. $(0,l)$ 型张量是一个从 l 个矢量的张量积到 R 的线性映射, 其拉回可定义为

$$(\phi_*\widehat{T})(\widehat{V}^{(1)}, \widehat{V}^{(2)}, \cdots, \widehat{V}^{(l)}) = \widehat{T}(\phi^*\widehat{V}^{(1)}, \phi^*\widehat{V}^{(2)}, \cdots, \phi^*\widehat{V}^{(l)}),$$

其中 $T_{\alpha_1\cdots\alpha_l}$ 是 N 上的 $(0,l)$ 型张量. 写成分量的形式可得

$$(\phi_*\widehat{T})_{\mu_1\cdots\mu_l} = \frac{\partial y^{\alpha_1}}{\partial x^{\mu_1}} \cdots \frac{\partial y^{\alpha_l}}{\partial x^{\mu_l}} T_{\alpha_1\cdots\alpha_l}. \tag{5.141}$$

类似地, 我们可以定义一个 $(k,0)$ 型张量 $S^{\mu_1\cdots\mu_k}$ 的推前

$$(\phi^*\widehat{S})(\widehat{\omega}^{(1)}, \widehat{\omega}^{(2)}, \cdots, \widehat{\omega}^{(k)}) = \widehat{S}(\phi_*\widehat{\omega}^{(1)}, \phi_*\widehat{\omega}^{(2)}, \cdots, \phi_*\widehat{\omega}^{(k)}),$$

分量形式为

$$(\phi^*\widehat{S})^{\alpha_1\cdots\alpha_k} = \frac{\partial y^{\alpha_1}}{\partial x^{\mu_1}} \cdots \frac{\partial y^{\alpha_k}}{\partial x^{\mu_k}} S^{\mu_1\cdots\mu_k}.$$

例 5.5 度规张量的拉回.

考虑 M 是 N 的子流形这种情况. 在 M 和 N 间有一个明显的映射, 把 M 中的一个元素映射到 N 上的同一元素, 比如说把二维球面嵌入三维欧氏空间 R^3 中. 如果我们在 $M = S^2$ 上取球坐标 $x^\mu = (\theta, \phi)$, $N = R^3$ 上取坐标 $y^\alpha = (x, y, z)$, 则映射 $\phi: M \to N$ 为

$$y^\alpha(\theta, \phi) = (\sin\theta\cos\phi, \sin\theta\sin\phi, \cos\theta). \tag{5.142}$$

在 R^3 上, 度规为 $\mathrm{d}s^2 = \mathrm{d}x^2 + \mathrm{d}y^2 + \mathrm{d}z^2$, 而在 S^2 上的诱导度规为 $\mathrm{d}\theta^2 + \sin^2\theta\mathrm{d}\phi^2$, 此时的偏导数矩阵为

$$\frac{\partial y^\alpha}{\partial x^\mu} = \begin{pmatrix} \cos\theta\cos\phi & \cos\theta\sin\phi & -\sin\theta \\ -\sin\theta\sin\phi & \sin\theta\cos\phi & 0 \end{pmatrix}. \tag{5.143}$$

S^2 上的度规是简单地通过把 R^3 上的度规拉回得到的:

$$(\phi_* g)_{\mu\nu} = \frac{\partial y^\alpha}{\partial x^\mu}\frac{\partial y^\beta}{\partial x^\nu}g_{\alpha\beta}$$

$$= \begin{pmatrix} 1 & 0 \\ 0 & \sin^2\theta \end{pmatrix}. \tag{5.144}$$

值得注意的是, 如果一个张量既有上指标也有下指标, 或者换句话说是一个 (k,l) 型张量且 $k \neq 0, l \neq 0$, 则这个张量不能被拉回或者推前. 这是由于此时的 ϕ 很可能并非可逆的. 如果 M 和 N 是同一个流形, ϕ 是可逆的, 实际上此时的 ϕ 称为微分同胚, 它的一个好处在于可以利用 ϕ 和 ϕ^{-1} 把张量从 M 映射到 N. 由此, 我们可以定义任意张量的拉回和推前. 特别地, 对 M 上的 (k,l) 型张量场 $T^{\mu_1 \cdots \mu_k}{}_{\nu_1 \cdots \mu_l}$, 我们定义推前

$$(\phi^* T)(\omega^{(1)}, \cdots, \omega^{(k)}, V^{(1)}, \cdots, V^{(l)})$$
$$= T(\phi_* \omega^{(1)}, \cdots, \phi_* \omega^{(k)}, [\phi^{-1}]^* V^{(1)}, \cdots, [\phi^{-1}]^* V^{(l)}),$$

其中 $\omega^{(i)}$ 是 N 上的 1 形式, 而 $V^{(i)}$ 是 N 上的矢量. 写作分量的形式, 为

$$(\phi^* T)^{\alpha_1 \cdots \alpha_k}{}_{\beta_1 \cdots \beta_l} = \frac{\partial y^{\alpha_1}}{\partial x^{\mu_1}}\cdots\frac{\partial y^{\alpha_k}}{\partial x^{\mu_k}}\frac{\partial x^{\nu_1}}{\partial y^{\beta_1}}\cdots\frac{\partial x^{\nu_l}}{\partial y^{\beta_l}}T^{\mu_1 \cdots \mu_k}{}_{\nu_1 \cdots \nu_l}. \tag{5.145}$$

这看起来就是坐标卡间的坐标变换. 实际上, 我们有两种等价的方式来定义坐标变换: 微分同胚是 "主动" 坐标变换, 而传统的坐标变换是 "被动的". 考虑一个 n 维流形 M, 具有坐标函数 $x^\mu : M \to R^n$. 为了变换坐标, 我们要么简单地引进另一个坐标函数 $y^\mu : M \to R^n$, 即保持流形不变而改变坐标映射, 要么引进一个微分同胚 $\phi : M \to M$, 则原来的坐标被拉回, $(\phi_* x)^\mu : M \to R^n$, 从而定义新坐标, 也就是说在流形上移动点, 而考虑新点的坐标, 如图 5.8 所示.

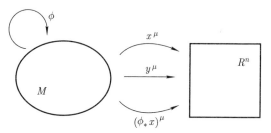

图 5.8　微分同胚和坐标变换.

5.4.2　张量的李导数

利用微分同胚可以比较流形上不同点的张量场, 从而定义李导数. 给定一个微分同胚 $\phi : M \to M$, 及一个张量场 $T^{\mu_1 \cdots \mu_k}{}_{\nu_1 \cdots \mu_l}(x)$, 我们可以比较在某点 p 处的张量场

与 $\phi(p)$ 点处的拉回张量场 $\phi_*[T^{\mu_1\cdots\mu_k}{}_{\nu_1\cdots\nu_l}(\phi(p))]$. 然而为了定义导数运算, 我们需要一个单参数族的微分同胚 ϕ_t, 定义为

$$\phi_t : R \times M \to M, \quad \text{且有} \quad \phi_s \circ \phi_t = \phi_{s+t}, \tag{5.146}$$

而令 ϕ_0 为恒等映射. 给定点 $p \in M$, $\phi_t : p \to R$ 定义了流形 M 上的一条曲线. 单参数族的微分同胚可以看作来自矢量场, 反之由微分同胚定义的曲线有切矢量场. $\phi_t(p)$ 定义了一条曲线, 同样的操作对流形上的所有点都适用, 由此定义的曲线充满了整个流形. 当然如果微分同胚有固定点, 则可能有简并. 我们可以定义矢量场 $V^\mu(x)$ 为这些曲线的切矢量集合, 而取值于 $t = 0$ 处.

例 5.6 S^2 上的一个微分同胚 $\phi_t(\theta, \phi) = (\theta, \phi + t)$ 如图 5.9 所示.

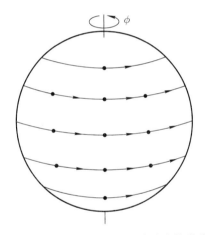

图 5.9 球面上沿着 ϕ 方向的平移给出的微分同胚.

给定一个矢量场 $V^\mu(x)$, 我们可以定义相应的积分曲线 $x^\mu(t)$:

$$\frac{\mathrm{d}x^\mu}{\mathrm{d}t} = V^\mu. \tag{5.147}$$

这样一条曲线称为 V^μ 的轨道. 由微分方程理论, 上述方程解的存在性和唯一性至少在某区域上是得到保证的, 因此如果不是碰到流形的边界, 上述方程是有解的. 比如说, 在物理上磁铁的磁力线由磁场矢量 $\boldsymbol{B}$ 的积分曲线给出. 这个积分曲线实际上给出了一个单参数微分同胚, 即 ϕ_t 在坐标片上的表示由 x^μ 给出. 给定一个点 p 及在此点的矢量场 $\hat{V}$, 我们要求

$$\begin{aligned} \frac{\partial \phi}{\partial t} &= V_{\phi(p,t)}, \\ \phi(p,0) &= p, \end{aligned} \tag{5.148}$$

则 $\phi(p,t)$ 给出了一条从 p 点出发的积分曲线

$$\phi(p,t) = \phi_t(p), \tag{5.149}$$

且这条曲线在 p 点的切矢量就是 $\widehat{V}(p)$. 因此, 映射 $\phi_t(p)$ 对每一个 p 把点沿着矢量场 $\widehat{V}$ 移动, 局部地看它是由矢量场 $\widehat{V}$ 产生的流. 对于无穷小 t, 我们有直线

$$x'^{\mu} \approx x^{\mu} + tV^{\mu}. \tag{5.150}$$

形式上, 我们可以得到上面微分方程的解

$$x'^{\mu} = \exp_p(t\widehat{V})x^{\mu}. \tag{5.151}$$

可以证明上面由矢量场 $\widehat{V}$ 产生的微分同胚构成了一个单参数群. 在 $t = 0$ 时刻, 我们有 $\phi_0(p) = p$, 而矢量场导致 $\phi_t(p) = q$. 我们从 q 点出发继续考虑矢量场 $\widehat{V}$ 的流, 有 $\phi_s(q) = r$. 因此我们得到

$$\phi_s(\phi_t(p)) = (\phi_s \circ \phi_t)(p) = \phi_{s+t}(p) = (\phi_t \circ \phi_s)(p) = \phi_t(\phi_s(p)). \tag{5.152}$$

一个沿着积分曲线运动的张量场变化又如何呢? 如图 5.10 所示, 对每一个 t, 张量场的变化为

$$\Delta_t T^{\mu_1\cdots\mu_k}{}_{\nu_1\cdots\nu_l}(p) = \phi_{t*}[T^{\mu_1\cdots\mu_k}{}_{\nu_1\cdots\nu_l}(\phi_t(p))] - T^{\mu_1\cdots\mu_k}{}_{\nu_1\cdots\nu_l}(p),$$

注意右边的每一项都是在 p 处的张量. 定义张量场沿矢量场 $\widehat{V}$ 的李导数为

$$\pounds_{\widehat{V}} T^{\mu_1\cdots\mu_k}{}_{\nu_1\cdots\nu_l} = \lim_{t\to 0}\left(\frac{\Delta_t T^{\mu_1\cdots\mu_k}{}_{\nu_1\cdots\nu_l}}{t}\right). \tag{5.153}$$

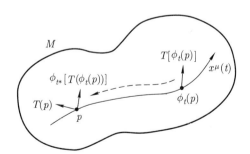

图 5.10　利用单参数族的微分同胚可以定义张量场的李导数.

下面是李导数的一些性质:

(1) $\pounds_{\widehat{V}}$ 不改变张量的类型: (k,l) 型张量 → (k,l) 型张量;

(2) 与坐标无关;

(3) 线性:

$$\pounds_{\widehat{V}}(a\widehat{T} + b\widehat{S}) = a\pounds_{\widehat{V}}\widehat{T} + b\pounds_{\widehat{V}}\widehat{S}, \tag{5.154}$$

以及

$$\pounds_{a\widehat{V}+b\widehat{W}}\widehat{T} = a\pounds_{\widehat{V}}\widehat{T} + b\pounds_{\widehat{W}}\widehat{T}, \tag{5.155}$$

其中 a 和 b 是常数;

(4) 满足莱布尼茨法则

$$\pounds_{\widehat{V}}(\widehat{T} \otimes \widehat{S}) = (\pounds_{\widehat{V}}\widehat{T}) \otimes \widehat{S} + \widehat{T} \otimes (\pounds_{\widehat{V}}\widehat{S}), \tag{5.156}$$

其中 $\widehat{S}$ 和 $\widehat{T}$ 是张量;

(5) 不要求指定某个联络;

(6) 当作用在函数上时, 约化为普通方向导数:

$$\pounds_{\widehat{V}}f = \widehat{V}(f) = V^\mu \partial_\mu f. \tag{5.157}$$

下面我们来看如何给上面定义的李导数一个分量表达式. 我们总可以选择一个坐标系使穿过 p 的曲线局域地只由 x^1 给出, 所以 $V^\mu \sim \delta_1^\mu = (1,0,\cdots)$, 从而 $\widehat{V} = V^\mu \partial_\mu \sim \partial_1$. 换句话说, x^1 就是积分曲线. 在这个特别的坐标系下, 李导数变成普通导数. 这个坐标系的一个神奇之处在于微分同胚即是一个坐标变换, 把 x^μ 变到 $y^\mu = (x^1+t, x^2, \cdots, x^n)$, 为沿 x^1 的一个平移. 拉回矩阵为 $(\phi_{t*})_\mu{}^\nu = \delta_\mu^\nu$. 而从 $\phi_t(p)$ 点拉回到 p 点的张量场分量为

$$\phi_{t*}[T^{\mu_1 \cdots \mu_k}{}_{\nu_1 \cdots \mu_l}(\phi_t(p))] = T^{\mu_1 \cdots \mu_k}{}_{\nu_1 \cdots \mu_l}(x^1+t, x^2, \cdots, x^n). \tag{5.158}$$

在此坐标系下, 张量的李导数为

$$\pounds_{\widehat{V}}T^{\mu_1 \cdots \mu_k}{}_{\nu_1 \cdots \nu_l} = \frac{\partial}{\partial x^1}T^{\mu_1 \cdots \mu_k}{}_{\nu_1 \cdots \nu_l}. \tag{5.159}$$

对于 $(1,0)$ 型矢量 $\widehat{U} = U^\mu \partial_\mu$,

$$\pounds_{\widehat{V}}U^\mu = \frac{\partial U^\mu}{\partial x^1}, \tag{5.160}$$

明显不是协变的. 而两个矢量的对易子

$$[\widehat{V}, \widehat{U}]^\mu = V^\nu \partial_\nu U^\mu - U^\nu \partial_\nu V^\mu = \frac{\partial U^\mu}{\partial x^1}, \tag{5.161}$$

在此坐标系下, 其值与李导数相同. 矢量的李导数和两个矢量的对易子都是好的矢量, 它们的值在此坐标系下相等, 意味着在所有坐标系下都应该相等, 即

$$\mathcal{L}_{\widehat{V}}\widehat{U} = [\widehat{V}, \widehat{U}]. \tag{5.162}$$

因此两个矢量的对易子有时也称为李括号. 对于矢量的李导数, 有如下两个关系:

$$\mathcal{L}_{f\widehat{X}}\widehat{Y} = f[\widehat{X}, \widehat{Y}] - \widehat{Y}(f)\widehat{X}, \tag{5.163}$$

$$\mathcal{L}_{\widehat{X}}(f\widehat{Y}) = f[\widehat{X}, \widehat{Y}] + \widehat{X}(f)\widehat{Y}. \tag{5.164}$$

对于 1 形式 $\widehat{\omega}$ 的李导数, 我们先考虑对于任意一个矢量场 U^{μ}, 它与 1 形式间的泛函给出标量函数 $\omega_{\mu}U^{\mu}$. 该标量函数对于某个矢量场 $\widehat{V}$ 的李导数为

$$\begin{aligned}
\mathcal{L}_{\widehat{V}}(\omega_{\mu}U^{\mu}) &= \widehat{V}(\omega_{\mu}U^{\mu}) \\
&= V^{\nu}\partial_{\nu}(\omega_{\mu}U^{\mu}) \\
&= V^{\nu}(\partial_{\nu}\omega_{\mu})U^{\mu} + V^{\nu}\omega_{\mu}(\partial_{\nu}U^{\mu}).
\end{aligned} \tag{5.165}$$

另一方面, 利用莱布尼茨法则, 有

$$\begin{aligned}
\mathcal{L}_{\widehat{V}}(\omega_{\mu}U^{\mu}) &= (\mathcal{L}_{\widehat{V}}\widehat{\omega})_{\mu}U^{\mu} + \omega_{\mu}(\mathcal{L}_{\widehat{V}}\widehat{U})^{\mu} \\
&= (\mathcal{L}_{\widehat{V}}\widehat{\omega})_{\mu}U^{\mu} + \omega_{\mu}V^{\nu}\partial_{\nu}U^{\mu} - \omega_{\mu}U^{\nu}\partial_{\nu}V^{\mu}.
\end{aligned}$$

这样我们就得到了 1 形式的李导数

$$\mathcal{L}_{\widehat{V}}\omega_{\mu} = V^{\nu}\partial_{\nu}\omega_{\mu} + (\partial_{\mu}V^{\nu})\omega_{\nu}. \tag{5.166}$$

这是一个张量, 尽管看起来并不明显.

有了 0 形式、1 形式和矢量场的李导数, 我们可以用迭代的方法一步步构造一般张量的李导数. 这里我们只给出结果:

$$\begin{aligned}
\mathcal{L}_{\widehat{V}}T^{\mu_1\mu_2\cdots\mu_k}{}_{\nu_1\nu_2\cdots\nu_l} =\ & V^{\sigma}\partial_{\sigma}T^{\mu_1\mu_2\cdots\mu_k}{}_{\nu_1\nu_2\cdots\nu_l} \\
& -(\partial_{\lambda}V^{\mu_1})T^{\lambda\mu_2\cdots\mu_k}{}_{\nu_1\nu_2\cdots\nu_l} - (\partial_{\lambda}V^{\mu_2})T^{\mu_1\lambda\cdots\mu_k}{}_{\nu_1\nu_2\cdots\nu_l} - \cdots \\
& +(\partial_{\nu_1}V^{\lambda})T^{\mu_1\mu_2\cdots\mu_k}{}_{\lambda\nu_2\cdots\nu_l} + (\partial_{\nu_2}V^{\lambda})T^{\mu_1\mu_2\cdots\mu_k}{}_{\nu_1\lambda\cdots\nu_l} + \cdots.
\end{aligned}$$

这看起来并不像是一个张量. 可以证明, 上面的表达式等价于

$$\begin{aligned}
\mathcal{L}_{\widehat{V}}T^{\mu_1\mu_2\cdots\mu_k}{}_{\nu_1\nu_2\cdots\nu_l} =\ & V^{\sigma}\nabla_{\sigma}T^{\mu_1\mu_2\cdots\mu_k}{}_{\nu_1\nu_2\cdots\nu_l} \\
& -(\nabla_{\lambda}V^{\mu_1})T^{\lambda\mu_2\cdots\mu_k}{}_{\nu_1\nu_2\cdots\nu_l} - (\nabla_{\lambda}V^{\mu_2})T^{\mu_1\lambda\cdots\mu_k}{}_{\nu_1\nu_2\cdots\nu_l} - \cdots \\
& +(\nabla_{\nu_1}V^{\lambda})T^{\mu_1\mu_2\cdots\mu_k}{}_{\lambda\nu_2\cdots\nu_l} + (\nabla_{\nu_2}V^{\lambda})T^{\mu_1\mu_2\cdots\mu_k}{}_{\nu_1\lambda\cdots\nu_l} + \cdots,
\end{aligned}$$

其中 ∇_{μ} 代表任意无挠的协变导数. 这样, 协变性就很明显了.

例 5.7 矢量场的对易子.

考虑两个矢量场 $\hat{U}$ 和 $\hat{V}$, 这些矢量场产生了积分曲线, 分别由 λ 和 μ 来参数化. 局域地看, 这些积分曲线即直线, 例如 $x^\mu = x^\mu(0) + \lambda U^\mu$, 所以 $\hat{U} = \dfrac{\mathrm{d}}{\mathrm{d}\lambda}, \hat{V} = \dfrac{\mathrm{d}}{\mathrm{d}\mu}$. 如图 5.11 所示, 我们考虑在点 p 附近的一个区域, 沿不同矢量场定义的积分曲线不封闭. 我们可以考虑函数在两个点 r 和 t 的差别:

$$f(t) - f(r) = [f(t) - f(s)] + [f(s) - f(p)]$$
$$- [f(r) - f(q)] - [f(q) - f(p)]. \tag{5.167}$$

第一个方括号的量可以通过泰勒展开来计算:

$$f(t) - f(s) \approx V^\mu \partial_\mu f(s) + \frac{1}{2} V^\mu V^\nu \partial_\mu \partial_\nu f(s). \tag{5.168}$$

同样, 其他方括号中的量也可以做类似的计算. 最终我们得到

$$f(t) - f(s) = (U^\mu \partial_\mu V^\nu - V^\mu \partial_\mu U^\nu) \partial_\nu f = (\pounds_{\hat{U}} \hat{V}) f = [\hat{U}, \hat{V}] f. \tag{5.169}$$

由此可见两个点 t 和 r 的差给出了矢量场的对易子.

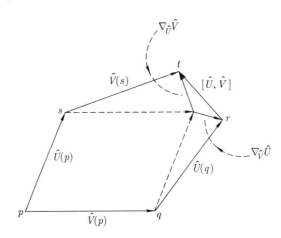

图 5.11 两个矢量场对易子的示意图. 我们先沿 $\hat{V}$ 的积分曲线到 q 点, 再沿 $\hat{U}$ 的曲线到 r 点, 另一方面我们也可以先沿 $\hat{U}$ 的积分曲线到 s 点, 再沿 $\hat{V}$ 的积分曲线到 t 点. 通常我们无法得到一个封闭的曲线, 联结两个点 r 和 t 的矢量即是两个矢量场的对易子.

例 5.8 度规场的李导数.

对于度规场而言, 其李导数为

$$\pounds_{\hat{V}} g_{\mu\nu} = V^\sigma \nabla_\sigma g_{\mu\nu} + (\nabla_\mu V^\lambda) g_{\lambda\nu} + (\nabla_\nu V^\lambda) g_{\mu\lambda}$$

$$= \nabla_\mu V_\nu + \nabla_\nu V_\mu$$
$$= 2\nabla_{(\mu} V_{\nu)}, \tag{5.170}$$

其中 ∇_μ 是由度规场构造的协变导数. 这里我们已经用到了度规相容条件, 加上前面的无挠条件, 保证了最后一行出现的协变导数是相对于克里斯托弗符号而言. 由 (5.170) 式, 如果 $\nabla_{(\mu} V_{\nu)} = 0$, 则 $g_{\mu\nu}$ 沿 $\widehat{V}$ 的积分曲线不变. 这样的 $\widehat{V}$ 称为基灵矢量. 后面我们将仔细讨论基灵矢量的物理意义.

下面我们讨论李导数与外微分和微分形式之间的一个关系. 首先, 对于一个 1 形式 $\widehat{\omega}$ 和一个矢量场 $\widehat{V}$, 有

$$\mathrm{d}(\hat{\omega}(\hat{V})) = \mathrm{d}(\omega_\mu V^\mu) = (V^\mu \partial_\nu \omega_\mu + \omega_\mu \partial_\nu V^\mu)\mathrm{d}x^\nu. \tag{5.171}$$

此外, 也有

$$(\mathrm{d}\hat{\omega})(\hat{V}) = V^\mu(\partial_\mu \omega_\nu - \partial_\nu \omega_\mu)\mathrm{d}x^\nu. \tag{5.172}$$

再联系前面得到的关于 1 形式的李导数, 我们得到

$$\pounds_{\hat{V}}\hat{\omega} = \mathrm{d}(\hat{\omega}(\hat{V})) + (\mathrm{d}\hat{\omega})(\hat{V}). \tag{5.173}$$

实际上, 我们可以证明这个关系对任意的 p 形式都成立, 即有

$$\pounds_{\hat{V}} = \mathrm{d} \circ i_{\hat{V}} + i_{\hat{V}} \circ \mathrm{d}, \tag{5.174}$$

其中 $i_{\hat{V}}$ 是一个内积或者收缩运算, 它代表矢量场与形式之间的内积. (5.174) 式称为嘉当 (Cartan) 公式. 利用外导数的幂零性 $\mathrm{d}^2 = 0$, 我们发现

$$\pounds_{\hat{V}} \circ \mathrm{d} = \mathrm{d} \circ \pounds_{\hat{V}}. \tag{5.175}$$

例 5.9 列维–齐维塔张量的李导数.

我们前面看到, 列维–齐维塔张量实际上给出了流形的体积元, 在局部坐标系下,

$$\widehat{\varepsilon} = \sqrt{|g|}\mathrm{d}x^1 \wedge \cdots \wedge \mathrm{d}x^n. \tag{5.176}$$

命题 列维–齐维塔张量在李导数下满足

$$\pounds_{\hat{V}}\hat{\varepsilon} = (\nabla \cdot \hat{V})\hat{\varepsilon}. \tag{5.177}$$

证明 利用嘉当公式并且考虑到列维–齐维塔张量已经是流形上可能拥有的最大形式, 即 $\mathrm{d}\hat{\varepsilon} = 0$, 我们有

$$\mathcal{L}_{\hat{V}}\hat{\varepsilon} = \mathrm{d}(i_{\hat{V}}\hat{\varepsilon}) = \mathrm{d}\sum_{\mu}(-1)^{\mu-1}\sqrt{|g|}\mathrm{d}x^1 \wedge \cdots \wedge i_{\hat{V}}(\mathrm{d}x^\mu) \wedge \cdots \wedge \mathrm{d}x^n,$$

$$= \mathrm{d}\sum_{\mu}(-1)^{\mu-1}(\sqrt{|g|}V^\mu)\mathrm{d}x^1 \wedge \cdots \wedge \widehat{\mathrm{d}x^\mu} \wedge \cdots \wedge \mathrm{d}x^n, \tag{5.178}$$

其中 $\widehat{\mathrm{d}x^\mu}$ 表示在外积中 $\mathrm{d}x^\mu$ 不出现, 因为它已经与矢量 $\hat{V}$ 做内积了. 上式右边的求和再做一次外微分, 唯一非零的项来自产生 $\mathrm{d}x^\mu$ 的外导数, 即

$$\mathcal{L}_{\hat{V}}\hat{\varepsilon} = \sum_{\mu}(-1)^{\mu-1}(\partial_\mu(\sqrt{|g|}V^\mu))\mathrm{d}x^\mu \wedge \mathrm{d}x^1 \wedge \cdots \wedge \widehat{\mathrm{d}x^\mu} \wedge \cdots \wedge \mathrm{d}x^n$$

$$= \sum_{\mu}(\partial_\mu(\sqrt{|g|}V^\mu))\mathrm{d}x^1 \wedge \cdots \wedge \mathrm{d}x^\mu \wedge \cdots \wedge \mathrm{d}x^n$$

$$= (\nabla \cdot \hat{V})\hat{\varepsilon}, \tag{5.179}$$

其中最后一步我们用到了矢量的散度公式

$$\nabla \cdot \hat{V} = \frac{1}{\sqrt{|g|}}\frac{\partial}{\partial x^\mu}(\sqrt{|g|}V^\mu). \tag{5.180}$$

前面我们看到, 通过协变导数可以定义一个平行移动, 类似地李导数也可以帮助我们定义一个李移动 (Lie transport). 一个张量场 $\hat{T}$ 称为沿着某曲线 $\mathcal{C}$ 被李移动, 如果其沿着曲线的李导数为零, 即

$$\mathcal{L}_{\hat{u}}\hat{T} = 0, \tag{5.181}$$

其中 $\hat{u}$ 是曲线的切矢量. 从定义可知, 如果坐标无穷小李移动, 移动后的张量场与初始张量场的值必须一样. 比如说我们选定坐标使曲线的切矢分量为 $u^\mu = \delta_0^\mu$, 则有

$$\mathcal{L}_{\hat{u}}T^{\mu\cdots}{}_{\nu\cdots} = u^\alpha\partial_\alpha T^{\mu\cdots}{}_{\nu\cdots} = \frac{\partial}{\partial x^0}T^{\mu\cdots}{}_{\nu\cdots}, \tag{5.182}$$

也就是说, 张量 $T^{\mu\cdots}{}_{\nu\cdots}$ 与坐标 x^0 无关. 注意对于曲线的切矢而言, 总有

$$\mathcal{L}_{\hat{u}}\hat{u} = 0. \tag{5.183}$$

5.5　费米–沃克尔移动

我们已经看到有两种方式可以很好地定义张量场在弯曲时空中的移动. 在本节中我们介绍另一种移动矢量的方法, 这就是所谓的费米–沃克尔移动. 它在建立观测者的局部实验室时将发挥重要的作用.

前面我们已经介绍了观测者局部实验室或者标架场 (tetrad) 的定义:

$$\widehat{e}_a(\tau) \cdot \widehat{e}_b(\tau) = g_{\mu\nu}\widehat{e}_a^{\mu}(\tau)\widehat{e}_b^{\nu}(\tau) = \eta_{ab}, \qquad \widehat{e}_0(\tau) = \widehat{u}(\tau), \tag{5.184}$$

其中最重要的是时间方向由观测者世界线的切矢量来给出. 在这个实验室中测量各种物理量就是把相关的 4-矢量或者 4-张量投影到这个正交标架上.

考虑一个沿某条世界线 $x^{\mu}(\lambda)$ 移动的观测者, 这条世界线不必是测地线, 也就是说观测者也许受到其他力的作用. 假设他具有 4-速度 $\widehat{u}$ 和 4-加速度 $\widehat{a} = \dfrac{\mathrm{D}\widehat{u}}{\mathrm{d}\tau}$. 我们希望知道标架基矢是如何沿世界线变化的. 设

$$\nabla_{\widehat{u}}\widehat{e}_a = -\Omega_a{}^b(\tau)\widehat{e}_b. \tag{5.185}$$

由于 $\nabla_{\widehat{u}}(\widehat{e}_a \cdot \widehat{e}_b) = 0$, 有 $\Omega_{ab} = -\Omega_{ba}$, 因此

$$\nabla_{\widehat{u}}\widehat{e}_a = -\Omega_a{}^b(\tau)\widehat{e}_b = -(\Omega^{bc}\widehat{e}_b \otimes \widehat{e}_c) \cdot \widehat{e}_a = -\widehat{\Omega} \cdot \widehat{e}_a, \tag{5.186}$$

其中矢量内积是相对于 $\widehat{\Omega}$ 中的第一个矢量而言. 所以, 我们可以把 $(2,0)$ 张量 $\widehat{\Omega}$ 当作一种转动矩阵. 由于 $\widehat{e}_0 = \widehat{u}$, 我们可以把 Ω^{ab} 展开为

$$\Omega^{ab} = v^a u^b - u^a v^b + \omega^{ab}, \tag{5.187}$$

其中 ω^{ab} 是反对称的, 且 $\omega^{ab}u_b = 0, v^a u_a = 0$. 在观测者的共动参考系中, ω^{ab} 和 v^a 都是只与空间相关的, 分别只有三个分量. 也就是说, 我们分离出与时间相关的部分. 由

$$\nabla_{\widehat{u}}\widehat{e}_0 = \nabla_{\widehat{u}}\widehat{u} = \widehat{a}, \tag{5.188}$$

我们有 $\widehat{\Omega} \cdot \widehat{u} = -\widehat{a}$, 而因为 $\widehat{\Omega} \cdot \widehat{u} = \widehat{v}$,

$$\widehat{v} = -\widehat{a}, \tag{5.189}$$

所以我们得到

$$\widehat{\Omega} = -\widehat{a} \otimes \widehat{u} + \widehat{u} \otimes \widehat{a} + \widehat{\omega}. \tag{5.190}$$

把这些代入前面的讨论, 得到

$$\frac{\mathrm{D}\widehat{e}_a}{\mathrm{d}\tau} = -[\widehat{a}(\widehat{u} \cdot \widehat{e}_a) - \widehat{u}(\widehat{a} \cdot \widehat{e}_a) + \widehat{\omega} \cdot \widehat{e}_a], \tag{5.191}$$

其中 ω 是纯空间部分的转动. 如果我们假定标架场在沿观测者的世界线移动时空间部分保持不动, 即

$$\widehat{\omega} = 0, \tag{5.192}$$

则我们得到标架场的费米–沃克尔移动:

$$\frac{\mathrm{D}\widehat{e}_a}{\mathrm{d}\tau} = [\widehat{u}(\widehat{a}\cdot\widehat{e}_a) - \widehat{a}(\widehat{u}\cdot\widehat{e}_a)]. \tag{5.193}$$

从物理上看, 选择没有空间部分的额外转动是很自然的, 因为我们希望在前后两个时刻测量尽量保持一致, 不做人为的变化, 唯一的变化来自 4-加速度. 如果观测者有一个 4-加速度 $\widehat{a}(\tau) = \dfrac{\mathrm{D}\widehat{u}}{\mathrm{d}\tau}$, 但没有额外的转动, 标架基矢是沿着观测者的世界线做费米–沃克尔移动.

一般地, 一个矢量 $\widehat{v}$ 称为沿一条曲线做费米–沃克尔移动, 如果它满足方程

$$\frac{\mathrm{D}\widehat{v}}{\mathrm{d}\tau} = [\widehat{u}(\widehat{a}\cdot\widehat{v}) - \widehat{a}(\widehat{u}\cdot\widehat{v})]. \tag{5.194}$$

写成分量的形式,

$$\frac{\mathrm{D}v^\mu}{\mathrm{d}\tau} = u^\nu\nabla_\nu v^\mu = (u^\mu a^\nu - u^\nu a^\mu)v_\nu. \tag{5.195}$$

利用费米–沃克尔移动, 我们可以定义导数运算. 假设 $x^\mu(\tau)$ 是一个类时曲线, $\widehat{T}$ 是张量场, $\dfrac{\mathrm{D_F}}{\mathrm{d}\tau} : \widehat{T} \to \widehat{T}$ 称为在 $x^\mu(\tau)$ 上的费米–沃克尔导数运算, 如果它是

(1) 线性的,

(2) 满足莱布尼茨法则,

(3) $\dfrac{\mathrm{D_F}f}{\mathrm{d}\tau} = \dfrac{\mathrm{d}f}{\mathrm{d}\tau}, \quad f \in \mathcal{F}(M)$,

(4) 与收缩运算对易,

(5) 对矢量 $\widehat{V}$ 而言,

$$\frac{\mathrm{D_F}V^\mu}{\mathrm{d}\tau} = \frac{\mathrm{D}V^\mu}{\mathrm{d}\tau} + (a^\mu u^\nu - u^\mu a^\nu)V_\nu, \tag{5.196}$$

其中 $\widehat{u}$ 是切矢量, $\widehat{a}$ 是固有 4-加速度矢量, 而 $\dfrac{\mathrm{D}V^\mu}{\mathrm{d}\tau} = u^\nu\nabla_\nu V^\mu$.

这个导数运算具有以下性质:

(1) 如果 $x^\mu(\tau)$ 是测地线, 则 $\dfrac{\mathrm{D_F}V^\mu}{\mathrm{d}\tau} = \dfrac{\mathrm{D}V^\mu}{\mathrm{d}\tau}$, 即约化为通常的协变导数.

(2) 对于曲线的切矢量, $\dfrac{\mathrm{D_F}u^\mu}{\mathrm{d}\tau} = 0$.

(3) 如果 W^μ 是类空矢量, 满足 $W^\mu \cdot u_\mu = 0$, 则

$$\frac{\mathrm{D_F}W^\mu}{\mathrm{d}\tau} = h^\mu{}_\nu\frac{\mathrm{D_F}W^\nu}{\mathrm{d}\tau}, \tag{5.197}$$

其中 $h_{\mu\nu} = g_{\mu\nu} + u_\mu u_\nu$. 这个关系告诉我们空间矢量的费米–沃克尔导数仍为空间矢

量.

(4) 如果度规场与费米–沃克尔导数相容, 即 $\frac{\mathrm{D_F}g_{\mu\nu}}{\mathrm{d}\tau}=0$, 则有

$$\frac{\mathrm{D_F}(g_{\mu\nu}V^\mu W^\nu)}{\mathrm{d}\tau} = g_{\mu\nu}\frac{\mathrm{D_F}V^\mu}{\mathrm{d}\tau}W^\nu + g_{\mu\nu}V^\mu\frac{\mathrm{D_F}W^\nu}{\mathrm{d}\tau}. \tag{5.198}$$

这些性质显示, 如果沿测地线, 费米–沃克尔移动与平行移动是一样的, 而且曲线的 4-速度场总是费米–沃克尔移动的. 此外, 如果两个矢量是费米–沃克尔移动的, 则它们的内积在费米–沃克尔移动下不变. 从费米–沃克尔移动方程可以看出, 取定了 p 点以及 p 点处的矢量 $\widehat{V}$, 则矢量 $\widehat{V}$ 沿着曲线做费米-沃克尔移动后得到的矢量被完全确定.

费米–沃克尔移动提供了一个观测者沿弯曲时空中任意一条世界线运动时最自然的坐标基. 它保证了标架基矢的正交性, 时间方向与 4-速度矢量一致. 在任一条世界线上的局部惯性系选择有任意性, 洛伦兹变换可以看作转动, 因此基矢必然是转动的. 费米–沃克尔移动保证了没有空间基矢的额外转动. 对于一个无转动的自由下落观测者, 标架场 $\widehat{e}_a(\tau)$ 定义了所谓的自由下落参考系. 由于没有任何外力, 其世界线是一条测地线,

$$\frac{\mathrm{D}\widehat{e}_0}{\mathrm{d}\tau} = 0, \tag{5.199}$$

即 $\widehat{e}_0$ 沿着世界线平行移动. 测地运动没有固有 4-加速度, 费米–沃克尔移动约化为平行移动, 即

$$\frac{\mathrm{D}\widehat{e}_i}{\mathrm{d}\tau} = 0. \tag{5.200}$$

所以, 标架场沿测地线构成了局部惯性系. 在任何坐标系中 $\widehat{e}_a(\tau) = (\widehat{e}_a)^\mu(\tau)\partial_\mu$ 的演化如下:

$$\frac{\mathrm{D}(\widehat{e}_a)^\mu}{\mathrm{d}\tau} = \frac{\mathrm{d}(\widehat{e}_a)^\mu}{\mathrm{d}\tau} + \Gamma^\mu_{\nu\sigma}(\widehat{e}_a)^\nu u^\sigma = 0. \tag{5.201}$$

这个方程在确定自由下落观测者在某一时空事件点上的观测时是极其有用的. 一旦确定了初始时的标架场, 其后在测地线上任意时刻的标架场也得到确定.

而相对于局部惯性系 S 的加速观测者 O 有

$$\begin{cases} \widehat{u}(\tau), & \tau \text{ 为固有时,} \\ \widehat{a}(\tau) = \dfrac{\mathrm{d}\widehat{u}}{\mathrm{d}\tau}, & \text{满足 } \widehat{a}\cdot\widehat{u} = \dfrac{\mathrm{d}}{\mathrm{d}\tau}\left(\dfrac{1}{2}\widehat{u}\cdot\widehat{u}\right) = 0. \end{cases} \tag{5.202}$$

对于观测者 O 而言, 没有一个局部惯性系使他保持静止, 但是存在着瞬时静止系 S', 在其中 O 是暂时静止的. 在 S' 中, 类时基矢 $\widehat{e}_0'$ 必须与 4-速度 $\widehat{u}$ 平行, 而剩余的空间

基矢 $\widehat{e}'_i$ 与 $\widehat{e}'_0$ 正交且互相正交. 因此, 观测者 O 在 P 处的观测是在瞬时静止系 S' 中的观测. 局域实验室可以理想化为: 一个观测者携带正交单位 4-矢量 $\widehat{e}'_a(\tau)$ (或者标架场), 这些标架场随世界线变化, 但满足 $\widehat{e}'_a \cdot \widehat{e}'_b = \eta_{ab}$ 和 $\widehat{e}'_0(\tau) = \widehat{u}(\tau)$. 而在 P 处由观测者 O 得到的测量结果是物理量在这些标架基矢上的投影.

例 5.10　在事件点 P 处粒子 Q 的世界线和观测者 O 的世界线相交. 定义 $\widehat{p}$ 为粒子 Q 的 4-动量, 则其被观测者 O 测到的能量 E' 为

$$\frac{E'}{c} = -\widehat{p} \cdot \widehat{e}'_0(\tau) \quad \Rightarrow \quad E' = -\widehat{p} \cdot \widehat{u}(\tau), \tag{5.203}$$

而测到的动量为 $p_i' = \widehat{p} \cdot \widehat{e}'_i(\tau)$.

下面讨论两个效应.

(1) 宇宙学红移.

一个膨胀的宇宙具有度规

$$ds^2 = -dt^2 + a^2(t)(dx^2 + dy^2 + dz^2), \tag{5.204}$$

其中 $a(t)$ 是标度因子. 考虑一个共动观测者, 即在一个固定空间坐标的观测者, 其 4-速度为 $u^\mu = (1,0,0,0)$. 他看到的光子能量是多少呢? 注意 u^μ 的类时分量不必是 1, 它是由 $g_{\mu\nu} u^\mu u^\nu = -1$ 确定的. 对光子而言, 其 4-动量为 $p^\mu = \dfrac{dx^\mu}{d\lambda}$, 而在这个时空中的零测地线为 $\dfrac{dt}{d\lambda} = \dfrac{\omega_0}{a}$, 所以观测者看到的光子能量为

$$E = -p_\mu u^\mu = -g_{00} \frac{dx^0}{d\lambda} u^0 = \frac{\omega_0}{a} \ (\text{自然单位}). \tag{5.205}$$

当 $a = 1$ 时, 时空是平直的, 我们回到闵氏时空中, 发射的光子具有其内禀频率 ω_0. 如果一个光子在 a_1 发射能量为 E_1, 而在 a_2 被观测到具有能量 E_2, 则有

$$\frac{E_2}{E_1} = \frac{a_1}{a_2}. \tag{5.206}$$

注意此时即使是发射器发射的光子频率与光子的内禀频率也不同. 由于 $E \propto \dfrac{1}{\lambda}$, 我们有 $\lambda_i \propto a_i$. 这样通过比较同一元素光谱线中波长的变化, 我们就知道了远处星系和我们之间的标度因子的变化. 而由于宇宙膨胀, $a(t)$ 越大, t 越大, 所以大的红移意味着远的距离,

$$z = \frac{\omega_1 - \omega_2}{\omega_2} = \frac{a_2}{a_1} - 1. \tag{5.207}$$

注意宇宙学红移并非通常意义下的多普勒红移. 远处星系发出的光相对于邻近光源发出的光被红移了. 但这些远距离星系相对于我们的速度并不能很好定义, 这是因

为速度是一个局域的概念. 如果没有速度的概念, 就谈不上多普勒效应, 因为多普勒效应来自相对运动. 即使如此, 星系移动的 "速度" 仍然是一个方便的概念.

为了看清宇宙学红移与多普勒频移间的差别, 考虑一个平直时空, 两个星系在惯性系中, 从星系 A 发射光子, 在光子运行期间, 把 A 和 B 间的距离扩大一倍, 当光子到达 B 时, 没有多普勒效应. 同样, 星系在固定的共动坐标上, 但尺度因子变大, $a(t_0) \to 2a(t_0)$, 此时没有相对运动, 没有多普勒效应, 但存在着尺度因子变化造成的宇宙学红移.

(2) 托马斯 (Thomas) 进动.

在电动力学中, 电子绕原子核转动时其自旋矢量会有一个额外的进动, 即托马斯进动. 这个现象的根源是运动学的, 来自电子做转动时不同参考系之间的变换. 这里我们利用费米–沃克尔移动重新讨论这个问题. 我们可以把电子的自旋矢量做一个经典的处理, 把它类比于陀螺仪的自旋矢量. 这个自旋矢量是内禀的, 可以提升为一个 4-矢量 $\widehat{S}$. 假定电子绕原子核在 x-y 平面上做圆周运动, 角速度为 ω. 首先, 自旋 4-矢量的移动应该遵从费米–沃克尔移动. 也就是说, 应该有

$$\frac{\mathrm{D}S^\mu}{\mathrm{d}\tau} = u^\nu \nabla_\nu S^\mu = (u^\mu a^\nu - u^\nu a^\mu) S_\nu. \tag{5.208}$$

其次, 自旋 4-矢量满足关系

$$\widehat{S} \cdot \widehat{u} = 0, \qquad \widehat{S} \cdot \widehat{S} = \frac{3}{4}\hbar^2. \tag{5.209}$$

(5.209) 式第一式说明自旋矢量与速度 4-矢量正交, 第二式说明这是一个自旋为 $1/2$ 的粒子的自旋 4-矢量. 在实验室参考系中, $t = 0$ 时刻, 我们有 $x = r, y = 0, z = 0$, 而自旋 4-矢量的分量为

$$S^0 = 0, \quad S^x = \frac{1}{\sqrt{2}}\hbar, \quad S^y = 0, \quad S^z = \frac{1}{2}\hbar. \tag{5.210}$$

由上面的费米–沃克尔移动方程可以求出自旋 4-矢量随时间的变化:

$$\begin{aligned} S^0 &= -\frac{1}{\sqrt{2}}\hbar v\gamma \sin\omega\gamma t, \\ S^x &= \frac{1}{\sqrt{2}}\hbar(\cos\omega t \cos\omega\gamma t + \gamma \sin\omega t \sin\omega\gamma t), \\ S^y &= \frac{1}{\sqrt{2}}\hbar(\sin\omega t \cos\omega\gamma t - \gamma \cos\omega t \sin\omega\gamma t), \\ S^z &= \frac{1}{2}\hbar, \end{aligned} \tag{5.211}$$

其中 $v = \omega r, \gamma = (1 - v^2/c^2)^{-1/2}$. 由此我们得到

$$S^x + \mathrm{i}S^y = \frac{1}{\sqrt{2}}\hbar(\mathrm{e}^{-\mathrm{i}(\gamma-1)\omega t} - \mathrm{i}(\gamma - 1)\sin\omega\gamma t\, \mathrm{e}^{\mathrm{i}\omega t}), \tag{5.212}$$

其中右边第一项是转动项, 具有角速度

$$\omega_{\text{Thomas}} = (\gamma - 1)\omega \approx \frac{v^2}{2c^2}\omega, \tag{5.213}$$

它导致自旋 4-矢量的进动, 即托马斯进动. (5.212) 式右边第二项在 $0 < \omega\gamma t < \pi$ 时是右旋, 在 $\pi < \omega\gamma t < 2\pi$ 时是左旋, 整体对时间平均后为零, 然而这一项的存在可以保证 (5.209) 式得以满足.

*5.6　匀加速观测者参考系

实际上, 费米–沃克尔移动为我们提供了建立非匀速运动观测者坐标系的方法. 对于观测者而言, 其标架场沿着观测者的世界线做费米–沃克尔移动. 因此, 对他而言, 可以自然地选择固有时作为其时间坐标, 而把另外三个与切矢量正交的方向分别定义为三个空间方向. 选定了固有时的原点以及三个空间方向, 在之后的每一个固有时时刻, 他的标架都是通过费米–沃克尔移动确定的. 由此, 在每一个固有时时刻, 这些类空的标架基矢张成了类空超曲面. 这样我们就建立了观测者的坐标网格. 对某个事件点 P, 它必然在某个类空超曲面上, 其相对于观测者的坐标就确定了. 需要注意的是, 观测者的坐标系一般而言无法覆盖整个时空流形, 有一定的适用范围.

我们重新考虑平直时空中的匀加速运动. 我们的关注点在于做匀加速运动的飞船中的观测者, 他们看到的时空不再能够简单地用闵氏度规来描述. 在一个静止坐标系中, 一个沿 $+x$ 方向以地球引力加速度 g 做匀加速运动的观测者, 其世界线是

$$x = g^{-1}\cosh(g\tau), \quad t = g^{-1}\sinh(g\tau). \tag{5.214}$$

我们设其固有时的原点在 $x(0) = g^{-1}, t(0) = 0$ 处. 对于这个观测者, 坐标时间即是他携带的钟 (原子钟) 读出的固有时

$$T = \tau. \tag{5.215}$$

如图 5.12 所示, P_0 点的类空超曲面正好经过事件点 P. 相对于 P_0 点的正交标架基 $\widehat{\Sigma}$, 事件点 P 的位置矢量为

$$\widehat{X} = (0, X, Y, Z), \tag{5.216}$$

也就是说, 相对于 P_0 点的参考系 P 的空间坐标为 (X, Y, Z), 而时间坐标为零, 这是因为 P 与 P_0 同时. 下面我们建立 P_0 点坐标系与原来的静止参考系间的联系. 首先, P_0 点相对于原来坐标系的坐标原点由矢量 $\widehat{x}_0$ 来描述,

$$x_0 = g^{-1}\cosh(g\tau), \quad t_0 = g^{-1}\sinh(g\tau), \quad y_0 = z_0 = 0, \tag{5.217}$$

而点 P 由矢量 $\widehat{x}$ 描述, 我们有

$$\widehat{x} = \widehat{x}_0 + \widehat{X}. \tag{5.218}$$

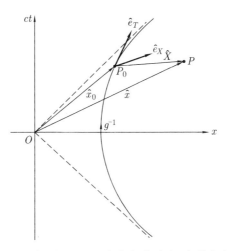

图 5.12 匀加速观测者 P_0 的坐标系可以通过标架场来确定, 在其中事件点 P 的坐标可以确定.

其次, 我们需要确定不同坐标基矢间的变换. 在 P_0 点的共动参考系中的基矢与原来静止坐标系间的基矢通过洛伦兹变换相联系:

$$\begin{aligned}
\widehat{e}_M &= \widehat{e}_\mu \frac{\partial x^\mu}{\partial X^M} \\
&= (\widehat{e}_t, \widehat{e}_x, \widehat{e}_y, \widehat{e}_z) \begin{pmatrix} \cosh\theta_0 & \sinh\theta_0 & 0 & 0 \\ \sinh\theta_0 & \cosh\theta_0 & 0 & 0 \\ 0 & 0 & 1 & 0 \\ 0 & 0 & 0 & 1 \end{pmatrix},
\end{aligned} \tag{5.219}$$

其中 θ_0 是粒子在 P_0 点相对于静止参考系的快度,

$$\tanh\theta_0 = \frac{v_0}{c} = \frac{1}{c}\frac{\mathrm{d}x_0}{\mathrm{d}t_0} = \tanh(gT/c). \tag{5.220}$$

所以, 我们发现

$$\begin{aligned}
\widehat{e}_T &= \widehat{e}_t \cosh(gT/c) + \widehat{e}_x \sinh(gT/c), \\
\widehat{e}_X &= \widehat{e}_t \sinh(gT/c) + \widehat{e}_x \cosh(gT/c), \\
\widehat{e}_Y &= \widehat{e}_y, \\
\widehat{e}_Z &= \widehat{e}_z.
\end{aligned} \tag{5.221}$$

由 (5.218) 式, 我们发现 (令 $c = 1$) 正比于 $\hat{e}_t$ 的项

$$t\hat{e}_t = t_0\hat{e}_t + X\sinh(gT)\hat{e}_t, \tag{5.222}$$

即

$$t = (g^{-1} + X)\sinh(gT). \tag{5.223}$$

同理, 我们得到

$$x = (g^{-1} + X)\cosh(gT), \quad y = Y, \quad z = Z. \tag{5.224}$$

易见

$$\frac{t}{x} = \tanh(gT). \tag{5.225}$$

注意到对于 P_0 点, 我们也有 $\frac{t_0}{x_0} = \tanh(gT)$, 这意味着, 相对于匀加速粒子的所有等时类空超曲面上的事件点都在经过粒子事件点和坐标原点的直线上. 而由

$$x^2 - t^2 = (g^{-1} + X)^2, \tag{5.226}$$

每一个常数 X 给出一条双曲线. 这些双曲线的渐近线为

$$x \pm t = 0. \tag{5.227}$$

每一条双曲线对应着一个做匀加速直线运动粒子的世界线, 它们的固有加速度为

$$a = \frac{1}{g^{-1} + X}. \tag{5.228}$$

而在匀加速观测者看来, 这些粒子的世界线对应着 $X = $ 常数. 另一方面, $T = $ 常数是这些粒子的等时面, 对应着穿过原来静止坐标系原点的直线.

利用坐标变换, 我们可以得到匀加速观测者坐标系下的时空度规为

$$\begin{aligned} ds^2 &= -dt^2 + dx^2 + dy^2 + dz^2 \\ &= -(1 + gX)^2 dT^2 + dX^2 + dY^2 + dZ^2. \end{aligned} \tag{5.229}$$

此时看起来时空是弯曲的, 但实际上并非如此, 后面我们将看到时空仍然是平直的, 但是对于匀加速观测者而言, 世界已经不同. 此时, 这个观测者看到的固有时为

$$d\tau = \left(1 + \frac{gX}{c^2}\right)dT = \left(1 + \frac{gX}{c^2}\right)d\tau_0, \tag{5.230}$$

其中 τ_0 是 $X = 0$ 时的固有时. 我们在后面的学习中将看到, 在牛顿近似下, 可以把上述度规看作在平直度规上加扰动, 其中度规扰动的 (00) 分量与牛顿引力势有关, 即

$$e^{2\Phi} = \left(1 + \frac{gX}{c^2}\right)^2, \tag{5.231}$$

所以, 牛顿引力势为 $\Phi = \ln(1 + gX)$, 而牛顿引力加速度为 $g = |\nabla\Phi| = 1/(g^{-1} + X)$. 因此得到的加速度确实是牛顿引力加速度. 由此可见, 在一个匀加速观测者的参考系中, 观测者无法区分在做匀加速运动还是处于引力场中.

实际上, 我们不仅可以讨论一个匀加速观测者的坐标系, 甚至可以利用前面建立的坐标变换来定义任德勒 (Rindler) 时空. 如前所述, 对于匀加速观测者而言, 存在视界, 这意味着我们无法看到视界之后发生的一切. 更准确地, 我们只关注两条渐近线之间的区域, 即

$$0 < x < \infty, \quad -x < t < x, \tag{5.232}$$

这只覆盖了四分之一的平直时空. 我们引进所谓的任德勒坐标,

$$T = g^{-1}\operatorname{arctanh}(t/x), \quad X = \sqrt{x^2 - t^2}, \quad Y = y, \quad Z = z. \tag{5.233}$$

这些世界线上的观测者在 $t = 0$ 时刻相对于静止参考系而言速度都是零, 但具有不同的固有加速度 $a = c^2/X$. 相应地, 我们有

$$t = X\sinh(gT), \quad x = X\cosh(gT). \tag{5.234}$$

与 (5.223), (5.224) 式相比, 我们只是对 X 做了一个常数移动, 而时空度规变为

$$ds^2 = -(gX)^2 dT^2 + dX^2 + dY^2 + dZ^2, \tag{5.235}$$

其中的 g 只是一个参数, 我们可以通过对坐标重新定义把它设为 1. 对于任德勒观测者, 我们可以取定正交标架场

$$\widehat{e}_0 = \frac{1}{X}\partial_T, \quad \widehat{e}_i = \partial_i, \quad i = 1, 2, 3. \tag{5.236}$$

对于类时矢量场 $\widehat{e}_0$, 我们可以积分得到一族类时曲线, 它们对应具有不同固有加速度的观测者的世界线. 我们可以研究这些类时曲线汇的变化情况[④], 将发现这些曲线形成的三维截面既不会膨胀也不会扭曲. 用数学的语言, 线汇的膨胀因子 (expansion) 和涡

[④]测地线汇 (congruence of geodesics) 随着固有时的演化可以通过雷乔杜里 (Raychaudhuri) 方程来描述, 详见拙著《广义相对论》(北京大学出版社, 2018).

旋度 (vorticity) 都为零. 这意味着这些匀加速观测者相互之间的距离不变. 然而, 如果我们计算固有加速度矢量, 有

$$\nabla_{\widehat{e}_0} \widehat{e}_0 = \frac{1}{X} \widehat{e}_1, \tag{5.237}$$

即每一个观测者都在沿 x 方向做匀加速运动. 此外, 涡旋度为零意味着这些类时积分曲线必然是超曲面正交的. 这里, 正交的类空超曲面就是等时面 $T = T_0$.

上面的讨论我们可以形象地用一个有一定长度的飞船来诠释. 如图 5.13 所示, 黑色加粗的线段代表着飞船. 在 $t = 0$ 时刻, 飞船的瞬时速度为零, 但由于存在一定的长度, 飞船的前端 (线段的右端) 与后端 (线段的左端) 的加速度是不同的, 后端的加速度

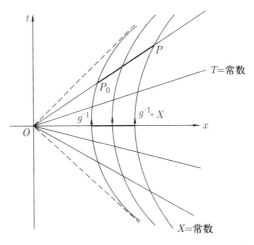

图 5.13 利用任德勒坐标我们可以覆盖 1/4 的平直时空. 其中 $X =$ 常数对应着具有不同常数固有加速度的粒子世界线, 而 $T =$ 常数对应着匀加速观测者的不同等时面. 利用 T, X, Y, Z, 我们可以把平直时空的闵氏度规变成任德勒时空度规. 图中的黑粗线代表一个有限长度的飞船, 飞船的后端的加速度比前端大.

更大. 这是由于存在洛伦兹收缩, 飞船的后端必须加速得更多才能使飞船做刚性运动. 当然, 在图 5.13 中这一点很清楚, 后端对应的 X 值更小, 所以加速度更大. 有趣的是, 飞船之后的运动在时空流形上的轨迹总是沿着某一个常数 T 的线. 我们可以计算

$$\frac{\mathrm{d}x}{\mathrm{d}t} = \tanh gT, \tag{5.238}$$

它是一个与 X 无关的量, 即斜率给出速度. 在图 5.13 中看起来好像随着 T 增大, 飞船的长度越来越长. 实际上, 我们可以计算某个 T 时刻飞船的长度, 即从 P_0 到 P 的距离, 发现实际上飞船的长度一直是 ΔX, 即在 $t = T = 0$ 时飞船的长度. 尽管飞船中各点的加速度不同, 他们互相之间的距离却是不变的. 进一步地, 我们可以利用飞船来模

拟一个地球上处于垂直状态的摩天大楼. 前面的讨论告诉我们, 飞船中各点的加速度 $g = c^2/X$. 如果我们把 X 当作高度, 则飞船中不同点对应着摩天大楼不同高度.

下面讨论一下匀加速参考系中粒子的运动.

(1) 匀加速参考系中有质量粒子的自由运动.

考虑一个匀加速运动的飞船, 加速度为 g. 其中有一个粒子, 在 $T = 0, X = c^2 g^{-1}$ 时沿 $+x$ 方向运动, 具有初速度 $\hat{u}_0 = \gamma(c, v, 0, 0), \gamma = 1/\sqrt{1 - v^2/c^2}$. 我们有

$$K = \frac{1}{2} g_{\mu\nu} \dot{X}^\mu \dot{X}^\nu. \tag{5.239}$$

此外, 我们有 4-速度的归一化条件 $\hat{u} \cdot \hat{u} = -c^2$, 它给出

$$\dot{X}^2 = (gX/c)^2 \dot{T}^2 - c^2. \tag{5.240}$$

另一方面, 由于 K 并不明显依赖于 T, 我们有运动常数

$$p_T = c \frac{\partial K}{\partial \dot{T}} = -(gX/c)^2 c\dot{T} = u_0^0. \tag{5.241}$$

由此, 我们得到

$$\dot{X} = c\sqrt{\left(\frac{u_0^0 c}{gX}\right)^2 - 1}. \tag{5.242}$$

这个粒子能够跑到的最大距离处 $\dot{X} = 0$, 所以, 此时的 $X_{\max} = \dfrac{cu_0^0}{g} = \dfrac{c^2}{g}\gamma$. 而粒子跑过的距离为 $\Delta X = \dfrac{c^2}{g}(\gamma - 1)$. 如果初速度 $v \ll c$, 则有 $\Delta X = \dfrac{v^2}{2g}$, 即非相对论极限下一个粒子在引力场中垂直向上运动所能达到的相对高度. 这再次验证了引力场可以通过匀加速运动来实现.

我们还可以进一步讨论在任德勒时空中自由下落粒子的运动. 此时, 粒子在 $X = c^2 g^{-1}$ 处自由下落, 它的初 4-速度为 $\hat{u}_0 = (c, 0, 0, 0)$. 这样我们有

$$\dot{X} = c\sqrt{\left(\frac{c^2}{gX}\right)^2 - 1}. \tag{5.243}$$

粒子最终将落到视界 $X = 0$ 处, 因此, 我们可以得到落到视界时所需的粒子固有时

$$\Delta\tau = \frac{c}{g} \tag{5.244}$$

是有限的. 另一方面, 对于飞船上的观测者而言, 它看到粒子落向视界所需的时间由

任德勒时空的坐标时给出. 由 $\mathrm{d}T = \dot{T}\mathrm{d}\tau$, 可以得到

$$\Delta T = \frac{c}{g}\ln\frac{1+\sqrt{1-(gX/c^2)^2}}{gX/c^2}, \tag{5.245}$$

其中 X 是粒子最终的位置. 如果粒子落到视界, 则 $X = 0$, 我们将发现飞船上观测者看到粒子需要花无穷长时间到达视界上, 即 $\Delta T \to \infty$.

(2) 匀加速参考系中光子的运动.

考虑一个光子在匀加速参考系中的运动. 假设在初始时刻光子在 $T = 0, X = g^{-1}$ 处向 Y 方向发射. 对于无质量粒子, 我们可以定义作用量

$$K = -\frac{1}{2}\left(\frac{gX}{c}\right)^2\dot{T}^2 + \frac{1}{2}\dot{X}^2 + \frac{1}{2}\dot{Y}^2. \tag{5.246}$$

由零路径条件得

$$\dot{X}^2 = \left(\frac{gX}{c}\right)^2\dot{T}^2 - \dot{Y}^2. \tag{5.247}$$

而此时我们有两个守恒量,

$$p_T = -\left(\frac{gX}{c^2}\right)^2 c\dot{T} = -c\dot{T}(0), \quad p_Y = \dot{Y}, \tag{5.248}$$

而初条件告诉我们

$$\dot{T} = -\left(\frac{gX}{c^2}\right)^{-2}, \quad \dot{Y} = c, \tag{5.249}$$

由此我们得到

$$\dot{X} = c\frac{\sqrt{1-(gX/c^2)^2}}{gX/c^2}. \tag{5.250}$$

进一步地, 我们发现

$$\frac{\mathrm{d}Y}{\mathrm{d}X} = \frac{\dot{Y}}{\dot{X}} = \frac{gX/c^2}{\sqrt{1-(gX/c^2)^2}}. \tag{5.251}$$

考虑到初始条件 $Y(0) = 0, X(0) = g^{-1}$, 我们得到了光子的轨迹

$$X^2 + Y^2 = \frac{c^4}{g^2}. \tag{5.252}$$

这是一条在 X-Y 平面上的圆轨道. 考虑到对于飞船上的观测者, $X < 0$ 的区域是在视界之后, 光子轨迹是圆周轨道中 $X > 0, Y > 0$ 的部分.

*5.7 转动参考系

上一节中我们讨论了匀加速运动观测者的参考系, 已经发现了一些有趣的物理效应. 本节讨论一下平直时空中转动观测者的物理效应. 考虑在 x-y 平面中的转动, 利用这个平面中的极坐标 (r, θ), 平直时空的度规可以写作

$$\mathrm{d}s^2 = -c^2 \mathrm{d}t^2 + \mathrm{d}r^2 + r^2 \mathrm{d}\theta^2 + \mathrm{d}z^2. \tag{5.253}$$

考虑一个角速度为 ω 的匀速转动圆盘, 我们可以定义共动坐标

$$T = t, \quad R = r, \quad \phi = \theta - \omega t, \quad Z = z, \tag{5.254}$$

得到相对于转动观测者的度规

$$\mathrm{d}s^2 = -\left(1 - \frac{R^2 \omega^2}{c^2}\right) c^2 \mathrm{d}T^2 + \mathrm{d}R^2 + 2R^2 \omega \mathrm{d}T \mathrm{d}\phi + R^2 \mathrm{d}\phi^2 + \mathrm{d}Z^2, \tag{5.255}$$

其中

$$g_{TT} = -\gamma^{-2}, \quad \gamma = \left(1 - \frac{R^2 \omega^2}{c^2}\right)^{-1/2}. \tag{5.256}$$

由坐标变换, 我们可以得到在转动坐标系下的基矢

$$\widehat{e}_T = \widehat{e}_t + \omega \widehat{e}_\theta, \quad \widehat{e}_R = \widehat{e}_r, \quad \widehat{e}_\phi = \widehat{e}_\theta, \quad \widehat{e}_Z = \widehat{e}_z. \tag{5.257}$$

易见, 由于转动的存在, 即使 $T = t$, 也有基矢 $\widehat{e}_T \neq \widehat{e}_t$. 在转动坐标系中, 我们可以得到正交基矢场

$$\widehat{e}_0 = \gamma \widehat{e}_T, \quad \widehat{e}_1 = \widehat{e}_R, \quad \widehat{e}_2 = \gamma^{-1} R^{-1} \widehat{e}_\phi + \gamma R \omega \widehat{e}_T, \quad \widehat{e}_3 = \widehat{e}_Z. \tag{5.258}$$

考虑在此参考系中, 两个等时点间的距离, 此时的空间线元变成

$$\mathrm{d}l^2 = \mathrm{d}R^2 + \gamma^2 R^2 \mathrm{d}\phi^2 + \mathrm{d}Z^2. \tag{5.259}$$

这个线元可以这样得到: 当 $T =$ 常数时, 正交的空间标架场为

$$\widehat{e}_1 = \widehat{e}_R, \quad \widehat{e}_2 = \gamma^{-1} R^{-1} \widehat{e}_\phi, \quad \widehat{e}_3 = \widehat{e}_Z, \tag{5.260}$$

它们给出局部的三维平直空间, 然而它们对应的几何度规应该是 (5.259) 式, 否则这些标架场无法保持正交归一. 对于在 (5.259) 式几何中相同半径上的两点, 其沿圆的弧长线元为

$$\mathrm{d}l_\phi = \gamma R \mathrm{d}\phi. \tag{5.261}$$

由此我们得到了半径为 R 的圆的周长

$$C = 2\pi\gamma R, \tag{5.262}$$

而沿径向的线元为

$$\mathrm{d}l_R = \mathrm{d}R. \tag{5.263}$$

所以, 半径就是 R. 然而如果我们考虑

$$\frac{\text{周长}}{\text{半径}} = \frac{C}{R} = 2\pi\gamma > 2\pi, \tag{5.264}$$

这意味着对于转动观测者, 空间是弯曲的. 需要注意的是, 时空流形本身仍然是平直的.

进一步地, 我们可以考虑转动观测者固有时的变化. 考虑一个固定 R, ϕ, Z 的观测者, 其固有时为

$$\mathrm{d}\tau^2 = -g_{TT}\mathrm{d}T^2, \tag{5.265}$$

即

$$\mathrm{d}\tau = \gamma^{-1}\mathrm{d}T < \mathrm{d}T. \tag{5.266}$$

也就是说, 一个转动观测者的时间要走得慢些. 一个在转动圆盘边缘的时钟比一个在圆盘中心的时钟走得慢. 更一般地, 位置越在外的时钟走得越慢.

转动参考系中不同径向位置的固有时可以从不同的角度进行理解. 固有时

$$\tau = \sqrt{1 - \frac{R^2\omega^2}{c^2}}\,\tau_0, \tag{5.267}$$

其中 τ_0 是在转动轴所在位置的固有时, 也就是相对于静止参考系而言. 从静止参考系的观测者角度, 上面的固有时关系可以理解为狭义相对论中的时间延长效应, 因为 $R\omega$ 正好是线速度. 另一方面, 从转动参考系的角度,

$$\mathrm{d}\tau = \sqrt{1 - \frac{R^2\omega^2}{c^2}}\,\mathrm{d}T \tag{5.268}$$

来自时空本身度规的变化. 可见, 同一物理效应的解释依赖于参考系的选择. 在转动参考系中, 观测者感觉到离心力场. 由等效原理, 离心加速度可以等效为一个引力加速度, 相应的引力势为

$$\Phi = -\int_0^R R'\omega^2\mathrm{d}R' = -\frac{1}{2}R^2\omega^2, \tag{5.269}$$

这里我们令引力势 $\Phi|_{R=0} = 0$. 因此

$$\mathrm{d}\tau = \sqrt{1 + \frac{2\Phi}{c^2}}\mathrm{d}\tau_0. \tag{5.270}$$

这正是在引力势中时间变慢的效应, 也就是引力红移效应.

转动参考系中另一个有趣的现象是时钟的同时性问题. 通常在相对论中两个事件点的时钟可以用以下方法同时化. 如图 5.14 所示, 我们可以利用光信号: 首先从 A

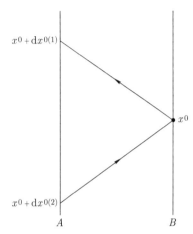

图 5.14 时空中相邻两点 A 和 B 的同时性可以通过从 A 发射光子到 B 然后光子返回 A 来实现.

到 B, 然后从 B 返回 A. 如果在 B 处的时间坐标为 x^0, 从 A 发射时的坐标时间是 $x^0 + \mathrm{d}x^{0(2)}$, 而接收时的坐标时间是 $x^0 + \mathrm{d}x^{0(1)}$, 则与 B 世界线上坐标时 x^0 同时的 A 世界线的坐标时为

$$x^0 + \frac{\mathrm{d}x^{0(1)} + \mathrm{d}x^{0(2)}}{2}. \tag{5.271}$$

对于一个一般的转动参考系, 其时空线元为

$$\mathrm{d}s^2 = g_{00}(\mathrm{d}x^0)^2 + 2g_{0i}\mathrm{d}x^0\mathrm{d}x^i + g_{ij}\mathrm{d}x^i\mathrm{d}x^j. \tag{5.272}$$

光子走零路径, 因此由 $\mathrm{d}s^2 = 0$, 可以解出两个解, 其中一个 $\mathrm{d}x^{0(2)} < 0$, 另一个 $\mathrm{d}x^{0(1)} > 0$. 前面 A 世界线中同时的点为

$$x^0 + \Delta x^0 = x^0 - \frac{g_{0i}\mathrm{d}x^i}{g_{00}}. \tag{5.273}$$

由于在转动参考系中 $g_{0i} \neq 0$, 所以 $\Delta x^0 \neq 0$. 上面对同时性的处理适用于任何开线段, 然而如果是一条闭合的曲线, 钟的同时性一般是无法定义的. 这是由于如果 x^i 是闭合

的, 则发射和接收光子可能在同一点, 这样

$$\Delta x^0 = -\oint \frac{g_{0i}}{g_{00}} \mathrm{d} x^i \neq 0. \tag{5.274}$$

也就是说, 与 B 世界线坐标时 x^0 同时的 A 世界线坐标时不是单值的.

一般而言, 对于由 (5.272) 式描述的转动观测者看到的时空, 我们可以讨论对于观测者而言的空间几何. 此时, 观测者的坐标系中, 时间方向由观测者的 4-速度给出,

$$\hat{e}_0 = \hat{u}, \tag{5.275}$$

而类空的基矢 $\hat{e}_i$ 不一定与 $\hat{e}_0$ 正交, 我们需要得到正交的部分, 即要求

$$\hat{e}_{i\perp} \cdot \hat{e}_0 = 0. \tag{5.276}$$

空间部分的度规为

$$\gamma_{ij} = \hat{e}_{i\perp} \cdot \hat{e}_{j\perp}, \quad \gamma_{i0} = 0, \quad \gamma_{00} = 0. \tag{5.277}$$

由于

$$\hat{e}_{i\perp} = \hat{e}_i - \hat{e}_{i\parallel}, \tag{5.278}$$

其中

$$\hat{e}_{i\parallel} = \frac{\hat{e}_i \cdot \hat{e}_0}{\hat{e}_0 \cdot \hat{e}_0} \hat{e}_0 = \frac{g_{i0}}{g_{00}} \hat{e}_0, \tag{5.279}$$

我们得到

$$\gamma_{ij} = g_{ij} - \frac{g_{i0} g_{j0}}{g_{00}}, \tag{5.280}$$

而空间部分的线元为

$$\mathrm{d} l^2 = \gamma_{ij} \mathrm{d} x^i \mathrm{d} x^j. \tag{5.281}$$

转动参考系中同时性无法定义这一事实通过萨尼亚克 (Sagnac) 实验得到验证. 考虑在一个匀速转动圆盘上的实验装置. 在某 (R, ϕ, Z) 处有一个光子发射器, 既向与转动方向相同的 $+\phi$ 方向发射光子, 也向 $-\phi$ 方向发射光子. 两种光子沿半径为 R 的圆周轨道运动一周后回到发射器并发生干涉. 干涉条纹依赖于圆周半径以及圆盘转动角速度, 两种光子回到发射器时的时间差为

$$\Delta T = \frac{4\pi \gamma^2 R^2 \omega}{c^2}. \tag{5.282}$$

这个时间差我们可以利用两种方法来得到:

(1) 首先我们从静止参考系的观点来看. 在光子运动时, 发射器也在运动, 走了 $R\omega T$ 的距离, 因此不同光子回到发射器的时间是不同的 (假设转速较慢):

$$2\pi R + R\omega T_1 = cT_1,$$
$$2\pi R - R\omega T_2 = cT_2, \tag{5.283}$$

其中 $T_1(T_2)$ 是与转动方向同向 (反向) 运动光子所需要的时间. 这个时间差为

$$\Delta T = T_1 - T_2 = \frac{4\gamma^2 A\omega}{c^2}, \tag{5.284}$$

其中 $A = \pi R^2$.

(2) 我们也可以从转动参考系的角度来考虑此问题. 此时 $\mathrm{d}s = \mathrm{d}R = \mathrm{d}Z = 0$, 所以

$$R^2\mathrm{d}\phi^2 + 2R^2\omega\mathrm{d}T\mathrm{d}\phi - (c^2 - R^2\omega^2)\mathrm{d}T^2 = 0. \tag{5.285}$$

由此得到

$$v_\pm = R\frac{\mathrm{d}\phi}{\mathrm{d}T} = -R\omega \pm c, \tag{5.286}$$

而

$$\Delta T = \frac{2\pi R}{|v_+|} - \frac{2\pi R}{|v_-|} = \frac{4\gamma^2 A\omega}{c^2}. \tag{5.287}$$

由于光子回到发射器的时间差, 就有了光程差. 如果圆盘转动得较慢, 可以认为 $\gamma \approx 1$, 则有

$$l + \Delta l = 2\pi R + \frac{2A\omega}{c},$$
$$l - \Delta l = 2\pi R - \frac{2A\omega}{c}, \tag{5.288}$$

光程差为 $\frac{4A\omega}{c}$, 导致的干涉条纹的移动为

$$\Delta N = \frac{4A\omega}{c\lambda}, \tag{5.289}$$

其中 λ 是光子的波长. 在 1931 年萨尼亚克的实验中, $\omega = 14\ \mathrm{rad \cdot s^{-1}}$, $A = 0.0863\ \mathrm{m^2}$, $\lambda = 0.436 \times 10^{-6}\ \mathrm{m}$, $\Delta N = 0.036$. 实验上确实看到了干涉条纹的变化.

利用萨尼亚克效应, 可以通过光学方法来测量角速度, 这是在惯性导航领域应用广泛的光学陀螺仪的理论基础.

萨尼亚克效应说明, 在狭义相对论中角速度有着绝对的意义. 每一个非加速观测者可以认为参考系是相对静止的, 即速度是相对的, 我们可以在适当的参考系中让速度为零. 但对于角速度, 我们却没有办法做到这一点. 也就是说角速度有局部的观测效应. 这一点不仅可以通过光学手段来测量, 也可以通过傅科 (Foucault) 摆利用力学方法测量到.

下面我们考虑相对于转动参考系, 在度规 (5.255) 下粒子的运动, 并与其在静止参考系下的运动做比较. 首先, 我们可以计算出度规 (5.255) 的克里斯托弗符号 (见习题9). 其次, 我们可以考虑粒子速度空间部分的变化率, 即空间加速度

$$\ddot{\boldsymbol{r}} = \dot{\boldsymbol{v}} = (\dot{v}^i + \Gamma^i_{jk} v^j v^k) \boldsymbol{e}_i. \tag{5.290}$$

注意在极坐标下 $v^r = \dfrac{\mathrm{d}r}{\mathrm{d}t}, v^\phi = \dfrac{\mathrm{d}\theta}{\mathrm{d}t}$, 而粒子的运动在静止参考系下为

$$\ddot{\boldsymbol{r}}_{\mathrm{iner}} = (\ddot{r} - r\dot{\theta}^2)\widehat{e}_1 + (r\ddot{\theta} + 2\dot{r}\dot{\theta})\widehat{e}_2, \tag{5.291}$$

其中 $\widehat{e}_1 = \widehat{e}_r, \widehat{e}_2 = \dfrac{1}{r}\widehat{e}_\theta$ 是正交归一的基矢. 在转动参考系下, 粒子的运动为

$$\begin{aligned}\ddot{\boldsymbol{r}}_{\mathrm{rot}} &= (\ddot{r} - r\dot{\theta}^2 - r\omega^2 - 2r\omega\dot{\theta})\widehat{e}_1 + (r\ddot{\theta} + 2\dot{r}\dot{\theta} + 2\dot{r}\omega)\widehat{e}_2 \\ &= \ddot{\boldsymbol{r}}_{\mathrm{iner}} - (r\omega^2 + 2r\omega\dot{\theta})\widehat{e}_1 + 2\dot{r}\omega\widehat{e}_2. \end{aligned} \tag{5.292}$$

考虑到

$$\boldsymbol{\omega} = \omega\widehat{e}_z, \quad \boldsymbol{r} = r\widehat{e}_1, \quad \dot{\boldsymbol{r}} = \dot{r}\widehat{e}_1 + r\dot{\theta}\widehat{e}_2, \tag{5.293}$$

我们发现

$$\ddot{\boldsymbol{r}}_{\mathrm{rot}} = \ddot{\boldsymbol{r}}_{\mathrm{iner}} + \boldsymbol{\omega} \times (\boldsymbol{\omega} \times \boldsymbol{r}) + 2\boldsymbol{\omega} \times \dot{\boldsymbol{r}}, \tag{5.294}$$

其中右边的第二项是离心加速度, 而第三项是科里奥利 (Coriolis) 加速度.

习　题

1. 对一个一般的二阶张量 $T^{\mu\nu}$, 证明其协变散度为

$$\nabla_\mu T^{\mu\nu} = \frac{1}{\sqrt{|g|}} \partial_\mu(\sqrt{|g|} T^{\mu\nu}) + \Gamma^\nu_{\sigma\mu} T^{\mu\sigma}. \tag{5.295}$$

更进一步地, 如果这个张量是反对称张量 $A^{\mu\nu} = -A^{\nu\mu}$, 则

$$\nabla_\mu A^{\mu\nu} = \frac{1}{\sqrt{|g|}} \partial_\mu(\sqrt{|g|} A^{\mu\nu}). \tag{5.296}$$

2. 证明对于一个对角形式的度规 $g_{\mu\nu}$, 克里斯托弗符号为

$$\Gamma^{\mu}_{\sigma\rho} = 0, \quad \Gamma^{\sigma}_{\mu\mu} = -\frac{1}{2g_{\sigma\sigma}}\partial_\sigma g_{\mu\mu}, \tag{5.297}$$

$$\Gamma^{\mu}_{\sigma\mu} = \Gamma^{\mu}_{\mu\sigma} = \partial_\sigma\left(\ln\sqrt{|g_{\mu\mu}|}\right), \quad \Gamma^{\mu}_{\mu\mu} = \partial_\mu\left(\ln\sqrt{|g_{\mu\mu}|}\right). \tag{5.298}$$

这里 $\mu \neq \sigma \neq \rho$, 且重复指标不求和.

3. 在一个 n 维流形上一个区域 Σ 被超曲面 S 包围, 证明如果一个矢量场 $\widehat{V}$ 在 S 上为零, 则

$$\int_\Sigma (\nabla_\mu V^\mu)\sqrt{-g}\mathrm{d}^n x = 0. \tag{5.299}$$

4. 半径为 a 二维球面的度规为

$$\mathrm{d}s^2 = a^2(\mathrm{d}\theta^2 + \sin^2\theta\mathrm{d}\phi^2). \tag{5.300}$$

(1) 计算这个度规的克里斯托弗符号;

(2) 讨论球面上的测地线.

5. 对于如下形式的度规, 计算其克里斯托弗符号:

$$\mathrm{d}s^2 = -N^2\mathrm{d}t^2 + h_{ij}(\mathrm{d}x^i + N^i\mathrm{d}t)(\mathrm{d}x^j + N^j\mathrm{d}t), \tag{5.301}$$

其中 N, N^i, h_{ij} 都是 (t, x^i) 的函数.

6. 考虑习题 4 中二维球面上矢量的平行移动. 如果在球面的北极点处有一个矢量 $\widehat{V}$ 切于曲线 $\phi = 0$, 把该矢量沿下面的曲线平行移动:

(1) 首先沿曲线 $\phi = 0$ 移到 $\theta = \theta_0$ 点;

(2) 再沿曲线 $\theta = \theta_0$ 从 $\phi = 0$ 移到 $\phi = \phi_0$;

(3) 最后沿曲线 $\phi = \phi_0$ 从 $\theta = \theta_0$ 移回北极点.

请计算最终得到的矢量与原来矢量的夹角.

7. 考虑一个二维时空, 具有度规

$$\mathrm{d}s^2 = -x^2\mathrm{d}t^2 + \mathrm{d}x^2, \tag{5.302}$$

找出这个时空中形如 $x(t)$ 的所有类时测地线.

8. 如果两个度规 $\mathrm{d}s^2 = g_{\mu\nu}\mathrm{d}x^\mu\mathrm{d}x^\nu$ 和 $\mathrm{d}\tilde{s}^2 = \tilde{g}_{\mu\nu}\mathrm{d}x^\mu\mathrm{d}x^\nu$ 在相同的坐标卡上有如下关系 $\tilde{g}_{\mu\nu} = \mathrm{e}^{\Omega(x)}g_{\mu\nu}$, 其中 Ω 是个非零函数, 则这两个度规称为共形相联的. 证明如果曲线 $x^\mu(\lambda)$ 是度规 $\mathrm{d}s^2$ 的零测地线, 则它也是度规 $\mathrm{d}\tilde{s}^2$ 的零测地线, 也就是说, 在度规共形变换下零测地线不发生变化.

9. 计算度规 (5.255) 的克里斯托弗符号, 并讨论其中的测地线方程, 证明

$$m\frac{\mathrm{d}^2\boldsymbol{r}}{\mathrm{d}t^2} = -m\boldsymbol{\omega}\times(\boldsymbol{\omega}\times\boldsymbol{r}) - 2m\boldsymbol{\omega}\times\frac{\mathrm{d}\boldsymbol{r}}{\mathrm{d}t}. \tag{5.303}$$

10. 考虑度规

$$\mathrm{d}s^2 = \mathrm{d}r^2 + \frac{r^2}{1-\omega^2r^2/c^2}\mathrm{d}\theta^2 + \mathrm{d}z^2, \tag{5.304}$$

求出在 $z=$ 常数的平面上的测地线.

11. 一个二维空间, 具有线元

$$\mathrm{d}s^2 = \frac{\mathrm{d}r^2 + r^2\mathrm{d}\theta^2}{r^2-a^2} - \frac{r^2\mathrm{d}r^2}{(r^2-a^2)^2}, \quad r>a, \tag{5.305}$$

证明测地线的微分方程可写作

$$a^2\left(\frac{\mathrm{d}r}{\mathrm{d}\theta}\right)^2 + a^2r^2 = Kr^4, \tag{5.306}$$

其中 K 是一个常数, 且 $K=1$ 时测地线是零的. 通过令 $r\mathrm{d}\theta/\mathrm{d}r = \tan\phi$, 证明这个二维空间被映射到二维欧氏平面, 其中 (r,ϕ) 是极坐标, 而上面的测地线映射到直线.

12. 我们将看到在球对称恒星的外部, 时空几何可以由史瓦西 (Schwarzschild) 度规来描述:

$$\mathrm{d}s^2 = -\left(1-\frac{2GM}{r}\right)\mathrm{d}t^2 + \left(1-\frac{2GM}{r}\right)^{-1}\mathrm{d}r^2 + r^2\mathrm{d}\Omega^2, \tag{5.307}$$

其中 M 是恒星的质量.

(1) 证明通过坐标变换

$$r = \rho\left(1+\frac{GM}{2\rho}\right)^2, \quad 2GM<r<\infty, \tag{5.308}$$

史瓦西度规的空间部分可以变成共形平直的形式. 坐标 (t,ρ,θ,ϕ) 称为各向同性坐标.

(2) 证明在新的坐标下, 度规具有有效折射系数

$$n(\boldsymbol{x}) = \frac{(1+(GM/2|\boldsymbol{x}|))^3}{1-(GM/2|\boldsymbol{x}|)}. \tag{5.309}$$

由折射系数导致的光线减速已经被卫星实验所验证. 当卡西尼号卫星飞到相对于太阳与地球相对的一端时, 地球发出信号给卫星, 再接收卫星反射回的信号,

由于引力场的存在, 反射回的信号被延迟了. 假定地球位于 r_1 处, 卫星位于 r_2 处. 计算在各向同性坐标中一条直线的线积分 $\int 2ndl$, 并证明时间延迟为

$$\Delta t = \frac{4GM}{c^3} \ln\left(\frac{4r_1 r_2}{b^2}\right), \tag{5.310}$$

其中直线位于半径为 r_1 的某点到半径为 r_2 的相对点, b 是光线的入射参数.

(3) 在史瓦西时空中, 坐标半径为 ρ 的圆的周长为 $2\pi\rho n(\rho)$. 证明这个周长在 $r = 3GM$ 的地方有极小值. 这对于做圆周运动的零测地线意味着什么?

13 在广义相对论中, 一个从某高度落向地球表面的粒子实际上是没有加速度的, 而是走一条测地线. 另一方面, 在地球表面的一个静止粒子却不是沿测地线运动, 是有加速度的.

(1) 证明静止在地球表面的粒子 $x^i = $ 常数, 具有 4-速度 $u^\mu = N^{-1}\delta_0^\mu$. 假设地球的引力场是静态的, 具有 $g_{00} = -N^2$.

(2) 证明它的 4-加速度为 $a^\mu = (0, a^i)$, 其中 $a_i = -\partial_i N$. 计算加速度的大小.

14 庞加莱上半平面可以由如下度规定义:

$$\mathrm{d}s^2 = \frac{\mathrm{d}x^2 + \mathrm{d}y^2}{y^2}, \tag{5.311}$$

其中 $x \in R, y \in R^+$. 请给出这个空间中的测地线.

15. 证明任意三个矢量场 $\hat{u}, \hat{v}, \hat{w}$ 满足雅可比恒等式

$$[\hat{u}, [\hat{v}, \hat{w}]] + [\hat{v}, [\hat{w}, \hat{u}]] + [\hat{w}, [\hat{u}, \hat{v}]] = 0. \tag{5.312}$$

16. 证明对于任意两个矢量场 $\hat{u}, \hat{v}$, 有

$$\mathcal{L}_{\hat{u}}\mathcal{L}_{\hat{v}} - \mathcal{L}_{\hat{v}}\mathcal{L}_{\hat{u}} = \mathcal{L}_{[\hat{u}, \hat{v}]}. \tag{5.313}$$

第六章　曲率

在平直欧氏空间和闵氏时空中, 平直性表现为几个方面. 首先, 在平直空间中一个矢量沿一条闭合曲线平行移动回到起点, 移动后的矢量与原矢量一样, 不会发生变化. 也就是说, 在平直时空中任意两点间都可以平行移动矢量, 与路径的选择无关. 其次, 平直空间中张量的两次导数是对易的. 最后, 平直时空中刚开始平行的测地线会保持平行.

曲率描述了一个时空流形的弯曲程度, 刻画了与平直性的偏离, 因此上述平直性的三个表现需要修改, 都与曲率张量有关. 首先, 在弯曲空间中, 矢量或者张量的平行移动与路径选取有关. 在无穷小的区域中我们可以由此定义黎曼张量. 其次, 在弯曲空间中张量的两次协变导数不再对易, 对易子与曲率张量有关. 最后, 弯曲空间中起初平行的测地线不能保持平行, 由此我们可以得到测地偏离方程, 依赖于曲率张量.

6.1　曲　率　张　量

6.1.1　曲率和挠率张量的定义

我们从第一种观点出发来引进曲率的概念. 在一个弯曲空间中, 一个矢量沿闭合圈的平行移动将会给出矢量的一个变换. 最终的变换依赖于圈所包括的总曲率. 而曲率的一个局域描述是黎曼 (曲率) 张量. 想象我们沿着由两个矢量 $\hat{A}$ 和 $\hat{B}$ 定义的闭合圈平行移动一个矢量 $\hat{V}$, 如图 6.1 所示.

注意这里定义的圈是非常小的, 两个矢量实际上给出的更多的是方向而非大小. 当这个矢量 $\hat{V}$ 回到起点时如何变化呢? 首先, 它是原矢量的一个线性变换, 因此包含一个上指标和一个下指标. 其次, 它依赖于矢量 $\hat{A}$ 和 $\hat{B}$ 确定的路径, 因此应该包含另外两个指标与 A^ν 和 B^μ 收缩. 此外, 张量必然对上述两个矢量相关的指标反对称, 因为交换矢量相应于把闭合圈反向, 所以平行移动矢量会得到相反的结果. 最终, 我们期待

$$\delta V^\rho = (\delta a)(\delta b) A^\nu B^\mu R^\rho{}_{\sigma\mu\nu} V^\sigma, \tag{6.1}$$

其中 $R^\rho{}_{\sigma\mu\nu}$ 是一个 $(1,3)$ 型张量, 称为黎曼张量, 或者直接称为曲率张量. 这里 δa 和

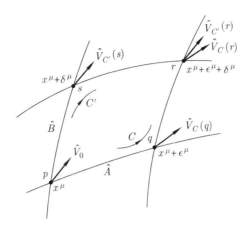

图 6.1 在由两个矢量 $\hat{A}$ 和 $\hat{B}$ 形成的无穷小平行四边形上平行移动一个矢量 $\hat{V}$. 沿不同路径得到的矢量通常都是不同的.

δb 是形成圈的两个矢量的大小. 这个张量的一个性质是

$$R^{\rho}{}_{\sigma\mu\nu} = -R^{\rho}{}_{\sigma\nu\mu}. \tag{6.2}$$

黎曼张量的具体表达式可以从上面的定义中得到. 我们先忽略两个矢量沿着对方的方向做平行移动是否封闭的问题, 假定它们平移后确实得到上面的平行四边形, 则不妨假定出发的位置是 p 点, 无穷小矢量 $\hat{A}$ 从 p 到 q, 而 $\hat{B}$ 从 p 到 s, 形成平行四边形后的另一个点是 r. 在同一个坐标系下, 这些点的坐标是

$$p : x^{\mu}, \quad q : x^{\mu} + \epsilon^{\mu}, \quad s : x^{\mu} + \delta^{\mu}, \quad r : x^{\mu} + \epsilon^{\mu} + \delta^{\mu}. \tag{6.3}$$

一个矢量 V^{μ} 的平行移动要求 $\nabla_{\nu} V^{\mu} = \partial_{\nu} V^{\mu} + \Gamma^{\mu}_{\nu\sigma} V^{\sigma} = 0$ 可以变形为

$$\partial_{\nu} V^{\mu} = -\Gamma^{\mu}_{\nu\sigma} V^{\sigma}. \tag{6.4}$$

如果矢量 $V^{\mu}(p) = V_0^{\mu}$ 是沿着 $\hat{A}$ 移动到 q 点, 则有

$$\frac{V^{\mu}(q) - V_0^{\mu}}{\epsilon^{\nu}} = -\Gamma^{\mu}_{\nu\sigma} V^{\sigma}, \tag{6.5}$$

也就是说

$$V^{\mu}(q) = V_0^{\mu} - \Gamma^{\mu}_{\nu\sigma}(p) V_0^{\sigma} \epsilon^{\nu}. \tag{6.6}$$

进一步地, 我们把矢量从 q 平移到 r, 则有

$$
\begin{aligned}
V_C^\mu(r) &= V^\mu(q) - \Gamma_{\nu\kappa}^\mu(q)V^\kappa(q)\delta^\nu \\
&= V_0^\mu - \Gamma_{\nu\kappa}^\mu(p)V_0^\kappa\epsilon^\nu - (V_0^\kappa - \Gamma_{\sigma\rho}^\kappa(p)V_0^\rho\epsilon^\sigma)(\Gamma_{\nu\kappa}^\mu(p) + \partial_\lambda\Gamma_{\nu\kappa}^\mu(p)\epsilon^\lambda)\delta^\nu \\
&\approx V_0^\mu - \Gamma_{\nu\kappa}^\mu(p)V_0^\kappa\epsilon^\nu - V_0^\kappa\Gamma_{\nu\kappa}^\mu(p)\delta^\nu \\
&\quad - V_0^\kappa\left(\partial_\lambda\Gamma_{\nu\kappa}^\mu(p) - \Gamma_{\lambda k}^\rho(p)\Gamma_{\nu\rho}^\mu(p)\right)\epsilon^\lambda\delta^\nu,
\end{aligned}
\tag{6.7}
$$

其中下标 C 代表矢量移动的路径是先经过 q 再到 r, 我们只保留到二阶小量. 另一方面, 如果我们选择另一条路径 C' 从 p 到 s 再到 r, 则有

$$
\begin{aligned}
V_{C'}^\mu(r) &\approx V_0^\mu - \Gamma_{\nu\kappa}^\mu(p)V_0^\kappa\epsilon^\nu - V_0^\kappa\Gamma_{\nu\kappa}^\mu(p)\delta^\nu \\
&\quad - V_0^\kappa\left(\partial_\nu\Gamma_{\lambda\kappa}^\mu(p) - \Gamma_{\nu\kappa}^\rho(p)\Gamma_{\lambda\rho}^\mu(p)\right)\epsilon^\lambda\delta^\nu.
\end{aligned}
\tag{6.8}
$$

这样, 经过不同路径平行移动到达同一点 r 的矢量间的差别是

$$
V_{C'}^\mu(r) - V_C^\mu(r) = V_0^\kappa R_{\kappa\lambda\nu}^\mu(p)\epsilon^\lambda\delta^\nu,
\tag{6.9}
$$

其中

$$
R_{\kappa\lambda\nu}^\mu(p) = \partial_\lambda\Gamma_{\nu\kappa}^\mu(p) - \partial_\nu\Gamma_{\lambda\kappa}^\mu(p) + \Gamma_{\nu\kappa}^\rho(p)\Gamma_{\lambda\rho}^\mu(p) - \Gamma_{\lambda\kappa}^\rho(p)\Gamma_{\nu\rho}^\mu(p).
\tag{6.10}
$$

如前面所述, 在这个推导中, 我们实际上假定了平行移动两个矢量后得到一个封闭的平行四边形. 这相当于假定了无挠条件以及选择了坐标基矢, 从而有 $[\widehat{A}, \widehat{B}] = 0$.

更一般地, 我们发现两个矢量场要形成封闭的多边形, 实际上需要考虑这两个矢量场的对易子. 如图 6.2 所示, 此时我们得到一个五边形. 我们应该考虑一个矢量 (张量) 沿着封闭的五边形做平行移动回到原点后的变化情况, 如图 6.3 所示. 这将导致如下对黎曼张量的形式化定义.

考虑沿图 6.3 中所示的五边形对矢量 $\widehat{W}$ 做平行移动. 由协变导数的定义, 我们知道

$$
\widehat{W}_{pq} = (1 - \epsilon\nabla_{\widehat{V}})\widehat{W}(q),
\tag{6.11}
$$

其中 $\widehat{W}_{pq}$ 代表沿 pq 平行移动到 q 点的矢量. 平行移动得到的矢量与原来该点的矢量不同. 更一般地, 我们可以通过指数映射来给出从 p 到 q 沿着 pq 得到的平行移动矢量, 记作

$$
\widehat{W}_{pq} = \exp(-\epsilon\nabla_{\widehat{V}})\widehat{W}|_q,
\tag{6.12}
$$

图 6.2 两个矢量场对易子的示意图. 这里给出的是挠率为零的情形.

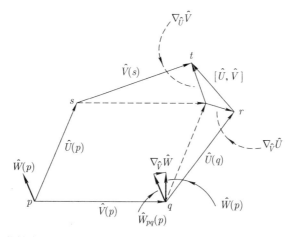

图 6.3 黎曼张量可以通过讨论矢量沿这个封闭五边形的平行移动来得到.

它定义了平行移动到 q 点的矢量 $\widehat{W}$, 与原来该点的矢量不同. 如果展开到二阶, 我们有

$$\widehat{W}_{pq} = \left(1 - \epsilon \nabla_{\widehat{V}} + \frac{1}{2}\epsilon^2 \nabla_{\widehat{V}} \nabla_{\widehat{V}} \right) \widehat{W}(q), \tag{6.13}$$

而进一步地把 $\widehat{W}_{pq}$ 沿着 qr 继续平行移动到 r 得到的矢量为

$$\widehat{W}_{pqr} = \exp(-\delta \nabla_{\widehat{U}}) \exp(-\epsilon \nabla_{\widehat{V}}) \widehat{W}|_r. \tag{6.14}$$

继续平行移动下去, 最终回到 p 点, 我们得到

$$\widehat{W}_{pqrstp} = \exp(\delta \nabla_{\widehat{U}}) \exp(\epsilon \nabla_{\widehat{V}}) \exp(-\epsilon \delta \nabla_{[\widehat{U}, \widehat{V}]}) \exp(-\delta \nabla_{\widehat{U}}) \exp(-\epsilon \nabla_{\widehat{V}}) \widehat{W}|_p. \tag{6.15}$$

对上式展开到二阶, 我们有

$$\widehat{W}_{pqrstp} = \left(1 + \delta\nabla_{\widehat{U}} + \frac{1}{2}\delta^2\nabla_{\widehat{U}}\nabla_{\widehat{U}}\right) \cdot \left(1 + \epsilon\nabla_{\widehat{V}} + \frac{1}{2}\epsilon^2\nabla_{\widehat{V}}\nabla_{\widehat{V}}\right)$$
$$\times(1 - \epsilon\delta\nabla_{[\widehat{U},\widehat{V}]})$$
$$\times\left(1 - \delta\nabla_{\widehat{U}} + \frac{1}{2}\delta^2\nabla_{\widehat{U}}\nabla_{\widehat{U}}\right) \cdot \left(1 - \epsilon\nabla_{\widehat{V}} + \frac{1}{2}\epsilon^2\nabla_{\widehat{V}}\nabla_{\widehat{V}}\right)\widehat{W}(p). \quad (6.16)$$

由此我们将得到

$$\delta\widehat{W} = \widehat{W}_{pqrstp} - \widehat{W}(p) = ([\nabla_{\widehat{U}}, \nabla_{\widehat{V}}] - \nabla_{[\widehat{U},\widehat{V}]})\delta\epsilon\widehat{W}(p). \quad (6.17)$$

因此, 我们可以如下形式化地定义黎曼张量.

定义 黎曼张量 $\widehat{R}$: $\chi(M) \otimes \chi(M) \otimes \chi(M) \to \chi(M)$ 是一个 $(1,3)$ 型张量, 为

$$\widehat{R}(\widehat{X}, \widehat{Y}, \widehat{Z}) = \widehat{R}(\widehat{X}, \widehat{Y})\widehat{Z},$$
$$= \nabla_{\widehat{X}}\nabla_{\widehat{Y}}\widehat{Z} - \nabla_{\widehat{Y}}\nabla_{\widehat{X}}\widehat{Z} - \nabla_{[\widehat{X},\widehat{Y}]}\widehat{Z}. \quad (6.18)$$

另一方面, 两个矢量以及它们互相沿对方的平行移动并不一定构成封闭的平行四边形. 简单地说, 挠率张量刻画了两个矢量以及互相平行移动后得到的两个矢量组成的平行四边形的非封闭性. 如图 6.4 所示, 我们可以直接读出挠率张量的定义.

图 6.4 挠率的示意图.

定义 挠率张量 $\widehat{T}$: $\chi(M) \otimes \chi(M) \to \chi(M)$ 是一个 $(1,2)$ 型张量, 为

$$\widehat{T}(\widehat{X}, \widehat{Y}) = \nabla_{\widehat{X}}\widehat{Y} - \nabla_{\widehat{Y}}\widehat{X} - [\widehat{X}, \widehat{Y}]. \quad (6.19)$$

上面的定义中 $\widehat{X}, \widehat{Y}, \widehat{Z} \in \chi(M)$. 由定义可以看出

$$\widehat{R}(\widehat{X}, \widehat{Y})\widehat{Z} = -\widehat{R}(\widehat{Y}, \widehat{X})\widehat{Z},$$

$$\widehat{T}(\widehat{X}, \widehat{Y}) = -\widehat{T}(\widehat{Y}, \widehat{X}). \tag{6.20}$$

黎曼张量 $\widehat{R}$ 和挠率张量 $\widehat{T}$ 的一个重要性质是它们的多线性:

$$\widehat{R}(f\widehat{X}, g\widehat{Y})h\widehat{Z} = fgh\widehat{R}(\widehat{X}, \widehat{Y})\widehat{Z}, \tag{6.21}$$

$$\widehat{T}(f\widehat{X}, g\widehat{Y}) = fg\widehat{T}(\widehat{X}, \widehat{Y}), \tag{6.22}$$

其中 $f, g, h \in \mathcal{F}(M)$. 比如说对于挠率张量,

$$\begin{aligned}
\widehat{T}(f\widehat{X}, g\widehat{Y}) &= \nabla_{f\widehat{X}} g\widehat{Y} - \nabla_{g\widehat{Y}} f\widehat{X} - [f\widehat{X}, g\widehat{Y}] \\
&= f(\widehat{X}(g)\widehat{Y} + g\nabla_{\widehat{X}}\widehat{Y}) - g(\widehat{Y}(f)\widehat{X} + f\nabla_{\widehat{Y}}\widehat{X}) \\
&\quad - f(\widehat{X}(g)\widehat{Y} + g\widehat{X}\widehat{Y}) + g(\widehat{Y}(f)\widehat{X} + f\widehat{Y}\widehat{X}) \\
&= fg\widehat{T}(\widehat{X}, \widehat{Y}). \tag{6.23}
\end{aligned}$$

多线性的意义在于它可以帮助我们给出黎曼张量和挠率张量的分量形式, 也保证了上述定义的量在坐标变换下如张量一样变换. 首先, 我们可以把曲率和挠率定义中的矢量场的分量提出来:

$$\widehat{R}(\widehat{X}, \widehat{Y})\widehat{Z} = X^{\lambda} Y^{\mu} Z^{\nu} \widehat{R}(\widehat{e}_{\lambda}, \widehat{e}_{\mu})\widehat{e}_{\nu}, \quad \widehat{T}(\widehat{X}, \widehat{Y}) = X^{\mu} Y^{\nu} \widehat{T}(\widehat{e}_{\mu}, \widehat{e}_{\nu}). \tag{6.24}$$

因此, 我们只须关注与基矢相关的量. 如果我们选定坐标基, 其满足 $[\widehat{e}_{\mu}, \widehat{e}_{\nu}] = 0$, 则挠率张量的表达式为

$$\begin{aligned}
T^{\lambda}_{\mu\nu} &= \langle \mathrm{d}x^{\lambda}, \widehat{T}(\widehat{e}_{\mu}, \widehat{e}_{\nu}) \rangle \\
&= \langle \mathrm{d}x^{\lambda}, \nabla_{\widehat{e}_{\mu}}\widehat{e}_{\nu} - \nabla_{\widehat{e}_{\nu}}\widehat{e}_{\mu} \rangle \\
&= \langle \mathrm{d}x^{\lambda}, (\Gamma^{\eta}_{\mu\nu} - \Gamma^{\eta}_{\nu\mu})\widehat{e}_{\eta} \rangle \\
&= \Gamma^{\lambda}_{\mu\nu} - \Gamma^{\lambda}_{\nu\mu}, \tag{6.25}
\end{aligned}$$

而黎曼张量的表达式为

$$\begin{aligned}
R^{\kappa}{}_{\lambda\mu\nu} &= \langle \mathrm{d}x^{\kappa}, \widehat{R}(\widehat{e}_{\mu}, \widehat{e}_{\nu})\widehat{e}_{\lambda} \rangle = \langle \mathrm{d}x^{\kappa}, \nabla_{\mu}\nabla_{\nu}\widehat{e}_{\lambda} - \nabla_{\nu}\nabla_{\mu}\widehat{e}_{\lambda} \rangle \\
&= \langle \mathrm{d}x^{\kappa}, \nabla_{\mu}(\Gamma^{\sigma}_{\nu\lambda}\widehat{e}_{\sigma}) - \nabla_{\nu}(\Gamma^{\sigma}_{\mu\lambda}\widehat{e}_{\sigma}) \rangle \\
&= \langle \mathrm{d}x^{\kappa}, \partial_{\mu}(\Gamma^{\sigma}_{\nu\lambda})\widehat{e}_{\sigma} + \Gamma^{\sigma}_{\nu\lambda}\Gamma^{\rho}_{\mu\sigma}\widehat{e}_{\rho} - (\mu \leftrightarrow \nu) \rangle \\
&= \partial_{\mu}(\Gamma^{\kappa}_{\nu\lambda}) + \Gamma^{\sigma}_{\nu\lambda}\Gamma^{\kappa}_{\mu\sigma} - (\mu \leftrightarrow \nu). \tag{6.26}
\end{aligned}$$

在上面的讨论中, 如果我们考虑坐标变换下基矢的变换

$$\widehat{e}_\mu = \frac{\partial x^{\alpha'}}{\partial x^\mu} \widehat{e}_{\alpha'}, \tag{6.27}$$

由于前面的变换矩阵可以看作一个函数, 因此由多线性, 我们可以直接把这些变换矩阵提出, 从而保证了曲率和挠率的张量性质.

上面的讨论不止适用于矢量的平行移动, 对任意张量 $\widehat{T}$ 的平行移动, 也有黎曼张量

$$\widehat{R}(\widehat{X}, \widehat{Y}, \widehat{T}) = \widehat{R}(\widehat{X}, \widehat{Y})\widehat{T},$$
$$= \nabla_{\widehat{X}} \nabla_{\widehat{Y}} \widehat{T} - \nabla_{\widehat{Y}} \nabla_{\widehat{X}} \widehat{T} - \nabla_{[\widehat{X}, \widehat{Y}]} \widehat{T}. \tag{6.28}$$

对于坐标基底, 我们有

$$[\nabla_\rho, \nabla_\sigma] X^{\mu_1 \cdots \mu_k}{}_{\nu_1 \cdots \nu_l} = R^{\mu_1}{}_{\lambda \rho \sigma} X^{\lambda \mu_2 \cdots \mu_k}{}_{\nu_1 \cdots \nu_l} + R^{\mu_2}{}_{\lambda \rho \sigma} X^{\mu_1 \lambda \cdots \mu_k}{}_{\nu_1 \cdots \nu_l} + \cdots$$
$$- R^\lambda{}_{\nu_1 \rho \sigma} X^{\mu_1 \cdots \mu_k}{}_{\lambda \nu_2 \cdots \nu_l} - R^\lambda{}_{\nu_2 \rho \sigma} X^{\mu_1 \cdots \mu_k}{}_{\nu_1 \lambda \cdots \nu_l} - \cdots .$$

在上面的表达式中, 我们使用了坐标基 $\widehat{e}_\mu = \partial_\mu$, $\widehat{\theta}^\mu = dx^\mu$. 由此我们有 $\widehat{g} = g_{\mu\nu} dx^\mu dx^\nu$, 其中 $g_{\mu\nu}$ 是 x 的函数. 更一般地, 我们可以利用任意基矢来计算黎曼张量, 不必是坐标基或者正交归一标架基矢. 此时的黎曼张量为

$$R^\kappa{}_{\lambda\mu\nu} = \partial_\mu(\Gamma^\kappa{}_{\lambda\nu}) + \Gamma^\kappa{}_{\sigma\mu} \Gamma^\sigma{}_{\lambda\nu} - (\mu \leftrightarrow \nu) - C^\rho{}_{\mu\nu} \Gamma^\kappa{}_{\rho\lambda}, \tag{6.29}$$

其中 $C^\rho{}_{\mu\nu}$ 是在此基底下的结构常数. 注意黎曼张量的定义与挠率无关, 因此这里的表达式甚至不需要联络是无挠的. 对于挠率张量而言, 在一般的基底下有

$$T^\lambda{}_{\mu\nu} = \Gamma^\lambda{}_{\mu\nu} - \Gamma^\lambda{}_{\nu\mu} - C^\lambda{}_{\mu\nu}. \tag{6.30}$$

有时候利用前面介绍的标架场会带来方便, 此时基矢满足 $\widehat{e}_a \cdot \widehat{e}_b = \eta_{ab}$, 但通常不能写作对某个坐标的偏导数 ∂_a, 而且基矢的对易子不为零, $[\widehat{e}_a, \widehat{e}_b] = C^c_{ab} \widehat{e}_c$.

我们已经看到了黎曼张量的几何意义, 下面我们讨论一下挠率张量的几何意义. 几何上, 我们可以利用图 6.5 来计算挠率. 考虑一个点 $p \in M$ 和在切空间 $T_p(M)$ 中的两个无穷小矢量 $\widehat{U} = \epsilon^\mu \widehat{e}_\mu$, $\widehat{V} = \delta^\nu \widehat{e}_\nu$. 利用坐标卡, 点 p, q, s 的坐标分别为

$$p: x^\mu, \quad q: x^\mu + \epsilon^\mu, \quad s: x^\mu + \delta^\mu, \tag{6.31}$$

也就是说 $\widehat{U} = \vec{pq}, \widehat{V} = \vec{ps}$. 如果我们沿着 $\vec{ps}$ 平行移动 $\widehat{U}$, 就得到矢量 $\vec{sr_1} = \epsilon^\mu - \epsilon^\lambda \Gamma^\mu_{\nu\lambda} \delta^\nu$, 由此有 $\vec{pr_1} = \delta^\mu + \epsilon^\mu - \epsilon^\lambda \Gamma^\mu_{\nu\lambda} \delta^\nu$. 另一方面, 如果我们沿着 $\vec{pq}$ 平行移动

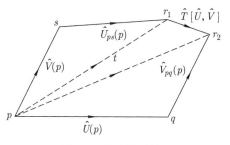

图 6.5 挠率的计算.

$\hat{V}$ 就得到矢量 $\vec{pr_2} = \epsilon^\mu + \delta^\mu - \epsilon^\lambda \Gamma^\mu_{\lambda\nu} \delta^\nu$. 一般而言, $r_1 \neq r_2$, 而它们的差为 $\vec{r_1 r_2} = (\Gamma^\mu_{\nu\lambda} - \Gamma^\mu_{\lambda\nu})\epsilon^\lambda \delta^\nu = T^\mu_{\nu\lambda} \epsilon^\lambda \delta^\nu$, 与挠率张量成正比.

回到黎曼张量的讨论. 整体上 $R^\mu_{\ \nu\rho\sigma} \equiv 0$ 当且仅当度规在某个坐标系里为常数. 一方面, 如果度规为常数, 有 $\partial_\sigma g_{\mu\nu} = 0$, 则 $\Gamma^\rho_{\mu\nu} = 0, \partial_\sigma \Gamma^\rho_{\mu\nu} = 0$, 从而 $R^\mu_{\ \nu\rho\sigma} = 0$. 另一方面, 局域地不仅 $g_{\mu\nu}|_p = \eta_{\mu\nu}$, 还有 $\partial_\sigma g_{\mu\nu} = 0$. 在点 p 的基矢可以记作 $\hat{e}_\mu$, 其分量为 $(\hat{e}_\mu)^\sigma$, 由构造我们有

$$g_{\sigma\rho}(\hat{e}_\mu)^\sigma (\hat{e}_\nu)^\rho(p) = \eta_{\mu\nu}. \tag{6.32}$$

现在我们把整组基矢从 p 点平行移动到另一点 q. 黎曼张量为零保证不管采取任何路径最终的结果一样, 即与路径无关. 而平行移动保证矢量间的内积不变,

$$g_{\sigma\rho}(\hat{e}_\mu)^\sigma (\hat{e}_\nu)^\rho(q) = \eta_{\mu\nu}. \tag{6.33}$$

因此我们得到了一组矢量场, 帮助我们在任何位置定义一组基矢, 在其中度规张量总为常数. 关键是这样一组矢量场构成了一组坐标基. 对于坐标基有

$$[\hat{e}_\mu, \hat{e}_\nu] = 0. \tag{6.34}$$

反之, 如果对易子为零, 则我们可以找到坐标 y^μ 使 $\hat{e}_\mu = \dfrac{\partial}{\partial y^\mu}$. 由挠率张量的定义, 对易子为零可以很容易证明. 首先, 我们有

$$[\hat{e}_\mu, \hat{e}_\nu] = \nabla_{\hat{e}_\mu} \hat{e}_\nu - \nabla_{\hat{e}_\nu} \hat{e}_\mu - T(\hat{e}_\mu, \hat{e}_\nu). \tag{6.35}$$

由无挠条件, 最后一项为零. 此外, 由于矢量是平行移动的, 所以 $\nabla \hat{e} = 0$. 因此, 在任何其他点都有矢量场的对易子为零, 由弗罗贝尼乌斯 (Frobenius) 定理知矢量场是坐标基, 而且这组坐标基是整体定义的, 在此坐标系下度规场取平直空间的度规. 这样我们就证明了, 如果黎曼张量整体为零, 则时空流形必然是平直的.

在爱因斯坦的广义相对论中我们总是认为挠率为零, 无论是对克里斯托弗联络或者自旋联络而言. 实际上存在着其他的理论体系认为挠率可以非零, 而曲率为零. 尽管这些理论有一定的意义, 但在本书中我们不准备对这些理论进行介绍.

6.1.2 黎曼张量的对称性和恒等式

黎曼张量不同分量之间存在对称性. 下面我们研究这些对称性并给出黎曼张量独立分量的个数. 我们可以做一个一般性的讨论. 假设是在 n 维空间中, 由于有四个指标, 看起来黎曼张量可能有 n^4 个分量. 这当然是不对的. 首先, 由于 $R^\mu{}_{\nu\rho\sigma} = -R^\mu{}_{\nu\sigma\rho}$ 我们至多有 $n^2 \times \dfrac{n(n-1)}{2}$ 个分量. 其次黎曼张量还有其他一些对称性. 我们可以定义一个新的 $(0,4)$ 型张量 $R_{\mu\nu\sigma\rho} = g_{\mu\lambda} R^\lambda{}_{\nu\sigma\rho}$, 它满足:

(1) $R_{\mu\nu\sigma\rho} = -R_{\mu\nu\rho\sigma}$, 即后两个指标反对称;

(2) $R_{\mu\nu\sigma\rho} = -R_{\nu\mu\sigma\rho}$, 即前两个指标反对称;

(3) $R_{\mu\nu\sigma\rho} = R_{\sigma\rho\mu\nu}$, 即交换前后两组指标对称;

(4) 第一比安基 (Bianchi) 恒等式: $R_{\mu\nu\sigma\rho} + R_{\mu\sigma\rho\nu} + R_{\mu\rho\nu\sigma} = 0$, 或者记作 $R_{\mu[\nu\sigma\rho]} = 0$.

这些等式可以通过选取黎曼法坐标来证明, 但实际上它们是张量方程, 可以代数地证明. 在黎曼法坐标下, 有

$$R_{\mu\nu\sigma\rho}|_{\mathrm{RNC}} = \frac{1}{2}(\partial_\mu\partial_\sigma g_{\nu\rho} - \partial_\nu\partial_\sigma g_{\mu\rho} + \partial_\nu\partial_\rho g_{\mu\sigma} - \partial_\mu\partial_\rho g_{\nu\sigma}). \tag{6.36}$$

由此很容易验证上面的对称性质. 由于这些关系都是张量关系, 在其他参考系中也必然成立.

利用以上的对称性, 我们可以限定黎曼张量的独立分量数目. 我们先考虑上述性质中的前二条. 我们可以记 $R_{[\mu\nu][\sigma\rho]} \to Y_{(M,N)}$, 其中 M, N 代表一组反对称指标, 因此有 $\dfrac{n(n-1)}{2}$ 个分量. 再考虑第三条性质, 可见 M, N 间是对称的, 这告诉我们独立的分量个数可能是 $\dfrac{1}{8}n(n-1)(n(n-1)+2)$. 最后, 由比安基恒等式 $R_{\mu[\nu\sigma\rho]} = 0$, 以及其他关系, 我们发现 $R_{[\mu\nu\sigma\rho]} = 0$. 这个全反对称条件将给出 $n(n-1)(n-2)(n-3)/4!$ 个约束. 最终, 我们发现黎曼张量独立的分量个数为

$$\frac{1}{8}(n^4 - 2n^3 + 3n^2 - 2n) - \frac{1}{24}n(n-1)(n-2)(n-3) = \frac{1}{12}n^2(n^2-1).$$

在讨论黎曼法坐标时, 我们已经发现度规的二阶导数无法全为零, 不够的自由度数正好是上面的数目. 而黎曼张量本身就包含着度规的二阶导数. 实际上, 在黎曼法坐标

下, 时空的线元在某点附近总能写作

$$\mathrm{d}s^2 = \eta_{\mu\nu}\mathrm{d}x^\mu\mathrm{d}x^\nu + \frac{1}{12}R_{\mu\nu\sigma\rho}(x^\mu\mathrm{d}x^\nu - x^\nu\mathrm{d}x^\mu)(x^\sigma\mathrm{d}x^\rho - x^\rho\mathrm{d}x^\sigma) + \cdots. \quad (6.37)$$

进一步地, 黎曼张量还满足一个重要的恒等式. 考虑黎曼张量的协变导数, 在黎曼法坐标下有

$$\begin{aligned}
\nabla_\lambda R_{\rho\sigma\mu\nu} &= \partial_\lambda R_{\rho\sigma\mu\nu} \\
&= \frac{1}{2}\partial_\lambda(\partial_\mu\partial_\sigma g_{\rho\nu} - \partial_\mu\partial_\rho g_{\nu\sigma} - \partial_\nu\partial_\sigma g_{\rho\mu} + \partial_\nu\partial_\rho g_{\mu\sigma}).
\end{aligned}$$

对前三个指标轮换后求和, 有

$$\begin{aligned}
&\nabla_\lambda R_{\rho\sigma\mu\nu} + \nabla_\rho R_{\sigma\lambda\mu\nu} + \nabla_\sigma R_{\lambda\rho\mu\nu} \\
&= \frac{1}{2}(\partial_\lambda\partial_\mu\partial_\sigma g_{\rho\nu} - \partial_\lambda\partial_\mu\partial_\rho g_{\nu\sigma} - \partial_\lambda\partial_\nu\partial_\sigma g_{\rho\mu} + \partial_\lambda\partial_\nu\partial_\rho g_{\mu\sigma} \\
&\quad + \partial_\rho\partial_\mu\partial_\lambda g_{\sigma\nu} - \partial_\rho\partial_\mu\partial_\sigma g_{\nu\lambda} - \partial_\rho\partial_\nu\partial_\lambda g_{\sigma\mu} + \partial_\rho\partial_\nu\partial_\sigma g_{\mu\lambda} \\
&\quad + \partial_\sigma\partial_\mu\partial_\rho g_{\lambda\nu} - \partial_\sigma\partial_\mu\partial_\lambda g_{\nu\rho} - \partial_\sigma\partial_\nu\partial_\rho g_{\lambda\mu} + \partial_\sigma\partial_\nu\partial_\lambda g_{\mu\rho}) \\
&= 0.
\end{aligned} \quad (6.38)$$

(6.38) 式可写作

$$\nabla_{[\lambda}R_{\rho\sigma]\mu\nu} = 0. \quad (6.39)$$

它被称为第二比安基恒等式, 或者比安基恒等式. 它与下面的雅可比恒等式密切相关:

$$[[\nabla_\lambda, \nabla_\rho], \nabla_\sigma] + [[\nabla_\rho, \nabla_\sigma], \nabla_\lambda] + [[\nabla_\sigma, \nabla_\lambda], \nabla_\rho] = 0. \quad (6.40)$$

前面讨论的恒等式可写作与坐标无关的形式. 首先定义 (0,4) 张量 $\widehat{R}(\widehat{X}, \widehat{Y}, \widehat{Z}, \widehat{W}) = \widehat{g}(\widehat{R}(\widehat{Z}, \widehat{W})\widehat{X}, \widehat{Y})$, 则上面的恒等式实际上是

$$\begin{aligned}
\widehat{R}(\widehat{X}, \widehat{Y}, \widehat{Z}, \widehat{W}) &= -\widehat{R}(\widehat{Y}, \widehat{X}, \widehat{Z}, \widehat{W}), \\
\widehat{R}(\widehat{X}, \widehat{Y}, \widehat{Z}, \widehat{W}) &= -\widehat{R}(\widehat{X}, \widehat{Y}, \widehat{W}, \widehat{Z}), \\
\widehat{R}(\widehat{X}, \widehat{Y}, \widehat{Z}, \widehat{W}) &= \widehat{R}(\widehat{Z}, \widehat{W}, \widehat{X}, \widehat{Y}), \\
\widehat{R}(\widehat{X}, \widehat{Y}, \widehat{Z}, \widehat{W}) + \widehat{R}(\widehat{Z}, \widehat{Y}, \widehat{W}, \widehat{X}) &+ \widehat{R}(\widehat{W}, \widehat{Y}, \widehat{X}, \widehat{Z}) = 0, \\
\nabla_{\widehat{X}}\widehat{R}(\widehat{Y}, \widehat{Z})\widehat{V} + \nabla_{\widehat{Z}}\widehat{R}(\widehat{X}, \widehat{Y})\widehat{V} &+ \nabla_{\widehat{Y}}\widehat{R}(\widehat{Z}, \widehat{X})\widehat{V} = 0.
\end{aligned} \quad (6.41)$$

6.1.3 里奇张量和里奇标量

利用黎曼张量, 我们可以进一步通过收缩构造其他张量. 首先是里奇 (Ricci) 张量.

定义   里奇张量为黎曼张量的如下收缩:

$$R_{\mu\nu} = R^\lambda{}_{\mu\lambda\nu} = g^{\lambda\rho}R_{\mu\lambda\nu\rho}. \tag{6.42}$$

对于非克里斯托弗的联络, 也许存在其他收缩. 对克里斯托弗联络而言, 里奇张量是唯一可以从黎曼张量通过收缩得到的张量. 里奇张量是一个对称张量:

$$R_{\mu\nu} = R_{\nu\mu}. \tag{6.43}$$

对里奇张量的进一步收缩, 或者求迹, 得到里奇标量.

定义   里奇标量为里奇张量的如下收缩:

$$R = R^\mu{}_\mu = g^{\mu\nu}R_{\mu\nu}. \tag{6.44}$$

里奇标量也称为标量曲率, 是一个标量, 不依赖于坐标系的选择. 即使不采用坐标基, 我们也可以得到同样的标量曲率.

利用里奇张量和里奇标量, 我们可以定义爱因斯坦张量.

定义   爱因斯坦张量为里奇张量和里奇标量的如下组合:

$$G_{\mu\nu} = R_{\mu\nu} - \frac{1}{2}Rg_{\mu\nu}. \tag{6.45}$$

利用比安基恒等式, 可以证明

$$\begin{aligned} 0 &= g^{\nu\sigma}g^{\mu\lambda}(\nabla_\lambda R_{\rho\sigma\mu\nu} + \nabla_\rho R_{\sigma\lambda\mu\nu} + \nabla_\sigma R_{\lambda\rho\mu\nu}) \\ &= \nabla^\mu R_{\rho\mu} - \nabla_\rho R + \nabla^\nu R_{\rho\nu}, \end{aligned} \tag{6.46}$$

或者

$$\nabla^\mu R_{\rho\mu} = \frac{1}{2}\nabla_\rho R.$$

因此, 爱因斯坦张量满足

$$\nabla^\mu G_{\mu\nu} = 0 \ . \tag{6.47}$$

爱因斯坦张量是一个对称张量, 在广义相对论中至关重要.

如果我们从黎曼张量中去除所有可能的收缩, 可以定义外尔 (Weyl) 张量.

定义   外尔张量为从黎曼张量中去除所有可能的非零收缩:

$$C_{\rho\sigma\mu\nu} = R_{\rho\sigma\mu\nu} - \frac{2}{n-2}\left(g_{\rho[\mu}R_{\nu]\sigma} - g_{\sigma[\mu}R_{\nu]\rho}\right) + \frac{2}{(n-1)(n-2)}Rg_{\rho[\mu}g_{\nu]\sigma}. \tag{6.48}$$

由定义, $C_{\rho\sigma\mu\nu}$ 所有可能的收缩都为零, 但是它保持黎曼张量所有的对称性:

$$
\begin{aligned}
C_{\rho\sigma\mu\nu} &= C_{[\rho\sigma][\mu\nu]}, \\
C_{\rho\sigma\mu\nu} &= C_{\mu\nu\rho\sigma}, \\
C_{\rho[\sigma\mu\nu]} &= 0.
\end{aligned}
\tag{6.49}
$$

易见, 它只能在三维或者三维以上定义. 在三维中, 外尔张量恒为零. 当 $n \geqslant 4$ 时, 它满足某种形式的比安基恒等式:

$$
\nabla^\rho C_{\rho\sigma\mu\nu} = -2\frac{(n-3)}{(n-2)}\left(\nabla_{[\mu}R_{\nu]\sigma} + \frac{1}{2(n-1)}g_{\sigma[\nu}\nabla_{\mu]}R\right).
\tag{6.50}
$$

外尔张量的一个重要性质是在共形变换

$$
g_{\mu\nu} \to \Omega^2(x)g_{\mu\nu}
\tag{6.51}
$$

下不变.

一个度规称为共形平直的, 如果它与平直时空度规间只差一个共形因子, 即 $g_{\mu\nu} = \Omega^2\eta_{\mu\nu}$, 其中 $\eta_{\mu\nu}$ 是平直空间度规.

定理　一个度规是共形平直的, 当且仅当其相应的外尔张量恒为零.

比如说, 一个二维的黎曼流形总是共形平直的.

在三维中, 我们可以定义科顿 (Cotton) 张量

$$
C^{ij} = \varepsilon^{ikl}\nabla_k\left(R_l^j - \frac{1}{4}R\delta_l^j\right),
\tag{6.52}
$$

满足:

(1) 对称无迹;
(2) 横向 (或者协变守恒): $\nabla_i C^{ij} = 0$;
(3) 在共形变换下 $C^{ij} \to \Omega^{-5}C^{ij}$ (称为具有共形权 $-5/2$).

6.1.4　内禀曲率

在 1, 2, 3 和 4 维中, 黎曼张量独立分量的数目分别为 0, 1, 6 和 20. 因此一维流形 (如 S^1) 总是平直的, 不会是弯曲的. 说一个圆 S^1 不弯曲似乎是很奇怪的, 但以内禀的观点看它确实是平直的. 我们认为其弯曲的几何直觉源自把圆嵌入了高维的空间, 圆的弯曲来自它的嵌入, 即外曲率 (extrinsic curvature). 如果我们只关心流形的内禀曲率 (intrinsic curvature), 与嵌入无关的话, 圆或者任意曲线都是平直的.

在二维中, 曲率只有一个独立分量 R_{1212}. 实际上, 所有与曲率相关的信息都包含在里奇标量中. 因此, 在二维中黎曼张量和里奇标量间必然有一个联系:

$$R_{\mu\nu\sigma\rho} = \frac{1}{2}R(g_{\mu\sigma}g_{\nu\rho} - g_{\nu\sigma}g_{\mu\rho}). \tag{6.53}$$

如何得到这个关系呢? 首先我们必须考虑黎曼张量所满足的对称性, 其次黎曼张量的收缩得到里奇标量. (6.53) 式是唯一把黎曼张量表达成里奇标量的线性函数的张量公式.

例 6.1 圆柱面.

考虑一个圆柱面 $I \times S^1$, 其中 I 为一个闭区间, 如图 6.6 所示, 它可以通过把长方形的一组对边粘合来得到. 其上的诱导度规都是常数, 因此圆柱面实际是平直的. 这是另外一个显示外曲率和内禀曲率不同的例子. 4.4.1 小节讲过, 一个在圆柱面上运动的小虫感觉不到任何弯曲.

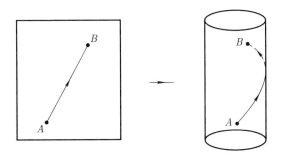

图 6.6   把长方形一组对边等同粘合将得到一个圆柱面, 它是平直的.

例 6.2 亏格为 1 的环面.

进一步可以构造环面. 它可以通过把长方形的两组对边等同粘合 (即把圆柱面的上下两个圆粘合) 得到, 也就是说它是 $S^1 \times S^1$, 如图 6.7 所示. 环面也是平直的.

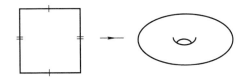

图 6.7   环面可以通过把长方形的两组对边等同粘合来得到, 它也是内禀平直的.

例 6.3 圆锥面.

如图 6.8(a) 所示, 圆锥面是一个在某点具有非零曲率的二维流形. 圆锥面可通过在平面上选定原点后把一个缺陷角去除再粘合切线来得到. 严格地说, 它是一个有奇

点的流形. 如图 6.8(b) 所示, 圆锥面上的坐标可以通过 ρ, θ 来刻画, 度规为

$$ds^2 = d\rho^2 + r^2 d\theta^2 = d\rho^2 + \left(\frac{R}{\rho_0}\right)^2 \rho^2 d\theta^2, \tag{6.54}$$

其中 $0 < \rho < \rho_0$. 可以证明这个圆锥面的标量曲率为零.

(a) 圆锥面   (b) 圆锥面上的坐标

图 6.8 圆锥面可以通过把一个有缺陷角的圆盘面粘合起来得到.

例 6.4 二维球面.

对一个半径为 a 的二维球面, 其度规为

$$ds^2 = a^2(d\theta^2 + \sin^2\theta d\phi^2), \tag{6.55}$$

非零的联络系数为

$$\Gamma^\theta_{\phi\phi} = -\sin\theta\cos\theta,$$
$$\Gamma^\phi_{\theta\phi} = \Gamma^\phi_{\phi\theta} = \cot\theta. \tag{6.56}$$

唯一可能非零的黎曼张量分量为

$$
\begin{aligned}
R^\theta{}_{\phi\theta\phi} &= \partial_\theta\Gamma^\theta_{\phi\phi} - \partial_\phi\Gamma^\theta_{\theta\phi} + \Gamma^\theta_{\theta\lambda}\Gamma^\lambda_{\phi\phi} - \Gamma^\theta_{\phi\lambda}\Gamma^\lambda_{\theta\phi} \\
&= (\sin^2\theta - \cos^2\theta) - (0) + (0) - (-\sin\theta\cos\theta)(\cot\theta) \\
&= \sin^2\theta.
\end{aligned}
\tag{6.57}
$$

由此得

$$
\begin{aligned}
R_{\theta\phi\theta\phi} &= g_{\theta\lambda}R^\lambda{}_{\phi\theta\phi} \\
&= g_{\theta\theta}R^\theta{}_{\phi\theta\phi} \\
&= a^2\sin^2\theta.
\end{aligned}
\tag{6.58}
$$

而里奇张量为

$$
\begin{aligned}
R_{\theta\theta} &= g^{\phi\phi}R_{\phi\theta\phi\theta} = 1,\\
R_{\theta\phi} &= R_{\phi\theta} = 0,\\
R_{\phi\phi} &= g^{\theta\theta}R_{\theta\phi\theta\phi} = \sin^2\theta.
\end{aligned}
\tag{6.59}
$$

里奇标量为

$$
R = g^{\theta\theta}R_{\theta\theta} + g^{\phi\phi}R_{\phi\phi} = \frac{2}{a^2}.
\tag{6.60}
$$

所以二维球面是个常曲率空间, 也是一个最大对称空间①. 它具有正的曲率, 曲率与半径平方成反比. 那么是否有负曲率空间呢?

例 6.5 庞加莱上半平面 H^2.

这个曲面具有度规

$$
\mathrm{d}s^2 = \frac{a^2}{y^2}(\mathrm{d}x^2 + \mathrm{d}y^2), \qquad y > 0.
\tag{6.61}
$$

固定 x, 考虑 $y_1 \to y_2$, 则这两点间的距离为

$$
\delta s = \int_{y_1}^{y_2} \sqrt{g_{\mu\nu}\frac{\mathrm{d}x^\mu}{\mathrm{d}y}\frac{\mathrm{d}x^\nu}{\mathrm{d}y}}\,\mathrm{d}y = a\int_{y_1}^{y_2}\frac{\mathrm{d}y}{y} = a\ln\left(\frac{y_2}{y_1}\right),
\tag{6.62}
$$

克里斯托弗符号中非零分量为

$$
\Gamma^x_{xy} = \Gamma^x_{yx} = -y^{-1}, \quad \Gamma^y_{xx} = y^{-1}, \quad \Gamma^y_{yy} = -y^{-1}.
\tag{6.63}
$$

在庞加莱上半平面中的测地线包括两种: 一种是 x 为常数, $y = \mathrm{e}^{\lambda/a}$; 另一种是 $(x - x_0)^2 + y^2 = l^2$, 其中 l 是一个常数. 对这个二维流形, 唯一的黎曼张量分量是 $R^x{}_{yxy} = -y^{-2}$, 而里奇张量为

$$
R_{xx} = -y^{-2}, \quad R_{xy} = 0, \quad R_{yy} = -y^{-2},
\tag{6.64}
$$

标量曲率为

$$
R = -\frac{2}{a^2}.
\tag{6.65}
$$

这样一个负常曲率空间称为庞加莱上半平面, 也称为罗巴切夫斯基空间. 它与二维欧氏空间的拓扑相同, 但是不能等度规地嵌入三维欧氏空间 R^3. 由于它具有常曲率, 因此它也是一个最大对称空间. 在高维中, 负曲率最大对称空间称为双曲空间, 记作 H^n.

---

①在 6.3 节将有最大对称空间的定义.

在二维中, 爱因斯坦张量恒为零,

$$G_{\mu\nu} = 0, \tag{6.66}$$

这很容易利用上面黎曼张量和里奇标量间的关系得到证明. 在二维中引力是平凡的, 没有任何动力学自由度.

在三维中, 黎曼张量有六个独立的分量. 注意到里奇张量是对称张量, 在三维中也有六个分量. 因此在黎曼张量和里奇张量间必然有一个关系. 与高维引力和二维引力不同, 三维引力有些特殊. 尽管在三维中不存在局域的动力学自由度, 但有可能存在一些整体的自由度. 特别地, 已经发现三维反德西特 (AdS) 时空中存在整体的边界自由度, 因此有非平凡的黑洞解存在. 三维 AdS 引力具有非常丰富的物理内容.

6.2 基 灵 矢 量

物理上, 粒子运动的守恒量与时空的对称性密不可分. 时间和空间平移对称性是点粒子运动时能量和动量守恒的原因, 而转动对称性是角动量守恒的原因. 因此, 了解一个时空的对称性具有重要的物理意义. 对于弯曲时空, 一般没有整体坐标来覆盖整个流形, 我们希望得到与坐标选择无关的矢量来刻画时空流形的对称性.

考虑度规场在广义坐标变换下的变换

$$g'_{\alpha\beta}(x'(x)) = \frac{\partial x^\mu}{\partial x'^\alpha} \frac{\partial x^\nu}{\partial x'^\beta} g_{\mu\nu}(x), \tag{6.67}$$

或者

$$g_{\mu\nu}(x) = \frac{\partial x'^\alpha}{\partial x^\mu} \frac{\partial x'^\beta}{\partial x^\nu} g'_{\alpha\beta}(x'(x)). \tag{6.68}$$

x' 和 x 实际上对应着同一个物理事件点, 但在不同的坐标卡中. 保度规 (isometry) 意味着在此变换下, 度规场的泛函形式不变, $g'_{\alpha\beta}(x'(x)) = g_{\alpha\beta}(x')$. 这样的变换称为保度规变换, 它保持一个矢量的长度不变. 所有的保度规变换构成一个群, 称为保度规群 (isometry group). 这个群的生成元可以通过考虑一个无穷小的坐标变换来得到. 考虑一个无穷小的坐标变换

$$x'^\alpha = x^\alpha + \epsilon \xi^\alpha(x), \tag{6.69}$$

度规场的变换要求

$$\begin{aligned}
g_{\mu\nu}(x) &= (\delta_\mu^\alpha + \epsilon \partial_\mu \xi^\alpha)(\delta_\nu^\beta + \epsilon \partial_\nu \xi^\beta)(g_{\alpha\beta} + \epsilon \xi^\gamma \partial_\gamma g_{\alpha\beta}) \\
&= g_{\mu\nu} + \epsilon \delta_\nu^\beta \partial_\mu \xi^\alpha g_{\alpha\beta} + \epsilon \delta_\mu^\alpha \partial_\nu \xi^\beta g_{\alpha\beta} + \epsilon \delta_\nu^\beta \delta_\mu^\alpha \xi^\gamma \partial_\gamma g_{\alpha\beta},
\end{aligned}$$

这导致

$$0 = \epsilon(g_{\alpha\nu}\partial_\mu\xi^\alpha + g_{\beta\mu}\partial_\nu\xi^\beta + \partial_\gamma g_{\mu\nu}\xi^\gamma)$$

$$\Rightarrow \partial_\mu\xi_\nu + \partial_\nu\xi_\mu - \xi^\alpha\partial_\mu g_{\alpha\nu} - \xi^\beta\partial_\nu g_{\beta\mu} + \xi^\gamma\partial_\gamma g_{\mu\nu} = 0$$

$$\Rightarrow 2\partial_{\{\mu}\xi_{\nu\}} - 2\xi_\gamma\Gamma^\gamma_{\mu\nu} = 0$$

$$\Rightarrow \xi_{\nu;\mu} + \xi_{\mu;\nu} = 0, \tag{6.70}$$

也就是说, 无穷小变换的生成元满足

$$\nabla_\mu\xi_\nu + \nabla_\nu\xi_\mu = 0. \tag{6.71}$$

这个方程称为基灵方程.

定义 基灵矢量是保度规群的无穷小生成元, 满足基灵方程

$$\nabla_\mu\xi_\nu + \nabla_\nu\xi_\mu = 0. \tag{6.72}$$

利用李导数, 基灵方程可写作

$$(\mathscr{L}_{\widehat{\xi}}g)_{\mu\nu} = 0. \tag{6.73}$$

令 $\phi_t : M \to M$ 是产生基灵矢量 $\widehat{\xi}$ 的单参数变换群, 方程 (6.73) 说明, 当我们沿 ϕ_t 运动时, 局部几何不变. 也就是说, 基灵矢量场代表着流形对称性的方向.

基灵矢量对应时空流形的某种对称性. 首先, 通过选择合适的坐标系可以让我们方便地描述基灵矢量. 实际上, 对于一个基灵矢量 $\widehat{\xi}$, 总存在一个坐标系 $\{\widetilde{x}\}$ 使基灵矢量的分量取作

$$\widetilde{\xi}^1 = [\text{constant}] = b, \qquad \widetilde{\xi}^\mu = 0 \ (\mu \neq 1). \tag{6.74}$$

这一点可以这样来证明: 给定一个坐标系 $\{x^\mu\}$, 基灵矢量的分量为 $\{\xi^\mu\}$. 由矢量的变换规则, 有

$$\widetilde{\xi}^\mu = \frac{\partial\widetilde{x}^\mu}{\partial x^\alpha}\xi^\alpha \Rightarrow \begin{cases} \dfrac{\partial\widetilde{x}^1}{\partial x^\alpha}, & \xi^\alpha = b, \\[2mm] \dfrac{\partial\widetilde{x}^\mu}{\partial x^\alpha}, & \xi^\alpha = 0, \quad \mu \neq 1. \end{cases} \tag{6.75}$$

这是一组系数为 ξ^α 的线性微分方程, 总是可解的. 因此, 我们总可以找到坐标系 $\{\widetilde{x}\}$, 在其中基灵矢量的分量取作 (6.74) 式. 进一步地, 在此坐标系中, 基灵方程 (6.70) 中第一式给出

$$\frac{\partial\widetilde{g}_{\mu\nu}}{\partial\widetilde{x}^1} = 0. \tag{6.76}$$

也就是说, $\widetilde{g}_{\mu\nu}$ 与 $\widetilde{x}^1$ 无关, 即任何 $\widetilde{x}^1$ 的有限变换都是 $\widetilde{g}_{\mu\nu}$ 的对称性. 这样我们就有了一条判断基灵矢量的简单方法: 如果 $g_{\mu\nu}$ 不依赖于某个坐标, 则沿此坐标的平移就是一个基灵矢量. 原则上, 我们总可以发现 "正确" 的坐标系使基灵对称性明显, 然而, 这不见得是方便的选择.

例 6.6 三维欧氏空间 R^3 上的基灵矢量.

三维欧氏空间 R^3 上的度规为 $\mathrm{d}s^2 = \mathrm{d}x^2 + \mathrm{d}y^2 + \mathrm{d}z^2$. 显然, 我们有基灵矢量

$$X^\mu = (1, 0, 0), \quad Y^\mu = (0, 1, 0), \quad Z^\mu = (0, 0, 1). \tag{6.77}$$

欧氏空间中应该还有转动不变性. 为此, 我们换到球坐标里, 度规为

$$\mathrm{d}s^2 = \mathrm{d}r^2 + r^2\mathrm{d}\theta^2 + r^2\sin^2\theta\mathrm{d}\phi^2. \tag{6.78}$$

易见 $\widehat{R} = \partial_\phi = -y\partial_x + x\partial_y$ 是一个基灵矢量, 表示绕 z 轴的转动, 它在笛卡儿坐标系下的分量为

$$R^\mu = (-y, x, 0). \tag{6.79}$$

同理, 我们可以得到绕 x 轴和 y 轴的转动对应的基灵矢量

$$S^\mu = (z, 0, -x), \quad T^\mu = (0, -z, y). \tag{6.80}$$

例 6.7 四维平直时空.

如果我们取直角坐标, 度规为 $\eta_{\mu\nu}$, 其分量与所有的坐标无关, 所以沿四个方向的平移都是基灵矢量. 而在极坐标下, 我们可以看到转动对称性, 包括洛伦兹转动和空间转动, 这些转动形成了洛伦兹群. 因此四维闵氏时空的保度规群是庞加莱群.

基灵矢量的物理意义在于如果时空流形上存在基灵矢量, 则可以定义与之相关的守恒量. 考虑一个有质量粒子的运动, 其 4-动量为 $p^\mu = mu^\mu$. 它的测地线由 $p^\lambda\nabla_\lambda p_\mu = 0$ 给出, 即

$$p^\lambda\partial_\lambda p_\mu - \Gamma^\alpha_{\lambda\mu}p^\lambda p_\alpha = 0. \tag{6.81}$$

(6.81) 式第一项 $p^\lambda\partial_\lambda p_\mu = m\dfrac{\mathrm{d}x^\lambda}{\mathrm{d}\tau}\partial_\lambda p_\mu = m\dfrac{\mathrm{d}p_\mu}{\mathrm{d}\tau}$ 表示动量分量沿测地线的变化, 而第二项为

$$\begin{aligned} \Gamma^\alpha_{\lambda\mu}p^\lambda p_\alpha &= \frac{1}{2}g^{\sigma\alpha}(\partial_\lambda g_{\sigma\mu} + \partial_\mu g_{\lambda\sigma} - \partial_\sigma g_{\lambda\mu})p^\lambda p_\alpha \\ &= \frac{1}{2}(\partial_\lambda g_{\sigma\mu} + \partial_\mu g_{\lambda\sigma} - \partial_\sigma g_{\lambda\mu})p^\lambda p^\sigma \\ &= \frac{1}{2}\partial_\mu g_{\lambda\sigma}p^\lambda p^\sigma. \end{aligned} \tag{6.82}$$

因此, 测地线方程给出

$$m\frac{\mathrm{d}p_\mu}{\mathrm{d}\tau} = \frac{1}{2}\partial_\mu g_{\lambda\sigma}p^\lambda p^\sigma. \tag{6.83}$$

如果 $g_{\lambda\sigma}$ 与某坐标 x^μ 无关, 则相应的动量 p_μ 沿测地线是守恒的,

$$\partial_\mu g_{\lambda\sigma} = 0 \quad \Rightarrow \quad \frac{\mathrm{d}p_\mu}{\mathrm{d}\tau} = 0. \tag{6.84}$$

所以, 时空流形的基灵矢量给出粒子运动的守恒量. 一般性地, 我们可以考虑基灵矢量 $\widehat{\xi}$ 与粒子 4-动量的内积沿测地线的变化:

$$\begin{aligned} p^\mu\nabla_\mu(\xi_\nu p^\nu) &= p^\mu\xi_\nu\nabla_\mu p^\nu + p^\mu p^\nu\nabla_\mu\xi_\nu \\ &= p^\mu p^\nu\nabla_\mu\xi_\nu \\ &= p^\mu p^\nu\nabla_{(\mu}\xi_{\nu)}. \end{aligned} \tag{6.85}$$

由基灵方程知

$$\nabla_{(\mu}\xi_{\nu)} = 0 \Rightarrow p^\mu\nabla_\mu(\widehat{\xi}\cdot\widehat{p}) = 0, \tag{6.86}$$

也就是说, 内积 $\widehat{\xi}\cdot\widehat{p}$ 是守恒量.

定理   如果时空流形存在基灵矢量场 $\widehat{\xi}$, 而沿测地线运动的粒子 (无论是有质量还是无质量) 具有 4-动量 $\widehat{p}$, 则 $\widehat{\xi}\cdot\widehat{p}$ 是沿测地线不变的守恒量,

$$\frac{\mathrm{d}}{\mathrm{d}\lambda}(\widehat{\xi}\cdot\widehat{p}) = 0. \tag{6.87}$$

每一个基灵矢量都定义了一个与测地运动相关的守恒量. 这在讨论粒子在弯曲时空中的运动时是非常有用的. 由定义, 度规在基灵矢量方向上是不变的. 不严格地说, 一个自由粒子在此方向上感觉不到任何力, 其动量分量因此也是守恒的. 我们可以与平直时空的情形做类比. 我们知道平直时空中时间平移不变性意味着能量守恒, 空间平移不变性意味着动量守恒, 而转动不变性意味着角动量守恒. 这些守恒量都可以按照我们刚才的讨论来理解.

进一步地, 我们可以定义基灵张量, 它满足

$$\nabla_{(\mu}K_{\nu_1\nu_2\cdots\nu_l)} = 0. \tag{6.88}$$

与基灵矢量一样, 我们有

$$p^\mu\nabla_\mu(K_{\nu_1\nu_2\cdots\nu_l}p^{\nu_1}\cdots p^{\nu_l}) = 0. \tag{6.89}$$

也就是说, 基灵张量也可以定义粒子运动的守恒量. 一个基灵张量的简单例子是考虑基灵矢量对称化的张量积.

由于基灵矢量是时空流形的对称性, 利用基灵矢量我们不仅可以定义点粒子的守恒量, 也可以来定义整个时空的守恒量. 如果我们有一个类时基灵矢量 $\widehat{\xi}$, 可以定义

$$J_T^\mu = \xi_\nu T^{\mu\nu} \Rightarrow \nabla_\mu J_T^\mu = 0, \tag{6.90}$$

则

$$E_T = \int_\Sigma J_T^\nu n_\mu \sqrt{\gamma}\mathrm{d}^3 x \tag{6.91}$$

对任何类空超曲面的积分都是不变的, 即为一个守恒量. 如果存在类空基灵矢量, 我们可以定义守恒的动量或者角动量.

在本节最后我们给出与基灵矢量相关的两个有用的等式:

$$\begin{aligned} \nabla_\mu \nabla_\sigma \xi^\rho &= R^\rho{}_{\sigma\mu\nu} \xi^\nu, \\ \xi^\lambda \nabla_\lambda R &= 0. \end{aligned} \tag{6.92}$$

它们将在后面的讨论中用到, 具体证明留作练习.

6.3   最大对称空间

基灵矢量是保度规群的无穷小生成元, 也就是说基灵矢量形成封闭的李代数. 严格地说, 这些矢量并非常数矢量, 而是矢量场. 在 $n \geqslant 2$ 维时, 一个流形的基灵矢量场数目可以比其维数大. 在一个给定的点, 矢量可能是线性相关的. 对于 $\sum_n c_n \widehat{V}^{(n)}$, 如果 $c_n \in R$ 且 $\widehat{V}^{(n)}$ 是基灵矢量, 则组合后仍是基灵矢量, 但如果 $c_n \in \mathcal{F}(\mathcal{M})$ 是函数, 则线性组合后并非基灵矢量. 然而, 如果 $\widehat{X}, \widehat{Y}$ 是基灵矢量, 它们的对易子 $[\widehat{X}, \widehat{Y}]$ 仍是基灵矢量. 换句话说, 基灵矢量场构成李代数, 这个代数是时空流形保度规群的李代数. 下面我们证明基灵矢量场的对易子仍是基灵矢量场.

定理   两个基灵矢量场的对易子仍是基灵矢量场.

证明   令 $\widehat{X}, \widehat{Y}$ 是基灵矢量场, 它们的对易子为

$$[\widehat{X}, \widehat{Y}]^\mu = [X^\sigma \partial_\sigma, Y^\rho \partial_\rho]^\mu = X^\sigma \partial_\sigma Y^\mu - Y^\sigma \partial_\sigma X^\mu. \tag{6.93}$$

然后我们考虑

$$
\begin{aligned}
\nabla^{(\nu}[\widehat{X},\widehat{Y}]^{\mu)} &= \nabla^{\nu}(X^{\sigma}\partial_{\sigma}Y^{\mu} - Y^{\sigma}\partial_{\sigma}X^{\mu}) + (\nu \leftrightarrow \mu) \\
&= (\nabla^{\nu}X^{\sigma})(\nabla_{\sigma}Y^{\mu}) + X^{\sigma}\nabla^{\nu}\nabla_{\sigma}Y^{\mu} \\
&\quad - (\nabla^{\nu}Y^{\sigma})(\nabla_{\sigma}X^{\mu}) - Y^{\sigma}\nabla^{\nu}\nabla_{\sigma}X^{\mu} + (\nu \leftrightarrow \mu) \\
&= -(\nabla^{\sigma}X^{\nu})(\nabla_{\sigma}Y^{\mu}) - X^{\sigma}\nabla^{\nu}\nabla^{\mu}Y_{\sigma} \\
&\quad + (\nabla^{\sigma}Y^{\nu})(\nabla_{\sigma}X^{\mu}) + Y^{\sigma}\nabla^{\nu}\nabla^{\mu}X_{\sigma} + (\nu \leftrightarrow \mu) \\
&= -X^{\sigma}R_{\sigma}{}^{\nu\mu}{}_{\rho}Y^{\rho} + Y^{\sigma}R_{\sigma}{}^{\nu\mu}{}_{\rho}X^{\rho} + (\nu \leftrightarrow \mu) \\
&= 0.
\end{aligned}
\tag{6.94}
$$

因此, $[\widehat{X},\widehat{Y}]$ 确实是基灵矢量场. 基灵矢量场的集合 $\{\widehat{X}\}$ 是保度规群的李代数.

n 维平直空间 R^n 有 n 个平移和 $\dfrac{n(n-1)}{2}$ 个转动基灵矢量. 固定一个点 P, 最多有 n 个平移. 而保持点 P 不动, 考虑可能的转动, 任意选择两个坐标轴即可定义此平面中的转动. 所以总共有

$$
n + \frac{n(n-1)}{2} = \frac{n(n+1)}{2}
\tag{6.95}
$$

个基灵矢量. n 维弯曲时空的局部是一个平直时空. 可以期待 n 维平直时空是我们能够得到的对称性最好的空间. 最大对称时空是具有最多可能基灵矢量场的时空.

定理 一个 n 维时空最多拥有 $n(n+1)/2$ 个基灵矢量场.

证明 对一个基灵矢量, $\nabla_{(\mu}\xi_{\nu)} = 0$. 由于

$$
\nabla_{\sigma}\nabla_{\rho}\xi_{\mu} = -R^{\lambda}{}_{\sigma\rho\mu}\xi_{\lambda},
\tag{6.96}
$$

在点 X 处基灵矢量场的所有导数都由 ξ_{σ} 和 $\xi_{\sigma;\rho}$ 的线性组合确定, 所以 $\xi_{\mu}(x)$ 的泰勒展开为

$$
\xi_{\rho}(x) = A_{\rho}{}^{\lambda}(x;X)\xi_{\lambda}(X) + B_{\rho}{}^{\lambda\nu}(x;X)\xi_{\lambda;\nu}(X),
\tag{6.97}
$$

只包含 ξ_{σ} 和 $\xi_{\sigma;\rho}$, 其中 A, B 是依赖于 $g_{\mu\nu}$ 和 X 的函数, 因此它们对所有的基灵矢量都一样. 一组基灵矢量 $\xi_{\rho}^n(x)$ 称为线性独立的, 如果它们不满足 $\sum_n c_n \xi_{\rho}^n(x) = 0$, 其中 c_n 为常数. 因此在 n 维中最多有 $\dfrac{n(n+1)}{2}$ 个基灵矢量:

(1) $\xi_{\lambda}(X) : n$ 个;

(2) $\xi_{\lambda;\nu}(X) : \dfrac{n(n-1)}{2}$ 个, 因为 $\xi_{(\lambda;\nu)}(X) = 0$.

最大对称空间是在所有点上都均匀 (homogeneous) 和各向同性 (isotropic) 的空间. 均匀意味着空间中没有哪个点是特殊的, 总存在基灵矢量把任意给定点移到它附近的任何其他点. 而各向同性是在保持某点 X 固定时使 $\xi^\lambda(X) = 0$ 而使 $\xi_{\lambda;\nu}(X)$ 取所有可能的值. 各向同性意味着在流形上任意一个点, 各个方向都是相同的, 也就是说具有转动不变性.

命题 最大对称空间即常曲率空间, 它的黎曼张量必然取如下形式:

$$R_{\lambda\rho\sigma\nu} = K(g_{\lambda\sigma}g_{\rho\nu} - g_{\lambda\nu}g_{\rho\sigma}), \tag{6.98}$$

其中 K 是一个常数,

$$K = \frac{R}{n(n-1)}. \tag{6.99}$$

证明 假设 $\widehat{\xi}$ 是一个基灵矢量场, 其协变导数也是一个张量. 对于张量 $\nabla_\sigma \xi_\rho$, 我们有

$$(\nabla_\mu \nabla_\nu - \nabla_\nu \nabla_\mu)\nabla_\sigma \xi_\rho = -(R^\lambda{}_{\rho\mu\nu}\nabla_\sigma \xi_\lambda + R^\lambda{}_{\sigma\mu\nu}\nabla_\lambda \xi_\rho). \tag{6.100}$$

利用基灵方程 $\nabla_\sigma \xi_\rho = -\nabla_\rho \xi_\sigma$, 以及我们前面提到的等式 $\nabla_\mu \nabla_\nu \xi_\rho = R^\lambda{}_{\mu\nu\rho}\xi_\lambda$, 由 (6.100) 式可以得到

$$\begin{aligned}
0 &= \nabla_\mu(R^\lambda{}_{\nu\sigma\rho}\xi_\lambda) - \nabla_\nu(R^\lambda{}_{\mu\sigma\rho}\xi_\lambda) - R^\lambda{}_{\rho\mu\nu}\nabla_\sigma \xi_\lambda - R^\lambda{}_{\sigma\mu\nu}\nabla_\lambda \xi_\rho \\
&= (\nabla_\mu R^\lambda{}_{\nu\sigma\rho} - \nabla_\nu R^\lambda{}_{\mu\sigma\rho})\xi_\lambda \\
&\quad + R^\lambda{}_{\nu\sigma\rho}\nabla_\mu \xi_\lambda - R^\lambda{}_{\mu\sigma\rho}\nabla_\nu \xi_\lambda - R^\lambda{}_{\rho\mu\nu}\nabla_\sigma \xi_\lambda + R^\lambda{}_{\sigma\mu\nu}\nabla_\rho \xi_\lambda \\
&= (\nabla_\mu R^\lambda{}_{\nu\sigma\rho} - \nabla_\nu R^\lambda{}_{\mu\sigma\rho})\xi_\lambda \\
&\quad + (R^\lambda{}_{\nu\sigma\rho}\delta^\gamma_\mu - R^\lambda{}_{\mu\sigma\rho}\delta^\gamma_\nu - R^\lambda{}_{\rho\mu\nu}\delta^\gamma_\sigma + R^\lambda{}_{\sigma\mu\nu}\delta^\gamma_\rho)\nabla_\gamma \xi_\lambda. \tag{6.101}
\end{aligned}$$

上面的讨论对于时空没有要求. 最后的关系式中包含正比于基灵矢量的项, 以及与基灵矢量的一阶协变导数相关的项. 如果考虑最大对称空间, 前面的讨论告诉我们, 基灵矢量的个数加上其协变导数的独立个数等于最大对称空间的基灵矢量的数目, 因此, (6.101) 式不应该把基灵矢量和基灵矢量的协变导数联系起来, 否则这些量就并非线性独立的. 这意味着 (6.101) 式在最大对称空间中成立的条件是基灵矢量前面的系数以及基灵矢量协变导数前面的系数都必须等于零. 再利用基灵矢量的定义, 我们知道其协变导数对称化以后不会给出限制, 因此我们只需要考虑其反对称部分前面的系数即可. 这样我们得到

$$\nabla_\mu R^\lambda{}_{\nu\sigma\rho} = \nabla_\nu R^\lambda{}_{\mu\sigma\rho},$$
$$R^\lambda{}_{\nu\sigma\rho}\delta^\gamma_\mu - R^\lambda{}_{\mu\sigma\rho}\delta^\gamma_\nu - R^\lambda{}_{\rho\mu\nu}\delta^\gamma_\sigma + R^\lambda{}_{\sigma\mu\nu}\delta^\gamma_\rho - (\lambda \leftrightarrow \gamma) = 0. \tag{6.102}$$

对 (6.102) 式第二式进行适当的缩并, 我们发现

$$(n-1)R^{\lambda}_{\ \nu\sigma\rho} = R_{\nu\rho}\delta^{\lambda}_{\sigma} - R_{\nu\sigma}\delta^{\lambda}_{\rho},$$

$$nR^{\mu}_{\ \rho} = R\delta^{\mu}_{\rho}, \qquad R = 常数. \tag{6.103}$$

这实际上等价于上面得到的黎曼张量与里奇标量间的关系.

常曲率空间被 K 唯一地确定. 在固定的维数, 除去平直时空外, 还有其他最大对称时空. 对于黎曼流形而言:

(1) $K = 0$, 欧氏平直空间.

(2) $K > 0$, 球面 ($R > 0$, 正常数曲率). 如果取球坐标, 我们可以很容易得到其标量曲率 $R \propto 1/a^2$, 其中 a 是球面的半径. 这里标量曲率与半径的依赖关系很容易通过量纲分析来得到: 度规场是无量纲的, 黎曼张量的量纲是长度量纲的负二次幂, 而球面唯一的尺度是其半径, 所以标量曲率一定与半径的平方成反比.

(3) $K < 0$, 即 $R < 0$, 双曲空间. 对于双曲空间, 我们可以取所谓的庞加莱坐标, 在其中度规为

$$ds^2 = \frac{L^2}{r^2}(dr^2 + dx^2), \tag{6.104}$$

其中 L 称为双曲空间的半径. 当然, 由于双曲空间非紧, L 只是这个空间的一个尺度. 计算这个空间的标量曲率可得 $R \propto -1/L^2$.

因此, 在宇宙学中如果我们认为宇宙学原理成立, 则其中的空间可以是上面三种空间中的一种, 分别对应平直宇宙、闭宇宙和开宇宙. 双曲空间的典型例子是 H^2: 2 维双曲面, 即庞加莱上半平面, 或者罗巴切夫斯基空间.

对于赝黎曼流形, 分类如下: 如果 $R = 0$, 对应闵氏时空. 如果 $R > 0$, 对应德西特 (de Sitter) 时空. 德西特时空在宇宙学中有着重要的应用. 在宇宙学的标准模型中, 极早期宇宙存在一个暴胀时期. 此时, 近似于存在着一个正的宇宙学常数, 标度因子的增长是指数形式的, 因此这个阶段可以认为是一个近似德西特时期. 而在宇宙现阶段, 观测发现宇宙处于加速膨胀中, 源于暗能量的驱动. 在将来, 宇宙将进入渐近德西特时空阶段. 然而, 德西特时空有一些奇特的性质: 它存在一个宇宙学视界, 可以定义温度和熵. 由于宇宙学视界的存在, 德西特时空中的物理是很奇怪的, 对于观测者而言只有有限多个自由度.

最后, 当 $R < 0$ 时, 对应着反德西特时空. 反德西特时空也有很有趣的物理应用. 近年来, 量子引力的重要发展来自所谓的 AdS/CFT 对应: 反德西特时空中的量子引力与其边界上的共形场论等价. 这个对应关系实现了量子引力的全息原理, 提供了量子引力的全新定义.

习 题

1. 证明形式化定义的黎曼张量的多线性.

2. 证明在共形变换

$$\widetilde{g}_{\mu\nu} = \mathrm{e}^{2\omega(x)} g_{\mu\nu} \tag{6.105}$$

下外尔张量的共形不变性. 进一步地, 验证

$$\begin{aligned}\widetilde{R}_{\sigma\nu} &= R_{\sigma\nu} - \omega^{-1}\nabla_{\alpha}\nabla_{\beta}((n-2)\delta_{\nu}^{\alpha}\delta_{\sigma}^{\beta} + g_{\sigma\nu}g^{\alpha\beta}) \\ &\quad + \omega^{-2}\nabla_{\alpha}\omega\nabla_{\beta}\omega(2(n-2)\delta_{\nu}^{\alpha}\delta_{\sigma}^{\beta} - (n-3)g_{\sigma\nu}g^{\alpha\beta}),\end{aligned} \tag{6.106}$$

并由此证明爱因斯坦张量在共形变换下也是不变的.

3. 证明科顿张量在共形变换下具有共形权 $-5/2$.

4. 请给出三维中黎曼张量与里奇张量、标量间的关系.

5. 如果一个 N 维时空具有坐标 $x^A = (x^\mu, x^m)$, 其中希腊字母取值在 $\mu = 1, \cdots, n$, 而拉丁字母取值在 $m = n+1, \cdots, N$, 进一步假定度规是分块对角化的, 其中 $g_{\mu\nu}$ 只依赖于 x^μ, 而 g_{mn} 只依赖于 x^n, 请证明黎曼张量也有类似的分解方式.

6. 利用坐标变换, 我们可以局域地选择 $g_{00} = -1, g_{0i} = 0$, 这样线元形如

$$\mathrm{d}s^2 = -\mathrm{d}t^2 + h_{ij}\mathrm{d}x^i\mathrm{d}x^j. \tag{6.107}$$

这种坐标称为同时坐标. 证明里奇张量为

$$\begin{aligned}R_0^0 &= -\frac{1}{2}\partial_t\Omega_i^i - \frac{1}{4}\Omega_j^i\Omega_i^j, \\ R_i^0 &= \frac{1}{2}\left(\nabla_j\Omega_i^j - \nabla_i\Omega_j^j\right), \\ R_i^j &= -{}^{(3)}R_i^j - \frac{1}{2\sqrt{h}}\partial_t(\sqrt{h}\,\Omega_i^j),\end{aligned} \tag{6.108}$$

其中 $\Omega_{ij} = \partial_t h_{ij}$, 而 ${}^{(3)}R_i^j$ 是由 h_{ij} 构造的三维里奇张量, 所有的指标升降和协变导数都是相对于三维度规 h_{ij} 而言.

7. 在平直时空中找到使洛伦兹转动对称性明显的坐标变换.

8. 如果 $\widehat{\xi}$ 是类时基灵矢量, 则我们可以定义一个沿基灵矢量的 4-速度 $u^\mu \equiv \xi^\mu/\sqrt{-\xi^\nu\xi_\nu} = \xi^\mu/N$, 其中 N 是基灵矢量的模长. 证明这个 4-速度的 4-加速度为

$$\widehat{a} = \nabla_{\widehat{u}}\widehat{u} = \frac{1}{2}\nabla\ln N. \tag{6.109}$$

9. 给定一个时空的度规为

$$ds^2 = -2dudv + a^2(u)dx^2 + b^2(u)dy^2, \tag{6.110}$$

其中 $u = t - z, v = t + z$. 这个度规代表引力波沿 z 方向传播. 找到这个度规的所有基灵矢量.

10. 请证明如下两个与基灵矢量 $\widehat{\xi}$ 相关的等式:

$$\begin{aligned} \nabla_\mu \nabla_\sigma \xi^\rho &= R^\rho{}_{\sigma\mu\nu}\xi^\nu, \\ \xi^\lambda \nabla_\lambda R &= 0. \end{aligned} \tag{6.111}$$

11. 证明在无穷小坐标变换下 $x^\mu \to x^\mu + \xi^\mu(x)$, 克里斯托弗符号的变化为

$$\delta\Gamma^\sigma_{\mu\nu} = -\frac{1}{2}\nabla_{(\mu}\nabla_{\nu)}\xi^\sigma + \frac{1}{2}R^\sigma{}_{(\mu\nu)\rho}\xi^\rho, \tag{6.112}$$

因此, 如果 ξ^μ 是一个基灵矢量, 则 $\delta\Gamma^\sigma_{\mu\nu} = 0$.

12. 二维球面的度规为

$$ds^2 = d\theta^2 + \sin^2\theta d\phi^2, \tag{6.113}$$

请给出这个时空的所有基灵矢量.

13. 由双曲空间在庞加莱坐标下的度规形式计算其标量曲率.

第七章　　爱因斯坦方程

我们在前面几章中已经简要介绍了广义相对论中需要的微分几何知识, 在这一章中将介绍如何得到爱因斯坦方程. 物理上, 这可以通过对牛顿引潮力的讨论来获得启示. 我们将看到广义相对论中测地偏离方程实际上告诉了我们引潮力的起源, 由此我们可以得到真空爱因斯坦方程. 对爱因斯坦方程的一般推导, 最好的途径是利用作用量原理. 在本章中我们还将讨论在弯曲时空中的物质场, 以及对能动张量的约束条件.

7.1　　测地偏离和引潮力

欧氏几何的第五公设告诉我们: 给定一条直线, 穿过直线外一点有且仅有一条直线与原来的直线平行. 这个公设在非欧几何中不再成立, 比如说在二维球面上, 所有的测地线都会相交. 所以, 平行性在非欧几何中不再能够很好地定义. 我们可以关注刚开始平行的两条测地线相互之间的偏离矢量 (deviation vectors) 随测地线的变化情况. 为此, 我们构造一个单参数族的测地线 $\gamma_s(t)$: 对每一个实数 $s \in R$, γ_s 是一个被仿射参数 t 所参数化的测地线. 这些曲线的集合构成了一个二维的光滑曲面, 可以嵌入任意维度的流形 M 中. 整个曲面就是点集 $x^\mu(s, t) \in M$, 我们可以称之为测地线汇. 测地线的切矢量为

$$T^\mu = \frac{\partial x^\mu}{\partial t}, \tag{7.1}$$

而两条相邻测地线间可以定义偏离矢量

$$S^\mu = \frac{\partial x^\mu}{\partial s}, \tag{7.2}$$

即 S^μ 从一条测地线指向另一条相邻的测地线, 如图 7.1 所示.

我们希望了解偏离矢量是如何沿着测地线变化的, 为此我们计算 "测地相对速度矢量"

$$V^\mu = (\nabla_{\widehat{T}} \widehat{S})^\mu = T^\rho \nabla_\rho S^\mu, \tag{7.3}$$

以及 "测地相对加速度"

$$a^\mu = (\nabla_{\widehat{T}} \widehat{V})^\mu = T^\rho \nabla_\rho V^\mu. \tag{7.4}$$

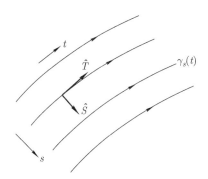

图 7.1　由单参数族构成的测地线汇, 其中参数 s 刻画不同的测地线, 而 t 是描述测地线的参数. 因此, 沿着参数 t 的方向导数构成了测地线的切矢量, 而相邻测地线可以通过测地偏离矢量来刻画.

由于 $\widehat{S}$ 和 $\widehat{T}$ 是相对于坐标系的基矢, 它们的对易子

$$[\widehat{S}, \widehat{T}] = 0.$$

如果我们考虑无挠情形, 由于 $\nabla_{\widehat{X}}\widehat{Y} - \nabla_{\widehat{Y}}\widehat{X} - [\widehat{X}, \widehat{Y}] = 0$, 所以 $\nabla_{\widehat{S}}\widehat{T} = \nabla_{\widehat{T}}\widehat{S}$, 也就是说

$$S^\rho \nabla_\rho T^\mu = T^\rho \nabla_\rho S^\mu, \tag{7.5}$$

而测地相对 4-加速度为

$$
\begin{aligned}
a^\mu &= T^\rho \nabla_\rho (T^\sigma \nabla_\sigma S^\mu) \\
&= T^\rho \nabla_\rho (S^\sigma \nabla_\sigma T^\mu) \\
&= (T^\rho \nabla_\rho S^\sigma)(\nabla_\sigma T^\mu) + T^\rho S^\sigma \nabla_\rho \nabla_\sigma T^\mu \\
&= (S^\rho \nabla_\rho T^\sigma)(\nabla_\sigma T^\mu) + T^\rho S^\sigma (\nabla_\sigma \nabla_\rho T^\mu + R^\mu{}_{\nu\rho\sigma} T^\nu) \\
&= (S^\rho \nabla_\rho T^\sigma)(\nabla_\sigma T^\mu) + S^\sigma \nabla_\sigma (T^\rho \nabla_\rho T^\mu) \\
&\quad - (S^\sigma \nabla_\sigma T^\rho) \nabla_\rho T^\mu + R^\mu{}_{\nu\rho\sigma} T^\nu T^\rho S^\sigma \\
&= R^\mu{}_{\nu\rho\sigma} T^\nu T^\rho S^\sigma. \tag{7.6}
\end{aligned}
$$

这样我们就得到了测地偏离方程.

测地偏离方程

$$a^\mu = \frac{\mathrm{D}^2}{\mathrm{d}t^2} S^\mu = R^\mu{}_{\nu\rho\sigma} T^\nu T^\rho S^\sigma. \tag{7.7}$$

这个方程也称为雅可比方程, 它告诉我们两条相邻测地线间的相对加速度与曲率成正比.

在上面的讨论中, 有几点值得注意. 首先, $\widehat{S}$ 与 $\widehat{T}$ 的对易子为零说明矢量场是填满曲面的 (surface-filling). 这是由于此时两个矢量可以写作坐标基的导数. 其次, 注意

$\widehat{S}$ 和 $\widehat{T}$ 不必正交. 但是我们总可以通过投影定义一个矢量

$$\widehat{\eta} = \widehat{S} + \widehat{T}(\widehat{T} \cdot \widehat{S}), \tag{7.8}$$

它与 $\widehat{T}$ 正交, $\widehat{\eta} \cdot \widehat{T} = 0$. 对于 $\widehat{\eta}$ 而言, 可证它的测地偏离方程取相同的形式:

$$\frac{\mathrm{D}^2}{\mathrm{d}t^2}\eta^\mu - R^\mu{}_{\nu\rho\sigma}T^\nu T^\rho \eta^\sigma = 0. \tag{7.9}$$

再次, 对于一个自由下落观测者的惯性系, 沿测地线运动, 其 4-速度为 $\widehat{T}$. 因此我们在此惯性系中可以选定标架场 $e_0^\mu = T^\mu$, $\{\widehat{e}_1, \widehat{e}_2, \widehat{e}_3\}$ 是一组与 $\widehat{T}$ 正交的类空基矢, 且所有的标架场都是沿测地线平行移动的: $\frac{\mathrm{D}}{\mathrm{D}\tau}\widehat{e}_m = 0$. 由此, 我们可以定义相对于观测者参考系的偏离矢量

$$\eta^m = e_\mu^m \eta^\mu, \tag{7.10}$$

其中

$$\eta^0 = e_\mu^0 \eta^\mu = T_\mu \eta^\mu = 0. \tag{7.11}$$

剩下的三个类空分量满足的方程为

$$\frac{\mathrm{D}^2}{\mathrm{d}\tau^2}\eta^i - R^\mu{}_{\nu\rho\sigma}e_\mu^i T^\nu T^\rho \eta^j e_j^\sigma = 0, \tag{7.12}$$

或简记为

$$\frac{\mathrm{D}^2}{\mathrm{d}\tau^2}\eta^i + K^i{}_j \eta^j = 0, \tag{7.13}$$

其中

$$K^i{}_j = -R^\mu{}_{\nu\rho\sigma}e_\mu^i T^\nu T^\rho e_j^\sigma. \tag{7.14}$$

我们可以把这个方程与牛顿力学中的引潮力做比较.

在牛顿力学中考虑两个粒子沿曲线 C_1 和 C_2 运动, 如图 7.2 所示. 它们的世界线由下面的坐标描述:

$$x^i(t), \quad x'^i(t) = x^i(t) + \eta^i(t), \tag{7.15}$$

其中 $\eta^i(t)$ 是连接两条曲线的偏离矢量. 对于第一个粒子,

$$\frac{\mathrm{d}^2 x^i}{\mathrm{d}t^2} = -\delta^{ij}\frac{\partial \Phi(\boldsymbol{x})}{\partial x^j}, \tag{7.16}$$

而对于第二个粒子,

$$\frac{\mathrm{d}^2 x'^i}{\mathrm{d}t^2} = \frac{\mathrm{d}^2 (x^i + \eta^i)}{\mathrm{d}t^2} = -\delta^{ij} \frac{\partial \Phi(\boldsymbol{x} + \boldsymbol{\eta})}{\partial x^j}$$
$$= -\delta^{ij} \left(\frac{\partial \Phi(\boldsymbol{x})}{\partial x^j} + \frac{\partial}{\partial x^k} \frac{\partial \Phi(\boldsymbol{x})}{\partial x^j} \eta^k + \cdots \right),$$

其中 Φ 为牛顿引力势. 两个粒子的相对加速度, 即牛顿力学中的偏离方程为

$$\ddot{\eta}^i = -\delta^{ij} \left(\frac{\partial^2 \Phi}{\partial x^j \partial x^k} \right)_{\boldsymbol{x}} \eta^k. \tag{7.17}$$

定义

$$K^i{}_j \equiv \partial^i \partial_j \Phi, \tag{7.18}$$

上面的方程可写作

$$\ddot{\eta}^i + K^i{}_j \eta^j = 0. \tag{7.19}$$

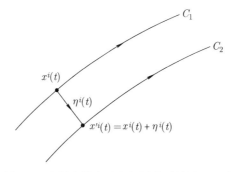

图 7.2　牛顿力学中两个相邻粒子的测地运动.

张量 K 刻画了微分加速度, 确定了把相邻粒子推开或者拉拢的力. 它们被称为 "引潮力" 或者 "潮汐加速度张量". 由牛顿力学在真空中的拉普拉斯方程

$$\nabla^2 \Phi = 0, \tag{7.20}$$

我们知道张量 K 在真空中是无迹的:

$$K^i{}_i = 0. \tag{7.21}$$

例 7.1　球分布质量外的引潮力.

此时的牛顿引力势为 $\Phi = -M/r(G=1)$, 而潮汐加速度为

$$a_{ij} = -\frac{\partial^2 \Phi}{\partial x^i \partial x^j} = -(\delta_{ij} - 3n_i n_j)\frac{M}{r^3}, \tag{7.22}$$

其中 $n^i = x^i/r$. 在极坐标 (r,θ,ϕ) 中,

$$a_{rr} = \frac{2M}{r^3}, a_{\theta\theta} = a_{\phi\phi} = -\frac{M}{r^3}. \tag{7.23}$$

显然, 张量 K 此时是无迹的. 对一个沿径向方向自由下落的观测者, 可以取上面的基, 得到

$$\frac{\mathrm{d}^2\eta^r}{\mathrm{d}t^2} = \frac{2M}{r^3}\eta^r, \quad \frac{\mathrm{d}^2\eta^\theta}{\mathrm{d}t^2} = -\frac{M}{r^3}\eta^\theta, \quad \frac{\mathrm{d}^2\eta^\phi}{\mathrm{d}t^2} = -\frac{M}{r^3}\eta^\phi, \tag{7.24}$$

因此, 这个观测者将感觉到在径向方向被引潮力拉伸, 而在横向方向被引潮力压缩.

例 7.2 地球上的引潮力.

地球上的潮汐现象主要来自月球的影响, 尽管太阳的影响也不小. 为简化问题, 我们这里只讨论月球的影响. 假定地球在我们选定坐标系的原点 $(0,0,0)$, 而月球在 z 轴 $(0,0,d)$ 处, 月球的牛顿引力势为

$$\Phi_{\mathrm{m}}(z) = -\frac{GM_{\mathrm{m}}}{(x^2+y^2+(z-d)^2)^{1/2}}, \tag{7.25}$$

则潮汐加速度为

$$\left(\frac{\partial^2 \Phi}{\partial x^i \partial x^j}\right)\bigg|_0 = \frac{GM_{\mathrm{m}}}{d^3}\mathrm{diag}(1,1,-2). \tag{7.26}$$

考虑海洋中质量为 m 的单元, 在 (y,z) 平面上位于 $\boldsymbol{r} = r(0,-\sin\theta,\cos\theta)$ 处, 其中 $r \ll d$, 则引潮力为

$$\boldsymbol{F}_{\mathrm{tidal}} = \frac{GmM_{\mathrm{m}}}{d^2}\frac{r}{d}(0,-\sin\theta, 2\cos\theta). \tag{7.27}$$

沿着 z, $\theta=0$ 时, 该力是沿 $+z$ 方向, 而 $\theta=\pi$ 时, 该力是沿 $-z$ 方向. 也就是说, 引潮力把海洋沿 z 方向拉开. 相反地, 引潮力在横向方向上是挤压海洋的.

在广义相对论中爱因斯坦的等效原理告诉我们, 一个航天员在自由下落的航天器中感觉不到任何引力. 那么是不是引力都被自由下落所抵消呢? 局域地说, 假设航天员是一个质点, 确实如此. 对一滴液体, 如果没有任何外力而只存在表面张力, 它会保持严格的球形. 但是由于引潮力的存在, 实际上航天器中的水滴并非严格的球形, 而是有微小的形变. 在广义相对论中, 形变来自测地偏离. 换句话说, 引潮力可以理解成测地偏离. 比较广义相对论和牛顿力学中的测地偏离方程, 我们发现

$$\partial^i\partial_j\Phi = K^i_{\ j} = -R^\mu_{\ \nu\rho\sigma}e^i_\mu T^\nu T^\rho e^\sigma_j, \tag{7.28}$$

黎曼张量表示了一个物体 (如一滴水) 沿测地线运动时感觉到的引潮力. 一个黎曼张量可以分解成外尔张量、里奇张量和里奇标量. 里奇张量包含了存在引潮力时物体体积变化的精确信息, 而外尔张量包含了物体的形状如何被引潮力改变的信息.

7.2　爱因斯坦方程

引进与航天员共动的坐标系, $e_i^\mu = \delta_i^\mu, T^\sigma = (1, 0, 0, 0)$, 则我们发现

$$R^i{}_{00i} = 0, \tag{7.29}$$

这来自张量 $K^i{}_j$ 是无迹的. 作为一个张量方程, 我们期待

$$R^\rho{}_{00\rho} = 0, \tag{7.30}$$

它可以重新写作

$$R^\rho{}_{00\rho} = R^\rho{}_{\mu\nu\rho} T^\mu T^\nu = -R_{\mu\nu} T^\mu T^\nu = 0. \tag{7.31}$$

它是一个标量, 应该在所有坐标系中都成立, 所以, 我们得到了

$$R_{\mu\nu} = 0.$$

这就是所谓的真空爱因斯坦方程. 严格地说, 上面的讨论并非严谨的推导. 这里的逻辑是: 首先, 在真空中有泊松方程 $\nabla^2\Phi = 0$, 它要求张量 $K^i{}_j$ 无迹. 由此我们得到了张量方程

$$R_{\mu\nu} T^\mu T^\nu = 0, \tag{7.32}$$

它应该对所有的观测者都正确, 即对所有的 T^μ 都成立, 所以得到了真空爱因斯坦方程.

真空爱因斯坦方程

$$R_{\mu\nu} = 0. \tag{7.33}$$

真空爱因斯坦方程有十个独立的方程, 是高度非线性的, 很难求解. 支持它正确的两个最早证据是:

(1) 牛顿极限. 在此极限下我们应该回到牛顿引力.

(2) 球对称史瓦西解. 这样我们可以讨论对广义相对论的检验.

这里我们先讨论牛顿极限.

牛顿极限的三个要求

(1) 弱引力, 即度规场对平直时空的偏离很小: $g_{\mu\nu} = \eta_{\mu\nu} + h_{\mu\nu}$, 其中 $h_{\mu\nu} = O(\epsilon)$;

(2) 慢变, 即扰动场随时间的变化较慢: $\partial_0 h_{\mu\nu} = O(\epsilon^2)$;

(3) 粒子的运动较慢, 可以忽略相对论性效应.

由于扰动场是小量, 我们可以得到度规场的逆

$$g^{\mu\nu} = \eta^{\mu\nu} - h^{\mu\nu}, \tag{7.34}$$

其中 $h^{\mu\nu} = \eta^{\mu\sigma}\eta^{\nu\rho}h_{\sigma\rho}$ 是通过背景平直时空的度规来升降指标的. 由此, 克里斯托弗符号为

$$\begin{aligned}
\Gamma^\mu_{\sigma\rho} &= \frac{1}{2}g^{\mu\nu}(\partial_\sigma g_{\nu\rho} + \partial_\rho g_{\nu\sigma} - \partial_\nu g_{\sigma\rho}) \\
&= \frac{1}{2}\eta^{\mu\nu}(\partial_\sigma h_{\nu\rho} + \partial_\rho h_{\nu\sigma} - \partial_\nu h_{\sigma\rho}) + O(\epsilon^2),
\end{aligned} \tag{7.35}$$

这里我们只明显写出了一阶小量. 测地线方程约化为

$$\frac{\mathrm{d}^2 x^\mu}{\mathrm{d}\tau^2} + \Gamma^\mu_{00}\left(\frac{\mathrm{d}t}{\mathrm{d}\tau}\right)^2 = 0. \tag{7.36}$$

而 $\Gamma^\mu_{00} = -\frac{1}{2}\eta^{\mu\lambda}\partial_\lambda h_{00}$, 所以测地线方程变为

$$\frac{\mathrm{d}^2 x^\mu}{\mathrm{d}\tau^2} = \frac{1}{2}\eta^{\mu\lambda}\partial_\lambda h_{00}\left(\frac{\mathrm{d}t}{\mathrm{d}\tau}\right)^2. \tag{7.37}$$

这个方程的 $\mu = 0$ 分量给出

$$\frac{\mathrm{d}^2 t}{\mathrm{d}\tau^2} = 0, \tag{7.38}$$

即 $\dfrac{\mathrm{d}t}{\mathrm{d}\tau}$ 是一个常数, 我们可以简单地取 $t = \tau$. 从物理上来看, 由于粒子运动较慢, $\dfrac{\mathrm{d}x^i}{\mathrm{d}\tau} \ll \dfrac{\mathrm{d}t}{\mathrm{d}\tau}$, 我们可以忽略坐标时与固有时之间的差别. 而对 $\mu = i$ 分量, 有

$$\frac{\mathrm{d}^2 x^i}{\mathrm{d}\tau^2} = \frac{1}{2}\left(\frac{\mathrm{d}t}{\mathrm{d}\tau}\right)^2 \partial_i h_{00}, \tag{7.39}$$

它可以重新写作

$$\frac{\mathrm{d}^2 x^i}{\mathrm{d}t^2} = \frac{1}{2}\partial_i h_{00}. \tag{7.40}$$

与牛顿引力势中点粒子的运动比较, 有

$$\frac{\mathrm{d}^2 x^i}{\mathrm{d}t^2} = -\partial^i \Phi, \tag{7.41}$$

我们得到如下的等同关系

$$h_{00} = -2\Phi, \tag{7.42}$$

或者

$$g_{00} = -(1 + 2\Phi). \tag{7.43}$$

进一步地, 我们可以计算黎曼张量, 得到其一阶非零分量

$$R^{\mu}_{0\nu0} = -\frac{1}{2}g^{\mu\sigma}\partial_{\sigma}\partial_{\nu}h_{00} + O(\epsilon^2). \tag{7.44}$$

$R_{\mu\nu} = 0$ 的 (00) 分量给出

$$R^{\mu}_{0\mu0} = -\frac{1}{2}\nabla^2 h_{00}, \tag{7.45}$$

这实际上正是拉普拉斯方程

$$\nabla^2 \Phi = 0. \tag{7.46}$$

因此我们看到, 如果我们把度规场对平直时空的偏离 (或者说扰动) 看作牛顿引力势, 则测地线方程给出牛顿第二定律, 而真空爱因斯坦方程给出在真空中牛顿引力势的泊松方程. 简而言之, 在牛顿近似下, 爱因斯坦理论回到牛顿引力.

如果存在物质分布, 不再是真空情形, 爱因斯坦理论又如何呢? 牛顿引力中我们有泊松方程

$$\nabla^2 \Phi = 4\pi G\rho, \tag{7.47}$$

如何把它推广为一个相对论性的张量方程呢? 现在我们知道, 质量密度只是能动张量的一个分量, 而引力势是度规场的扰动的一个分量, 因此我们期待

$$\rho \to T_{\mu\nu}, \quad \nabla^2 \to \nabla^{\mu}\nabla_{\mu}, \quad \Phi \to g_{\mu\nu}? \tag{7.48}$$

简单地这样做是不行的, 因为 $\nabla_{\mu}g_{\sigma\rho} = 0$.

实际上, 历史上有各种尝试来推广方程 (7.47), 试图得到一个相对论性的引力理论. 一种做法认为引力是一种标量理论, 仍然保留 Φ. 比如说方程的左边变成协变化的达朗贝尔算子作用在 Φ 上, 而右边取能动张量的迹, 即

$$\Box \Phi = 4\pi G T^{\mu}_{\mu}. \tag{7.49}$$

但这个理论与实验不符合, 在描述水星近日点进动时理论预言比实验结果小. 此外, 由于电磁理论的能动张量的迹 $(T^{EM})^\mu_\mu$ 为零, 电磁理论无法与引力耦合. 也就是说在这个理论中光子没有引力红移, 光线也不存在偏折. 所以, 利用标量场来描述引力是不正确的. 另一种观点认为引力是矢量理论, 但这种理论只能给出排斥力.

作为张量理论而言, 如果方程右边换作能动张量, 则方程左边也必须是个 $(0,2)$ 型张量, 而且必须包含二阶导数. 包含度规场二阶导数的对称张量可能是里奇张量, 因此自然的选择是 $R_{\mu\nu} = \kappa T_{\mu\nu}$. 然而这样的推广与能动张量的守恒方程 $\nabla^\mu T_{\mu\nu} = 0$ 不符. 幸运的是, 我们只需要对这个方程稍做修改即可以满足能动量守恒条件. 我们已经引进了爱因斯坦张量, 它满足 $\nabla^\mu G_{\mu\nu} = 0$, 所以我们可以猜测

$$G_{\mu\nu} = R_{\mu\nu} - \frac{1}{2}g_{\mu\nu}R = \kappa T_{\mu\nu}. \tag{7.50}$$

方程右边有一个待确定的因子 κ, 它可以通过牛顿极限来确定. 首先, 对方程 (7.50) 两边求迹可得, 在任意 D 维时空中

$$R = \frac{2}{2-D}\kappa T, \tag{7.51}$$

其中 $T = T^\mu_\mu$ 是能动张量的迹. 由此可得

$$R_{\mu\nu} = \kappa\left(T_{\mu\nu} - \frac{1}{D-2}Tg_{\mu\nu}\right). \tag{7.52}$$

在 $D = 4$ 维中,

$$R_{\mu\nu} = \kappa\left(T_{\mu\nu} - \frac{1}{2}Tg_{\mu\nu}\right). \tag{7.53}$$

另一方面, 我们考虑产生时空弯曲的物质是尘埃, 因此能动张量的分量中主要贡献来自 (00) 分量

$$T_{00} = \rho, \quad T = -\rho, \tag{7.54}$$

所以, 考虑爱因斯坦方程的 (00) 分量, 我们得到在牛顿极限下,

$$R_{00} = -\frac{1}{2}\nabla^2 h_{00} = \frac{1}{2}\kappa T_{00}. \tag{7.55}$$

因此, 我们可以确定

$$\kappa = 8\pi G. \tag{7.56}$$

最终, 我们得到了有能动张量的爱因斯坦方程①.

爱因斯坦方程

$$R_{\mu\nu} - \frac{1}{2}g_{\mu\nu}R = 8\pi G T_{\mu\nu}, \tag{7.57}$$

有时也简记作

$$G_{\mu\nu} = 8\pi G T_{\mu\nu}. \tag{7.58}$$

简而言之, 从能动张量守恒方程出发我们选择了爱因斯坦张量. 但这里的讨论其实有一个疏漏: 如我们所知, 我们选择的联络是度规相容的, 即 $\nabla_\mu g_{\sigma\rho} = 0$, 这实际上提供了一种可能性: 我们可以在方程的左边加上一个与度规张量成正比的项, 即有名的宇宙学常数项. 这样的话, 我们得到如下的方程:

$$G_{\mu\nu} + \Lambda g_{\mu\nu} = 8\pi G T_{\mu\nu}. \tag{7.59}$$

它可以变形为

$$R_{\mu\nu} = 8\pi G \left(T_{\mu\nu} - \frac{1}{2}T g_{\mu\nu} \right) + \Lambda g_{\mu\nu}. \tag{7.60}$$

如果我们同样考虑牛顿近似, 将得到

$$\nabla^2 \Phi = 4\pi G \rho - \Lambda. \tag{7.61}$$

如果考虑一个球对称分布的物质外的引力加速度, 我们得到

$$\boldsymbol{g} = -\nabla \Phi = (-\frac{GM}{r^2} + \frac{\Lambda r}{3})\boldsymbol{e}_r. \tag{7.62}$$

因此, 假如宇宙学常数是负的, 它将诱导出一个线性增加的吸引力, 而如果宇宙学常数是正的, 则它将诱导出一个排斥力, 而且随着距离线性增加.

爱因斯坦首先提出了宇宙学常数项, 基于宇宙学原理他可以得到一个静态的宇宙. 但这个模型是不稳定的. 而且随着哈勃发现我们的宇宙是膨胀的, 静态宇宙被大家所抛弃. 爱因斯坦本人也把引进宇宙学常数看作他一生最大的失误. 耐人寻味的是, 随着现代宇宙学的发展, 观测发现现阶段的宇宙是在做加速膨胀的. 这个加速膨胀来自宇宙的物质组分中存在所谓的暗能量. 暗能量的最可能候选者是一个正的宇宙学常数. 爱因斯坦的失误成为了宇宙学中最重大的发现!

---

①爱因斯坦建立广义相对论的过程并非一路坦途, 而是充满了荆棘和曲折. 在 1915 年 10 月, 爱因斯坦克服了之前桎梏他的错误概念和假设, 改进了之前的理论框架. 在 1915 年 11 月间, 他连续发表了四篇论文, 11 月 18 日的论文中成功地定量解释了水星轨道的近日点进动, 11 月 25 日的论文中发表了爱因斯坦方程. 关于爱因斯坦建立广义相对论的历史回顾, 参见佩斯 (Pais) 的权威专著 [28].

7.3 弱 场 近 似

弱场近似是广义相对论的一个重要课题. 在实际应用中, 很多物理问题都可以利用弱场近似来处理. 弱场近似是指度规场可以看作在平直闵氏度规上做线性扰动:

$$g_{\mu\nu} = \eta_{\mu\nu} + h_{\mu\nu}, \quad |h_{\mu\nu}| \ll 1. \tag{7.63}$$

因此, 弱场近似也常称作线性化引力. 弱场近似是牛顿近似的进一步推广, 放宽了牛顿近似下扰动是静态的和粒子的运动是慢速的要求, 也就是说 $h_{\mu\nu}$ 可以是与时间相关的, 而粒子的运动可以是光速, 这样我们就可以讨论光子的运动.

近似到一阶, 度规场的逆为 $g^{\mu\nu} = \eta^{\mu\nu} - h^{\mu\nu}$, 其中 $h^{\mu\nu} = \eta^{\mu\rho}\eta^{\nu\sigma}h_{\rho\sigma}$, 即我们利用闵氏度规 $\eta^{\mu\nu}$ 和 $\eta_{\mu\nu}$ 来升降扰动场的指标. 所以, 线性化引力可以认为是在平直时空中关于一个对称张量场 $h_{\mu\nu}$ 的理论. 这个理论在狭义相对论的意义下是洛伦兹不变的: 平直时空度规不变, 而扰动场变换如

$$h_{\mu'\nu'} = \Lambda_{\mu'}{}^{\mu}\Lambda_{\nu'}{}^{\nu}h_{\mu\nu}. \tag{7.64}$$

在一阶水平上, 克里斯托弗符号为

$$\begin{aligned}
\Gamma^{\rho}_{\mu\nu} &= \frac{1}{2}g^{\rho\lambda}(\partial_{\mu}g_{\nu\lambda} + \partial_{\nu}g_{\lambda\mu} - \partial_{\lambda}g_{\mu\nu}) \\
&= \frac{1}{2}\eta^{\rho\lambda}(\partial_{\mu}h_{\nu\lambda} + \partial_{\nu}h_{\lambda\mu} - \partial_{\lambda}h_{\mu\nu}).
\end{aligned} \tag{7.65}$$

黎曼张量为

$$\begin{aligned}
R_{\mu\nu\rho\sigma} &= \eta_{\mu\lambda}\partial_{\rho}\Gamma^{\lambda}_{\nu\sigma} - \eta_{\mu\lambda}\partial_{\sigma}\Gamma^{\lambda}_{\nu\rho} \\
&= \frac{1}{2}(\partial_{\rho}\partial_{\nu}h_{\mu\sigma} + \partial_{\sigma}\partial_{\mu}h_{\nu\rho} - \partial_{\sigma}\partial_{\nu}h_{\mu\rho} - \partial_{\rho}\partial_{\mu}h_{\nu\sigma}).
\end{aligned}$$

里奇张量为

$$R_{\mu\nu} = \frac{1}{2}(\partial_{\sigma}\partial_{\nu}h^{\sigma}_{\mu} + \partial_{\sigma}\partial_{\mu}h^{\sigma}_{\nu} - \partial_{\mu}\partial_{\nu}h - \Box h_{\mu\nu}), \tag{7.66}$$

其中 $h = \eta^{\mu\nu}h_{\mu\nu} = h^{\mu}{}_{\mu}$, 达朗贝尔算子是相对平直时空背景定义的, $\Box = -\partial_t^2 + \partial_x^2 + \partial_y^2 + \partial_z^2$. 里奇标量为

$$R = \partial_{\mu}\partial_{\nu}h^{\mu\nu} - \Box h. \tag{7.67}$$

而爱因斯坦张量是

$$G_{\mu\nu} = \frac{1}{2}(\partial_{\sigma}\partial_{\nu}h^{\sigma}{}_{\mu} + \partial_{\sigma}\partial_{\mu}h^{\sigma}{}_{\nu} - \partial_{\mu}\partial_{\nu}h - \Box h_{\mu\nu} - \eta_{\mu\nu}\partial_{\mu}\partial_{\nu}h^{\mu\nu} + \eta_{\mu\nu}\Box h).$$

这个线性化的爱因斯坦张量可以由下面的拉氏密度 (定义见 7.6 节) 通过变分来得到:

$$\mathcal{L} = \frac{1}{2} \left[(\partial_\mu h^{\mu\nu})(\partial_\nu h) - (\partial_\mu h^{\rho\sigma})(\partial_\rho h^\mu{}_\sigma) + \frac{1}{2}\eta^{\mu\nu}(\partial_\mu h^{\rho\sigma})(\partial_\nu h_{\rho\sigma}) \right.$$
$$\left. - \frac{1}{2}\eta^{\mu\nu}(\partial_\mu h)(\partial_\nu h) \right].$$

爱因斯坦方程中的能动张量 $T_{\mu\nu}$ 应该是一阶小量, 它决定了度规扰动场的动力学, 因此出现在 $T_{\mu\nu}$ 中的度规张量一定是 $g_{\mu\nu}$ 的零阶项, 即 $\eta_{\mu\nu}$, 能动量守恒即是平直时空中的能动量守恒方程 $\partial_\mu T^{\mu\nu} = 0$.

通常的广义相对论中有微分同胚不变性, 或者说广义坐标变换下的不变性. 当我们考虑弱场近似时, 对这些变换有了更强的限制, 因为我们希望在坐标变换后仍然保持弱场近似. 换句话说, 如果我们考虑坐标变换, 在新的坐标系下度规场仍然可以写作闵氏度规加上一个扰动项, 尽管扰动场也许与原来的不同. 考虑一个无穷小广义坐标变换

$$x'^\mu = x^\mu + \zeta^\mu(x) \quad \Rightarrow \quad \frac{\partial x'^\mu}{\partial x^\nu} = \delta^\mu_\nu + \partial_\nu \zeta^\mu, \tag{7.68}$$

它将导致

$$g'_{\mu\nu} = \frac{\partial x^\rho}{\partial x'^\mu} \frac{\partial x^\sigma}{\partial x'^\nu} g_{\rho\sigma} = \eta_{\mu\nu} + h_{\mu\nu} - \partial_\mu \zeta_\nu - \partial_\nu \zeta_\mu, \tag{7.69}$$

其中 $\zeta_\mu = \eta_{\mu\nu}\zeta^\nu$. 因此, 在扰动场上的规范变换为

$$h'_{\mu\nu} = h_{\mu\nu} - \partial_\mu \zeta_\nu - \partial_\nu \zeta_\mu. \tag{7.70}$$

可以证明, 在此变换下黎曼张量是不变的, $\delta R_{\mu\nu\rho\sigma} = 0$.

由于规范不变性, 我们可以选择合适的规范来讨论问题. 一个常用的规范是所谓的调和 (harmonic) 规范[②]:

$$\Box x^\mu = 0, \tag{7.71}$$

其中 x^μ 应该当作坐标函数来看待. 这相当于要求

$$\partial_\nu(\sqrt{-g}\,g^{\mu\nu}) = 0, \tag{7.72}$$

或者等价于

$$g^{\sigma\rho}\Gamma^\mu_{\sigma\rho} = 0. \tag{7.73}$$

[②]满足 $\Box f = 0$ 的函数 f 称为调和函数, 这就是这个规范称为调和规范的原因. 在各种文献中, 这个规范也常称作洛伦兹规范、爱因斯坦规范、希尔伯特 (Hilbert) 规范、德唐德 (de Donder) 规范或者福克 (Fock) 规范.

这个规范选择不仅针对平直时空下的张量扰动, 也可以加到其他各种时空背景下的扰动上. 在弱场极限下, 这个规范相当于要求

$$\frac{1}{2}\eta^{\mu\nu}\eta^{\lambda\rho}(\partial_\mu h_{\nu\lambda} + \partial_\nu h_{\lambda\mu} - \partial_\lambda h_{\mu\nu}) = 0, \tag{7.74}$$

所以我们得到对扰动场的限制

$$\partial_\mu h^\mu{}_\lambda - \frac{1}{2}\partial_\lambda h = 0. \tag{7.75}$$

这个规范选择并未完全固定所有的规范自由度. 实际上, 如果我们的坐标函数相差一个调和函数, 这个规范条件仍然满足, 即如果 $x^\mu \to x'^\mu = x^\mu + \xi^\mu$, 其中 ξ^μ 是一个调和函数, 满足 $\Box\xi^\mu = 0$, 则 x'^μ 也是合格的坐标函数. 换句话说, 我们可以有自由度来选择坐标函数. 在调和规范下, 线性化的爱因斯坦方程为

$$\Box h_{\mu\nu} - \frac{1}{2}\eta_{\mu\nu}\Box h = -16\pi G T_{\mu\nu}, \tag{7.76}$$

而真空爱因斯坦方程 $R_{\mu\nu} = 0$ 则取一个简洁的形式

$$\Box h_{\mu\nu} = 0. \tag{7.77}$$

这正是一个相对论性波传导方程.

在实际应用中, 我们可以把度规扰动变换一下来简化问题. 定义 "迹相反" 的扰动

$$\overline{h}_{\mu\nu} = h_{\mu\nu} - \frac{1}{2}\eta_{\mu\nu}h. \tag{7.78}$$

由于它的迹 $\overline{h}^\mu{}_\mu = -h^\mu{}_\mu$, 是原来扰动场迹的相反数, 所以称之为 "迹相反". 调和规范条件此时变为

$$\partial_\mu \overline{h}^\mu{}_\lambda = 0. \tag{7.79}$$

可以证明我们总能够选择规范参数使上式得到满足. 实际上, 迹相反的扰动在规范变换下变换如

$$\overline{h}'_{\mu\nu} = \overline{h}_{\mu\nu} - \partial_\mu\zeta_\nu - \partial_\nu\zeta_\mu + \eta_{\mu\nu}\partial_\lambda\zeta^\lambda, \tag{7.80}$$

我们有

$$\partial^\mu \overline{h}'_{\mu\nu} = \partial^\mu \overline{h}_{\mu\nu} - \Box\zeta_\nu. \tag{7.81}$$

因此, 我们总可以选择 $\Box\zeta_\nu = \partial^\mu \overline{h}_{\mu\nu}$ 使得变换后的迹相反的扰动满足 (7.79) 式.

利用迹相反的扰动, 完整的场方程变成

$$\Box \overline{h}_{\mu\nu} = -16\pi G T_{\mu\nu}, \tag{7.82}$$

真空场方程是

$$\Box \overline{h}_{\mu\nu} = 0. \tag{7.83}$$

不难发现, 这些方程与电动力学中 (洛伦茨规范下) 关于规范势的方程取相同的形式. 因此, 我们可以借鉴很多关于电动力学中求解规范势的知识来研究弱场近似下的扰动场. 很重要的一点是, 方程 (7.82) 是线性微分方程, 方程的左边是平直时空中的达朗贝尔算子, 因此我们可以利用线性叠加格林函数来求解方程.

对于一个稳态球对称源附近的时空, 如果这个源产生的引力不是很强, 也就是说这个源的质量密度并不大, 我们得到牛顿极限下的结果, 即

$$h_{00} = -2\Phi, \tag{7.84}$$

其中 Φ 是传统的牛顿引力势 $\Phi = -GM/r$. 假定这个源的能动张量由其静止能量密度 $\rho = T_{00}$ 主导, 其他分量都比它小得多, 则由爱因斯坦方程知 $\overline{h}_{\mu\nu}$ 中的其他分量也比 $\overline{h}_{00}$ 小得多. 因此

$$h = -\overline{h} = -\eta^{\mu\nu}\overline{h}_{\mu\nu} = \overline{h}_{00}, \tag{7.85}$$

而

$$\overline{h}_{00} = 2h_{00} = -4\Phi. \tag{7.86}$$

$\overline{h}_{\mu\nu}$ 的其他分量都可忽略, 因此 $\overline{h} = 4\Phi$, 由此我们得到

$$h_{i0} = \overline{h}_{i0} - \frac{1}{2}\eta_{i0}\overline{h} = 0, \tag{7.87}$$

和

$$h_{ij} = \overline{h}_{ij} - \frac{1}{2}\eta_{ij}\overline{h} = -2\Phi\delta_{ij}. \tag{7.88}$$

这样, 在弱场极限下, 一个不转动的恒星或者行星的度规为

$$\mathrm{d}s^2 = -(1+2\Phi)\mathrm{d}t^2 + (1-2\Phi)(\mathrm{d}x^2 + \mathrm{d}y^2 + \mathrm{d}z^2). \tag{7.89}$$

如果一个球对称的物体转动不快, 我们仍然可以在弱场近似下研究转动对时空的影响, 相关内容将在第十章中进行讨论. 此外, 关于弱场近似在引力波中的应用将在第十一章中介绍.

7.4 等效原理回顾

回顾一下至今为止我们对广义相对论的讨论. 在广义相对论中, 引力体现为时空的曲率. 在弯曲时空中, 粒子的运动是测地运动. 这一点也可以从点粒子在弯曲时空中的作用量得到. 另一方面, 能动张量会导致时空的弯曲. 这一点从爱因斯坦方程可以明显地看出: 方程的左边是纯几何的量, 而右边正比于能动张量.

在广义相对论的发展中, 等效原理发挥了重要的作用. 首先, 始于伽利略和牛顿的弱等效原理告诉我们, 物体的惯性质量和引力质量是相等的. 因此, 任何物体在引力势中的表现都是一致的, 它们的加速度由引力势的梯度确定, 即引力具有普适性. 弱等效原理的一个直接后果是引力场的效应无法与物体在一个匀加速运动参考系中的运动区分开来. 爱因斯坦进一步推广了弱等效原理, 指出不仅是试探粒子, 任何局部的实验都无法把引力场和匀加速运动区分开来. 这就是爱因斯坦的等效原理: 在时空足够小的区域, 物理规律约化为狭义相对论中的情形, 没有办法探测到引力场的存在. 这中间牵涉惯性系的选择. 在广义相对论中, 没有整体惯性系, 我们至多只能定义局部惯性系, 这个惯性系在时空足够小的区域中如自由下落粒子一般运动. 数学上, 局部惯性系对应于流形上的黎曼法坐标, 在此坐标中度规取平直时空的形式, 而克里斯托弗符号为零. 这样, 在爱因斯坦理论中, 引力不是表现成一种力, 而是表现为时空的曲率.

爱因斯坦的等效原理要求在局部惯性系中物理规律与狭义相对论中的一致. 在黎曼法坐标中, 物理规律取平直时空里的形式. 在平直时空中, 自由粒子满足

$$\frac{\mathrm{d}^2 x^\mu}{\mathrm{d}\lambda^2} = 0. \tag{7.90}$$

在弯曲时空中, 一个自由粒子满足测地线方程

$$\frac{\mathrm{d}^2 x^\mu}{\mathrm{d}\lambda^2} + \Gamma^\mu_{\rho\sigma} \frac{\mathrm{d}x^\rho}{\mathrm{d}\lambda} \frac{\mathrm{d}x^\sigma}{\mathrm{d}\lambda} = 0, \tag{7.91}$$

在黎曼法坐标下回到 (7.90) 式. 这个例子启示我们如何讨论弯曲时空中的物理. 如果在平直时空中一个物理规律成立, 我们可以试着把它写成协变的张量形式, 这样得到的物理规律可以认为在弯曲时空中成立. 这就是所谓的协变性原理, 可以简单地总结为以下法则.

"逗号变分号法则"

$$\eta_{\mu\nu} \to g_{\mu\nu}, \quad \partial_\mu \to \nabla_\mu. \tag{7.92}$$

也就是说, 只要把闵氏度规变成弯曲空间的度规场, 并把偏导数变成协变导数即可. 有时, 也把此原理称为最小耦合原理. 最小耦合意味着物质场与度规场的耦合是最小的,

其中不包含与黎曼张量或者其收缩, 如里奇张量、里奇标量的直接耦合, 而只有上述的协变化操作.

例 7.3 测地线方程.

这实际上是 "逗号变分号法则" 的最直接应用:

$$\frac{\mathrm{d}^2 x^\mu}{\mathrm{d}\lambda^2} = \frac{\mathrm{d}x^\nu}{\mathrm{d}\lambda} \partial_\nu \frac{\mathrm{d}x^\mu}{\mathrm{d}\lambda} \to \frac{\mathrm{d}x^\nu}{\mathrm{d}\lambda} \nabla_\nu \frac{\mathrm{d}x^\mu}{\mathrm{d}\lambda}, \tag{7.93}$$

即 $\dfrac{\mathrm{d}}{\mathrm{d}\lambda} \to \dfrac{\mathrm{D}}{\mathrm{d}\lambda}$. 因此,

$$\frac{\mathrm{d}^2 x^\mu}{\mathrm{d}\lambda^2} = 0 \quad \to \quad \frac{\mathrm{D}}{\mathrm{d}\lambda} \frac{\mathrm{d}}{\mathrm{d}\lambda} x^\mu = 0. \tag{7.94}$$

这正是测地线方程.

例 7.4 能动量守恒.

$$\partial_\mu T^{\mu\nu} = 0 \quad \to \quad \nabla_\mu T^{\mu\nu} = 0. \tag{7.95}$$

这个推广我们在前面的讨论中已经用到过.

例 7.5 麦克斯韦方程.

$$\begin{aligned} \partial_\mu F^{\nu\mu} = 4\pi J^\nu &\to \nabla_\mu F^{\nu\mu} = 4\pi J^\nu, \\ \partial_{[\mu} F_{\nu\lambda]} = 0 &\to \nabla_{[\mu} F_{\nu\lambda]} = 0, \end{aligned} \tag{7.96}$$

实际上没有变化. 这是因为麦克斯韦方程可以用微分形式来表示:

$$\mathrm{d}(*F) = 4\pi(*J), \qquad \mathrm{d}F = 0, \tag{7.97}$$

它们本身就是张量方程.

值得注意的是上述法则有时在应用中会有任意性, 比如

$$Y^\mu \partial_\mu \partial_\nu X^\nu = 0 \to \begin{cases} Y^\mu \nabla_\mu \nabla_\nu X^\nu, \\ Y^\mu \nabla_\nu \nabla_\mu X^\nu, \end{cases} \tag{7.98}$$

两种协变化得到的结果是有差异的. 这是由于偏导数可以交换次序, 而协变导数不能随便交换次序. 这种不确定性类似于在量子力学中把力学量变成算子时碰到的不确定性. 哪一种选择更好必须通过与实验比较来确定.

爱因斯坦的等效原理是否是自然界的基本原理呢? 现代的观点认为我们不应该期待它是严格正确的. 考虑如下关系:

$$\nabla_\mu[(1 + \alpha R) F^{\nu\mu}] = 4\pi J^\nu, \tag{7.99}$$

其中 R 是里奇标量而 α 是一个耦合系数. 等效原理要求 $\alpha = 0$. 然而上面的关系看起来没有什么不对, 它不违背电荷守恒以及其他电磁学的要求, 而且在平直时空中能够回到通常的麦克斯韦方程, 那有何道理令 $\alpha = 0$ 呢? 这是因为能量标度. 从量纲上分析, 我们知道 α 必须具有长度平方的量纲, 但由于与 α 相关的项是与引力有关的, 因此唯一合理的长度标度是普朗克长度, 即

$$\alpha \sim l_{\mathrm{P}}^2, \tag{7.100}$$

其中普朗克长度

$$l_{\mathrm{P}} = \left(\frac{G\hbar}{c^3} \right)^{1/2} \approx 1.6 \times 10^{-33} \text{ cm}, \tag{7.101}$$

因此, 与 α 项相关的可能物理效应只会在普朗克标度出现. 也就是说, 在通常的能量标度下, 这一项的物理效应被极大地压低, 即使存在也无法观测到.

　　长期以来, 等效原理本身的意义及其在广义相对论中的作用也饱受争议. 米斯勒 (Misner) 等人认为它是必不可少的, 而另一些人, 如赛因格 (Synge) 等则持反对意见. 这里我们不准备对此问题做深究. 无可否认的是等效原理在爱因斯坦建立广义相对论的过程中发挥了重要的作用, 但现在看来, 也许它并非不可或缺.

　　除了广义相对论以外, 还存在其他的引力理论, 它们大致可分为两类:

　　(1) 度规类型的理论: 基于度规、测地线等;

　　(2) 非度规类型的理论: 基于挠率等.

　　我们在本书中只讨论度规类型的理论, 其中包括爱因斯坦的广义相对论、布兰斯–迪克 (Brans-Dicke) 理论等. 如果爱因斯坦的等效原理成立, 则只能有度规类型的引力理论, 而且这其中似乎只有爱因斯坦的广义相对论满足强等效原理.

7.5　爱因斯坦方程的一般性讨论

　　让我们回到爱因斯坦方程

$$G_{\mu\nu} = R_{\mu\nu} - \frac{1}{2} g_{\mu\nu} R = 8\pi G T_{\mu\nu}. \tag{7.102}$$

等价地, 我们可以把它写成

$$R_{\mu\nu} = 8\pi G \left(T_{\mu\nu} - \frac{1}{D-2} g_{\mu\nu} T \right), \tag{7.103}$$

其中 D 是时空的维数. 由于它是一组局域方程, 在不同的时空区域解不同, 我们有时必须加上合适的连接条件把解粘起来. 在真空中, 爱因斯坦方程为

$$R_{\mu\nu} = 0. \tag{7.104}$$

在 $D < 4$ 时, $R_{\mu\nu} = 0$ 意味着 $R_{\mu\nu\sigma\rho} = 0$, 因此只有平直时空解③. 当 $D \geqslant 4$ 时, 存在非零的外尔张量, 所以只在四维或四维以上存在非平凡的时空. 在四维中, 真空爱因斯坦方程的解包括物理上最有趣的几个解: 描述静止球对称时空的史瓦西解、描述旋转星体外部时空的克尔 (Kerr) 解等.

爱因斯坦方程中的爱因斯坦张量有 10 个独立的分量, 似乎应该有 10 个独立的方程. 然而, 比安基恒等式要求 $\nabla^\mu G_{\mu\nu} = 0$, 给出 4 个约束, 因此只有 6 个独立的方程. 通过爱因斯坦方程可以求解度规场. 度规场有 10 个分量, 因此看起来方程数不足以确定所有的度规分量. 但是如果 $g_{\mu\nu}$ 以 x_μ 为变量时是爱因斯坦方程的解, 则它以 x'_μ 为变量时仍是方程的解, 这是因为方程是张量方程, 在坐标变换下形式不变. 这意味着在 $g_{\mu\nu}$ 中有四个非物理自由度, 由四个函数 $x'^\mu(x^\nu)$ 来表示. 更物理的说法是, 由于存在规范自由度, $g_{\mu\nu}$ 中并非所有自由度都是动力学的. 所以, 我们期待爱因斯坦方程只确定 $g_{\mu\nu}$ 中六个坐标无关自由度.

作为非线性微分方程组, 爱因斯坦方程是极难求解的. 里奇张量和里奇标量都是黎曼张量的收缩, 包含导数项和克里斯托弗符号的乘积, 从而包含度规的逆和度规的导数等. 而 $T_{\mu\nu}$ 通常也与度规有关, 所以爱因斯坦方程是高度非线性的微分方程组, 无法利用通常的线性叠加原理和格林函数方法. 在广义相对论的研究中, 寻找爱因斯坦方程的严格解是一个重要的研究方向. 这方面的专著可以参见文献 [35, 36]. 让人惊奇的是, 历史上第一个严格解在广义相对论提出不到一年后就被德国物理学家史瓦西发现. 这一类静态球对称解可以描述球对称恒星或黑洞外面的时空几何. 然而, 直到 1962 年, 描述旋转恒星外部时空的解才被新西兰物理学家克尔发现.

在牛顿力学中, 我们有泊松方程

$$\nabla^2 \Phi = 4\pi G \rho. \tag{7.105}$$

它是关于牛顿引力势的线性微分方程, 因此两个质量源的牛顿引力势不过是作为单独质量源产生的引力势之和. 而在广义相对论中, 引力场与其自身耦合. 这是等效原理的后果: 如果引力不与自身耦合, 一个由引力吸引形成的 "引力原子", 比如说两个粒子由引力吸引结合而得, 其惯性质量由于存在负束缚能而将与其引力质量不同. 因此, 引力场必然与其自身耦合. 爱因斯坦方程的非线性是引力自身反作用的反映.

我们可以把引力的非线性与其他相互作用做比较. 对于电磁理论而言, 两个电子间的电磁相互作用来自虚光子的交换, 其费曼 (Feynman) 图如图 7.3(a) 所示. 而对于引力而言, 如果我们考虑在平直时空背景下的引力子扰动, 则相关的费曼图为图 7.3(b)

③在三维中, 如果存在负的宇宙学常数, 也有非平庸的黑洞解. 这来自三维 AdS 引力的特殊性, 尽管不存在局部的动力学自由度, 它却存在整体自由度.

和图 7.3(c). 图 7.3(c) 显示了引力的非线性. 从场论的观点看, 引力来自交换自旋为 2 的引力子, 引力的高度非线性与非阿贝尔杨–米尔斯规范相互作用, 如 QCD 类似. 然而与规范理论不同, 广义相对论是不可重整的. 实际上, 如果我们希望构造一个可重整的引力理论, 认为也许我们可以加上更多的高阶导数修正项, 这样的尝试会归于失败, 本质上这是由于引力的耦合常数是有量纲的. 一个紫外 (ultraviolet) 完备的引力理论无法通过局域的相互作用来实现④.

(a) 电子交换光子的相互作用　(b) 电子交换引力子的相互作用　(c) 引力子间的相互作用

图 7.3　电磁理论中带电粒子是通过交换虚光子发生相互作用的, 是线性理论. 在树图水平, 电子也可以交换引力子发生相互作用, 但作用强度很小. 广义相对论中, 由于引力子存在自相互作用, 引力作用是非线性的.

　　为了得到一个紫外完备的量子引力理论, 我们可以引进非局域的相互作用, 从而大大改善理论的高能行为. 一个可能的量子引力理论是弦理论. 在弦理论中, 自然界的基本单元并非点粒子, 在高能标下, 轻子、传递相互作用的规范玻色子和引力子看起来都是有尺度的细丝 —— 弦. 在弦理论中, 弦的相互作用并非局域的, 而是有一定的模糊性, 因此理论的紫外行为大大得到改善. 在弦理论中, 爱因斯坦的广义相对论作为低能有效理论出现.

7.6　作用量原理

　　在本节中, 我们介绍如何从作用量原理得到爱因斯坦方程. 我们首先回顾一下分析力学中点粒子的作用量. 在经典力学中, 粒子具有坐标 $q^a(t)$ 和速度 $\dot{q}^a(t)$, 其中 t 是非相对论时间, 而粒子的作用量是

$$S = S[q^a(t)] = \int \mathrm{d}t L(q^a, \dot{q}^a). \tag{7.106}$$

---

④近年来, 人们发现 $N = 8$ 最大超对称引力有可能是微扰有限的. 这种有限性并没有得到证明, 此外如果考虑非微扰效应, 则即使这个超引力理论确实微扰有限, 也不是紫外完备的.

由拉氏量可以定义正则共轭动量 $p^a \equiv \dfrac{\partial L}{\partial \dot{q}^a}$, 以及进一步定义哈密顿量

$$H \equiv \sum_a p_a \dot{q}^a - L = H(q^a, p_b). \tag{7.107}$$

在分析力学中既可以利用哈密顿原理也可以利用作用量 (拉氏量) 原理来得到运动方程. 在作用量原理中, 我们可以考虑对坐标的变分并要求作用量取极值. 作用量相对于坐标的变分可以得到欧拉–拉格朗日方程

$$\frac{\partial L}{\partial q^a} - \frac{\mathrm{d}}{\mathrm{d}t}\left(\frac{\partial L}{\partial \dot{q}^a}\right) = 0, \tag{7.108}$$

它与哈密顿方程

$$\frac{\mathrm{d}p_a}{\mathrm{d}t} = \{p_a, H\}, \qquad \frac{\mathrm{d}q_a}{\mathrm{d}t} = \{q_a, H\} \tag{7.109}$$

等价, 这里的泊松括号定义为

$$\{f, g\}_{\mathrm{PB}} = \frac{\partial f}{\partial q^a}\frac{\partial g}{\partial p_a} - \frac{\partial f}{\partial p_a}\frac{\partial g}{\partial q^a}. \tag{7.110}$$

与点粒子比较, 经典场论具有无穷多个自由度. 如果该场论定义在时空上, 场不止是时间的函数, 而是整个时空的函数. 另一方面, 描述场空间的坐标应该是场, 而非通常的时空坐标. 因此我们需要做替换

$$\frac{\mathrm{d}}{\mathrm{d}t} \to \partial_\mu, \qquad q^a(t) \to \phi^a(x^\mu), \tag{7.111}$$

其中 ϕ^a 代表场, 可以是标量场、矢量场或者张量场, 而 $\phi^a(x^\mu)$ 是定义在时空上的. 此时, 场的作用量可写作

$$S[\phi^a(x^\mu)] = \int \mathrm{d}^D x \mathcal{L} = \int \mathrm{d}t L, \tag{7.112}$$

其中 $\mathcal{L}$ 称为拉氏密度, 它在空间中的积分给出拉氏量 L. 由最小作用量原理, 我们将得到经典场论中的欧拉–拉格朗日方程

$$\frac{\partial \mathcal{L}}{\partial \phi^a} - \partial_\mu\left(\frac{\partial \mathcal{L}}{\partial(\partial_\mu \phi^a)}\right) = 0. \tag{7.113}$$

7.6.1 爱因斯坦–希尔伯特作用量

对于引力场, 我们应该如何构造其作用量呢? 首先, 我们应该要求其在坐标变换下

不变. 由于通常的积分 $\int \mathrm{d}^D x$ 只是一个标量密度, 我们需要引进度规的行列式定义一个好的积分元, 即

$$S = \int \mathrm{d}^D x \mathcal{L} \quad \rightarrow \quad \int \mathrm{d}^D x \sqrt{-g} \mathcal{L}_{\mathrm{H}}. \tag{7.114}$$

此时的积分元是很好定义的标量, 因此 $\mathcal{L}_{\mathrm{H}}$ 必须是个标量. 那么 $\mathcal{L}_{\mathrm{H}}$ 应该如何构成呢? 它应该是由张量场、张量场的导数以及它们的收缩得到. 基本的元素包括 $\nabla_\mu, g_{\mu\nu}, R_{\alpha\beta\gamma\delta}$ 等. 由于

(1) $g^{\mu\nu}g_{\mu\nu} = D$, 所以作用量中可以包含宇宙学常数项 $S_\Lambda = (常数) \int \mathrm{d}^D x \sqrt{-g}\Lambda$.

(2) $\nabla^\mu g_{\mu\nu} = 0$, 所以我们不能直接利用度规场的协变导数来构造.

在通常的场论中, 无论是标量场或者规范场, 作用量一般都只包含场的二阶导数, 这样得到的运动方程才有动力学和较好定义的初值问题. 因此, 我们希望在引力的作用量中只包含度规场的二阶导数 (可以差一个分部积分). 唯一的选择是里奇标量: $R_{\alpha\beta\gamma\delta}g^{\alpha\gamma}g^{\beta\delta} = R$, 它是可以通过协变导数 ∇_μ、度规场 $g_{\mu\nu}$ 以及黎曼张量 $R_{\alpha\beta\gamma\delta}$ 得到的最低阶导数项. 这样, 我们就得到了著名的爱因斯坦–希尔伯特作用量[⑤]

$$S_{\mathrm{EH}} = (常数) \int \mathrm{d}^D x \sqrt{-g} R. \tag{7.115}$$

原则上, 我们可以由黎曼张量、里奇张量、里奇标量以及它们的协变导数项来构造其他的标量, 如

$$R^n, \quad f(R), \quad R^{\mu\nu}R_{\mu\nu} = R_2, \quad R^{\alpha\beta\gamma\delta}R_{\alpha\beta\gamma\delta} = R_4, \quad \cdots. \tag{7.116}$$

这些标量都包含度规场的高阶导数, 因此, 基于这些高阶导数项的引力理论常称为高阶导数引力.

在爱因斯坦–希尔伯特作用量中积分前的常数可以通过量纲分析来得到. 首先, 度规场 $g_{\mu\nu}$ 是无量纲的, 即 $[g_{\mu\nu}] = 0$ (这里的 [ ] 表示量纲). 因此, $[\sqrt{-g}] = 0$, 而由于偏导数的存在, $[\Gamma] \sim 1/长度 = 1/L$. 所以最后 $[R] = 1/L^2$. 另一方面, 作用量和积分的量纲分别为 $[S] = [\hbar], [\mathrm{d}^D x] = L^D$, 所以待定常数的量纲为

$$[常数] = L^{2-D}[\hbar] = L^{2-D}MLT^{-1}L = L^{4-D}MT^{-1}, \tag{7.117}$$

其中我们已经用到了关系 $E = \hbar\omega$. 在牛顿引力中, 在 D 维中的引力势为

$$V \propto -\frac{GM}{r^{D-3}}, \tag{7.118}$$

---

⑤严格地说, 这个作用量是希尔伯特首先发现的. 希尔伯特说过: "也许哥廷根大街上的孩子都比爱因斯坦懂微分几何, 但广义相对论是爱因斯坦的." 因此, 这个作用量通常称为爱因斯坦–希尔伯特作用量.

这可以从泊松方程和高斯定律得到. 因此, 加速度 $a = -\nabla V \propto \dfrac{GM}{r^{D-2}}$, 由此得到

$$[G] = L^{D-1}T^{-2}M^{-1}. \tag{7.119}$$

这与前面的常数量纲有差别. 如果我们试试 $[G^{-1}c^n] = L^{1+n-D}MT^{2-n}$, 当 $n = 3$ 时, 会发现

$$[\text{常数}] = [G^{-1}c^3]. \tag{7.120}$$

注意这个关系在任意维中都成立. 在粒子物理中, 我们常取自然单位 $c = 1, \hbar = 1$,

$$[G] \sim L^{D-2}, \tag{7.121}$$

所以

$$\text{常数} \propto G^{-1}. \tag{7.122}$$

进一步地, 如果考虑到与物质场的耦合, 我们可以通过变分得到爱因斯坦方程和物质的能动张量. 这些能动张量应该与通常场论中定义的一致, 由此我们可以完全确定 (7.115) 式前面的系数. 最后我们得到

$$S_{\mathrm{g}} = S_{\mathrm{EH}} + S_\Lambda = \frac{1}{16\pi G}\int \mathrm{d}^D x\sqrt{-g}(R - 2\Lambda). \tag{7.123}$$

7.6.2　爱因斯坦方程

我们还需要考虑物质与引力的耦合. 考虑到物质场的作用量, 总的作用量应该是

$$S = S_{\mathrm{g}} + S_{\mathrm{m}}. \tag{7.124}$$

由作用量原理, 我们可以得到爱因斯坦方程. 我们先考虑引力部分的作用量, 特别是爱因斯坦-希尔伯特作用量. 通常, 我们应该对度规场做变分, 即 $\dfrac{\delta S}{\delta g_{\mu\nu}}$. 但等价地我们可以考虑更简单的变分 $\dfrac{\delta S}{\delta g^{\mu\nu}}$. 由作用量 $S = \dfrac{1}{16\pi G}\int \mathrm{d}^D x\sqrt{-g}R$ 或者简单地由 $S_0 = \int \mathrm{d}^D x\sqrt{-g}R$, 我们有

$$\delta S_0 = \int \mathrm{d}^D x\sqrt{-g}(\delta R) + R\delta(\sqrt{-g}). \tag{7.125}$$

让我们逐项进行分析. (7.125) 式右边第二项中

$$\delta\sqrt{-g} = -\frac{1}{2}\sqrt{-g}\,g_{\mu\nu}\delta g^{\mu\nu} = \frac{1}{2}\sqrt{-g}\,g^{\mu\nu}\delta g_{\mu\nu}. \tag{7.126}$$

第一步前面已讨论过, 来自等式

$$\frac{\delta \det M}{\det M} = \mathrm{Tr}(M^{-1}\delta M), \tag{7.127}$$

并取 $M = g_{\mu\nu}$. 而第二步来自

$$0 = \delta(g^{\mu\nu}g_{\nu\lambda}) = (\delta g^{\mu\nu})g_{\nu\lambda} + g^{\mu\nu}\delta g_{\nu\lambda}, \tag{7.128}$$

因此

$$(\delta g^{\mu\nu})g_{\nu\lambda} = -g^{\mu\nu}\delta g_{\nu\lambda}. \tag{7.129}$$

取 $\mu = \lambda$ 可得第二步的等式. 实际上, 我们只需要第一步. 而对于 (7.125) 式右边第一项,

$$\delta R = \delta(g^{\mu\nu}R_{\mu\nu}) = \delta g^{\mu\nu}R_{\mu\nu} + g^{\mu\nu}\delta R_{\mu\nu}. \tag{7.130}$$

那么 $\delta R_{\mu\nu}$ 是什么呢? 我们利用所谓的帕拉蒂尼 (Palatini) 方案 (也称为一阶方案):

$$\frac{\delta R_{\mu\nu}}{\delta g^{\sigma\rho}} = \frac{\delta R_{\mu\nu}}{\delta \Gamma^\alpha_{\beta\gamma}}\frac{\delta \Gamma^\alpha_{\beta\gamma}}{\delta g^{\sigma\rho}}. \tag{7.131}$$

如果我们只考虑度规相容和无挠联络, 这种分步变分没有问题. 唯一的困难也许来自 $\Gamma^\alpha_{\beta\gamma}$ 并非张量. 然而我们知道两个克里斯托弗符号的差是一个张量, 也就是说 $\delta\Gamma$ 是一个张量, 因此没有问题. 注意到

$$\nabla_\lambda(\delta\Gamma^\rho_{\nu\mu}) = \partial_\lambda(\delta\Gamma^\rho_{\nu\mu}) + \Gamma^\rho_{\lambda\sigma}\delta\Gamma^\sigma_{\nu\mu} - \Gamma^\sigma_{\lambda\nu}\delta\Gamma^\rho_{\sigma\mu} - \Gamma^\sigma_{\lambda\mu}\delta\Gamma^\rho_{\nu\sigma}. \tag{7.132}$$

经过一些计算, 我们发现

$$\delta R^\rho{}_{\mu\lambda\nu} = \nabla_\lambda(\delta\Gamma^\rho_{\nu\mu}) - \nabla_\nu(\delta\Gamma^\rho_{\lambda\mu}), \tag{7.133}$$

因此

$$\begin{aligned}
g^{\mu\nu}\delta R_{\mu\nu} &= g^{\mu\nu}(\nabla_\lambda(\delta\Gamma^\lambda_{\nu\mu}) - \nabla_\nu(\delta\Gamma^\lambda_{\lambda\mu})) \\
&= \nabla_\nu(g^{\mu\lambda}\delta\Gamma^\nu_{\lambda\mu} - g^{\mu\nu}\delta\Gamma^\lambda_{\lambda\mu}).
\end{aligned} \tag{7.134}$$

这是一个全导数, 分部积分后为零.

把两部分贡献都考虑后, 我们得到

$$\begin{aligned}
\delta S_0 &= \int \mathrm{d}^D x \sqrt{-g}\left(R_{\mu\nu}\delta g^{\mu\nu} - \frac{1}{2}g_{\mu\nu}R\delta g^{\mu\nu}\right) \\
&= \int \mathrm{d}^D x \sqrt{-g}\left(R_{\mu\nu} - \frac{1}{2}g_{\mu\nu}R\right)\delta g^{\mu\nu}.
\end{aligned} \tag{7.135}$$

另一方面, 物质作用量可以定义为

$$S_{\mathrm{m}} = \int \mathrm{d}^D x \mathcal{L}_{\mathrm{m}}, \tag{7.136}$$

注意这里的积分单元并没有包含 $\sqrt{-g}$ 因子. 从这个作用量出发我们可以定义物质的能动张量

$$T_{\mu\nu} \equiv -\frac{2}{\sqrt{-g}} \frac{\delta \mathcal{L}_{\mathrm{m}}}{\delta g^{\mu\nu}}. \tag{7.137}$$

所以, 从完整的引力和物质作用量对 $g^{\mu\nu}$ 变分后得到

$$\delta(S_{\mathrm{EH}} + S_{\mathrm{m}}) = \frac{1}{16\pi G} \int \mathrm{d}^D x \sqrt{-g} \left(R_{\mu\nu} - \frac{1}{2} g_{\mu\nu} R \right) \delta g^{\mu\nu} - \frac{1}{2} \int \mathrm{d}^D x \sqrt{-g} T_{\mu\nu} \delta g^{\mu\nu}$$
$$= \frac{1}{16\pi G} \int \mathrm{d}^D x \sqrt{-g} \left(R_{\mu\nu} - \frac{1}{2} g_{\mu\nu} R - 8\pi G T_{\mu\nu} \right) \delta g^{\mu\nu}. \tag{7.138}$$

由此我们得到爱因斯坦方程

$$R_{\mu\nu} - \frac{1}{2} g_{\mu\nu} R = 8\pi G T_{\mu\nu}. \tag{7.139}$$

7.6.3 能动张量

我们下面举例说明上面定义的能动张量是正确的, 从而支持了我们在爱因斯坦-希尔伯特作用量中选择的系数 $1/(16\pi G)$.

(1) 标量场论.

我们先考虑标量场论, 作用量为

$$S_{\mathrm{scalar}} = \int \mathrm{d}^D x \sqrt{-g} \left(-\frac{1}{2} g^{\mu\nu} \nabla_\mu \phi \nabla_\nu \phi - V(\phi) \right). \tag{7.140}$$

由上面的定义知

$$T_{\mu\nu} \equiv -\frac{2}{\sqrt{-g}} \frac{\delta \mathcal{L}_{\mathrm{scalar}}}{\delta g^{\mu\nu}},$$
$$= -\frac{2}{\sqrt{-g}} \left(\frac{\delta \sqrt{-g}}{\delta g^{\mu\nu}} \left(-\frac{1}{2} g^{\sigma\rho} \nabla_\sigma \phi \nabla_\rho \phi - V(\phi) \right) \right.$$
$$\left. + \sqrt{-g} \left(-\frac{1}{2} \right) \nabla_\mu \phi \nabla_\nu \phi \right)$$
$$= -\frac{1}{2} g_{\mu\nu} (\nabla \phi)^2 - g_{\mu\nu} V(\phi) + \nabla_\mu \phi \nabla_\nu \phi. \tag{7.141}$$

对于平直时空, 上述张量的 (00) 分量为

$$T_{00} = \dot{\phi}^2 + \frac{1}{2} (-\dot{\phi}^2 + (\partial_i \phi)^2) + V(\phi)$$
$$= \frac{1}{2} (\dot{\phi}^2 + (\partial_i \phi)^2) + V(\phi), \tag{7.142}$$

正好是哈密顿量密度.

(2) 电磁场论.

对于电磁场, 作用量为

$$S_{\mathrm{EM}} = \int \mathrm{d}^D x \sqrt{-g} \left(-\frac{1}{4} F_{\mu\nu} F^{\mu\nu} \right), \tag{7.143}$$

而其能动张量为

$$\begin{aligned}
T_{\mu\nu} &= -\frac{2}{\sqrt{-g}} \frac{\delta}{\delta g^{\mu\nu}} \left(-\frac{1}{4} \sqrt{-g} F_{\gamma\delta} F^{\gamma\delta} \right), \\
&= -\frac{2}{\sqrt{-g}} \left\{ \frac{\delta \sqrt{-g}}{\delta g^{\mu\nu}} \left(-\frac{1}{4} F^2 \right) + \sqrt{-g} \frac{\delta}{\delta g^{\mu\nu}} \left(-\frac{1}{4} F_{\alpha\beta} F_{\gamma\delta} g^{\alpha\gamma} g^{\beta\delta} \right) \right\} \\
&= -\frac{1}{4} g_{\mu\nu} F^2 - 2 \left(-\frac{1}{4} \right) [F_{\alpha\beta} F_{\gamma\delta} (\delta_\mu^\alpha \delta_\nu^\gamma g^{\beta\delta} + \delta_\mu^\beta \delta_\nu^\delta g^{\alpha\gamma})] \\
&= -\frac{1}{4} g_{\mu\nu} F^2 + \frac{1}{2} (F_\mu{}^\delta F_{\nu\delta} + F_{\alpha\mu} F^\alpha{}_\nu) \\
&= -\frac{1}{4} g_{\mu\nu} F^2 - F_\mu{}^\alpha F_{\alpha\nu}.
\end{aligned} \tag{7.144}$$

同样其 (00) 分量给出哈密顿量密度 $\mathcal{H} = \frac{1}{2}(\boldsymbol{E}^2 + \boldsymbol{B}^2)$. 上述能动张量的迹为

$$T^\mu_\mu = F^{\mu\alpha} F_{\mu\alpha} - \frac{D}{4} F^2 = \left(1 - \frac{D}{4} \right) F^2, \tag{7.145}$$

在 $D = 4$ 时为零. 这说明四维电磁理论经典上是标度不变的.

从上面的例子可以看出, 从作用量变分得到的能动张量可以回到通常的结果, 而且它由定义自动就是对称的, 稍后我们可以证明它满足能动量守恒. 在量子场论中, 在定义能动张量时是有一些任意性的. 由诺特 (Noether) 流得到的正则能动张量并非对称的, 我们可以引进别的项来使能动张量对称化, 而在所加项的选择上有任意性. 上面介绍的通过与引力的最小耦合来定义能动张量避免了这些任意性. 实际上这提供了一种定义量子场论能动张量的自然方法: 从一个与引力最小耦合的场论出发, 按照前面的公式定义能动张量, 最后再令 $g_{\mu\nu} \to \eta_{\mu\nu}$.

(3) 真空能.

前面讨论中已经看到, 除了爱因斯坦–希尔伯特作用量外, 我们可以引进所谓的宇宙学常数项

$$S_\Lambda = \frac{1}{16\pi G} \int \mathrm{d}^D x \sqrt{-g} (-2\Lambda). \tag{7.146}$$

我们可以把这个作用量看作物质场作用量来处理, 这样得到的能动张量为

$$T_{\mu\nu} = -\frac{\Lambda}{8\pi G} g_{\mu\nu}. \tag{7.147}$$

对于弯曲空间的理想流体, 能动张量的形式如下:

$$T_{\mu\nu} = (\rho + p)u_\mu u_\nu + pg_{\mu\nu}, \tag{7.148}$$

因此宇宙学常数项对应的物质组分具有物态方程

$$p = -\rho, \tag{7.149}$$

具有负压强. 这种流体常称为真空能. 此时的爱因斯坦方程为

$$R_{\mu\nu} - \frac{1}{2}Rg_{\mu\nu} + \Lambda g_{\mu\nu} = 8\pi G T_{\mu\nu}, \tag{7.150}$$

方程右边的能动张量来自其他物质的贡献.

宇宙学常数项的来源是一个重要的问题. 在非引力的物理中, 真空势是可以随意移动的, 因为重要的是势之间的相对值. 然而, 在引力中势能的确切值是重要的. 真空能是来自真空的量子零点能. 例如, 对于一维谐振子, 零点能为 $E_0 = \frac{1}{2}\hbar\omega$. 在量子场论中, 我们是在讨论无穷多个谐振子, 零点能为

$$E_0 = \sum_\omega \frac{1}{2}\hbar\omega, \tag{7.151}$$

其中 $\omega = \sqrt{m^2 + k^2}$. 这样的求和是发散的, 我们需要一个紫外截断 $k_{\max}$, 由此得到

$$\rho_{\text{vac}} \sim \hbar k_{\max}^4. \tag{7.152}$$

一个自然的紫外截断是普朗克能标 $k_{\max} \sim m_{\text{P}} \sim 10^{18}$ GeV, 这样我们发现

$$\rho_{\text{vac}} \sim 10^{112} \text{ erg/cm}^3. \tag{7.153}$$

如果暗能量来源于真空能, 观测到的真空能密度为

$$|\rho_\Lambda^{\text{obs}}| \leqslant 10^{-8} \text{ erg/cm}^3, \tag{7.154}$$

理论与实验间存在 120 个数量级的巨大差别! 即使我们选择的能标为 TeV 量级, 仍然有近 60 个数量级的差别. 实际上, 在暗能量被观测实验发现之前, 宇宙学常数问题就已经被意识到了, 参见文献 [37]. 它是当今物理学最具有挑战性的问题之一.

7.6.4 能动量守恒与运动方程

对于点粒子, 其作用量为

$$S_{\text{particle}} = -m \int \mathrm{d}\lambda \sqrt{-g_{\mu\nu}\dot{x}^\mu \dot{x}^\nu}. \tag{7.155}$$

上面的积分只是一个线积分, 无法定义点粒子的拉氏量. 为了得到点粒子的能动张量, 我们需要对上面的积分做处理. 我们在其中插入 $1 = \int \mathrm{d}^D y \delta^D(y - x(\lambda))$, 这样得到作用量

$$S = -m \int \mathrm{d}^D y \int \mathrm{d}\tau \sqrt{-g_{\mu\nu}\dot{x}^\mu \dot{x}^\nu} \delta^D(y - x(\tau)), \tag{7.156}$$

而相应的能动张量为

$$T_{\mu\nu}(y) = -\frac{2m}{\sqrt{-g}}\left(-\int \mathrm{d}\tau \frac{1}{2\sqrt{-\dot{x}^2}}(-\dot{x}_\mu \dot{x}_\nu)\right)\delta^D(y - x(\tau))$$
$$= -m \int \mathrm{d}\tau \frac{\delta^D(y - x(\tau))}{\sqrt{-g(y)}}\frac{\dot{x}_\mu \dot{x}_\nu}{\sqrt{-\dot{x}^2}}. \tag{7.157}$$

如果我们考虑能动量守恒方程

$$\nabla_\mu T^{\mu\nu} = \frac{1}{\sqrt{-g}}\partial_\mu(\sqrt{-g}T^{\mu\nu}) + \Gamma^\nu_{\sigma\mu}T^{\mu\sigma},$$

对于点粒子, 我们发现

$$\int \dot{x}^\mu \dot{x}^\nu \frac{\partial}{\partial y^\mu}\delta^4(y - x(\tau))\mathrm{d}\tau + \Gamma^\nu_{\sigma\mu}\int \dot{x}^\mu \dot{x}^\sigma \delta^4(y - x(\tau))\mathrm{d}\tau = 0. \tag{7.158}$$

由于 $\delta^4(y - x(\tau))$ 只依赖 $y^\mu - x^\mu$, 我们可以把 $\frac{\partial}{\partial y^\mu}$ 换作 $-\frac{\partial}{\partial x^\mu}$, 且由 $\dot{x}^\mu \frac{\partial}{\partial x^\mu}\delta^4(y - x(\tau)) = \frac{\mathrm{d}}{\mathrm{d}\tau}\delta^4(y - x(\tau))$, 做分部积分得到

$$\int (\ddot{x}^\nu + \Gamma^\nu_{\sigma\mu}\dot{x}^\mu \dot{x}^\sigma)\delta^4(y - x(\tau))\mathrm{d}\tau = 0, \tag{7.159}$$

给出了测地线方程. 也就是说, 我们从能动量守恒方程导出了点粒子的测地线方程. 如果我们写下完整的爱因斯坦方程, 点粒子的能动张量将出现在方程的右边. 在点粒子所在位置, 由于 δ 函数的存在, 场方程是奇异的. 而在点粒子以外的空间中场方程的解确定了点粒子的运动, 它满足的方程与 "试探" 粒子的运动一样. 此外, 这里并没有简单地通过对点粒子的作用量变分来得到测地线方程, 这实际上暗示着测地线方程或者更一般的物质的运动方程与能动量守恒方程等价.

爱因斯坦方程确定了点粒子的运动是很有趣的. 在电磁学中, 一个带电粒子的运动方程需要额外的假定, 而爱因斯坦理论中却不必如此. 这来自方程的非线性. 物理上, 引力场本身就携带有能动量, 因此可以作为自身的源.

上面对点粒子的讨论可以推广到连续介质情形. 考虑一个尘埃的分布: $T^{\mu\nu} = \rho u^\mu u^\nu$, 则能动量守恒要求

$$\nabla_\mu(\rho u^\mu u^\nu) = \nabla_\mu(\rho u^\mu)u^\nu + \rho u^\mu \nabla_\mu u^\nu = 0. \tag{7.160}$$

考虑这个关系式与 u_ν 的收缩, 我们发现

$$-\nabla_\mu(\rho u^\mu) + \rho u^\mu u_\nu \nabla_\mu u^\nu = 0. \tag{7.161}$$

由 4-速度的归一化条件得 $u_\nu \nabla_\mu u^\nu = 0$, 我们得到 $\nabla_\mu(\rho u^\mu) = 0$, 此即广义相对论性的能量守恒方程. 把这个方程代回, 我们可以得到 $u^\mu \nabla_\mu u^\nu = 0$, 即尘埃的测地线方程.

更一般地, 我们可以证明能动量守恒关系 $\nabla_\mu T^{\mu\nu} = 0$ 意味着, 任何足够小的物体, 如果其自引力足够弱, 则必然沿测地线运动. 因此, 爱因斯坦方程实际上暗示着 "测地线假设": 试探物体的世界线是时空的测地线. 我们在引进测地线时是要求试探物体的作用量极小而通过变分得到, 这表明爱因斯坦方程、测地线方程和能动量守恒方程在作用量原理中是自洽的. 注意, 如果物体足够大, 其运动将偏离测地运动. 但无论如何, 它的运动可以从作用量变分或者等价地从能动张量守恒得到.

能动张量守恒实际上是微分同胚不变性的结果. 我们要求广义相对论是微分同胚不变的, 理论与任何 "优先几何背景" 无关, 或者称为背景无关. 因此, 时空中没有任何坐标系是有优先权的, 都是描述时空流形的手段. 微分同胚要求在坐标变换下作用量不变. 在无穷小坐标变换 $x^\mu \to x'^\mu = x^\mu + \zeta^\mu(x)$ 下, 理论具有协变性, 而各种场量按照张量场变换. 对于度规场, 其变化为 $\delta g_{\mu\nu} = 2\nabla_{(\mu}\zeta_{\nu)}$, 而在这个变换下 $\delta S_{\mathrm{m}} = 0$. 这导致

$$0 = \int \mathrm{d}^D x \frac{\delta \mathcal{L}_{\mathrm{m}}}{\delta g_{\mu\nu}} \nabla_\mu \zeta_\nu = -\int \mathrm{d}^D x \sqrt{-g} \zeta_\nu \nabla_\mu \left(\frac{1}{\sqrt{-g}} \frac{\delta \mathcal{L}_{\mathrm{m}}}{\delta g_{\mu\nu}} \right),$$

其中我们用到了斯托克斯定理. 由于 ζ_ν 是任意的, 所以我们有 $\nabla_\mu T^{\mu\nu} = 0$.

上面的讨论实际上有一个漏洞: 坐标变换将导致物质场的某种变化 $\delta\phi$, 因此, 物质作用量的变化中需要包含一项 $\left(\frac{\delta S_{\mathrm{m}}}{\delta\phi} \right)_{\mathrm{g}} \delta\phi$. 如果物质的运动方程得到满足, 这一项为零, 这样我们才能得到能动量守恒方程. 所以, 我们从作用量原理得到两个关系:

(1) 爱因斯坦方程 + ($\nabla_\mu T^{\mu\nu} = 0$) $\Rightarrow$ 物质场运动方程;

(2) 爱因斯坦方程 + 物质场运动方程 $\Rightarrow \nabla_\mu T^{\mu\nu} = 0$.

如果我们对引力做路径积分, 需要考虑所有的引力位形, 再去掉微分同胚导致的引力位形的简并性. 也就是说, 我们只须考虑微分同胚等价类中的引力位形, 这与规范场论的路径积分只须考虑规范场的规范等价类是一样的, 都是来自场位形由于对称性导致的简并性. 然而对于时空位形的路径积分要复杂得多, 这是因为微分同胚群要难处理得多.

让我们看看对于一般的理想流体, 弯曲时空中的能动量守恒方程. 理想流体的能动张量可以写作

$$\widehat{T} = (\rho + p)\widehat{u} \otimes \widehat{u} + p\widehat{g}. \tag{7.162}$$

能动量守恒方程是 $\nabla \cdot \widehat{T} = 0$, 给出

$$0 = (\nabla(\rho + p) \cdot \widehat{u})\widehat{u} + ((\rho + p)\nabla \cdot \widehat{u})\widehat{u} + ((\rho + p)\widehat{u}) \cdot \nabla\widehat{u} + (\nabla p) \cdot \widehat{g}$$

$$= (\nabla_{\widehat{u}}\rho + \nabla_{\widehat{u}}p + (\rho + p)\nabla \cdot \widehat{u})\widehat{u} + (\rho + p)\nabla_{\widehat{u}}\widehat{u} + \nabla p. \tag{7.163}$$

同样我们可以把方程 (7.163) 投影到与 4-速度平行的方向和与它正交的方向上. 与 4-速度 $\widehat{u}$ 的内积给出

$$0 = \widehat{u} \cdot (\nabla \cdot \widehat{T}) = -\nabla_{\widehat{u}}\rho - (\rho + p)\nabla \cdot \widehat{u}. \tag{7.164}$$

而与 4-速度垂直的方向上需要引进投影算子 $\widehat{P} = \widehat{g} + \widehat{u} \otimes \widehat{u}$, 这将给出弯曲时空中的欧拉方程

$$(\rho + p)\nabla_{\widehat{u}}\widehat{u} = -\widehat{P} \cdot (\nabla p) = -(\nabla p + (\nabla_{\widehat{u}}p)\widehat{u}). \tag{7.165}$$

写成分量的形式, 我们得到

$$\frac{\mathrm{d}\rho}{\mathrm{d}\tau} = -(\rho + p)\nabla_i u^i, \tag{7.166}$$

$$(\rho + p)\frac{\mathrm{d}u^i}{\mathrm{d}\tau} = -\nabla^i p - u^i u^j \nabla_j p. \tag{7.167}$$

在合适的极限下, 上面的方程可以约化到描述牛顿引力场中流体的运动方程. 首先, 能量密度可取为 $\rho = \rho_0(1 + \epsilon)$, 其中 $\rho_0 = nm_{\mathrm{B}}$ 代表 n 个重子集合的静止质量能量, 而 ϵ 代表流体的特殊内能. 在牛顿近似下, 静止能量是主导的, $\epsilon \ll 1$. 对于度规, 我们取 $g_{00} = -(1 + 2\Phi)$, $\Phi \ll 1$, 而非相对论极限要求 $(p/\rho_0) \ll 1$ 且 $v^2 \ll 1$. 在这些极限下, 有

$$\rho_0\left(1 + \epsilon + \frac{p}{\rho_0}\right)\left(u^\mu \partial_\mu u_i - \Gamma^\nu_{\mu i} u_\nu u^\mu\right) = -\partial_i p - u_i \frac{\mathrm{d}p}{\mathrm{d}\tau}. \tag{7.168}$$

而 4-速度可以近似为 $u^\mu \approx (1, v^i)$, 所以我们得到

$$\rho_0\left(\frac{\mathrm{d}v_i}{\mathrm{d}\tau} + \Gamma^0_{0i}\right) \approx -\partial_i p. \tag{7.169}$$

由于 $\Gamma^0_{0i} \approx -(1/2)\partial_i g_{00} \approx \partial_i \Phi$, 我们得到在压强梯度和引力场下的流体方程

$$\frac{\mathrm{d}v_i}{\mathrm{d}\tau} = -\partial_i \Phi - \frac{1}{\rho_0}\partial_i p. \tag{7.170}$$

7.7　广义相对论的修改理论

前面我们已经讨论了爱因斯坦的等效原理既不是一个神圣不可修改的物理定律，也不是一个严格的表述，在实际应用中也存在一些任意性. 现代的观点认为，广义相对论只是一个低能有效理论，其中等效原理在高能时需要修改. 下面我们进一步讨论与爱因斯坦等效原理相关的几个有趣的问题.

首先是协变性原理. 由协变性原理，电磁理论中的规律需要协变化：

$$\partial_\mu F^{\nu\mu} = J^\nu \to \nabla_\mu F^{\nu\mu} = J^\nu. \tag{7.171}$$

然而，这并非唯一可能的协变化方案. 如前所述，我们可以加上其他与 $F_{\mu\nu}$ 相关的项而不违背电磁学的要求，因此看起来协变性原理更像是逻辑上的选择而非一个约束性很强的物理原理.

其次，"曲率 = 引力"来自爱因斯坦天才的洞察力. 等效原理保证了引力是普适的，它在时空的微小区域中无法被探测. 但是，并没有实验证据显示"曲率 = 引力"一定是正确的. 严格地说，广义相对论的检验在小尺度上只到毫米量级，而在大尺度上只到太阳系的尺度，因此，在紫外和红外，广义相对论都非常有可能被修改. 在紫外的修改由于引力的不可重整性在量子引力的研究中已经被讨论得很多了，而在红外的修改由于二十多年来宇宙学观测得到的全新结果也吸引了很多注意. 此外，随着近年来引力/规范对应的研究，人们开始重新思考引力的本性，有人提出了引力是呈展（emergent）的，而非基本的思想. 这些都让我们重新评价"曲率 = 引力"这个口号.

考虑如下对测地运动方程的修改：

$$\frac{\mathrm{d}^2 x^\mu}{\mathrm{d}\lambda^2} + \Gamma^\mu_{\rho\sigma} \frac{\mathrm{d}x^\rho}{\mathrm{d}\lambda} \frac{\mathrm{d}x^\sigma}{\mathrm{d}\lambda} = \alpha(\nabla_\sigma R)\frac{\mathrm{d}x^\mu}{\mathrm{d}\lambda}\frac{\mathrm{d}x^\sigma}{\mathrm{d}\lambda}. \tag{7.172}$$

从量纲分析知道

$$\left[\frac{\mathrm{d}x^\mu}{\mathrm{d}\lambda}\right] = [g_{\mu\nu}] = L^0, \quad [\nabla_\mu] = [\Gamma^\mu_{\rho\sigma}] = L^{-1}, \quad [R] = L^{-2}, \tag{7.173}$$

因此 $[\alpha] = L^2$. 从实验上知道 α 非常小，与引力相关，所以自然的选择是 $\alpha \sim l_{\mathrm{P}}^2$. 也就是说，如果将广义相对论看作一个低能有效理论，这一项的来源是量子力学效应. 一个典型的引力系统，如地球的引力尺度为

$$a_{\mathrm{g}} = 980 \text{ cm/s}^2, \qquad l_{\mathrm{E}} = c^2/a_{\mathrm{g}} \sim 10^{18} \text{ cm}, \tag{7.174}$$

与普朗克长度比较，$\frac{l_{\mathrm{P}}}{l_{\mathrm{E}}} \sim 10^{-51}$，这要求 $\alpha \sim 10^{-102}$，是一个极端小的量. 从以上的讨

论可以看出, 对测地线的偏离如果存在, 也是一个高能效应.

与爱因斯坦等效原理相关的另一个问题是: 是否存在另一种长程力, 它看起来与引力没有多少区别, 但并非是几何的? 这样一种力对于中性不带电试探粒子而言, 将导致与爱因斯坦等效原理的偏离. 一般称这种力为 "第五种力". 这种力与其他物质的耦合也是普适的, 无法与引力区分开. 比如说一个由无质量标量场诱导的力或者无质量规范场的耦合

$$\phi \mathrm{Tr} T_{\mu\nu}, \quad A_\mu J^\mu, \tag{7.175}$$

其中 J^μ 是重子数流.

7.7.1　广义相对论的替代理论

如果我们放弃爱因斯坦的等效原理神圣不可侵犯这一原则, 而认为爱因斯坦理论只是一个低能有效理论, 那么我们可以对这个理论进行修改. 历史上, 很有名的一个修改理论是引进一个引力标量场. 这样的理论可能具有作用量

$$S = \int \mathrm{d}^4 x \sqrt{-g} \left(f(\lambda)R - \frac{1}{2}h(\lambda)\partial_\mu \lambda \partial^\mu \lambda - V(\lambda) \right) + S_\mathrm{m}, \tag{7.176}$$

其中 λ 是一个标量场. 上面的作用量形式非常一般, 并没有要求该标量场是正则的, 它与引力的耦合也可以是非最小耦合, 而 S_m 是其他物质场的作用量. 如果 $f(\lambda) = \frac{1}{16\pi G}$, 这是一个引力和标量场的理论. 标量场也可以传递相互吸引力, 如果其质量为零的话, 传递的是长程作用力, 如果质量非零, 传递的是短程力. 更一般地, 如果 $f(\lambda) \neq \frac{1}{16\pi G}$, 则我们有一个时空依赖的牛顿引力耦合常数. 上述作用量给出的运动方程为

$$G_{\mu\nu} = f^{-1}(\lambda) \left(\frac{1}{2}T_{\mu\nu}^\mathrm{m} + \frac{1}{2}T_{\mu\nu}^{(\lambda)} + \nabla_\mu \nabla_\nu f - g_{\mu\nu} \Box f \right), \tag{7.177}$$

其中

$$T_{\mu\nu}^{(\lambda)} = h(\lambda)\nabla_\mu \lambda \nabla_\nu \lambda - g_{\mu\nu} \left(\frac{1}{2}h(\lambda)g^{\rho\sigma}\nabla_\rho \lambda \nabla_\sigma \lambda + V(\lambda) \right). \tag{7.178}$$

我们可以等效地把 λ 场看作物质场来处理. 注意上面的运动方程只是引力场部分. 对于标量场, 其运动方程为

$$h\Box\lambda + \frac{1}{2}h'g^{\mu\nu}\nabla_\mu \lambda \nabla_\nu \lambda - V' + f'R = 0, \tag{7.179}$$

其中的 "撇号" 代表对 λ 的导数. 如果 $h = 1$, 我们得到一个标准的正则标量场理论加上来自 $f'R$ 的修正项. 由于 $f(\lambda)$ 与引力耦合常数有关, 它受到包括太阳系和宇宙学

(原初核合成) 实验的强烈限制, 不能变化得太快. 而势能 $V(\lambda)$ 帮助我们确定场 λ 的真空期望值.

这类理论中最有名的一个是布兰斯–迪克理论, 其中

$$f(\lambda) = \frac{\lambda}{16\pi}, \quad h(\lambda) = \frac{\omega}{8\pi\lambda}, \quad V(\lambda) = 0. \tag{7.180}$$

当 $\omega \to \infty$ 时, 标量场变成非动力学的, 理论回到广义相对论. 实验要求 $\omega > 500$.

通过共形 (外尔) 变换, 一个一般的标量–张量理论可以变成一个广义相对论加标量的理论:

$$\widetilde{g}_{\mu\nu} = 16\pi G f(\lambda) g_{\mu\nu}, \tag{7.181}$$

变换以后的作用量是爱因斯坦–希尔伯特作用量加上标量场作用量, 原作用量中的 $f(\lambda)R$ 不再出现. 通常把变换以后的理论框架称为爱因斯坦框架, 而原来的框架称为若尔当 (Jordan) 框架.

另一个常见的修改引力理论是额外维引力, 其基本想法最早来源于卡卢察 (Kaluza) 和克莱因 (Klein). 在这类理论中, 我们考虑一个高维引力理论, 度规场为 $G_{MN}, M, N = 0, \cdots, d+3$, 高维的度规可以约化到四维:

$$\begin{aligned} \mathrm{d}s^2 &= G_{MN} \mathrm{d}x^M \mathrm{d}x^N \\ &= g_{\mu\nu} \mathrm{d}x^\mu \mathrm{d}x^\nu + b^2(x) \gamma_{ij}(y) \mathrm{d}y^i \mathrm{d}y^j, \end{aligned} \tag{7.182}$$

其中 $b(x)$ 只是 x 的函数, 而 $\gamma_{ij}(y)$ 只依赖于额外维. 这样的约化简化了讨论. 高维的爱因斯坦–希尔伯特作用量加上物质场作用量可记为

$$S = \int \mathrm{d}^{d+4} x \sqrt{-G} \frac{1}{16\pi G_{d+4}} (R(G_{MN}) + \mathcal{L}_{\mathrm{m}}). \tag{7.183}$$

由于 $\sqrt{-G} = b^d \sqrt{-g} \sqrt{\gamma}$ 和 $V_d = \int \mathrm{d}^d y \sqrt{g}$, 我们得到

$$\frac{1}{16\pi G_4} = \frac{V_d}{16\pi G_{d+4}}, \tag{7.184}$$

而作用量变为

$$\begin{aligned} S = \int \mathrm{d}^4 x \sqrt{-g} \Big\{ &\frac{1}{16\pi G_4} \left(b^d R[g_{\mu\nu}] + d(d-1) b^{d-2} g^{\mu\nu} \nabla_\mu b \nabla_\nu b \right. \\ &\left. + d(d-1) K b^{d-2} \right) + V_d b^d \mathcal{L}_{\mathrm{m}} \Big\}, \end{aligned} \tag{7.185}$$

其中 $K = \dfrac{R[\gamma_{ij}]}{d(d-1)}$. 这是一个标量–张量理论, b 是一个伸缩子 (dilaton) 场.

从有效理论的观点看, 广义相对论是量子引力的低能有效理论, 原则上可以有更多的高阶导数项出现:

$$S = \int \mathrm{d}^D x \sqrt{-g}(R + \alpha_1 R^2 + \alpha_2 R_2 + \alpha_3 g^{\mu\nu}\nabla_\mu R\nabla_n R + \cdots). \qquad (7.186)$$

包含高阶导数的引力理论常称为高阶导数引力. 高阶导数项可以改善理论的紫外行为. 比如说, 已经证明了有 R^2 项时, 理论是单圈可重整的. 然而, 如果考虑更高圈的修正, 理论不再是可重整的. 一般性地, 带高阶导数项修正的广义相对论并非紫外完备的, 但确实存在有紫外固定点的理论, 这类理论称为渐近安全的. 高阶导数引力的一个问题是其中的初值问题无法很好定义, 这是由于此时的运动方程不止是二阶导数的, 还包含高阶导数. 高阶导数引力的另一个问题是存在鬼场, 理论的幺正性存疑. 这是因为如果运动方程存在高阶导数, 时间导数也有高阶导数存在, 这会导致鬼场出现. 如果我们放松微分同胚不变性的要求, 而认为时空并非各向同性标度不变的, 则有可能构造不存在鬼场的高阶导数引力理论. 这类理论中最著名的构造是霍拉瓦–利夫希兹 (Horava-Lifshitz) 理论. 在这个理论中, 各向同性被破坏, 时间和空间遵从不同的标度律, 空间部分可以有高阶导数项, 而时间部分的导数只到二阶, 因此理论不存在鬼场, 但同时可能具有较好的紫外行为[⑥].

等效原理如果总是成立的, 则会压制修正项的出现. 在弦理论中由于存在伸缩子, 破坏了爱因斯坦的等效原理, 但对于高阶导数, 是否破坏等效原理并不完全清楚.

7.7.2 引力的红外修正

实验上, 爱因斯坦的广义相对论只是在很小的尺度范围内得到了验证: 小到毫米, 大到太阳系. 在实验验证之前, 并不能简单地认为它在所有的尺度都成立, 特别是在大尺度. 最近的观测显示, 在宇宙学尺度我们仍然了解得很不够. 如果按照标准的 ΛCDM 宇宙学模型, 我们的宇宙中应该有大量的暗物质和暗能量, 然而对这些暗物质和暗能量的物理本质我们却所知甚少. 因此, 有充分的理由使人们猜测, 也许广义相对论在大尺度上也需要修改, 这种修改称为红外 (IR) 修改. 这种修改的模型有很多, 如:

(1) 德瓦利–加巴达泽–波拉蒂 (Dvali-Gabadadze-Porrati, DGP) 模型. 这是一个基于膜世界的模型, 假定我们的四维世界是在一个膜上面, 存在着额外的时空维度. 特别是与粒子物理中的研究结合, 使这个模型显得很有吸引力.

(2) 有质量引力. 该模型假定引力场本身是有质量的, 破坏了微分同胚不变性. 最著名的是菲尔兹–泡利 (Fierz-Pauli) 模型. 近年来, 关于有质量引力的研究有了很大的进展, 人们发现了理论上自洽的有质量引力模型, 参见文献 [38].

[⑥] 当然, 这类理论可能存在其他问题, 比如说额外自由度的退耦合问题等.

(3) $f(R)$ 引力. 该模型中类似于 $1/R$ 的修正项可以在尺度较大时变得越来越重要, 由此会导致对广义相对论的偏离. 但是这类修正项的物理起源存疑, 而且理论可能存在不自洽性.

(4) 鬼场凝聚. 该模型假定在高能标洛伦兹对称性是破缺的, 在当前的能标下洛伦兹对称性得到恢复.

这些理论的一个共同特征是理论存在额外的自由度, 从而提供了一个暗能量的动力学场. 但是这个标量场的存在被太阳系实验很强地限制. 通常, 这些修改理论都存在这样或者那样的问题, 为了解决这些问题必须引入新的机制或者对理论进行精细调节, 使理论变得不那么自然. 从简洁优美的角度来看, 爱因斯坦的广义相对论仍然是最自然的理论.

实际上, 近年来随着对引力/规范对应关系的研究, 人们相信引力的本质也许并不简单. 一个很有趣想法是呈展引力, 也就是说引力并非基本的, 而时空也是一种导出的概念. 这在引力/规范对应关系中表现得很充分. 一个高维的引力理论与低维的量子场论是等价的, 额外的维度与量子场论的标度有关. 因此, 很有可能高维引力只是低维量子场论的一种呈展. 然而, 如何从量子场论中实现时空的重构, 甚至实现引力的非线性动力学都是有待研究的问题.

关于时空本身, 如果考虑在普朗克尺度, 引力的量子效应变得显著, 通常的时空概念可能都失效了. 这需要引进新的物理概念甚至数学工具, 比如说非对易几何、矩阵理论或者时空泡沫等. 除了时空概念本身, 广义相对论中的微分同胚对称性也是值得探究的问题. 在一些引力理论中, 微分同胚只是一个偶然的对称性. 这在上面提到的菲尔兹–泡利引力、霍拉瓦–利夫希兹引力中都有所体现. 但由于对称性的破坏, 理论拥有了比无质量引力子更多的动力学自由度, 如何自然地限制这些额外自由度的物理影响, 特别是使其与太阳系实验符合, 是这类模型需要面对的挑战.

7.8 能 量 条 件

广义相对论中爱因斯坦方程的右边是能动张量, 它决定了时空是如何被弯曲的. 一个有趣的问题是什么样的能动张量是物理上允许的, 或者说合理的. 另一个相关的问题是给定满足一定条件的能动张量, 它对时空的物理影响是什么. 这两个问题都与所谓的 "能量条件" 相关. 由于能动张量的具体形式与坐标的选择有关, 也就是与不同的观测者有关, 我们希望能量条件是一个与坐标选择无关的量, 也就是说我们可以通过能动张量构造一个标量. 如果一个观测者的 4-速度是 ξ^μ, 则他测量到的物质能量密度为 $T_{\mu\nu}\xi^\mu\xi^\nu$. 由此我们可以定义不同的能量条件.

一个常见的能量条件是所谓的弱能量条件 (weak energy condition, 简记为 WEC).

弱能量条件　对所有的观测者,

$$T_{\mu\nu}t^\mu t^\nu \geqslant 0, \tag{7.187}$$

这里 t^μ 是任意观测者的 4-速度. 考虑理想流体的能动张量 $T_{\mu\nu} = (\rho+p)u_\mu u_\nu + pg_{\mu\nu}$, 条件 (7.187) 将给出

$$\rho \geqslant 0, \qquad \rho + p \geqslant 0. \tag{7.188}$$

弱能量条件的表述似乎是要求所有观测者看到的理想流体的能量密度必须是非负的, 但上面的讨论表明它不仅对理想流体中的能量密度有要求, 也对压强给出了限制.

另一个与弱能量条件类似的能量条件是所谓的零能量条件 (null energy condition, 简记为 NEC).

零能量条件　对于任意的零矢量 l^μ,

$$T_{\mu\nu}l^\mu l^\nu \geqslant 0. \tag{7.189}$$

易见, NEC 只是把 WEC 中的类时矢量换成了类光矢量. 对理想流体而言, 我们有

$$(\rho+p)(\widehat{l}\cdot\widehat{u})^2 \geqslant 0, \tag{7.190}$$

因此, NEC 要求

$$\rho + p \geqslant 0. \tag{7.191}$$

再一个重要的能量条件是所谓的主能量条件 (dominant energy condition, 简记为 DEC). 它不止对观测者看到的物质的能量密度进行了限制, 还对观测者看到的物质的能流给出了限制.

主能量条件　对 4-速度为 t^μ 的任意观测者,

$$T_{\mu\nu}t^\mu t^\nu \geqslant 0, \tag{7.192}$$

而且 $-T^\mu{}_\nu t^\nu$ 必须是指向未来的类时或者零矢量. 这实际上要求

$$\rho \geqslant 0, \qquad \rho \geqslant |p|. \tag{7.193}$$

类似地, 我们可以定义零主能量条件 (null dominant energy condition, 简记为 NDEC), 只需要把上面的类时矢量 t^μ 换成类光矢量即可. 此时, ρ 可以是负的, 只要 $p = -\rho$.

最后一个重要的能量条件是所谓的强能量条件 (strong energy condition, 简记为 SEC). 实际上这个条件来自对奇点定理的证明. 物理上我们可以期待物质的压强不会太大, 且不是负的, 因此可以要求

$$T_{\mu\nu}t^\mu t^\nu + \frac{1}{2}T \geqslant 0. \tag{7.194}$$

由爱因斯坦方程, 这等价于

$$R_{\mu\nu}t^\mu t^\nu \geqslant 0. \tag{7.195}$$

类似于前面的分析, 对于理想流体, 条件 (7.195) 给出

$$\rho + 3p \geqslant 0, \quad \rho + p \geqslant 0. \tag{7.196}$$

SEC 的一个最重要的应用是对雷乔杜里方程的讨论, 从而证明奇点定理.

上面的讨论显示 DEC 比 WEC 要强, 而绝大部分的经典物质都满足 DEC. 例如对于一个无质量标量场,

$$T_{\mu\nu} = \partial_\mu\phi\partial_\nu\phi - \frac{1}{2}g_{\mu\nu}(\partial\phi)^2, \tag{7.197}$$

可以证明它满足 DEC. 对于有质量标量场, 它破坏了 SEC. 而如果考虑场的量子效应, 任何能量条件都有可能被破坏. 另一方面, 能动量守恒方程 $\nabla_\mu T^{\mu\nu} = 0$ 实际上防止了非物理过程的发生, 如能量的传播不会超光速、真空不会自发衰变到 E 和 $-E$.

与能量条件相关的有两个有名的定理. 第一个是霍金和艾利斯 (Ellis) 的守恒定理.

守恒定理 (霍金和艾利斯) 如果 $T_{\mu\nu}$ 满足 DEC 且在某类空区域中为零, 则它在与此类空区域因果相联的未来域中总是为零.

这个定理表明能量不会无缘无故产生, 也不会溜到光锥以外. 另一个与能量条件相关的著名定理是所谓的正能定理 (positive energy theorem).

正能定理 满足爱因斯坦方程 $G_{\mu\nu} = 8\pi G T_{\mu\nu}$ 的渐近平直时空的 ADM 能量[⑦]是半正定的, ADM 能量为零当且仅当时空是闵氏时空而 $T_{\mu\nu} = 0$. 定理的成立要求以下条件:

(1) 存在初始非奇异柯西 (Cauchy) 面 (否则 $M < 0$ 的源成为反例);

[⑦]ADM 能量的定义参见拙著《广义相对论》(北京大学出版社, 2018).

(2) $T_{\mu\nu}$ 满足 DEC;

(3) 其他一些技术假设.

正能定理中柯西面的定义见 7.9 节. 正能定理最早由是绍恩 (Shoen) 和丘成桐 (Yau) 利用几何分析的技术证明的, 稍后威腾 (Witten) 利用流形上旋量场的技术给出了更加物理的证明. 正能定理的重要之处在于证明了闵氏时空是稳定的最低能量态, 可以当作真空态来看待, 而其他的渐近平直时空都是激发态.

7.9 因 果 性

与平直闵氏时空不同, 弯曲时空中的因果性要复杂得多. 我们暂时假设时空背景是固定的, 而只讨论其中物质随时间的变化, 以及伴随着的因果性. 由等效原理, 时空局部是平直的, 因此没有任何信号的传播可以超过光速. 因果曲线指的是在曲线上任何事件点曲线都是类时或者类光的. 给定时空流形的子集 $S \in M$, 定义 S 的因果未来 $J^+(S)$ 是从 S 出发指向未来的因果曲线能够达到的所有时空点的集合. 而定义 S 的编时 (chronological) 未来 $I^+(S)$ 是 $J^+(S)$ 中通过类时曲线与 S 相连的时空点的集合. 显然, $I^+(S)$ 是 $J^+(S)$ 的一个子集, 这也意味着 $J^+(S)$ 中不属于 $I^+(S)$ 的时空点与 S 通过类光曲线相连. $S \in M$ 称为非编时 (achronal) 的, 如果 S 中没有两个点可以通过一条类时曲线相连. 例如在闵氏时空中一个无边界的类空超曲面就是非编时的.

给定一个闭的非编时集合 S, 定义 S 的未来相关域 (future domain of dependence, 记作 $D^+(S)$) 为一个点集合, 穿过这个集合中点 P 的任意指向过去的类时或者类光的、可以无穷延展 (inextendible) 的曲线必然与 S 相交. 这里无穷延展指的是曲线可以一直延伸下去, 不会终于某点. 显然, $S \in D^+(S)$. 类似地, 我们可以定义 S 的过去相关域 $D^-(S)$, 只要把上面定义中指向过去的曲线换作指向未来的曲线即可. 进一步地, 我们可以定义未来柯西视界 $H^+(S)$ 为 $D^+(S)$ 的边界, 而过去柯西视界 $H^-(S)$ 为 $D^-(S)$ 的边界. 易见两个柯西视界 $H^+(S), H^-(S)$ 都是零曲面. 参见图 7.4.

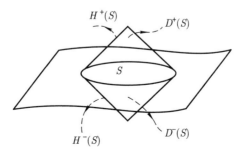

图 7.4 非编时集合 S 的因果区域.

与集合 S 相关的因果区域是 $D(S) = D^+(S) \cup D^-(S)$: 知道 S 发生了什么, 我们就可以预言 $D(S)$ 上会发生什么或者已经发生了什么. 我们可以考虑一个足够大的闭的非编时曲面 Σ, 即使它很好地延展到整个空间上, $D(\Sigma) = D^+(\Sigma) \cup D^-(\Sigma)$ 也可能无法覆盖整个时空流形. 这与平直闵氏时空截然不同. 一个闭的非编时曲面 Σ 称为一个柯西面, 如果 $D(\Sigma)$ 是整个时空流形. 因此, 在一个柯西面上给定了信息, 我们就知道了整个时空流形上发生了什么或者即将发生什么. 如果一个时空流形有一个柯西面, 则这个时空流形称为整体双曲的 (globally hyperbolic). 显然整体双曲的时空流形具有比较好的因果结构, 以及更好定义的初值问题.

任何闭的非编时无边界的集合都称作部分柯西面 (partial Cauchy surface). 它可以是真正的柯西面, 也可以不是. 后一种情况意味着 $D(\Sigma)$ 不能覆盖整个时空流形 M. 这时有两种可能性:

(1) 曲面 Σ 的问题. 我们选择了一个 "坏" 的超曲面, 如图 7.5 所示, 我们选择的曲面 Σ, 其未来相关域总在点 P 的过去相关域中, 因此无法覆盖点 P 的未来.

(2) 时空的问题. 时空中存在闭合类时曲线 (closed timelike curve) 或者内禀奇点. 这两种情形都意味着时空本身是 "病态" 的.

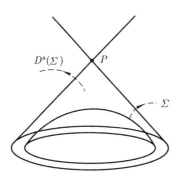

图 7.5　一个 "坏" 的超曲面.

闭合类时曲线在牛顿引力中是不存在的, 因为其中的时间有绝对的意义, 一直向前. 而在狭义相对论的闵氏时空中, 时间更受限制, 不但是向前的, 而且必须在光锥中, $v \leqslant c$. 在广义相对论中, 有质量粒子的运动必须在其向前的光锥中. 然而, 这只是局域的概念, 整体上, 由于曲率的存在有可能从一个地方到另一个地方时光锥发生倾斜. 原则上, 倾斜的光锥内部的世界线到处都是类时的, 但有可能在某一点与其自身相交. 这样一条世界线称为闭合类时曲线. 闭合类时曲线的存在对初值问题是一个巨大的挑战.

例 7.6 米斯纳 (Misner) 时空.

闭合类时曲线的一个典型例子是米斯纳时空. 考虑一个二维时空, 具有度规

$$ds^2 = -\cos\lambda \, dt^2 - \sin\lambda (dtdx + dxdt) + \cos\lambda \, dx^2, \tag{7.198}$$

其中

$$\lambda = \pi - \cot^{-1} t = \begin{cases} 0, & t = -\infty, \\ \pi, & t = \infty. \end{cases} \tag{7.199}$$

此外, x 方向是闭合的, 具有周期性, 不妨设为 $(t,x) : x \sim x+1$. 这个时空并非爱因斯坦方程的严格解. 我们可以把它看作某个时空流形来研究. 拓扑上, 这个流形是 $R \times S^1$, 即一个圆柱面. 这样一个流形是有闭合类时曲线的. 当 $t < 0$ 时, t 坐标是类时坐标, 即 ∂_t 是类时的. 而当 $t > 0$ 时, x 变成了类时坐标, 这是由于此时 $t > 0, \cot^{-1} t < \pi/2, \cos\lambda < 0$, 所以 ∂_x 变成类时的. 由于 x 方向是闭合的, 因此当 $t > 0$ 时时空存在闭合类时曲线. 其光锥结构如图 7.6 所示. 如果我们在 $t < 0$ 时选择一个超曲面 Σ, 则包含闭合类时曲线的区域中没有点在 Σ 的因果相关域中. 闭合类时曲线本身不会和 Σ 相交.

图 7.6 米斯纳时空的光锥结构.

时空的另一个可能的病态行为来自奇点. 奇点原则上不属于流形的一部分, 尽管它们可以通过测地线经过有限距离达到. 有时, 奇点即是测地不完备的点. 通常, 这些点处时空的曲率标量是发散的. 此时会导致柯西视界的出现: 在奇点未来的一个点 P 不可能与一个处于奇点过去的超曲面相关, 因为经过点 P 的过去的曲线必然终止于奇点上, 而无法继续延伸到超曲面上. 由于引力的吸引性, 奇点的产生是无法避免的.

闭合类时曲线和奇点的存在对初值问题有着重要的影响. 通常, 选择一个不好的初始超曲面并不常见, 特别是时空流形可以完全整体求解时. 如果选择了坏的超曲面将会导致爱因斯坦方程数值求解碰到困难. 存在闭合类时曲线的流形是病态的, 然而一般的初值演化并不会生成这种流形. 但是, 由奇点定理我们知道, 时空奇点的产生在时空演化时经常是不可避免的, 它将对初值问题造成严重的影响.

习　题

1. 二维球面的度规为

$$ds^2 = d\theta^2 + \sin^2\theta d\phi^2. \tag{7.200}$$

在球面上证明沿着测地线 $\phi =$ 常数, 测地偏离矢量 t^i 满足

$$\frac{D^2 t^\theta}{ds^2} = 0, \qquad \frac{D^2 t^\phi}{ds^2} = -t^\phi\left(\frac{d\theta}{ds}\right)^2. \tag{7.201}$$

取定一条测地线 $\phi = \phi_0$, 其上的路径长度是从 $\theta = 0$ 开始测量得到 $s = \theta$, 而一条邻近测地线 $\phi = \phi_0 + \delta\phi_0$ 也具有 $s = \theta$, 定义 $t^i(\theta)$ 为在 $s = \theta$ 时两条测地线间的矢量. 证明对所有 θ, $t(\theta) = (0, t^\phi)$. 进一步证明如果当 $\theta = 0$ 时 $t^\phi = 0$, 则

$$t^\phi t_\phi = l^2 \sin^2\theta, \tag{7.202}$$

其中 l^2 是一个常数, 且两条测地线穿过 $\theta = \pi$ 点.

2. 在讨论测地偏离方程时, 如果曲线族并非测地线, 证明偏离矢量满足方程

$$\frac{D^2 S^\mu}{d\tau^2} = R^\mu_{\ \nu\rho\sigma}T^\nu T^\rho S^\sigma + S^\nu \nabla_\nu a^\mu, \tag{7.203}$$

其中 $a^\mu = u^\nu \nabla_\nu u^\mu$ 是加速度 4-矢量.

3. 对牛顿引力的相对论推广中, 最简单的是所谓的标量理论, 其中牛顿引力的泊松方程被推广为

$$\Box \Phi = 4\pi G T^\mu_\mu. \tag{7.204}$$

对于理想流体, 我们有

$$\Box \Phi = 4\pi G(\rho - 3p). \tag{7.205}$$

证明在非相对论极限下, 方程约化为牛顿力学的泊松方程. 如何在理论中加入宇宙学常数?

4. 在弯曲时空中电磁学的拉氏密度是

$$\mathcal{L} = \sqrt{-g}\left(-\frac{1}{4}F^{\mu\nu}F_{\mu\nu} + A_\mu J^\mu\right),\tag{7.206}$$

其中 J^μ 是产生电磁场源的守恒流密度. 证明电磁场与一个源相互作用的能动张量满足 $\nabla_\mu T^{\mu\nu}_{\text{em}} = -F^{\nu\sigma}J_\sigma$. 由此证明一个电荷为 q 的粒子在电磁场中的世界线满足

$$\ddot{z}^\nu + \Gamma^\nu_{\sigma\mu}\dot{z}^\mu\dot{z}^\sigma = \frac{q}{m}F^\nu{}_\sigma\dot{z}^\sigma.\tag{7.207}$$

在物理上解释这个结果.

5. 如果在上题拉氏密度中加一项

$$\mathcal{L}' = \beta R^{\mu\nu}g^{\rho\sigma}F_{\mu\rho}F_{\nu\sigma},\tag{7.208}$$

麦克斯韦方程如何变化? 爱因斯坦方程如何变化? 流是否守恒?

6. 考虑在共形变换下, $g_{\mu\nu} \to \mathrm{e}^{2\omega(x)}g_{\mu\nu}$, 而电磁规范势 A_μ 以及电磁场强 $F_{\mu\nu}$ 保持不变, 证明自由电磁场的作用量在共形变换下不变. 如果在一个度规形如 $g_{\mu\nu} = \phi^2(x)\eta_{\mu\nu}$ 的时空中, 麦克斯韦方程的解将有何变化?

7. 在地球表面, 一个带电物体如果保持稳定则不会有电磁辐射, 但如果这个物体自由下落, 则会发生电磁辐射. 请问这是否符合等效原理?

8. 考虑在静止时空中一个静止的理想流体, 即流线满足 $x^i =$ 常数, 证明欧拉方程给出

$$\frac{\partial p}{\partial x^0} = 0, \qquad \frac{\partial p}{\partial x^i} = -(\rho + p)\frac{\partial \ln\sqrt{-g_{00}}}{\partial x^i}.\tag{7.209}$$

由此证明, 对于一个极端相对论性流体 $p = \frac{1}{3}\rho$, 如果它处于引力场中的静平衡态, 则不能有一个自由表面, 即 $\rho \to 0$ 的表面.

9. 证明如果一个流体在静止度规中静止, 则其温度满足关系 $T\sqrt{-g_{00}} =$ 常数.

10. 一个理想气体在一个稳态⑧引力场中以 4-速度 $\hat{u}$ 做绝热、稳态的流动. 证明在流线上, 必须有

$$u_0 \propto \frac{n_{\mathrm{b}}}{\rho + p},\tag{7.210}$$

其中 n_{b} 是重子数密度. 进一步地, 证明在慢速、弱引力场情形, 这个方程约化为标准的伯努利 (Bernoulli) 方程.

———————————
⑧这里用到的静态、稳态时空等概念, 参见下一章的讨论.

11. 考虑在 4 维弯曲时空中的最小耦合的标量场, 其作用量为

$$S = -\frac{1}{2}\int \mathrm{d}^4 x\sqrt{-g}\,\partial_\mu\phi\partial^\mu\phi, \tag{7.211}$$

假定在共形变换下 $\phi \to \mathrm{e}^{n\omega(x)}\phi, n \in N$, 证明上面的作用量不可能保持不变. 另一方面, 如果作用量取作

$$S = -\int \mathrm{d}^4 x\sqrt{-g}\left(\frac{1}{2}\partial_\mu\phi\partial^\mu\phi + \frac{1}{6}R\phi^2\right), \tag{7.212}$$

则在共形变换下如果 $\phi \to \mathrm{e}^{-\omega(x)}\phi$, 作用量不变.

12. 证明电磁场和标量场的能动张量都满足主能量条件, 因此也满足弱、零和主零能量条件. 这两种物质的物态方程都满足 $\omega \geqslant -1$.

13. 考虑一个标量场具有作用量

$$S = -\int p(X,\phi)\sqrt{-g}\mathrm{d}^4 x, \tag{7.213}$$

其中 $X \equiv \frac{1}{2}g^{\mu\nu}\partial_\mu\phi\partial_\nu\phi$, 而 p 是其宗量的任意函数. 求出这个系统的能动张量并证明它可以表达成 $T^{\mu\nu} = (\rho + p)u^\mu u^\nu + pg^{\mu\nu}$, 其中 $u_\mu = (2X)^{-1/2}\partial^\mu\phi$, $\rho = 2X(\partial p/\partial X) - p$.

第八章　球对称史瓦西解

在本章中我们将讨论广义相对论中一个最简单的非平庸解 —— 球对称史瓦西解. 这个解有着重要的物理意义, 它不仅描述了球对称星体外的时空几何, 也描述了大质量恒星塌缩形成的黑洞时空.

由于爱因斯坦方程

$$R_{\mu\nu} - \frac{1}{2}g_{\mu\nu}R = 8\pi GT_{\mu\nu} \tag{8.1}$$

是一组高度非线性微分方程, 对一个任意分布物质给出的能动张量, 该方程是很难解析求解的. 实际上, 即使使用数值方法也不一定有可靠的结果, 例如两个黑洞碰撞引起的时空变化直到 2005 年才有了比较可靠的数值演化结果[①]. 爱因斯坦本人在广义相对论提出后也认为不可能找到严格解. 然而, 仅仅在广义相对论提出几个月后, 史瓦西就找到了一个严格解[②]. 史瓦西的策略是寻找一个静态的球对称解. 由于爱因斯坦方程是局域方程, 如果我们假设星体物质分布是球对称、静态的, 可以期待其外部的几何是静态球对称的, 而求解星体外部时我们只需要考虑真空爱因斯坦方程就可以了. 因此, 在本章中我们暂时不必考虑物质分布, 而只考虑真空爱因斯坦方程的球对称解. 实际上, 我们将看到, 对于四维真空爱因斯坦方程, 可以证明球对称解的唯一性.

8.1　稳态和静态时空

通常, 称一个系统处于稳态指的是系统达到稳定, 不随时间变化, 但可以存在匀速稳定的运动. 而静态指的是除了系统稳定以外, 再没有任何随时间的运动演化. 例如, 在一个管道中每点都以常速度稳定传输的气体, 处于稳态. 这里的讨论明显依赖于一个静止参考系. 对于共动参考系, 即使以常速度运动的气体看起来也是静止的. 对于时空流形, 如何确定它是稳态或是静态呢? 是否存在与观测者无关的定义呢?

定义　一个度规称为稳态的, 如果存在一个特殊的坐标系, 在其中度规是明显时

[①]数值相对论 (numerical relativity) 是相对论研究中的一个重要课题. 限于篇幅和作者水平, 在本书中不讨论该方面的内容, 感兴趣的读者参见文献 [53, 54].

[②]史瓦西 (Schwarzschild, 1873—1916), 德国物理学家、天文学家, 德国科学院院士. 在得知爱因斯坦方程后仅二十余日, 史瓦西就得到了该方程的球对称精确解, 论文于 1915 年 12 月 22 日寄给爱因斯坦, 1916 年 1 月 16 日公开发表. 1915 年正值第一次世界大战, 作为炮兵上尉的史瓦西在德国东部前线的战壕中找到了球对称解. 不幸的是, 他因患天疱疮在几个月后去世.

间无关的, 即

$$\left.\frac{\partial g_{\mu\nu}}{\partial x^0}\right|_* = 0, \tag{8.2}$$

其中 x^0 是这个坐标系中的类时坐标. 这实际上意味着 ∂_{x^0} 是一个基灵矢量. 简而言之, 一个时空称为稳态的, 当且仅当它有一个类时基灵矢量场.

对于稳态时空, 如果选择合适的坐标系, 我们总能使度规取如下形式:

$$ds^2 = g_{00}(dx^0)^2 + g_{0i}dx^0dx^i + g_{ij}dx^idx^j, \tag{8.3}$$

其中所有的度规分量都与类时坐标无关, 然而度规中允许 $g_{0i} \neq 0$, 这意味着时空是可以有演化的. 如果进一步要求时空是静止的, 也就是要求在变换 $x^0 \to x'^0 = -x^0$ 下, 时空度规保持不变, 这要求

$$g_{\mu\nu} = g'_{\mu\nu} \quad \Rightarrow \quad g_{0i} = 0. \tag{8.4}$$

所以, 一个静态时空的可能度规是

$$ds^2 = g_{00}(dx^0)^2 + g_{ij}dx^idx^j. \tag{8.5}$$

如果我们想给静态时空一个坐标无关的描述, 需要引进超曲面垂直矢量的概念. 超曲面可以通过一族方程 $f(x^\mu) = c$ 来描述. 在超曲面上一点 P, 法向余矢的分量为 $n_\mu \equiv \frac{\partial f}{\partial x^\mu}$. 任何矢量场称为超曲面垂直的 (hypersurface-orthogonal), 如果它处处与超曲面族垂直, 即

$$X_\mu = \lambda(x)n_\mu = \lambda f_{,\mu},$$

由此可得

$$X_\mu\partial_\nu X_\sigma = \lambda f_{,\mu}\partial_\nu(\lambda f_{,\sigma}) = \lambda f_{,\mu}\lambda_{,\nu}f_{,\sigma} + \lambda^2 f_{,\mu}f_{,\nu\sigma}. \tag{8.6}$$

经过反对称化, 我们有

$$X_{[\mu}\partial_\nu X_{\sigma]} = 0 \Rightarrow X_{[\mu}\nabla_\nu X_{\sigma]} = 0. \tag{8.7}$$

任何超曲面垂直的矢量场都满足 (8.7) 式. 反过来, 任何满足 (8.7) 式的非零矢量场必然是超曲面垂直的.

定理 一个时空称为静态的当且仅当它有一个超曲面垂直的类时基灵矢量场.

证明 对于一个稳态时空而言, 存在类时基灵矢量场 $X^\mu = \delta_0^\mu$:

$$X_\mu = g_{\mu\nu}X^\nu = g_{\mu 0}, \quad |X|^2 = X_\mu X^\mu = g_{\mu 0}\delta_0^\mu = g_{00}. \tag{8.8}$$

如果进一步地, 这个基灵矢量场是超曲面垂直的,

$$X_\mu = |X|^2 f_{,\mu}, \tag{8.9}$$

其中要求 $f_{,\mu}$ 是归一化的, 则有

$$g_{0\mu} = g_{00}f_{,\mu}. \tag{8.10}$$

对 $\mu = 0$, $f_{,0} = 1$, 所以

$$f = x^0 + h(x^i). \tag{8.11}$$

考虑坐标变换

$$x^0 \to x'^0 = x^0 + h(x^i), \quad x^i \to x'^i = x^i, \tag{8.12}$$

一个矢量场变换如

$$X'^\mu = \frac{\partial x'^\mu}{\partial x^\nu}X^\nu = \delta_0^\mu, \tag{8.13}$$

度规张量场变换如

$$g'_{\mu\nu,0} = 0, \quad g'_{00} = g_{00}, \tag{8.14}$$

而

$$\begin{aligned} g'_{0i} &= \frac{\partial x^\mu}{\partial x'^0}\frac{\partial x^\nu}{\partial x'^i}g_{\mu\nu} \\ &= \frac{\partial x^0}{\partial x'^0}\left(\frac{\partial x^0}{\partial x'^i}g_{00} + \frac{\partial x^j}{\partial x'^i}g_{0j}\right) \\ &= -\partial_i h g_{00} + g_{0i}. \end{aligned} \tag{8.15}$$

我们可以选择 $\partial_i h = g_{0i}/g_{00}$ 使 $g'_{0i} = 0$. 在这个新坐标中, $g_{0i} = 0$, 度规是静态的.

在上面的证明中, 仍然存在坐标变换自由度

$$x^0 \to x'^0 = Ax^0 + B, \quad x^i \to x'^i = h'^i(x^j), \tag{8.16}$$

其中 A, B 是常数而 h'^i 任意. 这些变换不会改变上面的讨论, 得到的度规仍可以保持静态度规的形式. 如果边界条件要求在空间无穷远 $g_{00} \to 1$, 则 $A = 1$. 这样我们定义了一个称为世界线时间的时间坐标. 因此, 对静态时空, 我们重新获得了牛顿引力中绝对时间的类似想法, 即时空可以很好地按照超曲面 $t = $ 常数来切分.

8.2   伯克霍夫定理

对于真空爱因斯坦方程, 其球对称解是唯一的. 更准确地说, 有下面的定理.

伯克霍夫 (Birkhoff) 定理   四维史瓦西解是真空爱因斯坦方程的唯一球对称解.

下面我们对此定理给出一个简略的证明. 伯克霍夫定理中的 "球对称" 意味着解有着与二维球面相同的对称性. 在前面的学习中我们知道球面是最大对称空间. 二维球面 S^2 具有三个基灵矢量场 $(V^{(1)}, V^{(2)}, V^{(3)})$, 构成了 so(3) 李代数:

$$
\begin{aligned}
[V^{(1)}, V^{(2)}] &= V^{(3)}, \\
[V^{(2)}, V^{(3)}] &= V^{(1)}, \\
[V^{(3)}, V^{(1)}] &= V^{(2)}.
\end{aligned}
\tag{8.17}
$$

这里我们需要用到微分几何中的弗罗贝尼乌斯定理: 如果有一组互相对易的矢量场, 则存在一组坐标函数使这些矢量场是沿着这些坐标的偏导数. 也就是说, 这些矢量场对应着沿着这些坐标的平移, 且这组坐标构成了直角坐标系. 进一步地, 如果这些矢量场并非对易但形成封闭的代数, 则这些矢量场的积分曲线将组合在一起来描述一个子流形, 在其上这些矢量场可以很好地定义. 也就是说, 这些矢量场可以是某个子流形的等度规群. 子流形的维数小于或者等于矢量场的数目, 但不可能大于矢量场的数目. 由于矢量场是在整个流形上定义的, 流形上每个点一定在某一个子流形上. 对于球对称时空, 二维球面就是基灵矢量场形成的子流形, 整个时空都如叶子一样 "长" 在二维球面上.

例 8.1   三维欧氏空间 R^3.

三维欧氏空间 R^3 显然是球对称的, 用球坐标就可以很清楚地看到这一点. 在球坐标中, 对每个固定的径向坐标, 我们都有一个二维球面, 如图 8.1 所示.

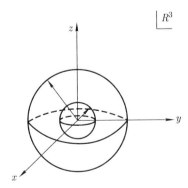

图 8.1   利用球坐标可以对三维欧氏空间分叶: 在不同的径向位置都是一个二维球面.

例 8.2 具有拓扑 $R \times S^2$ 的虫洞.

此时, 我们有球对称性, 但没有一个原点使整个时空旋转, 整个流形是在二维球面上生成的, 如图 8.2 所示.

图 8.2 虫洞嵌入高维的示意图. 为了显示方便, 每个圆实际上代表的是一个二维的球. 沿垂直方向可以对时空分叶.

一般而言, 如果我们有一个 n 维流形叶状生长在 m 维子流形上, 我们可以在 m 维子流形上使用坐标函数 u^i, 而用 $n-m$ 个坐标函数 v^I 来刻画我们在哪一个子流形上. 坐标函数 u^i 和 v^I 描述了整个流形. 如果子流形是最大对称空间, 如我们要讨论的球对称情形, 则有一个强有力的定理: 总能找到 u 坐标使整个流形的度规取如下形式:

$$\mathrm{d}s^2 = g_{\mu\nu}\mathrm{d}x^\mu \mathrm{d}x^\nu = g_{IJ}(v)\mathrm{d}v^I \mathrm{d}v^J + f(v)\gamma_{ij}(u)\mathrm{d}u^i \mathrm{d}u^j, \tag{8.18}$$

其中 $\gamma_{ij}(u)$ 是子流形上的度规. 注意在上面的度规中并不存在 $\mathrm{d}v^I \mathrm{d}u^j$ 这样的交叉项, 而且 $g_{IJ}(v)$ 和 $f(v)$ 都只是 v^I 的函数, 与 u^i 无关.

对于有球对称的时空, 利用坐标变换, 我们总可以从如下的度规假定

$$\mathrm{d}s^2 = m(t,r)\mathrm{d}t^2 + n(t,r)\mathrm{d}r^2 + r^2\mathrm{d}\Omega^2 \tag{8.19}$$

出发来求解真空爱因斯坦方程. 值得一提的是, 这里的 (t,r) 只是两个坐标函数, 其几何意义并不确定. 与闵氏时空的度规

$$\mathrm{d}s^2 = -\mathrm{d}t^2 + \mathrm{d}r^2 + r^2\mathrm{d}\Omega^2 \tag{8.20}$$

比较, 我们期待在离星体很远的地方时空是近似平直的, 所以我们可以把 r 看作径向坐标, t 看作时间坐标, 而取 m 是负的. 因此, 如下的度规假定将更方便我们的讨论:

$$\mathrm{d}s^2 = -\mathrm{e}^{2\alpha(t,r)}\mathrm{d}t^2 + \mathrm{e}^{2\beta(t,r)}\mathrm{d}r^2 + r^2\mathrm{d}\Omega^2. \tag{8.21}$$

注意, 这个度规假设完全来自球对称的要求, 与爱因斯坦方程无关, 因此它也适合于求解非真空爱因斯坦方程的球对称解. 对应于此度规的非零克里斯托弗符号为

$$\Gamma^0_{00} = \partial_0\alpha, \quad \Gamma^0_{01} = \partial_1\alpha, \quad \Gamma^0_{11} = e^{2(\beta-\alpha)}\partial_0\beta,$$

$$\Gamma^1_{00} = e^{2(\alpha-\beta)}\partial_1\alpha, \quad \Gamma^1_{01} = \partial_0\beta, \quad \Gamma^1_{11} = \partial_1\beta,$$

$$\Gamma^2_{12} = \frac{1}{r}, \quad \Gamma^1_{22} = -re^{-2\beta}, \quad \Gamma^3_{13} = \frac{1}{r},$$

$$\Gamma^1_{33} = -re^{-2\beta}\sin^2\theta, \quad \Gamma^2_{33} = -\sin\theta\cos\theta, \quad \Gamma^3_{23} = \frac{\cos\theta}{\sin\theta}.$$

这里的 $(0, 1, 2, 3)$ 分别代表 (t, r, θ, ϕ). 由此我们可以得到黎曼张量的各个分量:

$$R^0{}_{101} = e^{2(\beta-\alpha)}[\partial_0^2\beta + (\partial_0\beta)^2 - \partial_0\alpha\partial_0\beta] + [\partial_1\alpha\partial_1\beta - \partial_1^2\alpha - (\partial_1\alpha)^2],$$

$$R^0{}_{202} = -re^{-2\beta}\partial_1\alpha,$$

$$R^0{}_{303} = -re^{-2\beta}\sin^2\theta\,\partial_1\alpha,$$

$$R^0{}_{212} = -re^{-2\alpha}\partial_0\beta,$$

$$R^0{}_{313} = -re^{-2\alpha}\sin^2\theta\,\partial_0\beta, \tag{8.22}$$

$$R^1{}_{212} = re^{-2\beta}\partial_1\beta,$$

$$R^1{}_{313} = re^{-2\beta}\sin^2\theta\,\partial_1\beta,$$

$$R^2{}_{323} = (1 - e^{-2\beta})\sin^2\theta,$$

以及里奇张量的各个分量:

$$R_{00} = [\partial_0^2\beta + (\partial_0\beta)^2 - \partial_0\alpha\partial_0\beta] + e^{2(\alpha-\beta)}\left[\partial_1^2\alpha + (\partial_1\alpha)^2 - \partial_1\alpha\partial_1\beta + \frac{2}{r}\partial_1\alpha\right],$$

$$R_{11} = -\left[\partial_1^2\alpha + (\partial_1\alpha)^2 - \partial_1\alpha\partial_1\beta - \frac{2}{r}\partial_1\beta\right] + e^{2(\beta-\alpha)}[\partial_0^2\beta + (\partial_0\beta)^2 - \partial_0\alpha\partial_0\beta],$$

$$R_{01} = \frac{2}{r}\partial_0\beta, \tag{8.23}$$

$$R_{22} = e^{-2\beta}[r(\partial_1\beta - \partial_1\alpha) - 1] + 1,$$

$$R_{33} = R_{22}\sin^2\theta.$$

我们只需要求解真空爱因斯坦方程 $R_{\mu\nu} = 0$. 由 $R_{01} = 0$, 我们发现

$$\partial_0\beta = 0 \quad \Rightarrow \quad \beta = \beta(r), \tag{8.24}$$

即 β 必须是 r 的函数. 因此 R_{00} 和 R_{11} 进一步得到简化, 由此导致如下两个方程:

$$\mathrm{e}^{2(\alpha-\beta)}\left[\partial_1^2\alpha + (\partial_1\alpha)^2 - \partial_1\alpha\partial_1\beta + \frac{2}{r}\partial_1\alpha\right] = 0,$$
$$\partial_1^2\alpha + (\partial_1\alpha)^2 - \partial_1\alpha\partial_1\beta - \frac{2}{r}\partial_1\beta = 0. \tag{8.25}$$

这将导出

$$\partial_1(\alpha + \beta) = 0 \quad \Rightarrow \quad \alpha + \beta = g(t), \tag{8.26}$$

其中 $g(t)$ 是一个时间的任意函数. 也就是说,

$$\alpha = -\beta(r) + g(t). \tag{8.27}$$

这样, 度规可写作

$$\mathrm{d}s^2 = -\mathrm{e}^{-2\beta(r)+2g(t)}\mathrm{d}t^2 + \mathrm{e}^{2\beta(r)}\mathrm{d}r^2 + r^2\mathrm{d}\Omega^2. \tag{8.28}$$

我们仍有自由度来重新定义时间坐标 $\mathrm{d}t \to \mathrm{e}^{-g(t)}\mathrm{d}t$, 也就是说我们可以自由地选择 t 使 $g(t) = 0$. 因此, 度规可写作

$$\mathrm{d}s^2 = -\mathrm{e}^{-2\beta(r)}\mathrm{d}t^2 + \mathrm{e}^{2\beta(r)}\mathrm{d}r^2 + r^2\mathrm{d}\Omega^2. \tag{8.29}$$

这样, 所有的度规分量都与 t 无关. 实际上我们已经证明了一个重要的事实: 如果解存在, 任何球对称真空度规都有一个类时的基灵矢量, 而且这个度规不止是稳态的, 还是静态的.

进一步地, 由 $R_{22} = 0$, 我们得到

$$\mathrm{e}^{2\alpha}(2r\partial_1\alpha + 1) = 1$$
$$\Rightarrow \partial_1(r\mathrm{e}^{2\alpha}) = 1$$
$$\Rightarrow \mathrm{e}^{2\alpha} = 1 + \frac{C}{r}, \tag{8.30}$$

其中 C 是一个待定的积分常数. 最终, 我们得到了一个真空中的球对称时空的度规

$$\mathrm{d}s^2 = -\left(1 + \frac{C}{r}\right)\mathrm{d}t^2 + \left(1 + \frac{C}{r}\right)^{-1}\mathrm{d}r^2 + r^2\mathrm{d}\Omega^2. \tag{8.31}$$

实际上, 我们还需要验证这个度规是否满足 $R_{00} = 0$. 幸运的是, 它确实满足.

如前所述, 球对称真空解代表的是球对称星体外部的时空几何. 当 $r \to \infty$ 时, 我们远离星体, 应该期待得到牛顿极限, 也就是说

$$
\begin{aligned}
g_{00} &= -\left(1 + \frac{C}{r}\right) \sim g_{00}|_{\text{Newton}} = -(1 + 2\varPhi), \\
g_{rr} &= \left(1 + \frac{C}{r}\right)^{-1} \approx 1 - \frac{C}{r} \sim g_{rr}|_{\text{Newton}} = 1 - 2\varPhi,
\end{aligned}
\tag{8.32}
$$

其中牛顿引力势 $\varPhi = -GM/r$. 两相比较, 我们应该把积分常数 C 认定为 $C = -2GM$. 最终, 我们得到了著名的史瓦西度规.

史瓦西度规

$$
\mathrm{d}s^2 = -\left(1 - \frac{2GM}{r}\right)\mathrm{d}t^2 + \left(1 - \frac{2GM}{r}\right)^{-1}\mathrm{d}r^2 + r^2\mathrm{d}\varOmega^2.
\tag{8.33}
$$

注意当 $M \to 0$, 即中心没有星体时, 时空恢复到闵氏时空. 上面的度规是在自然单位制下的形式. 由量纲分析, 我们可以得到含光速的史瓦西度规形式

$$
\mathrm{d}s^2 = -\left(1 - \frac{2GM}{rc^2}\right)\mathrm{d}t^2 + \left(1 - \frac{2GM}{rc^2}\right)^{-1}\mathrm{d}r^2 + r^2\mathrm{d}\varOmega^2.
\tag{8.34}
$$

在很多文献中, 都令 $\mu = GM/c^2$, 有时甚至简单地令 $G = 1$.

从史瓦西度规的形式中可以看出, 当 $r = 0$ 和 $r = 2GM$ 时度规似乎是奇异的. 但度规的具体形式与坐标的选择密切相关, 或者说与观测者密切相关. 上述的两个点也许并非真正的奇点, 而有可能是坐标奇点. 例如, 在二维欧氏空间的极坐标系下度规为 $\mathrm{d}s^2 = \mathrm{d}r^2 + r^2\mathrm{d}\theta^2$, 在原点处度规是退化的, 而 $g^{\theta\theta} = r^{-2}$ 在原点处发散. 然而, 我们知道二维平面各处都是平直的, 没有奇点存在. 这里在度规中表现出的奇异性来自坐标的选择. 对史瓦西度规而言, $r = 2GM$ 确实是坐标奇点.

真正的奇点如何判断呢? 通常, 我们可以利用如下判据: 曲率标量变为无穷大的地方是奇点. 这里的曲率标量指的是利用黎曼张量、里奇张量、里奇标量以及协变导数构成的标量, 如

$$
R, \quad R_2 = R^{\mu\nu}R_{\mu\nu}, \quad R_4 = R^{\mu\nu\sigma\rho}R_{\mu\nu\sigma\rho}, \quad R_{\mu\nu\rho\sigma}R^{\rho\sigma\lambda\tau}R_{\lambda\tau}{}^{\mu\nu}, \quad \cdots.
$$

如果这些标量中的一个在某处发散时, 则该处为奇点. 这只是一个充分条件. 另一种判别奇点的方法是通过测地线是否完备来判断, 两者通常是等价的. 对于史瓦西度规, 由于 $R_{\mu\nu} = 0, R = 0, R_2 = 0$, 然而

$$
R^{\mu\nu\rho\sigma}R_{\mu\nu\rho\sigma} = \frac{48G^2M^2}{r^6},
\tag{8.35}
$$

所以 $r = 0$ 代表一个真正的奇点, 而在 $r = 2GM$ 处, 曲率标量不会发散. 尽管 $r = 2GM$ 并非奇点, 但这个径向位置确实比较特殊. 我们后面将看到, 它给出了黑洞的视界, 常称为史瓦西视界, 也称作史瓦西半径, 记作

$$R_{\mathrm{s}} = \frac{2GM}{c^2}. \tag{8.36}$$

从上面的讨论中可以看出, 我们选择常数 $C = -2GM$ 是通过与牛顿近似做比较得到的. 从求解的角度来看, C 可以选为任意的常数. 特别地, 如果我们选择 $C = 2GM$ 且 $M > 0$, 则度规除了 $r = 0$ 处外没有奇点, 或者说史瓦西视界处的坐标奇异性此时并不存在. 这实际上有严重的物理后果: $r = 0$ 处仍然是曲率奇点, 但此时没有视界来保护这个奇点, 也就是说时空存在裸奇点. 我们后面将看到裸奇点的存在是非物理的.

史瓦西度规具有几点重要的性质:

(1) 渐近平直. 渐近趋向于径向无穷远, 即 $r \to \infty$ 时, 史瓦西度规越来越像闵氏时空的度规, 这个性质称为渐近平直. 物理上, 这很容易理解, 离星体越来越远时, 星体对时空的弯曲越来越弱, 时空趋近于平直时空.

(2) 史瓦西坐标. 史瓦西时空作为真空爱因斯坦方程的解, 其存在性与坐标的选择无关, 但是史瓦西度规 (8.34) 用到的坐标具有特别的物理意义. 这组坐标 (t, r, θ, ϕ) 称为史瓦西坐标. 如前所述, 这个度规渐近趋向于闵氏时空, 因此这组坐标对应于在径向无穷远处静止观测者的参考系.

(3) 稳态和静态. 在星体外部史瓦西时空是静态的. 但是如果我们把它当作黑洞时空时, 这个结论只在 $r > R_{\mathrm{s}}$ 时成立. 当 $r < R_{\mathrm{s}}$ 时坐标 t 不再是类时的, 也就是说矢量 ∂_t 不再是类时矢量, 尽管 ∂_t 总是时空的基灵矢量. 这一点在后面讨论史瓦西黑洞时将进一步讨论其物理意义.

我们实际上已经证明了伯克霍夫定理: 史瓦西度规是真空爱因斯坦方程唯一的球对称解. 在证明中, 我们并没有预设时空是稳态或者静态的, 也对产生这种时空的源未加任何要求. 即使中间的星体是在演化的, 如塌缩中, 只要其演化是球对称的, 外部的时空就不受影响. 也就是说不存在时间相关的球对称解.

实际上, 我们有另一个定理来说明史瓦西度规的特殊性.

伊斯雷尔 (Israel) 定理　广义相对论中一个静止的真空引力场必然是球对称的, 由史瓦西度规描述.

这样我们就得到了如下唯一性定理[3].

---

[3]对于高维的情形, 如果我们假设理论仍然是爱因斯坦的广义相对论, 作用量没有高阶导数项, 则也有类似的唯一性定理. 详细的讨论参见 Hollands S and Ishibashi A. Black Hole Uniqueness Theorems in Higher Dimensional Spacetime. Class. Quant. Grav., 2012, 29: 163001.

唯一性定理 史瓦西几何是广义相对论中唯一的静态真空引力场.

由于坐标的选择不同, 史瓦西时空的度规可以不取作史瓦西度规的形式, 但通过适当的坐标变换, 总可以把它变成史瓦西度规的形式. 历史上, 由于坐标选择的不同, 史瓦西时空被 "发现" 了超过二十次.

8.3 史瓦西时空中的测地线

在本节中, 我们讨论粒子在史瓦西时空中的测地运动. 我们将讨论的粒子包括有质量粒子和无质量粒子, 它们的运动将会有不同的观测效应, 包括广义相对论中的经典实验检验. 另一方面, 对粒子测地运动的研究, 将帮助我们揭示史瓦西时空的性质, 特别是史瓦西黑洞的性质.

在时空中, 粒子的测地线方程为

$$\frac{\mathrm{d}^2 x^\mu}{\mathrm{d}\lambda^2} + \Gamma^\mu_{\nu\sigma} \frac{\mathrm{d}x^\nu}{\mathrm{d}\lambda} \frac{\mathrm{d}x^\sigma}{\mathrm{d}\lambda} = 0.$$

利用对应于史瓦西度规的克里斯托弗符号

$$\Gamma^1_{00} = \frac{GM}{r^3}(r - R_{\mathrm{s}}), \ \Gamma^1_{11} = \frac{-GM}{r(r - R_{\mathrm{s}})}, \ \Gamma^0_{01} = \frac{GM}{r(r - R_{\mathrm{s}})},$$

$$\Gamma^2_{12} = \frac{1}{r}, \ \Gamma^1_{22} = -(r - R_{\mathrm{s}}), \ \Gamma^3_{13} = \frac{1}{r}, \tag{8.37}$$

$$\Gamma^1_{33} = -(r - R_{\mathrm{s}})\sin^2\theta, \ \Gamma^2_{33} = -\sin\theta\cos\theta, \ \Gamma^3_{23} = \frac{\cos\theta}{\sin\theta},$$

我们得到一组测地线方程:

$$\frac{\mathrm{d}^2 t}{\mathrm{d}\lambda^2} + \frac{R_{\mathrm{s}}}{r(r - R_{\mathrm{s}})} \frac{\mathrm{d}r}{\mathrm{d}\lambda} \frac{\mathrm{d}t}{\mathrm{d}\lambda} = 0, \tag{8.38}$$

$$\frac{\mathrm{d}^2 r}{\mathrm{d}\lambda^2} + \frac{GM}{r^3}(r - R_{\mathrm{s}}) \left(\frac{\mathrm{d}t}{\mathrm{d}\lambda}\right)^2 - \frac{GM}{r(r - R_{\mathrm{s}})} \left(\frac{\mathrm{d}r}{\mathrm{d}\lambda}\right)^2$$

$$- (r - R_{\mathrm{s}}) \left[\left(\frac{\mathrm{d}\theta}{\mathrm{d}\lambda}\right)^2 + \sin^2\theta \left(\frac{\mathrm{d}\phi}{\mathrm{d}\lambda}\right)^2\right] = 0, \tag{8.39}$$

$$\frac{\mathrm{d}^2\theta}{\mathrm{d}\lambda^2} + \frac{2}{r} \frac{\mathrm{d}\theta}{\mathrm{d}\lambda} \frac{\mathrm{d}r}{\mathrm{d}\lambda} - \sin\theta\cos\theta \left(\frac{\mathrm{d}\phi}{\mathrm{d}\lambda}\right)^2 = 0, \tag{8.40}$$

$$\frac{\mathrm{d}^2\phi}{\mathrm{d}\lambda^2} + \frac{2}{r} \frac{\mathrm{d}\phi}{\mathrm{d}\lambda} \frac{\mathrm{d}r}{\mathrm{d}\lambda} + 2\frac{\cos\theta}{\sin\theta} \frac{\mathrm{d}\theta}{\mathrm{d}\lambda} \frac{\mathrm{d}\phi}{\mathrm{d}\lambda} = 0. \tag{8.41}$$

这些二阶微分方程看起来很复杂, 似乎很难求解, 但由于史瓦西时空的对称性, 实际上它们是可解的. 这里我们并不准备直接求解它们, 而是利用对称性定义的守恒量来求解测地线方程.

星体外的史瓦西时空具有一个类时的基灵矢量, 以及对应于二维球面转动不变性的 SO(3) 对称性. 可以证明, $U(1) \times SO(3)$ 就是史瓦西时空能够拥有的等度规群. 对于史瓦西度规, 类时基灵矢量为 $\widehat{\xi} = \partial_t (r > R_s)$, 其分量为 $\xi^\mu = (1, 0, 0, 0)$. 而三个类空的基灵矢量中, 比较明显的是 ∂_ϕ. 利用基灵对称性, 我们可以定义与粒子相关的守恒量: 基灵矢量场 $\widehat{K}$ 与测地线切矢量 $\widehat{u}$ 的内积 $\widehat{u} \cdot \widehat{K}$ 沿测地线保持不变:

$$K_\mu \frac{\mathrm{d}x^\mu}{\mathrm{d}\lambda} = 常数, \tag{8.42}$$

这里的 λ 对于有质量粒子来说可以是固有时, 对于无质量粒子来说是仿射参数.

首先, 利用类时基灵矢量 $\xi^\mu = (1, 0, 0, 0)$, 我们可以定义粒子的守恒能量密度. 由 $\xi_\mu = \left(-\left(1 - \frac{R_s}{r}\right), 0, 0, 0 \right), u^\mu = \frac{\mathrm{d}x^\mu}{\mathrm{d}\lambda}$, 我们得到守恒量

$$E = \left(1 - \frac{R_s}{r}\right) \frac{\mathrm{d}t}{\mathrm{d}\lambda}. \tag{8.43}$$

实际上, $u_0 = g_{0\mu} u^\mu = -E$. 对有质量粒子的类时测地线而言, $r \to \infty$, $\|\widehat{\xi}\|^2 \sim -1$, E 变成了一个在无穷远静止观测者看到的单位质量粒子的总能量. 这是因为该观测者看到的能量为 $E_o = -\widehat{u}_{obs} \cdot \widehat{P} = mE$. 一般而言, 相对于无穷远静止观测者, E 代表着单位质量粒子沿测地线运动的总能量, 包括引力势能. 它可以理解成这个观测者把单位质量粒子放到某轨道上所需的能量, 即能量密度. 如果是在无穷远静止释放, 则 $E = 1$. 而对于无质量粒子的零测地线, E 是无质量粒子如光子的 "总能量". 严格地说, 由于对无质量粒子测地线仿射参数选择的任意性, "总能量" 的物理意义并不准确, 有任意性, 并非一个真实的物理量.

其次, SO(3) 空间转动对称性可以定义粒子的守恒角动量. 对于类空基灵矢量场 $\widehat{\eta} = \partial_\phi$, 或者 $\eta_\mu = (0, 0, 0, r^2 \sin^2 \theta)$, 相应的粒子守恒量为

$$L = g^{\mu\nu} \eta_\mu u_\nu = r^2 \sin^2 \theta \frac{\mathrm{d}\phi}{\mathrm{d}\lambda}. \tag{8.44}$$

L 的物理意义是相对于无穷远静止观测者的单位质量粒子的角动量, 即角动量密度, 或者无质量粒子的 "角动量". 除了基灵矢量 ∂_ϕ 以外, 球对称时空还有另外两个基灵矢量, 它们定义的守恒量实际上对应着三维角动量矢量的方向. 角动量方向的不变性意味着粒子的运动是在一个平面上. 我们总可以选择这个平面对应于 $\theta = \frac{\pi}{2}$. 这一点也

可以从测地线方程中关于 θ 的第三个方程中看出. 这个方程可以写作

$$\frac{\mathrm{d}}{\mathrm{d}\lambda}\left(r^2\frac{\mathrm{d}\theta}{\mathrm{d}\lambda}\right) - \frac{L^2\cos\theta}{r^2\sin^3\theta} = 0, \tag{8.45}$$

积分后我们得到

$$\left(r^2\frac{\mathrm{d}\theta}{\mathrm{d}\lambda}\right)^2 = -L^2\cot^2\theta + C, \tag{8.46}$$

其中 C 是一个积分常数. 我们利用球对称性总可以令 $\theta(\lambda_0) = \frac{\pi}{2}, \frac{\mathrm{d}\theta}{\mathrm{d}\lambda}(\lambda_0) = 0$, 即初始时刻粒子在 $\theta = \frac{\pi}{2}$ 的平面上, 所以 $C = 0$. (8.46) 式只有在左右两边都为零时才成立, 因此我们得到粒子总有

$$\theta(\lambda) = \frac{\pi}{2}, \qquad \frac{\mathrm{d}\theta}{\mathrm{d}\lambda}(\lambda) = 0. \tag{8.47}$$

这意味着粒子的运动总是在 $\theta = \frac{\pi}{2}$ 的平面上. 在下面的讨论中, 我们就只关注粒子在 $\theta = \frac{\pi}{2}$ 平面上的运动. 此时, 守恒角动量密度变为

$$L = r^2\frac{\mathrm{d}\phi}{\mathrm{d}\lambda}. \tag{8.48}$$

此外, 我们还可以利用粒子运动 4-速度的归一化条件来简化我们的讨论. 度规相容性意味着沿测地线粒子 4-速度的内积是常数,

$$\epsilon = -g_{\mu\nu}\frac{\mathrm{d}x^\mu}{\mathrm{d}\lambda}\frac{\mathrm{d}x^\nu}{\mathrm{d}\lambda}, \tag{8.49}$$

其中, 对于有质量粒子选择固有时作为仿射参数时 $\epsilon = 1$, 而对于无质量粒子 $\epsilon = 0$. 对于史瓦西度规, 这个关系给出

$$-\left(1 - \frac{R_\mathrm{s}}{r}\right)\left(\frac{\mathrm{d}t}{\mathrm{d}\lambda}\right)^2 + \left(1 - \frac{R_\mathrm{s}}{r}\right)^{-1}\left(\frac{\mathrm{d}r}{\mathrm{d}\lambda}\right)^2 + r^2\left(\frac{\mathrm{d}\phi}{\mathrm{d}\lambda}\right)^2 = -\epsilon.$$

利用守恒量 E 和 L, 我们得到方程

$$-E^2 + \left(\frac{\mathrm{d}r}{\mathrm{d}\lambda}\right)^2 + \left(1 - \frac{R_\mathrm{s}}{r}\right)\left(\frac{L^2}{r^2} + \epsilon\right) = 0. \tag{8.50}$$

方程 (8.50) 可以重新组合成更有启发性的形式

$$\frac{1}{2}\left(\frac{\mathrm{d}r}{\mathrm{d}\lambda}\right)^2 + V(r) = \frac{1}{2}E^2, \tag{8.51}$$

其中

$$V(r) = \frac{1}{2}\epsilon - \epsilon\frac{GM}{r} + \frac{L^2}{2r^2} - \frac{GML^2}{r^3}. \tag{8.52}$$

我们可以把方程 (8.51) 与一维中单位质量粒子的经典运动做比较: 等效地, 单位质量的粒子具有 "总能量" $\frac{1}{2}E^2$, 在势能为 $V(r)$ 的一维势中运动. 我们这里得到的只是粒子径向运动 $r(\lambda)$ 的方程, 利用 E 和 L 可以很容易地得到关于角度 $\phi(\lambda)$ 和坐标时 $t(\lambda)$ 的方程.

有效势不仅依赖于时空本身的性质, 还依赖于粒子本身是否有质量以及守恒角动量密度. 在有效势 $V(r)$ 中, 第二项是通常的牛顿引力势, 第三项是离心势, 而最后一项是来自广义相对论的修正项. 修正项在 r 很小时会变得很重要. 如果不考虑修正项, 上面的结果就是在牛顿引力中研究点粒子运动得到的径向运动方程. 粒子径向运动的定性行为很容易通过比较 $\frac{1}{2}E^2$ 和 $V(r)$ 来得到. 我们先假定粒子是从无穷远开始向内运动的, 有以下几种可能性:

(1) 受束缚运动. 此时 $\frac{1}{2}E^2$ 与 $V(r)$ 有两个交点, 粒子的运动在两个交点之间. 在牛顿力学中这表现为粒子的运动取椭圆轨道. 当这两个交点汇为一个交点时, 即 $\frac{1}{2}E^2$ 与 $V(r)$ 的局部极小点相交时, 粒子做稳定的圆周运动.

(2) 如果 $\frac{1}{2}E^2$ 与 $V(r)$ 相交一次, 也就是说碰到了转折点 (turning point), 则粒子会反向, 掉头向无穷远运动.

(3) 如果 $\frac{1}{2}E^2$ 与 $V(r)$ 不相交, 即粒子的总能量密度超过了势垒的最高点, 则粒子将继续向内运动直到星体上, 也就是说粒子被星体捕获. 其中当 $\frac{1}{2}E^2$ 正好与 $V(r)$ 的局部极大值相等时, 粒子可以做不稳定的圆周运动.

如果粒子是从内向外运动的, 与刚才的讨论类似, 也有几种可能性:

(1) 受束缚运动. 此时 $\frac{1}{2}E^2$ 与 $V(r)$ 有两个交点, 粒子的运动在两个交点之间, 或者粒子做稳定的圆周运动.

(2) 如果 $\frac{1}{2}E^2$ 与 $V(r)$ 相交一次, 也就是说碰到了转折点, 则粒子会反向掉回星体上.

(3) 如果 $\frac{1}{2}E^2$ 与 $V(r)$ 不相交, 即粒子的总能量密度超过了势垒的最高点, 则粒子将摆脱星体的吸引继续向外运动到无穷远.

下面的讨论中我们暂时忽略中心天体本身的半径, 也就是说把史瓦西时空作为黑洞来看待.

我们先来看看在牛顿引力中粒子的运动. 对于有质量粒子, 其势能为

$$V(r) = \frac{1}{2} - \frac{GM}{r} + \frac{L^2}{2r^2}. \tag{8.53}$$

不难看出, 在此势中粒子总有圆周轨道

$$r_{\rm c} = \frac{L^2}{GM}, \tag{8.54}$$

相应的束缚能是 $E = -\dfrac{GM}{2r_{\rm c}}$. 一个从无穷远处静止释放的粒子必须损失能量才能进入圆周轨道. 当然, 除了圆周轨道外, 也有其他束缚轨道. 而对于无质量粒子, 其势能为

$$V(r) = \frac{L^2}{2r^2}. \tag{8.55}$$

从中可见, 无质量粒子是没有圆周轨道的, 也没有束缚轨道. 对于一个给定 "能量" 的光子, 从无穷远而来, 会逐渐 "慢下来" 然后回到无穷远. 在牛顿引力中, 无质量粒子是不受引力作用的, 其运动轨迹是一条直线.

在广义相对论中, 粒子的运动将有所不同. 对于有质量粒子, 其势能为

$$V(r) = \frac{1}{2} - \frac{GM}{r} + \frac{L^2}{2r^2} - \frac{GML^2}{r^3}. \tag{8.56}$$

我们知道, 当 $r \to 0$ 时, $V \to -\infty$, 这与牛顿引力相比有很大的不同. 当 $r = R_{\rm s}$ 时, $V = 0$. 而势能的极值点在

$$0 = \frac{\partial V}{\partial r} = r^{-4}[GMr^2 - L^2r + 3GML^2]$$
$$\Rightarrow R_{\pm} = \frac{L^2 \pm \sqrt{L^4 - 12L^2M^2G^2}}{R_{\rm s}}. \tag{8.57}$$

如果角动量太小, $L^2 < 12G^2M^2$, 则没有极值点, 向内运动的粒子 $\mathrm{d}r/\mathrm{d}\lambda < 0$, 将直接撞到星体表面或者穿过黑洞的视界奔向黑洞中心. 如果粒子角动量够大, $L^2 > 12G^2M^2$, 存在一个极小值点 R_+ 和一个极大值点 R_-. 在 $r = R_+$ 处可以有稳定的圆周轨道, 而在 $r = R_-$ 处可以有非稳定圆周轨道. 当 $L \gg GM$ 时, $R_+ \sim L^2/GM$, 我们得到牛顿引力中的结果. 由于 $R_+ > 6GM$, 因此没有比 $6GM$ 更小的稳定圆周轨道. 而不稳定圆周轨道处于 $3GM < R_- < 6GM$. 对于某个圆周轨道 $R_{\rm c}$, 我们可以确定所需要的角动量

$$L = \left(\frac{GMR_{\rm c}}{1 - 3GM/R_{\rm c}} \right)^{\frac{1}{2}}. \tag{8.58}$$

对于圆周轨道 $dr/d\lambda = 0$, 所以粒子的守恒能量密度可以求出. 在 $R = R_{\pm}$ 处,

$$\frac{1}{2}E^2(R) = V(R) \Rightarrow E(R) = \frac{R - R_s}{\sqrt{R(R - 3GM)}}. \tag{8.59}$$

我们可以判断在不稳定圆周轨道上的粒子是否能跑到无穷远. 当 $R \leqslant 4GM$ 时, $E \geqslant 1$, 且如果 $R \to 3GM$, 则 $E, L \to \infty$, 所以在 $3GM$ 到 $4GM$ 间不稳定圆周轨道上的粒子在微扰下将有可能逃到无穷远, 当然也有可能被星体捕获. 如果 $4GM < R < 6GM$, 由于 $E < 1$, 粒子只能做束缚运动.

当 $L^2 = 12G^2M^2$ 时, 情况比较特殊, $R_+ = R_- = 6GM$, 我们只有一个圆周轨道, 称为最内层稳定圆周轨道 (innermost stable circular orbit, 简记为 ISCO). 这个轨道在天体物理中有重要的物理意义. 在一个质量很大的致密星体外面有一个吸积盘 (accretion disk). 吸积盘中的气体由于如磁流体不稳定性造成的湍流黏滞性 (turbulent viscosity) 而损失角动量, 因此气体慢慢向内运动, 损失了引力势能而被加热. 最终当 $L < L_c$ 时, 气体不再能够做圆周运动, 而很快地做螺旋运动掉到中心的物体上. ISCO 就是这些气体能够不被吸引到中心的最终位置. 由此, 我们可以估算一下粒子可能损失的能量. 在 ISCO 上, 粒子的能量密度为 $E^2 = 8/9$. 假定粒子从无穷远来时的守恒能量密度为 1, 则其在 ISCO 时单位质量粒子的束缚能是

$$E_B = 1 - E = 1 - \sqrt{8/9} \approx 0.0572, \tag{8.60}$$

即大约为粒子静止质量 m_0c^2 的 5.7%. 这意味着, 粒子在最终被中心致密天体捕获之前, 需要释放约 5.7% 静止质量的能量. 这些能量的释放应该是以引力波的形式, 在 ISCO 时效率最大. 这个比率是惊人的. 与氢核燃烧产生氦做个比较, 后者的效率仅为约 0.7%.

对于无质量粒子, $\epsilon = 0$, 广义相对论的预言也与牛顿引力有所不同. 粒子的势能为

$$V(r) = \frac{L^2}{2r^2} - \frac{GML^2}{r^3}, \tag{8.61}$$

我们仍然在 $r = R_s$ 处, $V = 0$. 对于无质量粒子, 除了 $L = 0$ 外, 势能都有一个势垒, 但能量足够大的粒子仍然能够翻越势垒被中心所捕捉. 而在势垒的最高处, $r = 3GM$, 我们可以有一个不稳定的圆周轨道.

8.3.1 自由下落

前面的讨论主要是定性的分析以及对圆周轨道的讨论, 下面我们集中讨论一下粒子的纯径向运动, 即假设其角动量为零. 一个有质量粒子从无穷远自由下落,

$$E = 1, \qquad V_{\text{eff}} = \frac{1}{2} - \frac{GM}{r}, \tag{8.62}$$

其运动方程为

$$\frac{1}{2}\dot{r}^2 - \frac{GM}{r} = 0 \Rightarrow \frac{\mathrm{d}r}{\mathrm{d}\tau} = \pm\sqrt{\frac{R_\mathrm{s}}{r}}, \tag{8.63}$$

其中微分是相对于固有时 τ 而言的, 而正负号分别代表沿径向向外或者向内运动. 我们考虑径向向内的运动, 因此选择负号. 进一步地, 我们有

$$\frac{\mathrm{d}t}{\mathrm{d}\tau}\left(1 - \frac{R_\mathrm{s}}{r}\right) = 1 \Rightarrow \frac{\mathrm{d}t}{\mathrm{d}\tau} = \frac{1}{1 - \dfrac{R_\mathrm{s}}{r}}. \tag{8.64}$$

所以, 粒子的 4-速度为

$$u^\mu = \left(\left(1 - \frac{R_\mathrm{s}}{r}\right)^{-1}, -\sqrt{\frac{R_\mathrm{s}}{r}}, 0, 0\right). \tag{8.65}$$

由径向运动方程知

$$\sqrt{r}\,\mathrm{d}r = -\sqrt{R_\mathrm{s}}\,\mathrm{d}\tau \qquad (\text{“}-\text{”}: \text{向内运动})$$
$$\Rightarrow \Delta\tau = \frac{2}{3\sqrt{R_\mathrm{s}}}(r_0^{3/2} - r^{3/2}), \tag{8.66}$$

其中 $\Delta\tau$ 是粒子从初始位置 r_0 到达最终位置 r 所花的固有时间. 无论终点是在史瓦西半径 $r = R_\mathrm{s}$ 还是在奇点 $r = 0$ 处, 粒子所花的固有时都是有限的.

　　另一方面, 对于无穷远静止观测者, 他看到的时间即是坐标时. 坐标时满足的微分方程是

$$\frac{\mathrm{d}t}{\mathrm{d}r} = \frac{\mathrm{d}t}{\mathrm{d}\tau}\bigg/ \frac{\mathrm{d}r}{\mathrm{d}\tau} = -\left(\frac{R_\mathrm{s}}{r}\right)^{-1/2}\left(1 - \frac{R_\mathrm{s}}{r}\right)^{-1}. \tag{8.67}$$

积分后得

$$\Delta t = \frac{2}{3\sqrt{R_\mathrm{s}}}(r_0^{3/2} - r^{3/2}) + 2\sqrt{R_\mathrm{s}}(r_0^{1/2} - r^{1/2})$$
$$+ R_\mathrm{s}\ln\left|\left(\frac{\sqrt{r} + \sqrt{R_\mathrm{s}}}{\sqrt{r} - \sqrt{R_\mathrm{s}}}\right)\left(\frac{\sqrt{r_0} - \sqrt{R_\mathrm{s}}}{\sqrt{r_0} + \sqrt{R_\mathrm{s}}}\right)\right|.$$

它给出了粒子从初始位置 r_0 到达最终位置 r 所花的坐标时. 当粒子接近史瓦西半径时, $\Delta t \to \infty$. 也就是说, 史瓦西观测者发现粒子需要无穷长时间才能到达史瓦西半径, 或者粒子永远无法到达史瓦西半径. 这个结论不止对于无穷远观测者而言是正确的, 对于一个固定在某径向位置的观测者而言, 也有类似的结论.

8.3.2 逃逸速度

下面我们在广义相对论的框架下重新讨论一个牛顿引力中的问题: 粒子的逃逸速度, 即粒子以多大的初速度向外运动才能逃脱星体的吸引到达无穷远. 这里我们假设星体没有转动, 所以最经济的手段就是沿径向发射粒子. 如果我们希望粒子到达无穷远, 粒子必须至少具有守恒能量密度 $E = 1$, 因此其 4-速度的径向分量为 $u^r = \sqrt{\dfrac{R_s}{r}}$, 其他分量如 8.3.1 小节所述. 注意这里粒子的初始速度指的是相对于星体表面的发射器而言. 假定发射器是处于某个半径 R 处, 如星体的外表以稳态存在, 因此其 4-速度为

$$u^\mu_{\text{obs}}(R) = \left(\left(1 - \frac{R_s}{R}\right)^{-1/2}, 0, 0, 0\right). \tag{8.68}$$

所以, 它观测到的粒子能量为 $-\widehat{P} \cdot \widehat{u}_{\text{obs}}$, 也就是说

$$\mathcal{E}_o = -mg_{tt}u^t u^t_{\text{obs}} = m\left(1 - \frac{R_s}{R}\right)^{-1/2}. \tag{8.69}$$

在发射器的参考系中 $\mathcal{E}_o = m/\sqrt{1-v^2}$, 因此测量到的粒子速度为

$$v_{\text{escape}} = \left(\frac{R_s}{R}\right)^{1/2}. \tag{8.70}$$

这与牛顿引力中得到的结果是一样的.

最后, 我们再讨论一下稳定圆周轨道. $r = R_+$ 是稳定圆周轨道,

$$R_+ = \frac{L^2}{R_s}\left(1 + \sqrt{1 - 12\left(\frac{GM}{L}\right)^2}\right), \tag{8.71}$$

角动量越小, 即 L/GM 越小, R_+ 也越小. 最内层稳定圆周轨道 (ISCO) 在

$$R_{\text{ISCO}} = 6GM \tag{8.72}$$

处. 对于无穷远观测者, 圆周轨道上粒子的角速度为

$$\Omega = \frac{\mathrm{d}\phi}{\mathrm{d}t} = \frac{\mathrm{d}\phi/\mathrm{d}\tau}{\mathrm{d}t/\mathrm{d}\tau} = \frac{1}{r^2}\left(1 - \frac{R_s}{r}\right)\frac{L}{E}, \tag{8.73}$$

实际上它满足

$$\Omega^2 = \frac{GM}{r^3}. \tag{8.74}$$

这正是非相对论牛顿力学中圆周轨道满足的开普勒定律. 而粒子的 4-速度为 $u^\mu = u^t(1,0,0,\Omega)$, 其中

$$u^t = \left(1 - \frac{R_s}{r} - r^2\Omega^2\right)^{-1/2} = \left(1 - \frac{3GM}{r}\right)^{-1/2}. \tag{8.75}$$

如果在圆周轨道上有一个稳定不动的观测者, 比如通过强有力的火箭支持其不坠, 其 4-速度为 $u^\mu_H = ((1 - R_s/r)^{-1/2}, 0, 0, 0)$. 而粒子有 $u_\mu = (-E, 0, 0, L)$, 因此这个观测者观测到的粒子能量密度为

$$\gamma = E_H = -u_\mu u^\mu_H = \frac{E}{(1 - R_s/r)^{1/2}}. \tag{8.76}$$

在狭义相对论中 $\gamma = (1 - v^2)^{-1/2}$, 所以观测者观测到粒子的速度为 $v_H = \sqrt{\dfrac{R_s/(2r)}{1 - R_s/r}}$. 当 $r = 2R_s$ 时, 这个速度与前面讨论的径向逃逸速度一样. 而当 $r < 2R_s$ 时, 它超过了径向逃逸速度, 因此此时的圆周轨道经微扰后将不稳定, 粒子不会被束缚住, 而可能逃到无穷远. 这与前面讨论得到的结论一致.

8.4 广义相对论的经典实验检验

在本节中我们将讨论历史上对广义相对论的几个经典检验. 这些实验都是基于史瓦西时空中粒子的运动. 我们首先从水星近日点进动开始.

8.4.1 水星近日点进动

在广义相对论建立之前, 人们通过长期的实验观测, 发现了水星近日点的进动存在异常. 即使考虑了太阳形状的非球形造成的引力势偏差, 以及其他行星对水星的影响, 水星近日点进动仍然有着理论上无法解释的微小偏差. 大部分物理学家并未认真地看待此事, 把这个偏差归咎于尚未发现的某个小行星的影响. 爱因斯坦在发展广义相对论之前也知道水星近日点进动异常, 但并未把它作为发展广义相对论的源动力. 1915 年底, 爱因斯坦在提出广义相对论的同时, 开始着手在广义相对论的框架中解决这个疑难, 并很快获得了成功.

在牛顿引力中, 如果引力势是球对称的, 则在其中粒子所受的力 $\boldsymbol{F} = -m\dfrac{GM}{r^3}\boldsymbol{r}$, 由此得 $\ddot{\boldsymbol{r}} = -\dfrac{GM}{r^3}\boldsymbol{r}$. 这样粒子的角动量 $\boldsymbol{A} = \boldsymbol{r} \times m\dot{\boldsymbol{r}}$ 是守恒的,

$$\boldsymbol{A} = m\boldsymbol{L}, \quad \boldsymbol{r} \perp \boldsymbol{L}, \tag{8.77}$$

其中 $\boldsymbol{L}$ 是一个大小和方向确定的常数矢量. 由于 $\boldsymbol{r} \perp \boldsymbol{L}$, 粒子的运动轨道是在一个平面上, 由 (r, ϕ) 刻画, 它们满足方程

$$r^2 \dot{\phi} = L,$$
$$\ddot{r} - r\dot{\phi}^2 = -\frac{GM}{r^2}, \tag{8.78}$$

其中 $L = |\boldsymbol{L}|$ 是单位质量的守恒角动量. 第一个方程实际上是角动量守恒方程, 而第二个方程来自牛顿第二定律. 由这两个方程, 我们希望确定粒子的轨道, 即函数 $r(\phi)$. 引进变量 $u = r^{-1}$, 有

$$\dot{r} \equiv \frac{\mathrm{d}r}{\mathrm{d}t} = \frac{\mathrm{d}}{\mathrm{d}t}\left(\frac{1}{u}\right) = -\frac{1}{u^2}\frac{\mathrm{d}u}{\mathrm{d}\phi}\dot{\phi}$$
$$= -\frac{1}{u^2}Lu^2\frac{\mathrm{d}u}{\mathrm{d}\phi} = -L\frac{\mathrm{d}u}{\mathrm{d}\phi}. \tag{8.79}$$

进一步地, $\ddot{r} = -L^2u^2\dfrac{\mathrm{d}^2u}{\mathrm{d}\phi^2}$. 因此, 轨道可以被确定:

$$\frac{\mathrm{d}^2u}{\mathrm{d}\phi^2} + u = \frac{GM}{L^2} \quad (\text{比奈 (Binet) 方程})$$
$$\Rightarrow u = \frac{GM}{L^2} + C\cos(\phi - \phi_0) \quad (C, \phi_0 \text{ 为常数})$$
$$\Rightarrow \frac{l}{r} = 1 + e\cos(\phi - \phi_0), \tag{8.80}$$

其中

$$l = L^2/GM, \quad e = CL^2/GM. \tag{8.81}$$

这是一个圆锥截面的方程, l (半正焦弦 (semi-latus rectum)) 确定了轨道的大小, 而 e 称为离心率, 确定了轨道的形状, ϕ_0 确定了轨道的方向 (相对于 x 轴). 当 $0 < e < 1$ 时, 这个截面是一个椭圆, 即粒子的运动轨迹是椭圆. 所以, 在球对称的引力势中, 牛顿引力告诉我们行星的运动轨迹是一个闭合的椭圆. 上面的关系式也可以写作

$$r = \frac{(1 - e^2)a}{1 + e\cos(\phi - \phi_0)}. \tag{8.82}$$

如果我们取定 $\phi_0 = 0$, 则轨道如图 8.3 所示. 简而言之, 在牛顿力学中由于四维引力满足平方反比律, 因此两体束缚轨道是闭合的, 一般而言是椭圆轨道. 这实际上来自中心力场中满足平方反比律的力具有更强的对称性, 即拉普拉斯–龙格–楞次 (Laplace-Runge-Lenz) 矢量是守恒的. 假如, 在中心力场中有高阶的修正项, 例如 $1/r^3$ 项, 粒子

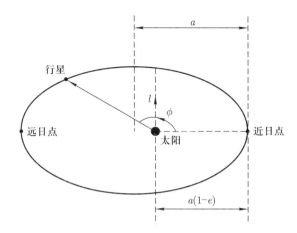

图 8.3   在牛顿力学中如果只考虑太阳与行星的两体相互作用, 则行星绕太阳运动的封闭轨道将是一个严格的椭圆. 图中 a 称作椭圆的半长轴, 近日点距离是 $r_- = a(1-e)$, 远日点距离是 $r_+ = a(1+e)$. 通过确定近日点和远日点, 我们可以确定轨道的半长轴和离心率, 从而确定整个轨道.

运动的轨道将不再闭合, 会产生进动. 这种情况当星体不再是严格的球形时会发生, 而广义相对论的修正项也会导致这个结果.

在广义相对论中, 即使是在球对称的史瓦西时空中, 粒子的运动尽管可以是圆轨道, 但却不会遵循封闭的椭圆轨道, 而是稍微有些进动的椭圆轨道. 前面我们得到的测地线方程是

$$\dot{r}^2 + \left(1 - \frac{R_\mathrm{s}}{r}\right)\left(\frac{L^2}{r^2} + 1\right) = E^2. \tag{8.83}$$

如果我们想知道的是轨道的形状, 而非简单的径向变化, 则可以利用守恒角动量密度并由 $\dot{r} = \dfrac{\mathrm{d}r}{\mathrm{d}\lambda} = \dfrac{\mathrm{d}r}{\mathrm{d}\phi}\dfrac{\mathrm{d}\phi}{\mathrm{d}\lambda} = \dfrac{\mathrm{d}r}{\mathrm{d}\phi}\dot{\phi}$ 得到

$$\left(\frac{\mathrm{d}r}{\mathrm{d}\phi}\right)^2 + \left(1 - \frac{R_\mathrm{s}}{r}\right)r^2\left(1 + \frac{r^2}{L^2}\right) = E^2\frac{r^4}{L^2}. \tag{8.84}$$

定义一个无量纲量 $x \equiv \dfrac{2L^2}{R_\mathrm{s}r}$, 运动方程变为

$$\left(\frac{\mathrm{d}x}{\mathrm{d}\phi}\right)^2 + \left(\left(\frac{2L}{R_\mathrm{s}}\right)^2 - \frac{4E^2L^2}{R_\mathrm{s}^2}\right) - 2x + x^2 - \frac{R_\mathrm{s}^2}{2L^2}x^3 = 0, \tag{8.85}$$

其中等号左边的最后一项可以看作微扰项. 对这个一阶方程再用 $\dfrac{\mathrm{d}}{\mathrm{d}\phi}$ 微分一次, 有

$$2\frac{\mathrm{d}}{\mathrm{d}\phi}\left(\frac{\mathrm{d}x}{\mathrm{d}\phi}\right)\frac{\mathrm{d}x}{\mathrm{d}\phi} - 2\frac{\mathrm{d}x}{\mathrm{d}\phi} + 2x\frac{\mathrm{d}x}{\mathrm{d}\phi} - \frac{3R_{\mathrm{s}}^2}{2L^2}x^2\frac{\mathrm{d}x}{\mathrm{d}\phi} = 0$$

$$\Rightarrow \left(2\frac{\mathrm{d}^2x}{\mathrm{d}\phi^2} - 2 + 2x - \frac{3R_{\mathrm{s}}^2}{2L^2}x^2\right)\frac{\mathrm{d}x}{\mathrm{d}\phi} = 0$$

$$\Rightarrow \frac{\mathrm{d}^2x}{\mathrm{d}\phi^2} - 1 + x = \frac{3R_{\mathrm{s}}^2}{4L^2}x^2. \tag{8.86}$$

如果忽略等号右边的项, 最后一个方程就是我们前面在牛顿引力中导出的归一化后的比奈方程, 粒子的轨迹是圆锥截面. 等号右边的项是广义相对论的修正项. 对此方程, 我们可以做微扰处理. 令 $x = x_0 + x_1$, 其中

$$\begin{aligned}\frac{\mathrm{d}^2x_0}{\mathrm{d}\phi^2} - 1 + x_0 &= 0, \\ \frac{\mathrm{d}^2x_1}{\mathrm{d}\phi^2} + x_1 &= \frac{3R_{\mathrm{s}}^2}{4L^2}x_0^2,\end{aligned} \tag{8.87}$$

也就是说, x_0 描述椭圆轨道, 而 x_1 是对轨道的修正. 如前所述, $x_0 = 1 + e\cos\phi$, 所以

$$\frac{\mathrm{d}^2x_1}{\mathrm{d}\phi^2} + x_1 = \alpha(1 + e^2\cos^2\phi + 2e\cos\phi),$$

其中 $\alpha = \frac{3R_{\mathrm{s}}^2}{4L^2}$. 这个方程可以严格求解:

$$x_1 = \alpha\left(1 + \frac{e^2}{2} - \frac{e^2\cos 2\phi}{6} + e\phi\sin\phi\right). \tag{8.88}$$

这个解中 $1 + \frac{e^2}{2}$ 是一个平移, 而最后一项 $\frac{e^2}{6}\cos 2\phi$ 是绕零点的振荡, 只有正比于 $e\phi\sin\phi$ 的项与进动有关. 我们可以忽略其他两项, 得到

$$x = 1 + e\cos\phi + \alpha e\phi\sin\phi$$
$$\approx 1 + e\cos(\phi - \alpha\phi), \tag{8.89}$$

其中第二步用到了 $\alpha \ll 1$ 这个事实. 粒子轨道仍然是周期性的, 但周期不再是 2π, 而是

$$2\pi + \Delta\phi, \tag{8.90}$$

其中

$$\Delta\phi = 2\pi\alpha = \frac{6\pi G^2M^2}{L^2c^4}. \tag{8.91}$$

也就是说, 一颗行星仍然做椭圆运动, 但是椭圆曲线的轴会转动. 行星每公转一圈, 其轴的转动为 $\Delta\phi$. 这种现象称为近日点进动, 如图 8.4 所示. 对于椭圆运动, 我们发现

$$r = \frac{2L^2}{R_\mathrm{s}}\frac{1}{1+e\cos\phi} = \frac{(1-e^2)a}{1+e\cos\phi}, \tag{8.92}$$

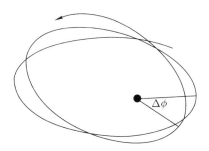

图 8.4 行星近日点进动的示意图.

其中

$$a = \frac{1}{1-e^2}\frac{2L^2}{R_\mathrm{s}} \tag{8.93}$$

是椭圆的半长轴. 近日点在

$$\frac{\mathrm{d}r}{\mathrm{d}\phi}(r_+)\Big|_{\phi=0} = 0 \Rightarrow r_+ = \frac{2L^2}{R_\mathrm{s}(1+e)} = a(1-e), \tag{8.94}$$

而远日点在

$$\frac{\mathrm{d}r}{\mathrm{d}\phi}(r_-)\Big|_{\phi=\pi} = 0 \Rightarrow r_- = \frac{2L^2}{R_\mathrm{s}(1-e)} = a(1+e). \tag{8.95}$$

也就是说, $a = \dfrac{(r_+ + r_-)}{2}$, 我们可以通过近日点和远日点的观测确定半长轴的大小. 利用 a 和 $L^2 = GM(1-e^2)a$, 我们得到行星运动一周后近日点的进动角

$$\Delta\phi = \frac{6\pi GM}{(1-e^2)a}. \tag{8.96}$$

对于太阳有 $GM_\odot = 1.475$ km, 水星的公转周期是 88 天, 每次公转的进动角是 $\Delta\phi = 0.1038''$, 非常微小, 但是经过一个世纪, 进动角累加起来为 $\Delta\phi|_{世纪} = 42.98''$, 就是一个不可忽略的值. 实验上测得的进动角为每世纪 $43.1'' \pm 0.5''$, 理论和实验符合得非常好. 这是广义相对论取得的第一个重大胜利.

对于太阳系中其他做束缚运动的星体, 即使我们只考虑其在太阳的球对称时空中的运动, 它们也都存在近日点进动现象. 在表 8.1 中我们列出了关于一些星体的进动角的理论和实验的数据.

表 8.1　太阳系中一些行星的近日点进动 (单位: ″/世纪)

行星	广义相对论预言	实验观测
金星	8.6	8.4 ± 4.8
地球	3.8	5.0 ± 1.2
伊卡洛斯 (Icarus)	10.3	9.8 ± 0.8

如上面所讨论的, 行星围绕太阳运动的近日点进动来自广义相对论的修正项. 从牛顿引力的观点来看, 该修正项等价于存在非平方反比的力. 实际上, 考虑其他产生非平方反比的力的因素, 会有更多的进动效应出现. 例如, 当太阳并非严格的球状分布时, 其产生的引力势中有多极矩的贡献 ($\theta = \pi/2$):

$$\Phi = -\frac{GM}{r} - \frac{1}{2}\frac{GMJ_2R_\odot^2}{r^3},\tag{8.97}$$

其中, J_2 来自四极矩的贡献. 与前面广义相对论的讨论相比较, 可得

$$\begin{aligned}\Delta\phi_{\text{quad}} &= \frac{6\pi GM}{(1-e^2)a}\frac{1}{2}\frac{J_2R_\odot^2}{GM(1-e^2)a}\\ &= \frac{1}{2}\frac{J_2R_\odot^2}{GM(1-e^2)a}\Delta\phi_{\text{GR}}.\end{aligned}\tag{8.98}$$

对于水星进动, 一个世纪累加的进动角变化为

$$\Delta\phi|_{\text{世纪}} = 42.98''(1 + 3\times10^{-4}(J_2/10^{-7})).\tag{8.99}$$

对于太阳而言, 观测发现 $J_2 \sim 10^{-7}$, 因此其对进动角的影响非常小.

实际上, 其他行星对水星轨道的影响要重要得多. 经过相当精确的微扰计算, 在 19 世纪末人们已经能够得到表 8.2 的结果.

表 8.2　太阳系中其他行星对水星近日点进动的影响 (单位: ″/世纪)

扰动行星	水星近日点进动
金星	277.86 ± 0.27
地球	90.04 ± 0.08
火星	2.54
木星	153.58
土星	7.30
天王星	0.14
海王星	0.04
合计	531.5 ± 0.3

8.4.2 引力红移

在第三章中, 我们利用等效原理或者假想实验导出了在引力势中光子受到影响会产生红移或蓝移. 红移因子等于引力势的差 $z = \Delta\Phi$. 在本节中我们将系统地讨论在一个弯曲时空中光子的红移是如何发生的.

我们先考虑比较简单的引力红移情形. 假定光子发射器固定在位置 $(r_{\mathrm{E}}, \theta_{\mathrm{E}}, \phi_{\mathrm{E}})$, 而接收器固定在 $(r_{\mathrm{R}}, \theta_{\mathrm{R}}, \phi_{\mathrm{R}})$. 光子可以看作波, 两个相邻波峰或者波谷给出光子的波长和频率. 前一个波峰从发射器到接收器走的是一条零测地线 $(t_{\mathrm{E}}, \theta_{\mathrm{E}}, \phi_{\mathrm{E}}) \to (t_{\mathrm{R}}, \theta_{\mathrm{R}}, \phi_{\mathrm{R}})$, 后一个波峰在稍晚时候经过零测地线 $(t_{\mathrm{E}} + \Delta t_{\mathrm{E}}) \to (t_{\mathrm{R}} + \Delta t_{\mathrm{R}})$. 而对于在史瓦西时空中的零曲线,

$$\mathrm{d}s^2 = 0 \quad \Rightarrow \quad \left(1 - \frac{R_{\mathrm{s}}}{r}\right)\mathrm{d}t^2 = \left(1 - \frac{R_{\mathrm{s}}}{r}\right)^{-1}\mathrm{d}r^2 + r^2\mathrm{d}\Omega^2.$$

假定零曲线的仿射参数为 λ, 则

$$\frac{\mathrm{d}t}{\mathrm{d}\lambda} = \left(1 - \frac{R_{\mathrm{s}}}{r}\right)^{-1/2} \left(g_{ij}\frac{\mathrm{d}x^i}{\mathrm{d}\lambda}\frac{\mathrm{d}x^j}{\mathrm{d}\lambda}\right)^{1/2}$$

$$\Rightarrow t_{\mathrm{R}} - t_{\mathrm{E}} = \int_{\lambda_{\mathrm{E}}}^{\lambda_{\mathrm{R}}} \left(1 - \frac{R_{\mathrm{s}}}{r}\right)^{-1/2} \left(g_{ij}\frac{\mathrm{d}x^i}{\mathrm{d}\lambda}\frac{\mathrm{d}x^j}{\mathrm{d}\lambda}\right)^{1/2} \mathrm{d}\lambda.$$

对于空间位置固定的发射器和接收器, $t_{\mathrm{R}} - t_{\mathrm{E}}$ 对所有的光子都是一样的. 换句话说, 两个峰都经过相同的坐标时从发射器到达接收器, 因此 $\Delta t_{\mathrm{E}} = \Delta t_{\mathrm{R}}$. 注意这是对于在无穷远处的静止观测者而言. 对于固有时间隔, 因为 $\mathrm{d}r = \mathrm{d}\theta = \mathrm{d}\phi = 0$, 所以 $\mathrm{d}\tau^2 = \left(1 - \frac{R_{\mathrm{s}}}{r}\right)\mathrm{d}t^2$, 因此

$$\Delta\tau_{\mathrm{E}} = \left(1 - \frac{R_{\mathrm{s}}}{r_{\mathrm{E}}}\right)^{1/2}\Delta t_{\mathrm{E}}, \quad \Delta\tau_{\mathrm{R}} = \left(1 - \frac{R_{\mathrm{s}}}{r_{\mathrm{R}}}\right)^{1/2}\Delta t_{\mathrm{R}},$$

从而

$$\frac{\Delta\tau_{\mathrm{R}}}{\Delta\tau_{\mathrm{E}}} = \left(\frac{1 - R_{\mathrm{s}}/r_{\mathrm{R}}}{1 - R_{\mathrm{s}}/r_{\mathrm{E}}}\right)^{1/2}. \tag{8.100}$$

注意 $\Delta\tau$ 是发射器或者接收器看到的两个信号的间隔. 对于两个信号, 两个波峰的间距为 $\Delta\tau = T$ (周期), 所以接收器和发射器观测到的光子频率之比为

$$\frac{\nu_{\mathrm{R}}}{\nu_{\mathrm{E}}} = \left(\frac{1 - R_{\mathrm{s}}/r_{\mathrm{E}}}{1 - R_{\mathrm{s}}/r_{\mathrm{R}}}\right)^{1/2}. \tag{8.101}$$

如果 $r_\mathrm{R} > r_\mathrm{E}$, 则 $\nu_\mathrm{R} < \nu_\mathrm{E}$, 光子被红移了, 红移因子为

$$1 + z = (\nu_\mathrm{R}/\nu_\mathrm{E})^{-1} \quad \Rightarrow \quad z = \sqrt{\frac{1 - R_\mathrm{s}/r_\mathrm{R}}{1 - R_\mathrm{s}/r_\mathrm{E}}} - 1. \tag{8.102}$$

在弱场极限下, $R_\mathrm{s}/r \ll 1$, 所以

$$\begin{aligned} z &= \frac{1}{2}\left(\frac{R_\mathrm{s}}{r_\mathrm{E}} - \frac{R_\mathrm{s}}{r_\mathrm{R}}\right) = \frac{GM}{r_\mathrm{E}} - \frac{GM}{r_\mathrm{R}} \\ &= -\Phi(r_\mathrm{E}) + \Phi(r_\mathrm{R}) = \Delta\Phi, \end{aligned} \tag{8.103}$$

其中 Φ 是牛顿引力势. 这正是我们前面得到的结果. 可见, 只有在弱场极限下, 等效原理得到的结果才和广义相对论得到的结果一致.

事实上, 对于具有度规

$$\mathrm{d}s^2 = g_{00}(\boldsymbol{x})\mathrm{d}t^2 + g_{ij}(\boldsymbol{x})\mathrm{d}x^i\mathrm{d}x^j \tag{8.104}$$

的时空, 如果发射器和接收器固定, 则有

$$\frac{\nu_\mathrm{R}}{\nu_\mathrm{E}} = \left(\frac{g_{00}(\boldsymbol{x}_\mathrm{E})}{g_{00}(\boldsymbol{x}_\mathrm{R})}\right)^{1/2}. \tag{8.105}$$

更一般地, 如果发射器和接收器都没有固定在空间某位置, 而是运动的, 比如自由落体, 如何计算红移呢? 我们可以利用前面关于测量的一般性讨论. 在一个具有度规 $g_{\mu\nu}$ 的时空流形, 如果发射器在 A 处, 而接收器在 B 处, 则它们分别探测到的光子能量为

$$\begin{aligned} \mathcal{E}_\mathrm{E}(A) &= -\widehat{P}(A) \cdot \widehat{u}_\mathrm{E}(A) = -P_\mu(A)u_\mathrm{E}^\mu(A), \\ \mathcal{E}_\mathrm{R}(B) &= -\widehat{P}(B) \cdot \widehat{u}_\mathrm{R}(B) = -P_\mu(B)u_\mathrm{R}^\mu(B), \end{aligned} \tag{8.106}$$

其中 $\widehat{P}$ 是光子的 4-动量. 所以, 光子频率之比为

$$\frac{\nu_\mathrm{R}}{\nu_\mathrm{E}} = \frac{P_\mu(B)u_\mathrm{R}^\mu(B)}{P_\mu(A)u_\mathrm{E}^\mu(A)}. \tag{8.107}$$

如果我们知道 $P_\mu(A)$, 利用零测地线我们可以知道 $P_\mu(B)$. 由零测地线方程

$$\frac{\mathrm{d}P_\mu}{\mathrm{d}\lambda} - \Gamma^\nu_{\mu\rho}P_\nu\frac{\mathrm{d}x^\rho}{\mathrm{d}\lambda} = 0 \Rightarrow \frac{\mathrm{d}P_\mu}{\mathrm{d}\lambda} = \Gamma^\nu_{\mu\rho}P_\nu P^\rho, \tag{8.108}$$

假定该时空是稳态的, 即有一个类时基灵矢量, 在某坐标系下为 ∂_t, 则光子的 4-动量分量 P_0 是守恒量. 进一步地, 如果发射器和接收器固定在空间某位置, 则它们 4-速度的空间分量都为零:

$$u_\mathrm{E}^i = 0, \qquad u_\mathrm{R}^i = 0. \tag{8.109}$$

利用发射器和接收器 4-速度的归一化条件 $g_{\mu\nu}u^\mu u^\nu = -1$, 我们得到

$$u^0 = \frac{1}{\sqrt{-g_{00}}}. \tag{8.110}$$

由此, 接收器和发射器看到的光子频率之比为

$$\frac{\nu_{\mathrm{R}}}{\nu_{\mathrm{E}}} = \frac{P_0(B)}{P_0(A)}\left(\frac{g_{00}(A)}{g_{00}(B)}\right)^{1/2} = \left(\frac{g_{00}(A)}{g_{00}(B)}\right)^{1/2}. \tag{8.111}$$

这正是我们前面得到的结果. 更一般地, 如果发射器或者接收器是运动的, 则讨论会复杂一些. 我们将在 8.6 节讨论相对论性天体物理时具体分析这种情况.

8.4.3 零测地线讨论

广义相对论的其他两个经典检验包括光线偏折和雷达回波延迟, 这些检验都与光子在史瓦西时空中的运动密不可分. 在介绍这些实验之前, 我们先更仔细地分析史瓦西时空中零测地线的行为. 零测地线满足

$$-\left(1 - \frac{R_{\mathrm{s}}}{r}\right)^{-1} E^2 + \left(1 - \frac{R_{\mathrm{s}}}{r}\right)^{-1}\left(\frac{\mathrm{d}r}{\mathrm{d}\lambda}\right)^2 + \frac{L^2}{r^2} = 0, \tag{8.112}$$

其中 E 和 L 分别是光子的守恒 "能量" 和 "角动量":

$$E = \left(1 - \frac{R_{\mathrm{s}}}{r}\right)\frac{\mathrm{d}t}{\mathrm{d}\lambda}, \quad L = r^2\frac{\mathrm{d}\phi}{\mathrm{d}\lambda}.$$

由于仿射参数的选择具有任意性, 这两个守恒量的物理意义有模糊性, 并没有清楚的物理对应. 然而我们可以用物理的参数来去除这样的模糊性. 引进参数

$$b^2 = \frac{L^2}{E^2}, \tag{8.113}$$

在这个参数中, 对仿射参数的依赖不存在. 方程 (8.112) 变为

$$\frac{1}{b^2} = \frac{1}{L^2}\left(\frac{\mathrm{d}r}{\mathrm{d}\lambda}\right)^2 + W_{\mathrm{eff}}(r), \tag{8.114}$$

其中

$$W_{\mathrm{eff}}(r) = \frac{1}{r^2}\left(1 - \frac{R_{\mathrm{s}}}{r}\right). \tag{8.115}$$

类比 $1/b^2 \sim E$, 把 W_{eff} 看作势能, 方程 (8.114) 看起来像在描述粒子的径向运动. 由于无质量粒子的仿射参数选择有任意性, 我们总可通过重新标度 $\lambda \to L\lambda$ 把 L 吸收到 λ 中, 这样方程只依赖 b^2. 实际上, E 和 L 并非真实的物理量, 而 b 是有物理意义的. 我

们令 $b = |L/E|$. 在 $\theta = \pi/2$ 的平面上, 引进极坐标 $x = r\cos\phi, y = r\sin\phi$, 当 $r \to \infty$ 时

$$b = |L/E| = \frac{r^2 \mathrm{d}\phi/\mathrm{d}\lambda}{\mathrm{d}t/\mathrm{d}\lambda} = r^2 \frac{\mathrm{d}\phi}{\mathrm{d}t}. \tag{8.116}$$

由于在无穷远处 $\phi \approx \dfrac{d}{r}$, d 是光线作为直线离星体的最短距离, 且 $\dfrac{\mathrm{d}r}{\mathrm{d}t} \approx -1$,

$$\frac{\mathrm{d}\phi}{\mathrm{d}t} = \frac{d}{r^2} \quad \Rightarrow \quad b = d, \tag{8.117}$$

所以, b 称为入射参数 (impact parameter): 以星体中心为原点时, 光线在渐近无穷远处近似直线, 该直线的延伸线离原点最近的距离就是 b, 如图 8.5 所示. 与有质量粒子的运动类似, 无质量粒子的运动可以等效为一个一维运动, 其中的有效势为 $W_{\mathrm{eff}}(r)$. 有效势在 $r = 3GM$ 处有极大值,

$$W_{\mathrm{eff}}(r = 3GM) = \frac{1}{27G^2M^2}, \tag{8.118}$$

因此我们得到一个入射参数的临界值

$$b_{\mathrm{c}} = \sqrt{27}GM. \tag{8.119}$$

$b = b_{\mathrm{c}}$ 对应着光子的不稳定圆周轨道. 当 $b > b_{\mathrm{c}}$ 时, 其倒数平方低于势垒最高点, 因此光子轨道有转折点, 即光子从无穷远来发生偏转回到无穷远. 当 $b < b_{\mathrm{c}}$ 时, 如果光子从无穷远来会越过势垒被星体所捕捉. 所以, 对于光子而言, 星体的捕捉截面是

$$\sigma = \pi b_{\mathrm{c}}^2 = 27\pi(GM)^2. \tag{8.120}$$

对远处的观测者, 黑洞的明显半径是 $3\sqrt{3}GM = \dfrac{3\sqrt{3}}{2}R_{\mathrm{s}}$. 也就是说, 当光线的入射参数小于这个半径时, 光子都会被黑洞所捕捉.

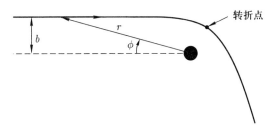

图 8.5 入射参数的物理意义.

我们也可考虑在黑洞视界外, $R_{\mathrm{s}} < r < 3GM$ 时向外的光子轨道. 后面我们将看到, 当 $r \leqslant R_{\mathrm{s}}$ 时, 视界内的光子是无法跑到视界外的. 在 $R_{\mathrm{s}} < r < 3GM$ 时, 光子

也需要克服势垒才能飞到无穷远处. 讨论与前面的类似, 当 $b^2 < 27G^2M^2$ 时, 光子可以克服势垒的阻碍, 飞向无穷远. 此时光子的角动量较小, 更倾向于径向运动. 而当 $b^2 > 27G^2M^2$ 时, 光子无法克服势垒, 而会经一个转折点重新飞向黑洞. 这是由于此时角动量较大, 无法摆脱引力的吸引.

一个有趣的问题是我们考虑一个在 $\theta = \pi/2$ 平面上, 径向位置 $r = R$ 处的发射器, 其发射的光子与径向的夹角是 ψ. 如果 $\psi = 0$, $b = 0$, 即光子严格做径向运动, 这样一定能飞向无穷远. 问题是, 能够使光子飞到无穷远的临界发射角 ψ_c 是多少? 在发射器的参考系中, $\widehat{e}_0$ 是其类时 4-速度, 而其局部参考系的另外三个类空基矢互相正交且归一,

$$\widehat{e}_r = \left(0, (1 - R_s/R)^{1/2}, 0, 0\right), \quad \widehat{e}_\phi = (0, 0, 0, 1/R), \tag{8.121}$$

相对于发射器而言的发射角满足

$$\tan\psi = \frac{\widehat{u} \cdot \widehat{e}_\phi}{\widehat{u} \cdot \widehat{e}_r}, \tag{8.122}$$

其中 $\widehat{u}$ 可以看作光子的 4-动量, 其分量为

$$
\begin{aligned}
u^t &= \frac{\mathrm{d}t}{\mathrm{d}\lambda} = \frac{E}{1 - R_s/r}, \\
u^r &= \frac{\mathrm{d}r}{\mathrm{d}\lambda} = L \left(\frac{1}{b^2} - W_{\text{eff}}(r)\right)^{1/2}, \\
u^\theta &= \frac{\mathrm{d}\theta}{\mathrm{d}\lambda} = 0, \\
u^\phi &= \frac{\mathrm{d}\phi}{\mathrm{d}\lambda} = \frac{L}{r^2}.
\end{aligned}
\tag{8.123}
$$

因为 $\widehat{u} \cdot \widehat{e}_\phi = g_{\phi\phi}(\widehat{e}_\phi)^\phi u^\phi = \dfrac{L}{R}$, 而

$$\widehat{u} \cdot \widehat{e}_r = g_{rr}(\widehat{e}_r)^r u^r = (1 - R_s/R)^{-1/2} L \left(\frac{1}{b^2} - \frac{1}{R^2}\left(1 - \frac{R_s}{R}\right)\right)^{1/2}, \tag{8.124}$$

当 $b^2 = 27G^2M^2$ 时, 我们可以确定临界角 ψ_c:

$$\tan\psi_c = \frac{1}{R}(1 - R_s/R)^{1/2}\left(\frac{1}{27G^2M^2} - \frac{1}{R^2}\left(1 - \frac{R_s}{R}\right)\right)^{-1/2}.$$

当发射器在 $R = 3GM$ 处时, $\psi_c = \dfrac{\pi}{2}$, 这对应于圆周轨道. 往外的一点扰动即可使光子奔向无穷远. 当发射器在 $R < 3GM$ 处时, ψ_c 变小. 而当 $R = R_s$ 时, $\psi_c = 0$, 即此时不可能到无穷远. 注意, 此时的夹角实际上应该是一个锥形立体角, 只要与径向的夹角小于临界角, 则沿任何方向都可以飞到无穷远.

与上面问题密切相关的另一个问题是: 对一个处于某半径 $r = R$ 处的稳态观测者, 假设强有力的火箭保持其不坠, 则他能看到的天空有多大? 讨论与前面类似, 只不过我们现在需要考虑的是内向的零测地线, 前面考虑的是外向的零测地线而已. 我们只需要把方向调换即可, 所以临界角是一样的:

$$\sin \psi_c = (1 - R_s/R)^{1/2} \frac{b_c}{R}. \tag{8.125}$$

当光线的角动量太大时, 是无法被观测者看到的. 当观测者趋近于视界时, 他将只能看到入射参数 $b = \sqrt{27}GM$ 的光线, 相应的最大角是

$$\sin \psi_c \approx (1 - R_s/R)^{1/2} \frac{\sqrt{27}}{2}. \tag{8.126}$$

对这个观测者, 黑洞几乎遮挡了整个天空, 只留下角半径为 $\sqrt{27}(1 - R_s/R)^{1/2}$ 的圆盘在空中. 当观测者趋近视界时, 这个圆盘越来越小, 最终消失. 但另一方面, 由于光子的蓝移效应, 观测者看到的天空会更明亮.

8.4.4 光线偏折和雷达回波延迟

光线偏转是广义相对论给出的第一个预言, 并很快在 1919 年的日全食实验中得到了验证. 这种偏转在强引力区域会更加明显, 因此在天体物理中有广泛的应用. 如前所述, 当光子的入射参数 $b > b_c$ 时, 光线的轨道上会有一个转折点, 因此光线从无穷远来经过转折点后还要回到无穷远. 这个转折点在 R_0 处, 此时 $\mathrm{d}r/\mathrm{d}\phi = 0$,

$$\frac{\mathrm{d}\phi}{\mathrm{d}r} = \frac{1}{r^2} \left(\frac{1}{b^2} - \frac{1}{r^3}(r - R_s) \right)^{-1/2}. \tag{8.127}$$

所以, 转折点所处的半径为

$$R_0^3 - b^2(R_0 - R_s) = 0 \quad \Rightarrow \quad R_0 = \frac{2b}{\sqrt{3}} \cos \left(\frac{1}{3} \cos^{-1} \left(-\frac{b_c}{b} \right) \right). \tag{8.128}$$

由微分方程 (8.127) 对 r 积分即可得到偏转角. 由于对称性, 对 $\Delta\phi$ 的贡献来自两部分: 到达转折点之前的路径, 以及转向之后的路径. 两部分贡献完全相同, 因此有

$$\Delta\phi = 2 \int_{R_0}^{\infty} \frac{\mathrm{d}r}{(r^4 b^{-2} - r(r - R_s))^{1/2}}. \tag{8.129}$$

如果 $M = 0$, 则

$$\Delta\phi|_{M=0} = 2 \sin^{-1}(b/R_0)|_{R_0=b} = \pi, \tag{8.130}$$

这代表光线完全是一条直线. 而如果 $M \neq 0$, $\Delta\phi \neq \pi$, 这代表由于史瓦西时空中引力的吸引, 光线发生了偏折. 通过变量 $u = 1/r$, 偏转角可写作

$$\Delta\phi = 2 \int_0^{1/R_0} \frac{\mathrm{d}u}{(b^{-2} - u^2 + R_s u^3)^{1/2}}. \tag{8.131}$$

这个积分的困难在于如果固定入射参数 b, 积分上限 R_0 依赖于 M, 或者说 R_s. 这里我们可以使用如下技巧: 把 M 和 R_0 处理成独立的变量, 当变化 M 时, 我们比较有相同 R_0 时的偏转角, 而非有相同入射参数 b 时的偏转角. 到 M 的第一阶, 保持 b 或 R_0 相同没有任何差别, 但到高阶时会有所不同. 由 $b = \sqrt{\dfrac{R_0^3}{R_0 - R_s}}$, 我们得

$$\Delta\phi(M) = 2 \int_0^{1/R_0} \frac{\mathrm{d}u}{(R_0^{-2} - R_s R_0^{-3} - u^2 + R_s u^3)^{1/2}}. \tag{8.132}$$

这样我们可以相对于 M 做泰勒展开:

$$\Delta\phi(M) = \Delta\phi(M=0) + \frac{\partial(\Delta\phi)}{\partial M}\bigg|_{M=0} M + \cdots. \tag{8.133}$$

由

$$\begin{aligned}
\frac{\partial(\Delta\phi)}{\partial M}\bigg|_{M=0} &= 2 \int_0^{1/R_0} \frac{G(R_0^{-3} - u^3)\mathrm{d}u}{(R_0^{-2} - R_s R_0^{-3} - u^2 + R_s u^3)^{1/2}}\bigg|_{M=0} \\
&= 2G \int_0^{1/b} \frac{b^{-3} - u^3}{(b^{-2} - u^2)^{3/2}} \mathrm{d}u \\
&= 4Gb^{-1},
\end{aligned} \tag{8.134}$$

我们得到

$$\begin{aligned}
\delta\phi = \Delta\phi(M) - \Delta\phi(M=0) &\approx M \frac{\partial(\Delta\phi)}{\partial M}\bigg|_{M=0} = \frac{4GM}{b} \\
&= \frac{4GM}{bc^2}.
\end{aligned} \tag{8.135}$$

偏转角与 b 成反比, 离星体越近, 受星体影响越大, 所以偏转角越大. 另一方面, 它与 M 成正比, 星体质量越重, 光线偏折越明显. 它也与牛顿引力常数成正比, 牛顿引力耦合常数越大, 引力越强, 因此偏转角越大.

下面我们介绍另一种处理方法, 与讨论行星近日点进动一致. 由零测地线方程, 我们知道

$$\frac{\mathrm{d}^2 x}{\mathrm{d}\phi^2} + x = \alpha x^2, \tag{8.136}$$

其中 $\alpha = \dfrac{3R_s^2}{4L^2}$. 在牛顿引力中, 右边的项不存在, 所以

$$x = \frac{1}{D}\sin(\phi - \phi_0), \tag{8.137}$$

这其实就是

$$r = \frac{b}{\sin(\phi - \phi_0)}. \tag{8.138}$$

这里用到了 $x = \dfrac{2L^2}{R_s r}$ 和 $D = \dfrac{R_s}{2EL}$, 它描述的正是直线. 而方程 (8.136) 右边的项可以当作扰动项, 所以可以令 $x = x_0 + \alpha x_1$, 其中 $x_0 = \dfrac{\sin\phi}{D}$ (取 $\phi_0 = 0$) 而

$$x_1'' + x_1 = x_0^2 = \frac{\sin^2\phi}{D^2}. \tag{8.139}$$

这个方程的解为

$$x_1 = \left(1 + C\cos\phi + \frac{1}{3}\cos 2\phi\right) \Big/ 2D^2, \tag{8.140}$$

其中 C 是一个常数. 由于 $\alpha/D = 3R_s/2b \ll 1$, 我们把 x_1 当作扰动是合理的. 最终, 我们有

$$x \approx \frac{\sin\phi}{D} + \frac{\alpha(1 + C\cos\phi + \frac{1}{3}\cos 2\phi)}{2D^2}. \tag{8.141}$$

渐近地, $r \to \infty$ 所以 $x \to 0$, 从上面解的右边可得

$$\phi = -\epsilon_1, \quad \phi = \pi + \epsilon_2. \tag{8.142}$$

由于 ϵ_1 和 ϵ_2 都很小, 我们有

$$-\frac{\epsilon_1}{D} + \frac{\alpha}{2D^2}\left(\frac{4}{3} + C\right) = 0,$$
$$-\frac{\epsilon_2}{D} + \frac{\alpha}{2D^2}\left(\frac{4}{3} - C\right) = 0, \tag{8.143}$$

最终, 总的偏转角为

$$\delta\phi = \epsilon_1 + \epsilon_2 = \frac{4\alpha}{3D} = \frac{4GM}{b}. \tag{8.144}$$

上面的讨论只有在光线偏折较小时, 近似条件才适用. 对于更一般的情形, 我们必须从 (8.136) 式出发做适当的讨论.

如果我们取入射参数 b 为太阳半径 $R_\odot$, 质量 M 为太阳质量 $M_\odot$, 则 $\delta\phi \approx 1.75''$. 1919 年 3 月 29 日, 利用日全食现象, 爱丁顿 (Eddington) 和戴森 (Dyson) 领导的观测组在巴西的索布拉尔和几内亚湾的普林西比岛上分别测量了光线偏折的现象, 得到的两组结果为

$$\delta\phi = 1.98'' \pm 0.12''(\text{索布拉尔}),$$
$$\delta\phi = 1.60'' \pm 0.3''(\text{普林西比}). \tag{8.145}$$

爱丁顿随后宣称确认了广义相对论的预言[④].

1969 年以后, 随着射电天文学的发展, 人们可以探测非可见光的射电源产生的电磁波信号在太阳的影响下发生的偏折, 这样并不需要发生日全食就可以做出精确的测量. 例如: 每年 10 月 8 日, 类星体 3C279 都被太阳遮住, 电磁波的折射可以与该类星体附近 (10° 以外) 的 3C273 的电波做比较. 对其他的类星体也可以做类似的观测. 理论与实验的误差在百分之几的范围内. 进一步地, 利用甚长基线干涉仪 (Very Long Baseline Interferometer) 来测量当射电类星体发射的电磁波经过太阳时的偏折, 可以发现 $10^{-4}{}''$ 的微小变化. 观测与理论预言非常一致, 约 0.99997 ± 0.00016.

最后, 我们讨论雷达回波延迟实验. 这个实验的基本想法是: 一个雷达信号从处于史瓦西时空径向位置 R_E 的地球上发出, 经过太阳到达处于半径 R_P 的行星上, 该雷达信号沿相同的路径回到地球, 如图 8.6 所示. 由于光线偏折, 雷达信号传播的时间延迟了. 这就是雷达回波延迟, 也称为引力时间延迟. 这个实验最早是由夏皮罗 (Shapiro) 在 1964 年提出的. 对此现象我们可以做定量的分析. 利用史瓦西坐标,

$$\frac{\mathrm{d}t}{\mathrm{d}r} = \left(1 - \frac{R_s}{r}\right)^{-1} \left(1 - \left(1 - \frac{R_s}{r}\right)\frac{b^2}{r^2}\right)^{-1/2}. \tag{8.146}$$

这里的坐标时是相对于无穷远观测者而言, 他看到雷达信号单程经过的时间是

$$\frac{1}{2}\Delta t = \left(\int_{R_E}^{R_0}\mathrm{d}r + \int_{R_0}^{R_P}\mathrm{d}r\right)\left(1 - \frac{R_s}{r}\right)^{-1}\left(1 - \left(1 - \frac{R_s}{r}\right)\frac{b^2}{r^2}\right)^{-\frac{1}{2}}.$$

---

④现代的科学史家对当时的技术条件能否达到此精度表示怀疑, 特别是当时拍到的照片数目不多. 后来人们发现基于日全食的光线偏折实验精度较低.

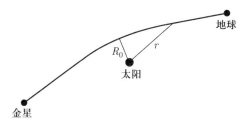

图 8.6 雷达回波实验示意图.

如果没有太阳, $M = 0$ 而 $b = R_0$, 经过的时间是

$$\frac{1}{2}\Delta t_0 = \left(\int_{R_{\mathrm{E}}}^{R_0} \mathrm{d}r + \int_{R_0}^{R_{\mathrm{P}}} \mathrm{d}r\right)\left(1 - \frac{R_0^2}{r^2}\right)^{-1/2}$$

$$= \left(\int_{R_{\mathrm{E}}}^{R_0} + \int_{R_0}^{R_{\mathrm{P}}}\right)\frac{r\mathrm{d}r}{\sqrt{r^2 - R_0^2}}$$

$$= \sqrt{R_{\mathrm{E}}^2 - R_0^2} + \sqrt{R_{\mathrm{P}}^2 - R_0^2}, \tag{8.147}$$

被延迟的时间是

$$\delta t = \Delta t(M) - \Delta t_0 \approx M\left(\frac{\partial \Delta t}{\partial M}\right)\bigg|_{M=0}. \tag{8.148}$$

最终, 我们得到

$$\Delta t = 2(\sqrt{R_{\mathrm{E}}^2 - R_0^2} + \sqrt{R_{\mathrm{P}}^2 - R_0^2}) + R_{\mathrm{s}}\left\{2\ln\left(\frac{R_{\mathrm{E}} + \sqrt{R_{\mathrm{E}}^2 - R_0^2}}{R_0}\right)\right.$$

$$\left. + 2\ln\left(\frac{R_{\mathrm{P}} + \sqrt{R_{\mathrm{P}}^2 - R_0^2}}{R_0}\right) + \left(\frac{R_{\mathrm{E}} - R_0}{R_{\mathrm{E}} + R_0}\right)^{1/2} + \left(\frac{R_{\mathrm{P}} - R_0}{R_{\mathrm{P}} + R_0}\right)^{1/2}\right\},$$

其中右边的前两项来自 Δt_0. 由于 $R_{\mathrm{E}}, R_{\mathrm{P}} \gg R_0$, 所以

$$\delta t = \frac{4GM}{c^3}\left(\ln\left(\frac{2R_{\mathrm{E}}}{R_0}\right) + \ln\left(\frac{2R_{\mathrm{P}}}{R_0}\right) + 1\right). \tag{8.149}$$

注意在上面的讨论中, 我们需要变化 M 而比较具有相同 R_0 而非 b 的测地线. 与光线偏折的情况不同, 即使在 M 的第一阶, 当 M 变化时保持哪一个量不变也会影响到最终的结果. 前面的讨论是对坐标时而言, 对于地球上的观测者, 经过的时间与坐标时不同. 在地球上测量到的延迟时间为

$$\delta\tau = (1 - R_{\mathrm{s}}/R_{\mathrm{E}})^{1/2}\delta t. \tag{8.150}$$

实际上, 对 R_0, R_E, R_P 的精确确定是困难的, 我们能做的是得到一个 $\Delta\tau$ 如何随时间变化 (由于地球和行星都在不停运动) 的公式, 而把所有参数当作未知的, 然后通过数据做最佳拟合, 从而确定这些参数.

实际观测有两类, 一类是 "被动型", 即等待合适的时机利用其他行星、太阳和地球之间开展雷达回波实验. 通常选择的行星是金星. 理论预言是 $\delta\tau \approx 220$ μs. 夏皮罗分别在 1968 年和 1971 年的实验中得到了与理论偏差约 2% 的符合. 另一类实验是所谓的 "主动型", 即人类利用飞船, 在地球和飞船间开展雷达回波实验. 安德森 (Anderson) 首先在 1975 年利用飞船做了实验. 而夏皮罗分别在 1977 年和 1979 年利用海盗号飞船做的实验得到的结果与理论预言偏差仅为约 0.1%. 在 2002 年, 利用卡西尼号飞船进行的实验, 进一步把理论与实验的偏差缩小到十万分之一.

8.4.5 引力时钟效应

前面介绍的是关于广义相对论的经典实验检验. 实际上人们设计了其他的一些实验来验证广义相对论. 在本小节中我们介绍引力时钟效应. 这个效应的基本想法是不同观测者运动状态不同, 他们携带的钟测量到的固有时也会有所差异. 考虑在赤道上两个同时的钟, 一个放到飞船上绕地球运动, 另一个在地面上保持不动. 由于 $\theta = \pi/2, r =$ 常数, 我们有

$$ds^2 = -\left(1 - \frac{2GM}{rc^2}\right)c^2 dt^2 + r^2 d\phi^2 = -c^2 d\tau^2. \tag{8.151}$$

在地面上的观测者 A 随着地球以角速度 $\omega = \dfrac{d\phi}{dt}$ 运动[5], 所以

$$d\tau_A^2 = \left(1 - \frac{2GM}{Rc^2} - \frac{R^2\omega^2}{c^2}\right)dt^2, \tag{8.152}$$

其中 R 是地球半径. 由于

$$\frac{2GM}{Rc^2} \ll 1, \quad \frac{R^2\omega^2}{c^2} \ll 1, \tag{8.153}$$

有

$$\delta\tau_A = \left(1 - \frac{GM}{Rc^2} - \frac{R^2\omega^2}{2c^2}\right)\delta t. \tag{8.154}$$

而在飞船上的时钟 B, 其离地面的高度为 $h \ll R$, 以相对于地面的速度 v 运动. 相对于无穷远静止参考系, 其运动速度 $\approx v + (R+h)\omega$. 所以

$$d\tau_B^2 = \left(1 - \frac{2GM}{(R+h)c^2} - \frac{(v+(R+h)\omega)^2}{c^2}\right)dt^2. \tag{8.155}$$

[5]在本小节中我们不考虑地球转动对时空的影响, 仍然假定地球的外部时空几何可以用史瓦西度规来描述. 后面我们将考虑地球转动的影响.

考虑到 $h \ll R, h\omega \ll v$, 有

$$\delta\tau_B = \left(1 - \frac{GM}{(R+h)c^2} - \frac{v^2 + R^2\omega^2 + 2R\omega v}{2c^2}\right)\delta t. \tag{8.156}$$

对于无穷远观测者, 他看到 A 和 B 在某时刻分开, 然后经过若干时间 δt 后重逢, 由此, 我们得到两个钟的差异

$$\delta\tau_A - \delta\tau_B = \left(-\frac{GMh}{R^2c^2} + \frac{(2R\omega + v)v}{2c^2}\right)\delta t. \tag{8.157}$$

定义一个刻画时钟偏差的量

$$\Delta \equiv \frac{\delta\tau_A - \delta\tau_B}{\delta\tau_A}. \tag{8.158}$$

如果飞船向东运动, 且有 $h = 10^4$ m, $v = 300$ m·s^{-1}, 则 $\Delta_{\rm E} = 1.0 \times 10^{-12}$. 而如果飞船向西运动, 则 $\Delta_{\rm W} = -2.1 \times 10^{-12}$. 我们现在拥有的铯原子钟的精度可以达到 10^{-13}. 1970 年, 哈菲勒 (Hafele) 和基廷 (Keating) 的实验组的实验表明确实存在引力时钟效应, 实验与理论预言的偏差约 10%.

8.4.6 后牛顿参数化极限

如果我们从实验出发来考虑是否存在对广义相对论的修改, 可以考虑我们研究得较好的太阳系实验. 对于基于度规场的引力理论, 在太阳系中产生引力的源较弱, $|\Phi|/c^2 \ll 1$, 且运动速度很慢, $v^2/c^2 \ll 1$, 不同的引力理论都可以在同一个框架下来描述. 前面我们看到, 在广义相对论中球对称的解是史瓦西时空, 但是如果我们不考虑具体的理论, 而考虑一个更一般的静态球对称时空, 其度规可写作

$$ds^2 = -B(r)dt^2 + A(r)dr^2 + r^2(\sin^2\theta d\phi^2 + d\theta^2). \tag{8.159}$$

在太阳系中我们可以定义唯一的无量纲量

$$x \equiv \frac{GM_\odot}{rc^2}, \tag{8.160}$$

则上面度规中的待定函数可以展开为

$$\begin{aligned} B(r) &= 1 - 2\alpha x + 2(\beta - \gamma)x^2 + \cdots, \\ A(r) &= 1 + 2\gamma x + \cdots, \end{aligned} \tag{8.161}$$

其中 α, β, γ 称为后牛顿参数. 从前面对牛顿极限的讨论知道, 度规场的 (00) 分量与牛顿引力势相关, 而其他分量的修正都不考虑. 而在广义相对论的弱场近似下, 我们

有 $\alpha = 1, \gamma = 1, \beta = 1$. 如果这些系数偏离以上的值, 则意味着有超出广义相对论的修正项. 上述的参数化方式称为后牛顿参数化 (parametrized post-Newtonian, 简记为 PPN). 原则上, 上面的展开可以到更高阶, 得到后后牛顿近似 (post-post Newtonian approximation). 上面的度规也可以利用各向同性坐标写作[⑥]

$$ds^2 = -\left(1 - 2\alpha\frac{GM_\odot}{\rho c^2} + 2\beta\left(\frac{GM_\odot}{\rho c^2}\right)^2 + \cdots\right)dt^2$$
$$+ \left(1 + 2\gamma\frac{GM_\odot}{\rho c^2}\right)(d\rho^2 + \rho^2 d\Omega^2). \tag{8.162}$$

利用这个度规, 我们可以区分不同的引力理论. 对球对称时空, 这是一个标准化的参数化方法. 如果我们关心对广义相对论的修正, 不妨设 $\alpha = 1$. 假定粒子的运动总是测地运动, 因此基于以上度规我们可以重新讨论上面的行星进动、光线偏折等实验. 对于行星近日点进动, 在上面的时空中, 进动角为

$$\delta\phi_{\text{prec}} = \frac{1}{3}(2 + 2\gamma - \beta)\frac{6\pi GM}{c^2 a(1 - e^2)}. \tag{8.163}$$

而对于光线偏折, 如果入射参数仍为 b, 偏转角为

$$\delta\phi_{\text{def}} = \frac{1 + \gamma}{2}\frac{4GM}{c^2 b}. \tag{8.164}$$

最后, 对于引力导致的光线时间延迟, 有

$$\Delta t_{\text{延迟}} = \frac{1 + \gamma}{2}\frac{4GM}{c^3}\left[\ln\left(\frac{4R_E R_P}{R_0^2}\right) + 1\right]. \tag{8.165}$$

利用光线通过太阳产生的偏折对 PPN 参数给出了如下限制:

$$\gamma = 1.007 \pm 0.009. \tag{8.166}$$

利用时间延迟也可以给出限制. 维京号飞船的实验给出

$$\gamma = 1.000 \pm 0.001, \tag{8.167}$$

卡西尼号飞船在 2002 年 6 月 6 日至 7 月 7 日间的实验给出

$$\gamma = 1 + (2.1 \pm 2.3) \times 10^{-5}. \tag{8.168}$$

而利用水星近日点进动给出的限制为

$$\beta = 1.000 \pm 0.003. \tag{8.169}$$

[⑥]该展开最早由爱丁顿和罗伯特森 (Robertson) 提出.

利用其他基于绕地卫星的试验, 如 Gravity Probe B, 也可以对 PPN 参数给出限制.

另一方面, PPN 极限可以看作球对称时空严格解的近似. 实际上, 对双星甚至双黑洞系统, 其中的相对论性效应很强, 但是仍然可以通过发展高阶修正很好地描述其中的物理现象. 这在对引力波的研究中发挥了重要的作用.

8.5 测 地 进 动

上一节对广义相对论实验检验的讨论都是基于对太阳系中行星运动的传统天文观测. 实际上, 随着航天技术的进步, 人们设计了更加精巧的实验来验证广义相对论. 在本节中我们讨论如何利用陀螺仪来检验引力的相对论效应.

在弯曲时空中, 一个矢量沿着闭合路径平行移动回到起点, 移动后的矢量与原来的矢量是不同的. 矢量间的差异反映了时空的弯曲程度. 这提供了我们研究时空弯曲的一个新思路. 比如说, 我们可以研究转动刚体的自旋 (spin) 矢量的变化.

一个具有自旋的小探测体称为陀螺仪. 我们知道如果忽略引力的影响, 一个无摩擦支架上的陀螺仪的自旋方向不随支架的移动而变化, 也就是说陀螺仪的自旋是平行移动的. 然而由于陀螺仪是一个有尺度的物体, 由于引潮力会导致一个潮汐扭矩, 它将导致陀螺仪的自旋并非严格的平行移动, 而会发生进动[⑦]. 我们希望探测的是爱因斯坦广义相对论所预言的相对论进动, 这个进动非常微小. 如果上述的潮汐进动无法避免, 它将完全覆盖掉相对论进动效应. 为此, 我们必须选择严格球对称的陀螺仪, 此时, 潮汐进动可以避免[⑧]. 因此, 在下面的讨论中我们忽略陀螺仪本身的尺度, 而把它当作有自旋的点粒子来处理.

一个做自由落体运动的物体, 其运动方程是测地线方程

$$\frac{\mathrm{d}u^\alpha}{\mathrm{d}\tau} + \Gamma^\alpha_{\beta\gamma} u^\beta u^\gamma = 0. \tag{8.170}$$

而伴随着陀螺仪的是其自旋矢量, 这是一个类空 4-矢量 $\widehat{s}(\tau)$. 在陀螺仪的局部惯性系中, 我们有

$$\begin{cases} s^\alpha = (0, \boldsymbol{s}), \\ u^\alpha = (1, \boldsymbol{0}) \end{cases} \Rightarrow \widehat{s} \cdot \widehat{u} = 0. \tag{8.171}$$

由于这是一个标量关系, 在任何参考系中都应该成立. 而自旋矢量本身的大小 $s_* =$

[⑦]一个熟知的例子是地球自旋的二分点进动, 它来自太阳和月亮的引潮力作用在地球赤道的凸起部分上. 如果地球是严格的球形, 这个效应将消失.

[⑧]在 Gravity Probe B 实验中, 陀螺仪的球对称性偏差必须保持在百万分之一的精度内.

$(\boldsymbol{s} \cdot \boldsymbol{s})^{1/2}$ 是一个运动常数, 与陀螺仪的自旋角动量有关⑨. 对于一个角动量大小为常数的物体, 其角动量方向的运动称为进动.

我们先考虑陀螺仪方程. 这是陀螺仪自旋矢量应该满足的方程. 在局部惯性系中, 我们有 $\dfrac{\mathrm{d}s^{\alpha}}{\mathrm{d}\tau} = 0$. 在弯曲时空中, 我们需要把偏导数换成协变导数: $\dfrac{\mathrm{d}}{\mathrm{d}\tau} \to \dfrac{\mathrm{D}}{\mathrm{d}\tau}$. 利用等效原理, 我们得到所谓的陀螺仪方程.

陀螺仪方程

$$\frac{\mathrm{d}s^{\alpha}}{\mathrm{d}\tau} + \Gamma^{\alpha}_{\beta\gamma}s^{\beta}u^{\gamma} = 0. \tag{8.172}$$

这个方程是 $\hat{s}$ 的线性方程, 与其大小无关, 而只与其方向相关. 实际上, 这个方程告诉我们 $\hat{s}$ 是如何沿测地线平行移动的. 因此, $\hat{s} \cdot \hat{s}$ 和 $\hat{s} \cdot \hat{u}$ 沿测地线都是保持不变的.

下面我们讨论测地进动 (geodesic precession) 现象. 考虑一个球对称的时空及其中的一个圆周轨道. 我们集中讨论在 $\theta = \pi/2$ 的平面上半径为 R 的圆周运动. 此时, 有

$$u^{\phi} = \frac{\mathrm{d}\phi}{\mathrm{d}\tau} = \frac{\mathrm{d}\phi}{\mathrm{d}t}\frac{\mathrm{d}t}{\mathrm{d}\tau} = \Omega u^{t}, \qquad \Omega^2 = \frac{GM}{R^3}, \tag{8.173}$$

所以粒子的 4-速度为

$$u^{\mu} = u^{t}(1, 0, 0, \Omega),$$
$$u^{t} = (1 - 3GM/R)^{-1/2}. \tag{8.174}$$

由陀螺仪方程可知

$$\frac{\mathrm{d}s^{\theta}}{\mathrm{d}\tau} = 0. \tag{8.175}$$

假定在赤道面上, $\boldsymbol{s}$ 初始时都指向 r 方向, $s^{\theta}(0) = 0$, 我们总有自旋矢量保持在赤道面上,

$$s^{\theta} = 0. \tag{8.176}$$

再考虑到 $\hat{s} \cdot \hat{u} = 0$, 我们得到

$$s^{t} = R^2 \Omega \left(1 - \frac{2GM}{R}\right)^{-1} s^{\phi}. \tag{8.177}$$

这样陀螺仪方程变为

$$\frac{\mathrm{d}s^{r}}{\mathrm{d}t} - (R - 3GM)\Omega s^{\phi} = 0,$$
$$\frac{\mathrm{d}s^{\phi}}{\mathrm{d}t} + \frac{\Omega}{R}s^{r} = 0. \tag{8.178}$$

---

⑨注意这里的自旋角动量是一个经典概念, 即陀螺仪本身的转动角动量, 与量子力学中的自旋不同.

由这两个方程可以得到一个二阶微分方程

$$\frac{\mathrm{d}^2 s^\phi}{\mathrm{d}t^2} + \left(1 - \frac{3GM}{R}\right)\Omega^2 s^\phi = 0. \tag{8.179}$$

利用新参量 $\Omega'^2 = \left(1 - \frac{3GM}{R}\right)\Omega^2$, 上面方程的解可以写作

$$s^r(t) = s_* \left(1 - \frac{2GM}{R}\right)^{1/2} \cos(\Omega't),$$

$$s^\phi(t) = -s_* \left(1 - \frac{2GM}{R}\right)^{1/2} \left(\frac{\Omega}{\Omega'R}\right) \sin(\Omega't). \tag{8.180}$$

陀螺仪经过一个周期 $P = 2\pi/\Omega$ 后回到起点, 然而其自旋矢量的指向并未回到初始状态, 而是与原方向有一个夹角. 经过一个周期后自旋矢量转动的角度满足

$$\cos \Delta\phi = \left[\widehat{e}_r \cdot \left(\frac{\widehat{s}(t)}{s_*}\right)\right]_{t=P} = \cos\left[2\pi\left(1 - \frac{3GM}{R}\right)^{1/2}\right], \tag{8.181}$$

因此, 经过一个周期后夹角为

$$\Delta\phi = 2\pi[1 - (1 - 3GM/R)^{1/2}]. \tag{8.182}$$

这里得到的角度是对于无穷远观测者而言的, 然而由于圆周运动时速度与径向垂直, 因此对于与陀螺仪共动的观测者, 发现的偏转角一样.

这种自旋矢量随测地线运动的进动现象称为测地进动. 测地进动也被称为德西特–福克尔 (de Sitter-Fokker) 效应, 最早由德西特在 1916 年提出. 他最初的想法是考虑地月系统在太阳引力场中的测地进动. 地月系统可以看作在太阳引力场中自由下落的陀螺仪. 在太阳系中, 由于 $GM/R \ll 1$, 有

$$\Delta\phi \approx 2\pi\left(\frac{3GM}{2R}\right) = \frac{3\pi GM}{c^2 R}. \tag{8.183}$$

这个陀螺仪的自转轴是月球的地心轨道轴, 在太阳引力下会发生进动, 进动率为每年 $0.0192''$. 尽管这个进动非常微小, 但可以通过地月激光测距来探测. 通过激光测距对月球近地点方向的精确测量, 证实了测地进动, 精度偏差约 0.7%.

测地进动现象可以更好地利用环绕地球的卫星来实验. 对于一个掠过地球表面的卫星, 其周期是 $\tau = 2\pi\sqrt{\frac{R_\oplus^3}{GM}}$, 因此每年自旋矢量的进动角累加为

$$\Delta\phi|_{年} \approx \frac{3(GM_\oplus)^{3/2}}{2c^2}\frac{1}{R_\oplus^{5/2}}. \tag{8.184}$$

地球的半径大约是 $R_\oplus = 6.38 \times 10^3$ km, 卫星绕地球的周期大约是 84.5 min, 每年卫星可以绕地球 6.2×10^3 次, 所以每年自旋矢量的进动角为 $8.4''$. 而对于轨道半径 $R > R_\oplus$ 的卫星, 其上陀螺仪自旋矢量每年的进动角

$$\Delta\phi|_年 \approx \frac{3(GM_\oplus)^{3/2}}{2c^2} \frac{1}{R_\oplus^{5/2}} \left(\frac{R_\oplus}{R}\right)^{5/2}. \tag{8.185}$$

如果卫星的高度为 650 km, 陀螺仪每年的进动角为 $\Delta\phi = 6.6''$. 由于地球的旋转, 这个值会有一点小的修正. 尽管这个值很小, 但利用 Gravity Probe B 可以测量, 精度偏差可以达到 0.01%. 实际测量的精度偏差约 0.28%, 与理论预言符合得很好.

8.6　相对论性天体物理

在天体物理中, 很多时候只需要牛顿引力就足够了. 然而对于中子星这样的星体, 其相对论性效应可能非常显著, 需要在广义相对论的框架下来讨论问题. 在本节中我们基于史瓦西时空简单地介绍几种可能的相对论性效应.

8.6.1　引力透镜效应

引力透镜效应在天文学和宇宙学中有非常重要的意义. 利用它我们可以了解源和 "透镜" 的物理性质, 也可以研究时空的大尺度结构. 引力透镜效应的物理原理非常简单: 光在引力场中的偏折导致我们观测到的像与源比较发生了变化, 而产生引力场的星体或者星系的作用类似于一个透镜.

前面的研究告诉我们在史瓦西时空中, 光线的偏转角是 $\alpha = \dfrac{4GM}{c^2 b} = \dfrac{2R_s}{b}$, 其中 R_s 是史瓦西半径 $R_s = \dfrac{2GM}{c^2}$. 如果引力透镜效应是通过宇宙学尺度下的星系产生的, 一些典型尺度如下:

$$M \sim 10^{11} M_\odot, \quad R_s \sim 10^{11} \text{ km}, \tag{8.186}$$

$$D_S \sim D_L \sim D_{LS} \sim 1 \text{ Gpc} \sim 3 \times 10^{22} \text{ km}, \tag{8.187}$$

其中 D_S 是源到观测者间的距离, D_L 是透镜到观测者的距离, D_{LS} 是透镜到源的距离. 这里用到的长度单位 pc (parsec, 秒差距) 是星系和星系外 (extragalatic) 天文学中的标准单位[①],

$$1 \text{ pc} = 3.086 \times 10^{13} \text{ km}, \quad \text{或者} \quad 3.262 \text{ ly}. \tag{8.188}$$

[①]pc 的定义为: 以这个长度为半径、太阳与地球间的距离为弧长可张成 $1''$ 的角度.

星系中两颗恒星的典型距离是几 pc, 星系的典型大小是 kpc 尺度, 星系间的典型距离是 Mpc 尺度, 而我们可见宇宙的大小是 Gpc 尺度.

在对引力透镜效应的实际讨论中, 由于 $R_{\mathrm{s}} \ll D_{\mathrm{L}}, D_{\mathrm{S}}, D_{\mathrm{LS}}$, 我们经常使用所谓的 "薄透镜近似":

(1) 在远离透镜的地方光线直线传播;

(2) 所有的偏转发生在透镜处;

(3) 源和透镜都近似为点.

如图 8.7 所示, 实际上 $\alpha, \theta_{\mathrm{S}}, \theta_{\mathrm{I}}$ 都非常小, 由此我们可以很容易得到透镜方程

$$\theta_{\mathrm{I}} D_{\mathrm{S}} = \theta_{\mathrm{S}} D_{\mathrm{S}} + \alpha D_{\mathrm{LS}}. \tag{8.189}$$

图 8.7 薄透镜近似下的引力透镜效应示意图, 其中 O 代表观测者, S 代表源, 而 L 代表透镜.

由于 $b \approx \theta_{\mathrm{I}} D_{\mathrm{L}}$, 有

$$\theta_{\mathrm{I}} = \theta_{\mathrm{S}} + \frac{\theta_{\mathrm{E}}^2}{\theta_{\mathrm{I}}}, \tag{8.190}$$

其中

$$\theta_{\mathrm{E}} = \left(2R_{\mathrm{s}} \frac{D_{\mathrm{LS}}}{D_{\mathrm{S}} D_{\mathrm{L}}}\right)^{1/2} \tag{8.191}$$

称为爱因斯坦角. 当 $D_{\mathrm{S}} \approx D_{\mathrm{LS}} \gg D_{\mathrm{L}} = D$, 即透镜离我们较近时, $\theta_{\mathrm{E}}^2 \approx \frac{2R_{\mathrm{s}}}{D}$. 考虑一个特殊的例子. 当源、透镜和观测者在同一条直线上时, $\theta_{\mathrm{S}} = 0$, 所以 $\theta_{\mathrm{I}} = \theta_{\mathrm{E}}$. 观测者看到的像是在一个圆环上, 称为爱因斯坦环 (Einstein ring), 如图 8.8 所示.

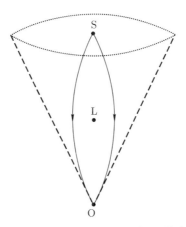

图 8.8 爱因斯坦环示意图, 其中 O 代表观测者, S 代表源, 而 L 代表透镜.

爱因斯坦角 θ_E 给出了引力透镜现象中典型的角尺度, 它只依赖于源与透镜、观测者间的距离, 以及透镜的质量. 如果 "透镜" 质量 M 接近于太阳质量 $M_\odot$, 有 $R_s \sim$ 1 km, 而观测者、透镜与源之间的距离是星系的尺度, $D_L \sim D_S \sim D_{LS} \sim$ 10 kpc$\sim$ 10^{17} km, 则 $\theta_E \sim (10^{-3})''$, 非常小, 远远超出了望远镜的分辨率. 这种在星系内由太阳质量大小的星体产生的透镜现象称为微透镜 (microlensing). 此时, 虽然无法通过角分辨率区分像, 但是由于透镜和源的相对运动, 像的亮度会随时间变化. 微引力透镜的一个重要应用是研究所谓晕内大质量高密度天体 (massive astrophysical compact halo objects, 简记为 MACHOs). 这些木星大小的物体, 可以是白矮星、中子星或者黑洞. 它们的质量可以是 $10^{-2}M_\odot$ 到几个 $M_\odot$. 这类天体可以解释星系晕中的暗物质. 由于它们是暗的, 很少甚至不发光, 很难被探测到, 引力相互作用导致的微透镜效应可以帮助我们探测它们.

而对于质量 $M \sim 10^{11}M_\odot$ 的透镜, $\theta_E \sim 1''$, 这导致宏透镜 (macrolensing) 现象. 在宇宙学中我们可以利用哈勃定律来帮助我们确定透镜 (如类星体) 的质量. 由哈勃定律

$$cz_L = H_0 D_L, \quad cz_S = H_0 D_S, \tag{8.192}$$

其中 H_0 是哈勃常数, z_L, z_S 分别代表着透镜和源所在处的红移因子, 我们可以得到透镜的质量

$$M = \frac{c^3}{4GH_0} \frac{z_S z_L}{z_S - z_L} \theta_E^2. \tag{8.193}$$

一般而言, 源、透镜和观测者不在一条直线上, 此时, 观测者会看到两个像, 相对

角度为

$$\theta_\pm = \frac{1}{2}[\theta_S \pm (\theta_S^2 + 4\theta_E^2)^{1/2}]. \tag{8.194}$$

显然 $\theta_- < \theta_E$ 而 $\theta_+ > \theta_E$. 如果透镜是透明、扩展的, 则来自源的光线可能直接穿透透镜, 观测者就可以看到奇数个像. 从上面的公式可以看出, $\theta_\pm$ 与光的频率无关, 因此是无色差的.

对于有限角尺度的像, 其形状和亮度都是引力透镜中最重要的性质. 其角分布的大小为

$$\Delta\theta_\pm = \frac{1}{2}\left(1 \pm \frac{\theta_S}{(\theta_S^2 + 4\theta_E^2)^{1/2}}\right)\Delta\theta_S, \tag{8.195}$$

其中 $\Delta\theta_S$ 是源本身的角分布. 而在亮度方面, 亮度与像张成的立体角成正比, 与 θ_+ 相应的像亮度更大, 即 $I_+ > I_-$. 而总的亮度与原来源的亮度之比为

$$\frac{I_{\text{tot}}}{I_*} = \frac{\sin\theta_+\Delta\theta_+ + \sin\theta_-\Delta\theta_-}{\sin\theta_S\Delta\theta_S} \approx \frac{\theta_+\Delta\theta_+ + \theta_-\Delta\theta_-}{\theta_S\Delta\theta_S}$$

$$= \frac{1}{2}\left(\frac{\theta_S}{(\theta_S^2 + 4\theta_E^2)^{1/2}} + \frac{(\theta_S^2 + 4\theta_E^2)^{1/2}}{\theta_S}\right) > 1, \tag{8.196}$$

也就是说, 引力透镜效应总是提高源的亮度. 当 $\theta_S \approx 0$ 时, 亮度的提高是惊人的.

8.6.2 吸积盘

引力中相对论性效应是通过无量纲量 $\dfrac{GM}{Rc^2}$ 来标志的. 对于太阳, 这个量是 10^{-6}, 可以说非常小, 但仍然有各种观测效应. 实际上, 太阳系中各种对广义相对论的检验是我们能够拥有的尺度最大的直接观测实验. 对于球对称黑洞, 这个量取上限为 0.5, 而对于中子星, 这个量大约是 0.2. 这两者中引力的相对论性效应都是非常重要的, 无法忽视. 为了讨论方便, 我们在这里不考虑旋转, 仍然可以用史瓦西度规来描述时空几何. 在这种致密天体附近的物质, 比如说一颗伴星, 将受到引力的作用被吸引到致密天体上, 这个过程称为吸积. 如果是双星系统, 轨道能量由于引力波辐射被释放出去, 轨道的大小会因此发生改变.

更一般地, 伴星的质量远小于致密天体 (如黑洞), 因此其外层物质 (主要是气体) 被黑洞吸引过去, 其质量被加到了黑洞上. 然而由于角动量守恒, 这些物质并不是直接掉到黑洞里, 而是在黑洞外面形成吸积盘. 在吸积盘中有很丰富的物理过程, 存在各种耗散机制使其中的粒子损失能量和角动量而最终被致密天体吞噬. 通过对粒子测地线的研究, 我们知道存在最内层稳定圆周轨道, 超过它以后粒子就无法摆脱吸引而很快地掉到黑洞中. 在粒子的能量损耗中, 如果致密天体拥有太阳大小的质量, 则辐射主要

集中在 X 射线波段. 如果黑洞是超大质量的, 比如说在星系核心处的黑洞, 其质量可能有 $10^6 \sim 10^9 M_{\odot}$, 则吸积盘的温度要冷得多. 对它的研究将有助于了解活动星系核, 如类星体的物理.

实际上, 在吸积盘中的气体做圆周轨道运动. 磁流体力学 (magnetohydrodynamic) 不稳定性造成湍流, 其黏滞性将会使气体慢慢损失角动量. 由此, 气体慢慢向内运动, 损失引力势能而被加热. 最终, 气体中粒子的角动量损失到无法让粒子保持在最内层稳定圆周轨道上, 粒子将做螺旋运动而很快地被中心物体捕获. 我们可以估算一下粒子的辐射效率. 最大的效率由粒子在最内层稳定圆周轨道上的引力束缚能与粒子的静止质量之比给出. 这相当于粒子静止地从无穷远处损失能量到达最内层稳定圆周轨道上. 在最内层稳定圆周轨道 $r = 6GM$ 上, 粒子的守恒能量与粒子静止质量之比为

$$\frac{E}{m_0 c^2} = \frac{2\sqrt{2}}{3} \approx 0.943, \tag{8.197}$$

所以吸积盘的最大辐射效率为

$$\epsilon_{\text{acc}} \approx 1 - 0.943 = 5.7\%. \tag{8.198}$$

而通过核反应, 如氢元素核聚变到氦元素释放能量的效率为

$$\epsilon_{\text{nuclear}} \approx 0.7\%. \tag{8.199}$$

由此可见, 吸积盘释放能量的效率比氢原子核燃烧释放能量的效率高 10 倍左右. 所以, 高致密星体的 "吸积功率" 会导致某些宇宙中最暴烈的现象发生.

另一方面, 通过观测吸积盘中粒子的运动及粒子发射的光谱可以帮助我们了解致密天体的几何信息. 例如, 吸积盘的一个特征温度是 $T \sim 10^7$ K, 此时一些重元素, 如铁仍然可以束缚电子. 这些高度电离的原子吸收 X 射线发射荧光 (fluorescence). 对于铁原子, 这将导致能量为 6.4 keV 的光子, 给出一个位于 X 射线波段中间的谱线. 由于两种相对论性效应, 光子的频率将被移动: 一种是时空本身产生的引力红移, 另一种是物质运动导致的多普勒移动. 因为在吸积盘中不同位置处以不同运动状态发射的光子频率移动不同, 所以我们实际上观测到的光谱并非一根谱线, 而是一个大大被拓宽的谱带. 这个谱带的形状包含吸积盘附近几何的信息, 而来自吸积盘最内层轨道的光子的信息将有助于我们了解引力的强场区域.

下面我们讨论在吸积盘光子发射中两个比较简单的红移现象. 首先, 我们假定黑洞是非旋转的, 可以通过史瓦西时空来描述, 而吸积盘正好处于 $\theta = \frac{\pi}{2}$ 的极薄平面上. 如图 8.9 所示, 设 $\omega_\star$ 是辐射光子的自然频率, 而 ω_∞ 是无穷远观测者观测到的频率, 它

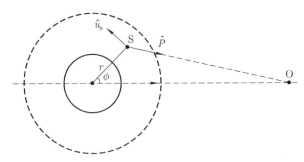

图 8.9 吸积盘光子发射的红移现象. 其中 O 代表观测者, S 代表发射源, $\widehat{u}_{\mathrm{s}}$ 代表源的速度, 而 $\widehat{P}$ 代表光子的动量.

依赖于发射源的位置 (r, ϕ). 源的 4-速度为 $\widehat{u}_{\mathrm{s}}(r, \phi)$, 而发射时光子的 4-动量为 $\widehat{P}(r, \phi)$. 对观测者而言, 其 4-速度为 $\widehat{u}_0$, 而接收到的光子 4-动量为 $\widehat{P}(\infty)$. 对于一个在无穷远的静止观测者 $u_0^\mu = (1, 0, 0, 0) = \xi^\mu$, 其中 ξ^μ 是基灵矢量 ∂_t 的分量, 我们需要计算

$$\frac{\omega_\infty}{\omega_\star} = \frac{\widehat{u}_0 \cdot \widehat{P}(\infty)}{\widehat{u}_{\mathrm{s}} \cdot \widehat{P}}. \tag{8.200}$$

发射器做圆周运动, 其角速度为

$$\Omega(r) = \frac{\mathrm{d}\phi}{\mathrm{d}t} = (GM/r^3)^{1/2}, \tag{8.201}$$

而 4-速度为

$$u_{\mathrm{s}}^\mu = \left(\frac{\mathrm{d}t}{\mathrm{d}\tau}, 0, 0, \frac{\mathrm{d}\phi}{\mathrm{d}\tau} \right) = u_{\mathrm{s}}^t (1, 0, 0, \Omega(r)). \tag{8.202}$$

由 4-速度的归一化条件 $\widehat{u} \cdot \widehat{u} = -1$, 得

$$u_{\mathrm{s}}^t = \left(1 - \frac{R_{\mathrm{s}}}{r} - r^2 \Omega^2 \right)^{-1/2} = \left(1 - \frac{3GM}{r} \right)^{-1/2}.$$

另一方面, 由基灵矢量定义的光子的守恒量为

$$E = -\widehat{P} \cdot \widehat{\xi}, \quad L = \widehat{P} \cdot \widehat{\eta}. \tag{8.203}$$

定义物理量入射参数 $b = |L/E|$, 有

$$\widehat{u}_0 \cdot \widehat{P}(\infty) = \widehat{\xi} \cdot \widehat{P}(\infty) = -E, \tag{8.204}$$

$$\widehat{u}_{\mathrm{s}} \cdot \widehat{P} = u_{\mathrm{s}}^t (\widehat{\xi} + \Omega(r)\widehat{\eta}) \cdot \widehat{P}$$

$$= u_{\mathrm{s}}^t (-E + \Omega(r) L) \tag{8.205}$$

$$\Rightarrow \frac{\omega_\infty}{\omega_\star} = (u_{\mathrm{s}}^t (1 \pm \Omega(r) b))^{-1}, \tag{8.206}$$

这里 "−" 代表 "相向发射", 即发射器相向于观测者运动, 而 "+" 代表背向发射, 即发射器发射光子时正远离观测者.

如果发射器在 $\phi = 0, \pi$ 时发射光子, 则 $b = 0$, 所以 $L = 0$, 而

$$\frac{\omega_\infty}{\omega_\star} = \left(1 - \frac{3GM}{r}\right)^{1/2}. \tag{8.207}$$

这对应于发射器相对于观测者做横向运动. 此时, 无论光子在何处发射, 都被红移了. 注意与单纯的引力红移比较, 这里还包含横向多普勒移动的红移效应.

另一个比较特殊的情形是 $\phi = \pi/2$ "背向" 运动, 或者 $\phi = -\pi/2$ "相向" 运动. 此时光子具有

$$E = \left(1 - \frac{R_s}{r}\right)\frac{\mathrm{d}t}{\mathrm{d}\lambda}, \quad L = r^2 \sin^2\theta \frac{\mathrm{d}\phi}{\mathrm{d}\lambda}, \tag{8.208}$$

所以

$$b = \frac{r^2 |P^\phi(r, \phi)|}{\left(1 - \dfrac{R_s}{r}\right) P^t(r, \phi)}. \tag{8.209}$$

由于 $P^r\left(r, \pm\dfrac{\pi}{2}\right) = 0$ 且 $\widehat{P} \cdot \widehat{P} = 0$, 有

$$-\left(1 - \frac{R_s}{r}\right)(P^t)^2 + r^2(P^\phi)^2 = 0 \Rightarrow b = r\left(1 - \frac{R_s}{r}\right)^{-1/2}, \tag{8.210}$$

以及红移

$$\frac{\omega_\infty}{\omega_\star} = \left(1 - \frac{3GM}{r}\right)^{1/2}\left(1 \pm \left(\frac{r}{GM} - 2\right)^{-1/2}\right)^{-1}. \tag{8.211}$$

当 GM/r 较小时, 可做展开

$$\begin{aligned}
\frac{\omega_\infty}{\omega_\star} &= 1 \mp \left(\frac{GM}{r}\right)^{1/2} - \frac{GM}{2r} + \cdots \\
&= 1 \mp v + \frac{1}{2}v^2 - \frac{GM}{r} + \cdots,
\end{aligned} \tag{8.212}$$

其中 $v = \Omega r = (GM/r)^{1/2}$ 是源的局部速度. 上面的表达式中 $\mp v + \dfrac{1}{2}v^2$ 来自多普勒移动, 而 $-\dfrac{GM}{r}$ 来自引力红移, 最终的红移是两者的叠加.

观测到的谱带来源于不同半径处发射的光子. 对于最内层圆周轨道 $r = 6GM$ 上发射的光子:

(1) 吸积盘 $\phi = \pi/2$ 处 "背向" 发射,

$$\frac{\omega_\infty}{\omega_\star} = \frac{\sqrt{2}}{3} \approx 0.47, \tag{8.213}$$

观测到的光子频率最小.

(2) 吸积盘 $\phi = -\pi/2$ 处 "相向" 发射,

$$\frac{\omega_\infty}{\omega_\star} = \sqrt{2}, \tag{8.214}$$

观测到的光子频率变大, 实际上发生了蓝移. 这来自多普勒移动的蓝移效应超过了引力红移的效应.

(3) 吸积盘 $\phi = 0, \pi$ 处,

$$\frac{\omega_\infty}{\omega_\star} = \frac{1}{\sqrt{2}} \approx 0.71. \tag{8.215}$$

在背向发射时, 多普勒移动的红移效应最明显, 与引力红移效应相结合, 得到的红移最大. 在实验中, 如果观测到这个最小频率, 那就说明光子是从 ISCO 轨道发射出的, 这意味着中心的天体应该是一个黑洞, 而非其他致密天体. 因为对于其他致密天体, 其表面半径都会比 ISCO 轨道大, 在其上发射的光子接收到时频率不会那么低.

如果中心致密星体有旋转, 我们看到光子频率的下限可以更低. 一般而言, 我们看到的 6.4-keV 谱带有一个最小频率, 其值依赖于中心致密星体的大小、转动以及吸积盘相对于我们的倾斜角. 进一步地, 谱带的形状还会受到相对论聚光效应和其他可能的辐射源的影响. 相对论聚光效应也会增加谱带中蓝端的强度.

8.6.3 脉冲双星

脉冲双星 (binary pulsars) 是相对论性天体物理的重要研究对象. 一方面它提供了太阳系外检验广义相对论的新平台, 另一方面, 它也是我们研究引力辐射的窗口. 脉冲双星的一个典型例子是 PSR1913+16[①]. 这是一对中子星, 轨道周期约为 7.75 h. 在观测上, 由于两颗中子星中有一颗是高速旋转的脉冲星, 其转动周期非常稳定, 是一个非常准确的时钟:

$$P_{\mathrm{rot}} = (0.059029997929613 \pm 0.000000000000007) \text{ s}. \tag{8.216}$$

这个非常小的周期被发现是周期移动的, 这说明脉冲星是双星系统的一员. 这个系统的相对论性效应很强, 其近星点进动的大小为

$$\delta\phi_{\mathrm{prec}} = (4.22659 \pm 0.00004)°/\text{年}, \tag{8.217}$$

[①]PSR 代表该天体是脉冲星, 而 1913+16 是指其在天区的位置.

比太阳系中水星近日点进动大约 4×10^4 倍. 此外, 这个系统中引力红移、时间延迟效应和自旋测地进动效应等也非常明显. 因此这个双星系统提供了一个绝佳的研究广义相对论的平台.

我们可以在牛顿引力的框架下分析椭圆轨道, 它由周期 $P_{\rm b}$、离心率 e 和半长轴长度 a 确定. 观测上, 我们可以长时间分析一颗星谱线的多普勒移动来确定椭圆轨道的信息. 而通过径向速度曲线可知它们做互相缠绕运动. 其他的 $1/c^2$ 效应, 如多普勒移动和夏皮罗时间延迟等可以让我们分析出

$$m_{\rm pulsar} = (1.442 \pm 0.003) M_\odot, \tag{8.218}$$

$$m_{\rm comp} = (1.386 \pm 0.003) M_\odot, \tag{8.219}$$

即这是两颗质量几乎相等的中子星. 后面我们将看到, 这个系统由于引力辐射损失能量, 其运动周期会发生变化, 通过多年的观测分析发现这一变化与理论分析一致, 从而提供了引力辐射的间接证据.

习 题

1. 考虑度规

$$ds^2 = 2dudv + dx^2 + dy^2 + Hdu^2, \tag{8.220}$$

其中 $H = H(u, x, y)$ 是 u, x, y 的任意函数.
(1) 证明如果这个度规是真空爱因斯坦方程的解, 则必须有

$$\frac{\partial^2 H}{\partial x^2} + \frac{\partial^2 H}{\partial y^2} = 0; \tag{8.221}$$

(2) 计算这个度规下黎曼张量的非零分量;
(3) 计算这个度规给出的 $R_2 \equiv R^{\mu\nu\rho\sigma} R_{\mu\nu\rho\sigma}$.
2. 对于史瓦西度规, 计算其所有非零的克里斯托弗符号. 进一步地, 计算黎曼张量中所有非零的分量.
3. 通过定义

$$du = dt - (1 - 2GM/r)^{-1} dr, \tag{8.222}$$

证明史瓦西度规可以写作克尔–斯其德 (Kerr-Schild) 形式

$$ds^2 = -du^2 - 2dudr + r^2 d\Omega^2 + \frac{2GM}{r} du^2. \tag{8.223}$$

4. 考虑两个质量相近的星体. 如果我们只考虑它们之间的引力相互作用并忽略相对论效应, 请讨论它们的运动.

5. 在质量为 M 的球对称恒星产生的史瓦西几何中, 一个观测者在固定半径 R 处保持稳定. 一个质子从恒星里出来沿径向运动而经过观测者的实验室, 其能量 E 和动量 $|\boldsymbol{p}|$ 被测量.

    (1) 能量 E 与动量 $|\boldsymbol{p}|$ 的关系是什么?

    (2) 在史瓦西坐标基下质子的 4-动量分量是什么? 用 E 和 $|\boldsymbol{p}|$ 表达.

6. 在一个质量为 M、外部几何是史瓦西几何的黑洞外, 一艘飞船正做无推力的圆周运动, 圆周轨道的半径是 $7GM$.

    (1) 对于无穷远观测者而言, 飞船的轨道周期是多少?

    (2) 对于飞船上的一个钟而言, 它测量到的轨道周期是多少?

7. 在史瓦西几何中, 一个位于 $r = r_1$ 处的观测者沿径向向外发射一个光信号.

    (1) 信号的瞬时坐标速度 $\mathrm{d}r/\mathrm{d}t$ 是多少?

    (2) 如果信号在 $r = r_2 > r_1$ 处被反射回 r_1, 无穷远观测者测量到的返回时间是多少?

    (3) 位于 $r = r_1$ 处的观测者测量到的返回时间是多少?

8. 在史瓦西几何中, 一个有质量粒子从 $r = 4GM$ 处沿径向向外发射.

    (1) 要使粒子到达 $r = 10GM$ 处时速度为零, 它必须在发射处以多大的初速度 $\mathrm{d}r/\mathrm{d}t$ 发射?

    (2) 完成这一旅程粒子需要多少固有时间?

9. 在史瓦西几何中有一个粒子 A 及其反粒子 B, 它们分别沿半径为 r_A 和 r_B 的自由圆周轨道以相反的方向运动, 假设 $r_B > r_A$. 在某一时刻, A 发射一个光子沿径向运动被 B 接收到, 请问接收到的光子频率与发射时的光子频率之比是多少? 如果 $r_A = r_B$, 两个粒子碰撞发生湮灭, 它们辐射出的总能量相对于在碰撞处的观测者而言是多少? 假设这两个粒子的静止质量是 m_0.

10. 考虑在史瓦西几何下有质量粒子的运动, 我们可以定义 $u = GM/r$, 从而得到微分方程

$$\left(\frac{\mathrm{d}u}{\mathrm{d}\phi}\right)^2 = f(u) = 2(u - u_1)(u - u_2)(u - u_3), \tag{8.224}$$

其中 $u_1 < u_2 < u_3$.

    (1) 证明 $u_1 + u_2 + u_3 = 1/2$, 而轨道的远日点和近日点分别在 $r_1 = GM/u_1$ 和 $r_2 = GM/u_2$ 处.

    (2) 利用 $u_i, i = 1, 2, 3$ 来表示粒子的能量密度和角动量密度.

(3) 对上面的微分方程积分可得

$$u = u_1 + (u_2 - u_1)\mathrm{sn}^2(\alpha\phi|\beta), \tag{8.225}$$

其中

$$\alpha = \frac{(u_3 - u_1)^{1/2}}{\sqrt{2}}, \quad \beta = \frac{(u_2 - u_1)}{(u_3 - u_1)}, \tag{8.226}$$

而 $\mathrm{sn}(z|\mu)$ 是模为 μ 的雅可比椭圆函数. 由此画出粒子的各种运动轨迹.

11. 假定一个史瓦西几何中赤道面上在半径 r 处做圆周运动的飞船上发射一个光子, 其在飞船的共动参考系中的频率为 ν_0, 其发射方向与飞船运动的切方向有一个向外的角度 α, 光子的运动仍在赤道面上, 则无穷远处静态观测者看到的光子频率是多少?

12. 如果太阳存在四极矩, 即并非完全球对称的, 则在牛顿力学中也将发生水星近日点的进动. 我们可以把太阳的引力势近似为 (我们取单位制 $G = c = 1$)

$$\Phi = -\frac{M_\odot}{r}\left(1 - J\frac{R_\odot^2}{r^2}\frac{3\cos^2\theta - 1}{2}\right), \tag{8.227}$$

其中 J 是刻画太阳四极矩的一个常数. 证明在此情形下, 水星运动一周的进动角为

$$\delta\phi = \frac{6\pi M_\odot}{a(1 - e^2)} + J\frac{3\pi R_\odot^2}{a^2(1 - e^2)^2}, \tag{8.228}$$

其中右边第一项是广义相对论的修正项, 而第二项来自太阳的形变. 如果这两项是可比的, 则 J 的值是多少?

13. 假定在另一个引力理论中, 球对称恒星外的度规为

$$ds^2 = \left(1 - \frac{2GM}{r}\right)[-dt^2 + dr^2 + r^2 d\Omega^2], \tag{8.229}$$

假定光子在此几何中仍然是沿零测地线运动, 计算光被恒星偏折的偏转角.

14. 有质量物体的引力对光的偏折效应实际上是使物体看起来变胖了. 考虑一个质量为 M、半径为 R 的球形恒星, 光从它的表面到达无穷远处. 证明光线可以有的最大入射参数为

$$b = R\left(1 - \frac{2GM}{Rc^2}\right)^{-1/2}. \tag{8.230}$$

因此, 恒星的表观直径增加了. (对于太阳而言, 直径增加了 3 km)

15. 在弱场近似下, 史瓦西几何可以由如下度规来近似描述:

$$ds^2 = -\left(1 - \frac{2GM}{r}\right)dt^2 + \left(1 + \frac{2GM}{r}\right)(dx^2 + dy^2 + dz^2). \quad (8.231)$$

    (1) 在此度规下讨论光线偏折现象, 证明它给出正确的偏转角.

    (2) 在此度规下讨论近日点进动, 证明它给出正确值的 4/3. 这说明近日点进动对于广义相对论的非线性很敏感.

16. 在后牛顿参数化的度规下, 分别讨论

    (1) 行星近日点进动;

    (2) 光线偏折;

    (3) 雷达回波延迟.

17. 考虑有宇宙学常数的真空爱因斯坦方程 $G_{\mu\nu} + \Lambda g_{\mu\nu} = 0$.

    (1) 求解最一般的球对称度规解. 要求在坐标 (t, r) 中, 当 $\Lambda = 0$ 时解回到通常的史瓦西度规.

    (2) 利用有效势, 写出径向运动的运动方程, 讨论有质量粒子和无质量粒子的有效势, 以及它们可能的运动.

18. 对于两颗质量分别为 m_1 和 m_2 的双星系统, 它们的轨道一般是绕质心的椭圆轨道. 在牛顿力学的框架下证明轨道参数被系统的能量 ($E < 0$) 和角动量 L 确定:

$$a = -\frac{m_1 m_2}{2E}, \quad e^2 = 1 + \frac{2EL^2(m_1 + m_2)}{m_1^3 m_2^3}. \quad (8.232)$$

如果把质心取作原点, 请给出两颗星的运动轨道.

19. 如果两个陀螺仪 A 和 B 都沿着同一条测地线运动, 证明 $\hat{s}_A \cdot \hat{s}_B$ 是一个常数.

20. 仔细讨论有限尺度刚体在引潮力下产生的扭矩, 证明在刚体的共动参考系下扭矩为

$$\tau^i = c^2 \sum_{j,k,l} \varepsilon^{ijk} R^j_{0l0} \left(-I^{kl} + \frac{1}{2}\delta^l_k I^{rr}\right), \quad (8.233)$$

其中 ε^{ijk} 是三维的列维–齐维塔符号, 约定为 $\varepsilon^{123} = 1$, 而 I^{ij} 是刚体的转动惯性张量. 由于自旋矢量的变化为

$$\frac{ds^i}{dt} = \tau^i, \quad (8.234)$$

证明对于球对称的刚体, 其自旋矢量不受引潮力的影响. 估算一下非球形产生的进动效应.

21. 在线性化引力中, 如果我们忽略源的转动, 则时空度规可以写作

$$\mathrm{d}s^2 = -(1 + 2\Phi)\mathrm{d}t^2 + (1 - 2\Phi)\delta_{ij}\mathrm{d}x^i\mathrm{d}x^j. \tag{8.235}$$

在陀螺仪的参考系中, 4-速度为 $u^\mu = (1, 0)$, 而自旋 4-矢量为 $s^\mu = (0, \boldsymbol{S})$. 利用陀螺仪方程证明

$$\frac{\mathrm{d}\boldsymbol{S}}{\mathrm{d}\tau} = \boldsymbol{\Omega} \times \boldsymbol{S}, \tag{8.236}$$

其中

$$\boldsymbol{\Omega} = \frac{3}{2}(\nabla\Phi \times \boldsymbol{v}) + \frac{1}{2}(\boldsymbol{a} \times \boldsymbol{v}), \tag{8.237}$$

这里 $\boldsymbol{v}$ 是陀螺仪的 3-速度而 $\boldsymbol{a}$ 是其 3-加速度 (相对于史瓦西观测者).

22. 对于在史瓦西时空的稳定圆形轨道中运动的陀螺仪, 哪一条轨道中陀螺仪的测地进动最明显?

23. 在后牛顿近似的度规中讨论测地进动. 证明在圆周轨道中的测地进动角变为

$$\Delta\phi \approx \left(\gamma + \frac{1}{2}\right) 2\pi \left(\frac{GM}{Rc^2}\right). \tag{8.238}$$

24. 双星系统存在着明显的近星点进动现象. 此时相对论性效应较强, 我们可以利用后牛顿近似来讨论此问题, 让人惊奇的是进动角仍由史瓦西几何中试探粒子的进动公式给出, 即

$$\delta\phi = \frac{6\pi G(m_1 + m_2)}{c^2 a(1 - e^2)}. \tag{8.239}$$

对于 PSR1913 + 16, 双星质量都约为 $1.4M_\odot$, 离心率 $e \approx 0.617$, 半长轴约为 9×10^{10} cm, 轨道周期约为 2.9×10^4 s, 求近星点的年进动角.

第九章　史瓦西黑洞

　　史瓦西几何除了可以描述球对称星体外的时空几何, 另一个非常重要的应用是描述了球对称黑洞时空. 严格地说, 应该是球对称黑洞时空的一部分. 这个黑洞可能是通过恒星燃烧塌缩形成的, 其物理机制是饶有趣味的课题, 我们将在后面给予介绍.

　　黑洞的概念在牛顿引力中就存在. 早在 1783 年, 英国人米切尔 (Michell) 首先指出了黑洞的存在性. 稍后, 1796 年, 法国著名科学家拉普拉斯也独立地得到了同样的结论. 分析并不复杂, 由牛顿引力中逃逸速度为 $\sqrt{2GM/R}$ 知, 如果在某星体上, 粒子的逃逸速度是光速, 则星体必须具有史瓦西半径

$$R_{\mathrm{s}} = \frac{2GM}{c^2}. \tag{9.1}$$

当星体密度极高时, 其半径 r 可能小于史瓦西半径 R_{s}, 此时光也无法摆脱星体引力的吸引, 对于远处的观测者, 星体看起来完全是黑的, 这样的星体当时被称为 "暗星". 如果进一步考虑狭义相对论, 没有什么物质的传播速度能够超过光速, 所以星体上的信息完全无法被远处的观测者接收到. 这样一颗黑暗的星体可以吞噬物质, 但不释放任何信息, 称为 "黑洞" [①]. 然而, 在牛顿力学的框架下, 如果离星体足够近, 由于光线从星体表明向外发射时能够传播一段距离, 观测者仍然能够接收到这些光线, 星体并不全黑. 这与广义相对论中的黑洞图像截然不同.

　　形成黑洞的星体的密度必须足够高. 比如说, 对于太阳质量的物体, $m_{\odot} \sim 10^{30}$ kg, 其史瓦西半径 R_{s} 约几千米, 而对于地球质量的物体, 其史瓦西半径大概只有乒乓球半径尺寸. 另一方面, 越大的黑洞实际上密度越低:

$$\rho = \frac{\text{质量}}{\text{体积}} = \frac{M}{\frac{4}{3}\pi R_{\mathrm{s}}^3} \propto \frac{1}{M^2}, \tag{9.2}$$

可见密度与质量平方成反比. 太阳质量的黑洞, 密度为 $\rho \sim 10^{16}$ g/cm^3. 而对于巨黑洞, $M \sim 10^{11} M_{\odot}$, $\rho_{\mathrm{c}} \sim 10^{-6}$ g/cm^3.

　　严格地说, 黑洞无论是在牛顿引力还是在广义相对论中都是经典的概念, 忽略了可能的量子效应. 当然, 黑洞的量子效应是量子引力研究的重要内容, 但并非本书关注的重点. 我们可以问这样一个问题: 什么样的物体能够形成或者看作黑洞呢? 比如说

　　[①] "黑洞" 这一称呼最早是由惠勒在 1967 年的一次演讲中使用的, 很快就被广泛接受. 在那之前对于塌缩恒星形成的黑洞, 人们称之为 "冻星" (frozen star) 或者 "塌缩星".

电子为何不能称作黑洞呢? 一个基本的判据是这个物体的康普顿波长 λ_c 应该小于其史瓦西半径 R_s, 否则其量子行为太明显, 已经不能当作黑洞来看待. 在广义相对论中, 我们处理的是经典的物体, 而这些物体可能的量子行为超出了广义相对论的范畴. 由于 $\lambda_c = \dfrac{h}{mc}$, 所以

$$\frac{R_s}{\lambda_c} = \frac{2Gm^2}{hc}. \tag{9.3}$$

为了让 $R_s \sim \lambda_c$, 必须有

$$m \geqslant \sqrt{\frac{hc}{2G}} = m_{pl} \sim 10^{-5} \text{ g}. \tag{9.4}$$

9.1   史瓦西黑洞

我们简单回顾一下史瓦西解的基本性质. 史瓦西时空是真空爱因斯坦方程的解. 在史瓦西坐标下, 解的明显形式如下:

$$ds^2 = -(1 - R_s/r)dt^2 + (1 - R_s/r)^{-1}dr^2 + r^2 d\Omega^2, \tag{9.5}$$

其中 $R_s = 2GM/c^2 = 2\mu$ 是史瓦西半径[②]. 远离黑洞时, 它是渐近平直的, 给出一个牛顿势

$$\Phi \approx -\frac{R_s}{2r}. \tag{9.6}$$

当 $r \to R_s$ 时, $g_{tt} \to 0$ 且 $g_{rr} \to \infty$, 看起来度规在史瓦西半径 $r = R_s$ 处有奇异性, 但它并非真正的奇点, 只是一个坐标奇点, 可以通过坐标变换来去掉. 稍后我们将看到在其他坐标系下度规的行为. 然而, 需要注意的是史瓦西坐标的物理意义: 它是无穷远静止观测者的参考系.

尽管 $r = R_s$ 只不过是个坐标奇点, 但此处确实比较特殊, 有特别的物理意义. 首先, 它被称为 "事件视界" (event horizon), 其物理内涵在后面的讨论中将呈现出来. 简单地说, 在事件视界内发生的一切都不会被视界外的观测者看到. 其次, 它也是一个无穷大红移面. 由前面的讨论可知, 如果发射器和接收器都固定在某空间位置, 则接收到的光子波长与发射时之比为

$$\frac{\lambda_o}{\lambda_e} = \left(\frac{g_{tt}(r_o)}{g_{tt}(r_e)} \right)^{1/2}. \tag{9.7}$$

---

②在下面的讨论中, 我们经常采用约定 $\mu \equiv GM$ 以及自然单位制.

对于史瓦西时空, 由于 $g_{tt}|_{r\to R_s} \to 0$, $r = R_s$ 是一个无穷大红移面, 即从此处发射的光子的波长被无穷大红移了, 无法被径向更远处的观测者所看到. 也就是说, 即使这个观测者只是在视界外有限位置处, 也无法看到从视界发射出的光子. 而由 $\mathrm{d}\tau = \sqrt{1 - R_s/r}\mathrm{d}t$, 当 $r \to R_s$ 时, $\mathrm{d}\tau \to 0$, 相对于无穷远的观测者而言, 在视界处的时钟是静止不动的, 走得无穷慢.

在史瓦西时空中另一个值得注意的事实是关于 "类时" 基灵矢量的. 从解的构造我们就知道, ∂_t 总是时空的基灵矢量. 当 $R_s > r > 0$ 时, 没有奇点, 但是由于 $g_{tt} > 0, g_{rr} < 0$, ∂_t 变成了类空矢量, 而 ∂_r 变成类时矢量. 更重要的是, 在视界内基灵矢量不再是类时的, 而且也不存在类时基灵矢量, 即时空此时不再是稳态的, 而是动力学演化的. 实际上, 当 $r < R_s$ 时, 度规是时间依赖的. 这个性质与坐标选择无关, 无论选择什么样的坐标系, 在视界内类时基灵矢量不存在. 此外, 在视界内如果要求 $\mathrm{d}s^2 < 0$, 则必须有 $\mathrm{d}r^2 < 0$, 也就是说时间的变化必然伴随着 r 的变化.

为了更好地了解史瓦西黑洞时空, 我们来看看其因果结构. 考虑一个只沿径向运动的零测地线

$$\mathrm{d}s^2 = 0 = -\left(1 - \frac{R_s}{r}\right)\mathrm{d}t^2 + \left(1 - \frac{R_s}{r}\right)^{-1}\mathrm{d}r^2, \tag{9.8}$$

由此得

$$\frac{\mathrm{d}t}{\mathrm{d}r} = \pm\left(1 - \frac{R_s}{r}\right)^{-1} \to \begin{cases} \pm 1, & \text{当 } r \to \infty, \\ \pm\infty, & \text{当 } r \to R_s, \end{cases} \tag{9.9}$$

其中 "+" 号代表向外运动, "–" 号代表向内运动. 看起来当 $r \to R_s$ 时, 坐标时 t 走得越来越快, 即 Δt 要变得足够大. 这当然是不对的, t 是无穷远静止观测者的时钟时间, 它以标准方法走时. 换一个观点, 对于无穷远的观测者, 他看到光线接近视界, 但走得越来越慢, 需要无穷长时间才能到达视界. 利用史瓦西坐标, 光锥如图 9.1 所示.

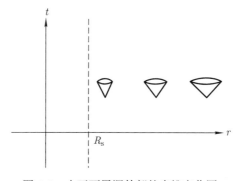

图 9.1 史瓦西黑洞外部的光锥变化图.

当 $r \to R_s$ 时, 光锥逐渐闭合. 因此, 一条奔向视界的光线似乎永远无法达到视界, 而只是渐近地趋向于它. 这并非事实, 而只是无穷远静止观测者看到的假象. 事实上, 无论是光子还是有质量粒子, 穿过视界都没有什么问题, 但无穷远观测者却看不到这一点. 对上面的微分方程积分后得到

$$t = r + R_s \ln \left| \frac{r}{R_s} - 1 \right| + 常数, \quad 外向光子,$$

$$t = -r - R_s \ln \left| \frac{r}{R_s} - 1 \right| + 常数, \quad 内向光子.$$

这两个解是在时间反演下不变的. 对于外向的光子, 在视界以外, 随着 t 增加, r 也增加, 而在视界以内, 随着 r 增加, t 减小. 对于向内的光子, 在视界以外, 随着 t 增加, r 减小, 而在视界以内, 随着 r 增加, t 也增加. 对固定的 θ, ϕ, 我们有光锥图 9.2. 由图可知, 在半径较大的地方, 时空渐近平直, 光锥结构与平直时空中的类似. 当我们接近 R_s 时, 内向光线 $t \to \infty$, 而向外光线 $t \to -\infty$. 这似乎表明内向光线需要无穷长时间穿过视界. 在视界内 $r < R_s$, 由于 t 和 r 角色互易, 光锥翻转 $90°$, 因此所有的光子都必然落到奇点 $r = 0$ 上. 由于任意有质量粒子的运动轨迹必须在其世界线每点的光锥中, 所以在视界内这些粒子也必然落到奇点上. 因此, 一旦进入视界, 粒子就无法摆脱落到奇点上的命运.

图 9.2　史瓦西黑洞的光锥图. 在史瓦西坐标下, 内向的零测地线似乎没有办法穿过视界, 而只能渐近地趋向视界. 在视界内部, 指向未来的光锥向着 r 减小的方向.

对于有质量粒子, 其径向运动前面我们已经讨论过了. 如果粒子从无穷远处自由

下落, 则它从 r_0 到达视界的固有时是

$$\Delta\tau = \frac{1}{\sqrt{R_\mathrm{s}}}\left(\frac{2}{3}\right)[r_0^{3/2} - (R_\mathrm{s})^{3/2}].\tag{9.10}$$

而对于无穷远观测者而言, 坐标时为

$$\Delta t = R_\mathrm{s}\left(-\frac{2}{3}\left(\frac{r}{R_\mathrm{s}}\right)^{\frac{3}{2}} - 2\left(\frac{r}{R_\mathrm{s}}\right)^{\frac{1}{2}} + \ln\left(\frac{\sqrt{r/R_\mathrm{s}}+1}{\sqrt{r/R_\mathrm{s}}-1}\right)\right)\Bigg|_{r_0}^{r},$$

如图 9.3 所示, 其中我们已经取了在 $r_0 = 8\mu$ 处 $t = \tau = 0$. 粒子的世界线看起来在视界处有奇异性, 从 $r = 8\mu$ 到 $r = R_\mathrm{s}$ 需要花无穷长坐标时. 然而, 对于粒子而言, 它到达视界处所花的固有时是有限的, 为 $\tau = 9.33\mu/c$. 在视界内, 固有时继续增加直到抵

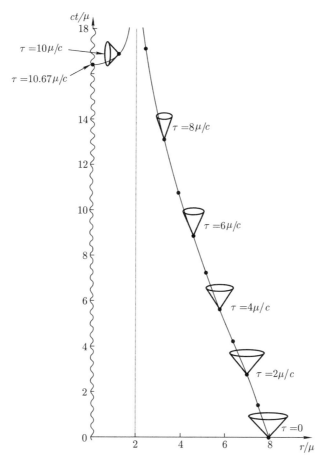

图 9.3　一个有质量粒子在史瓦西几何中沿径向下落的示意图, 其中 $\mu = GM$.

达 $r = 0$, 共花费的固有时为 $\tau = 10.67\mu/c$. 趋近于视界时, 粒子的运动在史瓦西坐标下渐近地有

$$r = R_{\mathrm{s}} + C\mathrm{e}^{-t/R_{\mathrm{s}}}, \tag{9.11}$$

其中 C 是一个正的常数. 对无穷远观测者而言, 无论经过多长时间, 粒子都在视界外, $r > R_{\mathrm{s}}$, 似乎粒子无法穿过视界进入黑洞中. 当然, 这只是对于无穷远观测者的假象. 从以上的讨论中我们可以发现, 史瓦西坐标并不适合描述粒子在 $r \leqslant R_{\mathrm{s}}$ 时的运动, 或者说史瓦西坐标只能描述时空的一部分结构.

9.1.1 爱丁顿–芬克斯坦坐标

从上面的讨论可知, 在描述史瓦西黑洞时空时, 史瓦西坐标有其局限性, 并不能准确地描述粒子的运动状态和时空的因果结构. 如前所述, 时空流形独立存在, 本身不依赖坐标卡的选择. 为了更好地描述史瓦西时空, 我们可以选择其他坐标系. 为了便于了解粒子的运动, 我们可以选择不同粒子的世界线族来描述时空. 一般而言, 可以选择有质量粒子的世界线族, 但这样得到的坐标比较复杂, 不利于讨论. 一个常用的坐标系是利用无质量粒子径向运动的世界线族. 对于无质量粒子, 其径向运动满足

$$\mathrm{d}s^2 = -(1 - R_{\mathrm{s}}/r)\mathrm{d}t^2 + (1 - R_{\mathrm{s}}/r)^{-1}\mathrm{d}r^2 = 0, \tag{9.12}$$

这给出

$$\frac{\mathrm{d}t}{\mathrm{d}r} = \pm\frac{1}{1 - R_{\mathrm{s}}/r}. \tag{9.13}$$

由此定义一个新的径向坐标, 它满足

$$\frac{\mathrm{d}t}{\mathrm{d}r_*} = \pm 1 \Rightarrow \frac{\mathrm{d}r_*}{\mathrm{d}r} = \frac{1}{1 - R_{\mathrm{s}}/r}, \tag{9.14}$$

即

$$r_* = r + R_{\mathrm{s}}\ln\left(\frac{r}{R_{\mathrm{s}}} - 1\right), \tag{9.15}$$

称为乌龟坐标. 由此定义可见, 这个坐标对于 $r > R_{\mathrm{s}}$ 是很好定义的, 但取值从 $-\infty$ 到 ∞. 实际上, 这个定义可以解析延拓到视界内 $r < R_{\mathrm{s}}$ 处. 利用乌龟坐标,

$$\mathrm{d}s^2 = \left(1 - \frac{R_{\mathrm{s}}}{r}\right)\left(-\mathrm{d}t^2 + \mathrm{d}r_*{}^2\right) + r^2(r_*)\mathrm{d}\Omega^2. \tag{9.16}$$

此时, 度规分量没有发散, 光锥在视界处似乎并没有关闭, 代价是视界 $r = R_s$ 被推到了无穷远. 无质量粒子的径向运动可以由曲线族 $t = \pm r_* + c$ 描述. 不同取值的 c 代表不同的曲线, 可以当作坐标, 正负号分别代表向外和向内运动. 由此定义,

$$\tilde{u} = t + r_*, \quad \tilde{v} = t - r_*, \tag{9.17}$$

所以 $\tilde{u} =$ 常数代表向内零径向运动, 而 $\tilde{v} =$ 常数代表向外零径向运动.

利用坐标 $r, \tilde{u}$, 史瓦西时空的度规可写作

$$\mathrm{d}s^2 = -\left(1 - \frac{R_s}{r}\right)\mathrm{d}\tilde{u}^2 + (\mathrm{d}\tilde{u}\mathrm{d}r + \mathrm{d}r\mathrm{d}\tilde{u}) + r^2\mathrm{d}\Omega^2. \tag{9.18}$$

这样一组坐标称为超前爱丁顿–芬克斯坦 (advanced Eddington-Finkelstein, 简记为 AEF) 坐标或者内向爱丁顿–芬克斯坦坐标[3]. 由 $g = -r^4\sin^2\theta$, 度规是非退化的. 而径向零曲线为

$$\frac{\mathrm{d}\tilde{u}}{\mathrm{d}r} = \begin{cases} 0 & \text{(内向)}, \\ 2\left(1 - \dfrac{R_s}{r}\right)^{-1} & \text{(外向)}. \end{cases} \tag{9.19}$$

所以, 内向的零曲线由 $\tilde{u} =$ 常数来刻画, 而外向的零曲线由

$$\tilde{u} = 2r + 2R_s\ln\left|\frac{r}{R_s} - 1\right| + \text{常数} \tag{9.20}$$

来刻画. 在 AEF 坐标中, 光锥即使在视界 $r = R_s$ 处仍然是很好定义的, 而视界也在有限的坐标值上. 因此, 无质量粒子或者有质量粒子穿过视界没有任何问题. 有趣的是, 光锥在进入视界后会发生偏转, 使所有指向未来的路径都是沿 r 减小的方向, 如图 9.4 所示. 对于下落的粒子, $r = R_s$ 是一个事件视界: 由于没有任何信息可以逃出事件视界, 视界外的观测者无法看到视界内. 也就是说, 在视界内 $r \leqslant R_s$ 中的事件无法影响视界外 $r > R_s$ 的事件. 更准确地说, $r = R_s$ 即是事件视界, 也是基灵视界.

我们可以引进时间坐标

$$t' \equiv \tilde{u} - r = t + R_s\ln\left|\frac{r}{R_s} - 1\right|, \tag{9.21}$$

坐标 (t', r, θ, ϕ) 也称为超前爱丁顿–芬克斯坦坐标, 在这组坐标下度规为

$$\mathrm{d}s^2 = -\left(1 - \frac{R_s}{r}\right)\mathrm{d}t'^2 + \frac{2R_s}{r}\mathrm{d}t'\mathrm{d}r + \left(1 + \frac{R_s}{r}\right)\mathrm{d}r^2 + r^2\mathrm{d}\Omega^2. \tag{9.22}$$

---

[3]爱丁顿最早于 1924 年发现了这个坐标变换, 但没有意识到该坐标可以避免史瓦西度规在 $r = R_s$ 处的奇异性. 1958 年, 芬克斯坦重新发现了这个坐标变换, 正确地指出了其物理意义, 并且提出 $r = R_s$ 处应该作为黑洞的事件视界.

图 9.4 在 AEF 坐标下的光锥图.

易见, 这个坐标在视界处并不奇异. 实际上, 为了消除史瓦西坐标在视界处的奇异性, 我们已经引进了一个奇异的坐标变换 $r \to r_*$. 但是在视界外, $r > R_s$, 这个坐标变换却是非奇异的, 这保证了上述度规仍然是真空爱因斯坦方程的解, 而且在视界外描述相同的时空区域. 然而, 由于在新的坐标下 $0 < r < \infty$, 我们可以描述视界内的物理.

在此坐标下, 内向和外向的光子世界线为

$$
\begin{aligned}
t' &= -r + \text{常数} \qquad\qquad (\text{内向}), \\
t' &= r + 2R_s \ln\left|\frac{r}{R_s} - 1\right| + \text{常数} \quad (\text{外向}).
\end{aligned}
\tag{9.23}
$$

因此, 在 AEF 坐标下史瓦西时空的芬克斯坦图如 9.5 所示. 由图 9.5 可见, 内向下落光子的轨迹在史瓦西半径处是连续的, 但是光锥结构在史瓦西半径处发生了变化, 一旦你进入了这个半径, 你的未来总是指向奇点处. 在半径内 II 区发射的光子或者粒子是没有办法跑到半径外 I 区的. 也就是说, 史瓦西半径实际上对于外部观测者而言是一个视界.

在 AEF 坐标下, 度规在时间反演 $t' \to -t'$ 下并非不变的. 也就是说, 时间反演对称性丢失了. 从数学上讲, 史瓦西解在时间反演下仍然是爱因斯坦方程的解. 换句话说, AEF 坐标不能覆盖整个时空流形. 我们可以利用另一个外向的零径向曲线族来描述时空流形, 即利用 $\tilde{v}$ 而非 $\tilde{u}$. 这样的话, 时空度规为

$$
ds^2 = -\left(1 - \frac{R_s}{r}\right) d\tilde{v}^2 - (d\tilde{v}dr + drd\tilde{v}) + r^2 d\Omega^2.
\tag{9.24}
$$

进一步地, 我们引进

$$
t^* = \tilde{v} + r,
\tag{9.25}
$$

这样一组坐标 (t^*, r, θ, ϕ) 称为推迟爱丁顿–芬克尔斯坦 (retarded Eddington-Finkelstein,

图 9.5 在 AEF 坐标下的芬克斯坦图. 粗实线代表恒星的表面, 它与 $r = 0$ 间的区域代表塌缩的恒星.

简记为 REF) 坐标或者外向爱丁顿–芬克斯坦坐标. 零径向曲线满足

$$\frac{\mathrm{d}\tilde{v}}{\mathrm{d}r} = \begin{cases} 0 & \text{(外向)}, \\ -2(1 - R_\mathrm{s}/r)^{-1} & \text{(内向)}. \end{cases} \tag{9.26}$$

在 REF 坐标下, 外向和内向的零径向曲线分别为

$$t^* = r + \text{常数} \qquad \text{(外向)},$$
$$t^* = -r - 2R_\mathrm{s}\ln\left|\frac{r}{R_\mathrm{s}} - 1\right| + \text{常数} \quad \text{(内向)}. \tag{9.27}$$

易见外向光子的世界线在史瓦西半径处是连续的, 而内向的却是不连续的. 因此, REF 坐标可以很好地描述从 $r = 0$ 发射穿过视界 $r = R_\mathrm{s}$ 的粒子, 但对下落粒子的描述是病态的. 实际上, 它描述的是一个 "白洞", 即粒子、物质等从视界内 "无中生有" 地冒出来. 这样一个过程可以看作黑洞形成的时间反演. 在此坐标下的光锥图为图 9.6, 而芬克斯坦图为图 9.7.

综上所述, 我们可以自洽地沿着未来指向或者过去指向的路径穿过视界, 但会到达不同的时空区域. 因此我们把时空沿着不同的两个方向延伸, 一个到未来, 另一个到过去. 原来的史瓦西坐标只描述了时空的一部分, 即 $r > R_\mathrm{s}$ 的部分. AEF 坐标描述了

图 9.6 在 REF 坐标下的光锥图.

图 9.7 在 REF 坐标下的芬克斯坦图.

黑洞的部分, 而 REF 坐标描述了白洞的部分. 不同的坐标之间存在坐标变换, 在共同的区域 $r > R_s$ 是很好定义的, 但在别的区域变换是有奇异性的. 这与通常流形的描述并不矛盾: 不同的坐标卡描述时空流形的不同区域, 只有在重叠区域坐标变换才是光滑的.

9.1.2 潘勒韦坐标和引潮力

在上面的讨论中我们利用了无质量粒子的径向运动常数来定义坐标系, 很好地描述了无质量粒子的测地运动. 我们同样可以利用有质量粒子的径向运动来引进坐标系, 从而对这些粒子的运动有更好的理解. 假定有质量粒子是从无穷远静止释放, 其 4-速

度为

$$u^\mu = \left((1 - R_{\mathrm{s}}/r)^{-1}, -\sqrt{R_{\mathrm{s}}/r}, 0, 0 \right), \tag{9.28}$$

其下指标的分量为

$$u_\mu = \left(-1, -(1 - R_{\mathrm{s}}/r)^{-1}\sqrt{R_{\mathrm{s}}/r}, 0, 0 \right), \tag{9.29}$$

我们可以引进一个新的函数

$$T = t + \int^r (1 - R_{\mathrm{s}}/r')^{-1}\sqrt{R_{\mathrm{s}}/r'}\mathrm{d}r'. \tag{9.30}$$

易见, 如果我们取 $T = $ 常数的超曲面, $u_\mu = \partial_\mu T$ (考虑合适的定向). 因此, 我们可以取 T 作为时间坐标, $T = $ 常数这个超曲面的法矢量正好是有质量粒子的 4-速度. 也就是说, 对于有质量粒子而言, 它的时间方向由 T 给出. 由这个函数的定义, 我们知道

$$\mathrm{d}T = \mathrm{d}t + (1 - R_{\mathrm{s}}/r)^{-1}\sqrt{R_{\mathrm{s}}/r}\mathrm{d}r, \tag{9.31}$$

所以, 度规变为

$$\mathrm{d}s^2 = -\mathrm{d}T^2 + \left(\mathrm{d}r + \sqrt{\frac{R_{\mathrm{s}}}{r}}\mathrm{d}T \right)^2 + r^2\mathrm{d}\Omega^2. \tag{9.32}$$

(T, r, θ, ϕ) 称为潘勒韦坐标. 上面的度规即是在潘勒韦坐标下史瓦西时空的度规形式. 使用此度规的好处在于 $\mathrm{d}T$ 总是一个类时的 1 形式, 代表着 T 可以作为时间坐标. 这个度规的不方便之处在于它并非对角的[④].

对于讨论史瓦西时空的引潮力, 使用潘勒韦坐标是方便的. 从度规的形式易见, 我们可以定义标架场

$$\widehat{\theta}^0 = \mathrm{d}T, \quad \widehat{\theta}^1 = \mathrm{d}r + \sqrt{\frac{R_{\mathrm{s}}}{r}}\mathrm{d}T, \quad \widehat{\theta}^2 = r\mathrm{d}\theta, \quad \widehat{\theta}^3 = r\sin\theta\mathrm{d}\phi. \tag{9.33}$$

这个标架场相当于局部观测者的参考系

$$\mathrm{d}s^2 = \eta_{mn}\theta^m\theta^n, \quad m, n = 0, 1, 2, 3. \tag{9.34}$$

由 $\widehat{\theta}^m = e^m_\mu \mathrm{d}x^\mu$, 我们可以得到变换矩阵 e^m_μ:

$$\begin{aligned}
e^0_t &= 1, & e^0_r &= (1 - R_{\mathrm{s}}/r)^{-1}\sqrt{R_{\mathrm{s}}/r}, \\
e^1_t &= \frac{R_{\mathrm{s}}}{r}, & e^1_r &= (1 - R_{\mathrm{s}}/r)^{-1}, \\
e^2_\theta &= r, & e^3_\phi &= r\sin\theta.
\end{aligned} \tag{9.35}$$

[④]历史上, 因为其是非对角的, 爱因斯坦拒绝承认此度规描述球对称时空.

由这些变换矩阵的逆, 我们可以从史瓦西坐标下的黎曼张量得到潘勒韦坐标下的黎曼张量

$$R_{mnpq} = e_m^\mu e_n^\nu e_p^\rho e_q^\sigma R_{\mu\nu\rho\sigma}. \tag{9.36}$$

而史瓦西时空中非零的黎曼张量分量为

$$R_{trtr} = -\frac{R_{\mathrm{s}}}{r^3}, \qquad R_{t\theta t\theta} = \frac{R_{\mathrm{s}}(r-R_{\mathrm{s}})}{2r^2},$$

$$R_{t\phi t\phi} = \frac{R_{\mathrm{s}}(r-R_{\mathrm{s}})\sin^2\theta}{2r^2}, \qquad R_{r\theta r\theta} = -\frac{R_{\mathrm{s}}}{2(r-R_{\mathrm{s}})}, \tag{9.37}$$

$$R_{r\phi r\phi} = -\frac{R_{\mathrm{s}}\sin^2\theta}{2(r-R_{\mathrm{s}})}, \qquad R_{\theta\phi\theta\phi} = r\sin^2\theta R_{\mathrm{s}},$$

由此得到

$$R_{0101} = -\frac{R_{\mathrm{s}}}{r^3}, \qquad R_{0202} = \frac{R_{\mathrm{s}}}{2r^3},$$

$$R_{2323} = \frac{R_{\mathrm{s}}}{r^3}, \qquad R_{1212} = R_{1313} = -\frac{R_{\mathrm{s}}}{2r^3}. \tag{9.38}$$

如果我们考虑一族测地线, 则有测地偏离方程

$$\frac{\mathrm{D}^2}{\mathrm{d}\tau^2}\eta^\mu = R^\mu{}_{\nu\lambda\sigma}u^\nu u^\lambda \eta^\sigma. \tag{9.39}$$

相对于自由下落观测者本身的局部参考系, 我们有

$$\frac{\mathrm{D}^2}{\mathrm{d}\tau^2}\eta^m = R^m{}_{00n}\eta^n, \tag{9.40}$$

也就是说对于下落的观测者而言, 有

$$\frac{\mathrm{D}^2}{\mathrm{d}\tau^2}\eta^1 = \frac{R_{\mathrm{s}}}{r^3}\eta^1, \tag{9.41}$$

$$\frac{\mathrm{D}^2}{\mathrm{d}\tau^2}\eta^2 = -\frac{R_{\mathrm{s}}}{2r^3}\eta^2, \tag{9.42}$$

$$\frac{\mathrm{D}^2}{\mathrm{d}\tau^2}\eta^3 = -\frac{R_{\mathrm{s}}}{2r^3}\eta^3, \tag{9.43}$$

其中 η^1 代表相对于粒子的径向方向, 而 η^2, η^3 是相对于粒子的横向方向. 方程右边如果是正号, 意味着是拉伸力, 所以沿径向方向是拉伸的. 方程右边如果是负号, 意味着是挤压. 而力与 $1/r^3$ 成正比正是四维引潮力的典型标志. 因此, 我们得到以下图像: 引潮力在径向方向是拉伸作用, 在横向方向是挤压作用. 越接近黑洞, 引潮力越强. 但是在视界处引潮力并没有什么特殊, 也没有发散出现. 而且如果黑洞越重, 视界越大, 在视界处的引潮力反而越小. 对于超大质量的黑洞来说, 一个航天员如果穿过视界, 在身体的拉伸挤压方面感觉不到什么异常. 然而, 在奇点 $r = 0$ 处, 引潮力是无穷大, 因此无论什么物体在接近黑洞奇点时都会被撕裂.

9.2　最大延拓史瓦西时空

前面对坐标的讨论显示史瓦西时空存在不同的区域, 不同的坐标适用的时空区域不同, 史瓦西坐标描述 $R_{\rm s} < r < \infty$ 的区域, AEF 和 REF 坐标都描述 $0 < r < \infty$ 的区域, 但属于不同的区域. 一个有趣的问题是完整的史瓦西时空流形是什么. 我们从如下定义出发.

定义　一个流形称为最大的 (maximal), 如果从这个流形上任意一点出来的任意测地线要么在两个方向上都可以无限延长, 要么终止于内禀奇点上. 对于第一种情形, 流形称为测地完备的.

对于史瓦西时空而言, 无论是史瓦西坐标还是爱丁顿-芬克斯坦坐标, 其中测地线的延长都不是最大的. 比如说, 对于爱丁顿-芬克斯坦坐标而言, 要么是下落的内向测地线, 要么是外向的测地线是很好定义的, 但无法做到两者都是很好定义的. 那么是否存在一个坐标, 在其中内向和外向的零测地线都是很好定义的? 或者说, 史瓦西解的最大解析延拓是什么? 回答是肯定的. 这样的坐标称为克鲁斯卡尔 (Kruskal) 坐标, 或者克鲁斯卡尔–塞凯赖什 (Kruskal-Szekeres) 坐标. 通过它, 我们可以发现史瓦西时空的完整结构.

作为第一步, 我们先来试试同时使用描述内向和外向零曲线的 $\tilde{u}$ 和 $\tilde{v}$ 坐标. 这使我们得到史瓦西解的度规

$$\mathrm{d}s^2 = -\frac{1}{2}\left(1 - \frac{R_{\rm s}}{r}\right)(\mathrm{d}\tilde{u}\mathrm{d}\tilde{v} + \mathrm{d}\tilde{v}\mathrm{d}\tilde{u}) + r^2\mathrm{d}\Omega^2, \tag{9.44}$$

其中 r 是 $\tilde{u}$ 和 $\tilde{v}$ 的函数,

$$\frac{1}{2}(\tilde{u} - \tilde{v}) = r + R_{\rm s}\ln\left(\frac{r}{R_{\rm s}} - 1\right). \tag{9.45}$$

对于 $\theta = $ 常数, $\phi = $ 常数, 有

$$\mathrm{d}s^2 = -\left(1 - \frac{R_{\rm s}}{r}\right)\mathrm{d}\tilde{u}\mathrm{d}\tilde{v}. \tag{9.46}$$

引进坐标

$$\tilde{t} = \frac{1}{2}(\tilde{u} + \tilde{v}), \quad \tilde{x} = \frac{1}{2}(\tilde{u} - \tilde{v}), \tag{9.47}$$

上面的度规 (9.45) 变为

$$\mathrm{d}s^2 = -\left(1 - \frac{R_{\rm s}}{r}\right)(\mathrm{d}\tilde{t}^2 - \mathrm{d}\tilde{x}^2). \tag{9.48}$$

显然, 它是共形平直的⑤. 对于一个共形平直的度规, 它的光锥结构与平直时空里的一样.

进一步地, 我们引进坐标

$$
\begin{aligned}
u' &= \mathrm{e}^{\tilde{u}/4\mu}, \\
v' &= -\mathrm{e}^{-\tilde{v}/4\mu},
\end{aligned}
\tag{9.49}
$$

它们与原来的史瓦西坐标间通过如下坐标变换联系:

$$
\begin{aligned}
u' &= \left(\frac{r}{R_{\mathrm{s}}} - 1\right)^{1/2} \mathrm{e}^{(r+t)/4\mu}, \\
v' &= -\left(\frac{r}{R_{\mathrm{s}}} - 1\right)^{1/2} \mathrm{e}^{(r-t)/4\mu}.
\end{aligned}
\tag{9.50}
$$

利用 (u', v', θ, ϕ), 史瓦西解变为

$$
\mathrm{d}s^2 = -\frac{16\mu^3}{r}\mathrm{e}^{-r/2\mu}(\mathrm{d}u'\mathrm{d}v' + \mathrm{d}v'\mathrm{d}u') + r^2\mathrm{d}\Omega^2.
\tag{9.51}
$$

在这个度规中, 事件视界 R_{s} 不是奇异的. 这里定义的 (u', v') 是零坐标, 我们可以把它们换成通常的时间和空间坐标:

$$
\begin{aligned}
u &= \frac{1}{2}(u' - v') = \left(\frac{r}{R_{\mathrm{s}}} - 1\right)^{1/2} \mathrm{e}^{r/4\mu} \cosh(t/4\mu), \\
v &= \frac{1}{2}(u' + v') = \left(\frac{r}{R_{\mathrm{s}}} - 1\right)^{1/2} \mathrm{e}^{r/4\mu} \sinh(t/4\mu),
\end{aligned}
$$

由此得到

$$
\mathrm{d}s^2 = \frac{32\mu^3}{r}\mathrm{e}^{-r/2\mu}(-\mathrm{d}v^2 + \mathrm{d}u^2) + r^2\mathrm{d}\Omega^2,
\tag{9.52}
$$

其中 r 由下式定义:

$$
(u^2 - v^2) = \left(\frac{r}{R_{\mathrm{s}}} - 1\right)\mathrm{e}^{r/R_{\mathrm{s}}}.
\tag{9.53}
$$

坐标 (v, u, θ, ϕ) 即克鲁斯卡尔坐标, 或者说克鲁斯卡尔–塞凯赖什坐标. 在这组坐标下, 度规没有奇点, 而且对于固定的 (θ, ϕ), 度规是共形平直的.

在克鲁斯卡尔坐标下, 我们可以清楚地看到时空的整体性质. 首先, 对于径向零曲线, 它们的形式如平直时空,

$$
v = \pm u + \text{常数},
\tag{9.54}
$$

---

⑤一个度规如果与平直时空的度规只差一个标度函数, 则称其为共形平直的.

也就是说在克鲁斯卡尔坐标下光锥与闵氏时空中的一样, 取对角的形式. 在整个时空流形上, v 坐标总是一个类时坐标, u 坐标总是一个类空坐标. 因此, 其中的类时曲线的切矢量与 v 轴的夹角小于 $45°$, 而类空曲线的切矢量与 v 轴的夹角大于 $45°$. 其次, 事件视界并不在无穷远, 而是在

$$v = \pm u, \tag{9.55}$$

它确实是一个零曲面. 而 $r = $ 常数的曲面由如下方程描述:

$$u^2 - v^2 = 常数, \tag{9.56}$$

即它们是 u-v 平面上的一些双曲线, 而在整个时空上需要考虑另外两个角方向, 因此变为超曲面. 在视界外, 这些超曲面的法向余矢是类空的, 因此超曲面是类时的, 而在视界内, 超曲面的法向是类时的, 曲面是类空的. 因此时空奇点 $r = 0$ 是一个类空奇点. 此外, 由于史瓦西时空定义在 $r \geqslant 0$ 的区域⑥, 因此并非 u-v 平面上的所有区域都属于史瓦西时空. 实际上史瓦西时空只在 $-\infty \leqslant u \leqslant \infty$ 且 $v^2 < u^2 + 1$ 的区域中, 即在 $r = 0$ 的两个双曲线之间. 我们把由克鲁斯卡尔坐标描述的最大延拓史瓦西时空称为克鲁斯卡尔时空. 对于 $t = $ 常数的曲面,

$$\frac{v}{u} = \tanh(t/4\mu) \tag{9.57}$$

是一些 u-v 平面上穿过原点的直线, 斜率为 $\tanh(t/4\mu)$. 从这些讨论中我们得到克鲁斯卡尔图 9.8. 从这张图中, 我们可以很容易地读出:

(1) $r = 0$ 对应于两个双曲线: 过去奇点和未来奇点.

(2) 未来奇点是类空的, 因此无法避免, 即指向未来的信号必然与之相交.

(3) 一个径向类时测地线穿过事件视界最终落到未来奇点 $r = 0$ 上.

(4) 在未来奇点所属的区域 $r < R_s$ 中, 信号被局限住了. 无论发射光子信号, 还是有质量粒子, 它们的世界线无一例外地无法穿过视界, 最终只能落到奇点上.

(5) $r = R_s$ 渐近地把时空分作四个区域. I 和 II 区可以由 AEF 坐标描述, 其中 I 区是视界外的渐近平直区域, 可以由史瓦西坐标描述, 而 II 区是视界内的黑洞区域. 同理, I 和 II′ 区由 REF 坐标描述, 其中 II′ 区对应白洞解. 在 II′ 区中有一个过去奇点, 从那里时空诞生. I′ 区是一个之前我们没有碰到的区域, 它是另一个渐近平直的区域. 同时, I′ 区无法从 I 区通过无论向前或者向后的类时曲线相连. 即我们没有办法到达另一个渐近平直区域. 然而, 我们可以通过 "虫洞" 与之相联系.

---

⑥数学上, $r < 0$ 的史瓦西解也满足爱因斯坦方程. 这个解可以等效地理解为质量 $M < 0, r > 0$ 的史瓦西解. 这个解是一个具有裸奇点的时空流形.

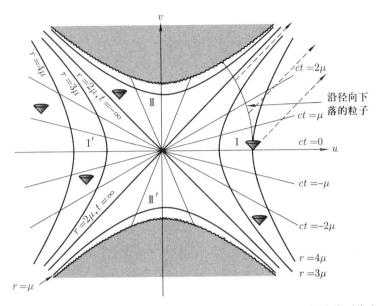

图 9.8 克鲁斯卡尔坐标下的史瓦西几何, 其中 $\mu = GM$, 阴影边界的波折线分别代表 $r = 0$ 时的过去奇点和未来奇点.

9.2.1 虫洞

在 (u, v) 坐标中, 考虑一个类空超曲面 $v = 0$ ($t = 0$) 的几何. 这个超曲面从 $u = \infty$ 延伸到 $u = -\infty$. 此超曲面的线元为

$$ds^2 = \frac{32\mu^3}{r} \exp\left(-\frac{r}{2\mu}\right) du^2 + r^2(d\theta^2 + \sin^2\theta^2 d\phi^2). \tag{9.58}$$

为了更好地看清这个超曲面的几何, 我们先固定在赤道面 $\theta = \pi/2$ 上, 这样的话

$$
\begin{aligned}
ds^2 &= \frac{32\mu^3}{r} \exp\left(-\frac{r}{2\mu}\right) du^2 + r^2 d\phi^2 \\
&= \left(1 - \frac{R_s}{r}\right)^{-1} dr^2 + r^2 d\phi^2,
\end{aligned} \tag{9.59}
$$

最后一步中我们用到了 r 的函数关系. 此时 $v = 0$, 而当 $u = \infty$ 到 $u = -\infty$ 时, r 逐渐变小, 一直到最小值 $r = R_s$, 然后逐渐增大. 如果把这个二维的超曲面嵌入三维欧氏空间中, 其几何图像就清楚了. 在柱坐标下三维欧氏空间的度规为

$$ds^2 = dz^2 + dr^2 + r^2 d\phi^2. \tag{9.60}$$

如果

$$\left(\frac{dz}{dr}\right)^2 + 1 = \left(1 - \frac{R_s}{r}\right)^{-1}, \tag{9.61}$$

则诱导度规正好是上面超曲面的度规. 这要求

$$z = \sqrt{4R_s(r - R_s)} + \text{常数}.\tag{9.62}$$

这样我们就可以清楚地看到超曲面的几何, 如图 9.9 所示. 这个几何称为爱因斯坦–罗森 (Einstein-Rosen) 桥, 或者史瓦西喉、史瓦西虫洞. 从图 9.9 中可以看到, $t = 0$ 的超曲面实际上是一座桥或者 "虫洞", 把两个不同的渐近平直区域连接起来. 注意 $r > R_s$, 所以这个虫洞最窄的地方半径只有史瓦西半径. 此外讨论中我们忽略了一个角方向, 实际上对固定的 r 或者 u, 虫洞是一个二维的球面, 而非一个圆.

图 9.9 爱因斯坦–罗森桥示意图.

更一般地, 我们可以考虑任意 $t = $ 常数的曲面的几何. 此时, 我们需要引进所谓的各向同性坐标 (t, ρ, θ, ϕ), 其中新的径向坐标 ρ 可以如下定义:

$$r = \left(1 + \frac{\mu}{2\rho}\right)^2 \rho.\tag{9.63}$$

这样的话, 我们有

$$ds^2 = -\left(\frac{1 - \frac{\mu}{2\rho}}{1 + \frac{\mu}{2\rho}}\right)^2 dt^2 + \left(1 + \frac{\mu}{2\rho}\right)^4 \underbrace{[\, d\rho^2 + \rho^2 d\Omega^2 \,]}_{\text{平直 3 维空间的度规}}.\tag{9.64}$$

在各向同性的坐标中, $t = $ 常数的三维空间是共形平直的. 对于一个固定的 t, 有两个对应的 ρ 值, 且这两个值在变换 $\rho \to (\mu)^2/(4\rho)$ 下交换, 而固定点在 $\rho = \mu/2$. 这个变换对应于克鲁斯卡尔坐标中的变换 $(u', v') \to (-u', -v')$. 各向同性坐标只能覆盖克鲁斯卡尔时空中的 I 和 I$'$ 区, 它在 $r < R_s$ 区域并非很好定义的, 如图 9.10 所示.

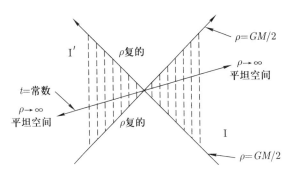

图 9.10　各向同性坐标只能覆盖克鲁斯卡尔时空中的两个渐近平直区域.

虫洞的结构实际上是动力学的. 史瓦西时空几何并非静态的, 在 II 和 II' 区 t 是类空的, 而 r 是类时的. 刚才的讨论固定在 $t = 0$. 如果我们把史瓦西时空用取不同常数值的 v 来切片, 每一个如图 9.11(a) 所示的切片对应的虫洞变化如图 9.11(b) 所示.

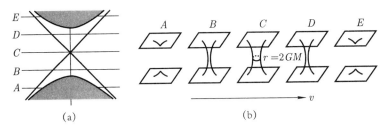

图 9.11　虫洞的开闭示意图. 对应不同的 v 值, 虫洞的大小也不同.

因此, 我们得到了如下图像: 史瓦西时空几何确实描述两个渐近平直时空区域, 它们通过虫洞相连, 虫洞打开又很快地关闭. 联通区域是二维的球面. 更准确地说, 在 $v = -1$ 时虫洞打开变大, 在 $v = 0$ 时, 虫洞最宽, 而在 $v = 1$ 时, 虫洞关闭. 虫洞的关闭非常快, 不足以让任何类时观测者从一个渐近平直区域进入另一个区域.

9.2.2　克鲁斯卡尔流形中的时间平移对称性

从史瓦西解中可见 ∂_t 是时空的基灵矢量. 也就是说, 时间平移 $t \to t + c$ 是一个时空的对称性. 这个平移对称性在克鲁斯卡尔坐标下表现为

$$u' \to \mathrm{e}^{c/4\mu} u', \quad v' \to \mathrm{e}^{-c/4\mu} v', \tag{9.65}$$

它是整个最大延拓史瓦西时空的对称性. 其无穷小的变换给出

$$\delta u' = \frac{c}{4\mu} u', \quad \delta v' = -\frac{c}{4\mu} v', \tag{9.66}$$

因此, 这个基灵矢量的生成元在克鲁斯卡尔坐标下是

$$\widehat{k} = \frac{1}{4\mu} \left(u' \frac{\partial}{\partial u'} - v' \frac{\partial}{\partial v'} \right). \tag{9.67}$$

在 I 区中, 这个基灵矢量可以通过坐标变换由史瓦西度规下的基灵矢量 ∂_t 得到, 但现在这个基灵矢量是在整个流形上定义的. 它具有如下性质:

(1) $\widehat{k}^2 = - \left(1 - \dfrac{R_s}{r} \right)$ $\Rightarrow$ $\begin{cases} \text{类时的,} \quad \text{在 I 和 I}', \\ \text{类空的,} \quad \text{在 II 和 II}', \\ \text{零的,} \quad\ \text{在视界上, 即 } \{u'=0\} \cup \{v'=0\}. \end{cases}$

(2) $\{u'=0\}$ 和 $\{v'=0\}$ 都是基灵矢量 $\widehat{k}$ 的固定点集,

$$\begin{aligned} \{u'=0\}, \ &\widehat{k} = \partial/\partial\tilde{v}, \\ \{v'=0\}, \ &\widehat{k} = \partial/\partial\tilde{u}, \end{aligned} \tag{9.68}$$

其中 $\tilde{v}, \tilde{u}$ 是爱丁顿–芬克斯坦零坐标. 在 $\{u'=0\}$ 上, $\tilde{v}$ 是自然的群参数, $\widehat{k}$ 的轨道对应于 $-\infty < \tilde{v} < \infty$. 同样, 在 $\{v'=0\}$ 上, $\tilde{u}$ 是自然的群参数, $\widehat{k}$ 的轨道对应于 $-\infty < \tilde{u} < \infty$.

(3) 在博耶斯–克鲁斯卡尔 (Boyer-Kruskal) 轴 (BK 轴) 上 $\{u'=v'=0\}$ (一个二维球面) 的每一个点都是 $\widehat{k}$ 的固定点. $\widehat{k}$ 的固定点如图 9.12 所示.

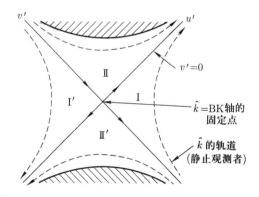

图 9.12 克鲁斯卡尔时空在时间平移下的固定点集.

9.3 黑洞的形成

在本节中, 我们简要地介绍通过恒星塌缩形成黑洞的基本物理过程. 简单地说, 恒星的演化过程如下.

一颗恒星是通过气体与辐射压强的混合来与自身引力达到平衡的. 辐射压强来自轻核到重核聚变产生的辐射. 当恒星逐渐地辐射能量时, 其核心部分开始收缩. 这种收缩挤压并加热了核心部分, 当温度足够高时会点燃下一次核聚变, 即从氢到氦再到碳、氧等元素. 而恒星的外层其实扩大了, 恒星变成了红巨星 (red giant). 核聚变的过程会继续: 碳 → 氧 → 硅 → 铁. 铁元素是所有原子核中最稳定的, 聚变发生到铁元素时就无法继续下去, 恒星的内核开始冷却并由于自身的引力而收缩. 恒星的命运接下来取决于以下几个要素: 质量、角动量和磁场.

当恒星的所有核燃料都燃烧殆尽, 如果其质量约等于太阳质量且转动较慢, 恒星将塌缩成一种高密度的物质状态 —— 白矮星. 对于太阳, 我们预计它在 50 亿年后最终塌缩成半径约为 5000 km、密度约为 10^9 kg/m^3 的白矮星. 早在 1915 年, 白矮星就被发现. 当时它是作为一颗非常明亮的恒星——天狼星 (Sirius) 的伴星被发现的, 被命名为 Sirius B. 1927 年, 物理学家福勒 (Fowler) 意识到白矮星是由于电子简并压与引力相平衡而形成的. 即使恒星具有更高的质量, 但由于强大的恒星风也可能带走质量, 若质量损失比较大, 恒星仍有可能变成白矮星. 另一种可能是, 核聚变反应非常激烈, 核心部分变得非常不稳定, 从而导致超新星爆发, 这样也可能损失掉很多能量, 改变恒星的最终命运. 此外, 由于角动量守恒, 恒星塌缩中转动变得非常重要. 转动原则上可以提高恒星形成白矮星的质量上限. 但是磁场的存在会把一部分角动量从核心转移到恒星的其他部分, 由此可以得到一个更加球对称的塌缩.

1930 年, 未满 20 岁的印度年轻人钱德拉塞卡 (Chandrasekhar) 在去英国留学的长途旅行中有了一个大胆的想法: 如果一颗白矮星的质量更重, 其密度更高, 引力场更强, 则电子简并压可能无法抵抗引力的挤压, 使白矮星不稳定而进一步塌缩. 接下来的几年, 他通过仔细研究, 发现了白矮星能够稳定存在的质量上限是 $M_c = 1.4 M_\odot$, 这个临界质量称为钱德拉塞卡极限. 如果白矮星质量大于 M_c, 引力将压倒电子简并压而使白矮星进一步塌缩, 形成中子星. 中子星的形成来自中子简并压与引力的平衡, 这是由于反 β 衰变:

$$e^- + p \rightarrow n + \nu_e, \tag{9.69}$$

电子与质子作用形成中子和中微子, 中微子逃逸后, 大量中子会有简并压. 由于中子的简并压比电子要强得多, 如果中子星不是特别重的话可以抵抗引力的挤压. 中子星质量约为太阳质量, $M \sim M_\odot$, 其半径约为 30 km, 密度约为 10^{16} kg/m^3, 相对论效应已经非常明显了. 超新星爆发后可能会留下快速旋转的中子星, 具有非常稳定的辐射脉冲, 称为脉冲星.

如果恒星的质量更大, 中子星也无法保持稳定. 中子星的最大质量是在 $3M_\odot \sim$

$4M_\odot$, 称为奥本海默–沃尔科夫 (Oppenheimer-Volkoff) 极限. 如果恒星质量超过这个值, 它们将继续塌缩, 形成黑洞. 如果塌缩是球对称的, 形成的黑洞是史瓦西黑洞. 但问题是: 塌缩过程稳定吗? 是否可能在塌缩中存在小的非对称扰动被放大从而破坏事件视界的形成? 在 20 世纪 60 年代, 彭罗斯利用拓扑学的工具证明了 "奇点" 定理. 奇点定理告诉我们, 在现实的情形下, 如果一个闭的捕获面形成, 则在这个面里面必然形成奇点, 无论扰动是否是对称的. 奇点定理的证明提供了强有力的证据, 显示黑洞在自然界中可以通过恒星塌缩形成.

在一种理想状态下, 我们假设恒星有一致的密度且内部压强为零, 比如说完全由理想流体中的尘埃构成. 在不存在压力梯度的情况下, 在恒星外层表面的粒子将简单地沿径向测地线向内运动. 初始时, 我们假定这个质量层在足够远的地方, 不妨设为无穷远处静止. 等价地, 我们也可以假定塌缩开始于一个有限半径 $r = r_0$ 处, 但有一个向内的初速度. 对于不同的稳态观测者而言, 看到的塌缩图像是不同的:

(1) 第一个观测者在恒星表面, 随着恒星塌缩直到 $r = 0$.

(2) 第二个观测者在无穷远处或者足够远处.

如图 9.13 所示, 对于第二个观测者而言, 他看到的恒星表面一直没有穿过视界

图 9.13 在 AEF 坐标下一个无压强的恒星表面塌缩形成黑洞, 这里 $\mu = GM$. 我们已经假定恒星的表面是从无穷远处静止释放, 且当 $r = 8\mu$ 时取定 $\tau = t' = 0$.

$r = R_{\rm s}$. 他接收到的从恒星表面发出的光子被红移, 恒星表面越接近视界 $R_{\rm s}$, 红移因子越大, $z \to \infty$. 因此, 他看到恒星越来越暗, 直到亮度变成零. 简而言之, 无穷远观测者看到塌缩慢下来, 恒星的状态接近于一个半径为 $R_{\rm s}$ 的近平衡物体, 最终恒星完全暗下来, 无法看到.

我们可以把上面的图像定量化. 假设在恒星表面的粒子在 $(t_{\rm E}, r_{\rm E})$ 处发射一个沿径向向外的光子, 该光子被在 $(t_{\rm R}, r_{\rm R})$ 处的观测者接收到. 对一个自由下落的发射器, 当它接近视界时,

$$r_{\rm E}(t_{\rm E}) \approx R_{\rm s} + a \exp\left(-\frac{t_{\rm E}}{R_{\rm s}}\right), \tag{9.70}$$

其中 a 是依赖于 M 的一个正的常数, 其具体表达式并不重要. 由于 a 是正的, 所以看起来要到达视界, 需要无穷长坐标时. 另一方面, 恒星亮度的变化与时间尺度 $R_{\rm s}/c$ 有关, 即恒星塌缩到视界附近时, 亮度很快变暗. 所以说, 对任何近似自由落体的塌缩而言, 其接近黑洞的过程是非常快的. 我们可以计算红移因子. 发射光子和接收光子的频率之比为

$$\frac{\nu_{\rm R}}{\nu_{\rm E}} = \frac{u_{\rm R}^{\mu} p_\mu({\rm R})}{u_{\rm E}^{\mu} p_\mu({\rm E})}. \tag{9.71}$$

对于自由下落的发射器, 其 4-速度为

$$u_{\rm E}^{\mu} = \left[\left(1 - \frac{R_{\rm s}}{r}\right)^{-1}, -\left(\frac{R_{\rm s}}{r}\right)^{1/2}, 0, 0\right], \tag{9.72}$$

而对于足够远的稳态接收器, 其 4-速度近似为

$$u_{\rm R}^{\mu} = (1, 0, 0, 0), \tag{9.73}$$

则

$$\frac{\nu_{\rm R}}{\nu_{\rm E}} = \frac{p_0({\rm R})}{u_{\rm E}^0 p_0({\rm E}) + u_{\rm E}^1 p_1({\rm E})} = \left(u_{\rm E}^0 + \frac{p_1({\rm E})}{p_0({\rm E})} u_{\rm E}^1\right)^{-1}. \tag{9.74}$$

由于光子 4-动量是零矢量, 我们有

$$p_1 = -\left(1 - \frac{R_{\rm s}}{r}\right)^{-1} p_0, \tag{9.75}$$

所以

$$\frac{\nu_{\rm R}}{\nu_{\rm E}} = \left(1 - \frac{R_{\rm s}}{r_{\rm E}}\right)\left(1 + \sqrt{\frac{R_{\rm s}}{r_{\rm E}}}\right)^{-1} = 1 - \sqrt{\frac{R_{\rm s}}{r_{\rm E}}}. \tag{9.76}$$

当 $r_{\rm E} \to R_{\rm s}$ 时, $v_{\rm R} \to 0$:

$$\frac{\nu_{\rm R}}{\nu_{\rm E}} \approx \frac{r_{\rm E} - R_{\rm s}}{2R_{\rm s}} \propto \exp\left(-\frac{t_{\rm R}}{2R_{\rm s}}\right). \tag{9.77}$$

对于无穷远观测者而言, 恒星的亮度正比于 $\exp\left(-\dfrac{t_{\rm R}}{R_{\rm s}}\right)$, 指数衰减. 关键点在于指数因子, 它告诉我们恒星塌缩变黑的特征时间是 $2R_{\rm s}/c$. 由于

$$\frac{\mu}{c^3} = 5 \times 10^{-6}\left(\frac{M}{M_\odot}\right) \text{s}, \tag{9.78}$$

这个时间对于天体物理的时间尺度来说是非常小的. 也就是说, 对于外部观测者而言恒星很快变黑.

对于恒星表面的观测者, 越过视界没有任何问题. 当他越过视界时, 他向外发射的光子信号并不能向径向坐标 r 增大的方向运动, 恰恰相反, 不管这个信号如何发射, 都是趋于 $r = 0$. 这是由于在视界内, r 变成了类时坐标, 其减小的方向正是指向未来的方向. 因此, 恒星一旦越过视界, 其向奇点的塌缩就无法避免. 此时, 无论密度有多高, 或者有其他形式的压强存在, 都无法阻止它塌缩到奇点上, 密度变为无穷大. 即使恒星的塌缩在视界内不再是球对称的, 其塌缩到奇点的命运也无法摆脱.

9.4 星体内部的球对称几何

我们前面仔细讨论的史瓦西时空是真空爱因斯坦方程的解, 它可以描述恒星塌缩形成的球对称黑洞, 也可以描述在球对称星体外面的时空几何. 在本节中我们介绍球对称星体内部的时空几何. 此时, 星体内部不再是真空, 存在物质. 这些物质具有能动张量, 会改变时空的几何. 时空几何的度规仍可以假设为球对称的, 即

$$ds^2 = -e^{2\alpha(r)}dt^2 + e^{2\beta(r)}dr^2 + r^2 d\Omega^2. \tag{9.79}$$

我们需要求解有能动张量的爱因斯坦方程 $G_{\mu\nu} = 8\pi G T_{\mu\nu}$. 对于以上度规, 相应的爱因斯坦张量为

$$
\begin{aligned}
G_{tt} &= \frac{e^{2(\alpha-\beta)}}{r^2}(2r\partial_r\beta - 1 + e^{2\beta}), \\
G_{rr} &= \frac{1}{r^2}(2r\partial_r\alpha + 1 - e^{2\beta}), \\
G_{\theta\theta} &= r^2 e^{-2\beta}\left(\partial_r^2\alpha + (\partial_r\alpha)^2 - \partial_r\alpha\partial_r\beta - \frac{1}{r}\partial_r(\alpha-\beta)\right), \\
G_{\phi\phi} &= \sin^2\theta\, G_{\theta\theta}.
\end{aligned}
\tag{9.80}
$$

物质可以很好地近似为理想流体, 其能动张量为

$$T_{\mu\nu} = (\rho + p)u_\mu u_\nu + pg_{\mu\nu}, \tag{9.81}$$

其中 u_μ 是流体共动参考系的 4-速度, 而 $\rho(r)$ 和 $p(r)$ 分别是这个参考系中的固有能量密度和各向同性压强. 由于球对称性, $\rho(r)$ 和 $p(r)$ 只是 r 的函数. 一个有趣的问题是所有的物质形态是否都可以导致球对称的解, 球对称解是否对物质的物态方程有所限制? 实际上, 从爱因斯坦方程知道, 由于 $G_{ti} = 0$, 我们必须有 $u_i u_0 = 0$. 另一方面, 由 4-速度的归一化条件 $u_\mu u^\mu = -1$, u_0 不能为零, 所以 $u_i \equiv 0$, 因此物质的 4-速度为 $u_\mu = (\mathrm{e}^\alpha, 0, 0, 0)$. 换句话说, 物质对于无穷远观测者而言是没有运动的. 因此, 流体的能动张量为

$$\begin{aligned} T_{tt} &= \mathrm{e}^{2\alpha}\rho, & T_{rr} &= \mathrm{e}^{2\beta}p, \\ T_{\theta\theta} &= r^2 p, & T_{\phi\phi} &= (r^2\sin^2\theta)p, \end{aligned} \tag{9.82}$$

而爱因斯坦方程变为

$$8\pi G\rho(r) = \frac{\mathrm{e}^{-2\beta}}{r^2}(2r\partial_r\beta - 1 + \mathrm{e}^{2\beta}), \tag{9.83}$$

$$8\pi Gp(r) = \frac{\mathrm{e}^{-2\beta}}{r^2}(2r\partial_r\alpha + 1 - \mathrm{e}^{2\beta}), \tag{9.84}$$

$$8\pi Gp(r) = \mathrm{e}^{-2\beta}\left(\partial_r^2\alpha + (\partial_r\alpha)^2 - \partial_r\alpha\partial_r\beta - \frac{1}{r}\partial_r(\alpha - \beta)\right). \tag{9.85}$$

定义

$$\mathrm{e}^{2\beta} = \left(1 - \frac{2Gm(r)}{r}\right)^{-1}, \tag{9.86}$$

则这组方程的 (tt) 分量给出

$$\frac{\mathrm{d}m(r)}{\mathrm{d}r} = 4\pi r^2\rho(r), \tag{9.87}$$

积分后会给出质量函数 $m(r)$. 然而这个质量函数并非只是物质质量密度的积分. 首先注意到在上述弯曲时空中固有空间体积元是

$$\sqrt{\gamma}\mathrm{d}^3x = \mathrm{e}^\beta r^2\sin\theta\mathrm{d}r\mathrm{d}\theta\mathrm{d}\phi, \tag{9.88}$$

所以, 固有体积元积分 "质量" 是

$$\overline{M} = \int_0^R \left(1 - \frac{2Gm(r')}{r'}\right)^{-1/2} 4\pi(r')^2\mathrm{d}r'\rho(r'). \tag{9.89}$$

但另一方面, $m(r)$ 出现在度规中, 该度规在星体表面应该与星体外的史瓦西度规连续. 而在史瓦西度规中, 有星体的总质量 M, 所以我们在度规中必须使用质量函数

$$m(r) = 4\pi \int_0^r r'^2 \rho(r') \mathrm{d}r', \quad m(R) = M. \tag{9.90}$$

$m(r)$ 可看作在半径 r 内的总质量 (能量), 它与史瓦西时空的 ADM 质量 M 在星体表面一致. 而前面给出的固有质量与 M 不同, 实际上 $\overline{M} - M = E_{\text{binding}} > 0$. 能量差是把星体中所有物质发送到无穷远所需要的能量. 有时把 $\overline{M}$ 称为 "裸质量". 在上面的讨论中, 在星体外的任何地方 $m(r) = M$, 即为遥远观测者看到的星体质量. 对于牛顿力学中的星体, "在半径 r 内的质量" 有唯一的意义: $m(r)$ 就是这个质量, 我们不必考虑时空的弯曲. 而对于相对论中的星体,

$$m(r) = m_0(r) + U(r) + \Omega(r), \tag{9.91}$$

其中 $m_0(r)$ 是静止质量能量, $U(r)$ 是内能, $\Omega(r)$ 是引力势能. 更准确地说, 由固有体积, 我们得到在半径 r 内的总静止质量

$$m_0 = \int_0^r \mu_0 n \sqrt{\gamma} \mathrm{d}^3 x = \int_0^r \left(1 - \frac{2Gm(r')}{r'}\right)^{-1/2} 4\pi(r')^2 \mu_0 n \mathrm{d}r', \tag{9.92}$$

其中 $\mu_0 n$ 是给出静止质量的内能. 比如说对于尘埃, μ_0 是单个粒子的质量, 而 n 是粒子数密度. 内能为 $U(r) = \int_0^r (\rho - \mu_0 n) \sqrt{\gamma} \mathrm{d}^3 x$, 来自组成物质的粒子之间的相互作用. 引力势即束缚能

$$\Omega = -\int_0^r \rho \left(\left(1 - \frac{2Gm(r')}{r'}\right)^{-1/2} - 1 \right) 4\pi(r')^2 \mathrm{d}r'$$

$$\approx -G \int_0^r (\rho m(r')/r') 4\pi(r')^2 \mathrm{d}r' \qquad (Gm(r)/r \ll 1). \tag{9.93}$$

我们可以考虑一个理想化的情形, 即星体是由重子构成, 重子的数密度为 $n(r)$, 而星体的重子数为

$$B = \int_0^R 4\pi r^2 \left(1 - \frac{2Gm(r)}{r}\right)^{-1/2} n(r) \mathrm{d}r. \tag{9.94}$$

如果单个重子的质量为 m_{N}, 则星体的总质量为 $\overline{M} = m_{\text{N}} B$. 假定重子数密度为常数, 能量密度也就是常数, 因此

$$m(r) = \frac{4\pi}{3} \rho_* r^3, \tag{9.95}$$

所以

$$B = 4\pi n \int_0^R (1 - Ar^2)^{-1/2} r^2 \mathrm{d}r$$

$$= \frac{4\pi n R^3}{3} f(x), \tag{9.96}$$

其中

$$A = \frac{8\pi G \rho_*}{3c^2},$$

$$f(x) = \frac{3}{2} \frac{\sin^{-1} x - x\sqrt{1-x^2}}{x^3}, \quad x = R\sqrt{A}. \tag{9.97}$$

对于普通的星体, $x \ll 1$, 所以近似有

$$f(x) \approx 1 + \frac{3}{5} \frac{GM}{R} + \cdots. \tag{9.98}$$

由此, 有

$$\overline{M} = m_{\mathrm{N}} B = \frac{4\pi \rho_*}{3} R^3 f(x) = M f(x), \tag{9.99}$$

而

$$\Delta M = \overline{M} - M = M(f(x) - 1) = \frac{3}{5} \frac{GM^2}{Rc^2}, \tag{9.100}$$

正是牛顿近似下的引力束缚能.

由爱因斯坦方程的 (rr) 分量得到

$$\frac{\mathrm{d}\alpha}{\mathrm{d}r} = \frac{Gm(r) + 4\pi G r^3 p(r)}{r^2(1 - 2Gm(r)/r)}, \tag{9.101}$$

积分后给出 g_{tt}. 然而, 在这个方程中包含了 $p(r)$, 因此我们需要考虑能动张量满足的方程 $\nabla_\mu T^{\mu\nu} = 0$. 由此得到

$$(p + \rho)\frac{\mathrm{d}\alpha}{\mathrm{d}r} = -\frac{\mathrm{d}p}{\mathrm{d}r}$$

$$\Rightarrow \frac{\mathrm{d}p}{\mathrm{d}r} = -\frac{(\rho(r) + p(r))[Gm(r) + 4\pi G r^3 p(r)]}{r(r - 2Gm(r))}. \tag{9.102}$$

方程 (9.87) 和 (9.102) 统称托尔曼–奥本海默–沃尔科夫 (Tolman-Oppenheimer-Volkoff) 方程, 简记为 TOV 方程, 也称为静流体 (hydrostatic) 平衡态方程. 方程 (9.87) 告诉我们, 在合适的边界条件下, $m(r)$ 由 $\rho(r)$ 确定, 而方程 (9.102) 把 $p(r)$ 和 $\rho(r)$ 相联系. 也许大家会疑惑为何不需要爱因斯坦方程的 $(\theta\theta)$ 和 $(\phi\phi)$ 分量. 首先, 这两个分量方

程是互相依赖的, 只有一个独立. 其次, 我们已经用到了能动量守恒方程, 这两个方程不再需要.

方程 (9.102) 的左边是压强梯度差. 在星体表面 $p = 0$, 由于 $\dfrac{\mathrm{d}p}{\mathrm{d}r} < 0$, 压强随着径向增加而单调下降. 随着半径减小, 压强逐渐增大, 这是由于越靠近中心, 外层物质的重量都压在其上, 中心感受的压强也越来越大. 此外, 能量密度越大, 这个梯度差越大, 反映了要抗衡引力, 越靠近中心压强增长越快. 而令人惊奇的是, 不止能量密度, 压强本身也会影响到压强梯度差, 压强越大, 梯度差越大. 这与牛顿引力理论形成了鲜明的对比. 在牛顿引力中, 压强没有引力效应, 而在广义相对论中并非如此. 我们可以考虑非相对论极限, 此时 $r \gg R_{\mathrm{s}}, \rho \gg p$, 我们发现

$$\frac{\mathrm{d}p}{\mathrm{d}r} = -\frac{4\pi G}{3}\rho^2 r. \tag{9.103}$$

这正是牛顿引力下的结果: 压强梯度差与压强无关而只与能量密度有关.

为了求解这组 TOV 方程, 我们必须加上物态方程条件 $p(\rho)$. 对很多天体物理系统, 物质满足形如 $p = K\rho^\gamma$ 的物态方程, 其中 K 和 $\gamma = 1 + \dfrac{1}{n}$ 都是常数, n 是多方 (polytropic) 指标. 这样的话, TOV 方程是两个互相耦合的一阶微分方程. 如果加上合适的边界条件, 我们就可以完全确定时空几何以及物质能量密度和压强的变化. 为了得到唯一确定的解, 我们需要两个边界条件:

(1) $m(0) = 0$ 和 $m(R) = M$;

(2) $p(R) = 0$.

由此得到的中心压强 $p(r = 0) = p_{\mathrm{c}}$ 定义了星体模型. 给定一个物态方程, 所有的球对称星体模型的集合构成了一个单参数序列, 参数即中心密度. 我们可以通过数值计算来求解方程, 得到莱恩–埃姆登 (Lane-Emden) 解.

我们可以考虑一个理想化的可解模型. 假设在星体内部的密度为常数:

$$\rho(r) = \begin{cases} \rho_*, & r \leqslant R, \\ 0, & r > R. \end{cases} \tag{9.104}$$

这个假设并没有真实的物理对应, 应该对应于一个极端坚硬的物态 —— 不可压缩流体. 此时, 流体的声速

$$c_{\mathrm{s}} = \left(\frac{\mathrm{d}p}{\mathrm{d}\rho}\right)^{1/2} \tag{9.105}$$

是无穷大, 是超光速的, 不被相对论所允许. 然而, 致密中子星内部可以近似看作单一

密度的. 对这个模型, 质量函数为

$$m(r) = \begin{cases} \dfrac{4}{3}\pi r^3 \rho_*, & r \leqslant R, \\[3mm] \dfrac{4}{3}\pi R^3 \rho_* \equiv M, & r > R, \end{cases} \tag{9.106}$$

而另一个 TOV 方程变为

$$\frac{\mathrm{d}p}{\mathrm{d}r} = -\frac{4}{3}\pi r \frac{(\rho_* + p)(\rho_* + 3p)}{1 - 8\pi r^2 \rho_*/3}, \tag{9.107}$$

由此得

$$\frac{\rho_* + 3p}{\rho_* + p} = \frac{\rho_* + 3p_c}{\rho_* + p_c}\left(1 - \frac{2\mu}{r}\right)^{1/2}. \tag{9.108}$$

由 $p(r = R) = 0$, 我们发现中心压强为

$$p_c = \rho_* \frac{1 - (1 - R_s/R)^{1/2}}{3(1 - R_s/R)^{1/2} - 1}. \tag{9.109}$$

从上面的关系可见, 对于固定质量的星体, 当它的半径 R 接近于 $9R_s/8$ 时, $p_c \to \infty$. 等价地, 如果恒星的半径固定, 则它有一个最大质量 $M_{\max} = \dfrac{4R}{9G}$, 对应的中心压强为无穷大. 当恒星质量更大时, 无法保持平衡, 会塌缩成黑洞.

对于常密度模型, 我们最终发现星体内部时空的度规为

$$\mathrm{d}s^2 = -\left(\frac{3}{2}(1 - AR^2)^{1/2} - \frac{1}{2}(1 - Ar^2)^{1/2}\right)^2 \mathrm{d}t^2 + \frac{\mathrm{d}r^2}{1 - Ar^2} + r^2 \mathrm{d}\Omega^2, \tag{9.110}$$

其中 R 是星体的半径, 而

$$A = \frac{2GM}{R^3}. \tag{9.111}$$

易见, 这个度规在星体表面与星体外部的史瓦西时空一致.

在上面讨论的常密度模型中, 我们发现当恒星质量 $M > M_{\max} = \dfrac{4R}{9G}$ 时, 中心压强发散, 意味着恒星无法稳定. 实际上, 我们有一个更强有力的定理, 无论物态方程是什么都成立.

布奇达尔 (Buchdahl) 定理 不存在半径小于 $\dfrac{9GM}{4}$ 的恒星.

这个定理对固定半径恒星的质量设了上限. 假如我们有一个半径为 $\dfrac{9GM}{4}$ 的恒星, 那么球对称地给予它一点向内的力, 则它将没有悬念地向内塌缩. 或者说, 固定半径时

稍微多加一点质量将破坏流体静态平衡, 导致塌缩. 最终, 我们将得到一个史瓦西黑洞. 这个极限很容易达到: 对于密度约为 10^{16} kg·m^{-3} 的中子星, 质量 $M < 7 \times 10^{31}$ kg, 或者近似地小于 35 个太阳质量. 这是我们星系中大部分恒星拥有的质量.

另一个可解的恒星模型具有物态方程 $\rho = 12(p_* p)^{1/2} - 5p$, 其中 p_* 是常数. 它可以保持因果性, 只需要 $c_s = \sqrt{\dfrac{\mathrm{d}p}{\mathrm{d}\rho}} < 1$. 这实际上要求 $p < p_*$ 或者 $\rho < 7p_*$. 对压强比较小的情形, $\rho = 12\sqrt{p_* p}$. 这对应于牛顿系统中的 $n = 1$ 幂次模型.

9.5 带电球对称黑洞

在本节中, 我们将学习史瓦西黑洞的一个带电推广, 即赖斯纳-努德斯特伦 (Reissner-Nordström) 时空. 它是爱因斯坦-麦克斯韦理论的球对称解, 某些方面与史瓦西时空类似, 但呈现出一些新的特点, 如黑洞的视界不止一个、存在类时的奇点、时空的最大延拓具有无穷多个区域等.

9.5.1 赖斯纳-努德斯特伦时空

在电动力学中, 我们知道如果电荷是球对称分布的, 则其能动张量也是球对称的. 这启发我们寻找带电球对称星体外的时空解. 此时, 我们需要同时考虑引力与电磁相互作用. 对于电磁相互作用, 场强张量 $F_{\mu\nu} = \partial_\mu A_\nu - \partial_\nu A_\mu = \nabla_\mu A_\nu - \nabla_\nu A_\mu$, 即我们可以利用微分形式而不必借助任何仿射联络来定义电磁场强, 因此 $F_{\mu\nu} F^{\mu\nu}$ 是一个很好的标量. 理论的完整作用量除包含通常的爱因斯坦-希尔伯特项以外, 还包含麦克斯韦作用量

$$S = \frac{1}{16\pi G_D} \int \mathrm{d}^D x \sqrt{-g} \left(R - \frac{g_0^2}{4\pi} F^{\mu\nu} F_{\mu\nu} \right). \tag{9.112}$$

对度规变分可以得到引力的爱因斯坦方程

$$R_{\mu\nu} - \frac{1}{2} g_{\mu\nu} R = 8\pi G_D g_0^2 T_{\mu\nu}^{(\mathrm{F})}, \tag{9.113}$$

其中

$$T_{\mu\nu}^{(\mathrm{F})} = \frac{1}{4\pi} \left(F_{\mu\rho} F_\nu{}^\rho - \frac{1}{4} g_{\mu\nu} F_{\rho\sigma} F^{\rho\sigma} \right), \tag{9.114}$$

而规范场的运动方程为

$$\nabla_\mu F^{\mu\nu} = \frac{1}{\sqrt{-g}} \partial_\mu (\sqrt{-g} F^{\mu\nu}) = 0. \tag{9.115}$$

我们希望找到 4 维球对称静态解, 具有基灵矢量 ∂_t 和 ∂_ϕ. 类似于史瓦西解的讨论, 我们可以假设保持球对称性的度规为

$$ds^2 = -e^{2\alpha(r)}dt^2 + e^{2\beta(r)}dr^2 + r^2 d\Omega^2. \tag{9.116}$$

保持球对称的规范场强可拟设为[①]

$$\widehat{F}_2 = F_{tr}(r)dt \wedge dr + F_{\theta\phi}(\theta)d\theta \wedge d\phi, \tag{9.117}$$

满足 $d\widehat{F}_2 = 0$. 我们先来处理规范场的运动方程. 有很多种方式来求解 $\nabla_\mu F^{\mu\nu} = 0$, 这里我们利用外微分的技术来讨论. 利用霍奇对偶, 无源运动方程可以写作 $d * \widehat{F} = 0$. 场强的霍奇对偶是

$$(*F)_{\mu\nu} = \frac{1}{2}\varepsilon_{\mu\nu\lambda\sigma}F^{\lambda\sigma} = \frac{\sqrt{-g}}{2}\tilde{\varepsilon}_{\mu\nu\lambda\sigma}g^{\lambda\alpha}g^{\sigma\beta}F_{\alpha\beta}. \tag{9.118}$$

利用度规的拟设形式, 我们有

$$\begin{aligned}
(*F)_{tr} &= \tilde{\varepsilon}_{tr\theta\phi}(e^{\alpha+\beta}r^2\sin\theta)\frac{1}{r^2}\frac{1}{r^2\sin^2\theta}F_{\theta\phi} \\
&= \frac{e^{\alpha+\beta}}{r^2\sin\theta}F_{\theta\phi}(\theta),
\end{aligned} \tag{9.119}$$

$$\begin{aligned}
(*F)_{\theta\phi} &= -\tilde{\varepsilon}_{\theta\phi tr}(e^{\alpha+\beta}r^2\sin\theta)e^{-2\alpha}e^{-2\beta}F_{tr} \\
&= -e^{-(\alpha+\beta)}r^2\sin\theta F_{tr},
\end{aligned} \tag{9.120}$$

换句话说,

$$*\widehat{F} = -e^{-(\alpha+\beta)}r^2\sin\theta F_{tr}d\theta \wedge d\phi + \frac{e^{\alpha+\beta}}{r^2\sin\theta}F_{\theta\phi}(\theta)dt \wedge dr. \tag{9.121}$$

因此

$$\begin{aligned}
d(*\widehat{F}) = &-\partial_r\left(e^{-(\alpha+\beta)}r^2 F_{tr}\right)\sin\theta dr \wedge d\theta \wedge d\phi \\
&+\partial_\theta((\sin\theta)^{-1}F_{\theta\phi}(\theta))r^{-2}e^{\alpha+\beta}d\theta \wedge dt \wedge dr.
\end{aligned}$$

而 $d * \widehat{F} = 0$ 要求

$$\partial_r\left(e^{-(\alpha+\beta)}r^2 F_{tr}\right) = 0, \quad \partial_\theta((\sin\theta)^{-1}F_{\theta\phi}(\theta)) = 0, \tag{9.122}$$

它们的解为

$$e^{-(\alpha+\beta)}r^2 F_{tr}(r) = 常数, \quad (\sin\theta)^{-1}F_{\theta\phi}(\theta) = 常数, \tag{9.123}$$

[①]我们可以类比平直时空中球对称分布电荷和磁荷情形下规范场强的具体形式来做出这个拟设. 当然我们也可以通过要求这个场强张量在基灵矢量的李导数下形式不变而得到此拟设.

即

$$F_{tr}(r) = \frac{Q}{4\pi g_0}\frac{\mathrm{e}^{\alpha+\beta}}{r^2}, \quad F_{\theta\phi} = \frac{P}{4\pi g_0}\sin\theta, \tag{9.124}$$

其中 Q 和 P 分别是电荷和磁荷.

进一步地, 我们可以求解爱因斯坦方程, 发现 $\alpha + \beta = 0$. 类似于史瓦西解的讨论, 我们可以求解所有的爱因斯坦方程. 最终, 我们得到赖斯纳–努德斯特伦解 (简记为 RN 解):

$$\mathrm{d}s_{\mathrm{RN}}^2 = -\Delta(r)\mathrm{d}t^2 + \Delta^{-1}(r)\mathrm{d}r^2 + r^2\mathrm{d}\Omega_2^2, \tag{9.125}$$

其中

$$\Delta(r) = 1 - \frac{2\mu}{r} + \frac{Q^2 + P^2}{r^2}. \tag{9.126}$$

如果我们把这个解当作带电恒星塌缩形成的黑洞, 则这个黑洞具有视界

$$\Delta = 0$$
$$\Rightarrow r^2 - (2\mu)r + (Q^2 + P^2) = 0$$
$$\Rightarrow r_\pm = \mu \pm \sqrt{\mu^2 - (Q^2 + P^2)}. \tag{9.127}$$

此时, 我们实际上有两个视界 $r_\pm$. 当两个视界重合时, 我们得到极端黑洞的解

$$r_+ = r_- = \mu = \sqrt{Q^2 + P^2}. \tag{9.128}$$

RN 解具有如下性质:

(1) 渐近平直. F_{tr} 是点电荷 Q 的电场, 而 $F_{\theta\phi}$ 是点磁荷 P 的磁场. 它们给出的能动张量在无穷远处都为零. 从解的具体形式很容易看出电磁场的贡献衰减得比质量项更快, 因此 RN 解渐近地趋于平直闵氏时空.

(2) 当电荷和磁荷都为零, 即 $Q = 0 = P$ 时, 解约化为史瓦西解.

(3) RN 解拥有和史瓦西解相同的时空对称性, 在外视界 r_+ 外, 具有一个类时的基灵矢量, 也具有球对称性. 实际上, 在外视界 r_+ 外, 它是静态的.

(4) 类似于史瓦西解, RN 解具有唯一性, 它是爱因斯坦–麦克斯韦理论的唯一球对称解.

从解的具体数学形式上看, (M, Q, P) 的任何取值都是允许的, 然而, 物理上却并非如此. 为了讨论简单起见, 我们令磁荷为零而只考虑带电的 RN 时空. 我们先来讨论 $Q^2 > \mu^2$ 的情形. 在这种情况下, 度规分量

$$g_{00} = -(g_{11})^{-1} = \Delta(r) = \Sigma/r^2, \tag{9.129}$$

其中 $\Sigma = r^2 - 2\mu r + Q^2$. 在此情形下, 二次型 Σ 的不定式是 $\mu^2 - Q^2 < 0$, 因此 $\Sigma > 0$, 也就是说, 度规除了 $r = 0$ 外没有奇点. 所以, 坐标 t 总是类时的, 而坐标 r 总是类空的, 没有坐标奇点. 但 $r = 0$ 仍是一个内禀奇点, 实际上 $R_4 = R^{\mu\nu\sigma\rho}R_{\mu\nu\sigma\rho}$ 在 $r = 0$ 处发散. 在这种情况下, 没有事件视界, 而 $r = 0$ 处的奇点是一个裸奇点, 即没有视界把它遮住. 通过测地线的分析可以得知这个奇点具有排斥性: 类时测地线无法与 $r = 0$ 相交, 它们可以接近奇点然后被排斥转向离开它. 当 $r \to \infty$ 时, 解是渐近平直的, 因此因果结构在任何地方都具有通常平直时空的形式. 然而, 裸奇点的存在挑战了宇宙监督法则. 实际上, 我们无法期待一个通过引力塌缩形成的黑洞满足 $\mu^2 < Q^2$. 如果是这样的话, 黑洞的总质量小于电磁场的能量. 换句话说, 携带电荷或者磁荷的物质必须具有负能量才能使这个不等式满足. 这当然是非物理的. 因此, 满足 $Q^2 > \mu^2$ 的解被认为是非物理的.

下面我们只讨论物理的 RN 黑洞. 如果 $Q^2 < \mu^2$, 则我们有两个视界 $r_\pm = \mu \pm \sqrt{\mu^2 - Q^2}$. 此时, 度规可以分为三个区域:

(1) 区域 I: $r_+ < r < \infty$;

(2) 区域 II: $r_- < r < r_+$;

(3) 区域 III: $0 < r < r_-$.

它在 $r_\pm$ 处有坐标奇点. $r = r_+$ 类似于史瓦西黑洞时的史瓦西视界 $r = R_s$, 在其外, 时空是渐近平直的. 在 I 和 III 区, t 是类时坐标, r 是类空坐标, 因此时空流形在这两个区域是静态的. 而在 II 区, t 是类空坐标, r 是类时坐标, 因此这个区域内的时空是动力学的.

我们如果讨论这个时空中的类光测地线, 如史瓦西时空的情形, 可以选择乌龟坐标, 则光子的轨迹如图 9.14 所示. 对于沿径向内向的零测地线, 轨迹是沿 45° 的直线, 而在此坐标下外向的零测地线则是曲线. 从光锥结构很容易看出 $r = r_+$ 是一个事件视界. 光锥在 II 区倾斜, 表明粒子在此区域中总是向内运动直到内视界 $r = r_-$. 而粒子一旦进入 III 区, 光锥不再倾斜, 粒子不必落到奇点上. 这个时空图某种意义上会造成误解: 这个图显示 III 区中外向粒子只能渐近地到达内视界上, 而无法超越它, 然而通过对 RN 解的解析延拓显示, 粒子可以在有限的固有时中穿过 $r = r_-$.

9.5.2   粒子的运动

下面我们简单地讨论一下中性有质量粒子在 RN 时空中的运动. 由于粒子不带电荷, 我们不需考虑它们与电磁场的耦合. 为简单计, 我们只考虑有质量粒子的径向运动. 这种粒子的 4-速度为 $u^\mu = (u^0, u^1, 0, 0) = (\dot{t}, \dot{r}, 0, 0)$, 其测地线方程为

$$\dot{u}_\sigma = \frac{1}{2}(\partial_\sigma g_{\mu\nu})u^\mu u^\nu. \tag{9.130}$$

图 9.14 在 AEF 坐标下光子在 RN 时空中的运动轨迹.

由于 ∂_t 是基灵矢量, 我们可以得到 $u_0 = g_{00}\dot{t} = $ 常数. 而由归一化条件

$$g_{\mu\nu}u^\mu u^\nu = -1 \Rightarrow g_{00}(u^0)^2 + g_{11}(u^1)^2 = -1, \tag{9.131}$$

我们得到径向方程

$$\dot{r}^2 + c^2\Delta = u_0^2/c^2. \tag{9.132}$$

易见, 问题约化为一个一维问题, Δ 可以当作一维等效势, 其形式如图 9.15 所示.

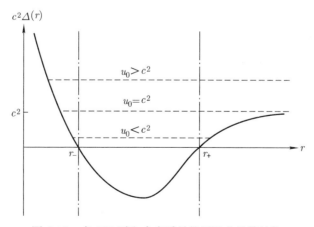

图 9.15 在 RN 时空中有质量粒子运动的等效势.

对于这样一个一维问题, 运动轨迹依赖于运动常数 u_0. 如果 $u_0 = c^2$, 这对应着粒

子从无穷远处自由释放. 当 $u_0 > c^2$ 时, 粒子运动是不受束缚的, 从无穷远处进来又回到无穷远处. 而当 $u_0 < c^2$ 时, 粒子的运动是受束缚的, 只能在一个确定的径向区域中运动. 但无论是何情况, 粒子在径向上都有一个极限点, 无法沿径向到达 $r = 0$ 的奇点, 而是在到达这个极限点后被反向推开. 上面的图像听起来有些奇怪, 因为沿着径向运动的粒子穿过外视界以后就应该无法从该视界出来. 问题的答案在于此时应考虑最大延拓的 RN 完整时空流形, 沿径向内向运动的粒子穿过 r_+ 和 r_- 后, 并不是从同一个时空穿出来, 而是穿过另一个黑洞 (更准确地说应该是白洞) 的 r_- 和 r_+ 回到渐近平直时空区域 (详见拙著《广义相对论》).

考虑一个球壳, 其中每一个粒子的荷质比都是

$$\gamma = \frac{Q}{GM}, \quad |\gamma| < 1, \tag{9.133}$$

其中 Q 是总电荷, M 是总质量. 在球壳上每一个粒子的运动都是径向向内的, 这样一个粒子的世界线满足 (参见本章习题 15)

$$\left(\frac{\mathrm{d}r}{\mathrm{d}\tau}\right)^2 = E^2 - V_{\mathrm{eff}} \quad (E < 1), \tag{9.134}$$

其中的有效势为

$$V_{\mathrm{eff}} = 1 - (1 - E\gamma^2)\frac{2\mu}{r} + (1 - \gamma^2)\frac{Q^2}{r^2}. \tag{9.135}$$

这个有效势的最小值点在

$$r_0 = \frac{(1 - \gamma^2)Q^2}{(1 - E\gamma^2)\mu} = \frac{\gamma^2(1 - \gamma^2)}{1 - E\gamma^2}\mu, \tag{9.136}$$

因此, 塌缩将被静电排斥力所阻止. 也就是说, 即使对于带电粒子, 它们也无法到达奇点, 而是穿过两个视界以后被推出来, 形成白洞.

为了把上述图像看得更清楚, 我们需要引进不同的坐标来描述粒子的运动. 对于径向下落的粒子, 我们可以利用 AEF 坐标 $(\tilde{u}, r)$. 此时, 度规可以写作

$$\mathrm{d}s^2 = -\Delta \mathrm{d}\tilde{u}^2 + 2\mathrm{d}\tilde{u}\mathrm{d}r + r^2 \mathrm{d}\Omega^2. \tag{9.137}$$

我们由此得到粒子的 4-速度分量为 (取 $c = 1$)

$$\dot{r}_{\mathrm{in}} = -(u_0^2 - \Delta)^{1/2}, \tag{9.138}$$

$$\dot{\tilde{u}}_{\mathrm{in}} = \frac{u_0 - (u_0^2 - \Delta)^{1/2}}{\Delta}. \tag{9.139}$$

在此坐标下, 粒子如果进入内视界 r_- 然后转向沿着半径增加的方向运动, 其 4-速度的分量为

$$\dot{r}_{\text{out}} = (u_0^2 - \Delta)^{1/2}, \tag{9.140}$$

$$\dot{\tilde{u}}_{\text{out}} = \frac{u_0 + (u_0^2 - \Delta)^{1/2}}{\Delta}. \tag{9.141}$$

当粒子经过视界时, $\Delta \to 0$, 内向运动的 4-速度分量

$$\dot{\tilde{u}}_{\text{in}} \approx (2u_0)^{-1}, \tag{9.142}$$

是一个有限的值, 因此穿过两个视界都没有问题. 但外向运动的 4-速度分量在经过视界时

$$\dot{\tilde{u}}_{\text{out}} \approx \frac{2u_0}{\Delta} \to \infty. \tag{9.143}$$

也就是说在外向运动时, AEF 坐标在视界处奇异, 我们需要引进新的坐标.

对于外向运动的粒子, 我们应该使用 REF 坐标来描述. 此时, 度规变为

$$ds^2 = -\Delta d\tilde{v}^2 - 2d\tilde{v}dr + r^2 d\Omega^2. \tag{9.144}$$

在此坐标下, 粒子外向运动的 4-速度为

$$\dot{r}_{\text{out}} = (u_0^2 - \Delta)^{1/2}, \tag{9.145}$$

$$\dot{\tilde{v}}_{\text{out}} = \frac{u_0 - (u_0^2 - \Delta)^{1/2}}{\Delta}. \tag{9.146}$$

在视界处, 我们有

$$\dot{\tilde{v}}_{\text{out}} \approx (2u_0)^{-1}, \tag{9.147}$$

它总是有限的. 也就是说, 粒子由内向外穿过视界并没有奇异性. 如前所述, 对于 REF 坐标, 它描述的是实际上是一个白洞.

因此, 对于 RN 时空而言, 不同的渐近平直区域是通过黑洞隧道 (black hole tunnel) 相连的, 粒子可以从一个渐近平直区域进入黑洞, 然后再出来而进入另一个渐近平直区域. 注意这里粒子无法抵达黑洞奇点并非来自粒子具有角动量而具有离心势, 而是来自时空本身的性质, 或者说时空引力场的不同. 我们可以说, 在内视界内, 引力表现为一种排斥力, 这个排斥力最终导致了黑洞隧道的产生. 黑洞隧道在 RN 时空中的存在是毋庸置疑的, 但这并不意味着我们就可以通过这个隧道进入另一个渐近平直区域, 或者说另一个宇宙. 仔细的研究发现, 这个隧道是不稳定的, 其存在非常强地依赖于静态和球对称性, 黑洞内部一点很小的扰动就会让隧道消失[56].

9.5.3 极端 RN 黑洞

最后, 我们简单讨论一下极端 RN 黑洞的情形. 此时 $Q^2 = G^2 M^2$, 两个视界重叠, 只有一个事件视界, 而内禀奇点仍是 $r = 0$, 是一个类时曲线. 度规的形式变为

$$ds^2 = -\left(1 - \frac{\mu}{r}\right)^2 dt^2 + \frac{dr^2}{\left(1 - \dfrac{\mu}{r}\right)^2} + r^2 d\Omega^2, \tag{9.148}$$

在 $r = \mu$ 处奇异. 我们可以定义雷杰–惠勒 (Regge-Wheeler) 坐标

$$r^* = r + 2\mu \ln\left|\frac{r - \mu}{\mu}\right| - \frac{(\mu)^2}{r - \mu} \quad \Rightarrow \quad dr^* = \frac{dr}{1 - \dfrac{\mu}{r}}, \tag{9.149}$$

并和前面一样引进 AEF 坐标, 则

$$ds^2 = -\left(1 - \frac{\mu}{r}\right)^2 d\tilde{u}^2 + 2d\tilde{u}\, dr + r^2 d\Omega^2. \tag{9.150}$$

这个度规在零超曲面 $r = \mu$ 处不再奇异.

为了更好地描述 $r \to \mu$ 的渐近度规, 我们引进新的坐标 $r = \mu(1 + \lambda)$, 并只保留 λ 的领头项. 由此, 我们得到

$$F \sim d\lambda \wedge dt, \tag{9.151}$$

$$ds^2 \sim \underbrace{\left(-\lambda^2 dt^2 + \mu^2 \lambda^{-2} d\lambda^2\right)}_{\text{AdS}_2} + \mu^2 d\Omega^2. \tag{9.152}$$

度规中的第一部分是一个 AdS_2 时空, 而第二部分是一个半径为 μ 的 2 维球. 也就是说, 时空实际上是 $\text{AdS}_2 \times S^2$. 这是一个罗宾逊–贝尔托蒂 (Robinson-Bertotti) 时空, 可以看作一种卡卢察–克莱因真空, 其中两个方向被紧化, 而等效的时空是一个 2 维具有常负曲率的 AdS_2 时空.

对于极端 RN 黑洞, 质量与电荷、磁荷形成了平衡. 由于质量导致吸引力, 而同荷导致电磁排斥力, 这种平衡可以帮助我们构造具有多个中心的极端黑洞. 物理上, 两个具有不同质量和荷 (同号) 的极端 RN 黑洞, 由于引力互相吸引, 而由于电磁力互相排斥, 但两种效应刚好抵消. 这种多中心极端 RN 黑洞的严格解取如下的形式:

$$ds^2 = -H^{-2}(\boldsymbol{x}) dt^2 + H^2(\boldsymbol{x})[dx^2 + dy^2 + dz^2], \tag{9.153}$$

其中 H 满足拉普拉斯方程

$$\nabla^2 H = (\partial_x^2 + \partial_y^2 + \partial_z^2) H = 0. \tag{9.154}$$

其可能的解具有如下形式:

$$H = 1 + \sum_{i=1}^{N} \frac{\mu_i}{|\boldsymbol{x} - \boldsymbol{x}_i|}. \tag{9.155}$$

它描述了具有 N 个中心的黑洞. 该解称为马宗达–帕帕拜特罗 (Majumdar-Papapetrou) 解.

9.6 黑洞的观测

尽管黑洞被人们广为认可已经近半个世纪了, 对其观测却仍然有着一些争议. 问题的关键在于黑洞无法向我们传递任何信息, 我们无法通过传统的观测手段对它进行直接观测. 对于前面我们讨论的通过大质量恒星塌缩形成的孤立黑洞是很难被确认的. 一种有用的手段是通过对双星系统进行观测. 在宇宙中三分之二的恒星是存在于双星系统中的, 因此有可能通过对双星系统, 如 X 射线双星进行观测来发现黑洞. 我们寻找这样的双星系统, 其中一颗恒星是致密的, 如黑洞或者中子星, 这样伴星会被吸引成吸积盘, 在吸积盘的中心必然是一颗致密星体. 如何区分黑洞还是中子星呢? 在 X 射线双星系统中, 可以通过分析质量和脉冲频率来判断是否有黑洞存在. X 射线源是最明亮的源. 如果在 X 射线源处, 恒星有非常规的时间变化和频谱, 则可以判断恒星与另一颗致密星体有共同的轨道. 如果吸积物体稳定地发出脉冲, 则它是一颗脉冲星. 由此, 通过伴星的速度和轨道半径, 以及通过频谱估算伴星的质量, 我们可以知道致密星体的质量. 由于中子星的质量不能远大于 $3M_\odot$, 因此通过质量函数可以判断致密星体是中子星还是黑洞.

近年来, 随着引力波探测技术的发展, 人们发现了很多双星并合产生的引力波信号, 其中包括双黑洞的并合、黑洞–中子星的并合等, 这为研究黑洞和中子星的物理性质提供了新的窗口. 实际上, 第一个被探测到的引力波信号来自两个几十倍太阳质量的黑洞的并合过程. 随着更多的引力波信号的发现, 分析显示黑洞的质量分布在通常的理论预言之外. 这些黑洞的形成机制成为前沿研究的热点问题.

另一方面, 人们相信在每一个星系中心都存在超大质量黑洞. 这些黑洞的质量可以是 $10^6 M_\odot \sim 10^9 M_\odot$. 离我们最近的是银河系中心的具有 $4.3 \times 10^6 M_\odot$ 质量的黑洞. 它们只能通过非直接地观测其对周围恒星的作用, 如红外光的观测来确认. 有大量的证据显示这些超大质量的黑洞是存在的[⑧], 例如, 通过长时间跟踪其周围星体的运动轨迹来分析中心天体的物理性质. 但是, 这些超大质量黑洞的形成机制还有一些疑问:

[⑧]2020 年诺贝尔物理学奖的一半授予了根策尔和盖兹, 表彰他们在超大质量致密星体观测上的贡献. 这些超大质量致密星体被普遍认为是黑洞.

(1) 黑洞是在星系形成时首先形成的, 还是逐渐形成的?

(2) 黑洞形成时就具有 $\sim 10^6 M_\odot$ 的大质量, 还是有一个较小的质量但通过吞噬其他物体而变重?

(3) 它是如何生长的, 是通过吸积气体和恒星还是与其他黑洞并合?

在星系中心的大质量黑洞通常是超大质量黑洞的子体. 它们可以通过吞噬、吸积或者并合来增长质量, 变成超大质量黑洞. 在星系中心存在着活动星系核 (active galactic nucleus, 简记为 AGN), 或者类星体 (quasar). 类星体是类似于恒星的射电源, 亮度高达 10^{48} erg/s, 比整个星系亮 100~1000 倍. 而且类星体非常致密, 尺度很小, 只有几个 pc 甚至更小, 在照片上看起来就像恒星一样. 类星体的辐射谱很宽, 不是黑体谱. 此外类星体还伴随着射电喷注. 林登贝尔 (Lynden-Bell) 认为: 类星体现象是由在星系中心的超大质量黑洞对气体的吸积造成的.

近年来, 对超大质量黑洞的研究有了新的武器. 2017 年, 事件视界望远镜 (Event Horizon Telescope, 简记为 EHT) 合作组利用分布在全世界的射电阵列望远镜成功地对星系 M87 中心的黑洞进行了成像. 由于黑洞周围吸积盘中的物质发光, 这些光线有的被黑洞吸收无法逃逸, 而其他的光线可能被望远镜捕捉到, 在成像的照片中将有黑洞的阴影. 黑洞成像成为了检验强场区域中的广义相对论、理解吸积盘物理和喷注现象的理想平台.

黑洞的另一种可能的观测来自实验室. 过去十几年来, 人们热烈地讨论是否有可能在实验室中, 如大型强子对撞机 (LHC) 上产生非常小的黑洞, 如果产生了, 如何观测其信号, 它是否有可能吞噬我们的宇宙或者造成其他灾难等问题. 研究表明, 我们不必担心人类的命运. 首先, 它不太可能产生. 其次, 即使它产生了, 这个极小黑洞也会很快通过霍金辐射蒸发. 对于后一种情形, 它可能留下实验痕迹.

习 题

1. 考虑一个在史瓦西黑洞外的有质量粒子, 它沿径向往视界处下落. 假设其测地线具有守恒能量密度 $E = 0.95$.
   (1) 计算它从 $r = 3\mu$ 到达 $r = R_s$ 处所需要的固有时;
   (2) 计算它从 $r = R_s$ 到达 $r = 0$ 处所需要的固有时;
   (3) 在史瓦西坐标基下, 求出它在 $r = 2.001\mu$ 处的 4-速度;
   (4) 当它经过 $r = 2.001\mu$ 时向外径向发射一个光子给远处固定位置的观测者, 计算光子的红移.
2. 在史瓦西几何中, 考虑一个有质量粒子的运动.

(1) 对于具有确定角动量密度 L 的粒子, 它必须具有多少能量密度才能到达史瓦西半径处?

(2) 如果把上面的条件换作入射参数 b, 这个值是多少?

(3) 反过来, 对于一个确定的入射参数 b, 要使粒子能够到达史瓦西半径, 其角动量密度的最大值是多少?

3. 引进坐标

$$r = \rho \left(1 + \frac{\mu}{2\rho} \right)^2, \tag{9.156}$$

证明史瓦西几何的线元可以写作

$$
\begin{aligned}
\mathrm{d}s^2 = & -\left(1 - \frac{\mu}{2\rho} \right)^2 \left(1 + \frac{\mu}{2\rho} \right)^{-2} \mathrm{d}t^2 \\
& + \left(1 + \frac{\mu}{2\rho} \right)^4 (\mathrm{d}\rho^2 + \rho^2 \mathrm{d}\theta^2 + \rho^2 \sin^2\theta \mathrm{d}\phi^2),
\end{aligned}
\tag{9.157}
$$

并证明在弱场极限 $\mu \ll \rho$ 下, $g_{00} \approx 1 - R_\mathrm{s}/\rho$.

4. 考虑一个航天员从无穷远点沿径向自由下落, 他在下落过程中发射沿径向向外传播的光信号, 该信号被稳定在某径向位置 r_o 处的飞船接收.

(1) 假定光子是在径向位置 r_e 处发射的, 计算接收到光子的红移因子;

(2) 证明对无穷远观测者而言, 当发射器接近视界时, 光子发射和接收时的时间分别为

$$t_\mathrm{e} = -2\mu \ln \left(1 - \frac{R_\mathrm{s}}{r_\mathrm{e}} \right) + 常数, \tag{9.158}$$

$$t_\mathrm{o} = -4\mu \ln \left(1 - \frac{R_\mathrm{s}}{r_\mathrm{e}} \right) + 常数, \tag{9.159}$$

由此证明光子波长的变化为

$$\frac{\lambda_\mathrm{o}}{\lambda_\mathrm{e}} \propto \exp(t_\mathrm{o}/4\mu). \tag{9.160}$$

5. 一个坐标半径为 R 的球状尘埃物质构成的恒星, 总质量为 M, 由于自身引力从静止向内塌陷. 证明当塌陷发生时, 恒星表面的坐标半径 r 和表面上的观测者逝去的固有时 τ 之间满足关系

$$\tau(r) = -\frac{1}{(R_\mathrm{s})^{1/2}} \int_R^r \left(\frac{r}{1 - r/R} \right)^{1/2} \mathrm{d}r. \tag{9.161}$$

通过做一个坐标变换 $r = R\cos^2(\psi/2)$, 证明上面的关系可以表达为

$$r = \frac{R}{2}(1 + \cos\psi), \quad \tau = \frac{R}{2} \left(\frac{R}{R_\mathrm{s}} \right)^{1/2} (\psi + \sin\psi), \tag{9.162}$$

并计算在恒星塌缩成一个点之前观测者经过的固有时.

6. 考虑一个有质量粒子在质量为 M 的史瓦西黑洞内部运动 (不一定是测地运动). 利用史瓦西坐标 (t, r, θ, ϕ) 证明这个粒子的 r 坐标必然减小且减小率满足

$$\left| \frac{dr}{d\tau} \right| \geqslant \sqrt{\frac{R_s}{r} - 1}, \tag{9.163}$$

其中 τ 是粒子的固有时. 由此进一步计算这个粒子从视界到达奇点处能够达到的最大时间, 并求出达到这个时间粒子的运动轨迹.

7. 如果一个航天员在史瓦西黑洞外半径 r 处做圆周运动, 请计算他所感受到的引潮力.

8. 在正文中我们讨论了从史瓦西坐标到克鲁斯卡尔坐标的变换, 这个变换只在 $r > R_s$ 时才是正确的. 请给出 $r < R_s$ 时, 从史瓦西坐标到克鲁斯卡尔坐标的变换.

9. 在克鲁斯卡尔坐标下, 证明史瓦西黑洞在 $u = v = 0$ 处是局部平直的.

10. 考虑在克鲁斯卡尔坐标下的史瓦西几何. 当 $v = 0$ 时, 我们发现了爱因斯坦–罗森桥. 请分别考虑当 $0 < v < 1$, $v = 1$ 和 $v > 1$ 时的几何, 并由此说明爱因斯坦–罗森桥随着 v 的增大而变窄, 两个渐近区域在 $v = 1$ 时在奇点处相连, 而在 $v > 1$ 时两个渐近平直区域完全分开.

11. 考虑一个有单一密度 ρ 的球对称恒星.

    (1) 证明

    $$R^2 < \frac{c^2}{3\pi G\rho}, \quad M^2 < \frac{16c^6}{243\pi\rho G^3}, \tag{9.164}$$

    其中 R 是恒星的半径, M 是恒星的质量.

    (2) 证明如果我们要求恒星不在其史瓦西半径内, 则必须有

    $$M^2 < \frac{3c^6}{32\pi\rho G^3}. \tag{9.165}$$

    (3) 证明如果一个光子从恒星表面发射, 被一个在无穷远的静态观测者接收到, 则观测到的红移必须满足 $z < 2$.

    (4) 证明如果光子是从恒星的中心发射, 则观测到的红移可以任意大.

12. 请计算一个在 RN 黑洞时空中沿径向下落观测者感受到的引潮力.

13. 在 (t, r, θ, ϕ) 坐标下, 请给出 RN 时空几何下径向运动光子的世界线. 进一步地, 通过引进 AEF 坐标

$$t' = t - \frac{r_-^2}{r_+ - r_-} \ln \left| \frac{r}{r_-} - 1 \right| + \frac{r_+^2}{r_+ - r_-} \ln \left| \frac{r}{r_+} - 1 \right|, \tag{9.166}$$

给出 RN 线元的形式, 并证明在 AEF 坐标系径向运动光子的世界线分别由下面的方程给出:

$$t' + r = 常数 \quad (内向), \tag{9.167}$$

$$\frac{\mathrm{d}t'}{\mathrm{d}r} = \frac{2 - \Delta}{\Delta} \quad (外向). \tag{9.168}$$

14. 一个质量为 m, 电荷为 q 的粒子的作用量是

$$S = \int \mathrm{d}\lambda \left(\frac{1}{2} e^{-1} \dot{x}^\mu \dot{x}^\nu g_{\mu\nu}(x) - \frac{1}{2} m^2 e - q \dot{x}^\mu A_\mu(x) \right), \tag{9.169}$$

其中 A_μ 是电磁 4- 势. 证明如果对于基灵矢量 $\widehat{\xi}$,

$$(\mathcal{L}_{\widehat{\xi}} A)_\mu = \xi^\nu \partial_\nu A_\mu + (\partial_\mu \xi^\nu) A_\nu = 0, \tag{9.170}$$

则作用量在变换 $x^\mu \to x^\mu + \epsilon \xi^\mu(x)$ 下 (保留 ξ 的一阶) 是不变的. 证明相应的诺特荷

$$\mathcal{Q} = -\xi^\mu (m u_\mu - q A_\mu) \tag{9.171}$$

是一个运动常数, 其中 u^μ 是粒子的 4-动量.

15. 接上题, 考虑一个在 RN 时空中运动的有质量粒子, 证明对于 $\widehat{\xi} = \partial_t$ 有 $\mathcal{L}_{\widehat{\xi}} A = 0$, 因此导出

$$\left(1 - \frac{2\mu}{r} + \frac{Q^2}{r^2} \right) \frac{\mathrm{d}t}{\mathrm{d}\tau} = E - \frac{q}{m} \frac{Q}{r}, \tag{9.172}$$

其中 E 是粒子的能量密度. 证明对于一个无角动量的有质量粒子, 其世界线 $r(\tau)$ 满足

$$\left(\frac{\mathrm{d}r}{\mathrm{d}\tau} \right)^2 = (E^2 - 1) + \left(1 - E \frac{qQ}{m\mu} \right) \frac{2\mu}{r} + \left(\left(\frac{q}{m} \right)^2 - 1 \right) \frac{Q^2}{r^2}. \tag{9.173}$$

考虑 $q^2 = m^2, qQ = m\mu, E = 1$ 时的情形, 并对粒子的运动给予讨论.

16. 在 RN 时空几何中, 一个在坐标半径 $r = R$ 处做圆周运动的观测者测量到的磁场分量是多少?

17. 在一个具有宇宙学常数的时空中求解具有电荷的球对称解.

18. 假设度规和规范势具有如下形式:

$$\mathrm{d}s^2 = -H^{-2}(\boldsymbol{x})\mathrm{d}t^2 + H^2(\boldsymbol{x})(\mathrm{d}x^2 + \mathrm{d}y^2 + \mathrm{d}z^2),$$

$$A_\mu \mathrm{d}x^\mu = \mp H^{-1}(\boldsymbol{x})\mathrm{d}t, \tag{9.174}$$

证明如果函数 H 满足拉普拉斯方程 $\nabla^2 H = 0$, 则它们是爱因斯坦–麦克斯韦方程的解.

19. 证明在各向同性坐标下, 极端 RN 黑洞的度规可写作

$$ds^2 = -\left(1+\frac{\mu}{\rho}\right)^{-2} dt^2 + \left(1+\frac{\mu}{\rho}\right)^2 \left(d\rho^2 + \rho^2 d\Omega^2\right). \tag{9.175}$$

(1) 证明沿常数 t 的任何曲线, $\rho = 0$ 距离任何有限的 ρ 的固有距离为无穷大.

(2) 证明沿任何类时或者零曲线, 当 $\rho \to 0$ 时, $|t| \to \infty$, 但一条类时或者零径向测地线到达 $\rho = 0$ 时的仿射参数是有限的.

(3) 引进一个零坐标来证明 $\rho = 0$ 只是一个坐标奇点.

(4) 当一个粒子到达 $\rho = 0$ 时会发生什么?

第十章　克尔黑洞

在前几章中我们学习了球对称时空的各种性质. 这些球对称时空, 特别是史瓦西时空, 对一个没有旋转的恒星外部来说是很好的近似, 毕竟这些大质量的星体如果没有旋转就会是非常好的球形, 因为引力几乎抹平了各种形变. 特别是对于黑洞而言, 如果没有旋转也不携带电荷, 则史瓦西时空是其严格的时空几何. 然而, 在自然界中不存在严格没有旋转的星体, 在它们的形成过程中, 由于角动量守恒, 星体都会有一定程度的自转. 譬如, 太阳的自转周期是 27 天, 且有十万分之一对球形的偏差. 实际上, 这个偏差会对牛顿势有影响, 从而影响行星的运动, 造成进动.

一个有转动物体的外部时空几何不仅依赖物体的质量 M, 还依赖物体的角动量 J. 在本章中我们将学习转动时空几何及其物理性质. 我们首先在弱场近似下讨论转动对时空几何的影响, 之后我们将介绍一个真空爱因斯坦方程描述的转动时空 —— 克尔时空. 在克尔时空中存在一些新的物理现象, 如惯性系拖曳、彭罗斯过程等.

10.1　弱场近似下转动物体的时空几何

带转动物体的外部时空几何, 不仅依赖物体的质量, 还依赖物体的运动. 如果转动角速度 Ω 不大, 转动时空相对于球对称的偏差是 $O(\Omega)$ 量级. 由于离心加速度是 $O(\Omega^2)$, 因此物体的形状在角速度的一阶并没有发生改变. 换句话说, 对于慢转动, 物体的形状改变非常小, 我们可以认为其仍然是球形. 但此时物体外部的时空几何已经依赖于转动, 时空曲率不仅依赖物体的质量密度, 也依赖物体的运动状态. 来自物体运动的效应大小是 $O\left(\dfrac{v}{c}\dfrac{GM}{Rc^2}\right)$, 这将导致引磁效应[①] (gravitomagnetic effect).

10.1.1　弱场近似与电动力学

如果物体的转动速度并不快, 我们可以利用弱场近似来讨论其外部的时空几何. 在弱场近似下, 爱因斯坦方程的形式是

$$\Box \bar{h}_{\mu\nu} = -16\pi G T_{\mu\nu}, \tag{10.1}$$

[①]为了更清楚地发现引磁场的来源及其物理意义, 在本章前两节的讨论中我们保留光速 c.

其中 $\bar{h}_{\mu\nu}$ 是迹相反的扰动,

$$\bar{h}_{\mu\nu} = h_{\mu\nu} - \frac{1}{2}\eta_{\mu\nu}h. \tag{10.2}$$

一般来说, 广义相对论中的物质可以由理想流体来很好地近似. 理想流体的能动张量为

$$T_{\mu\nu} = (\rho + p)u_\mu u_\nu + pg_{\mu\nu}. \tag{10.3}$$

如果我们只考虑非相对论性的物质, 如尘埃, 则压强近似为零, 而且组成物质的单元的运动速度远小于光速, 其 4-速度为 $u^\mu = (1, v^i/c)$, 其中 $v^i \ll c$. 由此, 在能动张量的分量中

$$T_{00} = \rho, \quad T_{0i} = -\rho v_i/c, \quad T_{ij} \propto v_i v_j/c^2, \tag{10.4}$$

我们可以忽略 T_{ij} 分量, 而保留 T_{00} 和 T_{0i} 分量. 因此, 度规扰动中 $\bar{h}_{ij} = 0$, 而

$$\begin{aligned}
\Box\bar{h}_{00} &= -\frac{16\pi G}{c^2}\rho, \\
\Box\bar{h}_{0i} &= -\frac{16\pi G}{c^2}T_{0i}.
\end{aligned} \tag{10.5}$$

这里 $\bar{h}_{0i} = h_{0i}$, 它们比 h_{00} 有一个 v/c 的压低因子. 此时, 我们有 $\bar{h} = -\bar{h}_{00}$, 因此

$$h_{00} = h_{ii} = \frac{1}{2}\bar{h}_{00}. \tag{10.6}$$

在下面的讨论中, 我们令

$$h_{00} = -2\Phi/c^2, \quad \bar{h}_{0i} = h_{0i} = A_i/c. \tag{10.7}$$

此外, 我们假定尘埃的物质分布不随时间变化, 即 $\partial_t\rho = 0$. 从上面的讨论出发我们可以计算出非零克里斯托弗符号:

$$\begin{aligned}
\Gamma^0_{i0} &= \frac{1}{c^2}\nabla_i\Phi, \\
\Gamma^i_{00} &= \frac{1}{c^2}\nabla_i\Phi + \frac{1}{c}\partial_t A_i, \\
\Gamma^k_{i0} &= \frac{1}{2c}(A_{k,i} - A_{i,k}), \\
\Gamma^k_{im} &= -\frac{1}{c^2}(-\delta_{im}\nabla_k\Phi + \delta^k_i\nabla_m\Phi + \delta^k_m\nabla_i\Phi), \\
\Gamma^0_{im} &= -\frac{1}{2c}(A_{i,m} + A_{m,i}).
\end{aligned} \tag{10.8}$$

考虑粒子在弱场下的运动. 粒子的测地线方程为

$$\frac{\mathrm{d}u_\mu}{\mathrm{d}\tau} + \left(h_{\mu\alpha,\beta}u^\alpha u^\beta - \frac{1}{2}h_{\alpha\beta,\mu}u^\alpha u^\beta\right) = 0. \tag{10.9}$$

如果背景时空存在一个类时基灵矢量, 从而使 $\partial_0 h_{\alpha\beta} = 0$, 则粒子的能量守恒. 如果考虑非相对论性极限, $v^i = \frac{\mathrm{d}x^i}{\mathrm{d}t} \ll 1, \frac{\mathrm{d}t}{\mathrm{d}\tau} \approx 1$, 我们可以忽略 v^2 项. 然而可能有 $h \times v$ 这种项, 它们大概是 $\frac{GM}{r}\sqrt{\frac{GM}{r}}$, 比 v^2 项大. 当然在最低阶近似下, 这两种项都可以忽略, 我们得到牛顿近似. 如果我们保留 $h \times v$ 项, 而认为 $v^i v^i \approx 0$ 可以忽略, 则测地线方程为

$$\frac{\mathrm{d}u_\mu}{\mathrm{d}t} + (h_{\mu 0,l} - h_{0l,\mu})v^l + \frac{1}{2}(2h_{0\mu,0} - h_{00,\mu}) = 0. \tag{10.10}$$

由此可得

$$\frac{\mathrm{d}v_i}{\mathrm{d}t} = -(\partial_i \Phi + \partial_t A_i) + (\partial_i A_l - \partial_l A_i)v_l. \tag{10.11}$$

定义

$$\begin{aligned} \boldsymbol{g} &= -\nabla \Phi - \partial_t \boldsymbol{A}, \\ \boldsymbol{b} &= \nabla \times \boldsymbol{A}, \end{aligned} \tag{10.12}$$

则粒子的测地线方程可写作

$$\frac{\mathrm{d}\boldsymbol{v}}{\mathrm{d}t} = \boldsymbol{g} + \boldsymbol{v} \times \boldsymbol{b}. \tag{10.13}$$

由此可见, 粒子运动所受的力与电动力学中的洛伦兹力类似: $\boldsymbol{g}$ 是牛顿引力场, 类似于静电场; $\boldsymbol{b}$ 类似于磁场, 称为引磁场.

进一步地, 我们可以研究一下 $\boldsymbol{g}, \boldsymbol{b}$ 满足的运动方程. 由它们的定义可得到以下两个方程:

$$\begin{cases} \nabla \cdot \boldsymbol{b} = 0, \\ \nabla \times \boldsymbol{g} + \dfrac{\partial \boldsymbol{b}}{\partial t} = \boldsymbol{0}. \end{cases} \tag{10.14}$$

它们看起来很像麦克斯韦方程组中的两个. 此外从爱因斯坦方程出发, 在弱场近似下, 有

$$\begin{aligned} \nabla^2 h^{00} &= -8\pi G T^{00}, \\ \nabla^2 h^{0i} &= -16\pi G T^{0i}, \end{aligned} \tag{10.15}$$

可得

$$\nabla \cdot \boldsymbol{g} = -4\pi G\rho,$$
$$\nabla \times \boldsymbol{b} = -\frac{16\pi G}{c^2}\boldsymbol{j}, \tag{10.16}$$

其中 $\boldsymbol{j} = \rho\boldsymbol{v}$ 称为动量密度或者能量流密度, 对应电动力学中的坡印亭 (Poynting) 矢量. 因此我们得到了与源有关的另外两个麦克斯韦方程. 能量密度的分布确定引力场, 而能量流密度类似于电流诱导引磁场. 以上类比都是在稳态时空下对平直时空做微扰得到的. 如果 $\partial_0 h_{\alpha\beta} \neq 0$, 则上述与电动力学的类比就没有那么好了. 此外, 注意到上面方程中正比于 ρ 的项的符号是负的, 这是因为对于 "同荷" 物体, 引力是吸引的, 而非排斥的. 另一方面, 在引磁场相关的方程中, 流 $\boldsymbol{j}$ 前面的比例系数差一个 4 倍的因子, 这来自度规扰动是自旋为 2 的, 而非自旋为 1 的场. 简而言之, 在弱场近似下考虑稳态时空以及非相对论性的物质源, 我们发现引力场与电磁场惊人地相似. 实际上我们可以考虑与电动力学中的规范势做类比, 则牛顿引力势类比于静电势, 而矢量势类比于度规张量的 $(0i)$ 分量:

$$\Phi_{\mathrm{e}} \leftrightarrow \Phi_{\mathrm{g}} = -\frac{1}{2}h_{00}, \quad A_{\mathrm{e}i} \leftrightarrow A_i. \tag{10.17}$$

10.1.2 慢转动下的外部时空

下面我们来讨论物质转动对外部时空的影响. 首先, 扰动满足的方程 (10.1) 是一个线性波动方程, 可以利用格林函数方法来求解:

$$\bar{h}_{\mu\nu}(t, \boldsymbol{x}) = \frac{4G}{c^4} \int \frac{T_{\mu\nu}(t - |\boldsymbol{x} - \boldsymbol{y}|, \boldsymbol{y})}{|\boldsymbol{x} - \boldsymbol{y}|}\mathrm{d}^3 y, \tag{10.18}$$

其中对 y 的积分是对物质分布的区域进行积分. 如果我们考虑稳态的时空, 则扰动与时间无关,

$$\bar{h}_{\mu\nu}(\boldsymbol{x}) = \frac{4G}{c^4} \int \frac{T_{\mu\nu}(\boldsymbol{y})}{|\boldsymbol{x} - \boldsymbol{y}|}\mathrm{d}^3 y. \tag{10.19}$$

由此可得

$$\Phi(\boldsymbol{x}) = -G \int \frac{\rho(\boldsymbol{y})}{|\boldsymbol{x} - \boldsymbol{y}|}\mathrm{d}^3 y, \tag{10.20}$$

$$A_i(\boldsymbol{x}) = 4G \int \frac{T_{0i}(\boldsymbol{y})}{|\boldsymbol{x} - \boldsymbol{y}|}\mathrm{d}^3 y, \tag{10.21}$$

而时空的线元可以写作

$$\mathrm{d}s^2 = -(1 + 2\Phi)\mathrm{d}t^2 + 2A_i\mathrm{d}t\mathrm{d}x^i + (1 - 2\Phi)(\mathrm{d}x^2 + \mathrm{d}y^2 + \mathrm{d}z^2). \tag{10.22}$$

如果考虑距离源足够远地方的扰动, 我们可以使用多极展开

$$\frac{1}{|\boldsymbol{x} - \boldsymbol{y}|} \approx \frac{1}{r} + \frac{x_i}{r^2}\frac{y^i}{r} + \cdots . \tag{10.23}$$

由此, 如果我们选择质心坐标系, 有

$$\Phi = -\frac{GM}{r}, \quad M = \int \rho \mathrm{d}^3 y, \tag{10.24}$$

$$\begin{aligned} A_i &= 4G \int T_{0i}\left(\frac{1}{r} + \frac{x_j}{r^2}\frac{y^j}{r} + \cdots\right) \mathrm{d}^3 y \\ &\approx 4G \int \frac{T_{0i} x_j y^j}{r^3} \mathrm{d}^3 y \\ &= \frac{4G}{r^3} x_j \int T_{0i} y^j \mathrm{d}^3 y. \end{aligned} \tag{10.25}$$

我们可以引进源的总角动量

$$\boldsymbol{J} = \int (\boldsymbol{y} \times \boldsymbol{p}) \mathrm{d}^3 y, \tag{10.26}$$

其中 $p_i = -T_{0i} = \rho v_i$. 我们发现

$$\begin{aligned} A_i &= -\frac{2G}{r^3}(\boldsymbol{J} \times \boldsymbol{x})_i \\ &= \frac{2G}{r^3}\varepsilon_{ijk} x^j J^k. \end{aligned} \tag{10.27}$$

(1) 柱对称物质分布外的时空几何.

我们考虑绕 z 轴转动的有质量物体, 且其物质分布是柱对称的. 我们以大写字母 X^i 来描述物质分布, 其中 X^3 即是 z. 我们可以利用 X^1-X^2 平面上的极坐标来讨论问题. 在此坐标下,

$$T_{01} = -\frac{\rho v_x}{c} = -\frac{\rho v}{c}\sin\alpha, \quad T_{02} = -\frac{\rho v_y}{c} = -\frac{\rho v}{c}\cos\alpha, \tag{10.28}$$

因此, 我们很容易发现 $\int T_{01}\mathrm{d}^3 X = 0$, $\int X^1 \dfrac{\mathrm{d}X^1}{\mathrm{d}t} = 0$, $\int X^3 \dfrac{\mathrm{d}X^1}{\mathrm{d}t} = 0$, 然而 $\int X^2 \dfrac{\mathrm{d}X^1}{\mathrm{d}t} \neq 0$. 这样就有

$$\bar{h}_{01} = \frac{4G}{c^2}\frac{y}{r^3}\int X^2 T_{01} \mathrm{d}^3 X = -\frac{4G}{c^2}\frac{y}{r^3}\int X^2 T^{01} \mathrm{d}^3 X. \tag{10.29}$$

同理, 有

$$\bar{h}_{02} = -\frac{4G}{c^2}\frac{x}{r^3}\int X^1 T^{02} \mathrm{d}^3 X, \tag{10.30}$$

而物质分布的总角动量为

$$J^3 = \int (X^1 P^2 - X^2 P^1)\mathrm{d}^3 X = c \int (X^1 T^{02} - X^2 T^{01})\mathrm{d}^3 X. \tag{10.31}$$

因此, 对于柱对称分布的物质有

$$\bar{h}_{01} = \frac{2G}{c^3} \frac{y}{r^3} J^3,$$
$$\bar{h}_{02} = -\frac{2G}{c^3} \frac{x}{r^3} J^3. \tag{10.32}$$

(2) 球对称物质分布外的时空几何.

如果物质分布具有球对称性, 则有

$$\bar{h}_{0i} = \frac{2G}{c^3 r^3} \varepsilon_{ikm} x^k J^m. \tag{10.33}$$

此时, 在线性近似下, 度规的各个分量为

$$g_{00} = -\left(1 - \frac{2GM}{rc^2}\right),$$
$$g_{ik} = \left(1 + \frac{2GM}{rc^2}\right)\delta_{ik}, \tag{10.34}$$
$$g_{0i} = \frac{2G}{r^3 c^3} \varepsilon_{ikm} x^k J^m.$$

此时, 角动量只有一个沿 z 的分量. 注意这个解并非爱因斯坦方程的严格解.

因此, 当球对称物体的转动比较慢时, 其外部时空几何可以近似为

$$\mathrm{d}s^2 = \mathrm{d}s_{\mathrm{Sch}}^2 - \frac{4GJ}{c^3 r^2} \sin^2\theta (r\mathrm{d}\phi)(c\mathrm{d}t) + O(J^2). \tag{10.35}$$

物体的角动量可以估算为

$$J \approx I\Omega \approx MR^2\Omega \approx MRv, \tag{10.36}$$

其中 v 是转动线速度, 由此

$$\frac{GJ}{c^3 R^2} \approx \frac{GM}{Rc^2}\frac{v}{c}. \tag{10.37}$$

这种项导致的物理效应称为引磁效应. 这类比于电动力学中, 场不仅可以通过电荷分布来得到, 也可以通过电流来产生. (10.35) 式右边第一项是史瓦西度规, 在弱场展开中度规的涨落包含引力势项, 类比于静电势, 而第二项中有一个 v/c 压低因子. 因此, 与电磁学比较, 这一项类似于磁场, 即运动的物质产生了引磁场.

10.2 引磁场的物理效应

从上面的讨论中可见, 引磁场与磁场有很大程度的相似性. 在这一节中我们进一步讨论引磁场的物理效应. 在电动力学中我们知道磁场与有非零磁矩的磁子之间存在耦合. 在量子力学中, 电子具有内禀自旋, 它与磁场存在耦合, 导致了反常塞曼 (Zeeman) 效应. 更加仔细的分析显示, 电子的自旋存在托马斯进动现象, 参见我们之前的讨论. 在广义相对论中, 讨论的是经典力学, 物体具有自旋, 这些自旋与引磁场相互耦合, 也存在各种自旋进动现象.

10.2.1 楞瑟–塞灵进动

引磁场导致的一个典型自旋进动效应就是楞瑟–塞灵 (Lense-Thirring) 进动. 为简单起见, 我们先考虑一个简化的情形. 考虑一个陀螺仪在线元 (10.35) 所描述时空中的运动. 我们关心的是转动的存在对陀螺仪自旋的影响. 如果 $J = 0$, 则 $\hat{s}$ 是不变的 (因为有 $\phi \to -\phi$ 对称性). 这与前面我们讨论的陀螺仪测地进动现象不同. 为了方便, 我们可以转换到直角坐标系中来讨论:

$$\mathrm{d}s^2 = \mathrm{d}s_{\mathrm{Sch}}^2 - \frac{4GJ}{c^3 r^2}(c\mathrm{d}t)\left(\frac{x\mathrm{d}y - y\mathrm{d}x}{r}\right) + O(J^2). \tag{10.38}$$

由于可能的效应领头阶修正 $\sim \frac{1}{c^3}$, 在度规球对称部分中的 $\frac{GM}{rc^2}$ 不会有贡献, 因此, 我们可以设 $M = 0$ 来简化讨论. 在此简化下, 假定陀螺仪的运动是沿 z 轴, 而陀螺仪自旋的指向是在 x-y 平面上,

$$u^\alpha = (u^t, 0, 0, u^z), \qquad s^\alpha = (0, s^x, s^y, 0). \tag{10.39}$$

相关的联络系数为

$$\left(\Gamma_{ty}^x\right)_{z\,\text{轴}} = \frac{2GJ}{c^2 z^3} = -(\Gamma_{tx}^y)_{z\,\text{轴}}, \tag{10.40}$$

陀螺仪方程变为

$$\frac{\mathrm{d}s^x}{\mathrm{d}t} = -\frac{2GJ}{c^2 z^3}s^y,$$
$$\frac{\mathrm{d}s^y}{\mathrm{d}t} = \frac{2GJ}{c^2 z^3}s^x.$$

这组方程将导致所谓的楞瑟–塞灵进动现象, 进动率为 $\Omega_{\mathrm{LT}} = \frac{2GJ}{c^2 z^3}$. 尽管陀螺仪的运动是沿 z 轴, 但在 x-y 平面上的自旋矢量由于转动的存在发生了进动. 这种进动来自惯性系的拖曳效应. 在牛顿力学中, 只有引力势, 因此并没有转动造成的惯性系拖曳效应, 也就是说楞瑟–塞灵进动是牛顿引力中没有的效应.

10.2.2 引磁时钟效应

与引磁场相关的另一个重要效应是引磁时钟效应. 考虑在赤道面上的两个同时的钟, 分别送到处于圆周轨道的飞船上, 但沿相反方向运动. 如果不考虑地球的转动, 则回到原点时两个钟仍是同时的. 但是如果我们考虑地球的转动, 则结果有所不同. 不妨设地球沿 z 轴转动, $\boldsymbol{J} = J\boldsymbol{e}_z$, 所以

$$A_x = \frac{2G}{r^3c^3}yJ, \quad A_y = -\frac{2G}{r^3c^3}xJ, \quad A_z = 0. \tag{10.41}$$

而地球外的度规场可写作

$$ds^2 = -\left(1 - \frac{2GM}{rc^2}\right)c^2dt^2 + \frac{4GJ}{r^3c^2}(ydx - xdy)dt$$
$$+ \left(1 + \frac{2GM}{rc^2}\right)(dx^2 + dy^2 + dz^2). \tag{10.42}$$

在赤道面上的圆周运动, $d\phi = \omega dt$, 由测地线方程可得

$$\omega^2 + \frac{2GJ}{r^3c^2}\omega - \frac{GM}{r^3} = 0, \tag{10.43}$$

因此沿不同方向做圆周运动的飞船的角速度分别为

$$\omega_{\pm} = \sqrt{\left(\frac{GJ}{r^3c^2}\right)^2 + \frac{GM}{r^3}} \pm \frac{GJ}{r^3c^2}. \tag{10.44}$$

由 $ds^2 = -c^2d\tau^2$, 则有

$$d\tau^2 \approx \frac{1}{\omega^2}\left(1 - \frac{3GM}{rc^2} + \frac{6GJ\omega}{rc^4}\right)d\phi^2, \tag{10.45}$$

所以

$$d\tau \approx \frac{1}{\omega}\left(1 - \frac{3GM}{2rc^2} + \frac{3GJ\omega}{rc^4}\right)d\phi. \tag{10.46}$$

由 ϕ 的周期性, 我们得到绕圆周轨道一圈以后的周期

$$T = \frac{2\pi}{\omega}\left(1 - \frac{3GM}{2rc^2}\right) + \frac{6\pi GJ}{rc^4}, \tag{10.47}$$

因此, 沿不同方向做圆周运动的钟回到原点后时间的差为

$$T_+ - T_- = \left(\frac{1}{\omega_+} - \frac{1}{\omega_-}\right)2\pi\left(1 - \frac{3GM}{2rc^2}\right)$$
$$= \frac{2J}{Mc^2}2\pi\left(1 - \frac{3GM}{2rc^2}\right)$$
$$\approx \frac{4\pi J}{Mc^2}. \tag{10.48}$$

注意, 在领头阶这个差与牛顿引力常数无关!

对于地球, $J = \frac{2}{5}MR^2\omega$, 地球半径 $R \approx 6.4 \times 10^6$ m, 角频率 $\omega \approx 7.3 \times 10^{-5}$ s^{-1}, 所以

$$T_+ - T_- \approx 1.7 \times 10^{-7} \text{ s}. \tag{10.49}$$

这将作为 Gravity Probe C(lock) 项目的科学目标.

*10.2.3 自旋进动的一般性讨论

我们已经讨论了陀螺仪的两种进动现象: 测地进动以及楞瑟–塞灵进动. 前者与转动无关, 后者源自时空转动的惯性系拖曳. 为了讨论方便, 前面的讨论都是分别考虑这两种现象, 在本节中我们对陀螺仪的进动进行一般性的研究.

陀螺仪的自旋 4-矢量与其 4-速度矢量垂直, 即有 $\hat{s} \cdot \hat{u} = 0$, 因此可得

$$s_0 = -\frac{1}{c}\frac{\mathrm{d}x^i}{\mathrm{d}t}s_i. \tag{10.50}$$

另一方面, 陀螺仪的平行移动给出陀螺仪方程

$$\frac{\mathrm{D}\hat{s}}{\mathrm{d}\tau} = 0 \quad \Rightarrow \quad \frac{\mathrm{d}s_\mu}{\mathrm{d}\tau} = \Gamma^\lambda_{\mu\nu}s_\lambda\frac{\mathrm{d}x^\nu}{\mathrm{d}\tau}. \tag{10.51}$$

由此可得

$$\begin{aligned}
\frac{\mathrm{d}s_i}{\mathrm{d}t} &= (\Gamma^0_{i\nu}s_0 + \Gamma^k_{i\nu}s_k)\frac{\mathrm{d}x^\nu}{\mathrm{d}t} \\
&= \left(-\Gamma^0_{i0}\frac{\mathrm{d}x^k}{\mathrm{d}t} - \frac{1}{c}\Gamma^0_{im}\frac{\mathrm{d}x^m}{\mathrm{d}t}\frac{\mathrm{d}x^k}{\mathrm{d}t} + c\Gamma^k_{i0} + \Gamma^k_{im}\frac{\mathrm{d}x^m}{\mathrm{d}t}\right)s_k.
\end{aligned} \tag{10.52}$$

而自旋矢量的运动方程为

$$\begin{aligned}
\frac{\mathrm{d}\boldsymbol{s}}{\mathrm{d}t} &= \frac{2}{c^2}(\boldsymbol{v} \cdot \boldsymbol{s})\nabla\Phi - \frac{1}{c^2}(\nabla\Phi \cdot \boldsymbol{s})\boldsymbol{v} + \frac{1}{c^2}(\nabla\Phi \cdot \boldsymbol{v})\boldsymbol{s} \\
&\quad + \frac{c}{2}[\boldsymbol{s} \times (\nabla \times \boldsymbol{A})].
\end{aligned} \tag{10.53}$$

上式中最后一项与速度 v 无关, 只与转动物体的角动量有关, 它将导致楞瑟–塞灵效应. 为了求解上面的方程, 我们需要一点技巧. 首先, 自旋 4-矢量的大小是不变的, 因此

$$\frac{\mathrm{d}}{\mathrm{d}t}(g^{\mu\nu}s_\mu s_\nu) = 0 \Rightarrow g^{00}(s_0)^2 + g^{ik}s_i s_k \approx \text{常数}$$

$$\Rightarrow \boldsymbol{s}^2 - \frac{2\Phi}{c^2}\boldsymbol{s}^2 - \frac{1}{c^2}(\boldsymbol{v} \cdot \boldsymbol{s}) \approx \text{常数}. \tag{10.54}$$

其次, 令

$$s = \left(1 + \frac{\Phi}{c^2}\right)\boldsymbol{\sigma} + \frac{1}{2c^2}\boldsymbol{v}(\boldsymbol{v}\cdot\boldsymbol{\sigma}), \tag{10.55}$$

如果保留领头阶项, 则易见

$$s^2 = \left(1 + \frac{2\Phi}{c^2}\right)\boldsymbol{\sigma}^2 + \frac{1}{c^2}(\boldsymbol{v}\cdot\boldsymbol{\sigma}). \tag{10.56}$$

再考虑 (10.54) 式, 可见 $\boldsymbol{\sigma}^2$ 在忽略次领头阶效应的情况下是一个常数, 可以表示成

$$\boldsymbol{\sigma} = \left(1 - \frac{\Phi}{c^2}\right)s - \frac{1}{2c^2}\boldsymbol{v}(\boldsymbol{v}\cdot s). \tag{10.57}$$

利用 $\boldsymbol{\sigma}$ 而非原来的自旋矢量 s 来讨论问题将更加简便. 由 (10.57) 式可见,

$$\frac{\mathrm{d}\boldsymbol{\sigma}}{\mathrm{d}t} = \frac{\mathrm{d}s}{\mathrm{d}t} - \frac{1}{c^2}\frac{\mathrm{d}\Phi}{\mathrm{d}t}s - \frac{1}{2c^2}\frac{\mathrm{d}\boldsymbol{v}}{\mathrm{d}t}(\boldsymbol{v}\cdot s) - \frac{1}{2c^2}\boldsymbol{v}\left(\frac{\mathrm{d}\boldsymbol{v}}{\mathrm{d}t}\cdot s\right). \tag{10.58}$$

利用

$$\begin{aligned} \frac{\mathrm{d}\Phi}{\mathrm{d}t} &= \frac{\partial\Phi}{\partial t} + \nabla\Phi\cdot\boldsymbol{v} = \nabla\Phi\cdot\boldsymbol{v}, \\ \frac{\mathrm{d}\boldsymbol{v}}{\mathrm{d}t} &= \nabla\Phi, \end{aligned} \tag{10.59}$$

其中用到了牛顿势与时间无关, 再由 (10.53) 式, 我们可以得到

$$\frac{\mathrm{d}\boldsymbol{\sigma}}{\mathrm{d}t} = \boldsymbol{\Omega}\times\boldsymbol{\sigma}, \tag{10.60}$$

其中

$$\boldsymbol{\Omega} = -\frac{c}{2}\nabla\times\boldsymbol{A} + \frac{3}{2c^2}\boldsymbol{v}\times\nabla\Phi. \tag{10.61}$$

对于一个球对称分布的物体, 有

$$\Phi = -\frac{GM}{r}, \quad \boldsymbol{A} = \frac{2G}{r^3 c^3}\boldsymbol{r}\times\boldsymbol{J}, \tag{10.62}$$

所以

$$\begin{aligned} \boldsymbol{\Omega} &= -\frac{c}{2}\nabla\times\left(\frac{2G}{r^3 c^3}\boldsymbol{r}\times\boldsymbol{J}\right) + \frac{3GM}{2c^2}\boldsymbol{v}\times\nabla\left(\frac{1}{r}\right) \\ &= \frac{2G}{r^3 c^2}\left(\frac{3(\boldsymbol{J}\cdot\boldsymbol{r})\boldsymbol{r}}{r^2} - \boldsymbol{J}\right) + \frac{3GM}{2c^2 r^3}\boldsymbol{r}\times\boldsymbol{v}. \end{aligned} \tag{10.63}$$

(10.63) 式中第一项与陀螺仪的运动速度无关, 只依赖转动物体的角动量, 给出楞瑟–塞灵效应, 而第二项依赖物体的质量和陀螺仪的运动, 给出德西特–福克尔效应, 或者测地进动. 引进物体的转动惯量 I, 角动量可写作 $\boldsymbol{J} = I\boldsymbol{\omega}$, 有

$$
\begin{aligned}
\boldsymbol{\Omega} &= \boldsymbol{\Omega}_{\mathrm{LT}} + \boldsymbol{\Omega}_{\mathrm{dS}}, \\
\boldsymbol{\Omega}_{\mathrm{LT}} &= \frac{2GI}{r^3 c^2} \left(\frac{3(\boldsymbol{\omega} \cdot \boldsymbol{r})\boldsymbol{r}}{r^2} - \boldsymbol{J} \right), \\
\boldsymbol{\Omega}_{\mathrm{dS}} &= \frac{3GM}{2c^2 r^3} \boldsymbol{r} \times \boldsymbol{v}.
\end{aligned}
\tag{10.64}
$$

从楞瑟–塞灵效应的表达式可以看出, 引磁场与电动力学中由于磁偶极矩产生的磁场类似. 在电动力学中, 我们知道如果一个带电粒子绕另一个有磁偶极矩 $\boldsymbol{m}$ 的粒子运动, 这个粒子的角动量将发生进动. 磁偶极矩产生的磁场为

$$
\boldsymbol{B} = \frac{3e_r(e_r \cdot \boldsymbol{m}) - \boldsymbol{m}}{r^3},
\tag{10.65}
$$

其中 $e_r = \dfrac{\boldsymbol{r}}{r}$, 而耦合为

$$
\boldsymbol{\tau} = \boldsymbol{m}' \times \boldsymbol{B},
\tag{10.66}
$$

这里的 $\boldsymbol{m}'$ 是粒子本身的磁矩. 类似地, 球对称转动物体产生的引磁场为

$$
\boldsymbol{b} = -4G \frac{3e_r(e_r \cdot \boldsymbol{J}) - \boldsymbol{J}}{2r^3},
\tag{10.67}
$$

而自旋与它的耦合为

$$
\boldsymbol{\tau}_{\mathrm{g}} = \frac{\boldsymbol{s}}{2} \times \boldsymbol{b}.
\tag{10.68}
$$

楞瑟–塞灵效应和德西特–福克尔效应都是弯曲时空中的自旋进动效应. 陀螺仪的运动都是测地运动. 然而, 在量子力学中电子自旋存在托马斯进动. 这种进动来自电子的运动并非简单的直线. 因此, 如果陀螺仪受到其他相互作用而偏离测地运动, 则它应该会有托马斯效应. 考虑一个在平直时空中运动的陀螺仪, 它可能受其他相互作用而不沿测地线运动. 假设其世界线为 $x^\mu(\tau)$. 在陀螺仪的共动参考系中自旋 4-矢量是类空的 $\widehat{s} = (0, \boldsymbol{s}(\tau))$, 与 4-速度垂直. 自旋 4-矢量的变化率为

$$
\frac{\mathrm{d} s^\mu}{\mathrm{d}\tau} = k u^\mu.
\tag{10.69}
$$

这是由于沿着世界线 $\widehat{s} \cdot \widehat{s} = $ 常数, 所以其变化率必然与原来的自旋 4-矢量垂直, 因此与 4-速度平行. k 是一个待定的量. 由 $\widehat{s} \cdot \widehat{u} = 0$ 可得 $k = \widehat{s} \cdot \widehat{a}$, 即

$$
\frac{\mathrm{d} s^\mu}{\mathrm{d}\tau} = u^\mu(\widehat{s} \cdot \widehat{a}).
\tag{10.70}
$$

托马斯进动的来源在于两个洛伦兹变换并不等价于一个洛伦兹变换, 还应该包含一个额外的转动. 考虑实验室参考系, 它与陀螺仪的共动参考系间通过洛伦兹变换相联系, 陀螺仪的运动速度为 $\boldsymbol{v}$. 在实验室参考系 S_o 中,

$$s^\mu|_{S_\text{o}} = \left(\frac{\gamma}{c} \boldsymbol{v} \cdot \boldsymbol{s}, \boldsymbol{s} + \frac{\gamma^2}{c^2(\gamma+1)}(\boldsymbol{v} \cdot \boldsymbol{s})\boldsymbol{v} \right), \tag{10.71}$$

而

$$\begin{aligned}
u^\mu &= \left(\gamma, \frac{\gamma}{c} \boldsymbol{v} \right), \\
a^\mu &= \left(\dot\gamma, \frac{\dot\gamma}{c} \boldsymbol{v} + \frac{\gamma}{c} \dot{\boldsymbol{v}} \right).
\end{aligned} \tag{10.72}$$

由此得

$$\widehat{s} \cdot \widehat{a} = \frac{\gamma}{c} \left(\dot{\boldsymbol{v}} \cdot \boldsymbol{s} + \frac{\gamma^2}{c^2(\gamma+1)}(\dot{\boldsymbol{v}} \cdot \boldsymbol{v})(\boldsymbol{v} \cdot \boldsymbol{s}) \right). \tag{10.73}$$

经过一些有点烦琐的计算, 最终我们得到

$$\frac{\mathrm{d}\boldsymbol{s}}{\mathrm{d}\tau} = \boldsymbol{\Omega}_\text{T} \times \boldsymbol{s}, \tag{10.74}$$

其中

$$\boldsymbol{\Omega}_\text{T} = -\frac{\gamma^2}{\gamma+1} \frac{\boldsymbol{v} \times \boldsymbol{a}}{c^2}. \tag{10.75}$$

在最低阶, 有

$$\boldsymbol{\Omega}_\text{T} \approx -\frac{1}{2c^2}(\boldsymbol{v} \times \boldsymbol{a}) = -\frac{1}{2mc^2}(\boldsymbol{v} \times \boldsymbol{F}). \tag{10.76}$$

注意这里讨论的是在狭义相对论的框架下平直时空中陀螺仪的进动, 它所受的力 $\boldsymbol{F}$ 可以是通常的引力, 也可以是别的力. 如果是引力, 且引力源是球对称分布的, 则

$$\boldsymbol{F}_\text{g} = -\frac{GMm}{r^3} \boldsymbol{r}, \tag{10.77}$$

可与前面讨论的德西特–福克尔进动做比较, 但两者的数值差三倍, 这是因为托马斯进动完全是一个狭义相对论效应, 对于非引力系统才准确.

实际上, 无论是在平直时空还是在弯曲时空中陀螺仪自旋矢量随其世界线的变化都由方程 (10.70) 来描述, 即陀螺仪方程为

$$\frac{\mathrm{D}\widehat{s}}{\mathrm{d}\tau} = \widehat{u}(\widehat{s} \cdot \widehat{a}). \tag{10.78}$$

当没有其他相互作用时, 陀螺仪沿测地线运动, $\hat{a} = 0$, 我们得到之前的陀螺仪方程. 当存在其他相互作用时, 陀螺仪的运动不是简单的测地运动, 则方程的右边也有贡献. 上面的讨论显示非零加速度导致了托马斯进动. 因此, 在一般情形下, 陀螺仪的进动可以由如下方程给出:

$$\frac{\mathrm{d}s}{\mathrm{d}t} = \boldsymbol{\Omega} \times \boldsymbol{s}, \tag{10.79}$$

其中

$$\boldsymbol{\Omega} = \boldsymbol{\Omega}_{\mathrm{T}} + \boldsymbol{\Omega}_{\mathrm{dS}} + \boldsymbol{\Omega}_{\mathrm{LT}}. \tag{10.80}$$

我们可以分析一下如何在实验上把德西特进动与楞瑟–塞灵进动区分开. 从上面的讨论可见, $\boldsymbol{\Omega}_{\mathrm{dS}}$ 与地球的转动无关, 因此对所有半径相同的轨道都是一样的, 无论这个圆周轨道是沿着赤道面, 还是经过两极, 抑或是介于二者之间. 然而陀螺仪的自旋矢量方向很重要. 令 $\boldsymbol{r} \times \boldsymbol{v} = |\boldsymbol{r} \times \boldsymbol{v}|\boldsymbol{h}$, 其中 $\boldsymbol{h}$ 是与轨道面垂直的单位矢量, 因此 $\boldsymbol{\Omega}_{\mathrm{dS}} \propto \boldsymbol{h}$, 而 $\delta s_{\mathrm{dS}} \propto \boldsymbol{h} \times \boldsymbol{s}$. 为了使自旋矢量的变化最大化, 自旋矢量必须在轨道面上.

如果圆周轨道正好在赤道面上, 而自旋矢量也在其上, 则 $\boldsymbol{s} \perp \boldsymbol{\omega}$, 即陀螺仪的自旋矢量与地球的自旋矢量垂直, 而 $\boldsymbol{h} // \boldsymbol{\omega}$, 所以有

$$\boldsymbol{\omega} \cdot \boldsymbol{r} = 0 \Rightarrow \boldsymbol{\Omega}_{\mathrm{LT}} \propto \boldsymbol{\omega}, \quad \delta s_{\mathrm{LT}} \propto \boldsymbol{\omega} \times \boldsymbol{s}. \tag{10.81}$$

由此可见 $\delta s_{\mathrm{LT}} // \delta s_{\mathrm{dS}}$, 也就是说这两种进动是叠加在一起的, 我们无法把它们区分开来.

如果圆周运动的轨道是在穿过极点的平面上, 对于楞瑟–塞灵进动有两部分的贡献:

$$\delta s_{\mathrm{LT}}(\mathrm{i}) \propto \boldsymbol{r} \times \boldsymbol{s},$$
$$\delta s_{\mathrm{LT}}(\mathrm{ii}) \propto \boldsymbol{\omega} \times \boldsymbol{s}. \tag{10.82}$$

为了使 $\delta s_{\mathrm{LT}}(\mathrm{ii})$ 最大化, 我们使 $\boldsymbol{s}$ 与地球的自旋矢量保持垂直, 也就是说 $\boldsymbol{s}$ 保持在一个方向上, 在穿过极点时与赤道面平行. 由此可知 $\delta s_{\mathrm{LT}}(\mathrm{ii}) // \boldsymbol{h}$, 也就是说陀螺仪的自旋矢量是倾向于离开轨道面的. 另一方面, $\delta s_{\mathrm{dS}} \sim \boldsymbol{s} \times \boldsymbol{h}$, 即来自测地进动的自旋矢量的变化还在轨道面内. 所以两种进动的效应是完全不同的, 可以单独测量.

实际上, 在楞瑟–塞灵进动中, $\boldsymbol{\omega} \cdot \boldsymbol{r}$ 沿轨道不停地变化, 我们需要对一个轨道周期取平均:

$$\langle \boldsymbol{\Omega}_{\mathrm{LT}} \rangle = \frac{GI}{cr^3} \langle \frac{3(\boldsymbol{\omega} \cdot \boldsymbol{r})\boldsymbol{r}}{r^2} - \boldsymbol{\omega} \rangle. \tag{10.83}$$

我们不妨把地球的转动矢量取做沿 z 方向, $\boldsymbol{\omega} = \omega \boldsymbol{k}$, 这样

$$\langle \boldsymbol{r}(\boldsymbol{\omega} \cdot \boldsymbol{r}) \rangle = \frac{\omega r^2}{2} \boldsymbol{k}. \tag{10.84}$$

由 $I = \dfrac{2}{5} M R^2$, 我们得到

$$\langle \boldsymbol{\Omega}_{\mathrm{LT}} \rangle = \frac{GMR^2 \omega}{5c^2 r^3} = 0.065'' \left(\frac{R}{r} \right)^3 /\text{年}. \tag{10.85}$$

如果卫星高度是 650 km, 则

$$\langle \boldsymbol{\Omega}_{\mathrm{LT}} \rangle = 0.048''/\text{年}. \tag{10.86}$$

楞瑟–塞灵进动来自惯性系的拖曳效应, 也就是说我们可以把惯性系看作一个流体, 转动物体浸入这个流体中, 物体的转动导致了惯性系的转动. 沿不同的轨道运动, 进动也不同:

$$\begin{aligned} (\boldsymbol{\Omega}_{\mathrm{LT}})_{\mathrm{pole}} &= \frac{2GI}{c^2 r^3} \boldsymbol{\omega}, \\ (\boldsymbol{\Omega}_{\mathrm{LT}})_{\mathrm{eq}} &= -\frac{GI}{c^2 r^3} \boldsymbol{\omega}. \end{aligned} \tag{10.87}$$

如果在地球表面 $r = R_{\oplus}$, 则

$$\begin{aligned} (\boldsymbol{\Omega}_{\mathrm{LT}})_{\mathrm{pole}} &= \frac{4GM}{5c^2 R_{\oplus}} \boldsymbol{\omega} = 5.52 \times 10^{-10} \boldsymbol{\omega}, \\ (\boldsymbol{\Omega}_{\mathrm{LT}})_{\mathrm{eq}} &= -\frac{2GM}{5c^2 R_{\oplus}} \boldsymbol{\omega} = -2.76 \times 10^{-10} \boldsymbol{\omega}. \end{aligned} \tag{10.88}$$

陀螺仪的进动现象可以通过卫星上搭载的实验装置来检验. 利用卫星引力探测器对爱因斯坦的广义相对论进行探测有很长的历史. 在 20 世纪 60—70 年代, Gravity Probe A 对引力红移进行了检验. 在 1976 年得到的结果中, 实验和理论的偏差是 1.4×10^{-4}. 而从 1964 年至 2004 年, 美国航空航天局 (NASA) 和斯坦福大学联合开发的 Gravity Probe B 对德西特–福克尔效应和楞瑟–塞灵效应进行了检验. 经过细致的数据分析, 该研究在 2013 年公布了实验结果, 得到 $\delta\phi_{\mathrm{dS}} = (6.6018 \pm 0.018)''/\text{年}$, 偏差为 0.28%, 而 $\delta\phi_{\mathrm{LT}} = (0.0372 \pm 0.0072)''/\text{年}$, 偏差为 19%. 其他关于陀螺仪进动的实验结果如下:

(1) 地月激光测距实验: 德西特测地进动精度偏差达到 0.7%.

(2) 对 LAGEOS 和 LAGEOS II 空间飞船的激光测距: 楞瑟–塞灵惯性系拖曳效应偏差为 10% ~ 30%.

图 10.1 是 Gravity Probe B 实验的示意图, 其中的进动率是理论计算的结果.

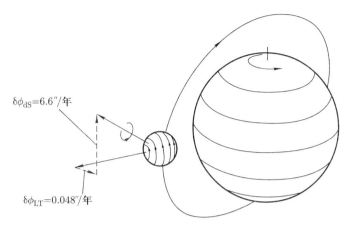

$\delta\phi_{dS}=6.6''/$年

$\delta\phi_{LT}=0.048''/$年

图 10.1 利用卫星上的陀螺仪可以对各种自旋进动现象进行检验. 为了使球形的陀螺仪可以近似为一个质点来讨论, 必须将其打磨得非常对称, 其与球形的偏差不能超过百万分之一.

10.2.4 楞瑟–塞灵效应与等效原理

楞瑟–塞灵进动来自物体的转动给出的对于时空度规的影响, 也就是引磁场导致的效应. 一个有趣的问题是此效应是否能在等效原理的框架中理解. 考虑在一个惯性系中, 粒子的运动速度为 $\boldsymbol{v}'$, 加速度为 $\boldsymbol{a}'$. 在另一个以角速度 $\boldsymbol{\omega}$ 相对转动的参考系中, 如果忽略离心力,

$$\boldsymbol{a} = \boldsymbol{a}' - 2\boldsymbol{v}' \times \boldsymbol{\omega}, \tag{10.89}$$

其中后一项是科里奥利 (Coriolis) 力. 与测地线方程比较, 有

$$a^i = \frac{\mathrm{d}^2 x^i}{\mathrm{d}t^2} = -\nabla_i \Phi_{\mathrm{g}} - c\frac{\partial A^i}{\partial t} - c(A_{i,k} - A_{k,i})v^k, \tag{10.90}$$

或者

$$\boldsymbol{a} = \boldsymbol{g} + c\boldsymbol{v} \times (\nabla \times \boldsymbol{A}), \tag{10.91}$$

其中 $\boldsymbol{g} = -\nabla\Phi_{\mathrm{g}} - c\dfrac{\partial \boldsymbol{A}}{\partial t}$. 如果 $\nabla \times \boldsymbol{A} = -2\boldsymbol{\omega}$, 则两者符合. 因此 $\nabla \times \boldsymbol{A}$ 对应着参考系的进动,

$$\begin{aligned}
\boldsymbol{\omega} &= -\frac{1}{2}\nabla \times \boldsymbol{A} \\
&= \frac{G}{c^3}\nabla \times \left(\frac{\boldsymbol{J} \times \boldsymbol{r}}{r^3}\right) \\
&= \frac{G}{c^3 r^5}(3\boldsymbol{r}(\boldsymbol{J} \cdot \boldsymbol{r}) - r^2\boldsymbol{J}) \\
&= \boldsymbol{\Omega}_{\mathrm{LT}}.
\end{aligned} \tag{10.92}$$

由此可见, 物体的转动效应可以通过转动参考系来等效理解. 我们可以与马赫原理做比较. 假定我们在一个平直时空的转动参考系中, 系统中的其他物质相对我们转动. 在这个转动系中我们也观测到离心力和科里奥利力. 这些力并非真实的力, 而是来自转动参考系观测者的效应. 另一方面, 假定我们在一个惯性系中, 而宇宙中其他的物质以相反的角速度转动, 这些物质的转动是否能够导致同样的赝力? 如果回答是能够, 则我们可以宣称所有的力都是相对的, 即换到一个加速参考系等价于对宇宙进行反加速. 尽管上面的讨论显示在线性近似下我们确实有这样的图像, 但是在非线性的完整广义相对论中我们找不到这种图像.

10.3 克 尔 几 何

在前面的讨论中我们假定物体的转动较慢, 对时空几何的改变较小. 实际上, 大多数天体都有较快的转动, 因此我们需要对由此导致的时空几何变化有更准确的了解. 此时, 由于有转动, 时空不再是静止的. 如果假定转动是稳定的, 时空仍然是稳态的, 具有一个类时基灵矢量 ∂_t. 另一方面, 由于转动不变性, 时空具有轴对称性. 不妨假设转动轴是 z 轴, 而 $\phi = x^3$ 是类空转动角, 则 ∂_ϕ 是基灵矢量. 注意, 在球对称时空中, 除了类时基灵矢量外, 我们还有一个二维球面的转动不变性, 而在转动时空中, 这个 SO(3) 对称性破缺到 U(1) 上. 利用这两个基灵对称性, 我们总可以取度规系数是另外两个坐标的函数, 即 $g_{\mu\nu}(x^1, x^2)$. 而如果要求时空几何在时间反演 $t \to -t$ 以及转动反向 $\phi \to -\phi$ 下不变, 则有

$$g_{01} = g_{02} = g_{13} = g_{23} = 0, \tag{10.93}$$

因此, 线元可以写作

$$ds^2 = g_{00}dt^2 + 2g_{03}dtd\phi + g_{33}d\phi^2 + [g_{11}(dx^1)^2 + 2g_{12}dx^1dx^2 + g_{22}(dx^2)^2].$$

由于二维黎曼流形是共形平直的, (x^1, x^2) 描述的子流形度规为 $g_{ab} = \Omega^2(x)\eta_{ab}$. 令 $x^1 = r, x^2 = \theta$, 则

$$ds^2 = -Adt^2 + B(d\phi - \omega dt)^2 + Cdr^2 + Dd\theta^2, \tag{10.94}$$

其中 A, B, C, D 和 ω 是 r, θ 的任意函数. 这里我们利用极坐标来给出二维流形的可能度规. 这个线元是稳态旋转物体外时空可能具有的度规. 注意, 我们现在使用的坐标是相对于无穷远观测者而言.

在此时空中考虑光子在固定的 (r, θ) 处, 沿着 $\pm\phi$ 两个方向发射的不同. 此时光子的零路径满足方程

$$ds^2 = 0 \Rightarrow g_{tt}dt^2 + 2g_{t\phi}dtd\phi + g_{\phi\phi}d\phi^2 = 0$$

$$\Rightarrow \frac{d\phi}{dt} = -\frac{g_{t\phi}}{g_{\phi\phi}} \pm \left(\left(\frac{g_{t\phi}}{g_{\phi\phi}}\right)^2 - \frac{g_{tt}}{g_{\phi\phi}} \right)^{1/2}. \tag{10.95}$$

如果 $g_{tt} < 0$, $\dfrac{d\phi}{dt}$ 可正可负, 也就是说光子可以自由地沿着正 ϕ 方向或者负 ϕ 方向运动, 可与时空旋转方向相同或者相逆. 而如果 $g_{tt} > 0$, $\dfrac{d\phi}{dt}$ 与 $-g_{t\phi}$ 同号, 也就是说光子的运动方向必然与时空旋转方向一致. 在 $g_{tt} = 0$ 的曲面上, 我们发现

$$\frac{d\phi}{dt} = \begin{cases} -\dfrac{2g_{t\phi}}{g_{\phi\phi}} = 2\omega, \\ 0. \end{cases} \tag{10.96}$$

从 (10.96) 式可以看出, 对于无穷远观测者而言, 与时空旋转方向一致发射的光子的角速度更快, 而反向发射的光子看起来是在固定的角度上径向发射的. 由 $g_{tt} = 0$ 定义的曲面称为稳态极限面 (stationary limit surface). 而在稳态极限面内, $g_{tt} > 0$, 没有粒子能够固定在某 (r, θ, ϕ) 位置, 必须和时空一起转动. 这一点也可以通过考虑某个有质量粒子的运动看出. 假定这个粒子在某固定 (r, θ, ϕ) 位置, 其 4-速度 $u^\mu = (u^t, 0, 0, 0)$ 必须满足

$$\widehat{u} \cdot \widehat{u} = -1, \tag{10.97}$$

但由于 $g_{tt} > 0$, 这是不可能满足的. 这就是把 $g_{tt} = 0$ 定义的曲面称为稳态极限面的原因.

另一方面, $g_{tt} = 0$ 定义的曲面还是一个无穷大红移面. 前面的讨论告诉我们, 一个从固定在 A 点的发射器发射、固定在 B 点的接收器接收的光子, 其频率的变化为

$$\frac{\nu_R}{\nu_E} = \left(\frac{g_{tt}(A)}{g_{tt}(B)}\right)^{1/2}. \tag{10.98}$$

当 $g_{tt}(A) \to 0$ 时, $\nu_R \to 0$, 即接收到的光子频率为零, 被无穷大红移了. 在史瓦西时空中, $g_{tt} = 0$ 给出 $r = R_s$, 正好与事件视界重叠. 而在稳态时空中无穷大红移面通常与事件视界是不同的.

一个事件视界的定义要求它一定是一个零曲面, 即这个曲面上每点的法矢量都是一个零矢量. 对于一个由 $f(x^\mu) = 0$ 定义的曲面, 其法 (余) 矢量为 $n_\mu = \nabla_\mu f = \partial_\mu f$. 如果要求该曲面是零曲面, 则 $g^{\mu\nu}n_\mu n_\nu = 0$. 由于一个指向未来的粒子或者光子只能

沿一个方向穿过 3 维零曲面, 这个零曲面可能构成了事件视界. 在一个稳态时空中, 这个曲面可能是 $f(r,\theta) = 0$. 由零曲面条件可知

$$g^{\mu\nu}\partial_\mu f\partial_\nu f = 0$$
$$\Rightarrow g^{rr}(\partial_r f)^2 + g^{\theta\theta}(\partial_\theta f)^2 = 0. \tag{10.99}$$

选择坐标使 $f(r,\theta) = f(r)$, 则有 $g^{rr}(\partial_r f)^2 = 0$. 也就是说, 事件视界由 $g^{rr} = 0$ 或者 $g_{rr} = \infty$ 确定. 对于史瓦西时空, 这个条件正好也给出史瓦西半径 $r = R_{\mathrm{s}}$.

度规 (10.94) 并未被要求满足爱因斯坦方程, 而只是从对称性出发给出了限制. 如果进一步要求度规满足真空爱因斯坦方程 $R_{\mu\nu} = 0$, 我们发现方程本身并不能唯一地确定所有的度规系数, 与球对称的情形有所不同. 这是因为轴对称比球对称要弱得多, 不足以确定整个度规. 比如, 同样具有轴对称的宇宙弦也满足爱因斯坦方程. 因此, 我们需要额外的要求:

(1) 时空是渐近闵氏的, 即 $r \to \infty$ 时度规回到闵氏度规;

(2) 存在一个光滑的凸事件视界, 在其外几何是非奇异的.

在这两个要求下, 可以证明轴对称时空是唯一的, 可以通过克尔时空几何来描述.

卡特–罗宾森 (Carter-Robinson) 定理 如果 (M,g) 是渐近平直稳态和轴对称真空时空, 在一个事件视界上和视界外是非奇异的, 则 (M,g) 属于由两个参数来刻画的克尔解. 这两个参数分别是质量和角动量.

实际上, 这个定理中轴对称的假设并不必要, 后来霍金和瓦德 (Wald) 证明了对于黑洞, 稳态就可以导出轴对称性. 由于稳态对应系统处于平衡态, 因此可以期待引力塌缩的最终状态形成稳态时空. 上述唯一性定理说明, 如果塌缩成一个黑洞, 则这个黑洞唯一地由质量和角动量来刻画[②]. 这意味着引力场中除了单极矩和偶极矩以外, 所有的多极矩都被辐射掉了. 单极矩对应系统的总质量, 而偶极矩由于引力场的自旋为 2 无法被辐射掉.

在所谓的博耶尔–林德奎斯特 (Boyer-Lindquist) 坐标下, 克尔时空几何的线元可写作

$$\begin{aligned}
\mathrm{d}s^2 = &-\mathrm{d}t^2 + \frac{\rho^2}{\Delta}\mathrm{d}r^2 + \rho^2\mathrm{d}\theta^2 + (r^2 + a^2)\sin^2\theta\,\mathrm{d}\phi^2 \\
&+ \frac{2GMr}{\rho^2}(a\sin^2\theta\,\mathrm{d}\phi - \mathrm{d}t)^2,
\end{aligned} \tag{10.100}$$

其中

$$\Delta(r) = r^2 - 2GMr + a^2, \quad \rho^2(r,\theta) = r^2 + a^2\cos^2\theta. \tag{10.101}$$

[②]如果考虑与电磁场的耦合, 则上述的唯一性定理可以进一步推广, 最终得到的解由质量、角动量和电荷 (磁荷) 来描述. 这个 3 参数的解称为克尔–纽曼 (Kerr-Newman) 解.

度规 (10.100) 中各个参数的物理意义如下: M 是转动物体的质量, a 是克尔参数, 定义为

$$a = J/M,\tag{10.102}$$

标志着物体的转动快慢[3]. 如果定义 $\Sigma^2 \equiv (r^2 + a^2)^2 - a^2\Delta\sin^2\theta$, 则度规 (10.100) 可写作

$$ds^2 = -\frac{\rho^2\Delta}{\Sigma^2}dt^2 + \frac{\Sigma^2\sin^2\theta}{\rho^2}(d\phi - \omega dt)^2 + \frac{\rho^2}{\Delta}dr^2 + \rho^2 d\theta^2,\tag{10.103}$$

其中 $\omega = 2GMra/\Sigma^2$. 从此度规的形式可以很清楚地看出时空是绕着 ϕ 轴做转动的. 度规逆的相应分量是

$$g^{rr} = \frac{\Delta}{\rho^2}, \quad g^{\theta\theta} = \frac{1}{\rho^2}, \quad g^{tt} = -\frac{\Sigma^2}{\rho^2\Delta},$$

$$g^{\phi t} = -\frac{2GMar}{\rho^2\Delta}, \quad g^{\phi\phi} = -\frac{a^2\sin^2\theta - \Delta}{\rho^2\Delta\sin^2\theta}.$$

如果把上面线元中的函数 Δ 换作

$$\Delta(r) = r^2 - 2GMr + a^2 + e^2,\tag{10.104}$$

其中

$$e = \sqrt{Q^2 + P^2},\tag{10.105}$$

Q 和 P 分别是电荷和磁荷, 则线元描述的是克尔–纽曼时空. 对于这个时空, 麦克斯韦 1 形式场为

$$A = \frac{Qr\left(dt - a\sin^2\theta d\phi\right) - P\cos\theta\left[adt - \left(r^2 + a^2\right)d\phi\right]}{\rho}.\tag{10.106}$$

克尔–纽曼解是一个三参数解, 依赖于 M, J, e. 当 $a = 0$ 时, 这个解退化到 RN 解. 与克尔解一样, 这个解有一个离散对称性

$$t \to -t, \quad \phi \to -\phi.\tag{10.107}$$

如果取 $\phi \to -\phi$, 则等效地相当于改变了 a 的符号, 也就改变了黑洞转动的方向. 不失一般性, 我们可以假定 $a > 0$. 由于在天体物理中, 星体都是电中性的, 因此克尔解具

[3]这个真空解首先由克尔在 1963 年发现, 最早是利用所谓的克尔–斯其德坐标来给出的线元.

有更强的物理意义. 在下面的讨论中我们集中关注克尔时空的物理性质. 需要注意的是, 与球对称时空不同, 我们尚未发现星体内部的轴对称解可以与星体外部的真空爱因斯坦方程的克尔解光滑连接在一起.

从线元的具体形式中很容易得到时空所拥有的两个基灵矢量 ∂_t 和 ∂_ϕ, 分别记作

$$\widehat{\xi} = \partial_t, \quad \widehat{\eta} = \partial_\phi. \tag{10.108}$$

注意, 矢量 ∂_t 并不与 $t =$ 常数的超曲面正交, 实际上也不与任何超曲面正交, 因此这个度规是稳态的而非静态的. 对克尔时空来说, 不只有上面的基灵矢量, 还有基灵张量, 满足 $\nabla_{(\sigma}\xi_{\mu_1\cdots\mu_n)} = 0$. 基灵张量中最简单的是度规张量和基灵矢量的张量积. 在克尔几何中, 我们可以定义 $(0,2)$ 张量

$$\xi_{\mu\nu} = 2\rho^2 l_{(\mu}n_{\nu)} + r^2 g_{\mu\nu}, \tag{10.109}$$

其中 l_μ 和 n_μ 是零矢量,

$$
\begin{aligned}
l^\mu &= \frac{1}{\Delta}\left(r^2 + a^2, \Delta, 0, a\right), \\
n^\mu &= \frac{1}{2\rho^2}\left(r^2 + a^2, -\Delta, 0, a\right),
\end{aligned} \tag{10.110}
$$

满足 $l^\mu n_\mu = -1$. 利用这些零矢量可以构造纽曼–彭罗斯标架, 方便讨论很多物理问题.

下面我们来讨论不同极限下克尔度规的行为. 首先, 在转动较慢时, 我们可以只保留 a 的一阶项, 得到度规

$$ds^2 = ds^2_{\text{Sch}} - \frac{4GJ}{r}\sin^2\theta d\phi dt. \tag{10.111}$$

这正是我们前面用于讨论楞瑟–塞灵进动时用到的度规. 也就是说在转动较慢时, 我们可以忽略转动造成的物体形变, 而认为物体仍然是球形的. 这个度规在处理很多天体物理问题时非常有用. 如果进一步假定相对论效应较小, 或者说引力较弱, 可以使用度规

$$ds^2 = -(1 - 2GM/r)dt^2 + (1 + 2GM/r)(dr^2 + r^2 d\Omega^2) - \frac{4GJ}{r}\sin^2\theta d\phi dt.$$

利用直角坐标系可写作

$$
\begin{aligned}
ds^2 = &-(1 - R_{\text{s}}/r)dt^2 + (1 + R_{\text{s}}/r)(dx^2 + dy^2 + dz^2) \\
&- \frac{4GJ}{r^3}(xdy - ydx)dt,
\end{aligned} \tag{10.112}
$$

其中 $r = \sqrt{x^2 + y^2 + z^2}$.

其次, 我们讨论一下克尔时空在 $M \to 0$ 下的行为. 为此, 我们引进所谓的克尔–斯其德坐标来讨论. 这组坐标是这样定义的:

$$x + \mathrm{i}y = (r + \mathrm{i}a) \sin\theta \exp\left[\mathrm{i}\int\left(\mathrm{d}\phi + \frac{a}{\Delta}\mathrm{d}r\right)\right], \tag{10.113}$$

$$z = r\cos\theta, \tag{10.114}$$

$$\tilde{t} = \int\left(\mathrm{d}t + \frac{r^2 + a^2}{\Delta}\mathrm{d}r\right) - r. \tag{10.115}$$

这隐含着径向函数 $r = r(x, y, x)$ 满足

$$r^4 - \left(x^2 + y^2 + z^2 - a^2\right)r^2 - a^2 z^2 = 0. \tag{10.116}$$

在这组坐标下, 度规可写作

$$\begin{aligned}
\mathrm{d}s^2 = &-\mathrm{d}\tilde{t}^2 + \mathrm{d}x^2 + \mathrm{d}y^2 + \mathrm{d}z^2 \\
&+ \frac{2Mr^3}{r^4 + a^2 z^2}\left[\frac{r(x\,\mathrm{d}x + y\,\mathrm{d}y) - a(x\,\mathrm{d}y - y\,\mathrm{d}x)}{r^2 + a^2} + \frac{z\,\mathrm{d}z}{r} + \mathrm{d}\tilde{t}\right]^2.
\end{aligned} \tag{10.117}$$

显然在 $M \to 0$ 时, 时空回到了闵氏时空. 当 $r = $ 常数时, x, y, z 与 r, θ, ϕ 的关系变为

$$\begin{aligned}
x &= \left(r^2 + a^2\right)^{1/2}\sin\theta\cos\phi, \\
y &= \left(r^2 + a^2\right)^{1/2}\sin\theta\sin\phi, \\
z &= r\cos\theta.
\end{aligned} \tag{10.118}$$

上面的坐标对于 $r = $ 常数的超曲面满足

$$\frac{x^2 + y^2}{r^2 + a^2} + \frac{z^2}{r^2} = 1. \tag{10.119}$$

这是一个绕 z 轴旋转的椭球面. 当 $r = 0$ 时, 必须有 $z = 0$, 即为赤道面, 而似乎有

$$x^2 + y^2 = a^2. \tag{10.120}$$

这是一个半径为 a 的圆. 这里我们不能简单地以 (10.120) 式判定这是一个圆, 而需要以坐标间的关系来分析: $r = 0$ 时, x, y 仍然依赖 θ, ϕ 两个方向, 且

$$x^2 + y^2 = a^2\sin^2\theta, \tag{10.121}$$

因此这是一个圆盘而非圆. 另一方面, 当 $\theta = $ 常数时,

$$\frac{x^2 + y^2}{a^2\sin^2\theta} - \frac{z^2}{a^2\cos^2\theta} = 1, \tag{10.122}$$

这是一个双曲面.

与史瓦西度规一样, 克尔度规也可以用于描述转动黑洞的时空几何. 我们可以分析一下在这个时空中可能的内禀奇点. 我们发现 $\rho = 0$ 是一个内禀奇点, 它对应着

$$\rho^2 = r^2 + a^2 \cos^2 \theta = 0, \tag{10.123}$$

这要求

$$r = 0, \quad \text{且} \quad \theta = \frac{\pi}{2}. \tag{10.124}$$

我们已经知道 $r = 0$ 是一个坐标半径为 a 的圆盘, 而 $\theta = \pi/2$ 是这个圆盘的外延, 因此奇点的形状是一个圆环: $x^2 + y^2 = a^2, z = 0$. 如图 10.2 所示.

图 10.2 克尔时空的奇点是一个圆环.

10.3.1 视界

黑洞的事件视界由 $g^{rr} = 0$ 或者 $g_{rr} = -\rho^2/\Delta = \infty$ 给出. 由 $\Delta = 0$ 给出

$$r_\pm = \mu \pm \left(\mu^2 - a^2\right)^{1/2}, \tag{10.125}$$

其中 $\mu = GM$, 所以克尔黑洞有两个事件视界 $r_\pm$. 在 $r = r_+$ 处有一个零切矢量

$$l^\alpha = (1, 0, 0, \Omega_{\mathrm{H}}), \tag{10.126}$$

其中 Ω_{H} 是黑洞相对于无穷远观测者而言在外视界处的角速度,

$$\Omega_{\mathrm{H}} = \omega|_{r=r_+} = \frac{a}{2\mu r_+}. \tag{10.127}$$

易见零矢量 $\hat{l}$ 是构成视界的零测地线的切矢量: 由测地线方程可知沿这些方向的光线总是在视界上运动. 这些产生视界的光线以角速度 Ω_{H} 相对于无穷远静止观测者运动.

令 $r = r_\pm$ 且 $t = $ 常数, 度规约化为

$$d\sigma^2 = \rho_\pm^2 d\theta^2 + \left(\frac{2\mu r_\pm}{\rho_\pm}\right)^2 \sin^2\theta d\phi^2. \tag{10.128}$$

这并非一个球面的几何. 实际上, 它更像一个轴对称的椭球沿转动轴被压扁了, 或者可以形象地理解为球面由于转动导致的离心力而变成了椭球面. 外视界的存在意味着这是一个黑洞, 其面积为

$$A = 8\pi\mu r_+ = 8\pi\mu(\mu + \sqrt{\mu^2 - a^2}). \tag{10.129}$$

利用两个事件视界, 时空可以分成三个区域:

$$\text{I} : r_+ < r < \infty, \quad \text{II} : r_- < r < r_+, \quad \text{III} : 0 < r < r_-. \tag{10.130}$$

注意, 并非 μ 和 a 的每一种取值都对应着一个黑洞, 实际上, 视界只有在参数满足以下条件时才存在:

$$a^2 < \mu^2 \Rightarrow \left(\frac{J}{M}\right)^2 < (\mu)^2. \tag{10.131}$$

当 $a^2 < \mu^2$ 时, 奇点 $\rho = 0$ 被视界包裹起来, 满足宇宙监督法则. 而当 $a^2 = \mu^2$ 时, $r_+ = r_- = \mu$, 黑洞是一个极端黑洞. 在我们的宇宙中已经发现了非常接近于极端性的黑洞, $a \approx 0.998\mu$. 而当 $a^2 > \mu^2$ 时, 没有视界存在, 黑洞的奇点是裸的. 这里的情形与 RN 黑洞类似.

对于克尔黑洞而言, 无穷大红移面可以确定:

$$g_{tt} = 0 \Rightarrow r^2 - 2\mu r + a^2 \cos^2\theta = 0$$
$$\Rightarrow r_{S\pm} = \mu \pm (\mu^2 - a^2 \cos^2\theta)^{1/2}. \tag{10.132}$$

这个红移面是轴对称的. 当 $r = r_{S\pm}, t = $ 常数时,

$$d\sigma^2 = \frac{\mu^2}{\mu^2 - a^2 \cos^2\theta}\rho_{S\pm}^2 d\theta^2 + \left(\frac{2\mu r_{S\pm}(2\mu r_{S\pm} + 2a^2\sin^2\theta)}{\rho_{S\pm}^2}\right)\sin^2\theta d\phi^2.$$

把这个度规嵌入三维欧氏空间中, 我们发现它也是一个轴对称椭球面, 沿转动轴被压扁. 当 $a \to 0$ 时, 取史瓦西极限:

$$r_{S+} \to r = R_s, \qquad r_{S-} \to 0. \tag{10.133}$$

最后, 我们来讨论一下基灵视界. 基灵视界是时空中一个零超曲面, 它与基灵矢量场垂直. 在史瓦西时空中, "类时" 基灵矢量 $\xi^\mu = \partial_t$ 在事件视界上变成零矢量, 而

在事件视界内部变成类空的, 因此基灵视界与事件视界重合. 而在克尔时空中, "类时" 基灵矢量 $\xi^\mu = \partial_t$ 的大小为 $\xi^\mu \xi_\mu = -\dfrac{1}{\rho^2}(\Delta - a^2 \sin^2 \theta)$. 在外事件视界处, $\xi^\mu \xi_\mu = \dfrac{a^2}{\rho^2}\sin^2 \theta \geqslant 0$. 所以, 除了在南北极处基灵矢量是零矢量外, 在外视界处基灵矢量是类空的. 相应于 $\widehat{\xi}$ 的基灵视界由满足 $\xi^\mu \xi_\mu = 0$ 的点给出:

$$(r - \mu)^2 = \mu^2 - a^2 \cos^2 \theta, \tag{10.134}$$

这正好与无穷大红移面 $r_{S\pm}$ 重合. 也就是说, 稳态极限面或者无穷大红移面是一个基灵视界. 这并不意味着克尔黑洞的事件视界不是一个基灵视界. 实际上, 此时的外事件视界也是一个基灵视界, 只不过对应的基灵矢量是 $\partial_t + \Omega_{\mathrm{H}}\partial_\phi$.

我们可以引进类似于 AEF 的坐标来更仔细地研究克尔黑洞在视界 $r = r_\pm$ 处的性质. 我们引进所谓的克尔坐标 $\tilde{u}$ 和 χ:

$$\mathrm{d}\tilde{u} = \mathrm{d}t + \frac{(r^2 + a^2)}{\Delta}\mathrm{d}r, \tag{10.135}$$

$$\mathrm{d}\chi = \mathrm{d}\phi + \frac{a}{\Delta}\mathrm{d}r. \tag{10.136}$$

由此可得新的克尔度规形式

$$\mathrm{d}s^2 = -\frac{(\Delta - a^2 \sin^2 \theta)}{\rho}\mathrm{d}\tilde{u}^2 + 2\mathrm{d}\tilde{u}\,\mathrm{d}r - \frac{2a\sin^2\theta\,(r^2 + a^2 - \Delta)}{\rho}\mathrm{d}\tilde{u}\,\mathrm{d}\chi$$
$$-2a\sin^2\theta\mathrm{d}\chi\,\mathrm{d}r + \frac{\left[(r^2 + a^2)^2 - \Delta a^2 \sin^2 \theta\right]}{\rho}\sin^2\theta\mathrm{d}\chi^2 + \rho\mathrm{d}\theta^2. \tag{10.137}$$

这个度规在 $r = r_\pm$ 处并不奇异, 说明 $r = r_\pm$ 只不过是坐标奇点.

10.3.2 观测者

在对克尔黑洞的讨论中, 从下面三种观测者的角度来考虑问题是有帮助的. 首先我们介绍零角动量观测者 (ZAMOs)[④]. 由定义可知这样的观测者具有零角动量: 如果 $\widehat{u}$ 是观测者的 4-速度, 则其角动量密度为 $L = \widehat{u} \cdot \widehat{\eta}$, 因此零角动量意味着

$$g_{\phi t}\dot{t} + g_{\phi\phi}\dot{\phi} = 0, \tag{10.138}$$

其中 "·" 表示对固有时求导. 利用克尔度规, 这意味着

$$\Omega \equiv \frac{\mathrm{d}\phi}{\mathrm{d}t} = \omega = -\frac{g_{t\phi}}{g_{\phi\phi}}, \tag{10.139}$$

[④]ZAMOs: zero-angular-momentum observers.

因此, 零角动量观测者具有角速度 ω. 随着观测者接近黑洞, 这个角速度增加, 而且与黑洞本身的转动同向. 简而言之, 零角动量观测者随着黑洞一起旋转. 克尔黑洞的这个性质实际上对所有的转动物体都适用, 称为惯性系的拖曳效应. 在远离黑洞的地方, $\omega \approx 2J/r^3$, 在无穷远处这个效应完全消失.

克尔时空中第二类观测者是所谓的静止观测者. 这类观测者的 4-速度正比于基灵矢量 $\widehat{\xi}$, 即

$$u^\mu = \gamma(1,0,0,0), \tag{10.140}$$

其中的 $\gamma = (-g_{00})^{-1/2}$ 是一个归一化因子. 这样的观测者必须通过外在的推动 (如火箭) 才能保持静止, 其运动并非测地线. 实际上, 如前面所讨论的, 静止观测者并非在克尔时空的任何位置都能定义, 这是由于 $\widehat{\xi}$ 并非总是类时的, 在稳态极限面内就无法定义.

最后我们考虑稳态观测者. 这些观测者沿 ϕ 方向运动, 具有固定的角速度 Ω. 他们的 4-速度为

$$u^\mu = \gamma(\xi^\mu + \Omega\eta^\mu). \tag{10.141}$$

注意, $\widehat{\xi} + \Omega\widehat{\eta}$ 是两个基灵矢量的线性组合, 还是一个基灵矢量. γ 是归一化因子,

$$
\begin{aligned}
\gamma^{-2} &= -g_{\mu\nu}(\xi^\mu + \Omega\eta^\mu)(\xi^\nu + \Omega\eta^\nu) \\
&= -g_{tt} - 2\Omega g_{t\phi} - \Omega^2 g_{\phi\phi} \\
&= -g_{\phi\phi}(\Omega^2 - 2\omega\Omega + g_{tt}/g_{\phi\phi}),
\end{aligned}
\tag{10.142}
$$

其中 $\omega = -g_{t\phi}/g_{tt}$ 是无穷远观测者看到黑洞的坐标角速度. 稳态观测者也并非在克尔时空的任何地方都可以存在, 由定义, 这要求矢量 $\widehat{\xi} + \Omega\widehat{\eta}$ 是类时的, 也就是说当 $\gamma^{-2} \leqslant 0$ 时, 稳态观测者不存在. 由 $\gamma^{-2} > 0$ 给出以下条件:

$$\Omega_- < \Omega < \Omega_+, \quad \Omega_\pm = \omega \pm \sqrt{\omega^2 - g_{tt}/g_{\phi\phi}}. \tag{10.143}$$

利用克尔度规的明显表达式, 我们得到

$$\Omega_\pm = \omega \pm \frac{\Delta^{1/2}\rho^2}{\Sigma^2\sin\theta}. \tag{10.144}$$

当稳态观测者具有 $\Omega = 0$ 时, 就成为了静态观测者, 只能在稳态极限面外定义. 进入稳态极限面, 观测者必然具有非零的角速度. 当观测者进一步从稳态极限面径向下降时, Ω_- 增加而 Ω_+ 减小. 最终我们达到 $\Omega_- = \Omega_+$, 这意味着 $\Omega = \omega$, 要求 $\Delta = 0$, 即抵达了事件视界. 此时, 观测者与黑洞的角速度相同,

$$\Omega_{\mathrm{H}} \equiv \omega(r_+) = \frac{a}{r_+^2 + a^2}. \tag{10.145}$$

10.3.3 测地运动

克尔时空中测地运动的讨论同样可以利用运动常数. 一般而言, 由于缺乏球对称性, 克尔时空中的粒子无法保证是在一个平面上运动. 表面上看, 我们只有两个运动常数, 似乎不足以把测地线的运动约化到一维. 实际上, 由于潜藏对称性的存在, 我们还可以定义一个运动常数 —— 卡特常数来简化我们的讨论. 这里我们不准备对克尔时空中的测地线做完整的讨论, 而只是关注在赤道面上的测地运动. 可以证明粒子的轨道可以被限制在 $\theta = \pi/2$ 的赤道面上. 在此赤道面上的粒子, 其运动在 $\theta \to \pi - \theta$ 下不变, 所以 $u^\theta = 0$, 粒子可以等效地看作在如下度规中运动:

$$\mathrm{d}s^2 = -(1 - 2\mu/r)\mathrm{d}t^2 - \frac{4a\mu}{r}\mathrm{d}t\mathrm{d}\phi + \frac{r^2}{\Delta}\mathrm{d}r^2 + (r^2 + a^2 + 2\mu a^2/r)\mathrm{d}\phi^2.$$

由基灵对称性, 我们可以定义粒子的守恒能量密度和角动量密度:

$$E = -\widehat{\xi} \cdot \widehat{u} = -(g_{tt}u^t + g_{t\phi}u^\phi),$$
$$L = \widehat{\eta} \cdot \widehat{u} = g_{\phi t}u^t + g_{\phi\phi}u^\phi,$$

而粒子的 4 速度分量可写作

$$u^t = \frac{\mathrm{d}t}{\mathrm{d}\tau} = \frac{1}{\Delta}\left((r^2 + a^2 + 2\mu a^2/r)E - \frac{2\mu a}{r}L\right),$$
$$u^\phi = \frac{\mathrm{d}\phi}{\mathrm{d}\tau} = \frac{1}{\Delta}\left((1 - 2\mu/r)L + \frac{2\mu a}{r}E\right).$$

利用 4 速度的归一化条件以及 $u^\theta = 0$, 我们最终得到

$$\frac{E^2 - 1}{2} = \frac{1}{2}\left(\frac{\mathrm{d}r}{\mathrm{d}\tau}\right)^2 + V_{\mathrm{eff}}(r, E, L), \tag{10.146}$$

这里

$$V_{\mathrm{eff}}(r, E, L) = -\frac{\mu}{r} + \frac{L^2 - a^2(E^2 - 1)}{2r^2} - \frac{\mu(L - aE)^2}{r^3}.$$

所以, 粒子在赤道面上的运动同样被约化到一个势 V_{eff} 中的一维运动.

我们也可以考虑光子的运动. 此时光子的 4-速度是零矢量 $\widehat{u} \cdot \widehat{u} = 0$, 其运动依赖入射参数 $b = |L/E|$. 此外, 其运动还依赖光子是顺着 (co-rotating) 黑洞的转动方向 (共转) 还是逆着 (counter-rotating) 黑洞的转动方向 (逆转), 这由角动量密度 L 的符号 $\sigma = \mathrm{sign}(L)$ 决定. 最终我们得到径向方程

$$\frac{1}{L^2}\left(\frac{\mathrm{d}r}{\mathrm{d}\lambda}\right)^2 = \frac{1}{b^2} - V_{\mathrm{eff}}(r, b, \sigma), \tag{10.147}$$

其中

$$V_{\text{eff}} = \frac{1}{r^2} \left(1 - \left(\frac{a}{b} \right)^2 - \frac{2\mu}{r} \left(1 - \sigma \frac{a}{b} \right)^2 \right). \tag{10.148}$$

当 $a = 0$ 时, 回到史瓦西时空. 显然, 由于转动黑洞的惯性系拖曳效应, $\sigma > 0$ 的共转光子与 $\sigma < 0$ 的逆转光子的运动是不同的.

与史瓦西时空的情形类似, 我们可以讨论克尔时空中各种测地运动问题: 圆周运动、光子不稳定圆周运动的半径、光线偏折, 以及束缚轨道的形状等. 譬如说, 对于 $a = \mu$ 的极端黑洞, 光子的圆周轨道与光子相对于黑洞的旋转相联系:

(1) 如果是共转, 不稳定圆周轨道在 $r = \mu$;

(2) 如果是逆转, 不稳定圆周轨道在 $r = 4\mu$.

而对于有质量粒子的最内层稳定圆周轨道 (ISCO), 由

$$\left. \frac{\mathrm{d}r}{\mathrm{d}\tau} \right|_{r=R} = 0 \quad \Rightarrow \quad \frac{E^2 - 1}{2} = V_{\text{eff}}(R, E, L). \tag{10.149}$$

而圆周运动的径向加速度为零给出

$$\left. \frac{\partial V_{\text{eff}}}{\partial r} \right|_{r=R} = 0, \tag{10.150}$$

稳定性要求

$$\left. \frac{\partial^2 V_{\text{eff}}}{\partial r^2} \right|_{r=R} \geqslant 0. \tag{10.151}$$

如果没有转动, $a = 0$, 此时 $R = 6\mu$. 这正是史瓦西黑洞中的 ISCO 轨道. 如果黑洞是极端黑洞, $\frac{a}{\mu} = 1$, 我们有

$$\begin{cases} R = \mu, & \text{共转}, \\ R = 9\mu, & \text{逆转}. \end{cases} \tag{10.152}$$

对于极端黑洞共转 ISCO, 粒子能量密度和角动量密度要满足

$$E = \frac{1}{\sqrt{3}}, \quad L = \frac{2\mu}{\sqrt{3}}, \quad R_{\text{ISCO}} = \mu. \tag{10.153}$$

粒子的束缚能密度是粒子在无穷远静止时的能量密度与该粒子在轨道上的能量密度之差. 因此, 粒子单位静止质量的束缚能是 $1 - E$, 在共转 ISCO 轨道上取最大值 $1 - \frac{1}{\sqrt{3}} \approx 42\%$. 也就是说, 如果从无穷远释放粒子到达 ISCO 轨道, 粒子静止质量的 42% 都要释放出去. 这是一个惊人的数值, 远远大于核反应的能量释放率. 实际的天体

黑洞没有严格意义上的极端黑洞, 但存在近极端黑洞, 其 a 比 GM 略小, 其中粒子到达 ISCO 轨道时的能量释放率也是惊人的.

利用粒子的测地运动可以讨论一下克尔黑洞的宇宙监督法则. 宇宙监督法则告诉我们, 黑洞的裸奇点不应该出现. 因此, 对于克尔黑洞而言, 一个物理的黑洞必须有 $a \leqslant \mu$. 而当 $a > \mu$ 时, 尽管仍然是爱因斯坦方程的解, 但这个解不是物理的, 因为它没有视界来保护裸奇点. 也就是说, 当 $a > \mu$ 时, 宇宙监督法则被破坏. 假定存在一个极端克尔黑洞, $a = \mu$, 我们让一个具有角动量密度 L 和质量密度 E 的粒子掉入黑洞中, 黑洞的质量和角动量的变化为

$$\left. \begin{array}{l} \delta M = mE \\ \delta J = mL \end{array} \right\} \Rightarrow \delta a \approx \frac{m}{M}(L - aE). \tag{10.154}$$

如果粒子的角动量 $L > 2EGM$, 则

$$\delta a > \frac{m}{M}(2EGM - aE) = mE\left(2G - \frac{a}{M}\right) \geqslant G\delta M. \tag{10.155}$$

这样的话, 可以有 $(a + \delta a) > G(M + \delta M)$, 从而破坏了宇宙监督法则. 以上讨论的问题在哪呢? 问题在于当粒子的角速度较大时, 它有可能无法被黑洞捕捉到. 我们可以做定量的分析. 从前面对粒子测地运动的讨论得知, 径向运动可以约化为一个在有效势中的一维问题. 当有效势 V_{eff} 的最高处大于 $\frac{E^2 - 1}{2}$ 时, 粒子无法被黑洞捕捉到, 而是在转折点转向后飞回无穷远. 由 $\frac{\partial V_{\mathrm{eff}}}{\partial r} = 0$ 可以确定极值点. 对于取下界的情形 $L = 2GME$, 问题变得简单, $r = GM$ 是极大值点, 此时 $V_{\mathrm{eff}}(r = GM) = \frac{E^2 - 1}{2}$. 也就是说, 在此情况下粒子做不稳定的圆周运动, 即使微扰掉到黑洞里也不会破坏宇宙监督法则. 而当 $L > 2GME$ 时, 粒子无法翻越势垒掉进黑洞里, 其运动是被黑洞散射回无穷远处. 由此可见, 宇宙监督法则无法通过这种方式被破坏.

在结束测地运动的讨论之前, 我们想指出, 在克尔黑洞中存在闭合类时曲线 (CTC). 克尔黑洞内禀奇点在环上, 包围着一个圆盘区域. 如果一个粒子穿过奇点的内部, 将从另一个渐近平直区域出来. 这个新的区域可以通过 $r < 0$ 的克尔度规来描述, 但此时 Δ 不会为零, 所以没有事件视界. 在新的时空中, 在奇点环附近的区域存在闭合类时曲线. 这一点可以从赤道面上绕 ϕ 的运动看出. 我们可以保持 t 和 r 不变, 因此这条路径的线元为

$$\mathrm{d}s^2 = (r^2 + a^2 + 2\mu a^2/r)\,\mathrm{d}\phi^2. \tag{10.156}$$

当 r 为负且绝对值比较小时, 这个线元可以是负的, 代表曲线是一条类时曲线. 由于 ϕ 的周期性, 我们得到了闭合类时曲线.

10.3.4　彭罗斯过程

在克尔黑洞中, 无穷大红移面 r_{S+} 与事件视界 r_+ 并不重合, 存在一个中间区域, 这个区域称为能层 (ergoregion), 如图 10.3 所示. 在这个区域中, $g_{tt} > 0$, 也就是说 ∂_t 并非一个类时矢量, t 不再是一个好的时间坐标. 一个观测者在这个区域中无法在 (r, θ, ϕ) 上保持固定, 也就是说必须随着黑洞的旋转而运动. 然而, 在能层中观测者还没有进入视界, 可以自由地选择进入或者远离视界, 也可以从稳态极限面中出来. 彭罗斯指出, 在能层中可以抽取克尔黑洞的转动能量. 这也是能层一词的来源[5].

图 10.3　克尔时空在稳态极限面和事件视界之间存在能层.

彭罗斯设想的过程如下. 假设一个无穷远处固定位置的观测者向黑洞发射粒子 A 进入克尔黑洞的能层中. 对无穷远观测者, 粒子 A 的能量为

$$E^{(A)} = -\widehat{P}^{(A)}(\mathcal{E}) \cdot \widehat{u}_{\text{obs}} = -P_t^{(A)}(\mathcal{E}), \tag{10.157}$$

其中 $u_{\text{obs}}^{\mu} = (1, 0, 0, 0)$ 是观测者的 4-速度. 假定在能层中 $\mathcal{D}$ 处粒子发生衰变, $A \to B + C$. 由爱因斯坦的等效原理, 局域地粒子的 4-动量守恒: $\widehat{P}^{(A)}(\mathcal{D}) = \widehat{P}^{(B)}(\mathcal{D}) + \widehat{P}^{(C)}(\mathcal{D})$. 如果粒子 C 回到无穷远处, 观测者发现其能量为

$$E^{(C)} = -P_t^{(C)}(\mathcal{R}) = -P_t^{(C)}(\mathcal{D}), \tag{10.158}$$

最后一个等式来自观测者的 4-速度正好是时空的基灵矢量. 同理, 粒子 A 的能量在无穷远处与在衰变处的相同, $P_t^{(A)}(\mathcal{D}) = P_t^{(A)}(\mathcal{E})$, 因此有

$$E^{(C)} = P_t^{(B)}(\mathcal{D}) + E^{(A)}. \tag{10.159}$$

另一方面, $P_t^{(B)} = \widehat{e}_t \cdot \widehat{P}^{(B)}$ 而 $\widehat{e}_t \cdot \widehat{e}_t = g_{tt}$. 如果 B 逃出 r_{S+}, 则

$$g_{tt} < 0 \Rightarrow \widehat{e}_t \text{ 是类时的},$$

---

[5]在希腊语中, ergo 意味着做功. 能层即 ergoregion, 对克尔黑洞也常称作 ergosphere.

因此

$$-P_t^{(B)} = E^{(B)} > 0 \Rightarrow E^{(C)} < E^{(A)}.$$

也就是说, 出射粒子 C 的能量小于入射粒子 A 的能量. 但是如果 B 无法逃出 r_{S+}, 反而掉进黑洞视界中, 在能层内 $g_{tt} > 0$, $\hat{e}_t$ 是一个类空矢量, 所以 $P_t^{(B)}$ 可正可负. 如果 $P_t^{(B)} > 0$, 则

$$E^{(C)} > E^{(A)}, \tag{10.160}$$

即出射粒子的能量大于入射粒子能量. 这样一种从能层抽取能量的过程称为彭罗斯过程, 如图 10.4 所示.

图 10.4 彭罗斯过程.

由于能量守恒, 多余的能量不能无缘无故地产生, 彭罗斯过程中粒子实际上从克尔黑洞抽取了能量. 更准确地说, 彭罗斯过程通过降低黑洞的角动量抽取了转动能. 当粒子 B 掉进事件视界后, 黑洞的质量和角动量都发生变化:

$$M \to M - P_t^{(B)}/c^2, \quad J \to J + P_\phi^{(B)}. \tag{10.161}$$

由于 $P_t^{(B)} > 0$, $P_\phi^{(B)} < 0$, 粒子 B 使黑洞的质量和角动量都减少. 为了看出 $P_\phi^{(B)} < 0$, 我们可以考虑一个在能层内固定于 r 和 θ 处的观测者, 具有 4-速度

$$u^\mu = u^t(1, 0, 0, \Omega), \quad \Omega = \mathrm{d}\phi/\mathrm{d}t. \tag{10.162}$$

该观测者看到粒子的能量是正的:

$$E^{(B)} = -P_\mu^{(B)} u^\mu = -u^t(P_t^{(B)} + P_\phi^{(B)} \Omega) > 0$$
$$\Rightarrow P_t^{(B)} + P_\phi^{(B)} \Omega < 0$$
$$\Rightarrow P_\phi^{(B)} < -P_t^{(B)}/\Omega. \tag{10.163}$$

因此, $P_t^{(B)} > 0 \Rightarrow P_\phi^{(B)} < 0$, 即落入黑洞的粒子如果 $P_t^{(B)} > 0$ 则必然有负的角动量, 从而减少了黑洞的角动量.

如果彭罗斯过程持续发生, 使黑洞的转动能被一直提取, 直到其角动量为零, 最终转动黑洞变成一个史瓦西黑洞. 上面的讨论中对角动量的限制应该对能层中所有的观测者都成立. 能层中最大角速度是在外视界 $r = r_+$ 处, $\Omega_{\max} = \Omega_{\mathrm{H}}$. 这将导致

$$\delta J \leqslant \frac{\delta M}{\Omega_{\mathrm{H}}}, \quad \text{或} \quad \delta M \geqslant \delta J \Omega_{\mathrm{H}}, \tag{10.164}$$

其中

$$\delta M = -P_t^{(B)}, \quad \delta J = P_\phi^{(B)}. \tag{10.165}$$

不等式 (10.164) 无论 $P_t^{(B)}$ 是正是负都成立. 当 $P_t^{(B)}$ 是负时, 粒子的角动量可正可负, 但不能太大, 被这个不等式所限制. 对于彭罗斯过程, $\delta J, \delta M < 0$. 这个关系对能在多大程度上减少黑洞的角动量给出了限制, 最理想的情况是 $\delta J = \delta M / \Omega_{\mathrm{H}}$.

10.4 黑洞热力学

实际上, 黑洞事件视界的面积总是增加的, 此即黑洞第二定律. 这是由于黑洞总是吸引物质进入视界, 而经典上没有物质能够逃离黑洞的事件视界. 对于球对称史瓦西黑洞而言, 视界面积与黑洞的质量平方成正比, 因此吸收了外界物质以后黑洞质量增加, 视界面积当然也总是增大的. 而对于旋转克尔黑洞, 情况要稍微复杂一些. 由于彭罗斯过程存在, 黑洞的质量可以减小, 其视界面积有可能减小[⑥]. 然而实际上, 即使对于克尔黑洞, 彭罗斯过程也不可能使黑洞视界面积减小.

对于克尔黑洞, 其外视界面积为

$$A = 4\pi(r_+^2 + a^2) = 8\pi\mu(\mu + \sqrt{\mu^2 - a^2}). \tag{10.166}$$

易见, 在吸收粒子以后, 面积的变化为

$$\delta A = \frac{8\pi}{\kappa}(\delta M - \Omega_{\mathrm{H}}\delta J), \tag{10.167}$$

其中

$$\kappa = \frac{\sqrt{\mu^2 - a^2}}{2\mu r_+} \tag{10.168}$$

[⑥]我们在这里只讨论黑洞的经典物理, 暂时忽略引力的量子效应. 而彭罗斯过程尽管涉及粒子的衰变, 但与黑洞本身或者黑洞背景下粒子的量子行为无关, 因此我们视之为经典过程.

称为表面引力, 而 $\Omega_{\mathrm{H}} = \dfrac{a}{2\mu r_+}$ 是视界处的转动角速度. 上一节的讨论告诉我们, $\delta M \geqslant \Omega_{\mathrm{H}} \delta J$, 因此 $\delta A \geqslant 0$. 我们可以定义一个正比于黑洞视界面积的不可约质量

$$
\begin{aligned}
M_{\mathrm{irr}}^2 &= \frac{A}{16\pi G^2} \\
&= \frac{1}{4G^2}(r_+^2 + a^2) \\
&= \frac{1}{2}\left(M^2 + \sqrt{M^4 - (Ma/G)^2}\right) \\
&= \frac{1}{2}\left(M^2 + \sqrt{M^4 - (J/G)^2}\right).
\end{aligned}
\tag{10.169}
$$

它与原来的质量间的关系为

$$
M^2 = M_{\mathrm{irr}}^2 + \frac{J^2}{4M_{\mathrm{irr}}^2}.
\tag{10.170}
$$

显然, 这个不可约质量是不会减少的,

$$
\delta M_{\mathrm{irr}} > 0.
\tag{10.171}
$$

彭罗斯过程可以减少黑洞的质量和角动量, 但不能减少不可约质量. 我们可以计算出从克尔黑洞中抽取能量的最大值. 通过彭罗斯过程, 黑洞的质量和角动量减少, 直到转动黑洞的角动量为零, 黑洞成为一个球对称史瓦西黑洞. 由于史瓦西黑洞能够拥有的最小质量必须比原黑洞的不可约质量大, 因此能够释放的最大能量为

$$
M - M_{\mathrm{irr}} = M - \frac{1}{\sqrt{2}}\left(M^2 + \sqrt{M^4 - (J/G)^2}\right)^{1/2}.
\tag{10.172}
$$

最极端的情形是我们从一个极端克尔黑洞中抽取能量, 直到它变成一个史瓦西黑洞. 在此情况下, $J = GM^2$, 我们能够得到原来黑洞约 29% 的能量.

在讨论克尔黑洞的彭罗斯过程中, 我们得到了黑洞视界面积的变化公式

$$
\delta A = \frac{8\pi}{\kappa}(\delta M - \Omega_{\mathrm{H}}\delta J),
\tag{10.173}
$$

其中 κ 称为表面引力, 可以证明它是一个常数. 我们可以把 (10.173) 式写作

$$
\delta M = \frac{\kappa}{8\pi}\delta A + \Omega_{\mathrm{H}}\delta J.
\tag{10.174}
$$

这就是黑洞第一定律.

下面我们讨论黑洞第二定律的两个物理后果. 一个是关于黑洞碰撞中能量的可能损耗, 另一个是对黑洞分裂的限制.

(1) 黑洞碰撞中的质量/能量转化率.

考虑两个质量分别为 M_1, M_2 的黑洞碰撞, 最终形成一个质量为 M_3 的黑洞, 辐射掉的能量是 $M_1 + M_2 - M_3$, 而效率为

$$\eta = \frac{M_1 + M_2 - M_3}{M_1 + M_2} = 1 - \frac{M_3}{M_1 + M_2}. \tag{10.175}$$

假定初始的两个黑洞都是球对称黑洞, $A_1 = 16\pi M_1^2$, $A_2 = 16\pi M_2^2$, 面积不减定理要求

$$A_3 \geqslant 16\pi \left(M_1^2 + M_2^2 \right). \tag{10.176}$$

但是 $16\pi M_3^2 \geqslant A_3$ (等号在晚些时候才成立), 所以

$$M_3 \geqslant \sqrt{M_1^2 + M_2^2}. \tag{10.177}$$

因此转换率被限制,

$$\eta \leqslant 1 - \frac{\sqrt{M_1^2 + M_2^2}}{M_1 + M_2} \leqslant 1 - \frac{1}{\sqrt{2}}. \tag{10.178}$$

辐射能可以用来做功, 所以面积不减定理对可以从黑洞中抽取的能量给出了限制, 类似于热力学第二定律对热机效率的限制.

(2) 黑洞不可能分裂.

假设一个黑洞可以分裂成两个, $M_3 \to M_1 + M_2$. 面积不减定理告诉我们

$$M_3 \leqslant \sqrt{M_1^2 + M_2^2} \leqslant M_1 + M_2, \tag{10.179}$$

但能量守恒要求 $M_3 \geqslant M_1 + M_2$ ($M_3 - M_1 - M_2$ 的质量被辐射掉), 矛盾.

黑洞第一定律可以与通常的热力学第一定律

$$\mathrm{d}U = T\mathrm{d}S + \text{做功项} \tag{10.180}$$

比较. 很自然地我们可以把 $\Omega_{\mathrm{H}}\delta J$ 当作 "做功项", 则会发现以下的对应关系:

$$A \sim S, \qquad \kappa \sim T. \tag{10.181}$$

如果参考其他的一些关于黑洞的知识, 我们可以得到普通热力学定律与黑洞热力学定律的对应.

第零定律 T 在热平衡态中是一个常数 $\leftrightarrow \kappa$ 在稳态黑洞的视界处是一个常数.

第一定律 $\mathrm{d}U = T\mathrm{d}S + $ 做功 $\leftrightarrow \delta M = \dfrac{\kappa}{8\pi}\delta A + \Omega_{\mathrm{H}}\delta J$.

第二定律 熵增原理 $\delta S > 0 \leftrightarrow \delta A > 0$, 黑洞面积不减.

第三定律 不可能通过有限步物理过程使温度达到绝对零度, 即 $T = 0 \leftrightarrow$ 不可能通过任何有限步物理过程使 $\kappa = 0$.

第三定律中 $\kappa = 0$ 对应着极端黑洞, 其中裸奇点将出现, 因此第三定律实际上就是宇宙监督法则.

上面讨论中一个惊人的结果是黑洞具有熵和温度. 这个熵是真实的, 还是只是数学上的类比? 如果我们把一杯热咖啡和一杯冷咖啡混合, 这将增加世界的熵. 但如果我们把混合物倒入黑洞中, 从而抹去了熵增加的痕迹, 这样可以减少外界的熵. 此时, 整个系统的熵是如何变化的? 这是 1970 年时普林斯顿大学的惠勒教授向年轻的贝肯斯坦 (Bekenstein) 提出的问题. 惠勒指出一个在黑洞外部的观测者可以向黑洞扔熵不为零的物质从而减少黑洞外部的熵, 因此如果只考虑黑洞的外部, 热力学第二定律将被破坏. 贝肯斯坦经过研究发现, 黑洞必须具有熵, 如果考虑黑洞的熵, 则整个系统的熵还是增加的, 而且黑洞的熵正比于黑洞视界的面积:

$$S_{\mathrm{BH}} \propto A. \tag{10.182}$$

稍后, 霍金进一步研究, 确定了比例系数, 从而建立了黑洞的熵公式.

贝肯斯坦–霍金熵公式

$$S = \frac{k_{\mathrm{B}} A}{4 \hbar G}, \tag{10.183}$$

其中 k_{B} 是玻尔兹曼常数.

贝肯斯坦–霍金熵的比例系数中普朗克常数的存在说明黑洞的熵是量子力学效应, 而且无法通过取经典极限 $\hbar \to 0$ 来得到经典对应. 黑洞的熵遵从面积律而非体积律有着深远的物理意义. 首先, 通常的局域物理规律描述的系统, 其熵是满足体积律的, 这意味着量子引力不能够通过简单的局域相互作用来描述. 其次, 黑洞的面积律实际上体现了量子引力的全息原理. 黑洞的自由度可以通过其视界上的自由度来给出. 这暗示着在量子引力中, 一个引力体系的物理可以通过其边界上自由度的物理来刻画. 1993 年, 诺贝尔物理学奖得主特霍夫特 ('t Hooft) 提出了量子引力的全息原理. 1994 年, 萨斯坎德 (Susskind) 进一步发展了这个全息原理. 关于全息原理的综述, 参见文献 [58]. 1997 年, 马尔达西纳 (Maldacena) 提出了 AdS/CFT 对应关系[59,60], 具体实现了量子引力的全息原理. 简而言之, AdS/CFT 对应告诉我们: 在 AdS 时空中的量子引力理论与 AdS 边界上的一个共形不变的量子场论等价. 它把一个高维的引力理论与低维的量子场论联系起来, 为研究量子引力和量子场论中的很多棘手问题提供了新的思路和方法. AdS/CFT 对应成为过去二十多年里理论物理研究中最重要的方向之一.

10.4.1 霍金辐射和信息丢失

在对黑洞的研究中, 霍金不仅发现了黑洞具有熵, 还进一步发现黑洞具有温度

$$T = \frac{\hbar\kappa}{2\pi k_{\mathrm{B}}}, \tag{10.184}$$

并且存在黑体辐射, 即霍金辐射. 霍金辐射是黑洞的一个量子现象, 对它透彻的研究需要一些弯曲时空量子场论的知识. 这里我们只简单定性分析一下. 量子场论告诉我们, 在平直时空中的量子涨落不停地发生, 产生各种虚粒子对, 是能量守恒的要求阻止了这些虚粒子对变成真正的粒子对. 但是, 如果有外加场的作用, 这些量子涨落有可能会获得能量. 比如, 在外加强电场下, 粒子对有可能从真空中产生, 这就是施温格对产生 (Schwinger pair production) 现象. 而在弯曲时空中, 虚粒子对可以从引力场中获得能量从而实体化, 这就是霍金辐射. 为了简单起见, 我们考虑史瓦西黑洞. 此时我们有基灵矢量 $\hat{\xi} = (1, 0, 0, 0)$, 其大小为

$$\hat{\xi} \cdot \hat{\xi} = -(1 - R_{\mathrm{s}}/r), \tag{10.185}$$

即 $\hat{\xi}$ 在视界外是一个类时矢量, 而在视界内是一个类空矢量. 这个差别是霍金辐射的根源. 考虑一个具有 4 动量 $\hat{P}$ 的粒子, 在视界外, $r > R_{\mathrm{s}}$,

$$-\hat{\xi} \cdot \hat{P} = E > 0, \text{对粒子而言,}$$
$$-\hat{\xi} \cdot \hat{P} = E > 0, \text{对反粒子而言.}$$

由于粒子和反粒子的能量都是正的, 由能量守恒可知真空中粒子对产生不可能. 而在视界内, $r < R_{\mathrm{s}}, -\hat{\xi} \cdot \hat{p}$ 是粒子空间动量的一个分量, 可正可负. 如果是负的, 粒子对产生就可以发生, 而且不破坏能量守恒. 特别是在视界附近, 局域地我们有 4-动量守恒, 但如果反粒子进入视界, 粒子离开视界, 并不破坏能量守恒. 假如粒子离开视界到达无穷远, 黑洞的质量就会减少, 相当于黑洞产生了辐射, 即霍金辐射.

我们可以估算一下黑洞的霍金辐射率 $\frac{\mathrm{d}M}{\mathrm{d}t}$. 首先, 这是一个量子力学现象, 所以应该与普朗克常数 $\hbar \approx 2.62 \times 10^{-66} \text{ cm}^2$ 成正比. 其次, 辐射无质量粒子时的效率最高,

$$\frac{\mathrm{d}M}{\mathrm{d}t} = -\nu \frac{\hbar}{M^2}, \tag{10.186}$$

其中常数 ν 待定. 利用量子场论计算发现, 这种辐射实际上是一个温度为

$$k_{\mathrm{B}}T = \frac{\hbar}{8\pi M} = \frac{c^3\hbar}{8\pi GM} \tag{10.187}$$

的黑体辐射. 而一个黑体的发射通量由斯特蕃 (Stefan) 定律给出, 即与温度的四次方成正比, 为 σT^4, 其中 $\sigma = \pi^2 k_{\mathrm{B}}^4/(60\hbar^3 c^2)$. 因此, 能量穿过黑洞视界面的辐射率为

$$16\pi M^2 \pi^2 \frac{c^{12}\hbar^4}{(8\pi GM)^4 \times 60\hbar^3 c^2} = \frac{c^{10}}{4 \times 64 \times 60\pi G^4} \frac{\hbar}{M^2} \Rightarrow \nu = \frac{1}{15360\pi}.$$

我们可以估算一下黑洞的霍金辐射. 首先, 黑洞的温度为 $T = 6.2 \times 10^{-8} \left(\dfrac{M_\odot}{M}\right)$ K, 其中 $M_\odot$ 是太阳质量. 所以, 随着质量增大, 温度变低. 反之, 如果黑洞的质量很小, 其温度很高. 而黑洞质量随时间的变化为

$$M(t) = [3\nu\hbar(t_* - t)]^{1/3}. \tag{10.188}$$

由此我们可以得到把黑洞质量辐射完所需的时间

$$\tau_{\mathrm{H}} \approx \frac{1}{3\nu}\frac{M^3}{\hbar} \approx 8.3 \times 10^{-26} \left(\frac{M}{1\ \mathrm{g}}\right)^3 \mathrm{s}. \tag{10.189}$$

对于一个有太阳质量的黑洞, $M \sim M_\odot$, 所需的时间 $\tau_{\mathrm{H}} \gg 140$ 亿年, 即远远大于宇宙年龄. 而对于在宇宙极早期产生的原初黑洞, 质量约为

$$10^{14}\ \mathrm{g} \sim 10^{-19} M_\odot. \tag{10.190}$$

这大约是地球上一座山的质量, 要把它辐射完需要 $\tau_{\mathrm{H}} = 8.3 \times 10^{16}$ s. 也就是说, 即使原初黑洞在宇宙早期产生, 至今它也还在辐射. 而且, 黑洞的霍金辐射越到晚期越快. 注意在上面的讨论中实际上忽略了霍金辐射的反作用, 在早期时没有太严重的影响, 但到后期这种反作用必须考虑.

尽管只是半经典的讨论, 霍金辐射却有着重要的物理后果: 它意味着信息可能在黑洞系统中丢失. 如果考虑霍金辐射, 一个通过引力塌缩形成的黑洞最终会蒸发掉, 得到一个没有视界的时空. 由于黑洞的霍金辐射是一个热辐射, 会抹掉掉入黑洞的物质的微观信息. 这就导致了黑洞的信息佯谬. 我们期待在一个完整的量子引力理论中, 霍金辐射导致的信息丢失问题可以得到解决. 实际上, AdS/CFT 对应提供了解决信息丢失问题的线索: 如果量子引力等价于一个量子场论, 由于量子场论中幺正性得到保证, 在引力中不应该存在信息丢失问题. 但即使在此框架下, 信息如何恢复也并不清楚. 关于黑洞的信息丢失问题, 参见文献 [61,62,63].

习   题

1. 对于处于稳态的源, 证明 $\partial_0 T^{0i} = 0$, 并由此证明

$$\int_V (T^{0i}y^j + T^{0j}y^i)\mathrm{d}^3 y = 0, \tag{10.191}$$

其中空间体积 V 把源包住.

2. 对于一个非相对论性的稳态源, 证明在质心坐标下,

$$\bar{h}^{00}(\boldsymbol{x}) = -\frac{4GM}{|\boldsymbol{x}|} + O\left(\frac{1}{|\boldsymbol{x}|^2}\right),$$
$$\bar{h}^{0i}(\boldsymbol{x}) = \frac{2G}{|\boldsymbol{x}|^3}x_j J^{ij} + O\left(\frac{1}{|\boldsymbol{x}|^3}\right), \tag{10.192}$$
$$\bar{h}^{ij}(\boldsymbol{x}) = 0,$$

其中 M 和 J^{ij} 分别为

$$M = \int_V \rho(\boldsymbol{y})\mathrm{d}^3y, \quad J^{ij} = \int_V [y^i p^j(\boldsymbol{y}) - y^j p^i(\boldsymbol{y})]\mathrm{d}^3y, \tag{10.193}$$

而 $\rho(\boldsymbol{y})$ 是源的能量密度分布, $p^j(\boldsymbol{y}) = \rho(\boldsymbol{y})u^i(\boldsymbol{y})$ 是源的动量密度分布. 进一步地, 证明此时的引力标量势和矢量势在领头阶由下面的关系给出:

$$\Phi_\mathrm{g}(\boldsymbol{x}) = -\frac{GM}{|\boldsymbol{x}|}, \quad \boldsymbol{A}_\mathrm{g}(\boldsymbol{x}) = -\frac{2G}{|\boldsymbol{x}|^3}\boldsymbol{J} \times \boldsymbol{x}, \tag{10.194}$$

这里 $\boldsymbol{J} = \int(\boldsymbol{y} \times \boldsymbol{p})\mathrm{d}^3y$ 是源的总角动量. 证明这些关系式对于球对称的源在线性近似下是严格的. 由此, 我们得到球对称分布的源绕 z 轴转动时, 时空的线元可写作

$$\mathrm{d}s^2 = -\left(1 - \frac{2GM}{r}\right)\mathrm{d}t^2 - \frac{4GJ}{r^3}(x\mathrm{d}y - y\mathrm{d}x)\mathrm{d}t$$
$$+ \left(1 + \frac{2GM}{r}\right)(\mathrm{d}x^2 + \mathrm{d}y^2 + \mathrm{d}z^2), \tag{10.195}$$

这里 $r = |\boldsymbol{x}|$.

3. 证明在线性引力中, 一个质量为 M 的球对称物体, 如果它以角动量 $\boldsymbol{J}$ 稳定地旋转, 则它产生的引电场和引磁场分别为

$$\boldsymbol{g}(\boldsymbol{x}) = -\frac{GM}{|\boldsymbol{x}|^2}\boldsymbol{e}_x, \quad \boldsymbol{b}(\boldsymbol{x}) = \frac{2G}{|\boldsymbol{x}|^3}[\boldsymbol{J} - 3(\boldsymbol{J} \cdot \boldsymbol{e}_x)\boldsymbol{e}_x], \tag{10.196}$$

其中 $\boldsymbol{e}_x$ 是在 $\boldsymbol{x}$ 方向的单位矢量.

4. 在慢转极限下, 地球外的时空可以由如下度规来描述:

$$\mathrm{d}s^2 = -\left(1 - \frac{2GM}{rc^2}\right)c^2\mathrm{d}t^2 + \frac{4GJ}{r^3c^3}(y\mathrm{d}x - x\mathrm{d}y)\mathrm{d}t$$
$$+ \left(1 + \frac{2GM}{rc^2}\right)(\mathrm{d}x^2 + \mathrm{d}y^2 + \mathrm{d}z^2). \tag{10.197}$$

考虑在赤道面上的圆周运动, 利用 $\mathrm{d}\phi = \omega\mathrm{d}t$, 证明对于测地运动有

$$\omega^2 + \frac{2GJ}{r^3c^2}\omega - \frac{GM}{r^3} = 0. \tag{10.198}$$

5. 考虑一个静止的轴对称时空, 它在轴的平移和沿对称轴的反射下不变. 证明这个时空的线元可以写作

$$\mathrm{d}s^2 = -A(\rho)\mathrm{d}t^2 + \mathrm{d}\rho^2 + B(\rho)\mathrm{d}\phi^2 + C(\rho)\mathrm{d}z^2, \tag{10.199}$$

其中 A, B, C 是 ρ 的任意函数. 计算这个线元的非零克里斯托弗符号以及里奇张量的非零分量.

6. 考虑一个静止无穷长、半径为常数的圆柱体对称分布物质, 它在沿对称轴的洛伦兹变换下不变, 此即所谓的宇宙弦. 证明在这个物质分布的外面, 时空线元可以写作

$$\mathrm{d}s^2 = -\mathrm{d}t^2 + \mathrm{d}\rho^2 + (\alpha + \beta\rho)^2\mathrm{d}\phi^2 + \mathrm{d}z^2, \tag{10.200}$$

其中 α, β 是常数. 对于 $\alpha = 0$, 考虑由 $t = $ 常数和 $z = $ 常数定义的类空曲面, 计算在此曲面上, 坐标半径 ρ 为常数所定义的圆的周长. 由此证明对于 $\beta < 1$, 类空曲面的几何是一个嵌入三维欧氏空间的二维锥面.

7. 接上题. 如果选择柱面极坐标 (t, r, ϕ, z), 证明爱因斯坦场方程的自洽解要求物质的能动张量的形式为

$$T^{\mu\nu} = \mathrm{diag}(\rho, 0, 0, -\rho), \tag{10.201}$$

这样的话, 沿着宇宙弦将有一个负压强 (或者说张率), 而在弦上的线元形如

$$\mathrm{d}s^2 = -\mathrm{d}t^2 + \mathrm{d}r^2 + B(r)\mathrm{d}\phi^2 + \mathrm{d}z^2, \tag{10.202}$$

其中 $B(r)$ 满足

$$\frac{B''}{2B} - \frac{(B')^2}{4B^2} = -8\pi G\rho. \tag{10.203}$$

通过引进 $b(r) = \sqrt{B(r)}$, 我们有

$$b'' = -8\pi G\rho b. \tag{10.204}$$

进一步地, 假设能量密度是均匀分布的,

$$\rho(r) = \begin{cases} \rho_0, & r \leqslant r_0, \\ 0, & r > r_0. \end{cases} \tag{10.205}$$

若要求时空几何在轴心处是非奇异的, 则当 $r \to 0$ 时度规分量 $g_{\phi\phi} \to r^2$, 由此证明 $r \leqslant r_0$ 的线元为

$$ds^2 = -dt^2 + dr^2 + \left(\frac{\sin \lambda r}{\lambda r} \right)^2 d\phi^2 + dz^2, \qquad (10.206)$$

其中 $\lambda = \sqrt{8\pi G \rho_0}$. 通过要求度规及其导数在 $r = r_0$ 处连续, 证明 $r > r_0$ 的线元为

$$ds^2 = -dt^2 + dr^2 + \left(\frac{\sin \lambda r_0}{\lambda r} + (r - r_0) \cos \lambda r_0 \right)^2 d\phi^2 + dz^2. \qquad (10.207)$$

对于我们感兴趣的情况, $\lambda r_0 \ll 1$, 证明当 $r \gg r_0$ 时, 线元取如下的形式:

$$ds^2 = -dt^2 + dr^2 + \left(1 - \frac{8G\mu}{c^2} \right) r^2 d\phi^2 + dz^2, \qquad (10.208)$$

其中 $\mu = \pi r_0^2 \rho_0$ 是弦的单位长度质量. 请对这个线元的物理意义进行诠释.

8. 计算在博耶尔–林德奎斯特坐标下克尔度规的逆.

9. 在克尔时空几何中, 考虑由 $t = $ 常数和 $r = r_{\pm}$ 定义的曲面. 证明对每一个曲面, 绕两极的圆周长小于赤道的周长. 证明这一事实对于由 $t = $ 常数和 $r = r_{S\pm}$ 定义的曲面也成立.

10. 计算克尔黑洞的外视界面积. 证明对于任意两个分别具有质量 M_1 和 M_2、角动量 J_1 和 J_2 的克尔黑洞, 它们的总视界面积小于一个具有质量 $M_1 + M_2$ 和角动量 $J_1 + J_2$ 的克尔黑洞的视界面积.

11. 证明在一个质量为 M 的极端克尔黑洞几何中, 在赤道面上博耶尔–林德奎斯特半径 $r = \mu$ 处存在与黑洞同向转动的做圆周运动的光线, 而在博耶尔–林德奎斯特半径 $r = 4\mu$ 处存在与黑洞反向转动的做圆周运动的光线.

12. 考虑博耶尔–林德奎斯特坐标下克尔时空几何中赤道面上的粒子的测地运动, 证明测地线方程为

$$\dot{t} = \frac{1}{\Delta} \left(\left(r^2 + a^2 + \frac{2\mu a^2}{r} \right) E - \frac{2\mu a}{r} L \right),$$

$$\dot{\phi} = \frac{1}{\Delta} \left(\frac{2\mu a}{r} E + \left(1 - \frac{2\mu}{r} \right) L \right), \qquad (10.209)$$

$$\dot{r}^2 = (E^2 - \epsilon^2) + \frac{2\epsilon^2 \mu}{r} + \frac{a^2(E^2 - \epsilon^2) - L^2}{r^2} + \frac{2\mu(L - aE)^2}{r^3},$$

其中对于有质量粒子 $\epsilon^2 = 1$, 对于无质量粒子 $\epsilon^2 = 0$. 此外, 在上面的方程中, 我们引进了守恒量. 证明这些方程在 $a \to 0$ 极限下退化为史瓦西几何中粒子的测地运动.

13. 考虑博耶尔–林德奎斯特坐标下克尔时空几何中赤道面上的粒子的测地圆周运动, 证明其坐标角速度 $\Omega = \mathrm{d}\phi/\mathrm{d}t$ 满足

$$\Omega = \frac{\mu^{1/2}}{a\mu^{1/2} \pm r^{3/2}}, \tag{10.210}$$

其中正号对应与时空转动同向的运动, 负号对应与时空转动反向的运动.

14. 证明如果粒子初始时在克尔黑洞的赤道面上, 则它将保持在赤道面上运动.

15. 如果一个观测者在克尔时空的赤道面上做圆周运动, 他相对于远处观测者的角速度为 $\Omega = \mathrm{d}\phi/\mathrm{d}t$, 请利用 Ω, r, μ, a 把粒子的 4-速度分量 u^t, u^ϕ, u_t, u_ϕ 表达出来.

16. 考察克尔–纽曼黑洞的度规.

    (1) 找到事件视界的半径 r_+ 和角速度 Ω_{H}.

    (2) 证明矢量场

    $$\widehat{l} = \frac{r^2 + a^2}{\Delta}\partial_t - \partial_r + \frac{a}{\Delta}\partial_\phi \tag{10.211}$$

    与内向零测地线汇相切, 并证明

    $$\widetilde{u} \equiv t + \int \frac{r^2 + a^2}{\Delta}\mathrm{d}r, \quad \psi \equiv \phi + \int \frac{a}{\Delta}\mathrm{d}r \tag{10.212}$$

    在线汇上的每一条线上都是常数.

    (3) 证明克尔–纽曼黑洞视界的面积是

    $$A = 8\pi \left[\mu^2 - \frac{e^2}{2} + \sqrt{\mu^4 - e^2\mu^2 - J^2} \right]. \tag{10.213}$$

17. 对于克尔–纽曼时空, 可以定义共转电势

$$\Phi = \xi^\mu A_\mu. \tag{10.214}$$

证明这个电势在未来事件视界上是常数. 特别地, 证明如果取规范使在无穷远处的静电势 $\Phi = 0$, 则

$$\Phi_{\mathrm{H}} = \frac{Qr_+}{r_+^2 + a^2}, \tag{10.215}$$

其中 $r_+ = \mu + \sqrt{\mu^2 - Q^2 - a^2}$.

18. 令 l^μ 是平直时空中的零测地矢量场, 利用它和一个任意的标量函数 H 来构造一个新的度规

$$g_{\mu\nu} = \eta_{\mu\nu} + Hl_\mu l_\nu, \tag{10.216}$$

其中 $l_\mu = \eta_{\mu\nu}l^\nu$. 这个度规称为克尔–斯其德度规.

(1) 证明 $\widehat{l}$ 对度规 $g_{\mu\nu}$ 和 $\eta_{\mu\nu}$ 都是零的.

(2) 给出 $g^{\mu\nu}$.

(3) 证明 $l_\mu = g_{\mu\nu}l^\nu, l^\mu = g^{\mu\nu}l_\nu$, 也就是说零矢量的指标升降可以用 $g_{\mu\nu}$ 和 $\eta_{\mu\nu}$ 两种度规来实现.

(4) 计算 $g_{\mu\nu}$ 的克里斯托弗符号, 并证明它们满足关系

$$\lambda_\mu \Gamma^\mu_{\alpha\beta} = -\frac{1}{2}\dot{H}l_\alpha l_\beta, \qquad l^\mu \Gamma^\alpha_{\mu\beta} = \frac{1}{2}\dot{H}l^\alpha l_\beta, \tag{10.217}$$

其中 $\dot{H} \equiv l^\mu \partial_\mu H$.

(5) 证明 $l^\nu \nabla_\nu l^\mu = 0$, 即 $\widehat{l}$ 是度规 $g_{\mu\nu}$ 和 $\eta_{\mu\nu}$ 的测地矢量场.

(6) 证明对里奇张量, $R_{\mu\nu}l^\mu l^\nu = 0$.

第十一章　引力波

在本章中, 我们将简要学习广义相对论的一个重要预言 —— 引力波. 如前所述, 引力是自然界中最弱的力, 牛顿引力耦合常数很小. 一方面, 这使得引力波很微弱, 给探测引力波造成了很大的困难. 事实上, 直到 2015 年底, 人类才第一次直接探测到了双黑洞并合时发出的引力波信号. 另一方面, 由于耦合常数很小, 引力波在传播过程中与其他物质的耦合很弱, 也就是说很难受到其他物质的干扰. 因此, 我们如果探测到引力波, 它携带有引力波源的完整信息, 这为研究各种引力波源提供了理想的平台. 随着引力波直接观测的成功, 引力波物理必将成为相对论天体物理、宇宙学研究的重要方向.

我们将在弱场近似的基础上学习引力波的知识, 包括引力波的传播及其物理效应、引力波的产生、引力波携带的能量以及引力波的探测. 在弱场 (线性) 近似下, 度规场可以分解为平直时空背景及其扰动两部分:

$$g_{\mu\nu} = \eta_{\mu\nu} + h_{\mu\nu}, \tag{11.1}$$

其中 $h_{\mu\nu}$ 可以看作在平直时空下的二阶对称张量场, 具有规范对称性

$$h_{\mu\nu} \to h_{\mu\nu} + \partial_\mu \xi_\nu + \partial_\nu \xi_\mu. \tag{11.2}$$

通过引进迹相反的扰动, 爱因斯坦方程可以写作

$$\Box \bar{h}_{\mu\nu} = -16\pi G T_{\mu\nu}. \tag{11.3}$$

基于此, 我们将学习引力波的基本性质、引力波的产生和引力波的探测. 对于引力波物理更深入的讨论, 参见文献 [49,51].

11.1　真空中的引力波

在弱场近似下讨论引力波是方便的. 我们的地球离可能产生引力波的源已经足够远了, 此时弱场近似是一个很好的处理方法. 我们先关注如果引力波已经产生了, 其在真空中的行为. 在真空中, "迹相反" 扰动满足的方程为 $\Box \bar{h}_{\mu\nu} = 0$, 其中 $\Box = -\partial_t^2 + \nabla^2$. 这个方程有平面波解

$$\bar{h}_{\mu\nu} = C_{\mu\nu} \mathrm{e}^{\mathrm{i}k_\sigma x^\sigma}, \tag{11.4}$$

其中 $C_{\mu\nu}$ 是一个常数对称 $(0,2)$ 张量, 而 k^{σ} 是一个常数矢量, 通常称为波矢, 代表平面波的传播. 波的传播方程告诉我们,

$$
\begin{aligned}
0 = \Box \bar{h}_{\mu\nu} &= \eta^{\rho\sigma} \partial_{\rho} \partial_{\sigma} \bar{h}_{\mu\nu} = \eta^{\rho\sigma} \partial_{\rho}(\mathrm{i}k_{\sigma}\bar{h}_{\mu\nu}) = -\eta^{\rho\sigma} k_{\rho} k_{\sigma} \bar{h}_{\mu\nu} \\
&= -k_{\sigma} k^{\sigma} \bar{h}_{\mu\nu}
\end{aligned}
$$
$$
\Rightarrow k_{\sigma} k^{\sigma} = 0 , \tag{11.5}
$$

即波矢是一个零矢量, 代表引力波是以光速传播的, 而相应的引力子是一个无质量粒子, 类似于光子. 令 $\widehat{k} = (\omega, k_1, k_2, k_3)$, 则 $\omega^2 = \delta_{ij} k^i k^j$. 注意, 由于波动方程是一个相对论性线性方程, 叠加原理是适用的. 不同的波只要满足波动方程就可以叠加在一起.

11.1.1 物理自由度

四维时空中引力波的传播自由度可以通过确定规范自由度来得到. 首先, 由于 $C_{\mu\nu}$ 是对称张量, 共有 10 个独立分量, 这些分量中的大部分都是规范自由度. 利用调和规范条件,

$$
0 = \partial_{\mu} \bar{h}^{\mu\nu} = \partial_{\mu}(C^{\mu\nu} \mathrm{e}^{\mathrm{i}k_{\sigma}x^{\sigma}}) = \mathrm{i}C^{\mu\nu} k_{\mu} \mathrm{e}^{\mathrm{i}k_{\sigma}x^{\sigma}}, \tag{11.6}
$$

由此得

$$
k_{\mu} C^{\mu\nu} = 0. \tag{11.7}
$$

这个关系告诉我们引力波是一个横波, 与波矢的传播方向垂直. 它实际上是四个独立的方程, 因此给出四个约束, 剩余的自由度是 $10 - 4 = 6$ 个. 然而我们知道, 取调和规范并未完全确定坐标变换的自由度. 实际上, 在调和规范条件

$$
\Box x^{\mu} = 0 \tag{11.8}
$$

中, 如果坐标函数平移一个满足 $\Box \zeta^{\mu} = 0$ 的函数 ζ^{μ}, 调和规范条件仍然满足. 注意 $\Box \zeta^{\mu} = 0$ 本身就是一个波动方程, 一旦选择了一个解, 则所有的规范自由度就固定了. 让我们选择解

$$
\zeta_{\mu} = B_{\mu} \mathrm{e}^{\mathrm{i}k_{\sigma}x^{\sigma}}, \tag{11.9}
$$

其中 k_{σ} 是引力波的波矢, 而 B_{μ} 是一个待定的常系数. 在坐标函数平移下 $x^{\mu} \to x^{\mu} + \zeta^{\mu}$,

$$
h_{\mu\nu}^{(\mathrm{new})} = h_{\mu\nu}^{(\mathrm{old})} - \partial_{\mu}\zeta_{\nu} - \partial_{\nu}\zeta_{\mu}, \tag{11.10}
$$

这将导致 "迹相反" 的扰动做如下变化:

$$
\begin{aligned}
\bar{h}_{\mu\nu}^{(\mathrm{new})} &= h_{\mu\nu}^{(\mathrm{new})} - \frac{1}{2}\eta_{\mu\nu}h^{(\mathrm{new})} \\
&= h_{\mu\nu}^{(\mathrm{old})} - \partial_\mu\zeta_\nu - \partial_\nu\zeta_\mu - \frac{1}{2}\eta_{\mu\nu}(h^{(\mathrm{old})} - 2\partial_\lambda\zeta^\lambda) \\
&= \bar{h}_{\mu\nu}^{(\mathrm{old})} - \partial_\mu\zeta_\nu - \partial_\nu\zeta_\mu + \eta_{\mu\nu}\partial_\lambda\zeta^\lambda.
\end{aligned}
\tag{11.11}
$$

利用扰动的平面波解以及 (11.9) 式, 有

$$
C_{\mu\nu}^{(\mathrm{new})} = C_{\mu\nu}^{(\mathrm{old})} - \mathrm{i}k_\mu B_\nu - \mathrm{i}k_\nu B_\mu + \mathrm{i}\eta_{\mu\nu}k_\lambda B^\lambda.
\tag{11.12}
$$

我们可以得到如下结果.

命题 我们总可以选择合适的系数 B_μ 使变换后的引力波振幅满足

$$
C^{(\mathrm{new})\mu}{}_\mu = 0 \quad (\text{无迹条件}),
\tag{11.13}
$$

和

$$
C_{0\nu}^{(\mathrm{new})} = 0.
\tag{11.14}
$$

证明 为了满足 (11.13) 式, 必须有

$$
0 = C^{(\mathrm{old})\mu}{}_\mu + 2\mathrm{i}k_\lambda B^\lambda,
\tag{11.15}
$$

即

$$
k_\lambda B^\lambda = \frac{\mathrm{i}}{2}C^{(\mathrm{old})\mu}{}_\mu.
\tag{11.16}
$$

接下来, (11.14) 式的 $\nu = 0$ 分量要求

$$
\begin{aligned}
0 &= C_{00}^{(\mathrm{old})} - 2\mathrm{i}k_0 B_0 - \mathrm{i}k_\lambda B^\lambda \\
&= C_{00}^{(\mathrm{old})} - 2\mathrm{i}k_0 B_0 + \frac{1}{2}C^{(\mathrm{old})\mu}{}_\mu,
\end{aligned}
\tag{11.17}
$$

即

$$
B_0 = -\frac{\mathrm{i}}{2k_0}\left(C_{00}^{(\mathrm{old})} + \frac{1}{2}C^{(\mathrm{old})\mu}{}_\mu\right).
\tag{11.18}
$$

而 (11.14) 式的 $\nu = j$ 分量要求

$$
\begin{aligned}
0 &= C_{0j}^{(\mathrm{old})} - \mathrm{i}k_0 B_j - \mathrm{i}k_j B_0 \\
&= C_{0j}^{(\mathrm{old})} - \mathrm{i}k_0 B_j - \mathrm{i}k_j\left[\frac{-\mathrm{i}}{2k_0}\left(C_{00}^{(\mathrm{old})} + \frac{1}{2}C^{(\mathrm{old})\mu}{}_\mu\right)\right],
\end{aligned}
\tag{11.19}
$$

或者

$$B_j = \frac{\mathrm{i}}{2(k_0)^2} \left[-2k_0 C_{0j}^{(\mathrm{old})} + k_j \left(C_{00}^{(\mathrm{old})} + \frac{1}{2} C^{(\mathrm{old})\mu}{}_\mu \right) \right].$$

易见这些选择是相容的.

因此, 四维中引力波的物理自由度只有两个, 原因如下:

(1) $k_\mu C^{\mu\nu} = 0$ 给出 4 个约束.

(2) $C^\mu{}_\mu = 0$ 给出 1 个约束.

(3) $C_{0\nu} = 0$ 给出 4 个约束.

(4) 但是 $C_{0\nu} = 0$ 已经包含了 $k_\mu C^{\mu 0} = 0$. 也就是说 $k_\mu C^{\mu\nu} = 0$ 中只有 $\nu = j$ 时才是独立的约束. 所以我们最终有 8 个约束, 真实的物理自由度只有两个.

我们可以和电磁辐射做一个比较. 电磁波可以由 $A_\mu = C_\mu \mathrm{e}^{\mathrm{i} k^\sigma x_\sigma}$ 来描述, k^σ 是波矢. 利用相对论性波动方程知道 $C_\mu k^\mu = 0$, 即电磁波是一个横波. 这给出一个约束. 另一方面, 利用规范对称性, 我们可以选定规范. 最终的结果是四维中电磁波也只有两个物理自由度.

11.1.2 TT 规范

从前面的讨论我们知道, 如果我们选择合适的规范, 引力波是一个无迹、横向的波. 我们不妨选择波的传播沿 z 方向, 这时有

$$k^\mu = (\omega, 0, 0, k^3) = (\omega, 0, 0, \omega), \tag{11.20}$$

其中 $k^3 = \omega$ 是因为波矢是零矢量. 在这种情况下 $k^\mu C_{\mu\nu} = 0$ 和 $C_{0\nu} = 0$ 两个条件暗示着

$$C_{3\nu} = 0. \tag{11.21}$$

所以, $C_{\mu\nu}$ 中非零分量是 C_{11}, C_{12}, C_{21} 和 C_{22}. 进一步地, 由迹零、对称条件, 我们可以把 $C_{\mu\nu}$ 写作

$$C_{\mu\nu} = \begin{pmatrix} 0 & 0 & 0 & 0 \\ 0 & C_{11} & C_{12} & 0 \\ 0 & C_{12} & -C_{11} & 0 \\ 0 & 0 & 0 & 0 \end{pmatrix}. \tag{11.22}$$

这样一个在调和规范下的子规范称为横向无迹规范 (transverse traceless gauge), 有时也称作辐射规范 (radiation gauge), 简记为 TT 规范. 在此规范下, 度规扰动是无迹的,

与波矢垂直. 上面的讨论都是对 "迹相反" 扰动 $\bar{h}_{\mu\nu}$ 做的讨论, 并非扰动 $h_{\mu\nu}$ 本身. 然而, 在 TT 规范下,

$$\bar{h}_{\mu\nu}^{\mathrm{TT}} = h_{\mu\nu}^{\mathrm{TT}}. \tag{11.23}$$

也就是说, 如果我们选择 TT 规范, 对两种扰动的讨论等价.

当然也可以选择别的规范来讨论问题, 但在研究引力波的辐射时 TT 规范比较方便. 实际上, 如果我们只关心引力辐射, 则有如下定理[①].

定理 给定线性方程的任意解 $h_{\mu\nu}$, 只有其空间分量中无迹、横向部分 h_{ij}^{TT} 包含引力辐射的信息, 与规范选择无关.

此时无迹、横向意味着

$$\partial_i h_{ij}^{\mathrm{TT}} = 0, \quad \delta_{ij} h_{ij}^{\mathrm{TT}} = 0, \quad \bar{h}_{ij}^{\mathrm{TT}} = h_{ij}^{\mathrm{TT}}. \tag{11.24}$$

即使在其他规范下得到了平面波的分量, 我们也很容易把它们转换到 TT 规范中. 定义一个投影算子 $P_{\mu\nu} = \eta_{\mu\nu} - n_\mu n_\nu$. 这个投影算子的作用是把矢量投影到与单位矢量 n_μ 正交的平面上. 我们可以取 n_μ 是一个类空矢量, 沿着引力波的传播方向, $n_0 = 0$, $n_j = k_j/\omega$, 则引力波扰动的横向分量为 $P_\mu{}^\rho P_\nu{}^\sigma h_{\rho\sigma}$. 我们可以进一步减除迹的部分, 得到横向-无迹的扰动

$$h_{\mu\nu}^{\mathrm{TT}} = P_\mu{}^\rho P_\nu{}^\sigma h_{\rho\sigma} - \frac{1}{2} P_{\mu\nu} P^{\rho\sigma} h_{\rho\sigma}. \tag{11.25}$$

11.1.3 引力波对点粒子的效应

为了探测引力波, 我们需要知道引力波的物理效应. 我们希望得到一个与坐标选择无关的物理效应, 因此关注相邻粒子间的相对运动. 我们知道在足够小区域中, 由爱因斯坦的等效原理, 无法探测时空的弯曲或者引力的存在, 必须通过考虑相邻粒子的测地偏离来探测引力波造成的时空涟漪. 因此, 考虑相邻的粒子束, 假设在局部参考系中其中一个粒子的 4-速度为 $u^\mu(x)$, 偏离矢量为 S^μ, 则有测地偏离方程

$$\frac{\mathrm{D}^2}{\mathrm{d}\tau^2} S^\mu = R^\mu{}_{\nu\rho\sigma} u^\nu u^\rho S^\sigma. \tag{11.26}$$

到扰动 $h_{\mu\nu}$ 的一阶, 如果粒子的运动并不快, 由于黎曼张量已经是一阶小量, 我们可以取 $u^\nu = (1, 0, 0, 0)$, 则方程右边由 $R^\mu{}_{00\sigma}$ 给出主要的贡献. 如我们所知,

$$R_{\mu 00\sigma} = \frac{1}{2} (\partial_0 \partial_0 h_{\mu\sigma} + \partial_\sigma \partial_\mu h_{00} - \partial_\sigma \partial_0 h_{\mu 0} - \partial_\mu \partial_0 h_{\sigma 0}). \tag{11.27}$$

[①]证明参见 arXiv:gr-qc/0501041 的 2.2 节.

但 $h_{\mu 0} = 0$, 所以

$$R_{\mu 00\sigma} = \frac{1}{2}\partial_0\partial_0 h_{\mu\sigma}. \tag{11.28}$$

对慢速粒子, $\tau = x^0 = t$, 所以测地偏离方程变为

$$\frac{\partial^2}{\partial t^2}S^\mu = \frac{1}{2}S^\sigma\frac{\partial^2}{\partial t^2}h^\mu{}_\sigma. \tag{11.29}$$

如果引力波沿 x^3 运动, 则只有 S^1 和 S^2 两个方向会受到影响. 也就是说, 试探粒子只在垂直于波矢的方向上受到影响. 这与电磁学中类似, 电磁波也是横波, 电场和磁场都与波的传播方向正交.

引力波由两个量来刻画: $C_+ = C_{11}$ 和 $C_\times = C_{12}$. 这两个分量的物理效应是不同的, 我们分别进行讨论. 我们首先假定 $C_\times = 0$, 则有

$$\frac{\partial^2}{\partial t^2}S^1 = \frac{1}{2}S^1\frac{\partial^2}{\partial t^2}(C_+\mathrm{e}^{\mathrm{i}k_\sigma x^\sigma}), \quad \frac{\partial^2}{\partial t^2}S^2 = -\frac{1}{2}S^2\frac{\partial^2}{\partial t^2}(C_+\mathrm{e}^{\mathrm{i}k_\sigma x^\sigma}).$$

在最低阶, 有解

$$S^1 = \left(1 + \frac{1}{2}C_+\mathrm{e}^{\mathrm{i}k_\sigma x^\sigma}\right)S^1(0), \quad S^2 = \left(1 - \frac{1}{2}C_+\mathrm{e}^{\mathrm{i}k_\sigma x^\sigma}\right)S^2(0).$$

这个解的物理图像是: 如果开始时粒子互相之间沿 x^1 方向分开, 则这些粒子沿 x^1 方向来回振荡; 同样对于沿 x^2 方向分开的粒子, 它们也是沿 x^2 方向来回振荡. 如果我们开始时在 x^1-x^2 平面上有一组分布在圆环上的静态粒子, 当沿 x^3 方向的引力波经过时, 这些粒子在该平面上的振荡方式是一个 "+" 形, 如图 11.1 所示. 而对于另一种情况 $C_+ = 0$ 但 $C_\times \neq 0$, 我们有

$$S^1 = S^1(0) + \frac{1}{2}C_\times\mathrm{e}^{\mathrm{i}k_\sigma x^\sigma}S^2(0), \tag{11.30}$$

$$S^2 = S^2(0) + \frac{1}{2}C_\times\mathrm{e}^{\mathrm{i}k_\sigma x^\sigma}S^1(0) . \tag{11.31}$$

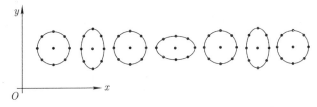

图 11.1 在引力波扰动 C_+ 下探测粒子的响应.

此时, 圆环上的粒子的振荡方式是一个 "×" 形, 如图 11.2 所示.

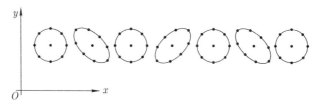

图 11.2 在引力波扰动 $C_\times$ 下探测粒子的响应.

我们可以类比于电磁波来考虑两种圆偏振模式, 定义

$$
\begin{aligned}
C_{\mathrm{R}} &= \frac{1}{\sqrt{2}}(C_+ + \mathrm{i}C_\times), \\
C_{\mathrm{L}} &= \frac{1}{\sqrt{2}}(C_+ - \mathrm{i}C_\times).
\end{aligned}
\tag{11.32}
$$

一个纯 C_{L} 波将使平面上的粒子做一个向左旋转的运动, 如图 11.3 所示.

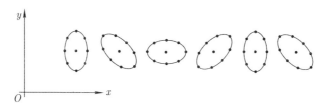

图 11.3 在圆偏振引力波扰动下探测粒子的响应.

电磁波与引力波类似, 都是横波, 具有两个传播物理自由度. 等价地, 我们可以认为电磁波有两种偏振或者极化态. 比如说, 如果波的传播方向是 z 方向, 则在 x-y 平面上有两种偏振态, 而且每一个偏振态在平面转动 2π 下保持不变. 在量子化以后, 这给出自旋为 1 的光子. 而对于无质量的费米子, 比如把中微子看作无质量粒子, 可以通过一个场来描述它. 在 2π 转动下, 费米场会变号, 它只有在转动 4π 以后才回到自身. 因此费米子 (中微子) 的自旋是 $\frac{1}{2}$. 更一般地, 自旋 S 的场如果在转动 θ 角后极化模式保持不变, 则自旋为 $S = 2\pi/\theta$. 对于引力场而言, 前面的讨论已经告诉我们, 引力波对应着无质量的粒子. 但引力波的偏振态在转动 π 后保持不变, 这意味着无质量粒子引力子的自旋应该是 2.

11.2 引力辐射

对于 "迹相反" 的扰动, 它们满足线性相对论性波动方程 $\Box \bar{h}_{\mu\nu} = -16\pi G T_{\mu\nu}$, 其中的能动张量可以当作产生波的源. 这个方程与电动力学中电磁波满足的方程类似,

差别只在于源的不同. 因此, 我们可以利用熟知的格林函数方法来求解:

$$\Box_x G(x^\sigma - y^\sigma) = \delta^4(x^\sigma - y^\sigma), \tag{11.33}$$

其中 $\Box_x$ 代表相对于坐标 x^σ 的达朗贝尔算子, 而 $G(x^\sigma - y^\sigma)$ 是格林函数. 线性化爱因斯坦方程的通解为

$$\bar{h}_{\mu\nu}(x^\sigma) = -16\pi G \int G(x^\sigma - y^\sigma) T_{\mu\nu}(y^\sigma)\, \mathrm{d}^4 y, \tag{11.34}$$

这里的格林函数由 (11.33) 式给出, 可以是 "推迟" 格林函数或者 "超前" 格林函数, 依赖于波是沿时间向前或者向后. 我们关心的是引力源在过去产生的引力波传播到探测器这样的物理过程, 因此我们应该使用推迟格林函数, 它可以帮助我们得到之前产生信号的累加效应. 推迟格林函数形如

$$G(x^\sigma - y^\sigma) = -\frac{1}{4\pi|\boldsymbol{x} - \boldsymbol{y}|} \delta[|\boldsymbol{x} - \boldsymbol{y}| - (x^0 - y^0)]\, \theta(x^0 - y^0), \tag{11.35}$$

其中 $\theta(x^0 - y^0)$ 是一个阶梯函数,

$$\theta(x^0 - y^0) = \begin{cases} 1, & x^0 > y^0, \\ 0, & x^0 < y^0. \end{cases} \tag{11.36}$$

由此得到扰动的解

$$\bar{h}_{\mu\nu}(t, \boldsymbol{x}) = 4G \int \frac{1}{|\boldsymbol{x} - \boldsymbol{y}|} T_{\mu\nu}(t - |\boldsymbol{x} - \boldsymbol{y}|, y)\, \mathrm{d}^3 y, \tag{11.37}$$

其中 $t = x^0$. 我们可以定义一个推迟时间: $t_\mathrm{r} = t - |\boldsymbol{x} - \boldsymbol{y}|$. 这个解的物理意义是: 在 $(t, \boldsymbol{x})$ 处的引力场扰动来自在过去光锥中 $(t_\mathrm{r}, \boldsymbol{x} - \boldsymbol{y})$ 处能动张量源产生的影响, 如图 11.4 所示.

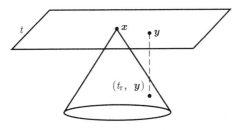

图 11.4　推迟时间示意图.

11.2.1 孤立源的引力辐射

在我们的宇宙中, 产生引力辐射的源离我们都很远. 如果不考虑原初引力波的辐射, 而只考虑质量分布产生的引力波, 这些引力波源可以很好地近似看作孤立的, 而且整体运动是非相对论性的. 利用时间方向的傅里叶 (Fourier) 变换

$$\widetilde{\phi}(\omega, \boldsymbol{x}) = \frac{1}{\sqrt{2\pi}} \int \mathrm{d}t \ \mathrm{e}^{\mathrm{i}\omega t} \phi(t, \boldsymbol{x}),$$
$$\phi(t, \boldsymbol{x}) = \frac{1}{\sqrt{2\pi}} \int \mathrm{d}\omega \ \mathrm{e}^{-\mathrm{i}\omega t} \widetilde{\phi}(\omega, \boldsymbol{x}) \tag{11.38}$$

对横向无迹扰动做傅里叶变换:

$$\begin{aligned}
\widetilde{\bar{h}}_{\mu\nu}(\omega, \boldsymbol{x}) &= \frac{1}{\sqrt{2\pi}} \int \mathrm{d}t \ \mathrm{e}^{\mathrm{i}\omega t} \bar{h}_{\mu\nu}(t, \boldsymbol{x}) \\
&= \frac{4G}{\sqrt{2\pi}} \int \mathrm{d}t \ \mathrm{d}^3 y \ \mathrm{e}^{\mathrm{i}\omega t} \frac{T_{\mu\nu}(t - |\boldsymbol{x} - \boldsymbol{y}|, \boldsymbol{y})}{|\boldsymbol{x} - \boldsymbol{y}|} \\
&= \frac{4G}{\sqrt{2\pi}} \int \mathrm{d}t_{\mathrm{r}} \ \mathrm{d}^3 y \ \mathrm{e}^{\mathrm{i}\omega t_{\mathrm{r}}} \mathrm{e}^{\mathrm{i}\omega |\boldsymbol{x} - \boldsymbol{y}|} \frac{T_{\mu\nu}(t_{\mathrm{r}}, \boldsymbol{y})}{|\boldsymbol{x} - \boldsymbol{y}|} \\
&= 4G \int \mathrm{d}^3 y \ \mathrm{e}^{\mathrm{i}\omega |\boldsymbol{x} - \boldsymbol{y}|} \frac{\widetilde{T}_{\mu\nu}(\omega, \boldsymbol{y})}{|\boldsymbol{x} - \boldsymbol{y}|}.
\end{aligned} \tag{11.39}$$

如果源的中心离我们的距离是 R, 则源的分布距我们 $R + \delta R$. 由于源是孤立、遥远的, 源本身的分布相对于离我们的距离是一个很小的量, 即 $\delta R \ll R$, 如图 11.5 所示. 假定源本身的变化并不剧烈, 其产生引力波的频率较低, 则 $\delta R \ll \omega^{-1}$. 在此近似下,

$$\mathrm{e}^{\mathrm{i}\omega |\boldsymbol{x} - \boldsymbol{y}|} / |\boldsymbol{x} - \boldsymbol{y}| \sim \mathrm{e}^{\mathrm{i}\omega R} / R, \tag{11.40}$$

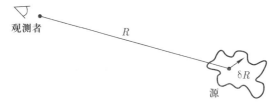

图 11.5 孤立源示意图.

而扰动简化为

$$\widetilde{\bar{h}}_{\mu\nu}(\omega, \boldsymbol{x}) = 4G \frac{\mathrm{e}^{\mathrm{i}\omega R}}{R} \int \mathrm{d}^3 y \ \widetilde{T}_{\mu\nu}(\omega, \boldsymbol{y}). \tag{11.41}$$

利用调和规范条件, 有

$$\partial_\mu \bar{h}^{\mu\nu}(t, \boldsymbol{x}) = 0 \Rightarrow \tilde{\bar{h}}^{0\nu} = -\frac{\mathrm{i}}{\omega} \partial_i \tilde{\bar{h}}^{i\nu}. \tag{11.42}$$

因此, 知道了 $\tilde{\bar{h}}^{ij}$ 就知道了 $\tilde{\bar{h}}^{0j}$ 和 $\tilde{\bar{h}}^{00}$. 所以, 我们只需要考察扰动的类空分量 $\tilde{\bar{h}}_{ij}(\omega, \boldsymbol{x})$ 即可. 为此, 我们需要对 $\widetilde{T}_{\mu\nu}(\omega, \boldsymbol{y})$ 的类空分量做积分. 利用分部积分

$$\int \mathrm{d}^3 y \; \widetilde{T}^{ij}(\omega, \boldsymbol{y}) = \int \partial_k(y^i \widetilde{T}^{kj}) \, \mathrm{d}^3 y - \int y^i (\partial_k \widetilde{T}^{kj}) \, \mathrm{d}^3 y, \tag{11.43}$$

并考虑能动张量守恒

$$\partial_\mu T^{\mu\nu} = 0 \quad \Rightarrow \quad \partial_k \widetilde{T}^{k\mu} = \mathrm{i}\omega \widetilde{T}^{0\mu}, \tag{11.44}$$

最终我们得到

$$\begin{aligned}
\int \mathrm{d}^3 y \; \widetilde{T}^{ij}(\omega, \boldsymbol{y}) &= -\mathrm{i}\omega \int y^i \widetilde{T}^{0j} \, \mathrm{d}^3 y \\
&= -\frac{\mathrm{i}\omega}{2} \int (y^i \widetilde{T}^{0j} + y^j \widetilde{T}^{0i}) \, \mathrm{d}^3 y \\
&= -\frac{\mathrm{i}\omega}{2} \int \left[\partial_l(y^i y^j \widetilde{T}^{0l}) - y^i y^j (\partial_l \widetilde{T}^{0l}) \right] \, \mathrm{d}^3 y \\
&= -\frac{\omega^2}{2} \int y^i y^j \widetilde{T}^{00} \, \mathrm{d}^3 y.
\end{aligned} \tag{11.45}$$

由此可见, 引力波扰动在缓变孤立源近似下由能量密度的分布决定. 定义一个能量密度的四极矩

$$q_{ij}(t) = \int y^i y^j T^{00}(t, \boldsymbol{y}) \, \mathrm{d}^3 y, \tag{11.46}$$

它在某时刻是一个只有空间分量的常数张量. 利用此四极矩的时间傅里叶变换, 可以得到

$$\tilde{\bar{h}}_{ij}(\omega, \boldsymbol{x}) = -2G\omega^2 \frac{\mathrm{e}^{\mathrm{i}\omega R}}{R} \tilde{q}_{ij}(\omega). \tag{11.47}$$

如果再变换回时间, 则有

$$\begin{aligned}
\bar{h}_{ij}(t, \boldsymbol{x}) &= -\frac{1}{\sqrt{2\pi}} \frac{2G}{R} \int \mathrm{d}\omega \; \mathrm{e}^{-\mathrm{i}\omega(t-R)} \omega^2 \tilde{q}_{ij}(\omega) \\
&= \frac{1}{\sqrt{2\pi}} \frac{2G}{R} \frac{\mathrm{d}^2}{\mathrm{d}t^2} \int \mathrm{d}\omega \; \mathrm{e}^{-\mathrm{i}\omega t_\mathrm{r}} \tilde{q}_{ij}(\omega) \\
&= \frac{2G}{R} \frac{\mathrm{d}^2 q_{ij}}{\mathrm{d}t^2}(t_\mathrm{r}),
\end{aligned} \tag{11.48}$$

其中 $t_\mathrm{r} = t - R$ 是前面定义的推迟时间.

例 11.1 双星系统.

考虑在 x^1-x^2 平面上做圆周运动的两个质量为 M 的恒星 A 和 B, 它们的质心距离为 r, 如图 11.6 所示. 我们暂时不考虑相对论效应, 而认为它们的运动可以通过牛顿近似来确定:

$$\frac{GM^2}{(2r)^2} = \frac{Mv^2}{r} \quad \Rightarrow \quad v = \left(\frac{GM}{4r}\right)^{1/2}. \tag{11.49}$$

轨道周期是 $T = \dfrac{2\pi r}{v}$, 角频率为 $\Omega = \dfrac{2\pi}{T} = \left(\dfrac{GM}{4r^3}\right)^{1/2}$. 恒星 A 的轨道为

$$x_A^1 = r\cos\Omega t, \quad x_A^2 = r\sin\Omega t, \tag{11.50}$$

恒星 B 的轨道为

$$x_B^1 = -r\cos\Omega t, \qquad x_B^2 = -r\sin\Omega t, \tag{11.51}$$

相应的系统能量密度为

$$T^{00}(t,\boldsymbol{x}) = M\delta(x^3)\left[\delta(x^1 - r\cos\Omega t)\delta(x^2 - r\sin\Omega t)\right.$$
$$\left. + \delta(x^1 + r\cos\Omega t)\delta(x^2 + r\sin\Omega t)\right].$$

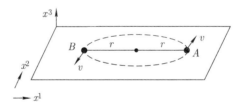

图 11.6 在一个平面上做圆周运动的双星.

因此, 系统质量四极矩为

$$\begin{aligned}
q_{11} &= 2Mr^2\cos^2\Omega t = Mr^2(1 + \cos 2\Omega t),\\
q_{22} &= 2Mr^2\sin^2\Omega t = Mr^2(1 - \cos 2\Omega t),\\
q_{12} &= q_{21} = 2Mr^2(\cos\Omega t)(\sin\Omega t) = Mr^2\sin 2\Omega t,\\
q_{i3} &= 0,
\end{aligned} \tag{11.52}$$

而度规扰动为

$$\bar{h}_{ij}(t,\boldsymbol{x}) = \frac{8GM}{R}\Omega^2 r^2 \begin{pmatrix} -\cos 2\Omega t_{\mathrm{r}} & -\sin 2\Omega t_{\mathrm{r}} & 0 \\ -\sin 2\Omega t_{\mathrm{r}} & \cos 2\Omega t_{\mathrm{r}} & 0 \\ 0 & 0 & 0 \end{pmatrix}. \tag{11.53}$$

其他分量可以通过调和规范条件给出.

11.2.2 引力辐射的多极展开

对于一般的引力波源, 我们可以通过多极展开进行定性的讨论. 如前所述, 引力扰动的一般解为

$$\bar{h}_{\mu\nu}(t, \boldsymbol{x}) = 4G \int \frac{1}{|\boldsymbol{x} - \boldsymbol{y}|} T_{\mu\nu}(t - |\boldsymbol{x} - \boldsymbol{y}|, \boldsymbol{y}) \, \mathrm{d}^3 y. \tag{11.54}$$

我们可以把引力波源的质心放在原点, 令 $r \equiv |\boldsymbol{x}|$ 表示远处产生的引力波扰动. 由多极展开

$$\frac{1}{|\boldsymbol{x} - \boldsymbol{y}|} = \frac{1}{r} + y^i \frac{x_i}{r^3} + y^i y^j \left(\frac{3 x_i x_j - r^2 \delta_{ij}}{r^5} \right) + \cdots, \tag{11.55}$$

可得引力扰动的逐阶展开

$$\begin{aligned}
\bar{h}^{\mu\nu} &= 4G \left[\frac{1}{r} \int T^{\mu\nu}(t_{\mathrm{r}}, \boldsymbol{y}) \mathrm{d}^3 y + \frac{x_i}{r^3} \int T^{\mu\nu}(t_{\mathrm{r}}, \boldsymbol{y}) y^i \mathrm{d}^3 y + \cdots \right] \\
&= 4G \sum_{l=0}^{\infty} \frac{(-1)^l}{l!} M^{\mu\nu i_1 \cdots i_l}(t_{\mathrm{r}}) \partial_{i_1} \cdots \partial_{i_l} \left(\frac{1}{r} \right),
\end{aligned} \tag{11.56}$$

$$M^{\mu\nu i_1 \cdots i_l}(t) = \int T^{\mu\nu}(t, \boldsymbol{y}) y^{i_1} \cdots y^{i_l} \mathrm{d}^3 y.$$

因此, 第 l 极矩的振幅 $\sim \dfrac{1}{r^{l+1}}$, 大约与距离的 $l+1$ 次方成反比. 越高阶极矩对扰动的贡献越小.

对于致密源, 最主要的贡献来自 $l = 0$, 即单极矩

$$\bar{h}^{\mu\nu} = \frac{4G}{c^4 r} \int T^{\mu\nu}(t - r, \boldsymbol{y}) \mathrm{d}^3 y, \tag{11.57}$$

其中 $\int T^{00} \mathrm{d}^3 y \equiv Mc^2$, $\int T^{0i} \mathrm{d}^3 y \equiv P^i c$, 而 $\int T^{ij} \mathrm{d}^3 y$ 是源内部剪切应力张量的和. 对孤立的源, 由能动量守恒 $\partial_\mu T^{\mu\nu} = 0$ 可知 M, P^i 守恒. 由于我们已经取了质心系, 如果没有转动, 则 $P^i = 0$, 此时有

$$\bar{h}^{00} = \frac{4GM}{c^2 r}, \quad \bar{h}^{i0} = \bar{h}^{0i} = 0. \tag{11.58}$$

我们可以与电磁辐射做一个比较. 对于电磁辐射, 规范势满足方程 $\Box A_\mu = -4\pi J_\mu$. 在洛伦兹规范 $\partial^\mu A_\mu = 0$ 下, 其一般解为

$$A_\mu(\boldsymbol{x}) = \int \mathrm{d}^3 x' \frac{\mathrm{e}^{\mathrm{i}k|\boldsymbol{x} - \boldsymbol{x}'|}}{|\boldsymbol{x} - \boldsymbol{x}'|} J_\mu(x'), \tag{11.59}$$

其中 $A_\mu(\boldsymbol{x}, t) = A_\mu(\boldsymbol{x})\mathrm{e}^{-\mathrm{i}\omega t}, J_\mu(\boldsymbol{x}, t) = J_\mu(\boldsymbol{x})\mathrm{e}^{-\mathrm{i}\omega t}, k = |\boldsymbol{k}| = \omega$. 在远离辐射源的区域 $r \gg 1/k$, 有 $|\boldsymbol{x} - \boldsymbol{x}'| \approx r - \widehat{\boldsymbol{n}} \cdot \boldsymbol{x}'$, 因此

$$
\begin{aligned}
A_\mu(\boldsymbol{x}) &= \frac{\mathrm{e}^{\mathrm{i}kr}}{r} \int \mathrm{d}^3 x' J_\mu(x') \mathrm{e}^{-\mathrm{i}k\widehat{\boldsymbol{n}}\cdot\boldsymbol{x}'} \\
&= \frac{\mathrm{e}^{\mathrm{i}kr}}{r} \sum_b \frac{(-\mathrm{i}k)^b}{b!} \int \mathrm{d}^3 x' J_\mu(x')(\widehat{\boldsymbol{n}} \cdot \boldsymbol{x}')^b.
\end{aligned} \tag{11.60}
$$

最低阶 $b = 0$, 相应的规范势为

$$
\begin{aligned}
A_0(\boldsymbol{x}, t) &= \int \mathrm{d}^3 x' \frac{J_0(\boldsymbol{x}', t - |\boldsymbol{x} - \boldsymbol{x}'|)}{|\boldsymbol{x} - \boldsymbol{x}'|} \\
&\approx \int \mathrm{d}^3 x' \frac{J_0(\boldsymbol{x}', t - r)}{r} = -\frac{1}{r} \int \mathrm{d}^3 x' \rho(\boldsymbol{x}', t - r) \\
&= -\frac{q(t_\mathrm{r})}{r} = -\frac{q}{r},
\end{aligned} \tag{11.61}
$$

$$
\boldsymbol{A}(\boldsymbol{x}, t) = \frac{\mathrm{e}^{\mathrm{i}(kr - \omega t)}}{r} \int \mathrm{d}^3 x' \boldsymbol{J}(\boldsymbol{x}'). \tag{11.62}
$$

也就是说, 离源很远的地方静电势由总电荷给出. 利用 $\int \boldsymbol{x}'(\nabla \cdot \boldsymbol{J})\mathrm{d}^3 x' = -\int \mathrm{d}^3 x' J(\boldsymbol{x}')$, 以及电荷守恒的连续性条件 $\nabla \cdot \boldsymbol{J} = \mathrm{i}\omega\rho$, 我们得到

$$
\begin{aligned}
\boldsymbol{A}(\boldsymbol{x}, t) &= -\frac{\mathrm{i}\omega \mathrm{e}^{\mathrm{i}(kr - \omega t)}}{r} \int \mathrm{d}^3 x' \boldsymbol{x}' \rho(\boldsymbol{x}') = -\frac{\mathrm{i}\omega \mathrm{e}^{\mathrm{i}(kr - \omega t)}}{r} \boldsymbol{P} \\
&= -\frac{\mathrm{i}\omega \boldsymbol{P}(t_\mathrm{r})}{r} = \frac{1}{r}\left(\frac{\mathrm{d}\boldsymbol{P}}{\mathrm{d}t}\right)_{t_\mathrm{r}},
\end{aligned} \tag{11.63}
$$

其中 $\boldsymbol{P}$ 是电偶极矩. 对于更高阶, 规范势大致为 $A \approx \frac{1}{r} \sum_l \frac{\mathrm{d}^l}{\mathrm{d}t^l}(E_l + M_l)$, 这里的电多极矩和磁多极矩分别为

$$
E_l \propto \int (x')^l \rho(x') \mathrm{d}^3 x', \quad M_l \propto \int (x')^l v(x') \rho(x') \mathrm{d}^3 x'. \tag{11.64}
$$

如果我们考虑源束缚在某个区域, 具有总电荷 Q、内部速度 v 和大小 L, 假定源大致以某种周期变化, 则

$$
\begin{aligned}
E_l \propto QL^l &\Rightarrow \frac{\mathrm{d}^l E_l}{\mathrm{d}t^l} \propto Q\left(\frac{v}{c}\right)^l, \\
M_l \propto QvL^l &\Rightarrow \frac{\mathrm{d}^l M_l}{\mathrm{d}t^l} \propto Q\left(\frac{v}{c}\right)^{l+1}.
\end{aligned} \tag{11.65}
$$

多极矩增加一阶, 则贡献被压低 $\frac{v}{c}$. 对于 $l = 0$ 的单极矩, 由电荷守恒不会给出辐射.

对于引力辐射, $\Box h_{\mu\nu} = -16\pi G T_{\mu\nu}$. 与电磁辐射类似, 我们有

$$h_l^M \propto \frac{1}{r}\frac{\mathrm{d}^l}{\mathrm{d}t^l}M_l, \quad h_l^S \propto \frac{1}{r}\frac{\mathrm{d}^l}{\mathrm{d}t^l}S_l, \tag{11.66}$$

其中 M_l 和 S_l 分别是质量多极矩和流多极矩:

$$M_l \propto \int (x')^l \rho(x')\mathrm{d}^3 x', \quad S_l \propto \int (x')^l v(x')\rho(x')\mathrm{d}^3 x'. \tag{11.67}$$

因为度规扰动是没有量纲的, 我们可以把牛顿引力常数、光速等放回各种物理量中: 质量 $\to G/c^2$, 时间 $\to c$, 速度 $\to 1/c$. 由此我们得到

$$h_l^M \propto \frac{1}{r}\frac{G}{c^{l+2}}\frac{\mathrm{d}^l}{\mathrm{d}t^l}M_l, \quad h_l^S \propto \frac{1}{r}\frac{G}{c^{l+3}}\frac{\mathrm{d}^l}{\mathrm{d}t^l}S_l. \tag{11.68}$$

基本上, 每高一阶极矩, 贡献被 $\frac{v}{c}$ 压低. 引力势最主要的贡献来自质量单极矩

$$l = 0, \quad h_0^M = \frac{G}{c^2}\frac{M_0}{r}, \quad M_0 = \int \mathrm{d}^3 x' \rho(x') \equiv M_{\text{system}},$$

这正好给出牛顿引力势. 由质量和能量守恒, 它是一个常数, 不随时间变化, 不会给出引力辐射. 下一阶来自质量偶极矩的贡献:

$$h_1^M \propto \frac{1}{r}\frac{G}{c^3}\frac{\mathrm{d}M_1}{\mathrm{d}t}, \quad M_1 = \int \mathrm{d}^3 x' x' \rho(x'). \tag{11.69}$$

由于 $\frac{\mathrm{d}M_1}{\mathrm{d}t} \propto$ 总动量, 因此它也只是一个纯规范, 由动量守恒, 没有引力辐射. 再下一阶来自流偶极矩:

$$h_1^S \propto \frac{1}{r}\frac{G}{c^4}\frac{\mathrm{d}S_1}{\mathrm{d}t}, \quad S_1 = \int \mathrm{d}^3 x' x' v(x')\rho(x'). \tag{11.70}$$

因为 $h_1^S \propto \frac{\mathrm{d}J}{\mathrm{d}t}$, 而 J 是角动量, 它是一个守恒量, 也不导致引力辐射. 接下来是质量四极矩的贡献:

$$h_2^M \propto \frac{1}{r}\frac{G}{c^4}\frac{\mathrm{d}^2 M_2}{\mathrm{d}t^2}, \quad M_2 = \int \mathrm{d}^3 x' x_1' x_2' \rho(x'). \tag{11.71}$$

它给出了引力辐射的最重要的贡献. 其振幅可以估算. 由于其内部速度为 $\frac{\mathrm{d}x'}{\mathrm{d}t} \propto v_{\text{int}}$, 所以

$$h_2^M \propto M_{\text{tot}} v_{\text{int}}^2 \sim (KE)_{\text{int}} \quad (\text{内部动能}), \tag{11.72}$$

或者更精确地 $h_2^M \sim \frac{1}{r}\frac{G}{c^4}(KE)_{\text{int}}$. 考虑一个恒星质量的源, 其内部动能 $(KE)_{\text{int}} \sim$

$1 M_\odot c^2 \approx 1.8 \times 10^{54}$ erg, 而它离我们的典型距离 $r \sim 100$ Mpc $\approx 3.1 \times 10^{26}$ cm. 考虑到

$$G/c^4 \approx 8.26 \times 10^{-50} \text{ cm/erg}, \tag{11.73}$$

我们可以估算引力辐射的大小 $h_{\rm rad} \sim 10^{-22} \sim 10^{-21}$.

由前面的讨论可见, 一个孤立的非相对论性物体产生的引力波正比于能量密度四极矩的二阶导数. 而对于电磁辐射而言, 我们用类似的方法讨论, 会发现其来源于荷密度产生的变化偶极矩. 数学上, 这个差异来自引力波是二阶张量, 而电磁波是一阶张量. 物理上, 差异来自引力本身的普适性质. 一个变化的偶极矩来自密度中心的变化, 对于电磁学来说是电荷密度的变化, 对于引力来说是能量密度的变化. 然而, 对于一个孤立系统来说, 质心的振荡破坏了动量守恒, 因此是不存在的. 换句话说, 动量守恒禁戒了变化的偶极矩产生引力辐射. 而能量密度的四极矩刻画了系统的形状, 通常比偶极矩小得多.

与电磁辐射比较, 引力辐射要弱得多. 除了引力辐射是更高极矩产生这个原因以外, 更重要的原因是引力的耦合强度远小于电磁耦合强度, 所以引力比电磁力弱得多. 实际上, 引力是自然界中最弱的力. 尽管引力辐射的振幅很小, 很难被探测到, 其带走的能量却不可小觑. 实际上, 单位时间里的能量损失大约是

$$\frac{\mathrm{d}E}{\mathrm{d}t} = \int T^{0i} \mathrm{d}a_i \sim \frac{c^3}{G} r^2 \left| \frac{\mathrm{d}h}{\mathrm{d}t} \right|^2. \tag{11.74}$$

如果 $h \sim 10^{-22}$, 频率大约 100 Hz, 则辐射功率为

$$\frac{\mathrm{d}E}{\mathrm{d}t} \sim 10^{53} \text{ erg/s} \sim 10^{20} \text{太阳的亮度}. \tag{11.75}$$

11.3　引力辐射的能动张量

在广义相对论中, 一个长期困扰人们的问题是如何定义引力扰动的能量. 这个问题的困难之处不止是技术上的, 也有概念上的. 实际上, 我们不知道如何一般性地给出引力场中能量的局部定义. 严格地说, 广义相对论中的度规场本身就是动力学的, 很难毫无争议地把一个度规场分解成背景场部分和扰动场部分. 如何定义引力扰动的能动张量并没有广为接受的方案. 一个可能的方案是定义所谓的准局域 (quasi-local) 质量. 然而, 在弱场近似下, 情况要好得多, 因为我们至少知道背景场就是一个平直时空. 此外, 度规扰动可以简单地看作平直时空上的一个对称张量场. 此时, 有几种方案来定义引力子的能动张量 $T^{\mu\nu}$. 幸运的是, 这些方案对一些很好定义的问题, 如双星系统, 都给出了相同的答案.

技术上说, 引力子的能动张量 $T^{\mu\nu}$ 应该是什么样的呢? 对电磁场和标量场, 它们的能动张量都是相关场的导数的平方项. 这样的话, 我们可以期待能动张量应该是 $h_{\mu\nu}$ 的平方项. 因此, 我们必须展开到度规扰动的二阶项才有可能得到能动张量. 如果度规扰动是 $g_{\mu\nu} = \eta_{\mu\nu} + h_{\mu\nu}$, 则在第一阶

$$G^{(1)}_{\mu\nu}[\eta + h] = 0, \tag{11.76}$$

其中 $G^{(1)}_{\mu\nu}$ 是展开到 $h_{\mu\nu}$ 一阶的爱因斯坦张量. 这些方程可以确定度规扰动, 最多差一个无法避免的规范变换. 如果希望在第二阶满足方程, 我们必须把扰动展开到下一阶:

$$g_{\mu\nu} = \eta_{\mu\nu} + h_{\mu\nu} + h^{(2)}_{\mu\nu}. \tag{11.77}$$

而里奇张量也可以按阶分解, $R_{\mu\nu} = R^{(0)}_{\mu\nu} + R^{(1)}_{\mu\nu} + R^{(2)}_{\mu\nu}$. 有

$$h_{\mu\nu} = O(\epsilon), \ h^{(2)}_{\mu\nu} = O(\epsilon^2),$$
$$R^{(1)}_{\mu\nu} = O(\epsilon), \ R^{(2)}_{\mu\nu} = O(\epsilon^2).$$

在第零阶, 我们有 $R^{(0)}_{\mu\nu} = 0$, 告诉我们背景场是一个平直闵氏时空. 在第一阶, 我们有 $R^{(1)}_{\mu\nu}(h^{(1)}_{\mu\nu}) = 0$, 给出扰动 $h^{(1)}_{\mu\nu}$. 而爱因斯坦方程的第二阶包含一阶扰动的平方项或者二阶扰动的线性项, 有

$$R^{(1)}_{\mu\nu}[h^{(2)}] + R^{(2)}_{\mu\nu}[h] = 0. \tag{11.78}$$

由此可解出 $h^{(2)}_{\mu\nu}$. 二阶里奇张量为

$$R^{(2)}_{\mu\nu} = \frac{1}{2}h^{\rho\sigma}\partial_\mu\partial_\nu h_{\rho\sigma} - h^{\rho\sigma}\partial_\rho\partial_{(\mu}h_{\nu)\sigma} + \frac{1}{4}(\partial_\mu h_{\rho\sigma})\partial_\nu h^{\rho\sigma} + (\partial^\sigma h^\rho{}_\nu)\partial_{[\sigma}h_{\rho]\mu}$$
$$+ \frac{1}{2}\partial_\sigma(h^{\rho\sigma}\partial_\rho h_{\mu\nu}) - \frac{1}{4}(\partial_\rho h_{\mu\nu})\partial^\rho h - \left(\partial_\sigma h^{\rho\sigma} - \frac{1}{2}\partial^\rho h\right)\partial_{(\mu}h_{\nu)\rho}. \tag{11.79}$$

我们可以把真空爱因斯坦方程换作

$$G^{(1)}_{\mu\nu}[\eta + h^{(2)}] = 8\pi G t_{\mu\nu}, \tag{11.80}$$

或者简单地写作 $t_{\mu\nu} = -\frac{1}{8\pi G}G^{(2)}_{\mu\nu}[\eta + h]$. 注意由于 $R^{(1)}_{\rho\sigma}[h] = 0$, 没有 $h^{\rho\sigma}R^{(1)}_{\rho\sigma}[h]$ 项. 方程 (11.80) 的左边并非完整的二阶爱因斯坦张量. 方程 (11.80) 实际上告诉我们, 一阶扰动产生的能动张量可以看作二阶扰动的源.

那么这样定义的 $t_{\mu\nu}$ 是一个能动张量吗? 首先它是对称的, 包含 $h_{\mu\nu}$ 的平方项. 其次, 由于 $\partial_\mu G^{\mu\nu} = 0$, 它满足能动量守恒方程 $\partial_\mu t^{\mu\nu} = 0$. 然而, 它并非完整理论的张量. 更致命的是, 它并非规范不变的. 解决方法是我们对这样定义的 $t_{\mu\nu}$ 在几个引力

波的波长内取平均. 由于黎曼法坐标的存在, 我们有局部惯性系, 因此无法局域地定义 $t_{\mu\nu}(g_{\mu\nu}, \partial_\sigma g_{\mu\nu})$. 如果我们稍微放大一下范围, 可以期待能动张量在几个波长范围内的积分能够捕捉到这个区域中的物理信息, 而且这个信息是规范不变的[②]. 这样一种平均可记作 $\langle \cdot \rangle$, 满足

$$\langle \partial_\mu(X) \rangle = 0 \quad \Rightarrow \quad \langle A \partial_\mu B \rangle = -\langle (\partial_\mu A) B \rangle. \tag{11.81}$$

我们可以加上 TT 规范 $\partial^\mu h_{\mu\nu}^{\text{TT}} = 0, h^{\text{TT}} = 0$ 来简化计算, 由此得

$$R_{\mu\nu}^{(2)\text{TT}} = \frac{1}{2} h^{\rho\sigma} \partial_\mu \partial_\nu h_{\rho\sigma} + \frac{1}{4} \partial_\mu h_{\rho\sigma} \partial_\nu h^{\rho\sigma} + \frac{1}{2} \eta^{\rho\lambda} (\partial^\sigma h_{\rho\nu}) \partial_\sigma h_{\lambda\mu}$$

$$- \frac{1}{2} \partial^\sigma h_{\rho\nu} \partial^\rho h_{\sigma\mu} - h^{\rho\sigma} \partial_\rho \partial_{(\mu} h_{\nu)\sigma} + \frac{1}{2} h^{\rho\sigma} \partial_s \partial_\rho h_{\mu\nu}$$

$$\Rightarrow \langle R_{\mu\nu}^{(2)\text{TT}} \rangle = \langle -\frac{1}{4} \partial_\mu h_{\rho\sigma} \partial_\nu h^{\rho\sigma} - \frac{1}{2} \eta^{\rho\lambda} (\Box h_{\rho\nu}) h_{\lambda\mu} \rangle = -\frac{1}{4} \langle \partial_\mu h_{\rho\sigma} \partial_\nu h^{\rho\sigma} \rangle,$$

而

$$t_{\mu\nu} = -\frac{1}{8\pi G} G_{\mu\nu}^{(2)}[\eta + h] = -\frac{1}{8\pi G} \left\{ R_{\mu\nu}^{(2)}[h^{(1)}] - \frac{1}{2} \eta^{\rho\sigma} R_{\rho\sigma}^{(2)}[h^{(1)}] \eta_{\mu\nu} \right\}.$$

由于 $0 = \langle \eta^{\mu\nu} R_{\mu\nu}^{(2)\text{TT}} \rangle (\Box h_{\mu\nu}^{\text{TT}} = 0)$, 因此取平均后

$$\bar{t}_{\mu\nu} = \frac{1}{32\pi G} \langle (\partial_\mu h_{\rho\sigma}^{\text{TT}})(\partial_\nu h_{\text{TT}}^{\rho\sigma}) \rangle.$$

在 TT 规范下, $h_{0\nu}^{\text{TT}} = 0$, 只有 (ij) 分量有贡献. 在任意规范下, 规范不变的能动张量是

$$t_{\mu\nu} = \frac{1}{32\pi G} \langle (\partial_\mu h_{\rho\sigma})(\partial_\nu h^{\rho\sigma}) - \frac{1}{2} (\partial_\mu h)(\partial_\nu h)$$

$$- (\partial_\rho h^{\rho\sigma}) \partial_\mu h_{\nu\sigma} - \partial_\rho h^{\rho\sigma} \partial_\nu h_{\mu\sigma} \rangle. \tag{11.82}$$

对平面波, $h_{\mu\nu}^{\text{TT}} = C_{\mu\nu} \sin(k_\lambda x^\lambda)$, 有

$$t_{\mu\nu} = \frac{1}{32\pi G} k_\mu k_\nu C_{\rho\sigma} C^{\rho\sigma} \langle \cos^2(k_\lambda x^\lambda) \rangle. \tag{11.83}$$

注意到

$$\langle \cos^2(k_\lambda x^\lambda) \rangle = \langle \frac{1 + \cos(2k \cdot \lambda)}{2} \rangle = \frac{1}{2}, \tag{11.84}$$

[②]1968 年, 伊萨克森 (Issacson) 引进了严格的技术来定义通过对几个波长区域求平均得到的张量.

令 $k_\lambda = (-\omega, 0, 0, \omega)$ (因为 $k^\lambda = (\omega, 0, 0, \omega)$). 由于 $C_{\rho\sigma}C^{\rho\sigma} = 2(h_+^2 + h_\times^2)$, 且 $f \equiv \omega/(2\pi)$, 我们得到平面引力波的能动张量

$$t_{\mu\nu} = \frac{\pi}{8G}f^2(h_+^2 + h_\times^2)\begin{pmatrix} 1 & 0 & 0 & -1 \\ 0 & 0 & 0 & 0 \\ 0 & 0 & 0 & 0 \\ -1 & 0 & 0 & 1 \end{pmatrix}. \tag{11.85}$$

对一个典型的引力波, $f \sim 10^{-4} \sim 10^4$ Hz, $h \sim 10^{-22}$, 则 $-T_{0z}$ 代表沿 z 方向的能量通量,

$$-T_{0z} \sim 10^{-4}\left(\frac{f}{\mathrm{Hz}}\right)^2 \frac{h_+^2 + h_\times^2}{(10^{-21})^2} \; \mathrm{erg \cdot cm^{-2} \cdot s^{-1}}. \tag{11.86}$$

对 $f \sim 10^4$ Hz, 它并非是一个小的能量通量. 与超新星中占主导的电磁辐射比较, 电磁辐射的能量通量大约为 10^{-9} $\mathrm{erg \cdot cm^{-2} \cdot s^{-1}}$. 看起来高频引力辐射带走的能量更多. 但是, 超新星爆发时, 高频引力辐射只能持续几毫秒, 而电磁辐射可以持续几个月. 此外, 中微子辐射的能量通量约为 10^5 $\mathrm{erg \cdot cm^{-2} \cdot s^{-1}}$, 可以持续约 10 s.

11.4　引力辐射的能量损耗

由于引力辐射携带能动张量, 因而会产生能量损耗. 这为我们间接探测引力波提供了线索. 实际上, 在 2015 年引力波被直接观测到之前, 对引力波的支持都来自间接证据, 其中最有名的就是对双星系统轨道变化的精确观测. 由于双星系统存在引力辐射, 能量损耗以后双星的轨道周期发生了变化, 这个变化的理论预言与实验符合得很好, 有力地支持了引力波的存在.

引力波的能量损耗可以通过计算引力波的能量损失率来得到. 辐射到无穷远的总能量为

$$\Delta E = \int P\mathrm{d}t, \tag{11.87}$$

其中辐射功率为

$$P = \int_{S_\infty^2} t_{0\mu} n^\mu r^2 \mathrm{d}\Omega, \tag{11.88}$$

S_∞^2 是在空间无穷远处的二维球面 S^2, n^μ 是垂直于该球面的一个单位类空矢量, 在极坐标系 (t, r, θ, ϕ) 下

$$n^\mu = (0, 1, 0, 0). \tag{11.89}$$

我们可以定义一个投影算子 $P_{ij} = \delta_{ij} - n_i n_j$, 它把张量投影到与 n_i 垂直的分量上. 取定 n_i 平行于传播方向, 则 P_{ij} 就把一个对称类空张量 X_{kl} 投影到 S^2_∞ 的球面上,

$$X_{ij}^{\mathrm{TT}} = \left(P_i^k P_j^l - \frac{1}{2} P_{ij} P^{kl} \right) X_{kl}. \tag{11.90}$$

我们前面已经给出 $\bar{h}_{ij}^{\mathrm{TT}} = h_{ij}^{\mathrm{TT}} = \dfrac{2G}{r} \dfrac{\mathrm{d}^2 q_{ij}^{\mathrm{TT}}}{\mathrm{d}t^2}(t-r)$. q^{ij} 有可能包含一些难以确定的能量密度的积分, 因此我们定义一个约化四极矩:

$$J_{ij} = q_{ij} - \frac{1}{3} \delta_{ij} \delta^{kl} q_{kl}, \tag{11.91}$$

它是 q^{ij} 的无迹部分. 实际上, 在牛顿引力势的多极展开中出现的就是约化四极矩:

$$\Phi = -\frac{GM}{r} - \frac{G}{r^3} D_i x^i - \frac{3G}{2r^5} J_{ij} x^i x^j + \cdots, \tag{11.92}$$

其中 $D_i = \displaystyle\int T^{00} x^i \mathrm{d}x^3$ 是质量偶极矩. 在 TT 规范下, $q_{ij}^{\mathrm{TT}} = J_{ij}^{\mathrm{TT}}$, 所以

$$h_{ij}^{\mathrm{TT}} = \frac{2G}{r} \frac{\mathrm{d}^2 J_{ij}^{\mathrm{TT}}}{\mathrm{d}t^2}(t-r). \tag{11.93}$$

如果引力波的传播是沿径向方向, $t_{0\mu} n^\mu = t_{0r}$, 则此时的约化四极矩以及引力波的能动张量分别为

$$
\begin{aligned}
\partial_0 h_{ij}^{\mathrm{TT}} &= \frac{2G}{r} \frac{\mathrm{d}^3 J_{ij}^{\mathrm{TT}}}{\mathrm{d}t^3}, \\
\partial_r h_{ij}^{\mathrm{TT}} &= -\frac{2G}{r} \frac{\mathrm{d}^3 J_{ij}^{\mathrm{TT}}}{\mathrm{d}t^3} - \frac{2G}{r^2} \frac{\mathrm{d}^2 J_{ij}^{\mathrm{TT}}}{\mathrm{d}t^2} \approx -\frac{2G}{r} \frac{\mathrm{d}^3 J_{ij}^{\mathrm{TT}}}{\mathrm{d}t^3}, \\
t_{0r} &= -\frac{G}{8\pi r^2} \left\langle \left(\frac{\mathrm{d}^3 J_{ij}^{\mathrm{TT}}}{\mathrm{d}t^3} \right) \left(\frac{\mathrm{d}^3 J_{ij}^{\mathrm{TT}}}{\mathrm{d}t^3} \right) \right\rangle.
\end{aligned}
\tag{11.94}
$$

考虑利用投影算子做投影. 首先, 注意到

$$X_{ij}^{\mathrm{TT}} X_{\mathrm{TT}}^{ij} = X^{ij} X_{ij} - 2 X_i^{\ j} X^{ik} n_j n_k + \frac{1}{2} X^{ij} X^{kl} n_i n_j n_k n_l - \frac{1}{2} X^2 + X X^{ij} n_i n_j,$$

其中 $X = \delta^{ij} X_{ij}$. 其次, 由于 J_{ij} 无迹, $J = 0$, 所以

$$J_{ij}^{\mathrm{TT}} J_{\mathrm{TT}}^{ij} = J^{ij} J_{ij} - 2 J_i^{\ j} J^{ik} n_j n_k + \frac{1}{2} J^{ij} J^{kl} n_i n_j n_k n_l,$$

$$P = -\frac{G}{8\pi} \int_{S^2_\infty} \left\langle \frac{\mathrm{d}^3 J^{ij}}{\mathrm{d}t^3} \frac{\mathrm{d}^3 J_{ij}}{\mathrm{d}t^3} - 2 \frac{\mathrm{d}^3 J_i^{\ j}}{\mathrm{d}t^3} \frac{\mathrm{d}^3 J^{ik}}{\mathrm{d}t^3} n_j n_k + \frac{1}{2} \frac{\mathrm{d}^3 J^{ij}}{\mathrm{d}t^3} \frac{\mathrm{d}^3 J^{kl}}{\mathrm{d}t^3} n_i n_j n_k n_l \right\rangle. \tag{11.95}$$

又因为 $n^i = x^i/r$ 而 J^{ij} 的值与角变量无关, 以及积分

$$\int \mathrm{d}\Omega = 4\pi, \quad \int n_i n_j \mathrm{d}\Omega = \frac{4\pi}{3}\delta_{ij}, \tag{11.96}$$

$$\int n_i n_j n_k n_l \mathrm{d}\Omega = \frac{4\pi}{15}(\delta_{ij}\delta_{kl} + \delta_{ik}\delta_{jl} + \delta_{il}\delta_{jk}), \tag{11.97}$$

我们有

$$P = -\frac{G}{5}\left\langle \frac{\mathrm{d}^3 J^{ij}}{\mathrm{d}t^3}\frac{\mathrm{d}^3 J_{ij}}{\mathrm{d}t^3}\right\rangle. \tag{11.98}$$

对于致密双星系统, 两颗星的质量相同, 则其质量四极矩为

$$J_{ij} = \frac{MR^2}{3}\begin{pmatrix} 1 + 3\cos 2\Omega t & 3\sin 2\Omega t & 0 \\ 3\sin 2\Omega t & 1 - 3\cos 2\Omega t & 0 \\ 0 & 0 & -2 \end{pmatrix},$$

$$\frac{\mathrm{d}^3 J_{ij}}{\mathrm{d}t^3} = 8MR^2\Omega^3\begin{pmatrix} \sin 2\Omega t & -\cos 2\Omega t & 0 \\ -\cos 2\Omega t & -\sin 2\Omega t & 0 \\ 0 & 0 & 0 \end{pmatrix}, \tag{11.99}$$

因此 $P = -\frac{128}{5}GM^2R^4\Omega^6$. 由于 $\Omega = \frac{2\pi}{T} = \left(\frac{GM}{4R^3}\right)^{1/2}$, 所以

$$P = -\frac{2}{5}\frac{G^4 M^5}{R^5}. \tag{11.100}$$

如果两颗星的质量不同, 即 $m_1 \neq m_2$, 但轨道仍是圆形, 则

$$\frac{\mathrm{d}r}{\mathrm{d}t} = -\frac{64G^3}{5c^5 r^3}m_1 m_2(m_1 + m_2),$$

$$\frac{\mathrm{d}\omega}{\mathrm{d}t} = -\frac{3\omega}{2r}\frac{\mathrm{d}r}{\mathrm{d}t} = \frac{96}{5}\left(\frac{G(m_1+m_2)}{c^2 r}\right)^{\frac{3}{2}}\frac{G^2 m_1 m_2}{c^2 r^4}, \tag{11.101}$$

其中 ω 是轨道频率, 而 $\frac{\mathrm{d}\omega}{\mathrm{d}t}$ 给出了轨道频率如何随时间变化.

1974 年, 赫塞 (Hulse) 和泰勒 (Taylor) 研究了双星系统 PSR1913 + 16. 这个双星系统的两颗星都比较轻, 质量大约是 $1.4M_\odot$, 其中一颗星是高速旋转的脉冲星, 轨道周期约为 7.9 h. 由于引力波辐射, 系统的能量被带走, 导致轨道周期发生变化,

$$\frac{\Delta\omega}{\Delta t} = 2.4 \times 10^{-12}\ \mathrm{s}. \tag{11.102}$$

理论上的预言是 $\frac{\Delta\omega}{\Delta t} = 2.38 \times 10^{-12}$ s. 可见理论与观测高度符合. 这两位科学家由于对双星系统的仔细研究于 1993 年获得了诺贝尔物理学奖. 双星系统产生的引力波频率约为 $10^{-5} \sim 10^{-6}$ Hz, 属于低频引力波, 远超出现有的引力波探测器的灵敏度, 是无法直接观测的. 然而通过对轨道周期变化的观测, 很好地给出了引力波辐射的间接证据.

实际上, 上面的双星系统的轨道并非圆形, 而是椭圆形, 离心率为 $e = 0.617$. 对于圆形轨道, 引力波的基频是轨道频率的两倍, 这是因为四极矩半个周期就重复一次. 而对于椭圆轨道, 基频就是轨道频率, 而引力辐射的频率一定是基频的整数倍. 对于 PSR1913+16, 最强的引力辐射在频率 $\omega = 8\omega_0$ 处, 而振幅最大的辐射在频率 $\omega = 4\omega_0$ 处.

由于脉冲星实际上是高速旋转的中子星, 相对论性效应很强,

$$M \approx 1.44 M_\odot, \quad r \approx 10 \text{ km}, \quad \frac{GM}{rc^2} \approx 0.2, \tag{11.103}$$

也许有人会怀疑上面讨论中的牛顿近似是否需要大的修改. 达莫尔 (Damour) 在 20 世纪 80 年代研究了此问题, 发现四极矩公式仍然很好[50].

如前所述, 一个随时间变化的质量四极矩将给出引力辐射. 一个非球对称的转动物体可以给出引力辐射. 例如一颗高速转动的中子星, 其周期为 $T = 0.03 \sim 0.3$ s. 而对于双星系统, 随着引力辐射带走能量, 轨道半径越来越小, 两颗星越来越近, 转动越来越快而角频率越来越高, 发射的引力波的频率也越来越高. 最终, 这两颗星互相碰撞, 产生引力波暴, 发出高频的引力波.

另一个引力辐射的简单例子发生在一个小质量 m 的物体向一个质量 M 大得多的物体运动时. 不妨假设运动方向是沿着 z 方向, 不难发现

$$-\frac{\mathrm{d}E}{\mathrm{d}t} = \frac{2Gm^2}{15c^5}(6\dot{z}\ddot{z} + 2z\dddot{z})^2. \tag{11.104}$$

此时, 我们可以假定大质量物体不动, 只考虑小质量物体的运动即可. 在无穷远, 小质量物体以零速度自由下降,

$$\frac{1}{2}m\dot{z}^2 = \frac{GmM}{|z|}, \tag{11.105}$$

因此

$$\frac{\mathrm{d}z}{\mathrm{d}t} = \frac{1}{|z|^{1/2}}(2GM)^{1/2}, \quad \frac{\mathrm{d}^2 z}{\mathrm{d}t^2} = \frac{GM}{z^2}, \quad \frac{\mathrm{d}^3 z}{\mathrm{d}t^3} = \frac{(2GM)^{3/2}}{|z|^{7/2}}, \tag{11.106}$$

所以

$$-\mathrm{d}E = \frac{1}{|z|^{9/2}}\frac{2Gm^2}{15c^5}(2GM)^{5/2}\mathrm{d}z. \tag{11.107}$$

从无穷远到 $z = -R$,

$$-\Delta E = \frac{1}{R^{7/2}} \frac{4Gm^2}{105c^5} (2GM)^{5/2}. \tag{11.108}$$

如果大质量物体是黑洞, 其视界为 $R_s = \dfrac{2GM}{c^2}$, 则损失的能量为

$$-\Delta E = 0.019mc^2 \frac{m}{M}. \tag{11.109}$$

如果考虑相对论效应, 则有

$$-\Delta E = 0.0104mc^2 \frac{m}{M}. \tag{11.110}$$

易见损失的能量反比于黑洞的质量, 即 $\Delta E \propto \dfrac{1}{M}$. 如果 $M = 10M_\odot, R \approx 30$ km, $m = M_\odot$, 则 $-\Delta E \approx 2 \times 10^{51}$ erg. 实际上, 大部分能量损失发生在从 $2R_s$ 到 R_s 这一段路程上, 而相应的引力辐射频率较高,

$$\Delta t \approx R_s/[\text{粒子速度}] \approx R_s/c \approx 10^{-4} \text{ s.} \tag{11.111}$$

一个最简单的引力辐射模型也许是弹簧模型. 考虑两个有质量物体通过弹簧沿 z 轴相连, 它们的距离是 $2b$. 我们把它们放到 $\pm b$ 的位置, 则它们的运动轨迹为 $z = \pm(b + a\sin\omega t)$, 其中 a 是它们的振幅, 而 ω 是它们的振动频率. 假定弹簧的振幅较小, $a \ll b$, 从而 $z^2 \approx b^2 + 2ab\sin\omega t$, 则约化四极矩为

$$J^{kl} \approx \left[1 + \frac{2a}{b}\sin\omega(t - r)\right] J_0^{kl}, \tag{11.112}$$

其中

$$J_0^{kl} = \frac{1}{3}\begin{pmatrix} -2mb^2 & 0 & 0 \\ 0 & -2mb^2 & 0 \\ 0 & 0 & 4mb^2 \end{pmatrix}. \tag{11.113}$$

而引力波扰动为

$$h^{kl} = \frac{G}{8\pi r} \frac{2a}{b} \omega^2 \sin\omega(t - r) J_0^{kl}, \tag{11.114}$$

所以

$$\begin{aligned} -\frac{\mathrm{d}^2 E}{\mathrm{d}t\mathrm{d}\Omega} &= \left(\frac{G}{8\pi}\right)^2 [2mab\omega^3\cos\omega(t-r)]^2 \sin^4\theta, \\ -\frac{\mathrm{d}E}{\mathrm{d}t} &= \frac{32G}{15c^2}[mab\omega^3\cos\omega(t-r)]^2. \end{aligned} \tag{11.115}$$

最终, 我们可以得到

$$-\left\langle\frac{\mathrm{d}E}{\mathrm{d}t}\right\rangle = \frac{16G\omega^6}{15c^5}(mab)^2. \tag{11.116}$$

11.5   引力波探测

引力波是广义相对论的重要预言. 自 20 世纪 60 年代, 人们就开始发展各种技术对引力波进行直接的探测. 由于引力是自然界中最弱的力, 引力波的直接测量是一个极具挑战性的问题, 技术上难度很大. 但也正是由于引力很弱, 与其他物体发生相互作用的截面很小, 不会在传播途中发生大的变化. 一旦我们探测到引力波, 它将忠实地反映引力波源的信息. 如今, 天文学、宇宙学的观测主要依赖各个波段的电磁波, 即光子, 引力波探测将提供一个全新的窗口, 帮助我们认识天体, 认识宇宙. 特别是强的引力波辐射源大多是暗的, 无法通过电磁波辐射来观测, 而且这些引力辐射过程能量很高, 与一些重要的天体物理密切相关[③]. 引力波辐射相关的物理问题很多, 包括大质量黑洞及其宿主星系的形成和生长、结构形成、星系核的星体密度和动力学、致密恒星的物理、银河系的结构、极端条件下的广义相对论、宇宙学中原初引力波和原初黑洞的霍金辐射, 以及新物理, 如额外维物理等.

产生引力波的理想源需要有一个快速变化的质量四极矩. 这意味着大量物质快速地转动. 而源需要是致密的, 否则无法产生快速旋转. 因此, 理想的源包括黑洞、星体内核塌缩、中子星、早期宇宙的动力学. 在表 11.1 中我们列出了一些理想的引力波源以及它们产生引力波的频率、离我们的距离和引力波振幅.

表 11.1   一些引力波源及其参数

源	频率/Hz	距离/pc	振幅/kA
双星系统	10^{-4}	10	10^{-20}
恒星内核塌缩	$10^{-2} \sim 1$	500	10^{-22}
转动中子星	60	2k	$< 10^{-24}$
恒星并合	$10 \sim 10^3$	100M	10^{-21}
落向黑洞的恒星	10^{-4}	10M	10^{-21}
超新星爆发	10^3	10k	10^{-19}

依照源的性质以及探测手段的不同, 我们可以把引力波分成四个频段:

(1) 高频: $1\,\text{Hz} \leqslant f \leqslant 10^4\,\text{Hz}$, 适合地基引力波探测天线;

(2) 低频: $10^{-5}\,\text{Hz} \leqslant f \leqslant 1\,\text{Hz}$, 适合空间引力波探测天线;

(3) 极低频: $10^{-9}\,\text{Hz} \leqslant f \leqslant 10^{-7}\,\text{Hz}$, 适合利用脉冲星时间阵列做引力波测量;

(4) 超极低频: $10^{-5}H_0^{-1} \leqslant \lambda \leqslant H_0^{-1}$, 在宇宙微波背景上留下痕迹.

[③]参见 http://www.livingreviews.org/lrr-2009-2.

对于高频带, 其低端大约是 1 Hz. 更低频率的话, 在地面上无法将其与地面噪声区分开. 而其高端大约是 10^4 Hz, 这大概是与引力源相关的最小时间尺度的倒数. 更精确地说, 最大频率

$$
\begin{aligned}
f_{\max} &\approx \frac{1}{2\pi}\frac{v}{R} \\
&= \frac{1}{2\pi}\frac{c^3}{GM} \quad (v \leqslant c, R \geqslant \frac{GM}{c^2}) \\
&\sim 10^4 \left(\frac{M_\odot}{M}\right) \text{ Hz}.
\end{aligned}
\tag{11.117}
$$

对高频引力波的测量主要是基于地面的引力波探测器, 基本的想法是利用质量块在引力波下的共振产生微小的形变. 基于此, 最早的引力波探测器是韦伯 (Weber) 在 20 世纪 60 年代提出的韦伯棒, 即利用圆柱形的质量块, 两边加上传感器来探测质量块的微小变化. 这种探测器的灵敏度较低, 无法可靠地探测引力波. 当代的引力波探测器是利用激光干涉仪来放大信号. 最有名的是 LIGO (Laser Interferometer Gravitational-Wave Observatory, 激光干涉引力波天文台), 分别在美国华盛顿州的汉福德和路易斯安那州的利文斯顿有两个观测装置[④]. 基于同样想法的还有位于意大利境内的意大利–法国联合的 Virgo, 位于德国境内的德国–英国合作的 GEO600, 以及日本的 KAGRA. 高频探测器针对的引力波源包括:

(1) 致密双星, 可由中子星或者黑洞构成;

(2) 致密物体的振动;

(3) 恒星内核塌缩, 这是导致超新星爆炸的内部引擎;

(4) 宇宙学相变的产物.

低频带的低端大约 10^{-5} Hz, 它大概是我们能够控制飞船内噪声最长时间的倒数, 这个时间大约几小时. 该频带的高端大约 1 Hz, 原理上与高频带的低端相连, 实际上来自数据向地面传输中光子计数统计上的限制. 对这个频带引力波的探测基于空间探测器, 原理也是利用激光干涉仪. 比较有名的计划是 LISA (Laser Interferometer Space Antenna, 激光干涉空间天线)[⑤]. 关键的引力波源是:

(1) 在等级结构生长中星系互相并合时形成的极大质量双星系;

(2) 致密物体被星系中心黑洞俘获;

(3) 我们星系中广泛存在的恒星质量的双星系统.

对于极低频带, 利用周期而不是频率会更方便. 在长端, 大约是 30 年, 这是我们拥有的超新星数据的年份. 在短端, 大约是 3 个月, 即我们需要几个月的数据积累来排

---

④2015 年, 升级版 LIGO 成功探测到了两个质量约为 30 个太阳质量的黑洞合并产生的引力波.

⑤基于空间的探测器技术难度高, 即使是 LISA, 它的发射和运行也得到 2030 年以后. 我国也提出了空间探测引力波的计划.

除噪声源. 测量方面我们需要非常稳定的毫秒脉冲星作为时钟. 这个频率的引力波源有可能来自星系生长过程中形成的大质量双黑洞系统.

对于超极低频带, 利用波长会更方便. 长端大约是 H_0^{-1}, 即宇宙的尺度. 短端大约是 $10^{-4}H_0^{-1}$, 这是我们能够区分宇宙微波背景辐射的尺度. 这里可能的引力波源是时空中原初引力波基态扰动, 被暴胀所放大, 在宇宙微波背景辐射谱上留下独一无二的偏振信号. 2007 年发射的普朗克科学卫星的一个重要的科学目标就是在宇宙微波背景谱中探测张量模式[6].

最后我们简单介绍一下探测引力波的激光干涉仪的基本原理. 最简单的设置如图 11.7 所示. 在两个垂直的方向上有两个质量块, 可以是磨得很光的镜子. 激光束通过分光仪把光分别射向两个镜子. 激光束可以在分光仪和镜子间来回运动数百次, 最终会合发生干涉射向接收器中. 如果有一个垂直于该平面的引力波经过, 它将使质量块发生微小的振荡, 由此将导致不同激光束所经过的路径有所不同, 最终达到接收器时信号会改变. 激光干涉仪可以放大引力波造成的形变效应, 帮助我们探测引力波.

图 11.7　激光干涉探测仪示意图.

附录 11.1　共振探测器以及引力波的能量

在这个附录中我们介绍一下共振探测器的基本原理, 并利用它来帮助我们定义引力波携带的能量. 共振探测器的基本原理可以通过由弹簧相连的两个质量块系统来理解. 假设两个距离为 b_0 的质量块具有相同的质量 m, 它们之间通过无质量的弹簧相连接, 弹簧的弹性系数为 k, 阻尼常数为 ν. 不妨设它们沿 x 方向, 则它们的运动可以由

---

[6]普朗克卫星并没有发现原初引力波存在的证据. 近年来, 人们提出了专门探测原初引力波的探测器, 如 BICEP. 我国在阿里安装了北半球唯一的原初引力波探测仪.

以下方程描述:

$$m\ddot{x}_1(t) = -k(x_1 - x_2 + b_0) - \nu(\dot{x}_1 - \dot{x}_2),$$
$$m\ddot{x}_2(t) = k(x_1 - x_2 + b_0) + \nu(\dot{x}_1 - \dot{x}_2). \tag{11.118}$$

定义

$$\eta = x_2 - x_1 - b_0, \quad \omega_0^2 = \frac{2k}{m}, \quad \gamma = \frac{\nu}{m}, \tag{11.119}$$

我们可以得到

$$\ddot{\eta} + 2\gamma\dot{\eta} + \omega_0^2\eta = 0. \tag{11.120}$$

这是一个有阻尼谐振子的方程. 由于有摩擦力存在, 谐振子的运动最终将趋于静止.

下面我们考虑有引力波经过时, 上述系统的响应. 首先, 单个质量块可以看作质点来处理, 引力波经过与否对它都没有影响, 看起来都是静止的. 假如此时唯一的非引力是弹性力, 讨论如上. 当一束沿 z 方向的引力波经过时, 度规发生了变化, 所以质量块间弹簧的固有长度变为

$$b(t) = \int_{x_1(t)}^{x_2(t)} (1 + h_{xx}^{\mathrm{TT}}(t))^{1/2}\mathrm{d}x$$
$$\approx (x_2 - x_1)(1 + \frac{1}{2}h_{xx}^{\mathrm{TT}}(t)) + O(|h|^2). \tag{11.121}$$

因此, 弹簧的响应为

$$m\ddot{x}_1 = -k(b_0 - b) - \nu(\dot{b}_0 - \dot{b}),$$
$$m\ddot{x}_2 = k(b_0 - b) + \nu(\dot{b}_0 - \dot{b}). \tag{11.122}$$

同样我们定义

$$\eta = b - b_0$$
$$= x_2 - x_1 - b_0 + \frac{1}{2}(x_2 - x_1)h_{xx}^{\mathrm{TT}}(t) + O(|h|^2). \tag{11.123}$$

由于形变较小, 我们近似有 $x_2 - x_1 = b_0$, 可以得到

$$x_2 - x_1 \approx b_0 + \eta - \frac{1}{2}h_{xx}^{\mathrm{TT}}(t)b_0 + O(|h|^2), \tag{11.124}$$

由此得到方程

$$\ddot{\eta} + 2\gamma\dot{\eta} + \omega_0^2\eta = \frac{1}{2}b_0\ddot{h}_{xx}^{\mathrm{TT}}(t). \tag{11.125}$$

这是一个受外力的阻尼谐振子方程. 这里的外力来自引力波产生的潮汐加速度, 该方程也可以通过分析测地偏离方程来得到 (留作练习).

与通常的受力谐振子一样, 潮汐加速度的存在会导致谐振子的共振现象发生. 假设引力波取形式

$$h_{xx}^{\mathrm{TT}} = C_+ \cos \Omega_0 t, \tag{11.126}$$

则方程 (11.125) 具有解

$$\eta = A \cos(\Omega_0 t + \varphi), \tag{11.127}$$

其中振幅 A 和相角 φ 分别为

$$A = \frac{1}{2} b_0 C_+ \frac{\Omega_0^2}{[(\omega_0^2 - \Omega_0^2)^2 + 4\Omega_0^2 \gamma^2]^{1/2}}, \tag{11.128}$$

$$\tan \varphi = \frac{2\gamma \Omega_0}{\omega_0^2 - \Omega_0^2}. \tag{11.129}$$

谐振子的能量包含动能和弹性势能:

$$E = \frac{1}{2} m(\dot{x}_1^2 + \dot{x}_2^2) + \frac{1}{2} k\eta^2. \tag{11.130}$$

初始时, 振子处于静止状态, 则

$$\begin{aligned} E &= \frac{1}{2} m(\dot{\eta}^2 + \omega_0^2 \eta^2) \\ &= \frac{1}{4} mA^2 (\Omega_0^2 \sin^2(\Omega_0 t + \varphi) + \omega_0^2 \cos^2(\Omega_0 t + \varphi)). \end{aligned} \tag{11.131}$$

取一个周期 $T_0 = 2\pi/\Omega_0$ 的平均, 我们得到平均能量

$$\langle E \rangle = \frac{1}{8} mA^2 (\Omega_0^2 + \omega_0^2). \tag{11.132}$$

从振幅的表达式可见, 对于固定频率的引力波, 当 $\omega_0 = \Omega_0$, 即共振时振幅最大,

$$A_{共振} = \frac{1}{4} b_0 C_+ \frac{\Omega_0}{\gamma}, \tag{11.133}$$

$$\langle E \rangle_{共振} = \frac{1}{64} mb_0^2 C_+^2 \Omega_0^2 \left(\frac{\Omega_0}{\gamma} \right)^2. \tag{11.134}$$

这里 Ω_0/γ 与谐振子的品质因子 Q 有关, $1/Q$ 定义为在一次振荡中摩擦力导致的一个非受力谐振子损失能量的平均比率:

$$Q = \omega_0/2\gamma. \tag{11.135}$$

所以, 我们有平均共振能量

$$\langle E \rangle_{\text{共振}} = \frac{1}{16} m b_0^2 C_+^2 \Omega_0^2 Q^2. \tag{11.136}$$

实验室中, 大多数探测器都是很重的圆柱棒, 弹簧就是棒的弹性. 20 世纪 60 年代, 马里兰大学的韦伯使用铝金属做成的圆柱棒做引力波实验. 该棒质量为 1.4 吨, 长度为 $b_0 = 1.5$ m, 共振频率为 $\omega_0 = 10^4/s$, 品质因子 $Q \sim 10^5$. 如果考虑一个振幅为 $C_+ = 10^{-20}$ 的引力波, 则有

$$\langle E \rangle_{\text{共振}} \sim 10^{-20} \text{ J}, \quad A_{\text{共振}} \sim 10^{-15} \text{ m}, \tag{11.137}$$

即谐振子振幅约为一个原子核的大小. 现实中的引力波振幅甚至更小, 持续时间短, 不足以激发棒[⑦].

    上面的讨论显示引力波把能量传递给了谐振子, 说明引力波本身具有能量, 这些能量来自引力波源. 关于引力波的能动张量有很多讨论. 我们将在线性引力的框架下, 利用上面的谐振子模型来讨论此问题. 前面的讨论中把谐振子当作探针来处理, 它对引力场的影响被忽略了, 这并不准确. 如果探测器从引力波中获得了能量, 那么由于能量守恒, 经过探测器后的引力波应该变弱. 也就是说, 如果我们考虑谐振子的作用, 引力场应该变弱. 我们可以这样来理解: 我们已经知道振荡的质量块本身会产生引力波, 这些次级的引力波与原来的引力波叠加, 会发生相消性干涉, 导致出射的引力波相比入射的变弱了, 参见图 11.8. 假设这个振幅的变化实际上标志了引力波携带能量的变化, 而且这个能量差应该与探测器 (谐振子) 从引力波中获得的能量相同, 这样我们就可以分析引力波携带的能量, 以及引力波源的能量损失.

    为了计算引力波的能量通量, 即单位时间、单位面积下引力波携带的能量, 我们可以考虑在单位面积内分布有 s 个谐振子, 如图 11.9(a) 所示. 对于沿 z 方向入射的引力波,

$$\bar{h}_{xx}^{\text{TT}} = C_+ \cos \Omega_0(z - t),$$
$$\bar{h}_{yy}^{\text{TT}} = -\bar{h}_{xx}^{\text{TT}}, \tag{11.138}$$

而在此引力波激发下, 谐振子发生共振, 其运动为

$$\eta = A \cos(\Omega_0 t + \varphi). \tag{11.139}$$

[⑦]韦伯曾经宣称他观测到了一个引力波信号, 但上面的分析显示这个信号应该不是来自引力波. 其他同类型实验没有观测到引力波信号.

(a) 共振探测器示意图   (b) 振子的次级辐射与入射引力波相消性干涉

图 11.8 两个质量块通过弹簧相连形成共振探测器, 在引力波的激发下发生共振, 产生的引力辐射与原来的引力波叠加, 发生相消性干涉. 这说明引力波经过探测器由于能量损失而变弱.

谐振子的运动是稳定的, 摩擦耗散的能量由引潮力或者说引力波补偿. 每个振子获得的能量为

$$\frac{\mathrm{d}E}{\mathrm{d}t} = \nu\left(\frac{\mathrm{d}\eta}{\mathrm{d}t}\right)^2 = m\gamma\left(\frac{\mathrm{d}\eta}{\mathrm{d}t}\right)^2, \tag{11.140}$$

在一个周期下的平均为

$$\left\langle\frac{\mathrm{d}E}{\mathrm{d}t}\right\rangle_{T_0} = \frac{1}{T_0}\int_0^{T_0}\frac{\mathrm{d}E}{\mathrm{d}t} = \frac{1}{2}m\gamma\Omega_0^2 A^2, \tag{11.141}$$

而在单位面积内的能量损失为

$$\delta F = -s\left\langle\frac{\mathrm{d}E}{\mathrm{d}t}\right\rangle_{T_0} = -\frac{1}{2}ms\gamma\Omega_0^2 A^2. \tag{11.142}$$

从前面对谐振子 $x = \pm(b_0/2 + a\sin\omega t)$ 的讨论可知, 它具有非零的约化四极矩, 由此可得其线性极化的扰动. 受引力波激发的共振谐振子的振荡与之比较, 有 $a = A/2$, 这是由于每个质量块是以振幅 $A/2$ 振荡的. 每个振子产生的引力波为

$$\delta\bar{h}_{xx} = -2G\Omega_0^2 mb_0 A\frac{\cos(\Omega_0(r - t) - \varphi)}{r}. \tag{11.143}$$

而对于所有振子产生的引力场, 它们需要叠加在一起,

$$\delta\bar{h}_{xx}^{\text{total}} = -2Gm\Omega_0^2 b_0 A2\pi\int_0^\infty s\cos(\Omega_0(r - t) - \varphi)\frac{\tilde{x}\mathrm{d}\tilde{x}}{r}. \tag{11.144}$$

这里我们在 $z = 0$ 的平面上引进了极坐标 $(\tilde{x}, \psi)$, 其中对 ψ 的积分给出 2π, 而径向极坐标为 $\tilde{x}$, 它与 r 的关系为

$$r = (\tilde{x}^2 + z^2)^{1/2}. \tag{11.145}$$

在 $\tilde{x} \sim \tilde{x} + \mathrm{d}\tilde{x}$ 间的振子数为 $s2\pi\tilde{x}\mathrm{d}\tilde{x}$, 因此我们得到 (11.144) 式, 如图 11.9(b) 所示. 由于 $\tilde{x}\mathrm{d}\tilde{x} = r\mathrm{d}r$, 有

$$\delta\bar{h}^{\text{total}}_{xx} = -4\pi Gm\Omega_0^2 b_0 A \int_z^\infty s\cos(\Omega_0(r-t)-\varphi)\mathrm{d}r. \tag{11.146}$$

当 $r \to \infty$ 时, 积分元的值不确定. 物理上, 我们可以期待此时的振子应该没有贡献.

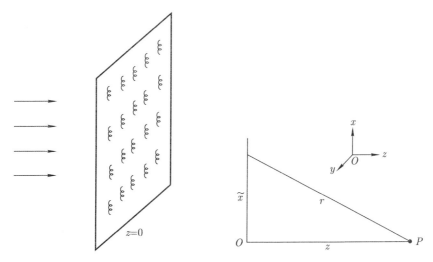

(a)　单位面积上有 s 个谐振子　　(b)　振子所在平面取极坐标后来计算到 P 点的引力扰动

图 11.9　利用共振谐振子计算引力波能量.

假定 $s \propto \mathrm{e}^{-\epsilon r}$, 最后我们让 $\epsilon \to 0$, 得到

$$\delta\bar{h}^{\text{total}}_{xx} = 4\pi Gms\Omega_0 b_0 A\sin(\Omega_0(z-t)-\varphi). \tag{11.147}$$

进一步地, 我们取 TT 规范, 得到

$$\delta\bar{h}^{\text{TT}}_{xx} = -\delta\bar{h}^{\text{TT}}_{yy} = 2\pi Gms\Omega_0 b_0 A\sin(\Omega_0(z-t)-\varphi). \tag{11.148}$$

这是所有振子产生的引力扰动. 它与原来的引力波叠加, 可得

$$\begin{aligned}
\bar{h}^{\text{net}}_{xx} &= \bar{h}^{\text{TT}}_{xx} + \delta\bar{h}^{\text{TT}}_{xx} \\
&= (C_+ - 2\pi Gms\Omega_0 b_0 A\sin\varphi)\cos(\Omega_0(z-t)-\theta),
\end{aligned} \tag{11.149}$$

其中 θ 是一个相移因子,

$$\tan\theta = \frac{2\pi ms\Omega_0 b_0 A}{C_+}\cos\varphi. \tag{11.150}$$

引力波振幅的变化为

$$\delta C_+ = -2\pi G m s \Omega_0 b_0 A \sin\varphi. \tag{11.151}$$

由能量守恒, 这个振幅的变化来自引力波把能量给了振子. 这个能量与振子获得的能量相同, 因此有

$$\frac{\delta F}{\delta C_+} = \frac{1}{16\pi G} \Omega_0^2 C_+. \tag{11.152}$$

让人惊奇的是, 最终我们得到的结果只与引力波本身的频率和振幅有关. 积分以后可得

$$F = \frac{1}{32\pi G} \Omega_0^2 C_+^2. \tag{11.153}$$

这给出了引力波如何带走能量的表达式. 考虑到 $\langle (\bar{h}_{xx}^{\mathrm{TT}})^2 \rangle = \frac{1}{2} C_+^2$, 我们得到了关系

$$F = \frac{1}{32\pi G} \Omega_0^2 \langle \bar{h}_{\mu\nu}^{\mathrm{TT}} \bar{h}^{\mathrm{TT}\mu\nu} \rangle. \tag{11.154}$$

这与我们前面得到的引力波的能量密度一致.

习　题

1. 在 TT 规范下, 证明到 $h_{\mu\nu}$ 的一阶, 有

$$\Gamma^\mu_{00} = 0, \quad \Gamma^\mu_{0\nu} = \frac{1}{2} \partial_0 (h_{TT})^\mu_\nu. \tag{11.155}$$

2. 考虑一个平面引力波, 形如 $h_{\mu\nu} = C_{\mu\nu} \exp(\mathrm{i} k_\lambda x^\lambda)$.

   (1) 证明线性化的黎曼张量为

   $$R_{\sigma\mu\nu\rho} = \frac{1}{2}(k_\nu k_\sigma h_{\mu\rho} + k_\rho k_\mu h_{\sigma\nu} - k_\nu k_\mu h_{\sigma\rho} - k_\rho k_\sigma h_{\mu\nu}). \tag{11.156}$$

   (2) 由此证明线性化的里奇张量为

   $$R_{\mu\nu} = \frac{1}{2}(k_\nu \omega_\mu + k_\mu \omega_\nu - k^2 h_{\mu\nu}), \tag{11.157}$$

   其中 $k^2 = k^\mu k_\mu$, $\omega_\mu = k^\nu \bar{h}_{\mu\nu}$.

   (3) 证明线性化爱因斯坦方程要求

   $$k^2 h_{\mu\nu} = k_\nu \omega_\mu + k_\mu \omega_\nu. \tag{11.158}$$

(4) 如果 $k^2 \neq 0$, 则我们要求 $R_{\sigma\mu\nu\rho} = 0$. 证明这种情况不对应于一个物理的波, 而只是坐标系统的周期振荡.

(5) 如果 $k^2 = 0$, 则有 $k^\nu \bar{h}_{\mu\nu} = 0$. 证明此时波矢 k^ν 是黎曼张量的一个本征矢量: $R_{\sigma\mu\nu\rho} k^\rho = 0$.

3. 两个质量为 M 的物体在事件点 $(0,0,0,0)$ 处迎头相撞. 在遥远的过去, 即 $t \to -\infty$ 时, 两个物体从 $x \to \pm\infty$ 的地方以零速度出发.

(1) 利用牛顿理论, 证明 $x(t) = \pm(9GMt^2/8)^{1/3}$.

(2) 在什么样的间距下牛顿近似成立?

(3) 计算在 $(x,y,z) = (0,R,0)$ 处的扰动 $h_{xx}^{\text{TT}}(t)$.

4. 考虑线元

$$\mathrm{d}s^2 = -\mathrm{d}t^2 + \mathrm{d}x^2 + f^2(u)\mathrm{d}y^2 + g^2(u)\mathrm{d}z^2, \tag{11.159}$$

其中 f, g 都是 $u = t - x$ 的函数. 计算联络系数和里奇张量, 并由此证明这个线元是真空爱因斯坦方程的一个解, 只要

$$\frac{f''}{f} + \frac{g''}{g} = 0. \tag{11.160}$$

证明这个解可以解释为沿 x 方向运动的线偏振的引力波.

5. 利用测地偏离方程讨论谐振子在引力波下的响应.

6. 当一个沿 z 轴运动的引力波经过时, 时空的度规可以利用 TT 规范表示为

$$\mathrm{d}s^2 = -\mathrm{d}t^2 + (1 + h_+(z-t))\mathrm{d}x^2 + (1 - h_+(z-t))\mathrm{d}y^2 + \mathrm{d}z^2. \tag{11.161}$$

假设两个物体分别位于 x 轴上原点和 $x = L$ 处. 从原点发出沿 x 轴的光线到达另一个物体并反射回来, 在原点处测量经过的固有时并由此得到两个物体间距离的变化.

(1) 证明发射光子的坐标速度为

$$\left(\frac{\mathrm{d}x}{\mathrm{d}t}\right)^2 = \frac{1}{1 + h_+}, \tag{11.162}$$

不等于光速. 这是否违反了相对论?

(2) 如果 h_+ 非常小, 证明光子经过的坐标时为

$$t_1 = t_0 + 2L + \frac{1}{2}\int_0^L (h_+(t_0 + x)\mathrm{d}x + h_+(t_0 + L + x)\mathrm{d}x), \tag{11.163}$$

其中 t_0 是光子发射时的时间, 而 t_1 是光子回到发射器的时间. 这个事实告诉我们, 如果两个物体的距离 L 远小于引力波的波长, 或者说在光子飞行期间

h_+ 等效地可以看作常数. 光子来回的时间正比于在上面的度规下测量两个物体的固有距离. 这是由于如果距离足够小, 我们可以建立局部惯性系来做测量.

(3) 由 (11.163) 式, 证明

$$\frac{\mathrm{d}t_1}{\mathrm{d}t_0} = 1 + \frac{1}{2}(h_+(t_0 + 2L) - h_+(t_0)). \tag{11.164}$$

(11.164) 式说明, 回到发射器的时间的变化率只依赖光子发射时以及光子回到原点时的时空度规, 而与发生反射时的时空度规无关.

(4) 进一步地, 考虑一个连续的电磁波, 具有频率 ν. 每一个波峰都可以看作一个光子, 因此我们有一系列的光子在两个物体间来回传递. 由 (11.164) 式, 可得

$$\frac{\mathrm{d}t_1}{\mathrm{d}t_0} = \frac{\nu_1}{\nu_0}, \tag{11.165}$$

其中 ν_0, ν_1 分别是发射时和接收时的光子频率. 由此, 我们可以从光子频率的变化读出时空度规的变化, 以及引力波的信息. 假如引力波是与 z 轴成 θ 角在 x-z 平面内传播, 请导出

$$\begin{aligned}\frac{\mathrm{d}t_1}{\mathrm{d}t_0} = 1 + \frac{1}{2}&((1 - \sin\theta)h_+(t_0 + 2L) - (1 + \sin\theta)h_+(t_0) \\ &+ 2\sin\theta h_+(t_0 + (1 - \sin\theta)L)).\end{aligned} \tag{11.166}$$

此时, 回到发射器的时间导数确实与发生反射时的引力波振幅有关.

(5) 接上一小题, 证明在 L 较小时, t_1 中包含了额外的固有距离 $\delta L = L\cos^2\theta h_+(t)$, 解释 $\cos^2\theta$ 因子的来源.

(6) 当 $\theta = \pi/2$, 即光子传播与引力波传播方向相同时, 会发生什么?

7. 考虑分布在 x-y 平面内一个半径为 R 的圆上的质量块, 这些质量块可以当作点粒子看待. 如果有一个发射器从圆心向位于 $x = R$ 处的质量块发射光子, 这些光子被反射回原点处的发射器. 引力波沿 z 方向经过, 对时空的影响由上题中 TT 规范下的度规来描述.

(1) 假设半径 R 远小于引力波波长, 在光子来回的过程中引力波造成的时空扭曲 h_+ 可以当作几乎不变, 到 h_+ 的一阶, 证明在光子来回的过程中发射器的固有时为 $(2 + h_+)R$.

(2) 上面的讨论似乎说明发射器到质量块间的固有距离是 $(1 + h_+/2)R$, 这个结论对吗?

(3) 证明如果发射器沿着 y 轴做类似的实验, 则发射器测到的光子来回的固有时为 $(2 - h_+)R$.

(4) 上面两种测量的时间差为 $2h_+R$, 可以用来测量引力波的振幅, 这个结果是否依赖于我们使用了 TT 规范?

8. 计算如下系统的四极矩和无迹约化四极矩:

(1) 一颗球对称的恒星, 能量密度为 $\rho(r,t)$.

(2) 一个具有均匀密度 ρ 的椭球体, 其沿 x, y, x 的半轴长分别为 a, b, c (取椭球中心为原点).

(3) 四个位于点 $(a, 0, 0), (0, a, 0), (-a, 0, 0), (0-a, 0)$ 的质量块.

(4) 上一小题中的质量块开始绕 z 轴做逆时针匀角速度运动, 角速度为 ω.

(5) 两个沿 x 轴质量分别为 m 和 $M(m \neq M)$ 的质量块通过一根无质量弹簧相连, 弹簧的弹性系数为 k, 平衡时长度为 b_0. 保持质心不变, 系统以自然频率做振荡, 振幅为 $2A$.

9. 对一个两颗星有不同的质量 m_1, m_2 的双星系统, 计算辐射功率 P 以及轨道运动频率的变化率 (假设为圆周运动).

10. 考虑一个质量为 m 的物体从无穷远处以零初速度落向一颗质量 $M \gg m$、半径为 R 的恒星. 这个物体可以看作点粒子, 且其运动严格沿径向. 在下落过程中是否存在引力辐射? 如果有, 那么当物体落到恒星表面时, 多少能量已经被引力辐射带走?

11. 考虑两颗质量为 m 和 M 的球对称恒星, 互相之间在 x-y 平面上做椭圆运动, 令轨道由总能量 E 和总角动量 L 来刻画.

(1) 利用牛顿引力来计算两个恒星相对于它们质心的运动轨道. 把轨道周期 P、最小距离 a 和离心率 e 用 E 和 L 表达.

(2) 计算该系统的无迹约化四极矩.

(3) 计算沿 x 和 z 轴的 TT 辐射场.

(4) 证明一个周期下平均能量损失率是

$$\langle \mathrm{d}E/\mathrm{d}t \rangle = -\frac{32}{5} \frac{\mu^2 (m+M)^3}{a^5 (1-e^2)^{7/2}} \left(1 + \frac{73}{24} e^2 + \frac{37}{96} e^4 \right), \qquad (11.167)$$

其中 $\mu = mM/(m+M)$ 是约化质量.

(5) 证明

$$\langle \mathrm{d}a/\mathrm{d}t \rangle = -\frac{64}{5} \frac{\mu (m+M)^2}{a^3 (1-e^2)^{7/2}} \left(1 + \frac{73}{24} e^2 + \frac{37}{96} e^4 \right),$$

$$\langle \mathrm{d}e/\mathrm{d}t \rangle = -\frac{304}{15} \frac{\mu (m+M)^2 e}{a^4 (1-e^2)^{5/2}} \left(1 + \frac{121}{304} e^2 \right), \qquad (11.168)$$

$$\langle \mathrm{d}P/\mathrm{d}t \rangle = -\frac{192\pi}{5} \frac{\mu (m+M)^{3/2}}{a^{5/2} (1-e^2)^{7/2}} \left(1 + \frac{73}{24} e^2 + \frac{37}{96} e^4 \right).$$

参 考 文 献

[1] Carroll S M. Spacetime and Geometry: An Introduction to General Relativity. Addison-Wesley, 2004. (这是一本难度适中、基于微分几何语言讲述广义相对论的书)

[2] Hartle J B. Gravity: An Introduction to Einstein's GR. Addison-Wesley, 2003. (适合本科生学习, 有很多物理的例子和实验方面的讨论)

[3] Schultz B F. A First Course in General Relativity. 2nd ed. Cambridge University Press, 2009. (适合本科生学习, 应用了微分几何的语言介绍广义相对论)

[4] Wald R M. General Relativity. University of Chicago Press, 1984. (经典著作, 非常紧凑、精练, 需要较好的数学基础)

[5] Misner C W, Thorne K S, and Wheeler J A. Gravitation. W. H. Freeman and Company, 1973. (经典著作, 包括了关于引力的各方面知识, 应用了微分几何的语言)

[6] Weinberg S. Gravitation and Cosmology: Principles and Applications of the General Theory of Relativity. Wiley, 1972. (经典著作, 从粒子物理的观点来理解引力, 数学工具主要是张量分析)

[7] Einstein A. The Meaning of Relativity. 5th ed. Princeton University Press, 2004.

[8] Taylor E F and Wheeler J A. Exploring Black Holes: Introduction to General Relativity. Addison-Wesley, 2000.

[9] Padmanabhan T. Gravitation: Foundations and Frontiers. Cambridge University Press, 2010.

[10] Landau L D and Lifshitz E M. The Classical Theory of Fields. 4th ed. Addison-Wesley, 1987.

[11] de Felice F and Clarke C J S. Relativity on Curved Manifolds. Cambridge University Press, 1990.

[12] Hawking S W and Ellis G F R. The Large Scale Structure of Space-Time. Cambridge University Press, 1973.

[13] Plebański J and Krasiński A. An Introduction to General Relativity and Cosmology. Cambridge University Press, 2006.

[14] Grøn Ø and Hervik S. Einstein's General Theory of Relativity: With Modern Applications in Cosmology. Springer, 2007.

[15] Hobson M P, Efstathiou G P, and Lasenby A N. General Relativity: An Introduction for Physicists. Cambridge University Press, 2006.

[16] Rindler W. Relativity: Special, General, Cosmological. Oxford Universtiy Press, 2006.

[17] Ryder L. Introduction to General Relativity. Cambridge University Press, 2009.

[18] Straumannn N. General Relativity. Springer, 2013.

[19] Zee A. Einstein Gravity in a Nutshell. Princeton University Press, 2013.

[20] DeWitt B. Bryce DeWitt's Lectures on Gravitation. Springer, 2011.

[21] Ohanian H C and Ruffini R. Gravitation and Spacetime. 3rd ed. Cambridge University Press, 2013.

[22] 瓦尼安, 鲁菲尼. 引力与时空. 向守平, 冯珑珑, 译. 北京: 科学出版社, 2006.

[23] 梁灿彬, 周彬. 微分几何入门与广义相对论: 上册. 2 版. 北京: 科学出版社, 2006; 下册. 2 版. 北京: 科学出版社, 2009.

[24] 俞允强. 广义相对论引论. 2版. 北京: 北京大学出版社, 1997.

[25] Taylor E F and Wheeler J A. Spacetime Physics: Introduction to Special Relativity. 2nd ed. W. H. Freeman and Company, 1992.

[26] Landau L D and Lifshitz E M. Fluid Mechanics. 2nd ed. Butterworth-Heinemann, 1987.

[27] Jackson J D. Classical Electrodynamics. Wiley, 1999.

[28] Pais A. Subtle Is the Lord: The Science and the Life of Albert Einstein. Oxford Universtiy Press, 1982.

[29] Schutz B. Geometrical Methods of Mathematical Physics. Cambridge University Press, 1980.

[30] Frankel T. The Geometry of Physics. Cambridge University Press, 1997.

[31] Spivak M. A Comprehensive Introduction to Differential Geometry. Publish or Perish, 1979.

[32] Boothby W M. An Introduction to Differentiable Manifolds and Riemannian Geometry. Academic Press, 2007.

[33] 陈省身, 陈维桓. 微分几何讲义. 2版. 北京: 北京大学出版社, 2001.

[34] 陈维桓, 李兴校. 黎曼几何引论: 上册. 北京: 北京大学出版社, 2002; 下册. 北京: 北京大学出版社, 2004.

[35] Stephani H, Kramer D, Maccallum M, Hoenselaers C, and Herlt E. Exact Solutions of Einstein's Field Equations. 2nd ed. Cambridge University Press, 2009.

[36] Griffiths J B and Podolský J. Exact Space-Times in Einstein's General Relativity. Cambridge University Press, 2012.

[37] Weinberg S. The Cosmological Constant Problem. Rev. Mod. Phys., 1989, 61: 1.

Padmanabhan T. Cosmological Constant: The Weight of the Vacuum. Phys. Rept., 2003, 380: 235.

Peebles P J E and Ratra B. The Cosmological Constant and Dark Energy. Rev. Mod. Phys., 2003, 75: 559.

[38] de Rham C, Deskins J T, Tolley A J, and Zhou S Y. Graviton Mass Bounds. Rev. Mod. Phys., 2017, 89: 025004.

[39] Will C M. Theory and Experiment in Gravitational Physics. Cambridge University Press, 1993.

[40] Will C M. The Confrontation between General Relativity and Experiment. Living Rev. Relativ., 2006, 9: 3.

[41] Chandrasekhar S. The Mathematical Theory of Black Holes. Oxford Universtiy Press, 1983.

[42] Arnowitt R, Deser S, and Misner C W. The Dynamics of General Relativity//Witten L. Gravitation: An Introduction to Current Research. Wiley, 1962.

[43] Poisson E. A Relativist's Toolkit: The Mathematics of Black Hole Mechanics. Cambridge University Press, 2004.

[44] Townsend P K. Black Holes. arXiv: gr-qc/9707012.

[45] Frolov V P and Zelnikov A. Introduction to Black Hole Physics. Oxford Universtiy Press, 2011.

[46] Frolov V P and Novikov I D. Black Hole Physics: Basic Concepts and New Developments. Kluwer, 1998.

[47] Birrell N D and Davies P C W. Quantum Fields in Curved Space. Cambridge University Press, 1982.

[48] Wald R M. Quantum Field Theory in Curved Spacetime and Black Hole Thermodynamics. University of Chicago Press, 1994.

[49] Maggiore M. Gravitational Waves: Vol. 1. Oxford Universtiy Press, 2008.

[50] Darmour T. The Problem of Motion in Newtonian and Einstein Gravity//Hawking S and Israel W. 300 Years of Gravitation. Cambridge University Press, 1987.

[51] Poisson E and Will C M. Gravity: Newtonian, Post-Newtonian, Relativistic. Cambridge University Press, 2014.

[52] Padmanabhan T. Structure Formation in the Universe. Cambridge University Press, 1993.

[53] Alcubierre M. Introduction to 3+1 Numerical Relativity. Oxford Universtiy Press, 2008.

[54] Baumgarte T W and Shapiro T L. Numerical Relativity. Cambridge University Press, 2010.

[55] Bondi H, van der Burg M G J, and Metzner A W K. Gravitational Waves in General Relativity. 7. Waves from Axisymmetric Isolated Systems. Proc. Roy. Soc. Lond. A, 1962, 269: 21.

Sachs R K. Gravitational Waves in General Relativity. 8. Waves in Asymptotically Flat Space-Times. Proc. Roy. Soc. Lond. A, 1962, 270: 103.

[56] Poisson E and Israel W. The Internal Structure of Black Holes. Phys. Rev. D, 1990, 41: 1796.

Burko L M and Ori A. Internal Structure of Black Holes and Spacetime Singularities//An International Research Workshop, Haifa, June 29-July 3, 1997.

[57] Witten E. Quantum Gravity in de Sitter Space. arXiv: hep-th/0106109.

[58] Bousso R. The Holographic Principle. Rev. Mod. Phys., 2002, 74: 825.

[59] Maldacena J M. The Large N Limit of Superconformal Field Theories and Supergravity. Int. J. Theor. Phys., 1999, 38: 1113. (Adv. Theor. Math. Phys., 1998, 2: 231; arXiv: hep-th/9711200)

[60] Aharony O, Gubser S S, Maldacena J M, Ooguri H, and Oz Y. Large N Field Theories, String Theory and Gravity. Phys. Rept., 2000, 323: 183. (arXiv: hep-th/9905111)

[61] Susskind L and Lindesay J. An Introduction to Black Holes, Information and the String Theory Revolution: The Holographic Universe. World Scientific, 2004.

[62] Mathur S D. The Information Paradox: A Pedagogical Introduction. Class. Quant. Grav., 2009, 26: 224001. (arXiv: 0909.1038)

[63] Harlow D. Jerusalem Lectures on Black Holes and Quantum Information. Rev. Mod. Phys., 2016, 88: 15002. (arXiv: 1409.1231)

名 词 索 引

Z